AF358385

LECTURES SCIENTIFIQUES

SCIENCES NATURELLES

LECLERC DU SABLON

Professeur à la Faculté des sciences de Toulouse

LECTURES SCIENTIFIQUES

EXTRAITS DE MÉMOIRES ORIGINAUX

ET

D'ÉTUDES SUR LA SCIENCE ET LES SAVANTS

SCIENCES NATURELLES

PARIS

LIBRAIRIE HACHETTE ET Cie

79, BOULEVARD SAINT-GERMAIN, 79

1893

INTRODUCTION

L'enseignement des sciences naturelles présente, surtout dans les lycées et les collèges, des difficultés très grandes. Les faits généraux qui constituent la base de ces sciences sont complexes et résultent d'expériences et d'observations très nombreuses. Le professeur, disposant d'un temps trop limité et d'un matériel plus insuffisant encore, ne peut, dans ses leçons, faire parcourir à ses élèves le chemin souvent long et détourné qui les mènerait à une compréhension complète ; il va droit au but ; aux développements qui montreraient l'enchaînement des idées et formeraient l'esprit scientifique de ses auditeurs, il est quelquefois forcé de substituer une formule sèche qui déroute l'attention et fatigue la mémoire.

C'est pour remédier, au moins dans une certaine mesure, à ce défaut de l'enseignement inhérent à la nature même du sujet, que ces *Lectures sur les sciences naturelles* ont été publiées. On n'y trouvera pas un cours complet, mais seulement le développement de quelques questions choisies dans le programme des classes ou plus souvent même à côté du programme.

Autant que possible, les extraits ont été faits dans des ouvrages où les naturalistes les plus éminents ont exposé eux-mêmes leurs découvertes. Mis ainsi en présence de la genèse de la science, le lecteur en comprendra mieux l'esprit souvent dénaturé dans les ouvrages de seconde main.

D'autre part, pour augmenter la variété des sujets traités et élargir le cadre de l'ouvrage, il a paru utile d'ajouter quelques articles où se trouve résumé dans un style clair l'état actuel ou l'histoire de la science relativement à certaines questions, particulièrement difficiles ou intéressantes.

Tel est l'esprit dans lequel ces *Lectures* ont été choisies. Le but de l'auteur serait atteint, si le lecteur pouvait y acquérir, sans trop de fatigue, des notions utiles ou intéressantes et en conserver quelque goût pour les sciences naturelles dont, maintenant surtout, aucun homme instruit n'a le droit de se désintéresser complètement.

LECTURES SCIENTIFIQUES

LIVRE I

PHYSIOLOGIE GÉNÉRALE

I

COMPARAISON DES CORPS INORGANIQUES AVEC LES CORPS VIVANTS

Les sciences naturelles comprenant l'étude des animaux, des
végétaux et des corps bruts, on doit se demander quels sont les
caractères distinctifs des animaux, des végétaux et des corps
bruts. Les animaux et les végétaux sont des êtres vivants qu'on
doit d'abord chercher à distinguer des corps bruts qui sont
inanimés; on cherchera ensuite les caractères distinctifs des
animaux et des végétaux. Lamark, dans la *Philosophie zoologique* parue en 1809, a caractérisé les êtres vivants d'une façon
si exacte que les progrès de la science ont à peine modifié son
jugement, comme on pourra s'en assurer en comparant entre
eux les deux articles qui vont suivre.

Il y a longtemps que j'eus l'idée de comparer entre eux
les corps organisés vivants et les corps bruts ou inorga-

niques, que je m'aperçus de l'extrême différence qui se trouve entre les uns et les autres, et que je fus convaincu de la nécessité de considérer l'étendue de cette différence et ses caractères. On était alors assez généralement dans l'usage de présenter les trois règnes de la nature sur une même ligne, les distinguant en quelque sorte classiquement, et l'on semblait ne pas s'apercevoir de l'énorme différence qu'il y a entre un corps vivant et un corps brut et sans vie.

Cependant, si l'on veut parvenir à connaître réellement ce qui constitue la *vie*, en quoi elle consiste, quelles sont les causes et les lois qui donnent lieu à cet admirable phénomène de la nature, et comment la vie elle-même peut être la source de cette multitude de phénomènes étonnants que les corps vivants nous présentent, il faut avant tout considérer très attentivement les différences qui existent entre les corps inorganiques et les corps vivants, et pour cela, il faut mettre en parallèle les caractères essentiels de ces deux sortes de corps.

1° Tout corps brut ou inorganique n'a l'*individualité* que dans sa molécule intégrante : les masses, soit solides, soit fluides, soit gazeuses, qu'une réunion de molécules intégrantes peut former, n'ont point de bornes ; et l'étendue, grande ou petite, de ces masses, n'ajoute ni ne retranche rien qui puisse faire varier la nature du corps dont il s'agit ; car cette nature réside en entier dans celle de la molécule intégrante de ce corps.

Au contraire, tout corps vivant possède l'*individualité* dans sa masse et son volume ; et cette individualité, qui est simple dans les uns, et composée dans les autres, n'est jamais restreinte dans les corps vivants à celle de leurs molécules composantes.

2° Un corps inorganique peut offrir une masse véritablement homogène, et il peut aussi en constituer qui soient hétérogènes ; l'agrégation ou la réunion de parties semblables ou de parties dissemblables pouvant avoir lieu sans que ce corps cesse d'être brut ou inorganique. Il n'y a, à cet égard, aucune nécessité que les masses de ce corps soient plutôt homogènes qu'hétérogènes, ou plutôt hétérogènes qu'homogènes; elles sont accidentellement telles qu'on les observe.

Tous les corps vivants, au contraire, même ceux qui sont les plus simples en organisation, sont nécessairement hétérogènes, c'est-à-dire composés de parties dissemblables: ils n'ont point de molécules intégrantes, mais ils sont formés de molécules composantes de différente nature.

3° Un corps inorganique peut constituer, soit une masse solide parfaitement sèche, soit une masse tout à fait liquide, soit un fluide gazeux.

Le contraire a lieu à l'égard de tout corps vivant; car aucun corps ne peut posséder la vie s'il n'est formé de deux sortes de parties essentiellement coexistantes, les unes solides, mais souples et contenantes, et les autres liquides et contenues, indépendamment des fluides invisibles qui le pénètrent et qui se développent dans son intérieur.

Les masses que constituent les corps inorganiques n'ont point de forme qui soit particulière à l'espèce; car, soit que ces masses aient une forme régulière, comme lorsque ces corps sont cristallisés, soit qu'elles soient irrégulières, leur forme ne s'y trouve pas constamment la même; il n'y a que leur molécule intégrante qui ait, pour chaque espèce, une forme invariable.

Les corps vivants, au contraire, offrent tous, à peu près, dans leur masse, une forme qui est particulière à l'espèce, et qui ne saurait varier sans donner lieu à une race nouvelle.

4° Les molécules intégrantes d'un corps inorganique sont toutes indépendantes les unes des autres; car, qu'elles soient réunies en masse, ou solide, ou liquide, ou gazeuse, chacune d'elles existe par elle-même, se trouve constituée

par le nombre, les proportions et l'état de combinaison de
ses principes, et ne tient ou n'emprunte rien, pour son
existence, des molécules semblables ou dissemblables qui
l'avoisinent.

Au contraire, les molécules composantes d'un corps
vivant, et conséquemment toutes les parties de ce corps,
sont, relativement à leur état, dépendantes les unes des
autres, parce qu'elles sont toutes assujetties aux influences
d'une cause qui les anime et les fait agir, parce que cette
cause les fait concourir toutes à une fin commune, soit dans
chaque organe, soit dans l'individu entier, et parce que
les variations de cette même cause en opèrent également
dans l'état de chacune de ses molécules et de ses parties.

5° Aucun corps inorganique n'a besoin pour se conserver
d'aucun mouvement dans ses parties ; au contraire, tant
que ses parties restent dans le repos et l'inaction, ce corps
se conserve sans altération, et sous cette condition il pourrait exister toujours. Mais dès que quelque cause vient à
agir sur ce corps et à exciter des mouvements et des
changements dans ses parties, ce même corps perd aussitôt, soit sa forme, soit sa consistance, si les mouvements
et les changements excités dans ses parties n'ont eu lieu
que dans sa masse ou quelque partie de sa masse, et il
perd même sa nature, ou est détruit, si les mouvements
et les changements dont il s'agit ont pénétré jusque dans
ses molécules intégrantes.

Tout corps, au contraire, qui possède la vie, se trouve
continuellement ou temporairement animé par une *force
particulière* qui excite sans cesse des mouvements dans
ses parties intérieures, qui produit sans interruption des
changements d'état dans ces parties, mais qui y donne
lieu à des réparations, des renouvellements, des développements, et à quantité de phénomènes qui sont exclusivement propres aux corps vivants ; en sorte que, chez lui,
les mouvements excités dans ses parties intérieures altèrent
et détruisent, mais réparent et renouvellent, ce qui étend

la durée de l'existence de l'individu, tant que l'équilibre entre ces deux efforts opposés, et qui ont chacun leur cause, n'est pas trop fortement détruit.

6° Pour tout corps inorganique, l'augmentation de volume et de masse est toujours accidentelle et sans bornes, et cette augmentation ne s'exécute que par *juxta-position*, c'est-à-dire que par l'addition de nouvelles parties à la surface extérieure du corps dont il est question.

L'accroissement, au contraire, de tout corps vivant est toujours nécessaire et borné, et il ne s'exécute que par *intus-susception*, c'est-à-dire que par pénétration inté-rieure, ou l'introduction dans l'individu de matières qui, après leur assimilation, doivent y être ajoutées et en faire partie. Or, cet accroissement est un véritable développe-ment de parties du dedans au dehors, ce qui est exclusi-vement propre aux corps vivants.

7° Aucun corps inorganique n'est obligé de se nourrir pour se conserver; car il peut ne faire aucune perte de parties, et lorsqu'il en fait, il n'a en lui aucun moyen pour les réparer.

Tout corps vivant, au contraire, éprouvant nécessaire-ment, dans ses parties intérieures, des mouvements suc-cessifs sans cesse renouvelés, des changements dans l'état de ses parties, enfin, des pertes continuelles de substance par des séparations et des dissipations que ces change-ments entraînent, aucun de ces corps ne peut conserver la vie s'il ne se nourrit continuellement, c'est-à-dire s'il ne répare incessamment ses pertes par des matières qu'il introduit dans son intérieur, en un mot, s'il ne prend des aliments à mesure qu'il en a besoin.

8° Les corps inorganiques et leurs masses se forment de parties séparées qui se réunissent accidentellement; mais ces corps ne naissent point, et aucun d'eux n'est jamais le produit, soit d'un germe, soit d'un bourgeon qui, par des développements, font exister un individu en tout semblable à celui ou à ceux dont il provient.

Tous les corps vivants, au contraire, naissent véritablement, et sont le produit, soit d'un *germe* que la fécondation a vivifié ou préparé à la vie, soit d'un *bourgeon* simplement extensible, l'un et l'autre donnant lieu à des
individus parfaitement semblables à ceux qui les ont
produits.

9° Enfin, aucun corps inorganique ne peut mourir,
puisqu'aucun de ces corps ne possède la vie, et que la
mort, qui résulte nécessairement des suites de l'existence
de la vie dans un corps, n'est que la cessation complète
des mouvements organiques, à la suite d'un dérangement qui rend désormais ces mouvements impossibles.

Tout corps vivant, au contraire, est inévitablement assujetti à la mort; car le propre même de la vie ou des mouvements qui la constituent dans un corps, est d'amener,
au bout d'un temps quelconque, dans ce corps, un état
des organes qui rend à la fin impossible l'exécution de
leurs fonctions, et qui, par conséquent, anéantit dans ce
même corps la faculté d'exécuter des mouvements organiques.

Il y a donc entre les corps bruts ou inorganiques et les
corps vivants une différence énorme, un *hiatus* considérable, en un mot une séparation telle qu'aucun corps inorganique quelconque ne saurait être rapproché même du
plus simple des corps vivants. La vie et ce qui la constitue dans un corps font la différence essentielle qui le
distingue de tous ceux qui en sont dépourvus.

D'après cela, quelle inconvenance de la part de ceux
qui voudraient trouver une liaison et, en quelque sorte,
une nuance entre certains corps vivants et des corps inorganiques! (LAMARK, *Philosophie zoologique*, p. 365-373.
Savy, édit.)

II

DIFFÉRENCES ENTRE LES CORPS BRUTS ET LES ÊTRES VIVANTS

Si nous considérons un oiseau, un insecte, un chêne, un haricot, et que nous suivions l'un de ces êtres pendant des temps successifs, nous verrons qu'il change de forme. On sait que de l'œuf d'un papillon sort une chenille qui devient chrysalide, puis insecte parfait, et ce dernier produit des œufs identiques à celui qui a donné naissance à la chenille. Si nous examinons cette graine de haricot que l'on fait germer, nous en verrons sortir une racine qui s'enfonce dans le sol; au-dessus de la terre, se dresse une petite tige qui étale à droite et à gauche deux épaisses feuilles nourricières nommées cotylédons; puis la tige s'allonge et développe d'autres feuilles dont la forme est, comme nous pouvons l'observer, très différente de celle des cotylédons; d'autres tiges se produisent ensuite sur la première, portant de nouvelles feuilles; les cotylédons se flétrissent et tombent; puis le haricot fleurit; aux fleurs succèdent des fruits qui grossissent en changeant de forme jusqu'à la maturité; ils laissent alors échapper des graines semblables à celle qui a donné naissance à la plante; lorsque vient la fin de

la saison, les feuilles, les tiges et même les racines se
flétrissent et se décomposent.

On peut dire, en général, qu'un être vivant naît, croît,
forme de nouveaux organes, perd certains d'entre eux,
en acquiert d'autres, grandit, décline, puis se détruit.
C'est là un premier caractère des êtres vivants, caractère
frappant et le plus souvent très facile à observer. Nous
dirons que les êtres vivants *se développent*.

A ce caractère du développement, il faut en joindre
d'autres secondaires qui font pour ainsi dire partie du
premier. Dans les exemples que nous venons de choisir,
l'être vivant parcourt son évolution sans se diviser. D'autres se divisent en plusieurs individus. C'est ainsi que si
nous avions suivi le développement du fraisier, au lieu
d'examiner le haricot, l'on sait que nous aurions vu cette
plante produire des tiges rampantes qui forment des
rejets enracinés dans le sol; au bout d'un certain temps
ces tiges rampantes se détruisent et l'on voit se produire
de nombreux plants de fraisier, séparés les uns des
autres, qui proviennent tous de la même graine initiale.
L'être s'est fractionné en plusieurs individus. On dit, dans
ce cas, que l'être s'est multiplié.

D'autre part, nous avions pu remarquer que les œufs
produits par l'insecte adulte peuvent former les êtres
semblables qui passent par les mêmes changements de
forme que l'insecte qui a formé ces œufs; les graines de
haricot peuvent développer, en germant, des plantes
semblables à celle qui leur a donné naissance. La plupart des êtres vivants produisent ainsi des êtres nouveaux semblables à eux; l'on dit qu'ils se *reproduisent*.
Nous aurons l'occasion de revenir avec plus de détail sur
cette question dans la prochaine leçon. Pour le moment,
contentons-nous de noter non seulement le développement de l'individu, mais aussi celui de l'être lui-même
lorsqu'il se fractionne en plusieurs individus, et celui de
l'espèce constituée par des êtres semblables issus les uns

des autres. En somme, inscrivons à côté du caractère du développement, que tous les êtres se reproduisent ou se multiplient.

Maintenant, au lieu de considérer les formes de l'être pendant des temps successifs, prenons-le à un moment donné de son évolution. Quelles sont les conditions dans lesquelles il pourra continuer à se développer? Voici, par exemple, une plante à un état déterminé; tout le monde sait que si on ne l'arrose pas, elle se flétrira et ne pourra plus continuer à croître. Il en serait de même, si, au lieu de plonger ces racines dans la terre, on les mettait dans de l'eau absolument pure; cet être ne pourrait pas non plus se développer si on le plaçait dans un gaz autre que l'air. Il faut donc aux êtres vivants certains aliments. On peut dire qu'en général les êtres vivants *se nourrissent*. Ils sont en voie perpétuelle d'échange de matières avec le milieu qui les entoure. C'est là une seconde caractéristique très importante des êtres vivants.

Au caractère de la nutrition, nous pouvons en rattacher un autre qui en dépend. Parmi les substances qui passent incessamment à travers l'être, on peut considérer les gaz qui l'entourent; il se produit, en particulier, un échange gazeux très important que l'on retrouve chez tous les êtres vivants et même dans la moindre partie vivante d'un être, c'est l'échange que l'on désigne sous le nom de respiration. En laissant de côté certains ferments sur l'étude desquels nous reviendrons plus tard, l'on peut dire d'une manière générale que tous les êtres vivants *respirent*, c'est-à-dire qu'ils absorbent de l'oxygène et produisent de l'acide carbonique. On peut se convaincre de ce fait par des expériences bien simples. Voici, par exemple, des êtres qui ont été placés dans ce flacon fermé contenant de l'air ordinaire; ces êtres y sont depuis quelque temps; plongeons une allumette enflammée dans le flacon, elle s'éteint; c'est donc que les êtres ont absorbé l'oxygène de l'air qui était dans le flacon; une analyse plus précise le démontrerait complètement. Voici, d'autre part, des êtres semblables placés sous une cloche dont la base est hermétiquement close et au travers de laquelle on fait passer un courant d'air, au moyen de cet aspirateur. Cet air a été préalablement dépouillé de son acide carbonique en traversant les morceaux de potasse renfermés dans ce tube; il passe au travers de la cloche qui recouvre les êtres vivants, puis vient se rendre dans un tube qui contient une dissolution de baryte. L'air, dépouillé d'acide carbonique par son passage à travers la potasse, ne troublerait pas l'eau de baryte; or nous voyons qu'il se forme dans le tube, à chaque bulle d'air qui sort de la cloche, un abondant précipité blanc de carbonate de baryte insoluble; c'est donc qu'en passant sur les êtres vivants l'air s'est chargé d'acide carbonique. Or ces êtres sont semblables à ceux renfermés dans le flacon de l'expérience précédente; comme eux, ils ont été placés au début dans de l'air ordinaire; nous pouvons en conclure que les êtres vivants absorbent de l'oxygène et émettent en même temps de l'acide carbonique. A côté du caractère de nutrition, inscrivons donc le mot respiration.

Nous venons de voir que tous les êtres vivants se développent et se nourrissent; n'y a-t-il aucune exception à cette règle? Voici des bulbes, des tubercules, des graines; nous pouvons les laisser très longtemps dans un endroit sec sans leur fournir aucune nourriture et sans les voir sensiblement changer de forme; et cependant ces graines ou ces tubercules sont vivants; car, si on leur donne en quantité suffisante de l'eau, de l'air et de la chaleur, on les verra germer et produire un être qui se développe et se nourrit. On a dit que ces tubercules desséchés et ces graines sont à l'état de vie latente, mais des expériences précises ont montré que la vie latente n'est autre chose qu'une vie extrêmement ralentie; on peut mettre en évidence l'existence d'échanges gazeux très peu intenses entre ces êtres et l'extérieur. Il n'y a donc en ce cas, à proprement parler, qu'un ralentissement considérable du développement et de la nutrition, et de cette vie ralentie l'être passe immédiatement à l'état de vie manifestée dès qu'on le place dans des conditions convenables.

Cependant, les caractères que nous venons de mettre en évidence ne suffisent pas pour que nous nous fassions une idée très nette de la constitution des êtres; il nous faut pénétrer dans leur structure intime. Coupons donc une partie quelconque d'un être vivant assez mince pour pouvoir être vue par transparence et plaçons-la dans ce microscope. L'image de la préparation même, projetée sur cet écran, nous montre quelle est la structure complète d'un être vivant; nous distinguons sur cette coupe plusieurs tissus d'aspect différent; c'est ce que nous montrent également ces autres préparations. Nous voyons par là que les êtres vivants sont *organisés* d'une manière particulière; leur structure n'est pas celle des corps bruts. Tous ces tissus sont en apparence formés, sur la coupe, de mailles régulières qui limitent de petites cases closes de tous les côtés et auxquelles on a donné le nom de cellules. Mais ce ne sont pas ces cloisons limitant les cellules qui sont importantes à considérer; c'est une substance spéciale, semi-fluide, qui se trouve entre ces cloisons et qu'on nomme le protoplasma. Chez l'être vivant, les cellules ne sont pas des cavités, comme on pourrait le croire au premier aspect, ce sont des masses de protoplasma séparées les unes des autres par des membranes plus ou moins fines. Voici une cellule figurée à un plus fort grossissement; on y distingue cette substance pâteuse qui constitue le protoplasma, séparée des cellules voisines par une membrane, et qui dans cet exemple forme des filaments qui vont de la région centrale, où se trouve une partie protoplasmique plus dense appelée le noyau, à la périphérie où le protoplasma s'étend à l'intérieur de la membrane.

Laissons de côté la composition et les propriétés chimiques du protoplasma ; ce qu'il faut mettre en évidence au point de vue qui nous occupe, ce sont d'autres caractères. Si l'on suit attentivement un granule quelconque qui se trouve dans l'un de ces filaments protoplasmiques d'une cellule vivante, on voit qu'il se meut régulièrement ; le granule va, par exemple, vers le protoplasma périphérique, revient vers le centre par un autre filament et ainsi de suite ; avec un peu d'attention, l'on ne tarde pas à se convaincre que toutes les parties du protoplasma sont continuellement en mouvement. Et ces mouvements n'ont rien de comparable à ceux que l'on peut observer dans un liquide quelconque vu au microscope ; ce sont bien des mouvements propres, qui peuvent être excités ou arrêtés par l'électricité, endormis par le chloroforme, ralentis ou accélérés par la chaleur ou la lumière ; ces actions, ou même le contact d'un objet, peuvent aussi contracter la substance protoplasmique. Nous pouvons donc dire que le protoplasma, cette matière fondamentale des êtres vivants, *se meut* et *est sensible*. (Bonnier, *la Biologie végétale, Revue scientifique*, 30 août 1887.)

III

COMPARAISON DES ANIMAUX AVEC LES VÉGÉTAUX

Les êtres vivants sont répartis en deux catégories : les animaux, les végétaux; et cette distinction a été tellement accentuée qu'on la considère comme aussi importante que celle qui sépare les végétaux des corps bruts; ainsi a été établie la notion des trois règnes de la nature : le règne minéral, le règne végétal, le règne animal; et ces deux derniers règnes ont même été opposés l'un à l'autre. Nous venons de voir quels sont, au contraire, les nombreux caractères communs aux animaux et aux végétaux, et nous avons pu facilement les séparer des corps non vivants; cherchons à présent quels sont les caractères des végétaux par rapport aux animaux.

On a essayé de distinguer le règne végétal du règne animal par des caractères tirés du mode de nutrition. On a dit quelquefois : l'animal introduit dans son corps des substances solides et il digère les substances solides pour les transformer en liquides assimilables, tandis que le végétal ne présente pas ces caractères. C'est là une distinction absolument inexacte. Tout d'abord, il est faux de dire que l'animal introduit dans son corps des substances solides. Le tube digestif n'est, comme on sait, qu'un repli de la peau et l'intérieur de l'estomac est *à l'extérieur* des tissus vivants. Or la substance solide introduite dans l'estomac d'un animal, c'est-à-dire, en réalité, à l'extérieur de son corps, ne peut pénétrer dans les tissus qu'en traversant les membranes de la muqueuse, dont elle désorganiserait les cellules par son passage; cela n'arrive jamais. La substance solide est transformée en liquide dans le tube digestif, à l'extérieur des tissus, et c'est ensuite à l'état liquide et absorbable qu'elle entre dans l'intérieur des cellules et peut contribuer à leur nutrition. Quant au phénomène de la digestion, il n'est en rien spécial au règne animal; nous verrons qu'une racine digère exactement comme le système digestif d'un animal, et que la digestion s'y fait par le même procédé que chez les animaux. Une racine peut même transformer en liquides absorbables les substances qui seraient difficilement digérées par les animaux, telles que cette plaque de marbre ou même cette vitre sur lesquelles on peut faire croître des plantes; les racines digèrent le marbre ou le silicate à tel point qu'elles moulent toutes leurs parties dans la substance minérale qu'elles ont peu à peu dissoute et absorbée. Voici, d'autre part, une plante en germination, un ricin dont on peut voir facilement les premières feuilles qui digèrent cette masse de substance blanchâtre, provision de nourriture aidant au développement de la jeune plante. Le suc digestif de ces feuilles peut être isolé et étudié comme celui de l'estomac.

Rejetons donc, comme inexacte, cette différence entre les animaux et les végétaux et cherchons-en une autre. On a dit que les animaux se meuvent et sont sensibles, tandis que les végétaux ne se meuvent pas et sont insensibles; c'est même la notion la plus connue pour séparer entre eux les deux règnes. Mais, d'après ce que nous avons vu dans la première partie de cette leçon, cette distinction ne saurait être posée d'une manière aussi absolue. Nous avons vu, en effet, que le protoplasma des végétaux se meut par lui-même et est sensible. Il faudrait donc dire : les animaux se meuvent et sont sensibles d'une autre manière que les végétaux; ils ont des mouvements d'ensemble et une sensibilité d'ensemble, réglés par des tissus spéciaux qui forment le système nerveux, tandis que les végétaux n'ont pas de système nerveux. Dès lors, la différence est plus exacte, mais elle perd de son importance. Non seulement le système nerveux n'est pas connu chez beaucoup d'animaux inférieurs, mais d'autre part, dès que le protoplasma des cellules végétales n'est pas retenu dans des membranes rigides, il acquiert des mouvements d'ensemble; c'est ainsi que se meuvent certaines algues; c'est ainsi que ces cellules isolées, produites par des végétaux de toutes sortes, nagent dans l'eau au moyen de cils protoplasmiques vibratiles et ont toute l'apparence de petits animaux; ce champignon myxomycète, qui dans l'état où il est représenté sur cette figure n'a pas de membranes autour de ses cellules, se meut tout entier et peut se déplacer à la surface des feuilles mortes ou sur l'écorce d'un arbre. Tout autant que de nombreux animaux inférieurs, ces algues ou ces champignons sont sensibles; la chaleur, la lumière, l'électricité, les anesthésiques ont la même influence sur leurs contractions ou sur la plus ou moins grande rapidité de leurs mouvements d'ensemble. Pourquoi n'observe-t-on pas ordinairement ces caractères chez les végétaux? Cela tient, et nous allons avoir l'occasion de revenir sur ce point, à la nature des cloisons qui séparent ordinairement les unes des autres les cellules végétales. Ces cloisons sont plus rigides que celles qu'on trouve dans la plupart des tissus vivants des animaux; de telle sorte que lorsqu'elles sont très développées, entre les diverses masses protoplasmiques, il ne peut s'établir de coordination entre les mouvements des protoplasmas de chaque cellule; ces protoplasmas se meuvent, il est vrai, mais ils sont condamnés, pour ainsi dire, à limiter leurs mouvements dans l'intérieur de leur prison cellulaire. Au contraire, chez la plupart des animaux différenciés, les membranes des cellules sont minces et flexibles ; la contraction du protoplasma d'une cellule en déforme la membrane et entraîne, par ce fait même, la contraction de la cellule voisine, de telle façon qu'il peut s'établir un lien général entre les protoplasmas de nombreuses cellules, d'où la possibilité d'une sensibilité générale et des mouvements d'ensemble chez les animaux.

En somme, comprise et limitée comme nous venons de le faire, cette différence entre les animaux et les végétaux est certainement meilleure que celle tirée de la digestion ; mais elle est insuffisante, car il est de nombreux êtres vivants auxquels elle ne peut s'appliquer. Essayons donc de trouver un caractère préférable à celui-là.

On sait que presque tous les végétaux supérieurs portent des feuilles vertes. Or la matière colorante qui donne cette couleur aux feuilles possède, au point de vue physiologique, des propriétés très importantes qu'on ne retrouve chez aucune autre substance analogue. Cette matière, nommée *chlorophylle*, est dichroïque, verte ou rouge, suivant que la lumière est transmise ou réfléchie. C'est une substance insoluble dans l'eau, soluble dans l'alcool et le chloroforme. En voici une dissolution alcoolique, et dans ce tube, qui renferme de l'eau et de la benzine, on voit que ce dernier liquide a retenu toute la chlorophylle à la partie supérieure du tube. L'eau est incolore, la benzine est colorée en vert. La chlorophylle teint simplement certains corps protoplasmiques de forme déterminée, ainsi qu'on le voit sur ce tableau, au milieu du protoplasma général des cellules de la feuille. Si, en effet, l'on traite ces cellules par la benzine, ce dissolvant entraîne la chlorophylle, et les grains protoplasmiques restent incolores, tout en conservant leur forme.

Lorsque des cellules vivantes ont ainsi des grains protoplasmiques simplement teintés par la chlorophylle, elles ont la propriété, quand elles sont frappées par des

rayons lumineux suffisamment intenses, de décomposer
l'acide carbonique et de produire de l'oxygène. Cependant le protoplasma de ces cellules respire comme tout
protoplasma vivant, c'est-à-dire absorbe de l'oxygène et
dégage de l'acide carbonique; mais si la lumière qui
frappe la cellule est assez intense, l'action chlorophyllienne l'emporte sur la respiration, masque cette dernière
fonction et l'on voit de l'oxygène se dégager. L'expérience a été disposée ici avec des plantes aquatiques placées dans de l'eau sous cet entonnoir et soumises à l'action
des rayons solaires; nous constatons que le gaz dégagé
par ces plantes et recueilli dans cette éprouvette contient
une grande quantité d'oxygène; il rallume une allumette
dont l'extrémité est encore rouge. On a disposé la même
expérience de façon à pouvoir la projeter sur cet écran;
vous voyez les bulles d'oxygène qui se dégagent rapidement des feuilles et vont regagner la surface libre de l'eau
dans laquelle sont les plantes.

On comprend l'importance de cette propriété de la
chlorophylle; grâce à la présence de cette matière dans
leurs tissus, les êtres chlorophylliens peuvent, à la lumière,
assimiler le carbone que contient l'acide carbonique de
l'air ou de l'eau, et fixer ce carbone dans leur organisme.
C'est un mode de nutrition très important qui rend l'être
pour ainsi dire indépendant du milieu organique. Au contraire, les êtres sans chlorophylle ne peuvent, en général,
se nourrir qu'aux dépens de substances qui proviennent
plus ou moins indirectement des êtres chlorophylliens.
D'où une distinction très nette à établir dans l'ensemble
des êtres vivants : d'une part, les êtres à chlorophylle;
d'autre part, les êtres dépourvus de cette substance. Mais
cette division des êtres vivants en deux catégories ne
coïncide pas exactement avec celle qu'on établit ordinairement pour différencier les végétaux des animaux. Nous
avons ici, sous les yeux, de nombreux champignons ou
encore plusieurs sortes de plantes parasites, telles que

ces orobanches fleuris auxquels on ne peut refuser la structure ordinaire des plantes. Tous ces végétaux, et ils sont en grand nombre, sont dépourvus de chlorophylle. Inversement, on connaît quelques animaux, tels que certaines planaires et certains infusoires, qui renferment de la chlorophylle dans leur protoplasma et dégagent de l'oxygène lorsqu'on les place sous l'influence des rayons solaires. Nous pouvons donc dire seulement que presque tous les animaux sont sans chlorophylle et que le plus grand nombre de végétaux, entre autres presque toutes les plantes supérieures, en sont, au contraire, pourvus. La distinction est excellente, mais elle ne s'applique pas à tous les êtres.

C'est dans un détail, qui semble au premier abord sans mportance, que nous trouverons une meilleure caractéristique des végétaux. Je veux parler de la composition chimique des cloisons qui séparent les cellules les unes des autres. Ces membranes sont formées en majeure partie, chez les végétaux, par une substance hydrocarbonée nommée *cellulose*, précisément parce qu'elle entre dans la composition des parois des cellules végétales. La cellulose est insoluble dans les acides et dans les bases, soluble dans ce liquide nommé bleu céleste, dissolution d'azotite de cuivre dans l'ammoniaque; ainsi, nous y voyons se dissoudre ce morceau de papier formé de cellulose à peu près pure. Prenons cet autre fragment de papier; nous y versons de l'acide sulfurique, puis de l'iode, il se colore en bleu. Une autre propriété importante de la cellulose est, en effet, de se transformer en amidon sous l'influence des acides, et c'est l'amidon produit qui, comme l'on sait, se colore en bleu par l'iode. Insoluble dans les acides et les bases, soluble dans le bleu céleste, colorée en bleu par l'action simultanée des acides et de l'iode, telles sont les principales propriétés de la cellulose. Comme ce sont ces cloisons de cellulose qui empêchent ordinairement les mouvements protoplasmiques de se communiquer d'une cellule à l'autre, on comprend que ce caractère de la cellulose a une certaine importance. Mais alors il nous ramène tout simplement à la distinction que nous avons déjà rejetée comme insuffisante? Non pas, ce caractère est plus général ; car les animaux n'ont jamais les parois de leurs cellules formées de cellulose, et tous les végétaux, au moins à un certain état de leur développement, possèdent des cloisons cellulosiques. C'est ainsi que ce champignon myxomycète, ces petites parties de protoplasma libre, détachées de divers végétaux, se fixent à un moment donné et se revêtent d'une enveloppe de cellulose. On a cité, cependant, certains animaux, tels que les tuniciers, dont quelques tissus ont des parois composées par une substance qui a la même compositon chimique que celle des parois des cellules végétales ; mais cette substance, la tunicine, n'a pas les mêmes propriétés que la cellulose. D'ailleurs, si l'on s'adresse à des organismes tout à fait inférieurs, on en trouve qui ont des cellules ou des membranes dont la nature chimique est difficile à définir, et il est certain que, par leurs bases, le règne animal et le règne végétal sont reliés et confondus entre eux.

Il résulte de cette rapide étude qu'on ne saurait trouver de critérium absolu entre les animaux et les végétaux. Tandis que nous avons pu caractériser nettement les êtres vivants par rapport aux corps bruts, nous n'avons trouvé aucune différence générale qui sépare absolument le règne végétal du règne animal. Les êtres vivants forment un ensemble indivisible et l'étude des êtres vivants, la biologie, est une seule science qui ne peut être séparée d'une manière rigoureuse en zoologie et botanique. (BONNIER, *la Biologie végétale*, *Revue scientifique*, 30 août 1887.)

IV

STRUCTURE CELLULAIRE DES ÊTRES VIVANTS

A mesure que l'on observe les faits que nous présente la nature dans ses diverses parties, il est singulier de pouvoir remarquer que les causes, même les plus simples, des faits observés, sont souvent celles qui restent le plus longtemps inaperçues.

Ce n'est pas d'aujourd'hui que l'on sait que tous les organes quelconques dans les animaux sont enveloppés de *tissu cellulaire*, et que leurs moindres parties sont dans le même cas.

En effet, il est reconnu depuis longtemps que les membranes qui forment les enveloppes du cerveau, des nerfs, des vaisseaux de tout genre, des glandes, des viscères, des muscles et de leurs fibres, que la peau même du corps, sont généralement des productions du *tissu cellulaire*.

Cependant, il ne paraît pas qu'on ait vu autre chose dans cette multitude de faits concordants, que les faits eux-mêmes; et personne, que je sache, n'a encore aperçu que le *tissu cellulaire* est la matrice générale de toute organisation, et que sans ce tissu, aucun corps vivant ne pourrait exister et n'aurait pu se former.

Ainsi, lorsque j'ai dit [1] que le *tissu cellulaire* est la

1. Discours d'ouverture du cours d'animaux sans vertèbres, prononcé en 1806. Dès l'an 1796, j'exposais ces principes dans les premières leçons de mon cours.

gangue dans laquelle tous les organes des corps vivants ont été successivement formés et que le *mouvement des fluides* dans ce tissu est le moyen qu'emploie la nature pour créer et développer peu à peu ces organes aux dépens de ce même tissu, je n'ai pas craint de me voir opposer des faits qui attesteraient le contraire ; car c'est en consultant les faits eux-mêmes qu'on peut se convaincre que tout organe quelconque a été formé dans le *tissu cellulaire*, puisqu'il en est partout enveloppé, même dans ses moindres parties.

Aussi voyons-nous que, dans l'ordre naturel, soit des animaux, soit des végétaux, ceux de ces corps vivants dont l'organisation est la plus simple, et qui, conséquemment, sont placés à l'une des extrémités de l'ordre, n'offrent qu'une masse de tissu cellulaire dans laquelle on n'aperçoit encore ni vaisseaux, ni glandes, ni viscères quelconques ; tandis que ceux de ces corps qui ont l'organisation la plus composée, et qui, par cette raison, sont placés à l'autre extrémité de l'ordre, ont tous leurs organes tellement enfoncés dans le *tissu cellulaire*, que ce tissu forme généralement leurs enveloppes et constitue pour eux ce milieu commun par lequel ils communiquent et qui donne lieu à ces métastases subites, si connues de tous ceux qui s'occupent de l'art de guérir.

Comparez dans les animaux l'organisation très simple des *infusoires* et des *polypes*, qui n'offre dans ces êtres imparfaits qu'une masse gélatineuse uniquement formée de tissu cellulaire, avec l'organisation très composée des mammifères, qui présente un tissu cellulaire toujours existant, mais enveloppant une multitude d'organes divers, et vous jugerez si les considérations que j'ai publiées sur ce sujet important sont les résultats d'un système imaginaire.

Comparez de même dans les végétaux l'organisation très simple des algues et des champignons avec l'organisation plus composée d'un grand arbre ou de tel autre végétal dicotylédon quelconque, et vous déciderez si le plan général de la nature n'est pas partout le même, malgré les variations infinies que ces opérations particulières vous présentent.

Effectivement, dans les algues inondées, telles que les nombreux *fucus* qui constituent une grande famille composée de différents genres, et telles encore que les *ulva*, les *conferva*, etc., le tissu cellulaire à peine modifié se montre de manière à prouver que c'est lui seul qui forme toute la substance de ces végétaux, en sorte que dans plusieurs de ces algues, les fluides intérieurs, par leurs mouvements dans ce tissu, n'y ont encore ébauché aucun organe quelconque, et dans les autres, ils n'y ont frayé que quelques canaux rares qui vont alimenter les corpuscules reproductifs que les botanistes prennent pour des graines, parce que souvent ils les trouvent enveloppés plusieurs ensemble dans une vésicule capsulaire, comme le sont aussi les gemmes de beaucoup de *sertulaires* connues.

On peut donc se convaincre par l'observation que, dans les animaux les plus imparfaits, tels que les *infusoires* et les *polypes*, et dans les végétaux les moins parfaits, tels que les *algues* et les *champignons*, tantôt il n'existe aucune trace de vaisseaux quelconques et tantôt il ne se trouve que des canaux rares simplement ébauchés; enfin, on peut reconnaître que l'organisation très simple de ces corps vivants n'offre qu'un tissu cellulaire dans lequel les fluides qui le vivifient se meuvent avec lenteur et que ces corps dépourvus d'organes spéciaux ne se développent, ne s'accroissent et ne se multiplient ou ne se régénèrent que par une faculté d'*extension* et de *séparation* de parties reproductives qu'ils possèdent dans un degré très éminent. (LAMARK, *Philosophie zoologique*, p. 366-372. Savy, éditeur.)

V

DES GÉNÉRATIONS SPONTANÉES

De bien grands problèmes s'agitent aujourd'hui et tiennent tous les esprits en éveil : unité ou multiplicité des races humaines; création de l'homme depuis quelques mille ans ou depuis quelques mille siècles; fixité des espèces, ou transformation lente et progressive des espèces les unes dans les autres; la matière réputée éternelle, en dehors d'elle le néant; l'idée de Dieu inutile : voilà quelques-unes des questions livrées de nos jours aux disputes des hommes.

Ne craignez pas que je vienne ici avec la prétention de résoudre l'un quelconque de ces graves sujets; mais à côté d'eux, dans le voisinage de ces mystères, il y a une question plus modeste qui leur est directement ou indirectement associée, et dont je puis oser peut-être vous entretenir, parce qu'elle est accessible à l'expérience, et qu'à ce point de vue j'en ai fait l'objet d'études que je crois sévères et consciencieuses.

C'est la question des générations dites spontanées.

La matière peut-elle s'organiser d'elle-même? En d'autres termes, des êtres peuvent-ils venir au monde sans parents, sans aïeux? Voilà la question à résoudre.

Il faut bien le dire, la croyance aux générations spontanées a été une croyance de tous les âges; universellement répandue dans l'antiquité, plus restreinte dans les temps modernes, et surtout de nos jours. C'est cette croyance que je viens combattre.

Sa durée pour ainsi dire indéfinie à travers les âges m'inquiète fort peu, car vous savez sans doute que les plus grandes erreurs peuvent compter par siècles leur existence; et d'ailleurs, si cette durée pouvait vous paraître un argument, il me suffirait de rappeler ici la puérilité des motifs allégués autrefois en faveur de la doctrine.

Voici, par exemple, ce qu'écrivait encore au xviiᵉ siècle un célèbre médecin alchimiste, Van Helmont :

« L'eau de fontaine la plus pure, dit Van Helmont, mise dans un vase imprégné de l'odeur d'un ferment, se moisit et engendre des vers. Les odeurs qui s'élèvent du fond des marais produisent des grenouilles, des limaces, des sangsues, des herbes.... Creusez un trou dans une brique, mettez-y de l'herbe de basilic pilée, appliquez une seconde brique sur la première, de façon que le trou soit parfaitement couvert, exposez les deux briques au soleil, et au bout de quelques jours, l'odeur de basilic, agissant comme ferment, changera l'herbe en véritables scorpions. »

Et ailleurs, et notez bien que l'expérience dont je vais parler Van Helmont affirme l'avoir faite. Ce sera dans cette leçon la première épreuve qu'il est aisé de faire des expériences, mais très malaisé d'en faire d'irréprochables :

« Si l'on comprime une chemise sale dans l'orifice d'un vaisseau contenant des grains de froment, le ferment sorti de la chemise sale, modifié par l'odeur du grain, donne lieu à la transmutation du froment en souris après vingt et un jours environ, et Van Helmont ajoute que les souris sont adultes; qu'il en est de mâles et de femelles, et qu'elles peuvent reproduire l'espèce en s'accouplant. »

Voilà, messieurs, les expériences qui, au xviie siècle, appuyaient la doctrine de la génération spontanée.

Puisque, il y a deux siècles seulement, on pouvait écrire sur ce sujet de pareilles énormités, que nous importe la durée de cette croyance à travers les âges? que nous importent les noms de ceux qui l'ont défendue de leur parole ou de leurs écrits, qu'ils s'appellent Épicure, Aristote ou Van Helmont?

Tout au contraire, si je me place au point de vue historique, je pourrai remarquer que cette doctrine a suivi le développement de toutes les idées fausses; qu'au lieu de grandir avec le temps, ce qui est le propre de la vérité, elle a toujours été s'amoindrissant et se circonscrivant sans cesse. Aujourd'hui il n'est pas un seul naturaliste qui croie à la génération spontanée d'un insecte, d'un mollusque et encore moins d'un animal vertébré.

Mais à la fin du xviie siècle, une immense découverte, celle du microscope, vint révéler à l'homme tout un monde nouveau, le monde des infiniment petits. A peine vaincue en ce qui concerne les êtres supérieurs, la doctrine de la génération spontanée reparut, disant avec audace : Voici mon domaine. C'est vrai, je m'étais trompée, les conditions actuelles ne sont plus celles qui conviennent aux êtres supérieurs, mais elles s'appliquent encore aux êtres microscopiques; c'est là qu'il y a des générations spontanées. — Et en effet, chose étrange, dans l'espace de quelques heures, on voyait apparaître sur le porte-objet du nouvel et merveilleux instrument des animalcules à l'infini, d'une simplicité d'organisation quelquefois si grande qu'elle excluait toute possibilité de génération sexuelle. Et ces êtres étaient si nombreux, si divers, si bizarres de formes, leur origine était tellement liée à la présence de toute matière animale ou végétale morte en voie de désorganisation, qu'on en vint à cette théorie spécieuse, d'autant plus séduisante qu'elle avait à son service le style

souple, brillant, imagé et très autorisé de l'illustre naturaliste Buffon :

« La matière des êtres vivants conserve après la mort
un reste de vitalité. La vie réside essentiellement dans
les dernières molécules des corps. Ces molécules sont
arrangées comme dans un moule. Autant d'êtres, autant
de moules différents, et, lorsque la mort fait cesser le jeu
de l'organisation, c'est-à-dire la puissance de ce moule,
la décomposition du corps suit, et les molécules organiques, qui toutes survivent, se retrouvant en liberté dans
la dissolution et la putréfaction des corps, passent dans
d'autres corps aussitôt qu'elles sont pompées par la puissance de quelque autre moule; seulement il arrive une
infinité de générations spontanées dans cet intermède où
la puissance du moule est sans action, c'est-à-dire dans
cet intervalle de temps pendant lequel les molécules organiques se trouvent en liberté dans la matière des corps
morts et décomposés; ces molécules organiques, toujours
actives, travaillent à remuer la matière putréfiée; elles
s'en approprient quelques particules brutes et forment
par leur réunion une multitude de petits corps organisés
dont les uns, comme les vers de terre, les champignons, etc., paraissent être des animaux ou des végétaux
assez grands, mais dont les autres, en nombre presque
infini, ne se voient qu'au microscope. Tous ces corps
n'existent que par une génération spontanée, et ils remplissent l'intervalle que la nature a mis entre la simple
molécule organique vivante et l'animal ou le végétal;
aussi trouve-t-on tous les degrés, toutes les nuances imaginables dans cette suite, dans cette chaîne d'êtres qui
descend de l'animal le mieux organisé à la molécule simplement organique. »

Voilà, messieurs, pour Buffon, la doctrine de la génération spontanée, ou, comme on l'appelle souvent quand
il s'agit de ce grand naturaliste, la théorie des molécules
organiques de Buffon. Je n'irai pas plus loin sans placer

sous vos yeux quelques-unes de ces générations que Buffon disait spontanées. Je ne vous montrerai cependant ni des vers de terre ni des champignons. Vous venez de l'entendre, Buffon croyait encore que ces êtres-là venaient au monde sans parents. On ne le croit plus aujourd'hui. Ce qu'il faut que je vous montre, ce sont des êtres micro-scopiques, parce que c'est là, dit-on, que la génération spontanée est reléguée de nos jours, là où il est plus diffi-cile, en effet, de porter la lumière de l'expérience. Mais ayez confiance, je l'y ferai pénétrer tout à l'heure, et vous ne sortirez pas d'ici sans être convaincus que la généra-tion spontanée des êtres microscopiques est une chimère à l'égal de la génération spontanée des vers de terre et des champignons de Buffon, à l'égal de la génération spontanée des scorpions et des souris de Van Helmont.

. . . .

Assurément, s'il existe des faits que les partisans de la doctrine de la génération spontanée doivent tenir pour vrais, ce sont ceux-là pour lesquels ils se sont crus auto-risés à relever le drapeau de leur doctrine, tant soit peu oubliée et vaincue depuis la fin du dernier siècle. Ce fut en 1858 que M. Pouchet, directeur du Muséum d'histoire naturelle de Rouen, membre correspondant de l'Aca-démie des sciences, vint déclarer à cette Académie qu'il avait réussi à instituer des expériences qui démontraient péremptoirement l'existence d'êtres microscopiques venus au monde sans germes, par conséquent sans parents semblables à eux.

Voici les expressions et les expériences de ce savant naturaliste : « L'air atmosphérique n'est pas et ne peut pas être le véhicule des germes des premiers organismes. J'ai pensé que ce ne serait laisser aucune prise à la cri-tique si je parvenais à déterminer l'évolution de quelque être organisé en remplaçant l'air atmosphérique par de l'air artificiel. »

Voyez bien ce que l'auteur veut établir. L'air, dit-il,

ne peut pas être, n'est pas le véhicule des germes des premiers organismes. C'est qu'en effet les naturalistes qui ne croient pas à la génération spontanée prétendent que les germes des êtres microscopiques existent dans l'air; que l'air les charrie, les transporte à distance, après les avoir soulevés dans les lieux où pullulent ces petits êtres. Voilà l'hypothèse des adversaires de la génération spontanée, et M. Pouchet, qui veut la combattre, ajoute avec pleine raison : « Je ne laisserai aucune prise à la critique si je parviens à déterminer la génération de quelques êtres organisés en substituant un air artificiel à celui de l'atmosphère ». C'est vrai et logique; voyons comment M. Pouchet va s'y prendre. L'expérience est ainsi racontée dans son mémoire :

« Un flacon d'un litre de capacité fut rempli d'eau bouillante, et, ayant été bouché hermétiquement avec la plus grande précaution, immédiatement on le renversa sur une cuve à mercure; lorsque l'eau fut totalement refroidie, on le déboucha sous le métal et l'on y introduisit un demi-litre de gaz oxygène pur », de ce gaz qui est la partie vitale et salubre de l'air, aussi nécessaire à la vie des êtres microscopiques qu'il l'est à la vie des grands animaux et des grands végétaux. Jusqu'ici il n'y a encore que de l'eau pure et du gaz oxygène dans le vase; achevons l'infusion.

« Aussitôt après, dit M. Pouchet, on y mit, sous le mercure, une petite botte de foin pesant 10 grammes, renfermée dans un flacon bouché à l'émeri et sortant d'une étuve chauffée à 100 degrés, où elle était restée trente minutes. »

Voilà, messieurs, l'expérience qui a remis en question la doctrine des générations spontanées.

Voici son résultat : au bout de huit jours il y avait dans l'infusion une moisissure développée. Quelle est la conclusion de M. Pouchet? C'est que l'air atmosphérique n'est pas le véhicule des germes, des êtres microscopiques.

En effet, que voulez-vous objecter à M. Pouchet? Lui direz-vous : L'oxygène que vous avez employé renfermait peut-être des germes. — Mais non, répondra-t-il, car je l'ai fait sortir d'une combinaison chimique. — C'est vrai : il ne pouvait renfermer des germes. Lui direz-vous : L'eau que vous avez employée renfermait des germes. — Mais il vous répondra : Cette eau, qui avait été exposée au contact de l'air, aurait pu en recevoir, mais j'ai eu soin de la placer bouillante dans le vase, et à cette température, si des germes avaient existé, ils auraient perdu leur fécondité. Lui direz-vous : C'est le foin. — Mais non : le foin sortait d'une étuve chauffée à 100 degrés. On lui fit cependant cette dernière objection, car il y a de singuliers êtres qui, chauffés à 100 degrés, ne périssent pas; mais il répondit : Qu'à cela ne tienne! Et il chauffa le foin à 200, 300 degrés.... Il dit même, je crois, qu'il a été jusqu'à la carbonisation. Eh bien, je l'admets, l'expérience ainsi conduite est irréprochable, mais seulement sur tous les points qui ont appelé l'attention de l'auteur. Je vais démontrer qu'il y a une cause d'erreur que M. Pouchet n'a pas aperçue, dont il ne s'est pas le moins du monde douté, dont personne ne s'était douté avant lui, et cette cause d'erreur rend son expérience complètement illusoire, aussi mauvaise que celle du pot de linge sale de Van Helmont; je vais vous montrer par où les souris sont entrées. Je vais démontrer que, dans toute expérience du genre de celle qui nous occupe, il faut absolument proscrire l'emploi de la cuve à mercure. Je vais vous démontrer, cela paraît bien extraordinaire au premier abord, que c'est le mercure qui, dans toutes les expériences de cette nature, apporte dans les vases les germes, ou mieux, pour que mon expression n'aille pas présentement au delà du fait démontré, les poussières qui sont en suspension dans l'air.

Il n'est personne parmi vous, messieurs, qui ne sache

qu'il y a toujours des poussières en suspension dans l'air. La poussière est un ennemi domestique que tout le monde connaît. Qui d'entre vous n'a vu un rayon de soleil pénétrant par la jointure d'un volet ou d'une persienne dans une chambre mal éclairée? Qui d'entre vous ne s'est amusé à suivre de l'œil les mouvements capricieux de ces mille petits corps, d'un si petit volume, d'un si petit poids, que l'air peut les porter comme il porte la fumée. L'air de cette salle est tout rempli de ces petits brins de poussière, de ces mille petits riens, qu'il ne faut pas dédaigner toutefois, car ils portent quelquefois avec eux la maladie ou la mort : le typhus, le choléra, la fièvre jaune et tant d'autres fléaux. L'air de cette salle en est rempli. Pourquoi ne les voyons-nous pas? Ils sont éclairés cependant. Nous ne les voyons pas parce qu'ils sont si petits, d'un si faible volume, que les quelques rayons de lumière que chacun d'eux envoie à notre œil sont perdus, confondus dans le très grand nombre de rayons que nous envoient même les plus petits objets de cette salle, qui sont toujours d'une grosseur considérable par rapport à chacun de ces petits corps. Nous ne les voyons pas par la même raison que le jour nous ne voyons pas les étoiles à la voûte du ciel. Mais faisons la nuit autour de nous, rendons tout obscur, et éclairons seulement ces petits corps, alors nous les verrons comme le soir on voit les étoiles.

Nous allons produire l'obscurité dans la salle et lancer un faisceau de lumière.

Vous pouvez voir, messieurs, s'agiter bien des poussières dans ce faisceau lumineux. Du reste, ce faisceau de lumière, vous ne le voyez lui-même que parce qu'il y a des brins de poussière dans l'air de la salle. Si vous les supprimiez, vous ne verriez rien, car ce n'est pas la lumière elle-même qui est visible.

Ainsi, messieurs, il y a de la poussière partout dans cette salle. Si j'avais eu quelques instants de plus, je vous aurais dit : Regardez bien dans ce faisceau de lumière, approchez-vous, et vous verrez que ces petits brins de poussière, quoique agités de mouvements divers, tombent toujours plus ou moins vite ; vous en distinguez quelques-uns, et l'instant d'après ils sont un peu plus bas, bien qu'ils flottent dans l'air. Tout en flottant, ils tombent. C'est ainsi que se couvrent de poussière tous les objets, nos meubles, nos vêtements. Il tombe donc en ce moment de la poussière sur tous ces objets, sur ces livres, sur ces papiers, sur cette table, sur le mercure de cette cuve.

Il en tombait tout à l'heure, il y a une heure, deux heures, ce matin, hier. Depuis que ce mercure est sorti de sa mine, il reçoit des poussières, indépendamment de celles qui s'incorporent dans l'intérieur du métal par l'effet des manipulations nombreuses auxquelles on le soumet dans nos laboratoires. Eh bien, je vais vous démontrer qu'il n'est pas possible de toucher à ce mercure, d'effectuer une manipulation quelconque sur ce mercure, d'y placer la main, un flacon, sans introduire dans l'intérieur de la cuve les poussières qui sont à la surface.

Afin de rendre visible l'épreuve à laquelle je vais soumettre la surface de cette cuve à mercure, je vais produire l'obscurité, et éclairer seulement la cuve, puis saupoudrer de la poussière en assez grande quantité. Cela fait, j'enfonce un objet quelconque dans le mercure de la cuve, un bâton de verre par exemple ; aussitôt vous voyez les poussières cheminer et se diriger toutes du côté de l'endroit où j'enfonce le bâton de verre, et pénétrer dans l'espace entre le verre et le mercure, parce que le mercure ne mouille pas le verre.

Voici, messieurs, une cuve beaucoup plus profonde, où l'expérience se fera d'une manière plus saisissante. Elle se compose d'un tube de fer d'un mètre de profondeur, surmonté d'une cuvette. Toute la surface du mercure contenu dans ce vase est couverte de poussière. J'y enfonce le bâton de verre, et peu à peu la surface du mercure se découvre complètement et prend un aspect métallique, de terne qu'elle était auparavant. Toutes les poussières sont dans l'intérieur, à la partie inférieure de la cuve, et la surface se couvrira de nouveau de poussière quand je retirerai le bâton de verre.

Quelle est la conséquence, messieurs, de cette épreuve si simple, mais si grave, pour le point qui nous occupe? C'est qu'il n'est pas possible de manipuler sur la cuve à mercure sans faire pénétrer dans l'intérieur du vase les poussières qui sont à la surface. C'est vrai, M. Pouchet a éloigné les poussières en se servant de gaz oxygène, d'air artificiel; il a éloigné les germes qui pouvaient être dans l'eau, dans le foin; mais ce qu'il n'a pas éloigné, ce sont les poussières, et par suite les germes qui sont à la surface du mercure.

Mais je vais cependant au delà de l'expérience. Je viens de démontrer qu'il est impossible de manipuler sur la cuve à mercure sans introduire dans le vase les poussières qui sont à la surface. Mais quand je dis les poussières et que j'ajoute par conséquent les germes, je vais plus loin que l'expérience. Que reste-t-il donc à faire? Il faut que j'arrive à établir que les poussières qui flottent dans l'air renferment des germes d'organismes inférieurs. Eh bien, messieurs, il n'y a rien de plus simple, quel que soit le lieu du globe où l'on opère, que de réunir les poussières qui sont dans l'air, de les examiner au microscope, d'étudier leur composition et de voir ce qu'elles renferment.

Voici un tube de verre qui est ouvert à ses deux extrémités.

Vous avez vu tout à l'heure qu'il y avait de la poussière dans cette salle, qu'il y en a partout. Je suppose que je place l'extrémité du tube de verre à ma bouche et que j'aspire. En aspirant, je fais entrer dans ma bouche, dans l'intérieur de mes poumons, les poussières qui sont en suspension dans l'air. Si je veux prolonger cette aspiration, je n'aurai qu'à mettre en communication l'extrémité du tube avec un vase rempli d'eau.

On entend aussitôt le bruit de l'aspiration. Par conséquent, il est évident que la poussière passe dans l'intérieur du tube.

Or si je place dans ce tube une petite bourre de coton, il est bien clair que si la bourre de coton n'est pas trop tassée de manière à intercepter le passage de l'air, la poussière va rester en grande partie, en presque totalité sur le coton. Je suppose que l'expérience soit faite : voici une de ces bourres ainsi chargées. Les personnes qui sont à petite distance peuvent voir qu'elle en est presque noire. Quoi de plus simple que de mettre un peu d'eau dans ce verre de montre, où je dépose cette bourre de coton, de la malaxer entre les doigts et de faire tomber sur une lame de verre une goutte de cette eau qui tient en suspension la poussière, de laisser l'eau s'évaporer, de rajouter une seconde, puis une troisième goutte et ainsi de suite. On accumulera ainsi sur cette lame de verre une grande quantité de la poussière qui était sur la bourre de coton, alors on observera au microscope. Or, en agissant ainsi ou par un moyen un peu plus compliqué, dans le détail duquel je n'entre pas, voici ce que l'on observe. — M. Duboscq va projeter sur le tableau l'image des poussières recueillies dans l'atmosphère.

Vous y voyez beaucoup de choses amorphes, de la suie, du carbonate de chaux, peut-être de petits fragments de laine, de soie, de coton, enlevés à vos vêtements. Mais au milieu de ces choses amorphes, vous apercevez des corpuscules tels que ceux-ci, qui sont évidemment des corpuscules organisés. Vous voyez donc qu'il y a toujours associés aux poussières amorphes qui flottent dans l'air des corps organisés. Si vous preniez la dimension de ces corpuscules, que vous placiez à côté une de ces graines de moisissure dont je vous ai montré le mode de germination, il serait impossible au plus habile naturaliste d'établir la moindre différence entre ces objets. Ce sont là, messieurs, les germes des êtres microscopiques.

Je pourrais maintenant, par un artifice particulier, en brisant d'une certaine façon l'extrémité de ces vases dans lesquels il y a des infusions organiques très altérables au contact de l'air atmosphérique ordinaire, mais qui ne s'altèrent pas ici parce que l'air renfermé dans ces vases a été porté à une température très élevée et a été ainsi rendu impropre à provoquer l'apparition des êtres microscopiques, vous montrer qu'on peut semer dans l'intérieur de ces vases les corpuscules qui sont en suspension dans l'air, et reconnaître au bout de deux ou trois jours que les vases ainsi ensemencés donnent lieu à des êtres microscopiques. Je pourrais, d'autre part, recueillir les corpuscules de l'air sur de l'amiante, et ensemencer celle-ci après l'avoir fait brûler dans la flamme pour détruire les corpuscules. Dans ce cas, l'infusion reste parfaitement intacte, comme si l'on n'avait rien semé. Donc, ces corpuscules sont bien évidemment des germes, et vous en aurez encore tout à l'heure d'autres preuves non moins convaincantes.

Mais, messieurs, j'ai hâte d'arriver à des expériences, à des démonstrations si saisissantes, que vous ne voudrez retenir que celles-là. Nous avons prouvé tout à l'heure que M. Pouchet s'était trompé, parce qu'il avait employé dans ses premières expériences une cuve à mercure.

Supprimons l'emploi de la cuve à mercure, puisque nous avons reconnu qu'elle donnait lieu à des erreurs inévitables. Voici, messieurs, une infusion de matière organique d'une limpidité parfaite, limpide comme de l'eau distillée, et qui est extrêmement altérable. Elle a été préparée aujourd'hui. Demain déjà elle contiendra des animalcules, de petits infusoires ou des flocons de moisissures.

Je place une portion de cette infusion de matière organique dans un vase à long col, tel que celui-ci. Je suppose que je fasse bouillir le liquide et qu'ensuite je laisse
refroidir. Au bout de quelques jours, il y aura des moisissures ou des animalcules infusoires développés dans
le liquide. En faisant bouillir, j'ai détruit des germes
qui pouvaient exister dans le liquide et à la surface des
parois du vase. Mais comme cette infusion se trouve
remise au contact de l'air, elle s'altère comme toutes les
infusions.

Maintenant je suppose que je répète cette expérience,
mais qu'avant de faire bouillir le liquide, j'étire à la
lampe d'émailleur le col du ballon, de manière à l'effiler,
en laissant toutefois son extrémité ouverte. Cela fait, je
porte le liquide du ballon à l'ébullition, puis je le laisse
refroidir. Or, le liquide de ce deuxième ballon restera
complètement inaltéré, non pas deux jours, non pas
trois, quatre, non pas un mois, une année, mais trois et
quatre années, car l'expérience dont je vous parle a déjà
cette durée. Le liquide reste parfaitement limpide, limpide comme de l'eau distillée. Quelle différence y a-t-il
donc entre ces deux vases? Ils renferment le même
liquide, ils renferment tous deux de l'air, tous les deux
sont ouverts. Pourquoi donc celui-ci s'altère-t-il, tandis
que celui-là ne s'altère pas? La seule différence, messieurs, qui existe entre les deux vases, la voici : Dans
celui-ci, les poussières qui sont en suspension dans l'air
et leurs germes peuvent tomber par le goulot du vase
et arriver au contact du liquide où ils trouvent un aliment
approprié, et se développent. De là, les êtres microscopiques. Ici, au contraire, il n'est pas possible, ou du
moins il est très difficile, à moins que l'air ne soit vivement agité, que les poussières en suspension dans l'air
puissent entrer dans ce vase. Où vont-elles? Elles tombent sur le col recourbé. Quand l'air rentre dans le vase
par les lois de la diffusion et les variations de température,

celles-ci n'étant jamais brusques, l'air rentre lentement et assez lentement pour que ses poussières et toutes les particules solides qu'il charrie tombent à l'ouverture du col, ou s'arrêtent dans les premières parties de la courbure.

Cette expérience, messieurs, est pleine d'enseignements. Car remarquez bien que tout ce qu'il y a dans l'air, tout, hormis ses poussières, peut entrer très facilement dans l'intérieur du vase et arriver au contact du liquide. Imaginez ce que vous voudrez dans l'air, électricité, magnétisme, ozone, et même ce que nous n'y connaissons pas encore, tout peut entrer et venir au contact de l'infusion. Il n'y a qu'une chose qui ne puisse pas rentrer facilement, ce sont les poussières en suspension dans l'air, et la preuve que c'est bien cela, c'est que si j'agite vivement le vase deux ou trois fois, dans deux ou trois jours il renferme des animalcules et des moisissures. Pourquoi? Parce que la rentrée de l'air a eu lieu brusquement et a entraîné avec lui des poussières.

Et par conséquent, messieurs, moi aussi, pourrais-je dire, en vous montrant ce liquide : J'ai pris dans l'immensité de la création ma goutte d'eau, et je l'ai prise toute pleine de la gelée féconde, c'est-à-dire, pour parler le langage de la science, toute pleine des éléments appropriés au développement des êtres inférieurs. Et j'attends, et j'observe, et je l'interroge, et je lui demande de vouloir bien recommencer pour moi la primitive création; ce serait un si beau spectacle! Mais elle est muette! Elle est muette depuis plusieurs années que ces expériences sont commencées. Ah! c'est que j'ai éloigné d'elle, et que j'éloigne encore en ce moment, la seule chose qu'il n'ait pas été donné à l'homme de produire, j'ai éloigné d'elle les germes qui flottent dans l'air, j'ai éloigné d'elle la vie, car la vie c'est le germe et le germe c'est la vie. Jamais la doctrine de la génération spontanée ne se relèvera du coup mortel que cette simple expérience lui porte. (PASTEUR, *Revue scientifique*, 23 avril 1864.)

VI

LE CHARBON

Dans beaucoup de contrées, en France, en Europe et, on peut dire, dans le monde entier, il arrive fréquemment que les troupeaux sont frappés, sans cause apparente, d'une grande mortalité; les animaux tombent comme foudroyés, c'est à peine s'ils paraissent malades pendant quelques heures. L'autopsie révèle certaines lésions : un sang noir et poisseux, une rate énorme, ramollie, ce qui a fait donner quelquefois à cette maladie le nom de *sang de rate.* Sur un troupeau de trois cents moutons, par exemple, il en meurt deux aujourd'hui, quatre demain, huit, dix, et même vingt, les jours suivants, de sorte que la plus grande partie des animaux aurait bien vite succombé si les propriétaires n'avaient reconnu depuis long-temps qu'en changeant les troupeaux de place, en les faisant émigrer dans d'autres pâturages, on parvenait presque toujours à faire cesser la mortalité.

Je n'essayerai pas de vous rappeler les différentes causes qui ont été invoquées pour expliquer cette mala-die : nature du sol, des eaux, des fourrages, chaleur, humidité, pluie, tout en un mot, ce qui arrive fatalement pour toutes les questions dont la cause réelle est ignorée. Cependant on savait depuis longtemps que cette maladie était inoculable, c'est-à-dire qu'en introduisant sous la peau d'un mouton sain quelques gouttes de sang d'un mouton mort du charbon on reproduisait la maladie. C'était un premier pas fait dans l'étude de cette affection, mais depuis combien de temps ne sait-on pas que d'autres maladies sont également transmissibles; la rage, la petite vérole, la peste, la fièvre jaune, etc., et cependant nous ne paraissons guère plus avancés sur les causes de leur transmission et sur leur étiologie. Nous allons voir que pour le charbon il n'en est pas ainsi, et que la question est aujourd'hui complètement résolue.

Examinons le sang d'un mouton sain et le sang d'un mouton mort du charbon. Voilà le sang d'un mouton sain : on ne voit que des globules rouges empilés les uns sur les autres et quelques globules blancs. Voilà maintenant le sang d'un mouton charbonneux. Remarquons d'abord que les globules ont perdu la netteté de leur contour, ils sont comme fondus les uns dans les autres, ce qui fait dire que dans cette affection le sang est poisseux et agglutinatif. Mais ce qui doit surtout frapper votre attention, c'est la présence de ces filaments droits, cassés, et immobiles, qui se trouvent entre les amas des globules de sang. Nous retrouvons là une des formes des êtres microscopiques que je vous ai montrés tout à l'heure. Ce fut le docteur Davaine qui, le premier, en 1850, signala la présence de ces petits bâtonnets dans le sang des animaux morts du charbon, mais sans songer à cette époque à leur attribuer un rôle dans la production de la maladie. Ce n'est qu'en 1863, à la suite des premiers travaux de M. Pasteur, travaux dans lesquels il était démontré que les changements de composition des liquides qui avaient subi la fermentation étaient dus au développement et à la vie des êtres microscopiques, ce fut à la suite de ces travaux, dis-je, que le docteur Davaine, soupçonnant que ces filaments, auxquels il donna le nom de *bactéridies*, pouvaient bien être la cause de la maladie, inocula du sang charbonneux et constata que, même à des doses très petites, ce sang était capable de donner la mort, et toujours il retrouvait des bactéridies en quantité prodigieuse dans le sang. Dès lors, par assimilation avec ce qui se passait dans la décomposition des matières mortes, il n'hésita pas à conclure que la maladie devait être attribuée aux bactéridies. Cette conclusion paraissait logique : cependant elle fut loin d'être acceptée généralement.

. . . .

M. Pasteur, donc, aborda l'étude du charbon qui, comme je vous le disais, divisait les meilleurs esprits. Du premier coup, et en quelques jours pour ainsi dire, il démontra d'une façon irréfutable, en collaboration avec M. Joubert, que la maladie du charbon était exclusivement produite par la bactéridie. Que fallait-il pour cela? séparer la bactéridie de tout ce qui lui était étranger dans le sang. Pour arriver à ce but, il sema une très petite goutte de sang d'un animal mort dans un ballon de levure neutralisé par la potasse. Au bout de vingt-quatre heures, le liquide, d'abord si limpide, montra une quantité considérable de flocons très légers nageant dans son intérieur. S'il eût inoculé ce liquide à des animaux, on aurait pu objecter qu'il ne faisait qu'inoculer une dilution plus ou moins étendue, comme l'avait déjà fait le docteur Davaine. Mais il prit une goutte de ce premier ballon et l'ensemença dans un second qui se comporta comme le premier, puis une goutte de celui-ci dans un troisième, du troisième dans un quatrième et ainsi de suite. Les cultures successives restaient identiques, les bactéridies pullulaient, de sorte que, après quelques cultures, il ne restait absolument que l'organisme débarrassé de tout ce qui lui était étranger dans la goutte de sang primitif. On a calculé en effet qu'après 7 ou 10 cultures la goutte de sang se trouvait diluée dans un volume de liquide plus grand que le volume de la terre. Or la dixième, la vingtième, la cinquantième culture inoculée à la dose d'une goutte sous la peau d'un mouton amenait la mort avec les mêmes symptômes et les mêmes caractères qu'une goutte de sang.

Le doute n'était plus permis : le charbon était bien la maladie de la bactéridie.

. . . .

Ainsi, après ce premier travail de MM. Pasteur et Joubert, tous les doutes étaient levés et il n'était plus possible de discuter sur la cause de la maladie charbonneuse.

Mais combien de questions restaient encore obscures dans l'étude de cette affection! Et d'abord d'où venaient les bactéridies qu'on rencontre en si grande quantité dans le sang des animaux morts spontanément? Guidés par cette idée que les microbes ne pouvaient pas plus naître d'eux-mêmes dans le corps des animaux que dans des liquides inertes, nous donnâmes à manger à des moutons de l'herbe sur laquelle on avait répandu des germes de bactéridies. Ces expériences, auxquelles j'ai eu l'honneur d'être associé ainsi que M. Roux, furent faites en 1878 dans une ferme des environs de Chartres. Au bout d'un temps variable, de quatre à neuf jours dans nos expériences, un certain nombre de moutons succombèrent, et à l'autopsie on retrouva toutes les lésions des moutons morts spontanément. Il était donc évident que l'ingestion des spores charbonneuses par les moutons pouvait leur communiquer la maladie. Une chose frappa vivement notre attention dès la première autopsie. Les ganglions et les tissus de l'arrière-gorge étaient tuméfiés et gonflés, comme si l'inoculation s'était faite par les premières voies digestives. Nous pensâmes alors qu'il pouvait exister de petites plaies à la surface des muqueuses de la bouche, et que c'était là la porte d'entrée des germes. Pour vérifier cette idée nous donnâmes à manger aux moutons des herbes contenant des corps durs et piquants comme des barbes d'orge ou de blé, des piquants de chardons, de façon à leur faire des plaies artificielles. Cette fois la mortalité fut sensiblement augmentée, de sorte que nous avons tout lieu de croire que l'introduction des germes charbonneux dans le corps des animaux se fait par les premières voies digestives; mais cette pénétration pourrait aussi avoir lieu en un autre point du canal intestinal, car nous avons constaté que les germes charbonneux traversent ce canal avec les aliments absorbés sans perdre leur virulence.

Pour avoir l'explication de la maladie spontanée il ne restait plus qu'une chose à faire : trouver les germes charbonneux sur les champs où les moutons meurent spontanément. Ici, messieurs, de grandes difficultés se présentaient. Il ne fallait pas songer à reconnaître ces germes par le seul emploi du microscope, beaucoup de germes d'autres organismes tout à fait inoffensifs, ressemblant à ceux de la bactéridie. La culture ordinaire des germes dans des liquides stériles ne pouvait pas non plus nous donner de résultat, beaucoup de bacillus offrant également le même aspect que la bactéridie filamenteuse. Un seul critérium se présentait à nous : léviguer les terres pour recueillir les parties ténues dans lesquelles devaient se trouver les germes et inoculer les dépôts à des animaux, afin de leur communiquer, si cela était possible, le charbon. Mais comment faire ces essais sur la terre de champs ayant quelquefois plusieurs hectares de superficie? Il nous aurait fallu des centaines et même des milliers d'animaux. Nous pensâmes tout naturellement à rechercher ces germes dans le voisinage des fosses où on avait enfoui des animaux morts du charbon. Ces terres, prises tantôt à la surface, tantôt dans les profondeurs, furent donc lavées, et les dépôts inoculés à des cochons d'Inde. Une autre difficulté nous attendait. Outre les germes de bactéridies la terre renfermait une multitude d'autres germes plus ou moins dangereux, de sorte que la plupart du temps nos animaux succombaient à des maladies toutes différentes de celle que nous cherchions, et entre autres à des septicémies variées. Nous profitâmes alors de la propriété que possèdent les germes de bactéridies de résister à une température de 90-95°, et nous chauffâmes nos dépôts à ces températures. Cette fois nous avions tué, non tous les germes étrangers, mais un grand nombre d'entre eux, et plusieurs de nos animaux succombèrent au charbon. Il était rare que la maladie fût la maladie charbonneuse pure, le plus souvent il y avait des fusées purulentes, des décollements même de la peau; mais la bactéridie était dans le sang, et en inoculant une goutte de ce sang à un second animal on avait la maladie charbonneuse sans complication étrangère. Cette méthode, messieurs, que je ne puis m'empêcher de qualifier de grossière, a été depuis beaucoup perfectionnée; nous sommes arrivés à trouver des conditions de culture dans lesquelles la bactéridie se développe seule ou presque seule, de sorte qu'on peut maintenant en quelque sorte à coup sûr retrouver des germes de bactéridies partout où il y en a; malheureusement je n'ai pas le temps de vous les exposer ici.

Quoi qu'il en soit, même avec notre méthode grossière, nous étions arrivés à démontrer rigoureusement qu'il y avait des germes de bactéridies dans la terre à la surface des fosses et dans la terre autour du cadavre. Nous n'en trouvions pas dans les terres prises à une certaine distance de ces fosses.

La présence de ces germes se conçoit aisément. Lorsqu'un animal succombe, le plus souvent, il est dépouillé avant d'être enfoui, de sorte que du sang se trouve mis au contact de l'air, et les bactéridies filamenteuses sont dans des conditions favorables pour produire des germes. Mais, en continuant nos recherches, nous fûmes amenés à constater que, même dans le cas où les animaux n'avaient pas été dépouillés avant leur enfouissement, on trouvait encore des germes, soit à la surface des fosses, soit autour du cadavre. Une nouvelle difficulté surgissait. Depuis long-temps, en effet, on sait que la putréfaction détruit la virulence du sang charbonneux. D'où proviennent donc les germes dans le cas où un animal est enfoui sans être dépecé? Eh bien, messieurs, l'explication est extrêmement simple. Il est parfaitement vrai que la bactéridie filamenteuse périt dans l'intérieur du corps d'un animal mort, sans donner de germes ; mais elle ne périt qu'au bout de plusieurs jours. Avant sa mort, la putréfaction qui s'est produite sur le cadavre a dégagé des gaz, distendu la peau et donné lieu à des déchirements qui ont laissé écouler des liquides chargés de bactéridies encore vivantes. Celles-ci se trouvent dès lors au contact de l'air, et peuvent donner des germes.

Quant au mécanisme par lequel les germes formés autour du cadavre remontent à la surface de la terre, il est aussi simple qu'inattendu. Vous avez tous remarqué ces tortillons de terre qui sont quelquefois en quantité considérable à la surface du sol, et qui ne sont autre chose que les excréments des vers de terre. Vous savez tous aussi que les vers recherchent de préférence les places où les terres contiennent de l'humus, c'est-à-dire celles qui renferment des substances organiques en décomposition. Les vers, en allant chercher leur nourriture autour du cadavre, vont donc ramener sur le sol une partie de cette terre profonde qui renfermait des germes. Or ces germes ne perdent pas plus leur virulence en passant par le canal intestinal du ver de terre qu'ils ne la perdent en passant par le canal intestinal du mouton. Il n'est donc pas étonnant qu'on les retrouve à la surface du sol. Beaucoup d'autres causes peuvent aussi contribuer dans la nature à ramener ces germes, un labour un peu profond, le défoncement du sol, etc.

Il ne faudrait pas croire, messieurs, d'après cela, qu'il y a toujours et nécessairement des germes à la surface de toutes les fosses où on a enfoui des animaux charbonneux.

Pour que les germes se forment, il faut que les filaments soient à une certaine température. Ils ne se forment pas, par exemple, au-dessous de 12 degrés. Si donc un animal est enfoui pendant l'hiver, et même en automne ou au printemps, surtout si le temps est pluvieux et froid, les bactéridies pourront périr sans donner des germes. Mais pendant l'été, pendant les mois de juillet, août et septembre, c'est-à-dire pendant les mois où on perd le plus d'animaux du charbon, et surtout de la façon dont on les enfouit, c'est-à-dire à une petite profondeur, il se produit presque toujours des germes.

Si j'ajoute que ces germes peuvent rester sur le sol pendant plusieurs années tout en conservant leur virulence, que, par les pluies, les herbes qui ont poussé à ces endroits sont plus ou moins souillées par la terre, et, par conséquent, plus ou moins recouvertes de germes charbonneux, nous comprendrons très bien comment la maladie se communique aux animaux, soit qu'ils mangent ces herbes sur le sol même, soit qu'ils les mangent à l'étable à l'état de fourrage sec. De plus, les grandes pluies peuvent entraîner les germes en même temps que les particules terreuses, et les porter au loin. Bref, après ces résultats, tout devenait clair pour l'étiologie de cette maladie.

Cependant nous avons voulu montrer d'une manière plus frappante encore que les germes charbonneux que l'on retrouve à la surface des fosses étaient bien la cause de la maladie dite spontanée. Une épidémie charbonneuse avait éclaté pendant l'été de l'année 1879 dans un petit village du Jura. Une vingtaine de vaches ou bœufs avaient succombé en quelques jours, et plusieurs de ces animaux avaient été enfouis dans une prairie où l'année suivante on reconnaissait encore très bien les places d'enfouissement. Après avoir constaté la présence des germes charbonneux sur ces fosses, nous entourâmes trois d'entre elles d'un petit enclos dans l'intérieur desquels nous mîmes à parquer quatre moutons. D'autres moutons témoins étaient parqués à quelques mètres des premiers à des endroits où on n'avait pas enfoui d'animaux charbonneux. Au bout de quinze jours, trois des moutons parqués sur les fosses avaient succombé au charbon, tandis que tous les moutons témoins continuaient à se bien porter. Le résultat était aussi net et aussi concluant que possible, et dès lors l'étiologie du charbon était établie d'une façon définitive.

Avant de quitter l'étude de cette maladie, permettez-moi d'ajouter quelques renseignements qui ont aussi leur importance.

D'abord un grand nombre de nos animaux domestiques sont susceptibles de la contracter, en particulier les lapins, les cochons d'Inde, les chèvres, les vaches et les chevaux. D'autres espèces sont absolument réfractaires, par exemple les poules et les oiseaux, au moins à l'état adulte. Enfin quelques espèces, les chats, les chiens et les carnivores en général, ne sont réfractaires que partiellement, c'est-à-dire que la maladie qu'on leur communique par l'inoculation est plus ou moins grave, mais rarement mortelle.

L'homme lui-même n'est pas exempt de cette redoutable affection. Tous les ans un certain nombre de bergers, de bouchers, de tanneurs, après avoir manié des viandes ou des peaux d'animaux charbonneux, succombent, à une maladie connue en médecine sous le nom de *pustule maligne*, et qui n'est autre que le charbon. Le plus souvent on a pu reconnaître la porte d'entrée de la bactéridie; cette porte était une blessure, une écorchure faite sur la peau des mains ou du visage. En Allemagne, on a signalé également la mort de plusieurs personnes ayant contracté le charbon interne, c'est-à-dire dans lequel il n'y avait pas de pustule maligne, et où la porte d'entrée des bactéridies était, comme pour les moutons, dans la bouche ou les organes de la respiration et de la digestion. Si, en France, on n'a pas encore, que je sache, signalé ces cas de charbon, la cause doit en être attribuée sans doute à ce qu'on n'a pas fait l'examen microscopique du sang, et que la maladie a été confondue avec d'autres affections ayant une analogie plus ou moins grande avec le charbon.

Cependant, si l'on tient compte de ce fait, que, dans beaucoup de fermes, on sacrifie les animaux au moment où ils vont succomber, c'est-à-dire lorsque la bactéridie est déjà très développée dans le sang, et que la chair sert à la nourriture des gens de la ferme ou bien est expédiée et vendue dans la ville voisine, si l'on considère, en outre, que les vétérinaires, les bergers, les tanneurs, les équarrisseurs sont à chaque instant exposés aux causes de contagion, on est forcé de reconnaître que le nombre des personnes qui succombent est en réalité assez restreint. D'après cela, je serais porté à croire que sous le rapport de l'affection charbonneuse, l'homme pourrait être rangé à côté des carnivores, c'est-à-dire à côté des animaux qui contractent rarement la maladie mortelle.

La différence que nous constatons dans l'aptitude des différentes espèces animales pour l'affection charbonneuse ne nous choque pas, car nous sommes habitués depuis longtemps à voir d'autres maladies sévir sur certaines espèces et non sur d'autres. Nous concevons d'ailleurs très bien, et l'analyse chimique l'a démontré, que les liquides qui baignent les cellules d'un mouton, par exemple, sont différents de ceux qui baignent celles d'un chien ou d'une poule; mais ce qui nous frappe davantage, c'est de voir que, dans une même espèce, les vaches en particulier, les unes sont très sensibles au charbon, et les autres à peu près complètement réfractaires. Nous verrons tout à l'heure que quelques animaux peuvent être en partie vaccinés naturellement; cependant il me paraît évident, d'après ces observations, qu'il doit y avoir de grandes différences dans la nature des liquides qui baignent les cellules et dans la vitalité même des cellules de deux animaux de la même espèce. Et lorsqu'on réfléchit que souvent il suffit d'un très léger changement dans la

composition des liquides de culture pour que la bactéridie
ne s'y développe pas, on comprend toutes les anomalies
qui peuvent se présenter dans l'inoculation d'un même
virus à des animaux en apparence identiques. La nature
des aliments, l'état de jeunesse ou de vieillesse, la fatigue, etc., sont autant de causes qui peuvent changer la
constitution du corps et, par conséquent, favoriser l'éclosion et le développement de telle ou telle maladie. (CHAM-
BERLAND, *les Microbes dans la production des maladies. —
Revue scientifique* du 15 avril 1882.)

VII

DES VIRUS-VACCINS

Un médecin anglais, Jenner, découvrit en 1776 un remède préventif à une maladie contagieuse très redoutable, la petite vérole. Une goutte d'un liquide spécial appelé vaccin et qu'on recueille sur des vaches atteintes d'une certaine affection est inoculée sous l'épiderme de la personne que l'on veut préserver et suffit pour éloigner la maladie pendant plusieurs années.

M. Pasteur a découvert des vaccins analogues pouvant mettre l'homme et les animaux à l'abri d'autres maladies contagieuses; on va voir comment l'illustre savant est arrivé à cette découverte.

Avant d'aborder la question de la vaccine du charbon, qui est le résultat le plus important que j'ai obtenu jusqu'à présent, permettez-moi de vous rappeler le fruit de mes recherches sur le choléra des poules. C'est par cette recherche que des principes nouveaux et de la plus haute importance ont été introduits dans la science sur les virus et les propriétés contagieuses des maladies transmissibles. Plus d'une fois dans ce qui va suivre, j'emploierai l'expression de virus-culture, comme autrefois dans mes travaux sur la fermentation j'ai employé les expressions de culture de ferment lactique, de vibrion butyrique, etc. Prenons maintenant une poule sur le point de mourir du choléra des poules et trempons le

bout d'une baguette en verre très fine dans le sang de
cet animal avec toutes les précautions, sur la nature desquelles je n'ai pas à insister ici. Puis touchons avec cette
pointe chargée de sang un bouillon de poule très clair,
mais qui tout d'abord a été rendu stérile sous une température de 115 degrés centigrades; ce bouillon se trouve
dans des conditions telles que ni l'air atmosphérique ni
les vases employés à cette expérience ne puissent permettre l'introduction de germes venant de l'extérieur,
germes qui d'ailleurs sont répandus dans l'air et se trouvent à la surface de tous les objets. Au bout de peu de
temps, si le vase renfermant la culture est placé dans
une température de 25 à 35 degrés centigrades, vous
verrez le liquide devenir trouble et se remplir de petits
organismes microscopiques dont la forme rappelle celle
d'un 8 et qui sont souvent si petits que, même avec le plus
fort grossissement, ils n'apparaissent que sous forme de
points. Prenez de ce vase une goutte aussi petite que
vous voudrez, une quantité aussi minime que celle qui
peut être portée à l'extrémité d'une baguette de verre
aussi fine qu'une aiguille, et touchez avec cette pointe
une nouvelle quantité de bouillon stérilisé qui se trouve
dans un second vase, et vous observerez le même phénomène. Vous agissez de la même façon avec un troisième
vase à culture, avec un quatrième, et ainsi de suite
jusqu'à un centième et un millième, et invariablement
dans l'espace de quelques heures le liquide de la culture
devient trouble et rempli des mêmes petits organismes.
Au bout de deux ou trois jours, après avoir été exposé à
une température de 30 degrés centigrades, le trouble du
liquide disparaît et un dépôt se forme au fond du vase.
Cela signifie que le développement des petits organismes
a cessé, en d'autres termes, que tous les petits points qui
donnaient au liquide son apparence trouble sont tombés
à la partie inférieure du liquide. Les choses resteront
dans ces conditions pendant un temps plus ou moins

long, pendant des mois même, sans que le dépôt ni le liquide présentent la moindre modification sensible, pourvu que l'on prenne des précautions pour empêcher l'introduction des germes de l'atmosphère. Un petit tampon de coton suffit pour filtrer l'air qui entre et sort du vase par suite des changements de température.

Prenons une de nos séries de ces cultures ainsi préparées, la centième ou la millième, par exemple, et comparons-la, au point de vue de sa virulence, au sang de la poule qui est morte du choléra; en d'autres mots, inoculons sous la peau de dix poules, par exemple, une petite goutte de sang infectieux et inoculons en même temps dix autres poules avec une quantité égale du liquide dans lequel le dépôt a été d'abord un peu agité. Chose étrange à dire, les dix poules inoculées avec le liquide meurent aussi rapidement et avec les mêmes symptômes que les poules inoculées avec du sang, et le sang de toutes contiendra après leur mort le même petit organisme infectieux. Cette égalité, si l'on peut s'exprimer ainsi, entre la virulence de la préparation culture et celle du sang est due à une circonstance en apparence commune. J'ai fait une centaine de préparations de cultures, sans laisser un grand intervalle de temps entre les ensemencements, et c'est ainsi que peut s'expliquer l'égalité dans la virulence.

Répétons maintenant de la même façon nos cultures successives avec la seule différence que nous passons d'une culture à celle qui la suit immédiatement, en les expérimentant à des intervalles de quinze jours, de trois mois, ou de neuf mois. Si maintenant nous comparons la virulence de ces cultures successives, nous observons un grand changement. Nous verrons rapidement, en inoculant une série de dix poules, que la virulence d'une culture diffère de celle du sang ou de celle de la culture précédente, lorsqu'un intervalle de temps suffisamment long s'est écoulé entre le moment de l'ensemencement d'une culture avec le micro-organisme et celui de la précédente culture. De plus, nous nous trouvons en possession d'un mode d'observation qui nous permet de préparer des cultures dont la virulence présente des degrés différents. Une préparation tuera huit poules sur dix, une autre cinq sur dix, une autre une sur dix, enfin une autre n'en tuera pas une seule, bien que le micro-organisme soit toujours susceptible d'être cultivé. Si vous prenez maintenant chacune de ces cultures dont la virulence est atténuée, à leur point de départ, pour la préparation des cultures successives et sans laisser écouler un intervalle de temps appréciable entre les différents ensemencements, toute la série de ces cultures repro-duira la virulence atténuée de la culture qui a servi de point de départ. De même, lorsque la virulence est nulle, il ne se produit plus aucun effet.

Comment alors, demandera-t-on, les effets de ces viru-lences atténuées sont-ils révélés dans les poules? Ils le sont par des désordres locaux et par une modification morbide plus ou moins profonde du muscle, si l'inocula-tion a été faite sur un muscle. Le muscle est rempli d'organismes microscopiques, facilement reconnaissables parce que ceux qui sont atténués ont la même forme et la même apparence que ceux qui sont les plus virulents. Mais comment se fait-il que ce désordre local ne soit pas suivi de mort? Pour le moment, répondons par l'exposé des faits. Le désordre local disparaît plus ou moins rapi-dement, l'organisme microscopique est absorbé, digéré, si on peut s'exprimer ainsi, et peu à peu le muscle revient à son état normal; alors la maladie a disparu. Lorsque nous faisons une inoculation avec un organisme micro-scopique dont la virulence est nulle, il ne se produit aucun désordre, pas même un désordre local. La *natura medi-catrix* le fait disparaître, et ici nous nous trouvons en face de la résistance vitale, puisque l'organisme micro-scopique dont la virulence est nulle continue cependant à se multiplier.

En continuant cette étude, nous arrivons au principe de la vaccination. Lorsque les poules ont été rendues suffisamment malades par un virus atténué, qui a été arrêté dans son développement par la résistance vitale, si alors on lui inocule un virus virulent, elles ne subissent aucun effet fâcheux ou ne présentent que des symptômes passagers. Elles ne meurent plus par l'action d'un virus mortel, et pendant un temps suffisamment long, qui, dans certains cas, peut dépasser un an, le choléra des poules ne peut plus les atteindre, surtout dans les conditions habituelles, dans lesquelles la contagion se fait dans les poulaillers. A ce point critique de nos expériences, c'est-à-dire dans l'intervalle du temps que nous avons laissé s'écouler entre deux cultures et qui détermine l'atténuation, qu'arrive-t-il? Je vais vous démontrer que, pendant ce temps, l'agent qui intervient, c'est l'oxygène de l'air. Rien n'est plus facile à démontrer. Faisons une culture dans un tube contenant une petite quantité d'air et fermons ce tube en le chauffant à une lampe à alcool; l'organisme microscopique en se développant absorbera rapidement la quantité d'oxygène enfermée dans le tube et dans le liquide; après cela, il sera complètement à l'abri du contact de l'oxygène. Dans ce cas, il ne paraît pas que l'organisme microscopique devienne atténué d'une façon appréciable, même après un assez long temps. L'oxygène de l'air semblerait donc capable de modifier l'agent de la virulence de l'organisme microscopique du choléra des poules, c'est-à-dire qu'il peut modifier plus ou moins la facilité de son développement dans le corps des animaux. Ne sommes-nous pas là en présence d'une loi générale applicable à tous les virus? Nous sommes en droit d'espérer pouvoir découvrir de cette manière la vaccine de toutes les maladies virulentes, et nous avons commencé nos recherches sur la vaccine de ce qu'on appelle en France le charbon, de ce que vous nommez en Angleterre *splenic fever*, qui est connu en

Russie sous le nom de peste sibérienne, et en Allemagne de *milzbrand*.

Dans ces recherches j'ai été aidé par deux jeunes savants, MM. Chamberland et Roux. Au début, nous avons été arrêtés par une difficulté. Parmi les organismes inférieurs tous ne se présentent pas sous la forme de corpuscules germes que j'ai été le premier à signaler comme étant une des formes possibles de leur développement. Beaucoup d'organismes infectieux ne se présentent pas dans leur culture sous la forme de corpuscules germes. Tel est le cas de la levure de bière, que nous ne voyons pas se développer ordinairement dans les brasseries, par exemple, si ce n'est toutefois par une reproduction de scissiparité. Une cellule en fait deux ou plusieurs qui se réunissent en chapelet. Ces cellules se détachent et leur reproduction recommence. Dans ces cellules on ne voit généralement pas de germes. Les organismes microscopiques du choléra des poules et beaucoup d'autres se comportent de cette manière, de sorte que les cultures de cet organisme, tout en conservant pendant des mois le pouvoir de se cultiver, périssent finalement comme la levure de bière qui a absorbé tous ses aliments. L'organisme microscopique du charbon dans les cultures artificielles se comporte tout différemment. Dans le sang des animaux aussi bien que dans les cultures, on le rencontre sous forme de filaments transparents plus ou moins segmentés. Ce sang ou bien ces cultures, exposées à l'air libre, au lieu de continuer à se reproduire suivant leur premier mode de génération, présentent, au bout de quarante-huit heures, des corpuscules germes disséminés en groupes plus ou moins réguliers le long des filaments. Tout autour de ces corpuscules la matière est absorbée, ainsi que je l'avais montré précédemment dans mon travail sur les maladies des vers à soie. Peu à peu toute connexion entre eux disparaît et ils finissent par être réduits à une sorte de poussière de germes. Si vous faites fructifier ces corpuscules, la nouvelle culture reproduira la virulence particulière des germes qui ont servi à produire ces corpuscules; ce résultat peut être obtenu même après que ces germes ont été exposés pendant longtemps au contact de l'air. Récemment nous les avons découverts dans des fosses, où des animaux morts du charbon ont été enterrés il y a douze ans, et leur culture était aussi virulente que celle d'un animal qui serait mort récemment.

Ici je me vois obligé d'abréger mes observations; j'aurais voulu vous démontrer que les germes du charbon renfermés dans la terre des fosses où les animaux ont été enfouis sont ramenés à la surface du sol par les vers de terre, et que c'est ainsi que se trouve expliquée l'étiologie de cette maladie, puisque les animaux avalent ces germes en même temps que leur nourriture.

Une grande difficulté se présente lorsque nous cherchons à expliquer notre système d'atténuation par l'oxygène de l'air aux organismes microscopiques du charbon. La virulence s'établissant elle-même très rapidement, souvent après vingt-quatre heures, dans un germe de charbon qui échappe à l'action de l'air, il m'était impossible de penser à découvrir la vaccine du charbon dans les mêmes conditions que celles qui m'avaient amené à la découverte de la vaccine du choléra des poules. Fallait-il pour cela se décourager? Assurément non. Si vous regardez les choses de près, vous trouverez qu'il n'y a pas une grande différence entre le mode de génération des germes par scission et celui du choléra des poules. Nous avions donc des raisons de supposer que nous pourrions triompher de la difficulté qui nous arrêtait en cherchant à empêcher l'organisme du charbon de produire des corpuscules germes et de le conserver dans cet état au contact de l'oxygène pendant des jours, des semaines et des mois. L'expérience a parfaitement réussi. Dans un bouillon de poule neutre, l'organisme microscopique du charbon n'est plus cultivable à 45 degrés centigrades. Cependant sa culture est facile à 42 ou 43 degrés centigrades. Mais dans ces conditions cet organisme ne produit plus de spores. Conséquemment il est possible de maintenir en contact avec l'air pur à 42 ou 43 degrés centigrades une culture de bactéries ne contenant aucun germe; c'est alors que j'ai obtenu les résultats les plus importants; au bout d'un mois ou de six semaines, la culture meurt; cela veut dire que, si on l'ensemence dans un bouillon frais, ce bouillon reste complètement stérile; jusqu'à ce moment la vie existe dans le vase exposé à l'air et à la chalenr. Si nous examinons la virulence de la culture au bout de deux, six, huit jours, etc., on trouve que longtemps avant la mort de la culture les organismes ont perdu toute leur virulence, bien qu'ils soient encore cultivables; avant cette période on trouve que la culture présente une série de virulences atténuées; ces faits sont donc les mêmes que ceux que l'on observe pour le micro-organisme du choléra des poules. De plus, chacune de ces conditions de virulence atténuée peut être reproduite par la culture; et comme le charbon ne récidive pas, chaque micro-organisme du charbon atténué constitue pour le micro-organisme supérieur un vaccin, c'est-à-dire un virus capable de déterminer une maladie moins grave.

Nous nous trouvons donc en présence d'une méthode pour préparer un vaccin pour le charbon; vous pourrez apprécier l'importance pratique de ce résultat; mais ce qui nous intéresse plus particulièrement, c'est d'observer que nous sommes ici en possession d'une méthode générale de préparer du virus-vaccin fondée sur l'action de l'oxygène et de l'air, c'est-à-dire d'une force cosmique existant partout à la surface du globe. Je regrette de n'avoir pas le temps de vous montrer que toutes ces formes atténuées de virus peuvent très facilement, par un artifice physiologique, recouvrer le maximum de virulence qu'ils avaient à l'origine. La méthode que je viens

de vous exposer pour obtenir la vaccine du charbon
n'était pas plus tôt connue qu'elle fut immédiatement
appliquée sur une très vaste échelle. En France, nous
perdons chaque année, par le charbon, un nombre d'animaux dont la valeur est représentée par vingt millions
de francs. On m'a prié de faire une démonstration
publique de ces résultats; je l'ai faite, et j'ai obtenu les
résultats suivants : cinquante moutons ont été mis à ma
disposition; parmi eux, il y en avait vingt-cinq qui étaient
vaccinés; quinze jours après, les cinquante moutons
furent inoculés avec le virus charbonneux le plus virulent; les vingt-cinq moutons inoculés ont résisté à l'infection; les vingt-cinq autres moutons, qui n'avaient pas
été inoculés auparavant, moururent du charbon dans
l'espace de cinquante heures. Depuis ce moment je n'ai
pu suffire à donner la quantité de vaccin que me demandent les fermiers. Dans l'espace de quinze jours, nous
avons inoculé dans les départements qui entourent Paris
plus de vingt mille moutons ainsi qu'un grand nombre de
vaches et de chevaux. (PASTEUR, *Revue scientifique* du
20 août 1881.)

VIII

LES TRAVAUX DE M. PASTEUR SUR LA RAGE

On n'a pas oublié l'émotion produite dans le monde entier par la communication que fit M. Pasteur à l'Académie des sciences, le 26 octobre 1885. Il annonçait qu'il se croyait en possession d'une méthode propre à prévenir la rage chez l'homme mordu par un animal enragé, et il faisait connaître le résultat heureux du premier essai de cette méthode.

Était-ce à une rencontre fortuite que M. Pasteur devait cette grande découverte? Il n'en est rien. C'est par une suite admirable de recherches préméditées qu'il a été conduit à trouver le traitement prophylactique de la rage après morsure. A chaque pas important qu'il venait de faire, depuis le début de ses investigations sur la rage, il informait du point où il était parvenu, de telle sorte que ses diverses communications permettent de suivre le développement de ses idées et la marche de ses travaux.

Il cherche d'abord un moyen de pouvoir provoquer à coup sûr la rage chez les animaux qu'il se propose de soumettre à ses expériences. L'inoculation de la salive des chiens enragés ne produit pas toujours la rage; elle peut être inoffensive ou bien elle peut déterminer des accidents graves, mortels même, étrangers à l'intoxication rabique. La salive est donc un mauvais agent d'expérimentation. M. Pasteur, en quête d'une matière virulente d'action constante, reconnaît que le virus rabique a son siège d'élection dans les centres nerveux, particulièrement dans le bulbe rachidien et la moelle épinière, chez tous les animaux mordus ou inoculés. C'est là qu'il est le plus abondant, le plus pur, le plus énergique par suite. En broyant une petite partie de la moelle épinière ou du bulbe rachidien dans de l'eau distillée ou dans du bouillon stérilisé, on obtient un liquide qui, par inoculation, produit toujours la rage.

Bientôt après, M. Pasteur constate que la période d'incubation de la rage est notablement raccourcie lorsque l'inoculation du virus rabique, au lieu d'être pratiquée dans le tissu cellulaire sous-cutané, est faite, après trépanation, sous la dure-mère cranienne. Non seulement l'incubation est plus courte quand on emploie ce procédé d'inoculation; mais sa durée, au lieu d'être variable comme dans le cas d'inoculation hypodermique, est alors constante; de telle sorte que, si l'on s'est servi du virus pris dans les centres nerveux d'un animal mort de la rage, l'on sait d'avance le jour où devront se manifester les premiers symptômes de la maladie.

Dans de telles conditions, M. Pasteur peut reconnaître, avec certitude, si un virus a perdu toute action, si son intensité toxique est affaiblie ou si, au contraire, elle est devenue plus forte que dans des circonstances ordinaires. Il cherche alors les moyens d'atténuer l'énergie du virus rabique, afin d'essayer s'il ne pourra pas, en l'inoculant ensuite, rendre les animaux réfractaires à la rage et produire ainsi une sorte de vaccin pour la rage, comme il l'a fait déjà pour le charbon, le choléra des poules, le rouget des porcs. Après bien des essais, il réussit à obtenir un virus atténué en le faisant passer du chien au singe. Ce virus, inoculé à des chiens, au-dessous de la dure-mère cranienne, ne les fait pas périr, et ces animaux deviennent réfractaires à la rage. M. Pasteur, en même temps qu'il obtenait une atténuation graduée du virus rabique, réussissait, en sens inverse, par des passages successifs du virus de lapins à lapins, à exalter tellement son énergie que l'incubation, qui dure une quinzaine de jours chez ces animaux pour l'inoculation du virus ordinaire, avait pu être réduite à sept jours. Eh bien! ce virus si violent pouvait être inoculé sous la dure-mère des chiens rendus réfractaires, sans produire les moindres accidents rabiques.

Un tel résultat, lorsqu'il fut annoncé, eut, on le conçoit bien, un immense retentissement. M. Pasteur ne se tint pas cependant pour satisfait. Quelques échecs montraient que ce moyen de préservation n'avait pas encore toute la certitude à laquelle il aspirait. Il lui fallait absolument une méthode infaillible, et sa ténacité eut la récompense qu'elle méritait si bien. Il découvrit que l'on pouvait détruire progressivement le virus contenu dans la moelle d'un lapin mort de la rage, en faisant dessécher cette moelle, à l'air libre, dans un flacon stérilisé. A mesure que la moelle se dessèche, sa virulence s'affaiblit et, après douze jours de dessiccation, elle peut être impunément inoculée soit à d'autres lapins, soit à des chiens. La vraie méthode était enfin trouvée! M. Pasteur inocula une série de cinquante chiens : chacun d'eux reçut de jour en jour, par inoculation, un liquide préparé avec des moelles de lapins de plus en plus virulentes : le premier jour, avec une moelle en dessiccation depuis quinze jours et, le dernier jour, avec une moelle toute fraîche. Ces cinquante chiens subirent plus tard, par injection sous-cutanée ou même par injection intra-cranienne, une inoculation du virus le plus énergique, c'est-à-dire de celui qui produit la rage en sept jours chez les lapins, et aucun d'eux ne mourut; tandis que cinquante autres chiens, inoculés, le même jour, avec le même virus, furent tous pris de la rage et succombèrent tous.

M. Pasteur avait donc en main un moyen certain de rendre les chiens réfractaires à la rage. En soumettant le plus grand nombre possible de chiens à des inoculations préventives, on pouvait avoir l'espoir de diminuer, dans une certaine proportion, les cas de rage chez l'homme, puisque la plupart de ces cas proviennent de morsures faites par des chiens enragés. Mais cette manière détournée de préserver l'homme de la rage offrait de grandes difficultés pratiques.

C'est à ce moment de l'évolution des travaux de M. Pasteur que le petit Joseph Meister fut amené d'Alsace au laboratoire de l'École normale. Déjà, dans ses communications antérieures, M. Pasteur avait parlé, comme d'un but qu'il entrevoyait dans l'avenir, de la possibilité d'un traitement préventif antirabique pour l'homme mordu par un animal enragé; déjà même il avait essayé d'empêcher le développement de la rage chez les chiens mordus, en leur faisant subir, après les morsures, le traitement qui rend ces animaux réfractaires, et il avait réussi. Mais, bien qu'il fût convaincu par ses nombreuses expériences, et surtout par celles qui avaient porté récemment sur une série de cinquante chiens, que les inoculations préventives, telles qu'il les fait, ne produisent jamais la rage, ce n'est qu'après des hésitations faciles à comprendre que M. Pasteur se décida à soumettre Joseph Meister à ce traitement, et c'est dans des transes cruelles qu'il attendit l'époque où il pouvait être pleinement rassuré sur les suites de ce premier essai de sa méthode sur l'homme.

Depuis le jour mémorable où il nous a appris le succès de cette tentative, un nombre considérable de personnes sont venues de toutes les contrées se faire traiter par M. Pasteur. Des savants de toutes les nations se sont rendus au laboratoire de l'École normale, et ils ont pu, à leur retour dans leur pays, fonder des établissements pour le traitement de la rage par la méthode Pasteur.

La dernière communication a fait connaître le nombre des personnes qu'il a traitées depuis le 26 octobre 1885 jusqu'au 31 octobre 1886. Ce nombre s'élève à 2 490, et, sur ce nombre, il y a 1 726 Français.

Ce chiffre si considérable montre éloquemment toute la confiance inspirée aux médecins et aux malades par le traitement préventif de M. Pasteur. Jamais confiance n'a été mieux justifiée. Les divers agents thérapeutiques mis en usage jusqu'ici n'ont jamais eu la moindre vertu préservatrice : la cautérisation elle-même, seul moyen efficace, n'a de valeur que lorsqu'elle est bien faite et qu'elle est pratiquée presque immédiatement après la morsure; c'est dire assez qu'elle est le plus souvent sans effet. Le traitement de M. Pasteur, au contraire, a réussi dans presque tous les cas, puisque, si l'on ne tient compte que des malades venus de France ou d'Algérie, sur 1726 personnes soumises à ce traitement, il n'y a eu que dix cas de mort, tandis que les statistiques indiquent une mortalité de 160 pour 1 000 personnes mordues par des animaux enragés ou présumés tels.

Si l'on rapproche ces nombres de ceux qui concernent les chiens sur lesquels des inoculations préventives ont été pratiquées, on ne peut conserver aucun doute sur l'innocuité de la méthode. C'est un fait sur lequel on ne saurait trop insister : les inoculations préventives n'ont jamais donné la rage; elles n'ont même jamais produit le moindre accident local. Par conséquent, toute personne qui se soumet à ce traitement ne court aucun risque quelconque.

D'autre part, il est non moins certain que ce traitement confère l'immunité contre la rage, lorsqu'il est institué peu de jours après la morsure d'un animal enragé ou le contact du virus rabique avec une plaie. Les expériences sur les animaux le démontrent catégoriquement, et les faits, déjà si nombreux de préservation, observés chez l'homme, sont aussi décisifs. Les quelques insuccès, si rares, des inoculations préventives tiennent, comme l'a indiqué M. Pasteur, soit à un emploi trop tardif du traitement, soit à ce que les inoculations avaient été faites à des intervalles trop longs ou n'avaient pas été suffisamment répétées; soit enfin à ce que, dans la série des moelles employées, on n'était pas allé jusqu'aux moelles fraîches, c'est-à-dire jusqu'aux moelles les plus virulentes. Les modifications récentes, apportées au traitement par M. Pasteur, permettent d'espérer qu'il n'y aura plus aucun échec, lorsque les inoculations seront pratiquées en temps opportun.

Ainsi donc, il est incontestable que M. Pasteur a découvert un traitement efficace pour préserver de la rage les personnes mordues par des animaux enragés. Tout lui appartient dans cette découverte. Ce sont ses propres travaux qui l'avaient préparé à une pareille recherche; c'est grâce aux ressources inépuisables de son génie expérimental qu'il a pu surmonter toutes les difficultés et qu'il a réussi à trouver cette méthode de traitement.

Les services rendus à l'humanité par M. Pasteur sont immenses. Ses travaux sur le vin, sur la bière, sur les maladies des vers à soie, sur le charbon, sur le choléra des poules, sur le rouget des porcs, ont eu des conséquences incalculables pour la richesse des nations et le bien-être des individus. Des clartés nouvelles, projetées par ses découvertes, ont dissipé les obscurités des théories médicales sur les maladies infectieuses et contagieuses; elles nous font voir la route que doit suivre la médecine pour trouver le traitement curatif de ces maladies, et, dès aujourd'hui, elles dirigent l'hygiène dans un grand nombre de ses mesures prophylactiques. D'heureuses applications de ces mêmes découvertes ont réduit, dans d'énormes proportions, la mortalité consécutive aux grandes opérations; il en a été de même pour la mortalité obstétricale; la chirurgie a pu se lancer avec succès dans des entreprises qu'on n'osait pas tenter autrefois, tant l'issue funeste paraissait inévitable. Que d'existences sauvées par les travaux de M. Pasteur!

La découverte du traitement préservatif de la rage après morsure augmente encore les droits de M. Pasteur à la reconnaissance publique. Elle réduit à l'impuissance un virus qui produit une maladie terrible, considérée jusqu'ici comme tout à fait incurable.

Ne nous est-il pas permis d'exprimer le sentiment de fierté patriotique que nous éprouvons, en pensant que tous ces grands résultats sont dus à un savant de notre pays?

Le travail de M. Pasteur est un des plus beaux travaux que la science ait jamais enregistrés. (A. VULPIAN, *Revue scientifique*, du 22 janvier 1887.)

IX

LAMARK

Il y a deux classes de savants. Les uns, suivant les traces de leurs prédécesseurs, agrandissent le domaine de la science et ajoutent des découvertes à celles qui ont été faites avant eux; leurs travaux sont immédiatement appréciés, et ils jouissent pleinement d'une réputation bien méritée. Les autres, quittant les sentiers battus, s'affranchissent de la tradition, font éclore les germes de l'avenir, latents pour ainsi dire dans les enseignements du passé : quelquefois ils sont estimés pendant leur vie à leur juste valeur; plus souvent encore ils passent méconnus du public scientifique de leur époque, incapable de les comprendre et de les suivre. L'inertie, la routine et l'ignorance leur opposent dans le présent une résistance insurmontable, ils meurent délaissés; cependant la science marche, les faits se multiplient, les méthodes se perfectionnent, et le public, attardé de leur vivant, les rejoint sur la route du progrès. Alors tous leurs mérites oubliés se révèlent avec éclat; on rend justice à leurs efforts, on admire leur génie, on constate leur prévision de l'avenir, et une gloire posthume console leurs disciples de l'oubli qui a dû attrister les années pendant lesquelles ils ont lutté vainement pour le triomphe de la vérité. Lamark appartient à la fois aux deux classes de savants dont nous venons de parler. Par ses travaux descriptifs en botanique et en zoologie, par les perfectionnements, acceptés de ses contemporains, qu'il a introduits dans la classification des animaux, il a occupé un des premiers rangs parmi les naturalistes de son temps; mais ses vues philosophiques sur les êtres organisés en général ont été repoussées, elles n'ont pas même eu l'honneur d'être discutées sérieusement. On ne leur accordait que la politesse du silence ou les dédains de l'ironie. Nous ferons voir cependant que les conceptions capitales de Lamark sont celles qui commencent à dominer en botanique et en zoologie. Aux exemples très nombreux cités par l'auteur, nous ajouterons ceux que la science moderne a réunis.

. . . .

Jean-Baptiste-Pierre-Antoine de Monet, autrement appelé le chevalier de Lamark, naquit à Bazentin, village situé entre Albert et Bapaume, dans l'ancienne Picardie, le 1er août 1744. Il était le onzième enfant de Pierre de Monet, seigneur de ce lieu, issu d'une ancienne maison du Béarn dont le patrimoine était fort modeste. Son père le destinait à l'Église, ressource ordinaire des cadets de famille à cette époque, et le fit entrer aux Jésuites d'Amiens. Ce n'était point la vocation du jeune gentilhomme. Tout dans sa famille lui parlait de gloire militaire. Son frère aîné était mort sur la brèche au siège de Berg-op-Zoom; les deux autres servaient encore, et la France s'épuisait dans une lutte inégale. Son père résistait cependant à ses désirs; mais lorsqu'il mourut, en 1760, Lamark, libre de suivre son inclination, s'achemina sur un mauvais cheval vers l'armée d'Allemagne, campée près de Lippstadt en Westphalie. Il était porteur d'une lettre écrite par une de ses voisines de campagne, Mme de Lameth, qui le recommandait au colonel du régiment de Beaujolais, M. de Lastic. Celui-ci, voyant arriver ce jeune homme de dix-sept ans qu'une mine chétive faisait encore paraître au-dessous de son âge, l'envoya à son quartier. Le lendemain, une bataille était imminente. M. de Lastic passe la revue de son régiment et voit son protégé au premier rang d'une compagnie de grenadiers. L'armée française était sous les ordres du maréchal de Broglie et du prince de Soubise; les troupes alliées avaient pour chef le prince Ferdinand de Brunswick. Les deux généraux français, divisés entre eux, furent battus. La compagnie où se trouvait Lamark est foudroyée par l'artillerie ennemie; dans la confusion de la retraite, on l'oublie. Les officiers et les sous-officiers sont tués, il ne restait plus que quatorze hommes; le plus ancien propose de se retirer. Lamark, improvisé commandant, répond : « On nous a assigné ce poste, nous ne devons nous retirer que si on nous relève ». En effet, le colonel, voyant que cette compagnie ne se ralliait pas, lui envoya une ordonnance qui se glissa par des sentiers couverts jusqu'à elle. Le lendemain, Lamark était nommé officier, et peu de temps après lieutenant. Heureusement pour la science, ce brillant début ne devait point décider de son avenir. Envoyé après la paix en garnison à Toulon et à Monaco, une inflammation des ganglions lymphatiques du cou nécessita une opération faite à Paris par Tenon, mais qui lui laissa toute sa vie de profondes cicatrices.

L'aspect de la végétation des environs de Toulon et de Monaco avait éveillé l'attention du jeune officier : il avait puisé quelques notions de botanique dans le *Traité des plantes usuelles* de Chomel. Retiré du service, réduit à une modeste pension alimentaire de quatre cents francs, il travaillait à Paris chez un banquier; mais poussé irrésistiblement vers l'étude de la nature, il observait de sa mansarde les formes et les mouvements des nuages, et apprenait à connaître les plantes au Jardin du Roi ou dans les herborisations publiques. Il se sentait dans sa voie et comprit, comme Voltaire l'a dit de Condorcet, que des découvertes durables pouvaient l'illustrer autrement qu'une compagnie d'infanterie. Mécontent des systèmes de botanique en usage, il écrivit en six mois sa *Flore française*, précédée de la *Clé dichotomique*, à l'aide de laquelle il est facile, même à un commençant, d'arriver sûrement au nom de la plante qu'il a sous les yeux [1]. C'était en 1778, Rousseau avait mis la botanique à la mode ; les gens du monde, les dames s'en occupaient. Buffon fit imprimer les trois volumes de la *Flore française* à l'Imprimerie royale, et l'année suivante Lamark entrait à l'Académie des sciences. Voulant faire voyager son fils, Buffon lui donna Lamark pour guide avec une commission du gouvernement : il parcourut ainsi la Hollande, l'Allemagne et la Hongrie, et noua des relations avec Gleditsch à Berlin, Jacquin à Vienne et Murray à Gœttingue.

L'*Encyclopédie méthodique*, commencée par d'Alembert et Diderot, n'était pas terminée, Lamark en écrivit quatre volumes, où il décrit toutes les plantes connues alors dont les noms commençaient par les lettres de A à P : travail immense, achevé par Poiret, et qui comprend douze volumes, lesquels ont paru de 1783 à 1817. Une œuvre plus importante encore, faisant également partie de l'*Encyclopédie* et citée perpétuellement par les botanistes, est intitulée *Illustration des genres* : Lamark y donne les caractères de deux mille genres, illustrés, comme le dit le titre, par neuf cents planches. Un botaniste seul peut se faire une idée des recherches dans les herbiers, les jardins et les livres, que suppose un pareil travail. Lamark suffisait à tout par son activité. Un voyageur arrivait-il à Paris, il était le premier qui vînt le voir. Sonnerat revient de l'Inde en 1781 avec des col-

---

1. Une seconde édition de cette *Flore française*, publiée en 1815 par de Candolle, est encore l'ouvrage capital pour la connaissance des plantes de notre pays.

lections immenses : personne ne daigne les visiter, sauf Lamark, et Sonnerat, charmé de cet empressement, lui donne l'herbier magnifique qu'il avait rapporté. Malgré ce labeur incessant, la position de Lamark était des plus précaires : il vivait de sa plume; il était aux gages des libraires. On lui disputa même une chétive place de garde des herbiers du cabinet du roi. Comme la plupart des naturalistes, il se débattit ainsi contre les difficultés de la vie pendant quinze ans. Une circonstance heureuse améliora sa situation en changeant la direction de ses travaux. La Convention gouvernait la France. Carnot organisait la victoire. Lakanal entreprit d'organiser les sciences naturelles. Sur sa proposition, le Muséum d'histoire naturelle fut créé. On avait pu nommer des professeurs à toutes les chaires, sauf pour la zoologie; mais dans ces temps d'enthousiasme, si différents de l'époque où nous vivons, la France trouvait des hommes de guerre et des hommes de sciences partout où elle en avait besoin. Étienne Geoffroy Saint-Hilaire était âgé de vingt et un ans, il s'occupait de minéralogie sous la direction d'Haüy. Daubenton lui dit : « Je prends sur moi la responsabilité de votre inexpérience; j'ai sur vous l'autorité d'un père; osez entreprendre d'enseigner la zoologie, et qu'un jour on puisse dire que vous en avez fait une science française ». Geoffroy accepte, et se charge des animaux supérieurs. Lakanal avait compris qu'un seul professeur ne pouvait suffire à la tâche de ranger dans les collections le règne animal tout entier. Geoffroy devant classer les vertébrés seulement, restaient les invertébrés, à savoir les insectes, les mollusques, les vers, les zoophytes, c'est-à-dire le chaos, l'*inconnu*. Lamark, dit **M. Michelet**, accepta l'inconnu. Il s'était un peu occupé de coquilles avec Bruguières; mais il avait tout à apprendre, je dirai mieux, tout à créer dans ce monde inexploré, où Linné avait pour ainsi dire renoncé à introduire l'ordre méthodique qu'il avait su si bien établir parmi les animaux supérieurs. Lamark ouvrit son cours au Muséum dans le printemps de 1794, après un an de préparation, et créa dès l'abord la grande division des animaux en vertébrés et invertébrés, qui est restée dans la science. Conservant pour les animaux vertébrés la division de Linné en mammifères, oiseaux, reptiles et poissons, il classa les invertébrés en mollusques, insectes, vers, échinodermes et polypes. En 1799, il sépara l'ordre des crustacés des insectes, avec lesquels ils étaient confondus; en 1800, il établit celui des arachnides, distincts des insectes; en 1802, celui des annélides, subdivision des vers, et celui des radiaires, différents des polypes. Le temps a consacré la légitimité de ces coupes, fondées toutes sur l'organisation des animaux; c'est la méthode rationnelle introduite dans la science par Cuvier, Lamark et Geoffroy Saint-Hilaire.

. . . .

Achevons la biographie de Lamark. Fixé dans ses irrésolutions scientifiques par sa chaire du Muséum et le devoir de classer les collections, il se livra tout entier à ce double travail. En 1802 il publia ses *Considérations sur l'organisation des corps vivants*, en 1809 sa *Philosophie zoologique*, développement des *Considérations*, et de 1816 à 1822 l'*Histoire naturelle des animaux sans vertèbres* en sept volumes; c'est son ouvrage capital, et, comme il est uniquement descriptif et taxonomique, il fut accueilli par l'approbation unanime des savants. Son *Mémoire sur les coquilles fossiles des environs de Paris*, où sa profonde connaissance des coquilles vivantes lui permit de classer sûrement celles qui n'étaient plus que la dépouille d'animaux disparus depuis des milliers de siècles, reçut également un accueil favorable. Lamark avait commencé l'étude de la zoologie à cinquante ans; l'examen minutieux de petits animaux visibles seulement à la loupe et au microscope fatigua, puis affaiblit sa vue. Peu à peu les nuages qui l'obscurcissaient s'épaissirent, et il devint complètement aveugle. Marié quatre fois, père de sept enfants, il vit disparaître son mince patrimoine et même ses premières économies dans quelques-uns de ces placements hasardeux offerts par la spéculation à la crédulité publique. Son modeste traitement de professeur le préservait seul de la misère. Les amis des sciences, que sa réputation comme zoologiste et comme botaniste attirait auprès de lui, voyaient ce délaissement avec surprise; il leur semblait qu'un gouvernement éclairé aurait dû s'informer avec un peu plus de soin de la position d'un vieillard qui avait illustré son pays; mais les gouvernements, on le sait, réservent leurs faveurs pour d'autres services, et la misère d'un vieux savant aveugle a rarement éveillé leur sollicitude. Lamark passa donc les dix dernières années de sa laborieuse vie plongé dans les ténèbres, entouré des soins affectueux de ses deux filles. L'aînée écrivit encore sous sa dictée une partie du sixième et une partie du septième volume de l'*Histoire des animaux sans vertèbres*. Depuis que le père ne quittait plus la chambre, la fille ne quittait plus la maison; à sa première sortie, elle fut incommodée par l'air libre dont elle avait perdu depuis si longtemps l'habitude. Lamark mourut le 18 décembre 1829, à l'âge de quatre-vingt-cinq ans; Latreille et de Blainville furent ses successeurs au Muséum. Le nombre des animaux sans vertèbres s'était tellement accru qu'il fallut créer deux chaires là où une seule avec suffi, grâce à l'incroyable activité du premier titulaire. Ses deux filles restèrent sans ressources. J'ai vu moi-même, en 1832, mademoiselle Cornélie de Lamark attacher, pour un mince salaire, sur des feuilles de papier blanc les plantes de l'herbier du Muséum où son père avait été professeur. Souvent des espèces nommées et décrites par lui ont dû passer sous ses yeux, et ce souvenir ajoutait sans doute à l'amertume de ses regrets. Filles d'un ministre ou d'un général, les deux sœurs eussent été pensionnées par l'État; mais leur père n'était qu'un grand naturaliste, honorant son pays dans le présent et dans l'avenir, elles devaient être oubliées, et le furent en effet. (CHARLES MARTINS, *Introduction à la Philosophie zoologique* de Lamark. Savy édit.)

X

L'ESPÈCE ET LA RACE
DANS LES SCIENCES NATURELLES

Un des problèmes les plus graves qui préoccupe les naturalistes et même les philosophes est le problème de l'espèce. Linné, Cuvier, de Quatrefages et tant d'autres considéraient une espèce comme un groupe bien déterminé formé par les êtres qui descendent les uns des autres ou se ressemblent autant que s'ils descendaient les uns des autres; de plus, pour tous ces naturalistes, une espèce était fixe, immuable et nettement distincte de toutes les autres espèces même les plus voisines.

Mais au commencement de ce siècle une nouvelle théorie a pris naissance qui, sous le nom de transformisme, a conquis maintenant la majorité des naturalistes. Pour les transformistes, l'espèce est variable, variable il est vrai d'une façon très lente mais suffisante néanmoins pour que, dans la suite des siècles, certaines espèces, en se modifiant, aient pu changer de caractère. Parmi les êtres actuellement vivants, les transformistes voient des transitions insensibles entre certaines espèces et les espèces voisines; il n'y aurait donc pas une série d'espèces nettement distinctes les unes des autres, mais une chaîne ininterrompue de formes qui relierait entre elles les espèces vivantes ou éteintes.

On va voir comment Lamark et Darwin que l'on peut considérer comme les pères du transformisme ont jeté les bases de la doctrine nouvelle. On lira ensuite quelques-unes des objections que de Quatrefages, un des adversaires les plus éminents du transformisme, a formulées contre cette théorie. Et d'abord voyons comment on peut définir le mot *espèce*.

Le mot *espèce* est un de ceux qui existent dans toutes les langues possédant des termes abstraits. Il traduit donc une idée générale, vulgaire. Cette idée est avant tout celle d'une très grande *ressemblance* extérieure ; mais, même dans le langage ordinaire, elle ne s'arrête pas là. La notion de *filiation* se joint dans l'esprit le moins cultivé à celle de ressemblance. Pas un paysan n'hésitera à regarder comme *de même espèce* les enfants d'un même père et d'une même mère, quelques différences apparentes ou réelles qui les distinguent.

En réalité, la science n'a fait que préciser ce dont le vulgaire a seulement le pressentiment vague, et ce n'est même qu'assez tard et après une oscillation assez curieuse, qu'elle y est parvenue. Dès 1686, Jean Ray, dans son *Historia plantarum*, regarde comme étant de même espèce, les végétaux qui ont une origine commune et se reproduisent par semis, quelles que soient leurs différences apparentes. Il ne tient compte que de la filiation. Tournefort, au contraire, qui, le premier, a nettement posé la question en 1700, appelle *espèce*, la collection des plantes qui se distinguent par quelque caractère particulier. Il s'arrête uniquement à la ressemblance.

Ray et Tournefort ont eu quelques rares imitateurs qui, dans leurs définitions de l'espèce, s'en sont tenus à l'une des deux notions. Mais l'immense majorité des zoologistes et des botanistes ont compris qu'on ne pouvait les séparer. Il suffit pour s'en convaincre de lire les définitions qu'ils ont données. Chacun d'eux, pour ainsi dire, a proposé la sienne, depuis Buffon et Cuvier jusqu'à MM. Chevreul et C. Vogt. Or, quelles qu'aient été leurs divergences sur d'autres points, ils s'accordent sur celui-ci. Les termes des définitions varient ; chacun s'efforce de traduire du mieux possible l'idée complexe de l'espèce ; quelques-uns l'étendent encore en y rattachant les idées de cycle ou de variation ; mais chez tous, la pensée est la même au fond.

Quand il s'agit de chose aussi difficile que de trouver une bonne définition pour tout un ensemble d'idées, le dernier venu espère toujours pouvoir faire mieux que ses devanciers. Voilà pourquoi j'ai donné aussi ma formule. — Pour moi, « l'espèce est l'ensemble des individus plus ou moins semblables entre eux, qui peuvent être regardés comme descendus d'une paire primitive unique, par une succession ininterrompue et naturelle de familles ».

Dans cette définition, comme dans celles de quelques-uns de mes confrères et entre autres de M. Chevreul, la notion de ressemblance est atténuée; elle est subordonnée à la notion de filiation. C'est qu'en effet, d'individu à individu, il n'y a jamais identité des caractères. Laissant même de côté les variations résultant du sexe ou de l'âge, il est facile de constater que tous les représentants d'un même type spécifique diffèrent en quelque chose. Tant que ces différences sont très légères, elles constituent les *traits individuels*, les *nuances*, comme disait Isidore Geoffroy, qui permettent de ne pas confondre deux individus de même espèce.

Mais les différences ne s'arrêtent pas à cette limite. Les types spécifiques sont *variables*, c'est-à-dire que les caractères physiques de toute sorte se modifient dans leurs dérivés sous l'empire de certaines conditions, à ce point qu'il est souvent très difficile de reconnaître la communauté d'origine. C'est là encore un fait sur lequel s'accordent tous les naturalistes. Blainville lui-même, qui définissait l'espèce « l'individu répété et continué dans le temps et dans l'espace », Blainville, disons-nous, reconnaissait implicitement cette *variabilité*; car l'individu se modifie sans cesse et ne se ressemble nullement aux divers âges de la vie. Il admettait d'ailleurs l'existence de races distinctes.

La *variabilité de l'espèce* n'en a pas moins été le thème de discussions ardentes entre naturalistes. Aucun d'eux encore n'a oublié la mémorable lutte survenue à ce sujet, entre Cuvier et Geoffroy, lutte regardée par Gœthe comme plus importante que les plus graves événements politiques. De nos jours, une grande école à laquelle se rattachent en Angleterre, en Allemagne et ailleurs les plus illustres noms, a repris, en les modifiant à certains égards, les idées de Lamark et de Geoffroy ; elle les soutient en parlant de ce qu'elle appelle encore la *variabilité de l'espèce*.

Il y a dans cette formule une grave confusion de mots. Dans la pensée de Lamark et de Geoffroy, dans celle de Darwin et de ses disciples, l'espèce n'est pas seulement *variable*, elle est *transmutable*. Les types spécifiques ne se *modifient* pas seulement ; ils sont *remplacés* par des types nouveaux. La *variation* n'est pour eux qu'une phase d'un phénomène fort différent, la *transformation*.

Je discuterai plus loin ces doctrines. Ici, je me borne à faire observer que la *variabilité réelle*, admise par les défenseurs mêmes de l'*invariabilité dogmatique*, par Blainville, par exemple, variabilité que j'accepte pleinement, n'a rien de commun avec la *transmutabilité* de Lamark, de Geoffroy et de Darwin. — Précisons rapidement la nature et les limites de cette variabilité.

Lorsqu'un trait individuel s'exagère et franchit une limite d'ailleurs assez mal déterminée, il constitue un caractère exceptionnel distinguant nettement de tous ses plus proches voisins l'individu qui le présente. Cet individu constitue une *variété*.

Le même nom est dû à l'ensemble des individus qui, chez les végétaux se reproduisant par greffe, bouture, marcotte, etc., tirent leur origine d'un premier individu exceptionnel, sans pouvoir transmettre par génération normale leurs caractères distinctifs. J'emprunte ici à M. Chevreul, un exemple curieux de ces *variétés multiples*. — En 1803 ou 1805, M. Descemet découvrit dans sa pépinière de Saint-Denis, au milieu d'un semis d'acacias (*Robinia pseudo-acacia*), un individu sans épines qu'il décrivit sous l'épithète de *spectabilis*. C'est de cet individu multiplié par les procédés que fournit l'art du jardinier, que sont descendus tous les *acacias sans épines* répandus aujourd'hui dans le monde entier. Or, ces individus produisent des graines; mais ces graines mises en terre n'engendrent que des *acacias épineux*. L'acacia spectabilis est resté à l'état de *variété*.

Celle-ci peut donc être définie : « Un individu ou un ensemble d'individus appartenant à la même génération sexuelle, qui se distingue des autres représentants de la même espèce par un ou plusieurs caractères exceptionnels».

Il est facile de comprendre combien peuvent être nombreuses les variétés d'une seule espèce. Il n'est, en effet, presque aucune partie extérieure ou intérieure d'un animal ou d'un végétal qui ne puisse s'exagérer, s'amoindrir, se modifier de cent manières, et chacune de ces exagérations, chacun de ces amoindrissements, chacune de ces modifications caractérisera une variété de plus, à la seule condition d'être suffisamment accentuée.

Lorsque les caractères propres à une variété deviennent *héréditaires*, c'est-à-dire lorsqu'ils se transmettent de génération en génération aux descendants du premier individu modifié, il se forme une *race*. Par exemple, si un *acacia sans épines* arrivait à reproduire par graines des arbres semblables à lui et jouissant de la même faculté, l'acacia spectabilis cesserait d'être une simple variété; il serait passé à l'état de race.

La race sera donc : « L'ensemble des individus semblables, appartenant à une même espèce, ayant reçu et transmettant, par voie de génération sexuelle, les caractères d'une variété primitive ».

Ainsi l'*espèce* est le point de départ; au milieu des *individus* qui la composent apparaît la *variété*; quand les caractères de cette variété deviennent héréditaires, il se forme une *race*.

Tels sont les rapports qui, pour tous les naturalistes, « de Cuvier à Lamark lui-même », comme dit Isidore Geoffroy, règnent entre ces trois termes. C'est là une notion fondamentale qu'on ne doit jamais perdre de vue dans l'étude des questions qui nous occupent. C'est pour l'avoir oubliée, que les hommes du plus haut mérite ont parfois méconnu les faits les plus significatifs.

On voit que la notion de *ressemblance*, très amoindrie dans l'*espèce*, reprend dans la *race* une importance égale à celle de *filiation*.

On voit aussi que le nombre des races issues directement d'une espèce peut être égal au nombre des variétés de cette même espèce et par conséquent très considérable. Mais, ce nombre tend à s'accroître encore d'une manière indéfinie. En effet, chacune de ces *races primaires* est susceptible de subir des modifications nouvelles pouvant rester individuelles ou devenir transmissibles par voie de génération. Ainsi prennent naissance des *variétés* et des *races secondaires*, *tertiaires*, etc. Nos végétaux, nos animaux domestiques fournissent une foule d'exemples de ces faits.

En naissant ainsi les unes des autres, en se multipliant, les races peuvent prendre des caractères différentiels de plus en plus tranchés. Mais quelque nombreuses qu'elles soient, quelques différences qu'il y ait entre elles et pour si éloignées qu'elles paraissent être du type primitif, elles n'en font pas moins partie de l'espèce d'où sont sorties les races primaires.

Réciproquement, toute espèce comprend, indépendamment des individus qui ont conservé les caractères primitifs, tous ceux qui composent les races primaires, secondaires, tertiaires, etc., dérivées du type fondamental.

En d'autres termes, l'*espèce* est l'*unité* et les *races* sont les *fractions* de cette unité. — Ou bien encore, l'*espèce* est le *tronc d'un arbre* dont les *races de divers degrés* représentent les *maîtresses branches*, les *rameaux*, les *ramuscules*. La solidarité générale et l'indépendance relative du tronc et des branches de l'arbre traduisent d'une manière sensible les rapports existants entre l'espèce et ses races. (DE QUATREFAGES, *l'Espèce humaine*, p. 25-29. Félix Alcan, éditeur.)

XI

LAMARK ET LE TRANSFORMISME

L'histoire de cet homme de génie est trop connue pour que je la retrace devant vous. Je me borne à vous conseiller de lire, si vous ne l'avez déjà lue, la belle notice, véritable œuvre de justice et de réparation, que M. Ch. Martins [1] a consacrée à la vie et aux œuvres du plus glorieux précurseur de Darwin.

On emprunte généralement l'exposé des idées de Lamark à ses ouvrages magistraux, *la Philosophie zoologique* (1809) ou l'*Histoire naturelle des animaux sans vertèbres* (1815). Mais rien n'est plus intéressant que de voir comment l'illustre zoologiste est arrivé peu à peu à édifier la doctrine qu'il devait défendre avec une si indomptable énergie.

C'est l'étude attentive, minutieuse des innombrables espèces de plantes que Lamarck, botaniste, avait dû décrire et classer dans la *Flore française* et dans l'*Encyclopédie méthodique*; c'est la nécessité de recommencer à cinquante ans un travail du même genre pour les animaux inférieurs lorsque la Convention, guidée par Lakanal, eut l'heureuse idée de lui confier au Muséum

1. Voir p. 64.

la chaire des animaux sans vertèbres; c'est enfin le besoin de couronner par une synthèse trente années de travaux analytiques qui amenèrent le grand naturaliste jusque-là partisan de la stabilité de l'espèce à en démontrer la variabilité et à chercher les causes de la transformation des types.

Nous pouvons suivre pour ainsi dire pas à pas les étapes de cette conversion dans l'introduction du *Système des animaux sans vertèbres* (1801) et dans les discours d'ouverture du cours de zoologie du Muséum, discours si pleins de vie et d'enthousiasme presque juvénile.

Permettez-moi de vous citer quelques pages de l'ouverture du cours de 1806 où se trouve admirablement exposé tout ce qui constitue vraiment l'originalité de l'œuvre de Lamark.

Et d'abord cette affirmation bien curieuse dans la bouche d'un homme qui avait consacré la moitié de sa vie à des travaux de spécification :

« On n'est pas réellement *botaniste* uniquement parce qu'on sait nommer à première vue un grand nombre de plantes diverses, fût-ce selon les dernières nomenclatures établies. C'est une vérité qui s'applique à toutes les parties de l'histoire naturelle.... »

Puis cette très claire et très instructive discussion de la notion d'espèce et des causes qui déterminent l'évolution des types spécifiques :

« L'espèce, vous le savez, n'est autre chose que la collection des individus semblables et vous l'avez crue jusqu'à présent immutable et aussi ancienne que la nature, d'abord parce que l'opinion commune la présentait ainsi; ensuite parce que vous avez remarqué que la voie de la génération ainsi que les autres modes de reproduction que la nature emploie donnaient aux individus la faculté de faire exister d'autres individus semblables qui leur survivent. Mais vous n'avez pas fait attention que ces générations successives ne se perpétuaient sans varier qu'autant que les circonstances qui influent sur la manière d'être des individus ne variaient pas essentiellement. Or, comme la chétive durée de l'homme lui permet difficilement d'apercevoir les mutations considérables que subissent toutes les parties de la surface du globe dans leur état et dans leur climat à la suite de beaucoup de temps, vous ne vous êtes point aperçus que l'espèce n'a réellement qu'une constance relative à la durée des circonstances dans lesquelles se trouvent les individus qui la représentent.

« Toutes les observations que j'ai rassemblées sur ce sujet important, la difficulté même que je sais, par ma propre expérience, qu'on éprouve maintenant à distinguer les espèces dans les genres où nous sommes déjà très enrichis, difficulté qui s'accroît tous les jours à mesure que les recherches des naturalistes agrandissent nos collections, tout m'a convaincu que nos espèces n'ont qu'une existence bornée et ne sont que des races mutables ou variables, qui le plus généralement ne diffèrent de celles qui les avoisinent que par des nuances difficiles à exprimer. Ceux qui ont beaucoup observé et qui ont consulté les grandes collections ont pu se convaincre qu'à mesure que les circonstances d'habitation, d'exposition, de climat, de nourriture, d'habitude de vivre viennent à changer, les caractères de taille, de forme, de proportion entre les parties, de couleur, de consistance, de durée, d'agilité et l'industrie pour les animaux changent proportionnellement.

« Ils ont pu voir que pour les animaux l'emploi plus fréquent et plus soutenu d'un organe quelconque fortifie peu à peu cet organe, le développe, l'agrandit et lui donne une puissance proportionnée à la durée de cet emploi; tandis que le défaut constant d'usage de tel organe l'affaiblit insensiblement, le détériore, diminue progressivement ses facultés et tend à l'anéantir.

« Enfin ils ont pu remarquer que tout ce que la nature

fait acquérir ou perdre aux individus par l'influence soutenue des circonstances où leur race se trouve depuis longtemps, elle le conserve par la génération aux nouveaux individus qui en proviennent. Ces vérités sont constantes et ne peuvent être méconnues que de ceux qui n'ont jamais observé et suivi la nature dans ses opérations. »

Et Lamark ajoute en note : « On sait que toutes les formes des organes, comparées aux usages de ces mêmes organes, sont toujours parfaitement en rapport. Or ce qui fait l'erreur commune à cet égard, c'est qu'on a pensé que les formes des organes en avaient amené l'emploi, tandis qu'il est facile de démontrer par l'observation que ce sont les usages qui ont donné lieu aux formes. » N'est-ce pas, formulé presque dans les mêmes termes, le grand principe d'Étienne Geoffroy Saint-Hilaire : *C'est la fonction qui crée l'organe?* Et cette critique des causes finales n'est-elle pas bien remarquable pour l'époque où elle a été produite!

Mais revenons à la conclusion de ce remarquable exposé qu'il faut encore citer tout entier :

« Ainsi l'on peut assurer que ce que l'on prend pour *espèce* parmi les corps vivants, et que toutes les différences spécifiques qui distinguent ces productions naturelles n'ont point de *stabilité* absolue, mais qu'elles jouissent seulement d'une *stabilité* relative; ce qu'il importe fortement de considérer afin de régler les limites que nous devons établir dans la détermination de ce que nous devons appeler *espèce.* »

Est-il besoin d'insister sur l'importance de cette belle page au point de vue de l'histoire du transformisme?

A l'idée exacte, mais trop vague, de l'influence des milieux, Lamark ajoute la notion plus précise des modifications déterminées dans les organes par la nécessité de réagir continuellement contre ces milieux et, de plus, il constate la transmission par hérédité des modifications acquises.

Enfin il donne la véritable signification des organes rudimentaires considérés jusque-là comme des fantaisies du Créateur, soucieux de la symétrie de ses constructions, à la manière d'un architecte qui place de fausses fenêtres comme pendant des fenêtres véritables. Lamark, au contraire, voit dans ces organes les restes de parties qui ont eu autrefois un usage chez les ancêtres et qui se sont atrophiés lorsque cet usage a disparu ou s'est modifié. Par cette conception, il prépare les esprits à la conclusion la plus importante de la doctrine transformiste; il démontre clairement la nécessité de l'origine animale de l'homme.

Faut-il rappeler, après cela, la triste récompense de tant d'admirables découvertes, les dédains de la science officielle, l'insulte de Napoléon, reprochant durement au vieux savant de faire concurrence à Mathieu Lænsberg et de déshonorer ses cheveux blancs?

. . . .

Je n'insisterai pas sur les critiques bizarres qu'ont adressées à Lamark des gens qui ne l'ont pas lu. Qui n'a entendu répéter ces vieux clichés de la girafe allongeant son cou pour atteindre les feuilles des arbres ou du colimaçon acquérant des cornes pour palper le sol? N'est-il pas bien évident, après ce que je vous ai cité des idées de Lamark, que, s'il considère les *besoins* et les *habitudes* comme les facteurs essentiels de l'évolution, jamais il n'a prétendu que ces facteurs eussent une influence brusque et individuelle, jamais non plus il n'a attribué à ces causes en apparence *internes* une influence mystérieuse qui le dispensât de rechercher comment s'opérait la transformation?

Au reste, pour ne pas être accusé de passion ou de parti pris, je préfère laisser la parole à un homme dont la modération et l'esprit pondéré sont appréciés de tous, à un maître qui a enseigné dans cette Sorbonne où Lamark n'a jamais compté beaucoup d'amis, à un adversaire du transformisme, mais un de ces adversaires courtois, dont M. de Quatrefages nous offre encore aujourd'hui le rare et parfait modèle :

« Était-il possible, dit Isid. Geoffroy Saint-Hilaire,
que tant de travaux n'eussent conduit un aussi grand
naturaliste qu'à une *conception fantastique*, à un *écart*,
plus encore, pour prononcer le mot qu'on n'a pas écrit,
mais qu'on a dit, à une *folie de plus*! Voilà ce que put
entendre Lamark lui-même, durant sa longue vieillesse,
attristée déjà par la maladie et la cécité; ce qu'on ne
craignit pas de répéter sur sa tombe récemment fermée,
et ce qu'on redit tous les jours encore! Et, le plus souvent, sans aucune étude faite aux sources mêmes et
d'après d'infidèles comptes rendus, qui ne sont aux vues
de Lamark que ce qu'une caricature est à un portrait. »

En 1809, une chaire de zoologie nouvellement créée
à la Faculté des sciences fut offerte à Lamark. Satisfait
d'une très modeste fortune, il refusa parce qu'il ne se
sentait plus la force de faire les études nécessaires pour
occuper dignement cette chaire.

N'est-il pas permis de regretter cette décision?

Une action plus directe sur la jeunesse eût peut-être
permis au fondateur du transformisme de répandre plus
largement et sur un meilleur terrain les idées qu'il défendit
avec une remarquable énergie pendant un quart de siècle
au milieu de l'indifférence générale.

N'est-il pas permis de regretter aussi qu'à cette époque,
où toutes les sciences ont eu un développement si rapide,
de pareilles idées aient mis quatre-vingts ans à franchir
l'espace qui sépare le Muséum de la Sorbonne et n'y
soient arrivées qu'après un voyage circulaire en Angleterre, en Allemagne, en Russie et même en Amérique?
(GIARD, *Histoire du transformisme*, *Revue scientifique*, du
1er décembre 1888.)

XII

DE L'ESPÈCE PARMI LES CORPS VIVANTS

Ce n'est pas un objet futile que de déterminer positivement l'idée que nous devons nous former de ce que l'on nomme des *espèces* parmi les corps vivants et que de rechercher s'il est vrai que les *espèces* ont une constance absolue, sont aussi anciennes que la nature, et ont toutes existé originairement telles que nous les observons aujourd'hui; ou si, assujetties aux changements de circonstances qui ont pu avoir lieu à leur égard, quoique avec une extrême lenteur, elles n'ont pas changé de caractère et de forme par la suite des temps.

L'éclaircissement de cette question n'intéresse pas seulement nos connaissances zoologiques et botaniques, mais il est en outre essentiel pour l'histoire du globe.

. . . .

On a appelé *espèce* toute collection d'individus semblables qui furent produits par d'autres individus pareils à eux.

Cette définition est exacte; car tout individu jouissant de la vie ressemble toujours, à très peu près, à celui ou à ceux dont il provient. Mais on ajoute à cette définition la supposition que les individus qui composent une espèce ne varient jamais dans leur caractère spécifique, et que conséquemment l'*espèce* a une constance absolue dans la nature.

C'est uniquement cette supposition que je me propose de combattre, parce que des preuves évidentes obtenues par l'observation constatent qu'elle n'est pas fondée.

La supposition presque généralement admise, que les corps vivants constituent des *espèces* constamment distinctes par des caractères invariables, et que l'existence de ces espèces est aussi ancienne que celle de la nature même, fut établie dans un temps où l'on n'avait pas suffisamment observé et où les sciences naturelles étaient encore à peu près nulles. Elle est tous les jours démentie aux yeux de ceux qui ont beaucoup vu, qui ont longtemps suivi la nature et qui ont consulté avec fruit les grandes et riches collections de nos *Muséums*.

Aussi, tous ceux qui se sont fortement occupés de l'étude de l'histoire naturelle savent que maintenant les naturalistes sont extrêmement embarrassés pour déterminer les objets qu'ils doivent regarder comme des *espèces*. En effet, ne sachant pas que les *espèces* n'ont réellement qu'une constance relative à la durée des circonstances dans lesquelles se sont trouvés tous les individus qui les représentent, et que certains de ces individus ayant varié constituent des *races* qui se nuancent avec ceux de quelque autre espèce voisine, les naturalistes se décident arbitrairement, en donnant les uns comme variétés, les autres comme espèces, des individus observés en différents pays et dans diverses situations. Il en résulte que la partie du travail, qui concerne la détermination des *espèces*, devient de jour en jour plus défectueuse, c'est-à-dire plus embarrassée et plus confuse.

A la vérité, on a remarqué depuis longtemps qu'il existe des collections d'individus qui se ressemblent tellement par leur organisation ainsi que par l'ensemble de leurs parties, et qui se conservent dans le même état de générations en générations, depuis qu'on les connaît, qu'on s'est cru autorisé à regarder ces collections d'individus semblables comme constituant autant d'*espèces* invariables.

Or, n'ayant pas fait attention que les individus d'une espèce doivent se perpétuer sans varier, tant que les circonstances qui influent sur leur manière d'être ne varient pas essentiellement, et les préventions existantes s'accordant avec ces régénérations successives d'individus semblables, on a supposé que chaque espèce était invariable et aussi ancienne que la nature et qu'elle avait eu sa création particulière de la part de l'Auteur suprême de tout ce qui existe.

Sans doute, rien n'existe que par la volonté du sublime Auteur de toutes choses. Mais pouvons-nous lui assigner des règles dans l'exécution de sa volonté et fixer le mode qu'il a suivi à cet égard? Sa puissance infinie n'a-t-elle pu créer un *ordre de choses* qui donnât successivement l'existence à tout ce que nous voyons comme à tout ce qui existe et que nous ne connaissons pas?

Assurément, quelle qu'ait été sa volonté, l'immensité de sa puissance est toujours la même et de quelque manière que se soit exécutée cette volonté suprême, rien n'en peut diminuer la grandeur.

Respectant donc les décrets de cette sagesse infinie, je me renferme dans les bornes d'un simple observateur de la nature. Alors, si je parviens à démêler quelque chose dans la marche qu'elle a suivie pour opérer ses productions, je dirai, sans crainte de me tromper, qu'il a plu à son Auteur qu'elle ait cette faculté et cette puissance.

L'idée qu'on s'était formée de l'*espèce* parmi les corps vivants était assez simple, facile à saisir, et semblait confirmée par la constance dans la forme semblable des individus que la reproduction ou la génération perpétuait : telles se trouvent encore pour nous un très grand nombre de ces espèces prétendues que nous voyons tous les jours.

Cependant, plus nous avançons dans la connaissance des différents corps organisés, dont presque toutes les parties de la surface du globe sont couvertes, plus notre embarras s'accroît pour déterminer ce qui doit être regardé comme *espèce* et, à plus forte raison, pour limiter et distinguer les genres.

A mesure qu'on recueille les productions de la nature, à mesure que nos collections s'enrichissent, nous voyons presque tous les vides se remplir et nos lignes de séparation s'effacer. Nous nous trouvons réduits à une détermination arbitraire, qui tantôt nous porte à saisir les moindres différences des variétes pour en former le caractère de ce que nous appelons *espèce*, et tantôt nous fait déclarer variété de telle espèce des individus un peu différents que d'autres regardent comme constituant une *espèce* particulière.

Je le répète, plus nos collections s'enrichissent, plus nous rencontrons de preuves que tout est plus ou moins nuancé, que les différences remarquables s'évanouissent, et que, le plus souvent, la nature ne laisse à notre disposition, pour établir des distinctions, que des particularités minutieuses et, en quelque sorte, puériles.

Que de genres, parmi les animaux et les végétaux, sont d'une étendue telle, par la quantité d'*espèces* qu'on y rapporte, que l'étude et la détermination de ces espèces y sont maintenant presque impraticables! Les *espèces* de ces genres, rangées en séries et rapprochées d'après la considération de leurs rapports naturels, présentent, avec celles qui les avoisinent, des différences si légères qu'elles se nuancent, et que ces *espèces* se confondent, en quelque sorte, les unes avec les autres, ne laissant presque aucun moyen de fixer, par l'expression, les petites différences qui les distinguent.

Il n'y a que ceux qui se sont longtemps et fortement occupés de la détermination des *espèces*, et qui ont consulté de riches collections, qui peuvent savoir jusqu'à quel point les *espèces*, parmi les corps vivants, se fondent les unes dans les autres, et qui ont pu se convaincre que, dans les parties où nous voyons des *espèces* isolées, cela n'est ainsi que parce qu'il nous en manque d'autres qui en sont plus voisines et que nous n'avons pas encore recueillies.

Je ne veux pas dire pour cela que les animaux qui existent forment une série très simple et partout également nuancée; mais je dis qu'ils forment une série rameuse, irrégulièrement graduée et qui n'a point de discontinuité dans ses parties, ou qui, du moins, n'en a pas toujours eu, s'il est vrai que, par suite de quelques espèces perdues, il s'en trouve quelque part. Il en résulte que les *espèces* qui terminent chaque rameau de la série générale tiennent, au moins d'un côté, à d'autres *espèces* voisines qui se nuancent avec elles. Voilà ce que l'état bien connu des choses me met maintenant à portée de démontrer.

Je n'ai besoin d'aucune hypothèse, ni d'aucune supposition pour cela; j'en atteste tous les naturalistes observateurs.

Non seulement beaucoup de genres, mais des ordres entiers, et quelquefois des classes même, nous présentent déjà des portions presque complètes de l'état de choses que je viens d'indiquer.

Or, lorsque, dans ces cas, l'on a rangé les *espèces* en séries, et qu'elles sont toutes bien placées suivant leurs rapports naturels, si vous en choisissez une, et qu'ensuite, faisant un saut par-dessus plusieurs autres, vous en prenez une autre un peu éloignée, ces deux *espèces*, mises en comparaison, vous offriront alors de grandes dissemblances entre elles. C'est ainsi que nous avons commencé à voir les productions de la nature qui se sont trouvées le plus à notre portée. Alors les distinctions génériques et spécifiques étaient très faciles à établir. Mais maintenant que nos collections sont fort riches, si vous suivez la série que je citais tout à l'heure depuis l'espèce que vous avez choisie d'abord, jusqu'à celle que vous avez prise en second lieu, et qui est très différente de la première, vous y arrivez de nuance en nuance, sans avoir remarqué des distinctions dignes d'être notées.

Je le demande : quel est le zoologiste ou le botaniste expérimenté, qui n'est pas pénétré du fondement de ce que je viens d'exposer?

. . . .

Quantité de faits nous apprennent qu'à mesure que les individus d'une de nos *espèces* changent de situation, de climat, de manière d'être ou d'habitude, ils en reçoivent des influences qui changent peu à peu la consistance et les proportions de leurs parties, leur forme, leurs facultés, leur organisation même ; en sorte que tout en eux participe, avec le temps, aux mutations qu'ils ont éprouvées.

Dans le même climat, des situations et des expositions très différentes font d'abord simplement varier les individus qui s'y trouvent exposés ; mais par la suite des temps, la continuelle différence des situations des individus dont je parle, qui vivent et se reproduisent successivement dans les mêmes circonstances, amène en eux des différences qui deviennent, en quelque sorte, essentielles à leur être ; de manière qu'à la suite de beaucoup de générations qui se sont succédé les unes aux autres, ces individus, qui appartenaient originairement à une autre *espèce*, se trouvent à la fin transformés en une *espèce* nouvelle, distincte de l'autre.

Par exemple, que les graines d'une graminée ou de toute autre plante naturelle à une prairie humide soient transportées, par une circonstance quelconque, d'abord sur le penchant d'une colline voisine, où le sol, quoique plus élevé, sera encore assez frais pour permettre à la plante d'y conserver son existence, et qu'ensuite, après y avoir vécu et s'y être bien des fois régénérée, elle atteigne,

de proche en proche, le sol sec et presque aride d'une
côte montagneuse, si la plante réussit à y subsister et
s'y perpétue pendant une suite de générations, elle sera
alors tellement changée que les botanistes qui l'y ren-
contreront en constitueront une *espéce* particulière.

La même chose arrive aux animaux que des circonstances ont forcés de changer de climat, de manière de
vivre et d'habitudes : mais, pour ceux-ci, les influences
des causes que je viens de citer exigent plus de temps
encore qu'à l'égard des plantes, pour opérer des changements notables sur les individus. (LAMARK, *Philosophie
zoologique*, p. 72-80. Savy, éditeur.)

XIII

INFLUENCE DES CIRCONSTANCES SUR L'ORGANISATION DES ANIMAUX

Ici, il devient nécessaire de m'expliquer sur le sens que j'attache à ces expressions : *Les circonstances influent sur la forme et l'organisation des animaux*, c'est-à-dire qu'en devenant très différentes, elles changent, avec le temps, et cette forme et l'organisation elle-même par des modifications proportionnées.

Assurément, si l'on prenait ces expressions à la lettre, on m'attribuerait une erreur; car quelles que puissent être les circonstances, elles n'opèrent directement sur la forme et sur l'organisation des animaux aucune modification quelconque.

Mais de grands changements dans les circonstances amènent pour les animaux de grands changements dans leurs besoins, et de pareils changements dans les besoins en amènent nécessairement dans les actions. Or, si les nouveaux besoins deviennent constants ou très durables, les animaux prennent alors de nouvelles *habitudes*, qui sont aussi durables que les besoins qui les ont fait naître. Voilà ce qu'il est facile de démontrer, et même ce qui n'exige aucune explication pour être senti.

Il est donc évident qu'un grand changement dans les

circonstances, devenu constant pour une race d'animaux, entraine ces animaux à de nouvelles habitudes.

Or, si de nouvelles circonstances devenues permanentes pour une race d'animaux, ont donné à ces animaux de nouvelles *habitudes*, c'est-à-dire les ont portés à de nouvelles actions qui sont devenues habituelles, il en sera résulté l'emploi de telle partie par préférence à celui de telle autre, et, dans certains cas, le défaut total d'emploi de telle partie qui est devenue inutile.

Rien de tout cela ne saurait être considéré comme hypothèse ou comme opinion particulière; ce sont, au contraire, des vérités qui n'exigent, pour être rendues évidentes, que de l'attention et l'observation des faits.

Nous verrons tout à l'heure, par la citation de faits connus qui l'attestent, d'une part, que de nouveaux besoins ayant rendu telle partie nécessaire, ont réellement, par une suite d'efforts, fait naître cette partie, et qu'ensuite son emploi soutenu l'a peu à peu fortifiée, développée, et a fini par l'agrandir considérablement; d'une autre part, nous verrons que, dans certains cas, les nouvelles circonstances et les nouveaux besoins ayant rendu telle partie tout à fait inutile, le défaut total d'emploi de cette partie a été cause qu'elle a cessé graduellement de recevoir les développements que les autres parties de l'animal obtiennent; qu'elle s'est amaigrie et atténuée peu à peu et qu'enfin, lorsque ce défaut d'emploi a été total pendant beaucoup de temps, la partie dont il est question a fini par disparaitre. Tout cela est positif; je me propose d'en donner les preuves les plus convaincantes.

Dans les végétaux, où il n'y a point d'actions et, par conséquent, point d'*habitudes* proprement dites, de grands changements de circonstances n'en amènent pas moins de grandes différences dans les développements de leurs parties; en sorte que ces différences font naître et développer certaines d'entre elles, tandis qu'elles atténuent et font disparaître plusieurs autres. Mais ici tout s'opère par les changements survenus dans la nutrition du végétal, dans ses absorptions et ses transpirations, dans la quantité de calorique, de lumière, d'air et d'humidité qu'il reçoit alors habituellement; enfin dans la supériorité que certains des divers mouvements vitaux peuvent prendre sur les autres.

Entre des individus de même espèce, dont les uns sont continuellement bien nourris, et dans des circonstances favorables à tous leurs développements, tandis que les autres se trouvent dans des circonstances opposées, il se produit une différence dans l'état de ces individus, qui peu à peu devient très remarquable. Que d'exemples ne pourrais-je pas citer à l'égard des animaux et des végétaux, qui confirmeraient le fondement de cette considération! Or, si les circonstances restant les mêmes rendent habituel et constant l'état des individus mal nourris, souffrants ou languissants, leur organisation intérieure en est à la fin modifiée, et la génération entre les individus dont il est question conserve les modifications acquises et finit par donner lieu à une race très distincte de celle dont les individus se rencontrent sans cesse dans des circonstances favorables à leurs développements.

Un printemps très sec est cause que les herbes d'une prairie s'accroissent très peu, restent maigres et chétives, fleurissent et fructifient, quoique n'ayant pris que très peu d'accroissement.

Un printemps entremêlé de jours de chaleur et de jours pluvieux, fait prendre à ces mêmes herbes beaucoup d'accroissement, et la récolte des foins est alors excellente.

Mais si quelque cause perpétue, à l'égard de ces plantes, les circonstances défavorables, elles varieront proportionnellement, d'abord dans leur port ou leur état général, et ensuite dans plusieurs particularités de leurs caractères.

Par exemple, si quelque graine de quelqu'une des herbes de la prairie en question est transportée dans un lieu élevé, sur une pelouse sèche, aride, pierreuse, très exposée aux vents et y peut germer, la plante qui pourra vivre dans ce lieu, s'y trouvant toujours mal nourrie, et les individus qu'elle y reproduira continuant d'exister dans ces mauvaises circonstances, il en résultera une race véritablement différente de celle qui vit dans la prairie et dont elle sera cependant originaire. Les individus de cette nouvelle race seront petits, maigres dans leurs parties, et certains de leurs organes, ayant pris plus de développement que d'autres, offriront alors des proportions particulières.

Ceux qui ont beaucoup observé et qui ont consulté les grandes collections ont pu se convaincre qu'à mesure que les circonstances d'habitation, d'exposition, de climat, de nourriture, d'habitude de vivre, etc., viennent à changer, les caractères de taille, de forme, de proportion entre les parties, de couleur, de consistance, d'agilité et d'industrie, pour les animaux, changent proportionnellement.

Ce que la nature fait avec beaucoup de temps, nous le faisons tous les jours en changeant nous-mêmes subitement, par rapport à un végétal vivant, les circonstances dans lesquelles lui et tous les individus de son espèce se rencontraient.

Tous les botanistes savent que les végétaux qu'ils transportent de leur lieu natal dans les jardins, pour les y cultiver, y subissent peu à peu des changements qui les rendent à la fin méconnaissables. Beaucoup de plantes, très velues naturellement, y deviennent glabres ou à peu près ; quantité de celles qui étaient couchées et traînantes y voient redresser leur tige, d'autres y perdent leurs épines ou leurs aspérités, d'autres encore de l'état ligneux et vivace que leur tige possédait dans les climats chauds qu'elles habitaient, passent dans nos climats à l'état herbacé, et parmi elles plusieurs ne sont plus que des plantes annuelles; enfin, les dimensions de leurs parties y subissent elles-mêmes des changements très considérables. Ces effets des changements de circonstances sont tellement reconnus, que les botanistes n'aiment point à décrire les plantes de jardins, à moins qu'elles n'y soient nouvellement cultivées.

Le froment cultivé (*triticum sativum*) n'est-il pas un végétal amené par l'homme à l'état où nous le voyons actuellement? Qu'on me dise dans quel pays une plante semblable habite naturellement, c'est-à-dire sans y être la suite de sa culture dans quelque voisinage?

Où trouve-t-on dans la nature nos choux, nos laitues, etc., dans l'état où nous les possédons dans nos jardins potagers? N'en est-il pas de même à l'égard de quantité d'animaux que la domesticité a changés ou considérablement modifiés?

Que de races très différentes parmi nos poules et nos pigeons domestiques, nous nous sommes procurées en les élevant dans diverses circonstances et dans différents pays, et qu'en vain on chercherait maintenant à retrouver telles dans la nature!

Celles qui sont les moins changées, sans doute, par une domesticité moins ancienne, et parce qu'elles ne vivent pas dans un climat qui leur soit étranger, n'en offrent pas moins dans l'état de certaines de leurs parties, de grandes différences produites par les habitudes que nous leur avons fait contracter. Ainsi, nos canards et nos oies domestiques retrouvent leur type dans les canards et les oies sauvages, mais les nôtres ont perdu la faculté de pouvoir s'élever dans les hautes régions de l'air et de traverser de grands pays en volant; enfin, il s'est opéré un changement réel dans l'état de leurs parties comparées à celles des animaux de la race dont ils proviennent.

Qui ne sait que tel oiseau de nos climats que nous élevons dans une cage et qui y vit cinq ou six années de suite, étant après cela replacé dans la nature, c'est-à-dire rendu à la liberté, n'est plus alors en état de voler comme ses semblables qui ont toujours été libres? Le léger changement de circonstance opéré sur cet individu, n'a fait, à la vérité, que diminuer sa faculté de voler, et sans doute n'a opéré aucun changement dans la forme de ses parties. Mais si une nombreuse suite de générations des individus de la même race avait été tenue en captivité pendant une durée considérable, il n'y a nul doute que la forme même des parties de ces individus n'eût peu à peu subi des changements notables. A plus forte raison, si au lieu d'une simple captivité constamment soutenue à leur égard, cette circonstance eût été en même temps accompagnée d'un changement de climat fort différent et que ces individus, par degrés, eussent été habitués à d'autres sortes de nourritures et à d'autres actions pour s'en saisir, certes, ces circonstances, réunies et devenues constantes, eussent formé insensiblement une nouvelle race alors tout à fait particulière.

Où trouve-t-on maintenant dans la nature cette multitude de races de *chiens*, que, par suite de la domesticité où nous avons réduit ces animaux, nous avons mis dans le cas d'exister telles qu'elles sont actuellement? Où trouve-t-on ces dogues, ces lévriers, ces barbets, ces épagneuls, ces bichons, etc., etc.; races qui offrent entre elles de plus grandes différences que celles que nous admettons comme spécifiques entre les animaux d'un même genre qui vivent librement dans la nature?

Sans doute, une race première et unique, alors fort voisine du loup s'il n'en est lui-même le vrai type, a été soumise par l'homme a une époque quelconque à la domesticité. Cette race qui n'offrait alors aucune différence entre ces individus, a été peu à peu dispersée avec l'homme dans différents pays, dans différents climats, et après un temps quelconque, ces mêmes individus ayant subi les influences des lieux d'habitation et des habitudes diverses qu'on leur a fait contracter dans chaque pays, en ont éprouvé des changements remarquables et ont formé différentes races particulières. Or, l'homme qui, pour le commerce ou pour d'autre genre d'intérêt, se déplace même à de très grandes distances, ayant transporté dans un lieu très habité, comme une grande capitale, différentes races de chiens formées dans des pays fort éloignés, alors le croisement de ces races, par la génération, a donné lieu successivement à toutes celles que nous connaissons maintenant.

Le fait suivant prouve, à l'égard des plantes, combien le changement de quelque circonstance importante influe pour changer les parties de ces corps vivants.

Tant que le *ranunculus aquatilis* est enfoncé dans le sein de l'eau, ses feuilles sont toutes finement découpées et ont leurs divisions capillacées; mais lorsque les tiges de cette plante atteignent la surface de l'eau, les feuilles qui se développent dans l'air sont élargies, arrondies et simplement lobées. Si quelques pieds de la même plante réussissent à pousser dans un sol seulement humide, sans être inondé, leurs tiges alors sont courtes, et aucune de leurs feuilles n'est partagée en découpures capillacées, ce qui donne lieu au *ranunculus hederaceus*, que les botanistes regardent comme une espèce, lorsqu'ils le rencontrent.

Il n'est pas douteux qu'à l'égard des animaux des changements importants dans les circonstances où ils ont l'habitude de vivre n'en produisent pareillement dans leurs parties, mais ici les mutations sont beaucoup plus lentes à s'opérer que dans les végétaux, et, par conséquent, sont pour nous moins sensibles et leur cause moins reconnaissable. (LAMARK, *Philosophie zoologique*, p. 223-232. Savy, éditeur.)

XIV

EFFET DE L'USAGE OU DU NON-USAGE DES PARTIES; HÉRÉDITÉ

Le changement des habitudes produit des effets héréditaires; on pourrait citer, par exemple, l'époque de la floraison des plantes transportées d'un climat dans un autre. Chez les animaux, l'usage ou le non-usage des parties a une influence plus considérable encore. Ainsi, proportionnellement au reste du squelette, les os de l'aile pèsent moins et les os de la cuisse pèsent plus chez le canard domestique que chez le canard sauvage. Or, on peut incontestablement attribuer ce changement à ce que le canard domestique vole moins et marche plus que le canard sauvage. Nous pouvons encore citer, comme un des effets de l'usage des parties, le développement considérable, transmissible par hérédité, des mamelles chez les vaches et chez les chèvres dans les pays où l'on a l'habitude de traire ces animaux, comparativement à l'état de ces organes dans d'autres pays. Tous les animaux domestiques ont, dans quelques pays, les oreilles pendantes; on a attribué cette particularité au fait que ces animaux, ayant moins de causes d'alarmes, cessent de se servir des muscles de l'oreille, et cette opinion semble très fondée.

La variabilité est soumise à bien des lois; on en connaît imparfaitement quelques-unes, que je discuterai brièvement ci-après. Je désire m'occuper seulement ici de la variation par corrélation. Des changements importants qui se produisent chez l'embryon, ou chez la larve, entraînent presque toujours des changements analogues chez l'animal adulte. Chez les monstruosités, les effets de corrélation entre des parties complètement distinctes sont très curieux; Isidore Geoffroy Saint-Hilaire cite des exemples nombreux dans son grand ouvrage sur cette question. Les éleveurs admettent que, lorsque les membres sont longs, la tête l'est presque toujours aussi. Quelques cas de corrélation sont extrêmement singuliers : ainsi, les chats entièrement blancs et qui ont les yeux bleus sont ordinairement sourds; toutefois, M. Tait a constaté récemment que le fait est limité aux mâles. Certaines couleurs et certaines particularités constitutionnelles vont ordinairement ensemble; je pourrais citer bien des exemples remarquables de ce fait chez les animaux et chez les plantes. D'après un grand nombre de faits recueillis par Heusinger, il paraît que certaines plantes incommodent les moutons et les cochons blancs, tandis que les individus à robe foncée s'en nourrissent impunément. Le professeur Wyman m'a récemment communiqué une excellente preuve de ce fait. Il demandait à quelques fermiers de la Virginie pourquoi ils n'avaient que des cochons noirs; ils lui répondirent que les cochons mangent la racine du *lachnanthes*, qui colore leurs os en rose et qui fait tomber leurs sabots; cet effet se produit sur toutes les variétés, sauf sur la variété noire. L'un d'eux ajouta : « Nous choisissons, pour les élever, tous les individus noirs d'une portée, car ceux-là seuls ont quelque chance de vivre ». Les chiens dépourvus de poils ont la dentition imparfaite; on dit que les animaux à poil long et rude sont prédisposés à avoir des cornes longues ou nombreuses; les pigeons à pattes emplumées ont des membranes entre les orteils antérieurs; les pigeons à bec court ont les pieds petits; les pigeons à bec long ont les pieds grands. Il en résulte donc que l'homme, en continuant toujours à choisir, et, par conséquent, à développer une particularité quelconque, modifie, sans en avoir l'intention, d'autres parties de l'organisme, en vertu des lois mystérieuses de la corrélation.

Les lois diverses, absolument ignorées ou imparfaitement comprises, qui régissent la variation, ont des effets extrêmement complexes. Il est intéressant d'étudier les différents traités relatifs à quelques-unes de nos plantes cultivées depuis fort longtemps, telles que la jacinthe, la pomme de terre ou même le dahlia, etc.; on est réellement étonné de voir par quels innombrables points de conformation et de constitution les variétés et les sous-variétés diffèrent légèrement les unes des autres. Leur organisation tout entière semble être devenue plastique et s'écarter légèrement de celle du type originel.

Toute variation non héréditaire est sans intérêt pour nous. Mais le nombre et la diversité des déviations de conformation transmissibles par hérédité, qu'elles soient insignifiantes ou qu'elles aient une importance physiologique considérable, sont presque infinis. L'ouvrage le meilleur et le plus complet que nous ayons à ce sujet est celui du docteur Prosper Lucas. Aucun éleveur ne met en doute la grande énergie des tendances héréditaires; tous ont pour axiome fondamental que le semblable produit le semblable, et il ne s'est trouvé que quelques théoriciens pour suspecter la valeur absolue de ce principe. Quand une déviation de structure se reproduit souvent, quand nous la remarquons chez le père et chez l'enfant, il est très difficile de dire si cette déviation provient ou non de quelque cause qui a agi sur l'un comme sur l'autre. Mais, d'autre part, lorsque parmi des individus, évidemment exposés aux mêmes conditions, quelque déviation très rare, due à quelque concours extraordinaire de circonstances, apparaît chez un seul individu, au milieu de millions d'autres qui n'en sont point affectés, et que nous voyons réapparaître cette déviation chez le descendant, la seule théorie des probabilités nous force presque à attribuer cette réapparition à l'hérédité. Qui n'a entendu parler des cas d'albinisme, de peau épineuse, de peau velue, etc., héréditaires chez plusieurs membres d'une même famille? Or, si des déviations rares et extraordinaires peuvent réellement se transmettre par hérédité, à plus forte raison on peut soutenir que des déviations moins extraordinaires et plus communes peuvent également se transmettre. La meilleure manière de résumer la question serait peut-être de considérer que, en règle générale, tout caractère, quel qu'il soit, se transmet par hérédité et que la non-transmission est l'exception.

Les lois qui régissent l'hérédité sont pour la plupart inconnues. Pourquoi, par exemple, une même particularité, apparaissant chez divers individus de la même espèce ou d'espèces différentes, se transmet-elle quelquefois, et quelquefois ne se transmet-elle pas par hérédité? Pourquoi certains caractères du grand-père, ou de la grand'mère, ou d'ancêtres plus éloignés, réapparaissent-ils chez l'enfant? Pourquoi une particularité se transmet-elle souvent d'un sexe, soit aux deux sexes, soit à un sexe seul, mais plus ordinairement à un seul, quoique non pas exclusivement au sexe semblable? Les particularités qui apparaissent chez les mâles de nos espèces domestiques se transmettent souvent, soit exclusivement, soit à un degré beaucoup plus considérable au mâle seul; or, c'est là un fait qui a une assez grande importance pour nous. Une règle beaucoup plus importante et qui souffre, je crois, peu d'exceptions, c'est que, à quelque période de la vie qu'une particularité fasse d'abord son apparition, elle tend à réapparaître chez les descendants à un âge correspondant, quelquefois même un peu plus tôt. Dans bien des cas, il ne peut en être autrement ; en effet, les particularités héréditaires que présentent les cornes du gros bétail ne peuvent se manifester chez leurs descendants qu'à l'âge adulte ou à peu près ; les particularités que présentent les vers à soie n'apparaissent aussi qu'à l'âge correspondant où le ver existe sous la forme de chenille ou de cocon. Mais les maladies héréditaires et quelques autres faits me portent à croire que cette règle est susceptible d'une plus grande extension ; en effet, bien qu'il n'y ait pas de raison apparente pour qu'une particularité réapparaisse à un âge déterminé, elle tend cependant à se représenter chez le descendant au même âge que chez l'ancêtre. Cette règle me paraît avoir une haute importance pour expliquer les lois de l'embryologie. Ces remarques ne s'appliquent naturellement qu'à la première *apparition* de la particularité, et non pas à la cause primaire qui peut avoir agi sur des ovules ou sur l'élément mâle ; ainsi chez le descendant d'une vache désarmée et d'un taureau à longues cornes, le développement des cornes, bien que ne se manifestant que très tard, est évidemment dû à l'influence de l'élément mâle.

Puisque j'ai fait allusion au *retour* vers les caractères primitifs, je puis m'occuper ici d'une observation faite souvent par les naturalistes, c'est-à-dire que nos variétés domestiques, en retournant à la vie sauvage, reprennent graduellement, mais invariablement, les caractères du type originel. On a conclu de ce fait qu'on ne peut tirer de l'étude des races domestiques aucune déduction applicable à la connaissance des espèces sauvages. J'ai en vain cherché à découvrir sur quels faits décisifs on a pu appuyer cette assertion si fréquemment et si hardiment renouvelée ; il serait très difficile, en effet, d'en prouver l'exactitude, car nous pouvons affirmer, sans crainte de nous tromper, que la plupart de nos variétés domestiques les plus fortement prononcées ne pourraient pas vivre à l'état sauvage. Dans bien des cas, nous ne savons même pas quelle est leur souche primitive; il nous est donc presque impossible de dire si le retour à cette souche est plus ou moins parfait. En outre, il serait indispensable, pour empêcher les effets du croisement, qu'une seule variété fût rendue à la liberté. Cependant, comme il est certain que nos variétés peuvent accidentellement faire retour au type de leurs ancêtres par quelques-uns de leurs caractères, il me semble assez probable que, si nous pouvions parvenir à acclimater, ou même à cultiver pendant plusieurs générations, les différentes races du chou, par exemple, dans un sol très pauvre (dans ce cas toutefois il faudrait attribuer quelque influence à l'action *définie* de la pauvreté du sol), elles feraient retour, plus ou moins complètement, au type sauvage primitif. Que l'expérience réussisse ou non, cela a peu d'importance au point de vue de notre argumentation, car les conditions d'existence auraient été complètement modifiées par l'expérience elle-même. Si on pouvait démontrer que nos variétés domestiques présentent une forte tendance au retour, c'est-à-dire si l'on pouvait établir qu'elles tendent à perdre leurs caractères acquis, lors même qu'elles restent soumises aux mêmes conditions et qu'elles sont maintenues en nombre considérable, de telle sorte que les croisements puissent arrêter, en les confondant, les petites déviations de conformation, je reconnais, dans ce cas, que nous ne pourrions pas conclure des variétés domestiques aux espèces. Mais cette manière de voir ne trouve pas une preuve en sa faveur. Affirmer que nous ne pourrions pas perpétuer nos chevaux de trait et nos chevaux de course, notre bétail à longues et à courtes cornes, nos volailles de races diverses, nos légumes, pendant un nombre infini de générations, serait contraire à ce que nous enseigne l'expérience de tous les jours.

CARACTÈRES DES VARIÉTÉS DOMESTIQUES; DIFFICULTÉ DE DIS-
TINGUER ENTRE LES VARIÉTÉS ET LES ESPÈCES; ORIGINE DES
VARIÉTÉS DOMESTIQUES ATTRIBUÉE A UNE OU A PLUSIEURS
ESPÈCES.

Quand nous examinons les variétés héréditaires ou les
races de nos animaux domestiques et de nos plantes cultivées et que nous les comparons à des espèces très voisines, nous remarquons ordinairement, comme nous
l'avons déjà dit, chez chaque race domestique, des caractères moins uniformes que chez les espèces vraies.
Les races domestiques présentent souvent un caractère
quelque peu monstrueux; j'entends par là que, bien que
différant les unes des autres et des espèces voisines du
même genre par quelques légers caractères, elles diffèrent souvent à un haut degré sur un point spécial, soit
qu'on les compare les unes aux autres, soit surtout qu'on
les compare à l'espèce sauvage dont elles se rapprochent
le plus. A cela près (et sauf la fécondité parfaite des
variétés croisées entre elles, sujet que nous discuterons
plus tard), les races domestiques de la même espèce diffèrent l'une de l'autre de la même manière que font les
espèces voisines du même genre à l'état sauvage; mais
les différences, dans la plupart des cas, sont moins considérables. Il faut admettre que ce point est prouvé, car
des juges compétents estiment que les races domestiques
de beaucoup d'animaux et de beaucoup de plantes descendent d'espèces originelles distinctes, tandis que d'autres juges, non moins compétents, ne les regardent que
comme de simples variétés. Or, si une distinction bien
tranchée existait entre les races domestiques et les
espèces, cette sorte de doute ne se présenterait pas si
fréquemment. On a répété souvent que les races domestiques ne diffèrent pas les unes des autres par des caractères ayant une valeur générique. On peut démontrer

que cette assertion n'est pas exacte; toutefois, les naturalistes ont des opinions très différentes quant à ce qui constitue un caractère générique, et, par conséquent, toutes les appréciations actuelles sur ce point sont purement empiriques. Quand j'aurai expliqué l'origine du genre dans la nature, on verra que nous ne devons pas souvent nous attendre à trouver chez nos races domestiques des différences d'ordre générique.

Nous en sommes réduits aux hypothèses dès que nous essayons d'estimer la valeur des différences de conformation qui séparent nos races domestiques les plus voisines; nous ne savons pas, en effet, si elles descendent d'une ou de plusieurs espèces mères. Ce serait pourtant un point fort intéressant à élucider. Si, par exemple, on pouvait prouver que le Lévrier, le Limier, le Terrier, l'Épagneul et le Bouledogue, animaux dont la race, nous le savons, se propage si purement, descendent tous d'une même espèce, nous serions évidemment autorisés à douter de l'immutabilité d'un grand nombre d'espèces sauvages étroitement alliées, celle des renards, par exemple, qui habitent les diverses parties du globe. Je ne crois pas, comme nous le verrons tout à l'heure, que la somme des différences que nous constatons entre nos diverses races de chiens se soit produite entièrement à l'état de domesticité; j'estime, au contraire, qu'une partie de ces différences proviennent de ce qu'elles descendent d'espèces distinctes. A l'égard des races fortement accusées de quelques autres espèces domestiques, il y a de fortes présomptions, ou même des preuves absolues, qu'elles descendent toutes d'une souche sauvage unique.

On a souvent prétendu que, pour les réduire en domesticité, l'homme a choisi les animaux et les plantes qui présentaient une tendance inhérente exceptionnelle à la variation, et qui avaient la faculté de supporter les climats les plus différents. Je ne conteste pas que ces aptitudes aient beaucoup ajouté à la valeur de la plupart de nos produits domestiques; mais comment un sauvage pouvait-il savoir, alors qu'il apprivoisait un animal, si cet animal était susceptible de varier dans les générations futures et de supporter les changements de climat? Est-ce que la faible variabilité de l'âne et de l'oie, le peu de disposition du renne pour la chaleur ou du chameau pour le froid, ont empêché leur domestication? Je suis persuadé que, si l'on prenait à l'état sauvage des animaux et des plantes en nombre égal à celui de nos produits domestiques et appartenant à un aussi grand nombre de classes et de pays, et qu'on les fît se reproduire à l'état domestique, pendant un nombre pareil de générations, ils varieraient autant en moyenne qu'ont varié les espèces mères de nos races domestiques actuelles.

Il est impossible de décider, pour la plupart de nos plantes les plus anciennement cultivées et de nos animaux réduits depuis de longs siècles en domesticité, s'ils descendent d'une ou de plusieurs espèces sauvages. L'argument principal de ceux qui croient à l'origine multiple de nos animaux domestiques repose sur le fait que nous trouvons, dès les temps les plus anciens, sur les monuments de l'Égypte et dans les habitations lacustres de la Suisse, une grande diversité de races. Plusieurs d'entre elles ont une ressemblance frappante, ou sont même identiques avec celles qui existent aujourd'hui. Mais ceci ne fait que reculer l'origine de la civilisation, et prouve que les animaux ont été réduits en domesticité à une période beaucoup plus ancienne qu'on ne le croyait jusqu'à présent. Les habitants des cités lacustres de la Suisse cultivaient plusieurs espèces de froment et d'orge, le pois, le pavot pour en extraire de l'huile, et le chanvre; ils possédaient plusieurs animaux domestiques et étaient en relations commerciales avec d'autres nations. Tout cela prouve clairement, comme Heer le fait remarquer, qu'ils avaient fait des progrès considérables; mais cela implique aussi une longue période antécédente de civilisation moins avancée, pendant laquelle les animaux domestiques, élevés dans différentes régions, ont pu, en variant, donner naissance à des races distinctes. Depuis la découverte d'instruments en silex dans les couches superficielles de beaucoup de parties du monde, tous les géologues croient que l'homme barbare existait à une période extraordinairement reculée, et nous savons aujourd'hui qu'il est à peine une tribu, si barbare qu'elle soit, qui n'ait au moins domestiqué le chien.

L'origine de la plupart de nos animaux domestiques restera probablement à jamais douteuse. Mais je dois ajouter ici que, après avoir laborieusement recueilli tous les faits connus relatifs aux chiens domestiques du monde entier, j'ai été amené à conclure que plusieurs espèces sauvages de canides ont dû être apprivoisées, et que leur sang plus ou moins mélangé coule dans les veines de nos races domestiques naturelles. Je n'ai pu arriver à aucune conclusion précise relativement aux moutons et aux chèvres. D'après les faits que m'a communiqués M. Blyth sur les habitudes, la voix, la constitution et la formation du bétail à bosse indien, il est presque certain qu'il descend d'une souche primitive différente de celle qui a produit notre bétail européen. Quelques juges compétents croient que ce dernier descend de deux ou trois souches sauvages, sans prétendre affirmer que ces souches doivent être oui ou non considérées comme espèces. Cette conclusion, aussi bien que la distinction spécifique qui existe entre le bétail à bosse et le bétail ordinaire, a été presque définitivement établie par les admirables recherches du professeur Rütimeyer. Quant aux chevaux, j'hésite à croire, pour des raisons que je ne pourrais détailler ici, contrairement d'ailleurs à l'opinion de plusieurs savants, que toutes les races descendent d'une seule espèce. J'ai élevé presque toutes les races anglaises de nos oiseaux de basse-cour, je les ai croisées, j'ai étudié leur squelette, et j'en suis arrivé à la conclusion qu'elles descendent toutes de l'espèce sauvage indienne, le *Gallus bankiva*; c'est aussi l'opinion de M. Blyth et d'autres naturalistes qui ont étudié cet oiseau dans l'Inde. Quant aux canards et aux lapins, dont quelques races diffèrent considérablement les unes des autres, il est évident qu'ils descendent tous du Canard commun sauvage et du Lapin sauvage.

Quelques auteurs ont poussé à l'extrême la doctrine que nos races domestiques descendent de plusieurs souches sauvages. Ils croient que toute race qui se reproduit purement, si légers que soient ses caractères distinctifs, a eu son prototype sauvage. A ce compte, il aurait dû exister au moins une vingtaine d'espèces de bétail sauvage, autant d'espèces de moutons, et plusieurs espèces de chèvres en Europe, dont plusieurs dans la Grande-Bretagne seule. Un auteur soutient qu'il a dû autrefois exister dans la Grande-Bretagne onze espèces de moutons sauvages qui lui étaient propres! Lorsque nous nous rappelons que la Grande-Bretagne ne possède pas aujourd'hui un mammifère qui lui soit particulier, que la France n'en a que fort peu qui soient distincts de ceux de l'Allemagne, et qu'il en est de même de la Hongrie et de l'Espagne, etc., mais que chacun de ces pays possède plusieurs espèces particulières de bétail, de moutons, etc., il faut bien admettre qu'un grand nombre de races domestiques ont pris naissance en Europe, car d'où pourraient-elles venir? Il en est de même dans l'Inde. Il est certain que les variations héréditaires ont joué un grand rôle dans la formation des races si nombreuses des chiens domestiques, pour laquelle j'admets cependant plusieurs souches distinctes. Qui pourrait croire, en effet, que des animaux ressemblant au Lévrier italien, au Limier, au Bouledogue, au Bichon ou à l'Épagneul de Blenheim, types si différents de ceux des canides sauvages, aient jamais existé à l'état de nature? On a souvent affirmé, sans aucune preuve à l'appui, que toutes nos races de chiens proviennent du croisement d'un petit nombre d'espèces primitives. Mais on n'obtient, par le croisement, que des formes intermédiaires entre les parents; or, si nous voulons expliquer ainsi l'existence de nos différentes races domestiques, il faut admettre l'existence antérieure des formes les plus extrêmes, telles que le Lévrier italien, le Limier, le Bouledogue, etc., à l'état sauvage. Du reste, on a beaucoup exagéré la possibilité de former des races distinctes par le croisement. Il est prouvé que l'on peut modifier une race par des croisements accidentels, en admettant toutefois qu'on choisisse soigneusement les individus qui présentent le type désiré; mais il serait très difficile d'obtenir une race intermédiaire entre deux races complètement distinctes. Sir J. Sebright a entrepris de nombreuses expériences dans ce but, mais il n'a pu obtenir aucun résultat. Les produits du premier croisement entre deux races pures sont assez uniformes, quelquefois même parfaitement identiques, comme je l'ai constaté chez les pigeons. Rien ne semble donc plus simple; mais quand on en vient à croiser ces métis les uns avec les autres pendant plusieurs générations, on n'obtient plus deux produits semblables et les difficultés de l'opération deviennent manifestes. (DARWIN, *l'Origine des espèces*, p. 12-21. Reinwald, éditeur.)

XV

PRINCIPES DE SÉLECTION ANCIENNEMENT APPLIQUÉS

Considérons maintenant, en quelques lignes, la formation graduelle de nos races domestiques, soit qu'elles dérivent d'une seule espèce, soit qu'elles procèdent de plusieurs espèces voisines. On peut attribuer quelques effets à l'action directe et définie des conditions extérieures d'existence, quelques autres aux habitudes, mais il faudrait être bien hardi pour expliquer, par de telles causes, les différences qui existent entre le cheval de trait et le cheval de course, entre le Limier et le Lévrier, entre le pigeon Messager et le pigeon Culbutant. Un des caractères les plus remarquables de nos races domestiques, c'est que nous voyons chez elles des adaptations qui ne contribuent en rien au bien-être de l'animal ou de la plante, mais simplement à l'avantage ou au caprice de l'homme. Certaines variations utiles à l'homme se sont probablement produites soudainement, d'autres par degrés ; quelques naturalistes, par exemple, croient que le Chardon à foulon armé de crochets, que ne peut remplacer aucune machine, est tout simplement une variété du *Dipsacus* sauvage ; or, cette transformation peut s'être manifestée dans un seul semis. Il en a été probablement ainsi pour le chien Tournebroche; on sait, tout au moins, que le mouton Ancon a surgi d'une manière subite. Mais il faut, si l'on compare le cheval de trait et le cheval de course, le dromadaire et le chameau, les diverses races de moutons adaptées soit aux plaines cultivées, soit aux pâturages des montagnes, et dont la laine, suivant la race, est appropriée tantôt à un usage, tantôt à un autre; si l'on compare les différentes races de chiens, dont chacune est utile à l'homme à des points de vue divers; si l'on compare le coq de combat, si enclin à la bataille, avec d'autres races si pacifiques, avec les pondeuses perpétuelles qui ne demandent jamais à couver, et avec le coq Bantam, si petit et si élégant; si l'on considère, enfin, cette légion de plantes agricoles et culinaires, les arbres qui encombrent nos vergers, les fleurs qui ornent nos jardins, les unes si utiles à l'homme en différentes saisons et pour tant d'usages divers, ou seulement si agréables à ses yeux, il faut chercher, je crois, quelque chose de plus qu'un simple effet de variabilité. Nous ne pouvons supposer, en effet, que toutes ces races ont été soudainement produites avec toute la perfection et toute l'utilité qu'elles ont aujourd'hui; nous savons même, dans bien des cas, qu'il n'en a pas été ainsi. Le pouvoir de sélection, d'accumulation, que possède l'homme, est la clef de ce problème; la nature fournit les variations successives, l'homme les accumule dans certaines directions qui lui sont utiles. Dans ce sens, on peut dire que l'homme crée à son profit des races utiles.

La grande valeur de ce principe de sélection n'est pas hypothétique. Il est certain que plusieurs de nos éleveurs les plus éminents ont, pendant le cours d'une seule vie d'homme, considérablement modifié leurs bestiaux et leurs moutons. Pour bien comprendre les résultats qu'ils ont obtenus, il est indispensable de lire quelques-uns des nombreux ouvrages qu'ils ont consacrés à ce sujet et de voir les animaux eux-mêmes. Les éleveurs considèrent ordinairement l'organisme d'un animal comme un élément plastique, qu'ils peuvent modifier presque à leur gré. Si je n'étais borné par l'espace, je pourrais citer, à ce sujet, de nombreux exemples empruntés à des autorités hautement compétentes. Youatt, qui, plus que tout autre peut-être, connaissait les travaux des agriculteurs et qui était lui-même un excellent juge en fait d'animaux, admet que le principe de la sélection « permet à l'agriculteur, non seulement de modifier le caractère de son troupeau, mais de le transformer entièrement. C'est la baguette magique au moyen de laquelle il peut appeler à la vie les formes et les modèles qui lui plaisent. » Lord Somerville dit, à propos de ce que les éleveurs ont fait pour le mouton : « Il semblerait qu'ils aient tracé l'esquisse d'une forme parfaite en soi, puis qu'ils lui ont donné l'existence ». En Saxe, on comprend si bien l'importance du principe de la sélection, relativement au mouton mérinos, qu'on en a fait une profession ; on place le mouton sur une table et un connaisseur l'étudie comme il ferait d'un tableau ; on répète cet examen trois fois par an, et chaque fois on marque et l'on classe les moutons de façon à choisir les plus parfaits pour la reproduction.

Le prix énorme attribué aux animaux dont la généalogie est irréprochable prouve les résultats que les éleveurs anglais ont déjà atteints ; leurs produits sont expédiés dans presque toutes les parties du monde. Il ne faudrait pas croire que ces améliorations fussent ordinairement dues au croisement de différentes races ; les meilleurs éleveurs condamnent absolument cette pratique, qu'ils n'emploient quelquefois que pour des sous-races étroitement alliées. Quand un croisement de ce genre a été fait, une sélection rigoureuse devient encore beaucoup plus indispensable que dans les cas ordinaires. Si la sélection consistait simplement à isoler quelques variétés distinctes et à les faire se reproduire, ce principe serait si évident, qu'à peine aurait-on à s'en occuper; mais la grande importance de la sélection consiste dans les effets considérables produits par l'accumulation dans une même direction, pendant des générations successives, de différences absolument inappréciables pour des yeux inexpérimentés, différences que, quant à moi, j'ai vainement essayé d'apprécier. Pas un homme sur mille n'a la justesse de coup d'œil et la sûreté de jugement nécessaires pour faire un habile éleveur. Un homme doué de ces qualités, qui consacre de longues années à l'étude de ce sujet, puis qui y voue son existence entière, en y apportant toute son énergie et une persévérance indomptable, réussira sans doute et pourra réaliser d'immenses progrès; mais le défaut d'une seule de ces qualités déterminera forcément l'insuccès. Peu de personnes s'imaginent combien il faut de capacités naturelles, combien il faut d'années de pratique pour faire un bon éleveur de pigeons.

Les horticulteurs suivent les mêmes principes; mais ici les variations sont souvent plus soudaines. Personne ne suppose que nos plus belles plantes sont le résultat d'une seule variation de la souche originelle. Nous savons qu'il en a été tout autrement dans bien des cas sur lesquels nous possédons des renseignements exacts. Ainsi, on peut citer comme exemple l'augmentation toujours croissante de la grosseur de la groseille à maquereau commune. Si l'on compare les fleurs actuelles avec des dessins faits il y a seulement vingt ou trente ans, on est frappé des améliorations de la plupart des produits du fleuriste. Quand une race de plantes est suffisamment fixée, les horticulteurs ne se donnent plus la peine de choisir les meilleurs plants, ils se contentent de visiter les plates-bandes pour arracher les plants qui dévient du type ordinaire. On pratique aussi cette sorte de sélection avec les animaux, car personne n'est assez négligent pour permettre aux sujets défectueux d'un troupeau de se reproduire.

Il est encore un autre moyen d'observer les effets accumulés de la sélection chez les plantes; on n'a, en effet, qu'à comparer, dans un parterre, la diversité des fleurs chez les différentes variétés d'une même espèce; dans un potager, la diversité des feuilles, des gousses, des tubercules, ou en général de la partie recherchée des plantes potagères, relativement aux fleurs des mêmes variétés; et, enfin, dans un verger, la diversité des fruits d'une même espèce, comparativement aux feuilles et aux fleurs de ces mêmes arbres. Remarquez combien diffèrent les feuilles du Chou et que de ressemblance dans la fleur; combien, au contraire, sont différentes les fleurs de la Pensée et combien les feuilles sont uniformes; combien les fruits des différentes espèces de Groseilliers diffèrent par la grosseur, la couleur, la forme et le degré de villosité, et combien les fleurs présentent peu de différence. Ce n'est pas que les variétés qui diffèrent beaucoup sur un point ne diffèrent pas du tout sur tous les autres, car je puis affirmer, après de longues et soigneuses observations, que cela n'arrive jamais ou presque jamais. La loi de la corrélation de croissance, dont il ne faut jamais oublier l'importance, entraîne presque toujours quelques différences; mais, en règle générale, on ne peut douter que la sélection continue de légères variations portant soit sur les feuilles, soit sur les fleurs, soit sur les fruits, ne produise des races différentes les unes des autres, plus particulièrement en l'un de ces organes.

On pourrait objecter que le principe de la sélection n'a été réduit en pratique que depuis trois quarts de siècle. Sans doute, on s'en est récemment beaucoup plus occupé, et on a publié de nombreux ouvrages à ce sujet; aussi les résultats ont-ils été, comme on devait s'y attendre, rapides et importants; mais il n'est pas vrai de dire que ce principe soit une découverte moderne. Je pourrais citer plusieurs ouvrages d'une haute antiquité prouvant qu'on reconnaissait, dès alors, l'importance de ce principe. Nous avons la preuve que, même pendant les périodes barbares qu'a traversées l'Angleterre, on importait souvent des animaux de choix, et des lois en défendaient l'exportation; on ordonnait la destruction des chevaux qui n'atteignaient pas une certaine taille; ce que l'on peut comparer au travail que font les horticulteurs lorsqu'ils éliminent, parmi les produits de leurs semis, toutes les plantes qui tendent à dévier du type régulier. Une ancienne encyclopédie chinoise formule nettement les principes de la sélection; certains auteurs classiques romains indiquent quelques règles précises; il résulte de certains passages de la Genèse que, dès cette antique période, on prêtait déjà quelque attention à la couleur des animaux domestiques. Encore aujourd'hui, les sauvages croisent quelquefois leurs chiens avec des espèces canines sauvages pour en améliorer la race; Pline atteste qu'on faisait de même autrefois. Les sauvages de l'Afrique méridionale appareillent leurs attelages de bétail d'après la couleur; les Esquimaux en agissent de même pour leurs attelages de chiens. Livingstone constate que les nègres de l'intérieur de l'Afrique, qui n'ont eu aucun rapport avec les Européens, évaluent à un haut prix les bonnes races domestiques. Sans doute, quelques-uns de ces faits ne témoignent pas d'une sélection directe; mais ils prouvent que, dès l'antiquité, l'élevage des animaux domestiques était l'objet de soins tout particuliers, et que les sauvages en font autant aujourd'hui. Il serait étrange, d'ailleurs, que l'hérédité des bonnes qualités et des défauts étant si évidente, l'élevage n'eût pas de bonne heure attiré l'attention de l'homme. (DARWIN, *l'Origine des espèces*, p. 30-34. Reinwald, éditeur.)

XVI

PROGRESSION GÉOMÉTRIQUE
DE L'AUGMENTATION DES INDIVIDUS

La lutte pour l'existence résulte inévitablement de la rapidité avec laquelle tous les êtres organisés tendent à se multiplier. Tout individu qui, pendant le terme naturel de sa vie, produit plusieurs œufs ou plusieurs graines, doit être détruit à quelque période de son existence, ou pendant une saison quelconque, car autrement, le principe de l'augmentation géométrique étant donné, le nombre de ses descendants deviendrait si considérable, qu'aucun pays ne pourrait les nourrir. Aussi, comme il naît plus d'individus qu'il n'en peut vivre, il doit y avoir, dans chaque cas, lutte pour l'existence, soit avec un autre individu de la même espèce, soit avec des individus d'espèces différentes, soit avec les conditions physiques de la vie. C'est la doctrine de Malthus appliquée avec une intensité beaucoup plus considérable à tout le règne animal et à tout le règne végétal, car il n'y a là ni production artificielle d'alimentation, ni restriction apportée au mariage par la prudence. Bien que quelques espèces se multiplient aujourd'hui plus ou moins rapidement, il ne peut en être de même pour toutes, car le monde ne pourrait plus les contenir.

Il n'y a aucune exception à la règle que tout être organisé se multiplie naturellement avec tant de rapidité que, s'il n'est détruit, la terre serait bientôt couverte par la descendance d'un seul couple. L'homme même, qui se reproduit si lentement, voit son nombre doublé tous les vingt-cinq ans, et, à ce taux, en moins de mille ans, il n'y aurait littéralement plus de place sur le globe pour se tenir debout. Linné a calculé que, si une plante annuelle produit seulement deux graines — et il n'y a pas de plante qui soit si peu productive — et que l'année suivante les deux jeunes plants produisent à leur tour chacun deux graines, et ainsi de suite, on arrivera en vingt ans à un million de plants. De tous les animaux connus, l'éléphant, pense-t-on, est celui qui se reproduit le plus lentement. J'ai fait quelques calculs pour estimer quel serait probablement le taux minimum de son augmentation en nombre. On peut, sans crainte de se tromper, admettre qu'il commence à se reproduire à l'âge de trente ans, et qu'il continue jusqu'à quatre-vingt-dix; dans l'intervalle, il produit six petits, et vit lui-même jusqu'à l'âge de cent ans. Or, en admettant ces chiffres, dans sept cent quarante ou sept cent cinquante ans, il y aurait dix-neuf millions d'éléphants vivants, tous descendants du premier couple.

Mais nous avons mieux, sur ce sujet, que des calculs théoriques, nous avons des preuves directes, c'est-à-dire les nombreux cas observés de la rapidité étonnante avec laquelle se multiplient certains animaux à l'état sauvage, quand les circonstances leur sont favorables pendant deux ou trois saisons. Nos animaux domestiques, redevenus sauvages dans plusieurs parties du monde, nous offrent une preuve plus frappante encore de ce fait. Si l'on n'avait des données authentiques sur l'augmentation des bestiaux et des chevaux — qui cependant se reproduisent si lentement — dans l'Amérique méridionale et plus récemment en Australie, on ne voudrait certes pas croire aux chiffres que l'on indique. Il en est de même des plantes; on pourrait citer bien des exemples de plantes importées devenues communes dans une île en moins de dix ans. Plusieurs plantes, telles que le cardon et le grand chardon qui sont aujourd'hui les plus communes dans les grandes plaines de la Plata, et qui recouvrent des espaces de plusieurs lieues carrées, à l'exclusion de toute autre plante, ont été importées d'Europe. Le docteur Falconer m'apprend qu'il y a aux Indes des plantes communes aujourd'hui, du cap Comorin jusqu'à l'Himalaya, qui ont été importées d'Amérique, nécessairement depuis la découverte de cette dernière partie du monde. Dans ces cas, et dans tant d'autres que l'on pourrait citer, personne ne suppose que la fécondité des animaux et des plantes se soit tout à coup accrue de façon sensible. Les conditions de la vie sont très favorables, et, en conséquence, les parents vivent plus longtemps, et tous, ou presque tous les jeunes se développent; telle est évidemment l'explication de ces faits. La progression géométrique de leur augmentation, progression dont les résultats ne manquent jamais de surprendre, explique simplement cette augmentation si rapide, si extraordinaire, et leur distribution considérable dans leur nouvelle patrie.

A l'état sauvage, presque toutes les plantes arrivées à l'état de maturité produisent annuellement des graines, et, chez les animaux, il y en a fort peu qui ne s'accouplent pas. Nous pouvons donc affirmer, sans crainte de nous tromper, que toutes les plantes et tous les animaux tendent à se multiplier selon une progression géométrique; or cette tendance doit être enrayée par la destruction des individus à certaines périodes de leur vie, car, autrement, ils envahiraient tous les pays et ne pourraient plus subsister. Notre familiarité avec les grands animaux domestiques tend, je crois, à nous donner des idées fausses; nous ne voyons pour eux aucun cas de destruction générale, mais nous ne nous rappelons pas assez qu'on en abat, chaque année, des milliers pour notre alimentation, et qu'à l'état sauvage une cause autre doit certainement produire les mêmes effets.

La seule différence qu'il y ait entre les organismes qui produisent annuellement un très grand nombre d'œufs ou de graines et ceux qui en produisent fort peu, est qu'il faudrait plus d'années à ces derniers pour peupler une région placée dans des conditions favorables, si immense que soit d'ailleurs cette région. Le condor pond deux œufs et l'autruche une vingtaine, et cependant, dans un même pays, le condor peut être l'oiseau le plus nombreux des deux. Le pétrel Fulmar ne pond qu'un œuf, et cependant on considère cette espèce d'oiseau comme la plus nombreuse qu'il y ait au monde. Telle mouche dépose des centaines d'œufs; telle autre, comme l'hippobosque, n'en dépose qu'un seul; mais cette différence ne détermine pas combien d'individus des deux espèces peuvent se trouver dans une même région. Une grande fécondité a quelque importance pour les espèces dont l'existence dépend d'une quantité d'alimentation essentiellement variable, car elle leur permet de s'accroître rapidement en nombre à un moment donné. Mais l'importance réelle du grand nombre des œufs ou des graines est de compenser une destruction considérable à une certaine période de la vie; or cette période de destruction, dans la grande majorité des cas, se présente de bonne heure. Si l'animal a le pouvoir de protéger d'une façon quelconque ses œufs, ou ses jeunes, une reproduction peu considérable suffit pour maintenir à son maximum le nombre des individus de l'espèce; si, au contraire, les œufs ou les jeunes sont exposés à une facile destruction, la reproduction doit être considérable pour que l'espèce ne s'éteigne pas. Il suffirait, pour maintenir au même nombre les individus d'une espèce d'arbre, vivant en moyenne un millier d'années, qu'une seule graine fût produite une fois tous les mille ans, mais à la condition expresse que cette graine ne soit jamais détruite et qu'elle soit placée dans un endroit où il est certain qu'elle se développera. Ainsi donc, et dans tous les cas, la quantité des graines ou des œufs produits n'a qu'une influence indirecte sur le nombre moyen des individus d'une espèce animale ou végétale.

Il faut donc, lorsque l'on contemple la nature, se bien pénétrer des observations que nous venons de faire; il ne faut jamais oublier que chaque être organisé s'efforce toujours de multiplier; que chacun d'eux soutient une lutte pendant une certaine période de son existence; que les jeunes et les vieux sont inévitablement exposés à une destruction incessante, soit durant chaque génération, soit à de certains intervalles. Qu'un de ces freins vienne à se relâcher, que la destruction s'arrête si peu que ce soit, et le nombre des individus d'une espèce s'élève rapidement à un chiffre prodigieux.

DE LA NATURE DES OBSTACLES A LA MULTIPLICATION

Les causes qui font obstacle à la tendance naturelle à la multiplication de chaque espèce sont très obscures. Considérons une espèce très vigoureuse; plus grand est le nombre des individus dont elle se compose, plus ce nombre tend à augmenter. Nous ne pourrions pas même, dans un cas donné, déterminer exactement quels sont les freins qui agissent. Cela n'a rien qui puisse surprendre quand on réfléchit que notre ignorance sur ce point est absolue, relativement même à l'espèce humaine, quoique l'homme soit bien mieux connu que tout autre animal. Plusieurs auteurs ont discuté ce sujet avec beaucoup de talent; j'espère moi-même l'étudier longuement dans un futur ouvrage, particulièrement à l'égard des animaux retournés à l'état sauvage dans l'Amérique méridionale. Je me bornerai ici à quelque remarques, pour rappeler certains points principaux à l'esprit du lecteur. Les œufs ou les animaux très jeunes semblent ordinairement souffrir le plus, mais il n'en est pas toujours ainsi ; chez les plantes, il se fait une énorme destruction de graines ; mais, d'après mes observations, il semble que ce sont les semis qui souffrent le plus, parce qu'ils germent dans un terrain déjà encombré par d'autres plantes. Différents ennemis détruisent aussi une grande quantité de plants ; j'ai observé, par exemple, quelques jeunes plants de nos herbes indigènes, semés dans une plate-bande ayant 3 pieds de longueur sur 2 de largeur, bien labourée et bien débarrassée de plantes étrangères, et où, par conséquent, ils ne pouvaient pas souffrir du voisinage de ces plantes : sur trois cent cinquante-sept plants, deux cent quatre-vingt-quinze ont été détruits, principalement par les limaces et par les insectes. Si on laisse pousser du gazon qu'on a fauché pendant très longtemps, ou, ce qui revient au même, que des quadrupèdes ont l'habitude de brouter, les plantes les plus vigoureuses tuent graduellement celles qui le sont moins, quoique ces dernières aient atteint leur pleine maturité ; ainsi, dans une petite pelouse de gazon, ayant 3 pieds sur 7, sur vingt espèces qui y poussaient, neuf ont péri, parce qu'on a laissé croître librement les autres espèces.

La quantité de nourriture détermine, cela va sans dire, la limite extrême de la multiplication de chaque espèce ; mais, le plus ordinairement, ce qui détermine le nombre moyen des individus d'une espèce, ce n'est pas la difficulté d'obtenir des aliments, mais la facilité avec laquelle ces individus deviennent la proie d'autres animaux. Ainsi, il semble hors de doute que la quantité de perdrix, de grouses et de lièvres qui peut exister dans un grand parc, dépend principalement du soin avec lequel on détruit leurs ennemis. Si l'on ne tuait pas une seule tête de gibier en Angleterre pendant vingt ans, mais qu'en même temps on ne détruisît aucun de leurs ennemis, il y aurait alors probablement moins de gibier qu'il n'y en a aujourd'hui, bien qu'on en tue des centaines de mille chaque année.

Il est vrai que, dans quelques cas particuliers, l'éléphant, par exemple, les bêtes de proie n'attaquent pas l'animal; dans l'Inde, le tigre lui-même se hasarde très rarement à attaquer un jeune éléphant défendu par sa mère.

Le climat joue un rôle important quant à la détermination du nombre moyen d'une espèce, et le retour périodique des froids ou des sécheresses extrêmes semble être le plus efficace de tous les freins. J'ai calculé, en me basant sur le peu de nids construits au printemps, que l'hiver de 1854-1855 a détruit les quatre cinquièmes des oiseaux de ma propriété; c'est là une destruction terrible quand on se rappelle que 10 pour 100 constituent, pour l'homme, une mortalité extraordinaire en cas d'épidémie. Au premier abord, il semble que l'action du climat soit absolument indépendante de la lutte pour l'existence; mais il faut se rappeler que les variations climatériques agissent directement sur la quantité de nourriture, et amènent ainsi la lutte la plus vive entre les individus, soit de la même espèce, soit d'espèces distinctes, qui se nourrissent du même genre d'aliment. Quand le climat agit directement, le froid extrême, par exemple, ce sont les individus les moins vigoureux, ou ceux qui ont à leur disposition le moins de nourriture pendant l'hiver, qui souffrent le plus. Quand nous allons du sud au nord, ou que nous passons d'une région humide à une région desséchée, nous remarquons toujours que certaines espèces deviennent de plus en plus rares, et finissent par disparaître; le changement du climat frappant nos sens, nous sommes tout disposés à attribuer cette disparition à son action directe. Or cela n'est point exact; nous oublions que chaque espèce, dans les endroits mêmes où elle est le plus abondante, éprouve constamment de grandes pertes à certains moments de son existence, pertes que lui infligent des ennemis ou des concurrents pour le même habitat et pour la même nourriture; or si ces ennemis ou ces concurrents sont favorisés si peu que ce soit par une légère variation du climat, leur nombre s'accroît considérablement, et, comme chaque district contient déjà autant d'habitants qu'il peut en nourrir, les autres espèces doivent diminuer. Quand nous nous dirigeons vers le sud et que nous voyons une espèce diminuer en nombre, nous pouvons être certains que cette diminution tient autant à ce qu'une autre espèce a été favorisée qu'à ce que la première a éprouvé un préjudice. Il en est de même, mais à un degré moindre, quand nous remontons vers le nord, car le nombre des espèces de toutes sortes, et, par conséquent, des concurrents, diminue dans les pays septentrionaux. Aussi rencontrons-nous beaucoup plus souvent, en nous dirigeant vers le nord, ou en faisant l'ascension d'une montagne, que nous le faisons en suivant une direction opposée, des formes rabougries, dues *directement* à l'action nuisible du climat. Quand nous atteignons les régions artiques, ou les sommets couverts de neiges éternelles, ou les déserts absolus, la lutte pour l'existence n'existe plus qu'avec les éléments.

Le nombre prodigieux des plantes qui, dans nos jardins, supportent parfaitement notre climat, mais qui ne s'acclimatent jamais, parce qu'elles ne peuvent soutenir la concurrence avec nos plantes indigènes, ou résister à nos animaux indigènes, prouve clairement que le climat agit principalement de façon indirecte, en favorisant d'autres espèces.

Quand une espèce, grâce à des circonstances favorables, se multiplie démesurément dans une petite région, des épidémies se déclarent souvent chez elle. Au moins, cela semble se présenter chez notre gibier; nous pouvons observer là un frein indépendant de la lutte pour l'existence. Mais quelques-unes de ces prétendues épidémies semblent provenir de la présence de vers parasites qui, pour une cause quelconque, peut-être à cause d'une diffusion plus facile au milieu d'animaux trop nombreux, ont pris un développement plus considérable; nous assistons en conséquence à une sorte de lutte entre le parasite et sa proie.

D'autre part, dans bien des cas, il faut qu'une même espèce comporte un grand nombre d'individus relativement au nombre de ses ennemis, pour pouvoir se perpétuer. Ainsi, nous cultivons facilement beaucoup de froment, colza, etc., dans nos champs, parce que les graines sont en excès considérable comparativement au nombre des oiseaux qui viennent les manger. Or les oiseaux, bien qu'ayant une surabondance de nourriture pendant ce moment de la saison, ne peuvent augmenter proportionnellement à cette abondance de graines, parce que l'hiver a mis un frein à leur développement; mais on sait combien il est difficile de récolter quelques pieds de froment ou d'autres plantes analogues dans un jardin; quant à moi, cela m'a toujours été impossible. Cette condition de la nécessité d'un nombre considérable d'individus pour la conservation d'une espèce explique, je crois, certains faits singuliers que nous offre la nature, celui, par exemple, de plantes fort rares qui sont parfois très abondantes dans les quelques endroits où elles existent; et celui de plantes véritablement sociables, c'est-à-dire qui se groupent en grand nombre aux extrêmes limites de leur habitat. Nous pouvons croire, en effet, dans de semblables cas, qu'une plante ne peut exister qu'à l'endroit seul où les conditions de la vie sont assez favorables pour que beaucoup puissent exister simultanément et sauver ainsi l'espèce d'une complète destruction. Je dois ajouter que les bons effets des croisements et les déplorables effets des unions consanguines jouent aussi leur rôle dans la plupart de ces cas. Mais je n'ai pas ici à m'étendre davantage sur ce sujet. (DARWIN, *l'Origine des espèces*, p. 69-76. Reinwald, éditeur.)

XVII

LA LUTTE POUR L'EXISTENCE ENTRE LES INDIVIDUS D'UNE MÊME ESPÈCE

Les espèces appartenant au même genre ont presque toujours, bien qu'il y ait beaucoup d'exceptions à cette règle, des habitudes et une constitution presque semblables; la lutte entre ces espèces est donc beaucoup plus acharnée, si elles se trouvent placées en concurrence les unes avec les autres, que si cette lutte s'engage entre des espèces appartenant à des genres distincts. L'extension récente qu'a prise, dans certaines parties des États-Unis, une espèce d'hirondelle qui a causé l'extinction d'une autre espèce, nous offre un exemple de ce fait. Le développement de la draine a amené, dans certaines parties de l'Écosse, la rareté croissante de la grive commune. Combien de fois n'avons-nous pas entendu dire qu'une espèce de rats a chassé une autre espèce devant elle, sous les climats les plus divers! En Russie, la petite blatte d'Asie a chassé devant elle sa grande congénère. En Australie, l'abeille que nous avons importée extermine rapidement la petite abeille indigène, dépourvue d'aiguillon. Une espèce de moutarde en supplante une autre, et ainsi de suite. Nous pouvons concevoir à peu près comment il se fait que la concurrence soit plus vive entre les formes alliées, qui remplissent presque la même place dans l'économie de la nature; mais il est très probable que, dans aucun cas, nous ne pourrions indiquer les raisons exactes de la victoire remportée par une espèce sur une autre dans la grande bataille de la vie.

Les remarques que je viens de faire conduisent à un corollaire de la plus haute importance, c'est-à-dire que la conformation de chaque être organisé est en rapport, dans les points les plus essentiels et quelquefois cependant les plus cachés, avec celle de tous les êtres organisés avec lesquels il se trouve en concurrence pour son alimentation et pour sa résidence, et avec celle de tous ceux qui lui servent de proie ou contre lesquels il a à se défendre. La conformation des dents et des griffes du tigre, celle des pattes et des crochets du parasite qui s'attache aux poils du tigre, offrent une confirmation évidente de cette loi. Mais les admirables graines emplumées de la chicorée sauvage et les pattes aplaties et frangées des coléoptères aquatiques ne semblent tout d'abord en rapport qu'avec l'air et avec l'eau. Cependant, l'avantage présenté par les graines emplumées se trouve, sans aucun doute, en rapport direct avec le sol déjà garni d'autres plantes, de façon à ce que les graines puissent se distribuer dans un grand espace et tomber sur un terrain qui n'est pas encore occupé. Chez le coléoptère aquatique, la structure des jambes, si admirablement adaptée pour qu'il puisse plonger, lui permet de lutter avec d'autres insectes aquatiques pour chercher sa proie, ou pour échapper aux attaques d'autres animaux.

La substance nutritive déposée dans les graines de bien des plantes semble, à première vue, ne présenter aucune espèce de rapports avec d'autres plantes. Mais la croissance vigoureuse des jeunes plants provenant de ces graines, les pois et les haricots par exemple, quand on les sème au milieu d'autres graminées, paraît indiquer que le principal avantage de cette substance est de favoriser la croissance des semis, dans la lutte qu'ils ont à soutenir contre les autres plantes qui poussent autour d'eux.

Pourquoi chaque forme végétale ne se multiplie-t-elle pas dans toute l'étendue de sa région naturelle jusqu'à doubler ou quadrupler le nombre de ses représentants? Nous savons parfaitement qu'elle peut supporter un peu plus de chaleur ou de froid, un peu plus d'humidité ou de sécheresse, car nous savons qu'elle habite des régions plus chaudes ou plus froides, plus humides ou plus sèches. Cet exemple nous démontre que, si nous désirons donner à une plante le moyen d'accroître le nombre de ses représentants, il faut la mettre en état de vaincre ses concurrents et de déjouer les attaques des animaux qui s'en nourrissent. Sur les limites de son habitat géographique, un changement de constitution en rapport avec le climat lui serait d'un avantage certain; mais nous avons toute raison de croire que quelques plantes ou quelques animaux seulement s'étendent assez loin pour être exclusivement détruits par la rigueur du climat. C'est seulement aux confins extrêmes de la vie, dans les régions arctiques ou sur les limites d'un désert absolu, que cesse la concurrence. Que la terre soit très froide ou très sèche, il n'y en aura pas moins concurrence entre quelques espèces ou entre les individus de la même espèce, pour occuper les endroits les plus chauds ou les plus humides.

Il en résulte que les conditions d'existence d'une plante ou d'un animal placé dans un pays nouveau, au milieu de nouveaux compétiteurs, doivent se modifier de façon essentielle, bien que le climat soit parfaitement identique à celui de son ancien habitat. Si on souhaite que le nombre de ses représentants s'accroisse dans sa nouvelle patrie, il faut modifier l'animal ou la plante tout autrement qu'on ne l'aurait fait dans son ancienne patrie, car il faut lui procurer certains avantages sur un ensemble de concurrents ou d'ennemis tout différents.

Rien de plus facile que d'essayer ainsi, en imagination,

de procurer à une espèce certains avantages sur une autre ; mais, dans la pratique, il est plus que probable que nous ne saurions pas ce qu'il y a à faire. Cela seul devrait suffire à nous convaincre de notre ignorance sur les rapports mutuels qui existent entre tous les êtres organisés ; c'est là une vérité qui nous est aussi nécessaire qu'elle nous est difficile à comprendre. Tout ce que nous pouvons faire, c'est de nous rappeler à tout instant que tous les êtres organisés s'efforcent perpétuellement de se multiplier selon une progression géométrique ; que chacun d'eux à certaines périodes de sa vie, pendant certaines saisons de l'année, dans le cours de chaque génération ou à de certains intervalles, doit lutter pour l'existence et être exposé à une grande destruction. La pensée de cette lutte universelle provoque de tristes réflexions, mais nous pouvons nous consoler avec la certitude que la guerre n'est pas incessante dans la nature, que la peur y est inconnue, que la mort est généralement prompte, et que ce sont les êtres vigoureux, sains et heureux, qui survivent et se multiplient. (DARWIN, *l'Origine des espèces*, p. 82-84. Reinwald, éditeur.)

XVIII

EFFET PRODUIT PAR LA SÉLECTION NATURELLE

Les faits cités dans le premier chapitre ne permettent, je crois, aucun doute sur ce point : que l'usage, chez nos animaux domestiques renforce et développe certaines parties, tandis que le non-usage les diminue; et, en outre, que ces modifications sont héréditaires. A l'état de nature, nous n'avons aucun terme de comparaison qui nous permette de juger des effets d'un usage ou d'un non-usage constant, car nous ne connaissons pas les formes types; mais beaucoup d'animaux possèdent des organes dont on ne peut expliquer la présence que par les effets du non-usage. Y a-t-il, comme le professeur Owen l'a fait remarquer, une anomalie plus grande dans la nature qu'un oiseau qui ne peut pas voler; cependant, il y en a plusieurs dans cet état. Le canard à ailes courtes de l'Amérique méridionale doit se contenter de battre avec ses ailes la surface de l'eau, et elles sont, chez lui, à peu près dans la même condition que celles du canard domestique d'Aylesbury; en outre, s'il faut en croire M. Cunningham, ces canards peuvent voler quand ils sont tout jeunes, tandis qu'ils en sont incapables à l'âge adulte. Les grands oiseaux qui se nourrissent sur le sol, ne s'envolent guère que pour échapper au danger; il est

donc probable que le défaut d'ailes, chez plusieurs
oiseaux qui habitent actuellement ou qui, dernièrement
encore, habitaient des îles océaniques, où ne se trouve
aucune bête de proie, provient du non-usage des ailes.
L'autruche, il est vrai, habite les continents et est exposée
à bien des dangers auxquels elle ne peut pas se soustraire par le vol, mais elle peut, aussi bien qu'un grand
nombre de quadrupèdes, se défendre contre ses ennemis
à coups de pied. Nous sommes autorisés à croire que
l'ancêtre du genre autruche avait des habitudes ressemblant à celles de l'outarde, et que, à mesure que la grosseur et le poids du corps de cet oiseau augmentèrent
pendant de longues générations successives, l'autruche
se servit toujours davantage de ses jambes et moins de
ses ailes, jusqu'à ce qu'enfin il lui devînt impossible de
voler.

Kirby a fait remarquer, et j'ai observé le même fait,
que les tarses ou partie postérieure des pattes de beaucoup de scarabées mâles qui se nourrissent d'excréments,
sont souvent brisés ; il a examiné dix-sept spécimens
dans sa propre collection et aucun d'eux n'avait plus la
moindre trace des tarses. Chez l'*Onites apelles* les tarses
disparaissent si souvent, qu'on a décrit cet insecte comme
n'en ayant pas. Chez quelques autres genres, les tarses
existent, mais à l'état rudimentaire. Chez l'*Ateuchus*, ou
scarabée sacré des Égyptiens, ils font absolument défaut.
On ne saurait encore affirmer positivement que les mutilations accidentelles soient héréditaires ; toutefois, les
cas remarquables observés par M. Brown-Séquard, relatifs à la transmission par hérédité des effets de certaines
opérations chez le cochon d'Inde, doivent nous empêcher
de nier absolument cette tendance. En conséquence, il
est peut-être plus sage de considérer l'absence totale des
tarses antérieurs chez l'*Ateuchus*, et leur état rudimentaire chez quelques autres genres, non pas comme des
cas de mutilations héréditaires, mais comme les effets

d'un non-usage longtemps continué; en effet, comme beaucoup de scarabées qui se nourrissent d'excréments ont perdu leurs tarses, cette disparition doit arriver à un âge peu avancé de leur existence, et, par conséquent, les tarses ne doivent pas avoir beaucoup d'importance pour ces insectes, ou ils ne doivent pas s'en servir beaucoup.

Dans quelques cas, on pourrait facilement attribuer au défaut d'usage certaines modifications de structure qui sont surtout dues à la sélection naturelle. M. Wollaston a découvert le fait remarquable que, sur cinq cent cinquante espèces de scarabée (on en connaît un plus grand nombre aujourd'hui) qui habitent l'île de Madère, deux cents sont si pauvrement pourvues d'ailes, qu'elles ne peuvent voler; il a découvert, en outre, que sur vingt-neuf genres indigènes, toutes les espèces appartenant à vingt-trois de ces genres se trouvent dans cet état! Plusieurs faits, à savoir : que les scarabées, dans beaucoup de parties du monde, sont portés fréquemment en mer par le vent et qu'ils y périssent; que les scarabées de Madère, ainsi que l'a observé M. Wollaston, restent cachés jusqu'à ce que le vent tombe et que le soleil brille; que la proportion des scarabées sans ailes est beaucoup plus considérable dans les déserts exposés aux variations atmosphériques, qu'à Madère même; que — et c'est là le fait le plus extraordinaire sur lequel M. Wollaston a insisté avec beaucoup de raison — certains groupes considérables de scarabées, qui ont absolument besoin d'ailes, autre part si nombreux, font ici presque entièrement défaut; ces différentes considérations, dis-je, me portent à croire que le défaut d'ailes chez tant de scarabées à Madère est principalement dû à l'action de la sélection naturelle, combinée probablement avec le non-usage de ces organes. Pendant plusieurs générations successives, tous les scarabées qui se livraient le moins au vol, soit parce que leurs ailes étaient un peu moins développées, soit en raison de leurs habitudes indolentes, doivent avoir eu la meilleure chance de persister, parce qu'ils n'étaient pas exposés à être emportés à la mer; d'autre part, les individus qui s'élevaient facilement dans l'air, étaient plus exposés à être emportés au large et, par conséquent, à être détruits.

Les insectes de Madère qui ne se nourrissent pas sur le sol, mais qui, comme certains coléoptères et certains lépidoptères, se nourrissent sur les fleurs, et qui doivent, par conséquent, se servir de leurs ailes pour trouver leurs aliments, ont, comme l'a observé M. Wollaston, les ailes très développées, au lieu d'être diminuées. Ce fait est parfaitement compatible avec l'action de la sélection naturelle. En effet, à l'arrivée d'un nouvel insecte dans l'île, la tendance au développement ou à la réduction de ses ailes dépend de ce fait qu'un plus grand nombre d'individus échappent à la mort, en luttant contre le vent ou en discontinuant de voler. C'est, en somme, ce qui se passe pour des matelots qui ont fait naufrage auprès d'une côte; il est important pour les bons nageurs de pouvoir nager aussi longtemps que possible, mais il vaut mieux pour les mauvais nageurs ne pas savoir nager du tout, et s'attacher au bâtiment naufragé.

Les taupes et quelques autres rongeurs fouisseurs ont les yeux rudimentaires, quelquefois même complètement recouverts d'une pellicule et de poils. Cet état des yeux est probablement dû à une diminution graduelle, provenant du non-usage, augmenté sans doute par la sélection naturelle. Dans l'Amérique méridionale, un rongeur appelé *Tutu-Tuco* ou *Ctenomys* a des habitudes encore plus souterraines que la taupe; on m'a assuré que ces animaux sont fréquemment aveugles. J'en ai conservé un vivant et celui-là certainement était aveugle; je l'ai disséqué après sa mort, et j'ai trouvé alors que son aveuglement provenait d'une inflammation de la membrane clignotante. L'inflammation des yeux est nécessairement nuisible à un animal; or, comme les yeux ne sont pas

nécessaires aux animaux qui ont des habitudes souterraines, une diminution de cet organe, suivie de l'adhérence des paupières et de leur protection par des poils,
pourrait dans ce cas devenir avantageuse ; s'il en est
ainsi, la sélection naturelle vient achever l'œuvre commencée par le non-usage de l'organe.

On sait que plusieurs animaux appartenant aux classes
les plus diverses, qui habitent les grottes souterraines de
la Carniole et celles du Kentucky, sont aveugles. Chez
quelques crabes, le pédoncule portant l'œil est conservé,
bien que l'appareil de la vision ait disparu, c'est-à-dire
que le support du télescope existe, mais que le télescope
lui-même et ses verres font défaut. Comme il est difficile
de supposer que l'œil, bien qu'inutile, puisse être nuisible
à des animaux vivant dans l'obscurité, on peut attribuer
l'absence de cet organe au non-usage. Chez l'un de ces
animaux aveugles, le rat de caverne (*Neotoma*), dont
deux spécimens ont été capturés par le professeur Silliman à environ un demi-mille de l'ouverture de la grotte,
et par conséquent pas dans les parties les plus profondes,
les yeux étaient grands et brillants. Le professeur Silliman
m'apprend que ces animaux ont fini par acquérir une
vague aptitude à percevoir les objets, après avoir été
soumis pendant un mois à une lumière graduée.

Il est difficile d'imaginer des conditions ambiantes plus
semblables que celles de vastes cavernes, creusées dans
de profondes couches calcaires, dans des pays ayant à
peu près le même climat. Aussi, dans l'hypothèse que
les animaux aveugles ont été créés séparément pour les
cavernes d'Europe et d'Amérique, on doit s'attendre à
trouver une grande analogie dans leur organisation et
leurs affinités. Or la comparaison des deux faunes nous
prouve qu'il n'en est pas ainsi. Schiodte fait remarquer,
relativement aux insectes seuls : « Nous ne pouvons donc
considérer l'ensemble du phénomène que comme un fait
purement local, et l'analogie qui existe entre quelques

faunes qui habitent la caverne de Mammouth (Kentucky)
et celles qui habitent les cavernes de la Carniole, que
comme l'expression de l'analogie qui s'observe généralement entre la faune de l'Europe et celle de l'Amérique du
Nord ». Dans l'hypothèse où je me place, nous devons
supposer que les animaux américains, doués dans la plupart des cas de la faculté ordinaire de la vue, ont quitté
le monde extérieur, pour s'enfoncer lentement et par
générations successives dans les profondeurs des cavernes
du Kentucky, ou, comme l'ont fait d'autres animaux,
dans les cavernes de l'Europe. Nous possédons quelques
preuves de la gradation de cette habitude. Schiodte
ajoute en effet : « Nous pouvons donc regarder les faunes
souterraines comme de petites ramifications qui, détachées des faunes géographiques limitées du voisinage,
ont pénétré sous terre et qui, à mesure qu'elles se plongeaient davantage dans l'obscurité, se sont accommodées
à leurs nouvelles conditions d'existence. Des animaux
peu différents des formes ordinaires ménagent la transition : puis, viennent ceux conformés pour vivre dans un
demi-jour; enfin, ceux destinés à l'obscurité complète et
dont la structure est toute particulière. » Je dois ajouter
que ces remarques de Schiodte s'appliquent, non à une
même espèce, mais à plusieurs espèces distinctes. Quand,
après d'innombrables générations, l'animal atteint les
plus grandes profondeurs, le non-usage de l'organe a
plus ou moins complètement atrophié l'œil, et la sélection naturelle lui a, souvent aussi, donné une sorte de
compensation pour sa cécité en déterminant un allongement des antennes. Malgré ces modifications, nous devons
encore trouver certaines affinités entre les habitants des
cavernes de l'Amérique et les autres habitants de ce continent, aussi bien qu'entre les habitants des cavernes
de l'Europe et ceux du continent européen. Or le professeur Dana m'apprend qu'il en est ainsi pour quelquesuns des animaux qui habitent les grottes souterraines de

l'Amérique; quelques-uns des insectes qui habitent les cavernes de l'Europe sont très voisins de ceux qui habitent la région adjacente. Dans l'hypothèse ordinaire d'une création indépendante, il serait difficile d'expliquer de façon rationnelle les affinités qui existent entre les animaux aveugles des grottes et les autres habitants du continent. Nous devons, d'ailleurs, nous attendre à trouver, chez les habitants des grottes souterraines de l'ancien et du nouveau monde, l'analogie bien connue que nous remarquons dans la plupart de leurs autres productions. Comme on trouve en abondance, sur des rochers ombragés, loin des grottes, une espèce aveugle de *Bathyscia*, la perte de la vue chez l'espèce de ce genre qui habite les grottes souterraines, n'a probablement aucun rapport avec l'obscurité de son habitat; il semble tout naturel, en effet, qu'un insecte déjà privé de la vue s'adapte facilement à vivre dans les grottes obscures. Un autre genre aveugle (*Anophthalmus*) offre, comme l'a fait remarquer M. Murray, cette particularité remarquable, qu'on ne le trouve que dans les cavernes; en outre, ceux qui habitent les différentes cavernes de l'Europe et de l'Amérique appartiennent à des espèces distinctes; mais il est possible que les ancêtres de ces différentes espèces, alors qu'ils étaient doués de la vue, aient pu habiter les deux continents, puis s'éteindre, à l'exception de ceux qui habitent les endroits retirés qu'ils occupent actuellement. Loin d'être surpris que quelques-uns des habitants des cavernes, comme l'*Amblyopsis*, poisson aveugle signalé par Agassiz, et le *Protée*, également aveugle, présentent de grandes anomalies dans leurs rapports avec les reptiles européens, je suis plutôt étonné que nous ne retrouvions pas dans les cavernes un plus grand nombre de représentants d'animaux éteints, en raison du peu de concurrence à laquelle les habitants de ces sombres demeures ont été exposés. (DARWIN. *l'Origine des espèces*, p. 146-152. Reinvald, éditeur.)

XIX

CRITIQUE DU DARWINISME

Il y a des points parfaitement inattaquables dans le darwinisme. En première ligne je citerai ce qu'il dit de la *lutte pour l'existence*, de la *sélection* qui en résulte. Certes, ce n'est pas la première fois que l'on a constaté la première et compris au moins une partie du rôle important qui lui revient dans les harmonies générales de ce monde. Il suffit de rappeler ici les fables de La Fontaine. Mais personne n'avait insisté comme l'a fait Darwin sur la disproportion énorme qui existe entre le chiffre des naissances et celui des individus vivants, personne n'avait recherché comme lui les causes générales de mort ou de survie produisant le résultat final. En rappelant que chaque espèce tend à se multiplier en suivant une progression géométrique, dont la raison est exprimée par le nombre d'enfants qu'une mère peut engendrer dans le cours de sa vie entière, le savant anglais a fait comprendre l'intensité des luttes directes ou indirectes soutenues par les animaux et les végétaux entre eux et contre le monde ambiant. A coup sûr, si la terre entière n'est pas envahie en quelques années par certaines espèces, si les fleuves et les océans ne sont pas comblés de même, c'est à ces luttes qu'on le doit.

Il est non moins évident à mes yeux que les survivants ne peuvent devoir constamment la conservation de leur existence à une suite de hasards heureux. Chez l'immense majorité, la victoire ne peut être attribuée qu'à certains avantages spéciaux dont manquaient ceux qui ont succombé. La *lutte pour l'existence* a donc pour résultat de tuer tous les individus inférieurs, de conserver seulement les individus supérieurs n'importe à quel titre. C'est là ce que Darwin a appelé la *sélection naturelle*.

J'ai peine à comprendre que ces deux phénomènes aient pu être mis en doute ou même niés. Ce n'est pas là de la théorie, ce sont des faits. Bien loin de répugner à l'esprit, ils se présentent comme inévitables et leurs conséquences se déroulent avec quelque chose de nécessaire et de fatal qui rappelle les lois du monde inorganique.

Le terme de *sélection* prête peut-être à la critique et le langage, parfois trop figuré de Darwin, a pu donner une apparence de raison à ceux qui lui ont reproché d'attribuer à *la nature* le rôle d'un être intelligent. Le mot d'*élimination* eût été plus exact. Mais les explications données par l'auteur auraient dû prévenir certains reproches. Et d'ailleurs il est évident que la lutte pour l'existence entraînant l'élimination des individus les moins bien doués pour la soutenir, le résultat ressemble exactement à celui que produit la *sélection humaine inconsciente*. L'*hérédité* intervient alors chez les êtres libres comme chez ceux que nous élevons en captivité. Elle conserve et accumule les progrès faits à chaque génération dans une direction quelconque, et le résultat final est de produire dans les organismes certaines modifications anatomiques et physiologiques appréciables.

Les mots de *supérieur, inférieur* ne doivent être pris ici que dans un sens relatif aux conditions d'existence dans lesquelles se trouvent placés les animaux ou les végétaux. En d'autres termes celui-là sera supérieur et vaincra dans la lutte pour l'existence, qui sera le mieux adapté à ces conditions. Par exemple le rat noir et la souris ont eu également à combattre contre le surmulot arrivé en France dans le siècle dernier des rives du Volga. Le rat noir était à peu près aussi grand et aussi fort que son adversaire, mais moins féroce et moins fécond. Il a été à peu près exterminé, faute de refuges inaccessibles à l'ennemi. La souris bien plus faible, mais en même temps beaucoup plus petite, a pu se retirer dans des retraites trop étroites pour que le surmulot pût y pénétrer; elle a survécu au rat noir.

Peut-on admettre que la sélection et l'hérédité agissent également sur ce *je ne sais quoi* auquel se rattachent l'intelligence rudimentaire des animaux et leurs instincts? Avec Darwin je n'hésite pas à répondre que oui. Chez les animaux, comme chez l'homme, tous les individus de même espèce ne sont pas également intelligents et n'ont pas rigoureusement les mêmes aptitudes; certains instincts sont modifiables aussi bien que les formes. Nos animaux domestiques fournissent une foule d'exemples de ces faits. Certainement les ancêtres sauvages de nos chiens ne s'amusaient pas à arrêter le gibier. Livrés à eux-mêmes et placés sous l'empire de conditions d'existence nouvelles, les animaux changent parfois du tout au tout leur genre de vie. Les castors, troublés par les chasseurs, se sont dispersés; aujourd'hui ils ont cessé de construire des cabanes et creusent de longs boyaux dans la berge des fleuves. La lutte pour l'existence n'a pu qu'être favorable à ceux qui les premiers trouvèrent ce moyen nouveau d'échapper à leurs persécuteurs, et la sélection naturelle, en les conservant eux-mêmes et leurs descendants, a fait d'un être sociable et bâtisseur un animal solitaire et terrier.

Jusqu'ici, on le voit, j'accepte comme fondé tout ce que Darwin nous dit de la lutte pour l'existence et de la sélection naturelle. Où je me sépare de lui, c'est quand il leur attribue la puissance de modifier indéfiniment les organismes dans une direction donnée, de manière à ce que les descendants directs d'une *espèce* constituent *une autre espèce* distincte de la première.

La cause fondamentale de ce désaccord vient évidemment de ce que Darwin ne s'est pas nettement formulé à lui-même le sens qu'il attachait au mot *espèce*. Nulle part je n'ai pu découvrir dans ses ouvrages quelque chose de précis à cet égard. Ce n'est pas le moindre reproche que l'on soit en droit d'adresser à un auteur qui déclare avoir découvert le secret de l'*origine des espèces*.

Le plus souvent Darwin semble s'en tenir à une notion purement morphologique assez peu arrêtée. Il oppose assez souvent l'*espèce* à la *race*, qu'il appelle aussi *variété*, mais sans jamais préciser ce qu'il entend par l'une ou par l'autre. Il s'efforce d'ailleurs de les rapprocher autant que possible, tout en reconnaissant parfois une partie de ce qui les sépare. « Il faut, dit-il dans ses conclusions, traiter l'espèce comme une combinaison artificielle nécessaire pour la commodité. » Ses disciples l'ont fidèlement suivi dans cette voie, et ceux qui tiennent à ce sujet le langage le plus explicite, déclarent avec le maître que l'*espèce* n'est qu'une sorte de groupe conventionnel analogue à ceux dont on fait usage dans la classification. Quant aux races, elles ne sont que des espèces en voie de transformation. Or, après l'étude que nous avons faite, quelque courte qu'elle ait été, le lecteur sait, j'espère, à quoi s'en tenir et comprend à quelles confusions doivent inévitablement conduire un pareil vague et ce genre de conception.

Malgré ce qu'a inévitablement d'ingrat une discussion de cette nature, suivons nos adversaires sur ce terrain mouvant et voyons d'abord si les faits *morphologiques* donnent à leur doctrine la moindre probabilité.

Darwin admet lui-même et proclame à diverses reprises que le résultat de la sélection est essentiellement d'adapter les animaux et les plantes aux conditions d'existence dans lesquelles ils sont appelés à vivre. Sur ce point encore je partage entièrement sa manière de voir. Mais, une fois l'harmonie établie entre les organismes et le milieu, la lutte et la sélection ne peuvent avoir pour effet que de la consolider et par conséquent leur action devient stabilisatrice.

Si le milieu change, elles rentreront en jeu pour établir un nouvel équilibre et des modifications plus ou moins marquées seront les résultats de leur action. Mais ces modifications seront-elles assez considérables pour enfanter une nouvelle espèce? Voici un fait qui peut servir de réponse.

On trouve de nos jours en Corse un cerf que ses formes ont fait comparer au basset et dont le bois diffère de celui de nos cerfs d'Europe. Pour qui s'en tient aux caractères morphologiques, c'est bien là une espèce distincte et on l'a souvent considérée comme telle. Or Buffon s'étant procuré un faon de cette prétendue espèce et l'ayant placé dans son parc, le vit en quatre ans devenir plus grand et plus beau que les cerfs de France plus âgés et regardés comme de belle taille. Ajoutons que les témoignages formels d'Hérodote, d'Aristote, de Polybe et de Pline attestent que du vivant de ces auteurs il n'existait de cerfs ni en Corse ni en Afrique. N'est-il pas évident que le cerf a été transporté du continent dans l'île; que, sous l'empire de conditions nouvelles, l'espèce s'était momentanément modifiée morphologiquement, sans perdre l'aptitude à reprendre dans son milieu natal ses caractères primitifs?

Dira-t-on qu'avec le temps la *nature* aurait pu compléter l'expérience et détacher complètement le cerf corse de sa souche première? Non, pouvons-nous répondre, si tant est que l'expérience et l'observation soient de quelque poids en pareille matière.

Les espèces partiellement soumises à l'empire de l'homme fournissent une foule de faits qui permettent de comparer la puissance des forces naturelles livrées à elles-mêmes avec celle de l'homme, quand il s'agit de modifier un type spécifique; dans toutes, les races et les variétés artificielles sont infiniment plus nombreuses, plus variées, plus tranchées, que les races et les variétés sauvages. Or nous avons eu beau pétrir et transformer ces organismes, nous n'avons jamais obtenu que des *races*, jamais une *espèce* nouvelle. Darwin lui-même accepte implicitement cette conclusion dans son magnifique travail sur les pigeons; car il ne parle que des *races colombines* tout en disant que la différence des formes est telle que, si on les eût trouvées à l'état sauvage, on aurait dû en faire au moins trois ou quatre genres. — Les bisets sauvages, souche première de tous nos pigeons domestiques, ne diffèrent au contraire que par des nuances.

Le résultat est toujours le même, toutes les fois que nous pouvons comparer l'œuvre de la nature à la nôtre. Partout, lorsqu'il a mis la main sur une espèce animale ou végétale, l'*homme* en a changé les caractères, parfois en quelques années, beaucoup plus que la *nature* ne l'a fait depuis que cette espèce existe. Les *actions de milieu* dont il sera question plus tard, la *lutte pour l'existence* et la *sélection naturelle* comprises comme je viens de le dire, le pouvoir qu'a l'homme de diriger les forces naturelles et de changer leur résultante, rendent facilement compte de cette supériorité d'action.

Par conséquent, à rester sur le terrain des faits, à ne juger que par ce qui nous est connu, on peut dire que la morphologie elle-même autorise à penser que jamais une espèce n'en a enfanté une autre par voie de dérivation. Admettre le contraire c'est en appeler à l'*inconnu* et substituer une *possibilité* aux résultats de l'expérience.

La physiologie permet d'être encore plus affirmatif. — Sur ce terrain-là aussi, l'homme s'est montré bien autrement puissant que la nature et par les mêmes raisons. Dans nos végétaux cultivés, dans nos animaux domestiques, ce n'est pas seulement la forme primitive qui a changé, ce sont aussi et surtout certaines fonctions. Si nous n'avions fait que grossir et déformer la carotte ou le raifort sauvages, ils n'en seraient pas moins restés immangeables. Il a fallu pour les approprier à notre goût réduire la production de certains éléments, en multiplier d'autres, c'est-à-dire modifier la nutrition, la sécrétion. Si les mêmes fonctions étaient restées ce qu'elles sont dans les souches sauvages animales, nous n'aurions aucune de ces races que distingue la différence du pelage, de la production du lait, de l'aptitude aux travaux de force ou à la production de la viande. Si les instincts eux-mêmes n'avaient obéi à l'action de l'homme, nous n'aurions pas dans le même chenil des chiens d'arrêt et des chiens courants, des truffiers et des ratiers.

Rien de pareil ne s'est encore produit dans la nature. Admettre que des faits analogues résulteront un jour du jeu des forces naturelles, c'est encore en appeler à l'*inconnu*, à la *possibilité*, à l'encontre de toutes les lois de l'analogie, de tous les résultats fournis par l'expérience et l'observation.

La supériorité de l'homme sur la nature ressort tout aussi vivement dans le groupe des phénomènes qui touche de plus près aux questions qui nous occupent.

Nous avons vu combien sont rares les cas d'hybridation naturelle chez les végétaux eux-mêmes : nous avons vu qu'on n'en connaît pas d'exemple chez les mammifères. Or, dès que l'homme est entré dans cette voie d'expérimentation, il a multiplié les hybridations chez les plantes ; il en a produit chez les mammifères. Bien plus il a conservé pendant plus de vingt générations une suite hybride qu'il a su garantir du retour et de la variation désordonnée. Mais nous savons au prix de quels soins dure l'œgilops speltæformis. Abandonnée à l'action des forces naturelles, cette plante aurait bientôt disparu.

La seule exception connue confirme donc *la loi d'infé-*

condité entre espèces livrées à elles-mêmes. Or cette loi est en opposition complète avec toutes les théories qui, comme le darwinisme, tendent à confondre l'espèce et la race. C'est ce qu'a fort bien compris Huxley et ce qui lui fait dire : « J'adopte la théorie de M. Darwin sous la réserve qu'on fournira la preuve que des espèces physiologiques peuvent être produites par le croisement sélectif ».

Cette preuve n'a pas encore été fournie, car c'est par un étrange abus de mots que l'on a appelé *espèces* les suites hybrides dont j'ai plus haut indiqué l'histoire, les léporides et les chabins. Mais le desideratum formulé par Huxley fût-il rempli, l'objection la plus forte aux doctrines darwinistes ne serait pas levée pour cela.

En effet, dans cette théorie comme dans toutes celles qui reposent sur la *transformation lente*, la nouvelle espèce commence toujours par une *variété*, possédant à l'état d'abord rudimentaire un caractère qui va s'accentuant *très lentement*, de plus en plus, à chaque génération. Il en résulte qu'entre tous les individus qui se succèdent il n'existe jamais que des *différences de race*. Or, nous l'avons vu, entre races de même espèce, la fécondité reste constante ; et par conséquent, dans l'hypothèse de Darwin comme dans celle de Lamark, etc., les croisements féconds en tout sens et à tout degré confondraient constamment l'espèce dérivée tendant à se former. La même cause ayant produit les mêmes effets depuis le commencement des choses, le monde organique présenterait la plus extrême confusion au lieu de l'ordre que chacun sait.

Il faut donc que Darwin lui-même et ses disciples les plus exagérés admettent qu'à un moment donné une de ces *races* devient subitement incapable de se croiser avec celles qui l'ont précédée. D'où viendra donc cette *infécondité* qui sépare les *espèces*? Où et à quel moment sera rompu le *lien* physiologique, qui unit l'espèce souche à ses descendants modifiés, même quand la modification est portée aussi loin que du bœuf ordinaire au bœuf gnato? Quelle cause déterminera ce grand fait auquel tient toute l'économie de l'empire organique?

Dans son livre sur la *variation des animaux et des plantes* Darwin répondait : « Les espèces ne devant pas leur stérilité mutuelle à l'action accumulatrice de la sélection naturelle et un grand nombre de considérations nous montrant qu'elles ne la doivent pas davantage à un acte de création, nous devons admettre qu'elle a dû naître incidemment pendant leur lente formation et se trouver liée à quelques modifications inconnues de leur organisation ».

Nous avons vu que, dans les dernières éditions de l'*Origine des espèces*, il refuse d'admettre comme générale la fécondité entre métis se fondant sur ce que *l'on ne sait rien* au sujet du croisement entre *variétés* (*races*) sauvages.

Ainsi, pour admettre la transformation physiologique de la race en espèce, fait contraire à toutes nos connaissances positives, Darwin et ses disciples repoussent les résultats séculaires de l'expérience, de l'observation et leur substituent un *accident possible* et l'*inconnu*.

La théorie darwiniste roule tout entière sur la possibilité de cette transformation. On voit sur quelles données repose l'hypothèse de cette possibilité. Eh bien, je le demande à tout esprit *vraiment libre*, à tout homme *sans préjugés* s'étant quelque peu occupé de sciences, est-ce sur de pareils fondements que l'on assoirait une théorie générale en physique ou en chimie?

Au reste, l'argumentation dont on vient de voir un exemple se retrouve à chaque page des écrits darwinistes. Qu'il s'agisse d'une question fondamentale, comme celle que nous venons d'examiner, ou d'un problème de détail tel que la transformation de la mésange en casse-noix, on voit constamment apportés comme autant de raisons convaincantes la *possibilité*, le *hasard*, la *conviction natu-*

relle. Est-ce sur des données pareilles que repose la science moderne?

Darwin et ses disciples vont jusqu'à considérer, comme démonstrative en leur faveur, l'ignorance même où nous sommes au sujet de certains phénomènes. On les a souvent combattus au nom de la paléontologie en leur demandant de montrer une seule de ces *séries* qui doivent selon eux relier l'espèce parente à ses dérivés. Ils reconnaissent ne pouvoir le faire ; mais ils répondent que les faunes et les flores éteintes ont laissé fort peu de restes ; que nous connaissons seulement la moindre partie de ces antiques archives ; que les faits témoignant en faveur de leur doctrine sont sans doute ensevelis sous les flots avec les continents submergés, etc. « Cette manière de voir, conclut Darwin, atténue beaucoup, si elle ne les fait pas disparaître, les difficultés. » Mais je le demande encore, dans quelle branche des connaissances humaines, autre que ces questions obscures, regarderait-on les problèmes comme résolus, précisément parce qu'on ne sait rien de ce qu'il faudrait savoir pour les résoudre?

Je n'ai pas à reproduire ici en entier l'examen que j'ai fait ailleurs des doctrines transformistes en général, du darwinisme en particulier. Ce qui précède suffira, j'espère, pour faire comprendre pourquoi je ne saurais accepter même la plus séduisante de toutes ces théories. A des degrés divers elles concordent avec certains faits généraux et rendent compte d'un certain nombre de phénomènes. Mais toutes sans exception n'atteignent ce résultat qu'à l'aide d'hypothèses en contradiction flagrante avec d'autres faits généraux, tout aussi fondamentaux que ceux qu'elles expliquent. En particulier, toutes ces doctrines reposent sur une dérivation progressive et lente, sur la confusion de la race et de l'espèce. Par conséquent elles méconnaissent un fait physiologique inniable ; elles sont en opposition complète avec un autre fait, conséquence du premier et qui éclate à tous les regards, l'isolement

des groupes spécifiques remontant aux premiers âges du
monde, le maintien du cadre organique général à travers
toutes les révolutions du globe.

Voilà pourquoi je ne saurais être darwiniste. (DE QUA-
TREFAGES, *l'Espèce humaine*, p. 68-74. Félix Alcan, éditeur.)

LIVRE II

PHYSIOLOGIE DE L'HOMME ET DES ANIMAUX SUPÉRIEURS

I

COULEUR DE LA PEAU DE L'HOMME

Avec tous les anthropologistes, je reconnais à la couleur de la peau une grande valeur comme caractère. Il ne faut pourtant pas s'en exagérer l'importance. On sait aujourd'hui qu'elle ne résulte pas de l'existence ou de la disparition de couches spéciales. Blanche ou noire, la peau comprend toujours un *derme* blanc arrosé par de nombreux capillaires, un *épiderme* plus ou moins transparent et incolore. Entre deux est placé le *corps muqueux*, dont le *pigment* seul en réalité varie selon les races de quantité et de couleur.

Toutes les couleurs que présente la peau humaine ont deux éléments communs, le blanc du derme et le rouge du sang; en outre, chacune a son élément propre résultant de la coloration du pigment. Les rayons réfléchis par ces divers tissus se fondent en une résultante, qui produit les teintes spéciales et traversent l'épiderme. Ce dernier joue le rôle d'un verre dépoli. Plus il est délicat et fin, mieux on perçoit la couleur des parties sous-jacentes.

Cette disposition explique pourquoi chez certaines races colorées, par exemple aux Sandwich, ce sont les classes aisées et vivant à l'abri qui ont souvent le teint le plus foncé. Chez elles, le *hâle* masque la coloration pigmentaire, comme il masque chez nous la teinte du derme et de ses vaisseaux.

On comprend aussi, d'après ce qui précède, pourquoi le Blanc est le seul dont on puisse dire qu'il *pâlit* et *rougit*. C'est que chez lui le pigment laisse apercevoir les moindres différences dans l'afflux du sang sur le derme. Chez le Nègre, comme chez nous, le sang a aussi sa part dans la coloration dont il avive et modifie la teinte. Quand ce liquide manque le Nègre devient gris, par la fusion du blanc du derme et du noir du pigment.

Chacun sait, qu'au point de vue de la coloration, les races humaines peuvent être partagées en quatre groupes principaux : les races blanches, les races jaunes, les races noires et les races rouges. Mais il faudrait se garder d'attacher à ces expressions un sens absolu. Tout groupement de races fondé uniquement sur la couleur romprait des rapports étroits et conduirait à des rapprochements en désaccord évident avec l'ensemble des autres caractères. Ce point de vue systématique n'en fait pas moins ressortir quelques faits généraux intéressants.

Les races à teint blanc présentent assez d'homogénéité. Par l'ensemble de leurs caractères, elles appartiennent presque exclusivement au type qui emprunte son nom à cette sorte de coloration. Il est d'ailleurs inutile d'insister sur les différences de teintes que celles-ci présente de la femme anglaise ou allemande des hautes classes au Portugais et surtout à l'Arabe. Toutefois dans les régions boréales et dans le centre de l'Asie, quelques populations, les Tchouktchis par exemple, *paraissent* réunir à un teint blanc certains caractères qui les rattachent aux Jaunes.

Chez le Blanc le plus pur, l'épiderme perd aisément sa transparence dès que le teint se fonce. On ne peut alors reconnaître les veines sous-cutanées qu'à leur saillie. Ce n'est que chez les individus à peau très fine et très transparente que leur trajet est indiqué par la couleur bleuâtre bien connue. Toutes les fois que ce trait sera signalé chez une population quelconque on peut la rattacher avec certitude au type blanc. Voilà pourquoi je n'ai pas hésité à placer parmi les Allophyles quelques-unes des tribus les plus sauvages des côtes nord-ouest de l'Amérique septentrionale et les Tchouktchis dont je parlais tout à l'heure.

Les populations à peau noire sont loin d'être aussi homogènes que les précédentes. Tous les *hommes noirs* ne sont pas des *Nègres*; il en est que l'ensemble des caractères plus importants rattache forcément au tronc blanc. Tels sont par exemple les Bicharis et autres populations négroïdes des bords de la Mer Rouge, dont la peau est bien plus noire que celle de certains Nègres, mais dont la chevelure et les traits sont parfaitement sémitiques.

Chez les Nègres proprement dits les teintes varient peut-être plus encore que chez le Blanc. Sans aller plus loin que le Caire on peut voir des individus qui, sans traces de métissage, vont du brun fortement enfumé au noir de charbon. Les Yolofs sont d'un noir bleuté rappelant l'aile du corbeau, et Livingstone parle de quelques tribus du Zambèze comme étant de couleur café au lait. Mais peut-être le métissage est-il pour quelque chose dans cette modification extrême du teint.

Les populations à peau jaune présentent des faits analogues aux précédents, mais moins nombreux et moins frappants. Peut-être cette différence tient-elle seulement à la difficulté de saisir les nuances de la couleur fondamentale. Toujours est-il qu'un jaune plus ou moins accusé caractérise également le grand tronc mongolique et la race honzouana ou boschismane qu'il est impossible de séparer des Nègres. D'autre part, cette même teinte ressort si bien chez les mulâtres qu'on les désigne souvent sous le nom de *Jaunes*, par opposition aux Noirs et aux Blancs.

Des quatre couleurs auxquelles on peut ramener le teint des races humaines, la moins caractéristique est la rouge. On a voulu en faire l'attribut des Américains. C'est une erreur. D'une part en Amérique les races péruvienne, antisienne, araucanienne... sont d'un brun plus ou moins foncé, les Brasilio-Guaraniens d'une couleur jaunâtre à peine teinté de rouge, etc. D'autre part, on a trouvé à Formose une tribu aussi rouge que les Algonquins, et des teints plus ou moins cuivrés se rencontrent chez des populations coréennes, africaines, etc.

La teinte rouge apparaît d'ailleurs par le fait seul du croisement entre races qui ne la possèdent ni l'une ni l'autre. Fitz-Roy nous apprend qu'à la Nouvelle-Zélande elle caractérise souvent les métis d'Anglais et de Maori. Ce fait même explique pourquoi on la rencontre chez plusieurs des populations indiquées plus haut. C'est chez l'homme un de ces faits qui montrent comment le métissage peut amener l'apparition de caractères nouveaux.

En somme on voit que la couleur de la peau, tout en fournissant d'excellents caractères secondaires, ne saurait être prise pour point de départ d'une classification des races humaines. Pour l'homme comme pour la plante on doit se rappeler l'aphorisme de Linné : « nimium ne crede colori ».

J'en dirai tout autant et plus encore de la couleur des yeux. Sans doute la couleur noire se montre habituellement chez les races colorées et le bleu d'azur n'existe guère que chez les populations blondes. La première teinte paraît même être constante chez les Jaunes et chez certains Blancs allophyles. Mais, chez les Nègres même, on rencontre souvent des yeux bruns, parfois des yeux gris.

Tout autant que celle de la peau, la couleur des yeux

est une résultante due à la fusion des teintes réfléchies par les diverses couches de l'iris, avivées par la couleur du sang et perçues à travers la cornée transparente. De là vient la difficulté qu'ont les peintres à rendre l'effet général. (DE QUATREFACES, *l'Espèce humaine*, p. 264-267. Félix Alcan, éditeur.)

II

CLAUDE BERNARD

La science expérimentale vient de perdre son plus
éminent maître : M. Claude Bernard, membre de l'Académie des sciences et de l'Académie française, professeur
au Collège de France et au Muséum d'histoire naturelle,
est mort, hier soir, à la suite d'une longue et douloureuse maladie.

Le temps et la liberté d'esprit nous manquent aujour-
d'hui pour apprécier l'œuvre de cet homme de génie :
une de nos Revues scientifiques lui sera sous peu consacrée, et ce terrain paraîtra bien étroit pour le déploiement de tant de découvertes. Nous ne pouvons actuellement que dire quelques mots de son histoire et du rôle
qu'a joué dans l'évolution des sciences expérimentales
son initiative puissante.

Claude Bernard, né à Saint-Julien, près de Villefranche
(Rhône), le 12 juillet 1813, arriva à Paris en 1832, n'apportant guère comme bagage qu'une tragédie qui ne fut
jamais jouée, et qu'une comédie-vaudeville qui avait eu
quelque succès sur un petit théâtre de Lyon. Saint-Marc
Girardin, alors suppléant de Guizot à la Sorbonne, auquel
il présenta ces premiers essais, lui conseilla « d'apprendre
un métier pour vivre, quitte à faire ensuite de la poésie

à ses heures » : certes, il ne se doutait guère d'avoir devant lui un futur collègue de l'Académie française. Le jeune Claude Bernard obéit à ce sage avis, et prit ses inscriptions à la Faculté de médecine.

Bien qu'il eût obtenu en 1839 le titre d'interne des hôpitaux, ce n'était rien moins qu'un élève brillant. Ses camarades ne soupçonnaient pas ce que recélait en son vaste front cet étudiant silencieux, peu attentif aux leçons des maîtres, et dont le calme méditatif était volontiers taxé par eux de paresse. Ce fut une révélation dont le souvenir est souvent exprimé par ceux qui survivent que ces publications sur le suc gastrique, la corde du tympan, le nerf pneumogastrique et le nerf spinal qui, tout à coup, signalèrent au monde savant un expérimentateur ingénieux et sagace, servi par une rare habileté opératoire.

Les leçons de Magendie avaient opéré cette révolution. Dès qu'il eut mis le pied dans le laboratoire du Collège de France, sa voie fut tracée. L'expérimentation hardie, bien qu'un peu désordonnée, du célèbre physiologiste, sa critique impitoyable, son scepticisme qui s'étendait jusqu'à ses propres découvertes, firent une impression profonde, créatrice, pour ainsi dire, sur l'esprit du jeune Claude Bernard. Mais l'élève, bien autrement puissant que le maître, ne prit de cet enseignement que ses qualités d'indépendance, et sut maintenir le doute dans les limites scientifiques. Au dédain profond pour les explications vraisemblables où se bercent les chimères séduisantes, il sut joindre sans effort le respect des faits accumulés par la tradition, la crédulité sincère en face de l'inattendu, souvent gros de découvertes, l'estime de l'hypothèse qui cherche et de la théorie qui coordonne, sans leur jamais attribuer de vie personnelle ou d'autorité ; enfin, et c'est ce qui le distingue surtout de Magendie et ce qui lui a donné un caractère tout personnel, l'amour de la certitude, le sentiment profond de la loi, l'inébranlable assurance que, si les conditions de la manifestation des phénomènes vitaux sont infiniment multiples, complexes, difficiles à saisir, à rassembler, à dominer expérimentalement, elles n'en sont pas moins sûrement, impassiblement liées à ces phénomènes, sans qu'aucun élément étranger, extra-naturel, sans que nul *quid divinum* puisse être invoqué pour l'explication des apparentes irrégularités spontanées qu'ils présentent.

C'est en ce point capital que se marqua, dès les premiers moments de sa vie scientifique, la supériorité de Claude Bernard. L'élève du sceptique Magendie est l'introducteur du *déterminisme* dans le domaine de la physiologie. Grâce à lui, la méthode expérimentale, qui, si l'on en respecte les règles, mène à la certitude dans les sciences de la matière morte, a pris la même autorité dans celles des êtres vivants. Il n'y a pas deux ordres de sciences, les unes fières et assurées, les autres hésitantes et timides, les unes sûres de commander seules et d'être obéies seules par l'expérience, les autres toujours en crainte d'une intervention inconnue dans son essence, sa force et son but.

Et les efforts ne furent pas petits qu'il fallut déployer pour bannir du terrain de la physiologie cette inconnue menaçante. Le plus célèbre des physiologistes français, Bichat, lui avait donné droit de cité. Et depuis lui, chacun avait cru devoir compter avec cette puissance capricieuse, avec ces fonctions vitales, dont le rôle était de résister aux lois générales de la matière, et qui faisaient ainsi des actes accomplis par les êtres vivants une série de miracles. Certes, Magendie n'était pas homme à se laisser intimider par ce fantôme, mais, ou bien il simplifiait systématiquement et artificiellement les faits, pour ne les dominer que d'une manière incomplète, ou bien la multiplicité des conditions auxquelles obéissent les phénomènes vitaux lui enlevait toute confiance théorique en la conclusion. Or, sans conclusions point de sciences. Claude

Bernard se montra donc, et cela, nous le répétons, presque dès ses débuts, supérieur à la fois à Magendie et à Bichat, puisqu'au sentiment de l'innombrable multiplicité des inconnues physiologiques il joignait celui de leur subordination aux lois générales de la matière, et par suite de leur obéissance aux appels de la méthode expérimentale.

La physiologie pouvait donc pousser ses racines dans le sol ferme où se sont implantées ses sœurs aînées, la physique et la chimie. Cependant la complexité des problèmes qu'elle comprend exigeait que les règles de la méthode expérimentale fussent exposées sous des formules spéciales, en vue des procédés intellectuels et manuels qui lui sont spécialement applicables. La réalisation de cette œuvre a préoccupé Claude Bernard pendant toute la première phase de sa vie scientifique. Mais l'entraînement du laboratoire, la chasse aux découvertes, absorbait tous ses instants, si bien qu'il ne pouvait démontrer la méthode qu'à la façon dont Diogène démontrait le mouvement.

Et jamais chasse aux découvertes ne fut plus fructueuse. En vingt ans, Claude Bernard a plus trouvé de faits dominateurs, non seulement que les physiologistes français qui, peu nombreux, travaillaient à ses côtés, mais que l'ensemble des physiologistes du monde entier. L'action des diverses glandes digestives et notamment du pancréas, la glycogénie animale, la production expérimentale du diabète, l'existence des nerfs vaso-moteurs et la théorie de la chaleur animale, l'action des poisons étudiés en eux-mêmes et comme moyen d'analyse des phénomènes physiologiques, l'innombrable quantité de faits nouveaux, de déductions sagaces, d'aperçus ingénieux et suggestifs que contiennent non seulement ses mémoires spéciaux, mais les quatorze volumes où, depuis ses *Leçons de physiologie expérimentale appliquée à la médecine* (1855-56), jusqu'à ses *Leçons sur le diabète et la glycogénèse ani-*

male (1877), il rassemblait chaque année le résultat de ses recherches et le résumé de ses cours, lui avaient donné une situation de maître, acceptée sans conteste en France et à l'étranger.

Il avait également, dans la hiérarchie officielle, atteint le premier rang. En 1854, une chaire de physiologie générale fut créée pour lui à la Sorbonne, chaire qu'avec un désintéressement et une délicatesse admirables il abandonna en 1868 à son élève M. Paul Bert; en 1855, il remplaça Magendie dans la chaire de médecine du Collège de France. Entré à l'Académie des sciences en 1854, il fut appelé en 1868 à remplacer Flourens à l'Académie française. Enfin, un décret de 1869 le fit entrer au Sénat : et il est à peu près le seul des membres de cette assemblée auquel jamais personne n'ait songé à faire reproche d'une nomination qui le surprit étrangement.

Quelques années avant que les honneurs inattendus de la littérature et de la politique fussent ainsi venus le trouver dans son laboratoire, un événement considérable s'était passé dans sa vie. Une maladie longue et grave, pendant laquelle ses amis et lui désespérèrent de l'issue favorable, le condamna à l'inactivité physique. Il dut quitter son laboratoire, quitter Paris même, et redemander au pays natal, non en vain, la santé et la vie. Ces longs mois d'isolement et de repos rendirent à son esprit toute sa liberté. Pour la première fois, il eut le temps de méditer et de mettre en ordre, sur le papier, le résultat de ses réflexions solitaires. Une courte préface, déjà imprimée en épreuves, et qui devait précéder une sorte de traité de physiologie opératoire qui reste encore en préparation, s'agrandit par des additions successives, prit les dimensions d'une brochure, puis d'un livre, qui vit le jour en 1865. L'*Introduction à l'Étude de la médecine expérimentale* frappa d'étonnement et d'admiration les esprits cultivés. Les physiologistes y trouvèrent avec bonheur, réduites en formules précises, ordonnées avec un art

merveilleux, éclairées par des exemples qui étaient eux-
mêmes comme autant d'expériences intellectuelles, les
règles de la méthode expérimentale, surveillant, saisis-
sant, maitrisant, malgré ses efforts, le Protée organique
aux métamorphoses trompeuses. Ceux que ne préoccu-
paient pas surtout les difficultés professionnelles furent
frappés de la grandeur des problèmes étudiés, de la
clarté de leur exposition, de l'aisance et de la bonne foi
avec laquelle ils étaient ou résolus ou démontrés insolubles. Le style même en fut fort remarqué; sa saveur
originale mit en goût jusqu'à l'Académie française :
« Vous avez créé un style », dit dans son discours de
réception le sévère M. Patin. Et c'était vrai. Mais combien eût été étonné le vénérable critique s'il avait lu
ces livres antérieurs où Claude Bernard se contentait
d'énumérer, dans une narration souvent peu ordonnée,
ses impressions de laboratoire! Chez ce maître éminent
et naïf, qu'aucune préoccupation de mise en scène ne
hanta jamais, le style parlé ou écrit valait ce que valait
l'idée. Dans la narration épisodique, on le trouve souvent traînant et confus; mais qu'un problème difficile
se pose, que la pensée soit forcée de se replier comme
pour vaincre un obstacle ou prendre un élan, alors
il se serre, s'épure, s'accentue en formules précises, souvent en paroles imagées.

Tel il était dans ses livres, tel Claude Bernard dans ses
cours, dans ses conversations. Sa pensée n'était point
docile à parler toutes les langues et jouer tous les rôles;
et jamais il ne fit rien pour la discipliner à quelque convention d'habitudes sociales ou de métier. Que si elle
s'échappait, il la suivait sans révolte, laissant là le discours languissant, la leçon confuse, et ne prêtant plus
l'oreille qu'à ce qu'elle lui disait tout bas; mais si elle
s'intéressait à la chose actuelle, alors ce professeur ou ce
causeur, tout à l'heure pénible et diffus, se réveillait
vivant, ingénieux, clair, éloquent, avec des mouvements

surprenants et soudains, et toujours avec les deux qualités du vrai génie, l'aisance et la bonne foi.

Et nul ne les posséda à un plus haut degré. Cette aisance à s'élever sur les hauts sommets, à se mouvoir parmi les difficultés les plus ardues, a frappé surtout les lecteurs de ses admirables articles de la *Revue des Deux Mondes*. On pouvait dire de lui ce que le poète disait de la déesse : *incessu patuit*. Un homme éminent, au sortir de ces lectures, me disait un jour : « Il ne me fait pas seulement croire que je comprends, comme vous faites tous; il me fait réellement comprendre. » Et, de fait, il avait compris. Cette aisance, il l'importait de ses habitudes physiologistes dans le domaine philosophique. Nul ne fit jamais plus simplement, plus naïvement une découverte. Dans cette phase première de la chasse aux idées, comme disait Helvétius, qui consiste à voir et lever le gibier, il apportait une sûreté de vue, une perspicacité étonnante. La plupart des chercheurs scientifiques sont des espèces de somnambules qui ne voient que ce qu'ils cherchent, que ce qui est sur la trace de leurs idées; leur œil est fixé sur un point, et non seulement ils ne perçoivent pas ce qui passe à côté de ce point, mais même ce qui s'y présente sans avoir été prévu. Claude Bernard semblait, suivant l'expression d'un de ses élèves, avoir des yeux tout autour de la tête, et c'était avec stupéfaction qu'on le voyait, au cours d'une expérience, signaler des phénomènes évidents, mais que personne, hormis lui, n'avait aperçus. Il découvrait comme les autres respirent.

Avec l'aisance, la bonne foi. Ce fut sa qualité maîtresse. Jamais il ne se départit de la sincérité profonde de l'homme de science, qui doit chercher la vérité pour elle et pour les vérités qui la suivent, sans s'inquiéter jamais des conséquences lointaines ou indirectes qu'en voudront tirer ceux qui, semblables à des avocats, ont une cause à défendre. Nul ne fut plus passif dans la

déduction, et ne l'exprima avec une sincérité plus can-
dide. De là vient que ses écrits peuvent et ont pu servir,
à tour de rôle, à tous les souteneurs de thèses. Que s'il
expose le déterminisme cérébral des actes intellectuels,
les matérialistes le compteront parmi les leurs; que s'il
déclare qu'entre la pensée et le cerveau il y a le même
rapport qu'entre l'heure et l'horloge, les spiritualistes
le voudront enrôler. En réalité, il n'est que physiologiste, livrant des faits nouveaux qui viennent rajeunir
l'éternelle dispute des spéculateurs.

C'est cette admirable bonne foi, qui, dans le domaine
restreint de la physiologie et de la médecine, explique
l'apparente contradiction entre sa foi scientifique et son
incrédulité pratique. Il eut toujours au plus haut degré
ce double sentiment, que la physiologie sera la base
nécessaire d'une médecine sûre d'elle-même, et que la
physiologie actuelle est encore bien éloignée de fournir
quelque certitude pratique. Ses propres découvertes, il
en sentait toute l'importance comme fondements de
l'édifice médical, mais il ne partageait pas les illusions
de ceux qui, avec un empressement dont il a bien souvent souri, les transportaient dans le domaine des applications cliniques ou thérapeutiques. Ce sentiment des
distances, qui eût découragé de moins vaillants, ne
l'émouvait nullement, et il n'avait pas besoin, pour être
fort et persévérant, de l'enivrement des illusions. Aussi,
lui qui enseignait que la médecine est ou doit être une
science, se montrait-il fort sceptique au regard des
médecins, et, quand il en parlait, il semblait toujours
que l'ombre de Sganarelle passât devant lui.

L'*Introduction à l'Étude de la médecine expérimentale*
marque dans la vie de Claude Bernard une phase nouvelle. De là datent ces écrits philosophiques qui lui ont
fait ouvrir les portes de l'Académie française. De là, des
livres (*Recherches sur les propriétés des tissus vivants,
Leçons de pathologie expérimentale*, etc.) où le groupe-

ment des faits prend le pas sur les constatations de détail, et où il s'efforce, reprenant en sous-œuvre ses découvertes anciennes, d'en amener l'étude à toute la précision et la perfection que peuvent comporter les moyens d'action de la science actuelle.

Ce n'est pas à dire qu'il s'écartât complètement de ces régions de l'inconnu où il avait fait jadis de si riches moissons. Ses derniers travaux sur l'identité fondamentale des propriétés du tissu et des fonctions élémentaires dans le règne animal et le règne végétal, sur l'anesthésie par le chloroforme ou l'éther des végétaux inférieurs, et par suite sur la généralité d'action des substances toxiques, montrent que l'esprit créateur était vivant en lui.

De nouvelles découvertes devaient, cette année, fournir une preuve nouvelle de sa fécondité agissante. Ses amis, ses élèves en ont reçu la confidence incomplète, et il résulte des quelques paroles qui lui sont échappées que la théorie des fermentations allait recevoir de ces recherches, exécutées pendant les vacances dernières, des clartés inattendues. Ce travail considérable, dont, il y a quatre jours, il disait encore : « C'est dommage, c'eût été bien finir », est perdu pour la science.

Le 31 décembre, le froid le saisit dans le laboratoire du Collège de France ; bientôt survinrent les frissons, la fièvre et les phénomènes spéciaux, signes d'une inflammation rénale. Rien ne put enrayer la marche d'un mal dont il suivait tous les progrès. Sans illusion sur la fatalité de la catastrophe, il l'envisageait d'un œil calme, se refusant avec un sourire aux pieux mensonges de sa famille scientifique. Il était de ceux dont le regard ne s'effraye pas de l'inconnu.

Les sentiments personnels doivent se taire dans cet immense deuil de la science. Et cependant, ce n'est pas seulement la perte d'un grand homme qui mouille les yeux de ceux qui entourent son cercueil : tant de bienveillance, de simplesse d'âme, de générosité naïve étaient unies à ce génie. Il en est dont la main tremble en essayant d'esquiser quelques traits de ce noble et grand caractère.

Rien dans cette vie si pure, si harmonique, n'a été détourné du but principal. Épris de littérature, d'art et de philosophie, Claude Bernard n'a rien perdu comme physiologiste à ces nobles passions : toutes, au contraire, lui ont servi dans le développement de la science avec laquelle il s'était identifié, et dont il reste l'expression la plus complète et la plus élevée. Il fut physiologiste comme nul ne l'avait été : « Claude Bernard, disait un savant étranger, n'est point seulement un physiologiste, c'est la physiologie ».

Sa mort elle-même semble marquer pour la science une ère nouvelle. Pour la première fois dans notre pays, un homme de science va recevoir les honneurs publics, réservés jusqu'ici aux illustrations politiques ou guer-rières. Le gouvernement s'est honoré hier en demandant aux Chambres, qui l'ont accordé à l'unanimité, de faire aux frais de l'État des funérailles solennelles au maître qui n'est plus. Et le mot de M. Gambetta, parlant au nom de la commission du budget, résume tout ce que nous avons dit : « La lumière qui vient de s'éteindre ne sera pas remplacée ».

(PAUL BERT, Discours prononcé aux obsèques de Claude Bernard le 12 février 1878. Reproduit dans *la Science expérimentale*, par Claude Bernard. J.-B. Baillière, édi-teur.)

III

LA NUTRITION EST INDIRECTE

La nutrition ne consiste pas seulement, comme ont paru le croire quelques physiologistes, dans la mise en place de certains matériaux introduits directement par l'alimentation et n'ayant éprouvé d'autre changement que d'être rendus solubles. Les matériaux alimentaires, en un mot, ne sont pas directement utilisés. La nutrition n'est pas *directe*, comme le supposent les chimistes. Le sucre ou le glycogène que l'on trouve chez l'animal n'ont pas été introduits à l'état d'amidon, de glycogène ou de sucre.

Le phénomène de la nutrition s'accomplit toujours en deux temps; d'abord il se fait une accumulation, une réserve, un emmagasinement de matériaux; ensuite, dans une seconde période, ces matériaux élaborés et accumulés par l'animal sont utilisés, incorporés aux tissus, ou brûlés en donnant naissance à des produits excrémentitiels aussitôt expulsés.

Les végétaux fournissent des exemples plus nets que les animaux de cette division de l'acte nutritif en deux périodes. Ainsi, dans la pomme de terre, par exemple, le tubercule se charge, pendant la première année, d'une provision de fécule qui sera mise en œuvre dans le courant de la seconde année pour le développement du végétal. De même, pour la betterave, il s'accumule dans la racine une provision de sucre de canne qui disparaîtra dans la seconde année pour servir, sous forme de glycose, à la floraison et à la fructification de la plante. Il y a deux périodes bien nettement séparées dans ces cas.

La vue philosophique qui consiste à considérer l'organisme animal comme un édifice incessamment traversé par un courant ou tourbillon de matière qui entre et sort après avoir séjourné dans l'intimité des éléments anatomiques, cette vue n'est exacte qu'à la condition de bien remarquer que la matière subit pendant son passage des changements organiques plus ou moins lents ou rapides à s'accomplir, qui altèrent et modifient complètement sa constitution chimique; en sorte qu'à la sortie et pendant son mouvement elle n'est réellement pas représentable en nature, mais seulement en poids. En particulier, les aliments ne circulent pas en nature à travers l'élément anatomique: ils doivent d'abord être transformés en sang.

L'idée extraordinairement simple que certains chimistes ont voulu se faire du mécanisme de la nutrition est encore plus fausse que simple. D'après eux, l'organisme puiserait dans le mélange des aliments digérés, c'est-à-dire rendus solubles et passés dans le sang, les principes immédiats qui lui sont nécessaires. En vertu d'une sorte d'élection chimico-nutritive, chaque élément anatomique y prendrait toute formée la substance chimique qui entre dans sa propre constitution. Le muscle y choisirait l'albumine musculaire ou musculine, le cartilage la cartilagéine, l'os l'osséine, le cerveau la matière nerveuse, phosphorée, cérébrale, et ainsi des autres. Les organes se nourriraient et s'accroîtraient par une sorte de sélection vitale, comme un cristal de sulfate de soude, placé dans une solution de sulfate de soude et de magnésie, ne s'adjoint que le sel de soude.

Il n'en est rien. Les produits de la digestion ne sont

pas incorporés sous leur forme alimentaire, mais seulement après avoir subi une élaboration qui est le fait de l'individu, et qui les dénature complètement en vue de les rendre assimilables au nouvel être. Pour employer une expression triviale, mais qui rend bien ma pensée, il faut que les matériaux nutritifs aient été préparés dans la cuisine propre de l'individu. Le foie serait peut-être le principal de ces organes élaborateurs.

Cette transformation et cette appropriation des matériaux nutritifs à chaque organisme sont tellement nécessaires, que les expériences de transfusion prouvent que le sang d'une espèce animale ne pourrait servir à la nutrition d'une autre espèce. Malgré les analogies considérables qui existent entre les produits immédiats, le liquide sanguin du lapin serait impropre à entretenir la vie du chien, c'est-à-dire incapable de prendre part aux échanges nutritifs interstitiels; il ne faudrait donc pas s'imaginer, si l'on faisait digérer du sang de lapin à un chien, que les matériaux du sang de l'un iraient reprendre chacun sa place respective dans le corps de l'autre. De telles idées seraient complètement opposées à la saine physiologie. Le sang digéré est dénaturé, et ses matériaux, revenus en quelque sorte à un état indifférent, reprennent les modes de groupement ou de combinaison que les phénomènes de la vie exigent.

Dans l'histoire de la matière glycogène, nous retrouvons les deux périodes que nous avons signalées dans l'acte de la nutrition. D'abord la période d'emmagasinement, c'est la formation du glycogène; la formation de sucre correspond à la période d'utilisation. Un exemple frappant de cette vérité nous est fourni par les insectes, en particulier par les mouches. Nous avons vu que leur développement complet comprend trois époques : l'époque primitive, pendant laquelle l'animal vit à l'état de larve dans la viande corrompue; l'époque de la formation et de l'évolution de la chrysalide; l'époque de l'insecte parfait. Or, mes recherches ont établi que, sous l'état de larve, de chenille ou d'asticot, l'animal est absolument imprégné de glycogène. La chrysalide commence à manifester un peu de matière sucrée. L'insecte parfait contient des quantités notables de sucre, à côté de la matière glycogène.

Des deux actes de la nutrition, l'un est physiologique ou vital, l'autre est un phénomène purement chimique indépendant de la vie; la formation du glycogène est un phénomène que nous devons appeler vital, c'est un emmagasinement qui ne s'opère que sous l'influence de la vie; la transformation du glycogène en sucre est un phénomène de destruction qui est indépendant de l'influence vitale et du ressort purement chimique. (CLAUDE BERNARD, *les Phénomènes de la vie commune aux animaux et aux végétaux*, p. 133-137. J.-B. Baillière, éditeur.)

IV

LA DIGESTION INTESTINALE

La digestion des aliments commence dans la bouche et se continue dans l'estomac; dans la bouche, les aliments féculents sont seuls attaqués par la salive, et dans l'estomac, le suc gastrique n'a d'action que sur les aliments albuminoïdes. Lorsque les aliments sortent de l'estomac, la digestion est donc à peine commencée; c'est dans l'intestin qu'elle se termine, comme l'a montré Claude Bernard, dont les principales découvertes sur ce sujet sont résumées dans les quelques pages qui suivent.

L'agent digestif qui intervient immédiatement après la bile, ou quelquefois simultanément avec elle et avec le liquide des glandes de Brünner, c'est le suc pancréatique. Il y a à examiner l'action isolée de cet agent et son action associée à celle des autres sucs, telle qu'elle se produit naturellement dans l'organisme. C'est par l'intervention du suc pancréatique que commence réellement la digestion intestinale.

La sécrétion pancréatique est intermittente. Le liquide se montre presque aussitôt après que les aliments sont parvenus dans l'estomac. Par conséquent, le duodénum est déjà humecté de suc pancréatique quand le chyme y pénètre.

La composition du suc pancréatique a été étudiée par un assez grand nombre de physiologistes. Je me suis moi-même occupé spécialement de ce sujet en 1846, après Magendie, Tiedeman et Gmelin, Leuret et Lassaigne. D'une manière générale, on trouve dans ce liquide trois sortes d'éléments : de l'eau, des sels, une matière organique spéciale. L'eau est en proportion considérable, 98 à 99 pour 100, dans le suc normal ; elle est plus abondante encore dans le suc morbide. Les sels sont constitués par des chlorures alcalins, des carbonates, des phosphates. Ces éléments n'ont rien de spécial ; la propriété spécifique du suc pancréatique réside uniquement dans la matière organique.

Celle-ci est une substance azotée. Elle est modifiée par la chaleur. Les acides ou les alcalis étendus n'en provoquent pas la précipitation. Elle a le caractère commun de tous les ferments organiques, de pouvoir se redissoudre dans l'eau après avoir été précipitée par l'alcool.

Cette propriété permet de la séparer des matières albuminoïdes proprement dites. On lui a donné quelquefois le nom de *pancréatine*, qui n'est peut-être pas très bien choisi, parce qu'il pourrait faire croire à son unité et à sa simplicité, tandis qu'elle est un mélange de ferments différents. Aucune autre substance organique ne présente une altérabilité aussi grande ; et, dès que l'altération a commencé, elle manifeste une réaction caractéristique sur laquelle j'ai insisté, à savoir, de rougir sous l'influence du chlore.

Le moyen le plus simple d'obtenir cette substance azotée, principe actif de la sécrétion pancréatique, est de recourir au procédé d'infusion d'Eberle. On extrait le pancréas, on le réduit en fragments très ténus ou en pulpe ; on les met en digestion dans l'eau, puis on filtre.

Pour étudier les propriétés du suc pancréatique, on peut employer ce *filtratum* ; il n'est pas nécessaire d'en isoler la matière organique, mais il faut lui donner une réaction alcaline pour favoriser l'action du ferment sur les matières grasses. Le produit de la macération présente les attributs physiques du suc pancréatique normal; il est incolore, limpide, sirupeux, gluant; mais il s'altère bien plus rapidement que les autres sucs digestifs artificiels. Pour éviter cette altération, j'ai ajouté quelques gouttes d'acide phénique, qui permet de conserver ce liquide presque indéfiniment, comme une sorte de réactif de laboratoire physiologique. Du reste, l'acide phénique possède cette faculté conservatrice pour tous les ferments, et j'ai fait depuis longtemps de son emploi une méthode générale de conservation et de préparation des liquides digestifs. Je n'ai pas observé que le suc pancréatique différât aussi notablement qu'on l'a dit, suivant qu'on prend l'organe chez l'animal à jeun ou en digestion.

Ces renseignements préliminaires nous permettent maintenant d'aborder l'étude des propriétés physiologiques du suc pancréatique, et de déterminer son rôle dans la digestion.

Nous examinerons successivement l'influence de la sécrétion du pancréas sur les matières grasses, féculentes, sucrées et albuminoïdes, prises isolément, puis sur les aliments complexes.

Les matières grasses sont modifiées par le suc pancréatique, qui est l'agent principal de leur digestion. L'action qu'elles reçoivent de lui est effectivement la première en date qu'elles subissent, et certainement la plus importante, sinon l'unique. J'ai été le premier à signaler ce rôle qui avait échappé à mes prédécesseurs. Aujourd'hui, les idées que j'ai soutenues et appuyées d'expériences probantes sont universellement admises. L'intervention du pancréas dans la digestion des aliments gras n'est contestée par aucun physiologiste, quoique quelques-uns aient essayé d'en atténuer la portée.

Ce rôle du suc pancréatique peut être établi par des considérations anatomiques, par des épreuves directes exécutées en dehors de l'organisme, par des digestions artificielles, par la destruction de l'organe et l'observation des désordres qui en résultent, enfin par l'examen sur l'animal vivant [1].

On a dit que cette propriété n'avait rien de spécifique et qu'elle appartenait à une multitude de liquides organiques, au sérum du sang, à la bile, au suc intestinal. Ces assertions ne sont pas exactes. Nous agitons une huile avec le liquide biliaire : le mélange mécanique ainsi obtenu n'est point permanent, il n'est point instantané. Or, nous savons déjà que les seules actions dont il y ait à tenir compte au point de vue digestif sont les actions rapides : les modifications lentes qui se manifestent dans les éprouvettes ou dans les verres à expériences n'ont point de correspondant chez l'être vivant, parce que les phénomènes digestifs s'y pressent, s'y succèdent, s'y remplacent sans attendre. Ces deux caractères essentiels de permanence et de rapidité de la réaction, je ne les ai retrouvés bien nets ni avec la salive, ni avec le suc gastrique, ni avec le sérum du sang, ni avec le liquide céphalo-rachidien. Il ne se produisait quelque action comparable à celle du suc pancréatique que lorsque les liqueurs en question étaient fortement alcalines, et alors le phénomène était dû à l'influence chimique accidentelle de l'alcali.

Mais il y a plus. Le suc pancréatique a une action plus profonde sur les matières grasses. Il les attaque chimiquement, il les décompose en glycérine et acide gras. En sorte que l'émulsion et l'acidification sont deux effets manifestés successivement, et qu'il y a une modification physique et une modification chimique. M. Berthelot a examiné les résultats de ce mélange du suc pancréatique et des graisses : il a constaté la présence de la glycérine et de l'acide gras. Le phénomène se produit assez rapidement et peut être constaté facilement. Voici, par

---

1. Voir mon mémoire *Sur le pancréas.* Supplément aux *Comptes rendus de l'Académie des sciences,* 1858.

exemple, une plaque de verre sur laquelle on a placé un fragment de pancréas au contact d'un corps gras (beurre); on a appliqué une plaque de verre mince sur le tout et fait pénétrer une petite portion de teinture de tournesol. La couleur bleue du réactif est remplacée par une zone rouge dans le voisinage du tissu pancréatique.

Le suc pancréatique a aussi un rôle très important dans la digestion des substances féculentes. Nous avons dit que, jusqu'au moment où elles sont arrivées à ce point du tube digestif où commence la digestion pancréatique, les matières amylacées n'avaient subi que des modifications insignifiantes; la salive n'a influencé que les parties les plus altérables, le suc gastrique n'a exercé aucune action sur elles.

Le liquide pancréatique mis en contact avec la fécule dans un vase à expérience transforme cette substance en dextrine, puis en sucre. Cela arrive toujours lorsque la fécule est hydratée. Tandis que le liquide salivaire n'a d'influence que dans des conditions de lenteur tout à fait exceptionnelles, ici l'action est rapide. Nous faisons l'expérience sous vos yeux : la liqueur iodée nous manifeste la présence de l'amidon; la liqueur cuprique montre après quelque temps de contact la production du sucre.

L'opération de la destruction du pancréas chez les oiseaux permet aussi de constater dans les résidus excrémentitiels une certaine proportion de matière féculente qui n'a pas été modifiée dans son trajet à travers le tube digestif. Les deux épreuves concordent donc d'une manière complète.

En résumé, le suc pancréatique a une influence manifeste sur la digestion des féculents. Il renferme une substance active, un ferment, capable de changer l'amidon en glycose. Le principe actif de la sécrétion pancréatique, ou *pancréatine*, renferme donc déjà deux ferments solubles : le *ferment glycosique* et le *ferment émulsif* des matières grasses.

L'action du suc pancréatique sur les matières azotées dépend des conditions dans lesquelles cette action s'exerce. L'épreuve directe de la digestion artificielle aboutit à une putréfaction rapide, précédée toutefois du ramollissement et du gonflement de la matière protéique. Mais lorsque l'aliment a déjà été soumis à l'influence des agents précédents, s'il a séjourné au contact du suc gastrique, il est modifié énergiquement et il éprouve une dissolution rapide. Les circonstances du contact changent ainsi complètement les résultats.

Le liquide pancréatique n'acquiert donc la propriété d'agir sur les matières azotées et de les digérer, qu'à la condition d'être précédé dans son action par le suc gastrique et la bile. La nécessité de l'intervention du suc gastrique est loin d'être absolue; à la rigueur, il suffit de la bile. Le mélange de la bile et du liquide pancréatique constitue un agent digestif qui suffit à la transformation des trois classes d'aliments. L'expérience semble établir ainsi que la vertu digestive du suc pancréatique sur les matières azotées n'est pas spécifique et préexistante, qu'elle est acquise par le contact d'un élément étranger. Ce mélange constitue un agent digestif d'une grande puissance; c'est à lui qu'il faut rapporter la part principale dans les phénomènes dont le tube intestinal est le théâtre.

Sécrétion intestinale. — Le duodénum est la partie du canal alimentaire dans laquelle se passent les phénomènes digestifs les plus importants. C'est là qu'arrivent en conflit les sucs gastrique, pancréatique et biliaire. Les trois classes d'aliments, azotés, féculents et gras, y sont profondément modifiés.

Mais tous les principes alimentaires ont-ils subi dans le duodénum les modifications définitives qu'ils doivent subir, ou bien existe-t-il encore d'autres actions modificatrices, d'autres ferments digestifs restés jusqu'ici ignorés? C'est précisément ce qui a lieu. Les principes sucrés (saccharose) ont besoin de subir une modification digestive importante pour devenir assimilables. Ils ne la subissent pas au contact de la salive, ni du suc gastrique, ni de la bile, ni du suc pancréatique. Ce n'est que dans l'intestin, au contact d'un ferment nouveau, que j'ai découvert récemment, que le sucre de canne ou saccharose est digéré. C'est donc sur la digestion saccharosique et sur le ferment qui lui est spécial que je vais vous donner quelques rapides indications, me réservant d'y revenir plus tard.

Il existe dans l'intestin grêle, implantées dans les parois de ce tube, un grand nombre de glandes qui se rapportent, comme l'on sait, à deux types : d'une part, les follicules isolés et les glandes de Peyer; de l'autre, les glandes de Lieberkühn. Deux liquides sont sécrétés par ces deux sortes d'organes : un mucus et le *suc intestinal*.

On a essayé, dans ces derniers temps, de recueillir véritablement le produit de la sécrétion des glandes de Lieberkühn, le suc de l'intestin proprement dit. L'expérience de Thiry consiste à diviser l'intestin et à rétablir ensuite sa continuité, en laissant à part une portion du canal. Cette portion conserve ses connexions avec l'organisme par les vaisseaux et les nerfs mésentériques qui ont été respectés. Dans ces conditions, la sécrétion de l'organe persiste, et l'animal continue à vivre et à remplir ses fonctions digestives.

Le liquide isolé que l'on a ainsi obtenu aurait une action peu énergique sur la plupart des aliments albuminoïdes; il n'attaquerait que la fibrine; il agirait très faiblement sur les amylacés; mais j'ai découvert qu'il possède une action inversive très puissante sur le sucre de canne.

Un moyen plus simple se présente pour l'examen du liquide intestinal. Il consiste à faire une infusion de la muqueuse et à séparer le liquide par décantation ou filtration.

J'ai constaté que le suc intestinal, de quelque façon qu'il soit obtenu, joue un rôle très important dans la digestion. Il contribue exclusivement à digérer certaines substances hydrocarbonées, et en particulier le sucre de canne qui entre pour une part considérable dans l'alimentation. Il contient à cet effet un ferment albuminoïde présentant les propriétés de tous les ferments solubles : d'être précipité par l'alcool et redissous par l'eau. Ce ferment transforme le sucre de canne, substance inerte que l'organisme est incapable d'utiliser sous sa forme actuelle, en sucre de raisin ou glycose, ou plutôt en sucre interverti qui est un mélange de deux glycoses utilisables par l'économie. C'est le ferment auquel j'ai donné le nom de *ferment inversif*.

Ce ferment existe dans toute l'étendue de l'intestin grêle; il disparaît dans le gros intestin, comme font, du reste, tous les phénomènes chimiques de la digestion.

Une expérience très simple mettra en évidence cette propriété inversive de l'intestin grêle. — Nous sacrifions un lapin et nous injectons dans différentes portions de l'intestin, cernées et isolées par des ligatures, une certaine quantité de sucre de canne dissous. Nous faisons, en particulier, une injection dans l'intestin grêle et une injection dans le gros intestin. Le liquide de l'intestin grêle est retiré au bout de très peu de temps; on en fait l'essai avec le réactif cupro-potassique. Tout à l'heure ce liquide bleu n'éprouvait aucune réduction, car la saccharose est sans action sur lui. Maintenant nous observons, au contraire, un changement de coloration du bleu au rouge, lequel nous traduit l'existence de la glycose. — Dans le gros intestin, rien de tel : la solution sucrée, ainsi que vous le voyez, n'a pas subi d'inversion.

On peut préparer un suc intestinal *inversif* artificiel et le conserver avec quelques gouttes d'acide phénique. C'est donc un nouveau ferment soluble digestif qu'il faudra ajouter à ceux qui étaient déjà connus, mais qui n'en diffère aucunement par ses propriétés générales. L'action exercée par le suc inversif artificiel est plus lente que celle qui est opérée par le contact de la membrane muqueuse intestinale.

Au point où nous en sommes arrivés, nous pouvons dire que la digestion est une opération terminée. A l'intestin grêle que nous quittons, succède, en effet, le gros intestin, qui est le siège d'actes physiques et mécaniques, ou d'actes chimiques sans importance au point de vue des phénomènes digestifs proprement dits.

Les aliments modifiés par la digestion sont absorbés par les villosités intestinales : les résidus, les substances réfractaires ou excrémentitielles, les aliments mêmes qui ont échappé à l'action trop rapide des liquides intestinaux, forment une masse qui se concrète dans le gros intestin, en attendant d'être expulsée.

L'examen général que nous avons fait jusqu'ici des phénomènes essentiels de la digestion suffit pour nous en révéler la véritable nature. Ce sont des phénomènes purement chimiques : transformations isomériques, combinaisons, dédoublements, hydratations, réactions, en un mot, soumis aux lois générales de la chimie.

A côté de l'action chimique, qui est au fond la seule essentielle, il y a tout un ensemble de circonstances destinées à la préparer, accessoires, à la vérité, mais qui n'en sont pas moins importantes et du domaine élevé de la physiologie. Pour la réalisation de ces phénomènes préparatoires existent des mécanismes physiologiques qui tous sont des dépendances d'un appareil harmonisateur plus général, le système nerveux.

Ce n'est pas ici le lieu de faire ressortir ce rôle du système nerveux qui sert de lien et de trait d'union entre tous les organes, qui excite ou refrène leur activité, règle leur intervention, harmonise leurs énergies, et fonctionne comme une espèce de régulateur destiné à maintenir l'équilibre de la machine. (CLAUDE BERNARD, *les Phénomènes de la vie communs aux animaux et aux végétaux*, p. 311-321. J.-B. Baillière, éditeur.)

V

INFLUENCE DU CŒUR SUR LA MANIFESTATION DES SENTIMENTS

Comment est-il possible de concevoir le mécanisme physiologique à l'aide duquel le cœur se lie aux manifestations de nos sentiments?

Nous savons que cet organe peut recevoir le contre-coup de toutes les vibrations sensitives qui se passent en nous, et qu'il peut en résulter tantôt un arrêt violent avec suspension momentanée et ralentissement de la circulation, si l'impression a été très forte, tantôt un arrêt léger avec réaction et augmentation du nombre et de l'énergie des battements cardiaques, si l'impression a été légère ou modérée; mais comment cet état peut-il ensuite traduire nos sentiments? C'est ce qu'il s'agit d'expliquer.

Rappelons-nous que le cœur ne cesse jamais d'être une pompe foulante, c'est-à-dire un moteur qui distribue le liquide vital à tous les organes de notre corps. S'il s'arrête, il y a nécessairement suspension ou diminution dans l'arrivée du liquide vital aux organes, et par suite suspension ou diminution de leurs fonctions; si au contraire l'arrêt léger du cœur est suivi d'une intensité plus grande dans son action, il y a distribution d'une plus grande quantité du liquide vital dans les organes, et par suite surexcitation de leurs fonctions.

Cependant tous les organes du corps et tous les tissus organiques ne sont pas également sensibles à ces variations de la circulation artérielle, qui peuvent diminuer ou augmenter brusquement la quantité du liquide nourricier qu'ils reçoivent. Les organes nerveux et surtout le cerveau, qui constituent l'appareil dont la texture est la plus délicate et la plus élevée dans l'ordre physiologique, reçoivent les premiers les atteintes de ces troubles circulatoires. C'est une loi générale pour tous les animaux : depuis la grenouille jusqu'à l'homme, la suspension de la circulation du sang amène en premier lieu la perte des fonctions cérébrales et nerveuses, de même que l'exagération de la circulation exalte d'abord les manifestations cérébrales et nerveuses.

Toutefois ces réactions de la modification circulatoire sur les organes nerveux demandent pour s'opérer un temps très différent selon les espèces.

Chez les animaux à sang froid, ce temps est très long, surtout pendant l'hiver; une grenouille reste plusieurs heures avant d'éprouver les conséquences de l'arrêt de la circulation; on peut lui enlever le cœur, et pendant quatre ou cinq heures elle saute et nage sans que sa volonté ni ses mouvements paraissent le moins du monde troublés.

Chez les animaux à sang chaud, c'est tout différent : la cessation d'action du cœur amène très rapidement la disparition des phénomènes cérébraux, et d'autant plus facilement que l'animal est plus élevé, c'est-à-dire possède des organes nerveux plus délicats.

Le raisonnement et l'expérience nous montrent qu'il faut encore placer, sous ce rapport, l'homme au premier rang. Chez lui, le cerveau est si délicat qu'il éprouvera en quelques secondes, et pour ainsi dire instantanément, le retentissement des influences nerveuses exercées sur l'organe central de la circulation, influences qui se traduisent, comme nous allons le voir bientôt, tantôt par une émotion, tantôt par une syncope.

Les phénomènes physiologiques suivent partout une loi identique, mais la nature plus ou moins délicate de l'organisme vivant peut leur donner une expression toute différente. Ainsi la loi de réaction du cœur sur le cerveau est la même chez la grenouille et chez l'homme; cependant jamais la grenouille ne pourra éprouver une émotion ni une syncope, parce que le temps qu'il faut à son cœur pour ressentir l'influence nerveuse, et à son cerveau pour éprouver l'influence circulatoire, est si long que la relation physiologique entre les deux organes disparaît.

Chez l'homme, l'influence du cœur sur le cerveau se traduit par deux états principaux entre lesquels on peut supposer beaucoup d'intermédiaires : la *syncope* et l'*émotion*.

La *syncope* est due à la cessation momentanée des fonctions cérébrales par cessation de l'arrivée du sang artériel dans le cerveau.

On pourrait produire la syncope en liant ou en comprimant directement toutes les artères qui vont au cerveau; mais ici ne nous occupons que de la syncope qui survient par une influence sensitive portée sur le cœur et assez énergique pour arrêter ses mouvements. L'arrêt du cœur qui produit la perte de connaissance en privant le cerveau de sang amène aussi la pâleur des traits et une foule d'autres effets accessoires dont il ne peut être question ici. Toutes les impressions sensitives énergiques et subites sont dans le cas d'amener la syncope, quelle qu'en soit d'ailleurs la nature. Des impressions physiques sur les nerfs sensitifs ou des impressions morales, des sensations douloureuses ou des sensations de volupté, conduisent au même résultat et amènent l'arrêt du cœur.

La durée de la syncope est naturellement liée à la durée de l'arrêt du cœur. Plus l'arrêt a été intense, plus en général la syncope se prolonge, et plus difficilement se rétablissent les battements cardiaques, qui d'abord reviennent irrégulièrement pour ne reprendre que lentement leur rythme normal.

Quelquefois l'arrêt du cœur est définitif et la syncope mortelle; chez les individus faibles et en même temps très sensibles, cela peut arriver. On a constaté expérimentalement que, sur des colombes épuisées par l'inanition, il suffit parfois de produire une douleur vive, en pinçant un nerf de sentiment, pour amener un arrêt du cœur définitif et une syncope mortelle.

L'*émotion* dérive du même mécanisme physiologique que la syncope, mais elle a une manifestation bien différente. La syncope, qui enlève le sang au cerveau, donne une expression négative, en prouvant seulement qu'une impression nerveuse violente est allée se réfléchir sur le cœur pour revenir frapper le cerveau. L'émotion au contraire, qui envoie au cerveau une circulation plus active, donne une expression positive, en ce sens que l'organe cérébral reçoit une surexcitation fonctionnelle en harmonie avec la nature de l'influence nerveuse qui l'a déterminée. Dans l'émotion, il y a toujours une impression initiale qui surprend en quelque sorte et arrête très légèrement le cœur, et par suite une faible secousse cérébrale qui amène une pâleur fugace; aussitôt le cœur, comme un animal piqué par un aiguillon, réagit, accélère ses mouvements et envoie le sang à plein calibre par l'aorte et par toutes les artères. Le cerveau, le plus sensible de tous les organes, éprouve immédiatement et avant tous les autres les effets de cette modification circulatoire. Le cerveau a été sans doute le point de départ de l'impression nerveuse sensitive; mais par l'action réflexe sur les nerfs moteurs du cœur l'influence sensitive a provoqué dans le cerveau les conditions qui viennent se lier à la manifestation du sentiment.

En résumé, chez l'homme, le cœur est le plus sensible

des organes de la vie végétative; il reçoit le premier de tous l'influence nerveuse cérébrale. Le cerveau est le plus sensible des organes de la vie animale; il reçoit le premier de tous l'influence de la circulation du sang. De là résulte que ces deux organes culminants de la machine vivante sont dans des rapports incessants d'action et de réaction. Le cœur et le cerveau se trouvent dès lors dans une solidarité d'actions réciproques des plus intimes, qui se multiplient et se resserrent d'autant plus que l'organisme devient plus développé et plus délicat.

Les sentiments que nous éprouvons sont toujours accompagnés par des actions réflexes du cœur; c'est du cœur que viennent les conditions de manifestation des sentiments, quoique le cerveau en soit le siège exclusif. Dans les organismes élevés, la vie n'est qu'un échange continuel entre le système sanguin et le système nerveux. L'expression de nos sentiments se fait par un échange entre le cœur et le cerveau, les deux rouages les plus parfaits de la machine vivante. Cet échange se réalise par des relations anatomiques très connues, par les nerfs pneumo-gastriques qui portent les influences nerveuses au cœur, et par les artères carotides et vertébrales qui apportent le sang au cerveau. Tout ce mécanisme merveilleux ne tient donc qu'à un fil, et si les nerfs qui unissent le cœur au cerveau venaient à être détruits, cette réciprocité d'action serait interrompue, et la manifestation de nos sentiments profondément troublée.

Toutes ces explications, me dira-t-on, sont bien empreintes de matérialisme.

A cela je répondrai que ce n'est pas ici la question. Si ce n'était m'écarter du but de ces recherches, je pourrais montrer facilement qu'en physiologie le matérialisme ne conduit à rien et n'explique rien; mais un concert en est-il moins ravissant parce que le physicien en calcule mathématiquement toutes les vibrations? Un phénomène physiologique en est-il moins admirable parce que le

physiologiste en analyse toutes les conditions matérielles?
Il faut bien que cette analyse, que ces calculs se fassent,
car sans cela il n'y aurait pas de science. Or la science
physiologique nous apprend que, d'une part, le cœur
reçoit réellement l'impression de tous nos sentiments, et
que, d'autre part, le cœur réagit pour renvoyer au cerveau
les conditions nécessaires de la manifestation de ces
sentiments, d'où il résulte que le poëte et le romancier
qui, pour nous émouvoir, s'adressent à notre cœur, que
l'homme du monde qui à tout instant exprime ses sentiments en invoquant son cœur, font des métaphores qui
correspondent à des réalités physiologiques.

Quelquefois un mot, un souvenir, la vue d'un événement, éveillent en nous une douleur profonde. Ce mot, ce
souvenir ne sauraient être douloureux par eux-mêmes,
mais seulement par les phénomènes qu'ils provoquent en
nous.

Quand on dit que *le cœur est brisé par la douleur*, il y a
des phénomènes réels dans le cœur. Le cœur a été arrêté,
si l'impression douloureuse a été trop soudaine; le sang
n'arrivant plus au cerveau, la syncope, des crises nerveuses en sont la conséquence. On a donc bien raison,
quand il s'agit d'apprendre à quelqu'un une de ces nouvelles terribles qui bouleversent notre âme, de ne la lui
faire connaître qu'avec ménagement.

Nous savons par nos expériences sur les nerfs du cœur
que les excitations graduées émoussent ou épuisent la
sensibilité cardiaque en évitant l'arrêt des battements.

Quand on dit qu'*on a le cœur gros*, après avoir longtemps été dans l'angoisse et avoir éprouvé des émotions
pénibles, cela répond encore à des conditions physiologiques particulières du cœur. Les impressions douloureuses
prolongées, devenues incapables d'arrêter le cœur, le
fatiguent et le lassent, retardent ses battements, prolongent la diastole, et font éprouver dans la région pré-
cordiale un sentiment de plénitude ou de resserrement.

Les impressions agréables répondent aussi à des états déterminés du cœur.

Quand une femme est surprise par une douce émotion, les paroles qui ont pu la faire naître ont traversé l'esprit comme un éclair, sans s'y arrêter; le cœur a été atteint immédiatement et avant tout raisonnement et toute réflexion. Le sentiment commence à se manifester après un léger arrêt du cœur, imperceptible pour tout le monde, excepté pour le physiologiste; le cœur, aiguillonné par l'impression nerveuse, réagit par des palpitations qui le font bondir et battre plus fortement dans la poitrine, en même temps qu'il envoie plus de sang au cerveau, d'où résultent la rougeur du visage et une expression particulière des traits correspondant au sentiment de bien-être éprouvé.

Ainsi dire que *l'amour fait palpiter le cœur* n'est pas seulement une forme poétique; c'est aussi une réalité physiologique.

Quand on dit à quelqu'un qu'*on l'aime de tout son cœur*, cela signifie physiologiquement que sa présence ou son souvenir éveille en nous une impression nerveuse qui, transmise au cœur par les nerfs pneumo-gastriques, fait réagir notre cœur de la manière la plus convenable pour provoquer dans notre cerveau un sentiment ou une émotion affective. Je suppose ici, bien entendu, que l'aveu est sincère; sans cela, le cœur n'éprouverait rien et le sentiment ne serait que sur les lèvres. Chez l'homme, le cerveau doit, pour exprimer ses sentiments, avoir le cœur à son service.

Deux *cœurs unis* sont des cœurs qui battent à l'unisson sous l'influence des mêmes impressions nerveuses, d'où résulte l'expression harmonique de sentiments semblables.

Les philosophes disent qu'on peut *maîtriser son cœur* et *faire taire ses passions*. Ce sont encore des expressions que la physiologie peut interpréter. On sait que par sa volonté l'homme peut arriver à dominer beaucoup d'actions réflexes dues à des sensations produites par des causes physiques. La raison parvient sans doute à exercer le même empire sur les sentiments moraux. L'homme peut arriver par la raison à empêcher les actions réflexes sur son cœur, mais plus la raison pure tendrait à triompher, plus le sentiment tendrait à s'éteindre

La puissance nerveuse capable d'arrêter les actions réflexes est en général moindre chez la femme que chez l'homme : c'est ce qui lui donne la suprématie dans le domaine de la sensibilité physique et morale, c'est ce qui a fait dire qu'*elle a le cœur plus tendre que l'homme.*

Mais je m'arrête dans ces considérations, qui nous entraîneraient trop loin, et je terminerai par une conclusion générale.

La science ne contredit point les observations et les données de l'art, et je ne saurais admettre l'opinion de ceux qui croient que le positivisme scientifique doit tuer l'inspiration. Suivant moi, c'est le contraire qui arrivera nécessairement. L'artiste trouvera dans la science des bases plus stables, et le savant puisera dans l'art une intuition plus assurée. Il peut sans doute exister des époques de crise dans lesquelles la science, à la fois trop avancée et encore trop imparfaite, inquiète et trouble l'artiste plutôt qu'elle ne l'aide. C'est ce qui peut arriver aujourd'hui pour la physiologie à l'égard du poète et du philosophe; mais ce n'est là qu'un état transitoire, et j'ai la conviction que quand la physiologie sera assez avancée, le poète, le philosophe et le physiologiste s'entendront tous. (CLAUDE BERNARD, *la Science expérimentale*, p. 353-366. J.-B. Baillière, éditeur. *Revue des Deux Mondes*, 1er mars 1865.)

VI

LA CHALEUR ANIMALE

Il y a dans cette question de la chaleur animale deux points. Je ne m'étendrai que sur un seul, celui de la *topographie calorifique*.

A tour de rôle, on a placé le siège de la chaleur animale dans le poumon, dans les capillaires, dans le tissu musculaire, etc.

A mon avis, il n'existe pas de foyer unique : la chaleur se fait partout, mais il y a des points où elle est plus élevée, tout en étant réglée par les lois définies.

Le premier point que l'on a discuté est celui de savoir si le sang artériel est plus chaud que le sang veineux, si le sang du cœur gauche est plus chaud que le sang du cœur droit. La théorie de Lavoisier était venue donner un solide appui à l'opinion qui défendait la température plus élevée du sang artériel. Mes recherches combattent absolument cette façon de voir, et les erreurs d'interprétation tiennent à des vices d'expérimentation.

Les méthodes et les procédés ont varié beaucoup. Voici celle que j'ai adoptée.

Je prends deux aiguilles galvano-électriques, construites d'une façon spéciale et introduites dans une sonde de gomme analogue à la vulgaire sonde chirurgicale.

Cette sonde est destinée à empêcher le contact du liquide sanguin avec l'aiguille. Des observations comparées et répétées permettent d'affirmer que cette enveloppe protectrice ne gêne en rien l'exactitude de cet appareil thermométrique. Il se borne du reste à mesurer les 1/50 de degré.

Je prends un chien, auquel je découvre les artères et veines crurales, et j'introduis dans les deux vaisseaux ma sonde aiguillée. La sonde restant à l'entrée, j'ai constamment observé le résultat suivant : la température du sang artériel est plus élevée que celle du sang veineux. Aussi loin qu'on pousse la sonde dans l'artère (jusqu'à la crosse de l'aorte), la température reste invariable.

Si, au contraire, on fait remonter la sonde dans le conduit veineux, la température varie : à l'entrée de la veine, elle est au-dessous de celle du sang artériel ; elle augmente progressivement, pour être égale au niveau des veines rénales et atteindre son maximum au niveau du diaphragme, au point où les veines sushépatiques s'abouchent dans la veine cave ; au-dessus, elle diminue un peu, quoique restant toujours au-dessus de celle du sang artériel.

Cette différence entre les deux températures est fondamentale, et si l'on ne l'observe pas dans les vaisseaux des membres, c'est que le sang subit à la périphérie des déperditions multiples qui lui font perdre sa puissance calorique.

Au sujet de ces expériences, j'ai observé un **fait** intéressant.

J'avais gardé un chien sur lequel j'avais pratiqué ces recherches : le lendemain, le chien était en proie à une fièvre des plus intenses. J'eus l'idée de rechercher si le rapport était le même dans cet état : il l'était en effet, mais avec des différences beaucoup plus prononcées.

Je lui fis prendre alors une forte dose d'opium : la température ne fut pas abaissée. Cependant à l'état normal l'opium amène un abaissement considérable de la chaleur.

Heindenhain avait observé qu'une excitation nerveuse amène un abaissement de température; si l'animal était fébricitant, la même excitation ne produisait aucune modification. Ces faits peuvent être rapprochés de mes expériences avec l'opium.

On peut tirer de ces recherches l'idée clinique suivante : c'est que la fièvre est un phénomène purement nerveux provenant des modifications, des troubles qui se passent du côté du système nerveux. Appuyé sur des investigations nombreuses, je crois qu'il existe des nerfs vasomoteurs de deux ordres, dilatateurs et constricteurs. La fièvre n'est que la résultante de modifications profondes du côté de ce système, résultante qui a pour effet principal l'élévation de la température. (CLAUDE BERNARD, *la Science expérimentale*, p. 213-217. J.-B. Baillière, éditeur.)

VII

INFLUENCE DE LA PRESSION
SUR LA RESPIRATION, D'APRÈS PAUL BERT

Pour des personnes qui seraient peu au courant de la science, il semble que cette question de l'influence de la pression barométrique sur les animaux soit un problème quelconque, ni plus ni moins intéressant que cent autres. Dès lors, il peut paraître singulier que nous mettions un si haut prix à sa solution. Pour dire qu'un travail est de premier ordre, il faut que l'objet lui-même en soit de premier ordre : il ne suffit pas qu'il ait été conduit avec habileté et terminé avec bonheur.

Or c'est précisément ce qui arrive ici. Derrière cette question en apparence si spéciale de la pression barométrique, ce sont les problèmes les plus généraux de la respiration qui sont en cause, c'est-à-dire de la fonction la plus universelle, la plus permanente et la plus caractéristique de la vitalité chez les animaux et les plantes. C'est le rôle de l'oxygène, le gaz vital : le rôle de l'acide carbonique, résultat de toutes les combustions organiques, le rôle du sang, des liquides interstitiels et des éléments anatomiques. Le sujet prend donc tout aussitôt une ampleur incomparable au regard du physiologiste. Il ne s'agit plus seulement de l'histoire de tel ou tel animal, ou même de l'homme : il s'agit de tout ce qui vit, parcelle ou organisme entier, sans acception de genre, d'espèce, d'embranchement ou de règne.

Nous verrons qu'une autre cause conspire avec celle-là pour agrandir la valeur du travail que nous examinons. C'est le caractère complet de la solution. D'analyse en analyse et de cause en cause, le phénomène vital se trouve ramené aux confins du monde physique. Le physiologiste ne saurait aller plus loin : le terme de son ambition est d'expliquer les manifestations de la vie par le jeu des agents généraux de la nature physique. Arrivé à ce point — et Bert y est arrivé, — il doit s'arrêter : c'est le bout de son rôle, la perfection de sa tâche.

Indiquons maintenant les apparences plus restreintes du problème. Les animaux aériens et l'homme peuvent être exposés à des variations assez grandes de la pression atmosphérique. Lorsque l'on s'élève dans l'atmosphère, la pression barométrique qui est de 76 centimètres de mercure au niveau de la mer diminue rapidement : elle baisse d'abord de 1 centimètre, à mesure que l'on monte verticalement de 100 mètres, elle est de 75 centimètres à 100 mètres, 74 à 200 mètres : au delà, elle continue de baisser suivant une loi fixée par les physiciens. A la hauteur du Vésuve (1 123 mètres), la pression est de 66 centimètres; elle est de 55 centimètres au col du grand Saint-Bernard (2 432 mètres); de 46 centimètres au mont Pelvoux (3 998 mètres); au mont Blanc (4 810 mètres), la pression normale est de 38 centimètres, c'est-à-dire moitié de ce qu'elle est au niveau de la mer : enfin elle est de 32 centimètres de mercure à l'un des points de l'Himalaya où ont pu atteindre les frères Schlaginweit. Aucun homme ne parait s'être élevé plus haut en pays de montagne. Le Gaurisankar, la plus haute montagne du globe, est inaccessible : son sommet est à 8 840 mètres, la pression barométrique normale y serait de 24 centi- mètres de mercure. Les ascensionnistes, les hommes et les animaux aériens qui abordent ces différents étages de hauteur et qui vivent sur les hauts plateaux sont donc exposés aux effets de l'air raréfié. De même les aéronautes. Des accidents variés, des phénomènes physiologiques divers se produisent lorsque l'homme et les animaux atteignent les grandes altitudes. Crocé-Spinelli et Sivel sont morts à une hauteur de 8 600 mètres, le 15 avril 1875, dans leur ballon *le Zénith*. Le 5 septembre 1862, le savant météorologiste Glaisher s'élevait de Wolverhampton dans un ballon conduit par l'aéronaute Coxwell : il s'évanouit et faillit périr à une hauteur un peu supérieure à 8 838 mètres ; sur trois pigeons que les aéronautes avaient conservés, l'un mourut et un autre n'échappa que difficilement à des accidents redoutables. Il semble bien que les poitrines humaines doivent trouver là-haut leurs colonnes d'Hercule et qu'il y ait un point où la nature dit à l'homme : « Tu n'iras pas plus loin ». — Ce point est certainement au-dessous de 11 à 12 kilomètres de hauteur. En deçà de ce point apparaissent chez les aéronautes et les ascensionnistes des phénomènes ou accidents qui sont dus, pour une part, à la dépression de l'atmosphère et qui constituent le *mal des montagnes* et le *mal des ballons*.

Il est rare, d'autre part, que l'homme soit soumis à des pressions plus fortes que celles qu'exerce l'atmosphère au niveau des mers. Cependant les progrès de l'industrie ont amené des ouvriers à travailler dans des atmosphères dont la pression était quadruple de la pression normale : tels sont les plongeurs, les scaphandriers et les ouvriers tubistes qui sont occupés au fonçage des piles de ponts ou aux travaux d'assèchement avec les appareils à air comprimé que l'ingénieur français Triger a inventés en 1839 et qui depuis lors ont reçu de nombreuses applications et quelques perfectionnements. Dans ces circonstances, on a encore noté des phénomènes physiologiques particuliers, des accidents plus ou moins graves et quelquefois mortels. Lors de la construction du pont jeté à Saint-Louis (sur le Mississipi), 12 ouvriers moururent en sortant des caissons à air comprimé : mêmes accidents lors de la construction du pont de Brooklyn à New-York. Les cas de mort furent aussi très fréquents chez les scaphandriers.

Que se passe-t-il dans ces cas divers de dépression ou de compression? Pourquoi ces accidents? Quel en est le mécanisme? Quels sont les effets de l'air dilué ou condensé sur l'organisme? Telles sont les questions qui se posaient au physiologiste.

Il fallait les résoudre par l'expérimentation sur les animaux, créer des appareils où l'on pût fournir à des animaux ou à l'homme même de l'air à des pressions supérieures ou inférieures à l'atmosphère, de l'air renouvelé, circulant, *de l'air courant*. Ces appareils existent, et vous pouvez les visiter dans notre salle des machines. Le laboratoire en est redevable à la générosité de M. Jourdanet et de Paul Bert.

Une analyse délicate dissocia, dès le début, les éléments complexes de la question. Paul Bert montra que les effets du changement de la pression barométrique se rapportaient à deux conditions différentes : à la *rapidité* du changement ou au *changement* lui-même. De là deux groupes de phénomènes distincts.

La *rapidité* du changement de pression produit des effets qui semblent faciles à prévoir aujourd'hui qu'ils sont expliqués. L'augmentation brusque de pression ne paraît pas avoir de conséquences graves; sauf des douleurs d'oreilles qui tiennent à la tension exagérée de la membrane du tympan inégalement pressée sur ses deux faces à cause de la difficile perméabilité de la trompe d'Eustache, il ne survient aucune autre perturbation.

Tout au contraire, la diminution brusque de pression, la *décompression brusque* entraîne des accidents graves. C'est à elle qu'il faut attribuer les paralysies ou la mort des plongeurs, des scaphandriers ou des ouvriers tubistes.

— Nous reproduisons ici l'expérience sur des rats. Un rat a été enfermé dans ce cylindre en fonte où nous amènerons rapidement la pression à dix atmosphères, en y refoulant de l'air. Voici un second appareil exactement semblable, avec un second rat. La suite de l'expérience apprend que les animaux n'y sont nullement incommodés. Nous pouvons mettre fin à l'épreuve de deux manières : lentement ou brusquement. Si nous ouvrons faiblement le robinet, l'excès d'air s'échappera lentement, la décompression sera graduée et quand nous retirerons l'animal, nous le trouverons en parfaite santé. Pour le second cylindre, nous procédons brusquement, en moins d'une minute l'animal est passé d'une pression décuple à la pression atmosphérique. Voici l'animal qui tombe : il est paralysé du train postérieur, le voici qui meurt.

Paul Bert a répété ces expériences sur un grand nombre d'animaux, moineaux, chats, chiens, lapins. Jusqu'à 3 atmosphères la décompression brusque ne présente pas de périls sérieux; c'est lorsque la chute de pression est de 5 atmosphères et au delà que se montrent les accidents de paralysie ou de mort. Quand la décompression est lente et graduée, les accidents ne se produisent point. Les ouvriers tubistes ne sont plus exposés à aucun danger depuis que les Compagnies de construction, à la suite des recherches de Paul Bert, ont augmenté la durée de l'éclusage de sortie.

Le mécanisme des phénomènes a été saisi. On trouve des collections gazeuses d'azote et d'acide carbonique dans le cœur droit et dans les veines, où le mélange avec le sang a formé une sorte de mousse; dans les petits vaisseaux et dans les capillaires on aperçoit des bulles ténues composées des mêmes gaz, on en trouve aussi dans la moelle dorso-lombaire. — C'est ce que nous vous montrons ici sur celui des deux rats qui a succombé à la décompression brusque. — Nous ne trouvons d'hémorragie nulle part.

Ces faits expliquent les manifestations diverses éprouvées par l'homme, les paralysies et la mort.

Mais ce n'est que le premier degré de l'explication. — Pourquoi ce dégagement gazeux? C'est évidemment que l'azote de l'air s'est dissous en plus grande quantité dans le plasma sanguin, dans la lymphe et les liquides interstitiels qui baignent tous les tissus. D'après la loi physique de Dalton, les volumes dissous à 10 atmosphères sont décuples, toutes choses égales d'ailleurs, de ce qu'ils sont à la pression ordinaire. Lorsque la pression a été ramenée brusquement à 1 atmosphère, cet excès gazeux, ne pouvant rester dissous, s'est dégagé; et comme il n'est pas absorbable par les tissus, qu'il est difficilement diffusible dans les alvéoles pulmonaires, son accumulation a entraîné les accidents observés.

La contre-épreuve expérimentale est facile à faire. Si l'on emploie un air riche en oxygène et très pauvre en azote (on ne devra point pousser la compression aussi loin à cause des effets propres de l'oxygène), la décompression brusque ne sera pas suivie des mêmes accidents. L'oxygène en excès, s'il est mis en liberté, pourra être repris rapidement et consommé par le sang et les tissus. Le danger de la pénétration de l'air dans les veines tient à l'azote, ainsi qu'on le sait depuis Nysten. — Une autre contre-épreuve consiste à recomprimer très brusquement les animaux pour redissoudre les gaz libres, et à les décomprimer ensuite très lentement.

Telle est cette première étude de la décompression brusque. Les résultats n'en sont guère contestables, et ils n'ont pas été contestés. La critique a porté sur un autre point. On a dit qu'ils n'étaient pas nouveaux. Le professeur Rameaux, de Strasbourg (Bucquoy, thèse, 1861), admettait en effet que les accidents des ouvriers tubistes étaient dus à la mise en liberté des excès gazeux dissous à la faveur de la surpression. Mais il croyait que tous les gaz du sang participaient à cette action. — Cette hypothèse médicale était exacte, à ce dernier point près. — Il y a tant d'hypothèses médicales, que l'on est assuré d'en trouver toujours dans le nombre quelqu'une de vraie, comme dans une loterie il y a toujours quelque numéro gagnant. Le malheur est qu'on ne sait pas d'avance quel est le numéro gagnant ni quelle est l'hypothèse vraie. L'expérimentateur qui apporte la solution en est le véritable auteur, c'est bien lui qui la crée : il ne peut être considéré comme le simple vérificateur de quelque théoricien. D'ailleurs, dans le cas précédent, l'hypothèse de Rameaux, si exacte fût-elle, n'avait pas clos la série, et il continuait à s'en produire d'autres.

La seconde revendication est plus sérieuse. M. Mermod a réclamé pour son maître, l'éminent chimiste Hoppe-Seyler, l'honneur de la solution précédente. M. de Cyon ne manque pas de rappeler cette réclamation. Il est vrai que dans son Mémoire de 1857, inséré aux Archives de Müller, Hoppe avait adopté cette même explication. Mais lui non plus n'avait pas d'expériences sur l'air comprimé : il raisonnait par analogie avec ce qui se passait chez les animaux placés dans l'air raréfié au-dessous d'une atmosphère, c'est-à-dire dans une condition où une nouvelle influence, celle du défaut d'oxygène, peut venir s'ajouter au fait de la décompression. Il avait d'ailleurs très bien reconnu, dans ce cas, la réalité des dégagements gazeux. Que l'analogie fût vraisemblable, nous n'y contredirons point ; mais ce n'était encore qu'une analogie. La rencontre des deux éminents physiologistes sur ce point n'a rien que d'honorable, et il est facile de rendre justice à chacun d'eux sans diminuer le mérite de son émule.

On voit, en résumé, que cette question des accidents de la décompression brusque était ramenée à un simple phénomène physique relevant de la loi de la dissolution des gaz.

Il faut écarter maintenant tout ce qui est relatif à la brusquerie des variations barométriques, examiner ces variations en elles-mêmes, dans leurs effets sur l'organisme, et expliquer l'influence des pressions diminuées telles qu'elles sont réalisées pour les aéronautes, pour les voyageurs en montagne ou pour les animaux artificiellement soumis à la dépression expérimentale. Il faut enfin poursuivre la même étude pour les pressions augmentées. Le programme a été exécuté par Paul Bert avec une grande patience. Ses recherches ont montré que l'augmentation ou la diminution de pression n'agissent point en tant qu'effet mécanique : accroître la pression ou la réduire revient à fournir à l'animal plus d'oxygène ou moins d'oxygène. Le résultat se formule en une loi générale :

Les modifications dans la pression barométrique n'ont d'influence sur la vie animale et sur la vie végétale que par les changements qu'elles apportent dans la tension de l'oxygène ambiant et les altérations qui en résultent dans les processus chimiques de la nutrition.

D'où cette règle pratique : *Combattre l'influence des modifications dans la pression, quand elles sont fâcheuses, par des modifications inverses dans la composition chimique de l'air, de telle sorte que la tension de l'oxygène ambiant reste à la valeur normale.*

C'est là un résultat d'une grande simplicité et d'une haute valeur. — Ajoutons qu'il était aussi loin d'être soupçonné qu'il est près aujourd'hui d'être trouvé évident. Saussure calculait que la pression atmosphérique représentait sur chaque centimètre carré de la surface du corps la pression d'un poids de 1 kilogr. 03. — Sur la surface totale du corps, c'est environ une pression de 15 tonnes. Une variation de pression barométrique de 1 centimètre en plus ou en moins nous ajoute ou nous enlève 157 kilogrammes environ. Nous sommes en équilibre, disait-on, avec cette forte compression. « Vient-elle à être diminuée, il se fait à la surface du corps comme une immense ventouse : l'action du cœur n'est plus suffisamment contre-balancée, de là la congestion et les hémorragies des muqueuses et de la peau, de là la face vultueuse, les accidents cérébraux, etc. » Cette explication est absurde au point de vue physique. L'organisme est en réalité une masse fluide, incompressible, soumise à la loi de Pascal : les pressions s'y transmettent dans tous les sens.

Quelle autre explication donnait-on de ce phénomène? Quelle était la théorie classique, celle qui s'enseignait dans les lycées et collèges? La voici. Je l'emprunte au meilleur des ouvrages dans lesquels la génération actuelle a appris la physique élémentaire (Drion et Fernet. p. 98).

« Toutes les cavités de l'organisme sont occupées ou par des liquides ou par des gaz dont la force élastique acquiert une valeur égale à la pression atmosphérique : les deux faces de chaque paroi de ces cavités sont donc soumises à des pressions égales et contraires. De là résulte que tant que la pression atmosphérique n'éprouve que des oscillations peu considérables la flexibilité des parois produit seulement de petites variations dans le volume des gaz intérieurs, variations dont nous n'avons généralement pas conscience. Il n'en est pas de même quand la pression atmosphérique vient à diminuer beaucoup; ainsi tous les aéronautes qui ont atteint des hauteurs considérables dans l'atmosphère s'accordent à constater un état de gêne, qui va en augmentant rapidement à mesure que la pression extérieure diminue. Cet état est certainement dû à la pression produite sur les parois intérieures de toutes les cavités de l'organisme par les gaz que ces cavités contiennent et qui, ne pouvant plus augmenter librement de volume, exercent un effort sur les parois distendues. »

Lors donc que Paul Bert vient dire que ces explications sont fallacieuses et que diminuer la pression équivaut simplement à offrir moins d'oxygène au sang et aux éléments anatomiques; lorsqu'il annonce qu'augmenter la pression, fût-ce à plusieurs atmosphères, revient simplement à offrir plus d'oxygène à ces mêmes éléments, — c'est bien là une explication nouvelle, claire et éminemment simple.

Il reste à montrer qu'elle est vraie.

Occupons-nous d'abord de la diminution de pression. Une expérience de cours, une expérience classique, va nous éclairer. Nous la répétons devant vous.

Un moineau est placé sous une cloche où nous pouvons faire le vide — le vide sous courant d'air si nous voulons — au moyen de la pompe pneumatique ou d'une simple trompe. Cette cloche communique d'un côté avec un tube manométrique, qui nous permettra à chaque moment de connaître l'abaissement exact de la pression, et d'autre part avec un ballon d'oxygène. On commence à raréfier l'air, très lentement, afin de désintéresser la brusquerie des variations. Quand la pression n'est plus que de 25 centimètres dans la cloche, l'oiseau titube, trébuche; à 18 centimètres, il s'agite, il tombe sur le côté, les ailes étendues : il va mourir. Nous rendons l'air, et mieux encore de l'oxygène : il se remet, au bout de quelques moments, le voilà rétabli.

Ce n'est point la dépression mécanique produite par cet abaissement barométrique qu'il faut accuser.

En effet, cette fois, nous avons introduit de l'oxygène dans la cloche, de l'oxygène presque pur (la composition vérifiée nous donne 87 d'oxygène et 13 d'azote). Nous recommençons le vide; voici la pression à 25 centimètres; l'animal ne manifeste aucun malaise : il dépasse sans encombre la pression de 18 centimètres, qui tout à l'heure rendait la mort imminente : nous atteignons 15 centimètres. Nous voici à 12 centimètres et l'oiseau n'est pas incommodé.

Ainsi, ce n'est pas la dépression, en tant qu'effet mécanique, qui agit. Nous corrigeons la diminution de pression par l'augmentation de la quantité d'oxygène. — Quelle différence y a-t-il entre nos deux expériences? Celle-ci : que la pression générale étant la même dans les deux cas, dans l'un la tension partielle de l'oxygène est très abaissée, dans l'autre elle est plus considérable. C'est la pression de l'oxygène qui règle le phénomène. Des mesures précises montreraient que c'est toujours au moment où cette tension est la même que les accidents surviennent.

Quoi qu'il en soit, l'expérience précédente est capitale. Nous l'avons répétée maintes et maintes fois, et toujours avec le même succès. Hoppe Seyler, lui aussi, l'a réalisée le premier, en 1857. J'ai peine à comprendre comment et pourquoi elle avait échoué entre ses mains. L'éminent chimiste passa ainsi à côté d'un fait important sans l'apercevoir, et il laissa à Paul Bert le profit de la découverte. Quant à lui, il attribua tous les phénomènes à la brusquerie de la raréfaction de l'air.

Dans la réalité, c'est la diminution de tension de l'oxygène qui donne la clef du problème. Cette tension n'est plus compatible avec la vie, lorsqu'elle descend au-dessous d'une certaine limite. Cette limite est sensiblement constante (toutes choses égales d'ailleurs) pour un même animal; elle varie d'un animal à l'autre.

Il faut aller plus loin et se demander quelle est la cause de cette impossibilité de la vie dans les atmosphères très diluées. Il se produit, comme nous venons de le dire, une sorte d'asphyxie; c'est l'asphyxie par privation d'oxygène. Et ceci n'est point particulier aux animaux. Les mêmes expériences ont sur les végétaux des résultats identiques. La germination est altérée par degrés, elle se fait moins vite lorsque la pression s'abaisse. Les graines de cresson, de radis, de ricin, cessent de germer à 12 centimètres. Ce n'est pas la dépression en tant qu'effet mécanique moindre qui intervient ici : c'est l'appauvrissement en oxygène; Huber et Senebier ont vu que la germination se faisait mal, lorsque l'air, à la pression normale, était moins riche en oxygène; les graines de laitue ne germent plus lorsqu'il n'y a plus que moitié d'oxygène. Au contraire, Paul Bert abaisse la pression, mais en suroxygénant, et il réussit à faire développer à la pression de 4 centimètres ces graines qui tout à l'heure étaient frappées d'inertie à une pression trois fois moins basse. De même, des sensitives qui meurent en une journée à la pression de 25 centimètres dans l'air ordinaire prospèrent à cette même pression dans l'air très oxygéné.

Paul Bert a cherché à comparer cette asphyxie par privation d'oxygène à l'asphyxie des animaux qui meurent dans l'air confiné, à l'asphyxie des hommes qui succombent lorsqu'ils sont entassés dans un espace trop restreint, comme les prisonniers de la *Prison Noire* de Calcutta, ou les soldats anglais du transport le *Maria-Somer* (1846). Abandonnant un oiseau dans une cloche, on déterminait, au moment où l'animal succombait, la composition de cet air mortel; l'air de la cloche était, au début, à la pression de 75 centimètres dans un cas, et dans les autres à des pressions plus basses et successivement décroissantes.

Les analyses ont établi que cet air mortel avait sensiblement la même composition quant à l'oxygène qu'il contient. L'animal succombe toujours quand la tension partielle de l'oxygène est égale à 3 ou 4 centièmes d'atmosphère : c'est-à-dire lorsque la pression partielle de l'oxygène, qui dans les conditions normales est d'environ 1/5 H = 15 centimètres de mercure, s'abaisse à être de 3 centimètres à 2 centimètres de mercure.

Il apparaît donc que dans cette asphyxie, c'est la diminution d'oxygène qui joue le rôle principal. Tandis que les physiologistes étaient tentés, depuis la célèbre expérience de Priestley, d'attribuer à l'air vicié, c'est-à-dire à l'acide carbonique, la responsabilité des accidents asphyxiques.

On comprend facilement que si la tension partielle de

l'oxygène dans un milieu gazeux devient la moitié, le tiers, etc., de ce qu'elle est normalement, chaque inspiration introduira dans la poitrine, toutes choses égales d'ailleurs, un poids moitié moindre, trois fois moindre, etc., du gaz vital. L'atmosphère gazeuse des alvéoles pulmonaires sera ainsi modifiée et le sang qui dans le poumon vient au contact de cette atmosphère pourra lui-même subir le contre-coup de cette altération. C'est ce que Paul Bert a essayé de montrer en étudiant les effets de la dépression sur le sang. Il a opéré dans l'organisme et en dehors de l'organisme, *in vitro* et *in vivo*. — C'est là une étude qui mérite attention. Il faut remarquer que l'oxygène se trouve dans le sang à deux états; une très petite proportion est dissoute dans le plasma; la presque totalité est fixée sur l'hémoglobine des globules à l'état de combinaison. De cette notion semblait découler comme conséquence que les variations de pression devaient peu influer sur la composition du sang, puisque les variations, d'après les lois physiques, ne peuvent agir que sur les gaz dissous et non point sur les combinaisons telles que l'oxyhémoglobine. C'est ce que Fernet avait paru démontrer; il s'était assuré, en effet, que l'oxygène du sang est indépendant de la pression barométrique entre 76 centimètres de pression barométrique et 64 centimètres. On était disposé à généraliser ce résultat. Dès lors, aucune altération appréciable du sang ne devait être la conséquence de l'abaissement de pression, et les accidents qu'une telle altération du sang eût expliqués restaient inexplicables. — Mais la découverte de la dissociation et les développements donnés à cette découverte par l'école de Sainte-Claire Deville vinrent réformer ce que ces vues avaient de trop exclusif. La combinaison oxygène-hémoglobine est dissociable et, dans ce sens, elle dépend de la tension de l'oxygène qui forme atmosphère au-dessus d'elle.

Lorsque l'hémoglobine est saturée, l'accroissement de

pression ne peut rien lui ajouter : disons immédiatement que dans l'organisme elle n'est pas complètement saturée. Au contraire, l'abaissement de pression peut lui faire perdre de l'oxygène et par conséquent, en diminuant la richesse du sang, retentir par tout l'organisme.

Il restait à voir à partir de quelle limite, pour quel abaissement de pression, la dissociation commençait à se produire. Paul Bert, à la suite de ses mesures, avait fixé cette limite peut-être un peu trop haut, à 57 centimètres de pression. Par exemple, le sang d'un chien, qui, à la pression normale $H = 76$ centimètres, contient 20 centimètres cubes d'oxygène pour 100 centimètres cubes de sang, n'en contenait plus que 18 centimètres cubes à la pression 57 ; 9 centimètres cubes à la pression 35 et 7 centimètres cubes à la pression 17. Il résulte de là, en particulier, qu'à partir de la pression 35 centimètres de mercure le sang artériel deviendrait moins riche en oxygène que le sang veineux ordinaire ; il y aurait anoxyhémie. Les éléments anatomiques baignés par un sang, par un milieu moins oxygéné, se trouvent atteints dans leur nutrition. Les expériences entreprises pour mettre en évidence cette altération de la nutrition paraissaient établir que les combustions organiques étaient diminuées, c'est-à-dire que l'acide carbonique exhalé diminuait ainsi que la chaleur animale. — Le complexus phénoménal observé chez les animaux soumis à la dépression était donc le résultat d'une asphyxie élémentaire. La conclusion ultime de toute cette étude était donc que la dépression agit comme un simple agent asphyxiant.

Voilà le type d'une de ces explications complètes qui sont le modèle de la perfection physiologique. On part d'un phénomène vital et on le ramène à s'expliquer par le jeu des lois de la physique et de la chimie, des lois de la solubilité gazeuse ou de la dissociation.

Les applications sautent aux yeux : le mal des montagnes et le mal des ballons semblent avoir trouvé leur explication et leur remède.

Et maintenant voyons ce que la critique peut trouver à ébranler dans cet échafaudage. D'une façon générale nous allons voir qu'il résiste à l'assaut. Dans le détail seulement l'œuvre doit subir quelques modifications qui n'en altèrent point les grandes lignes et le dessin général.

Il est exactement vrai que : 1° l'abaissement de pression agit, non point d'une manière mécanique, mais en diminuant la tension partielle de l'oxygène et que la dépression peut être compensée par la suroxygénation. Il est vrai que : 2° les phénomènes de la dépression sont comparables à ceux de l'asphyxie en vase clos; 3° que la composition du sang est influencée à partir d'un certain degré de dépression; 4° qu'il y a une asphyxie élémentaire où la calorification et les combustions élémentaires sont intéressées; 5° qu'enfin les cas extrêmes du mal des montagnes et du mal des ballons trouvent là leur explication. Le seul point qui puisse être sujet à revision, c'est la détermination précise de ces limites, où commencent les effets en question : c'est la mesure numérique des phénomènes.

Entrons dans quelques détails à ce sujet, et reprenons ces différentes conclusions. Je reconnaîtrai d'abord que Paul Bert s'est donné tort en écrivant dans un travail scientifique quelques phrases trop agressives dans leur forme et qui ont d'ailleurs provoqué des représailles. Il était inutile, par exemple, à propos des méthodes d'analyse des gaz, de s'exprimer ainsi : « Mais le comble de l'absurde, et c'est malheureusement ce qui se trouve assez souvent dans les travaux allemands, est de prétendre donner à ces dernières méthodes une apparence de précision qu'elles ne comportent pas, en poussant les calculs jusqu'aux 2ᵉ et 3ᵉ décimales, en s'en rapportant même à la table de logarithmes pour en obtenir davantage. Ce charlatanisme de décimales, qui amène à donner comme exactes les millièmes dans un nombre faux dès les unités, est un des trompe-l'œil dont il faut le plus se méfier. » (P. 545.) — L'intention de Paul Bert est ici de condamner la fausse précision, non la vraie. La précision n'est ni française ni allemande, elle est d'essence scientifique : c'est la probité de la science. On ne saurait employer de méthodes trop précises et trop parfaites et prendre trop de précautions contre l'erreur. — Mais il n'en est pas moins vrai que c'est une règle universelle de la science expérimentale qu'il faut connaître la limite des erreurs d'expérience — et que si cette limite entache les unités, il est absurde d'attribuer confiance aux décimales. Il serait absurde de donner en millimètres la distance du soleil à la terre. Là-dessus, Paul Bert a raison. Quant aux méthodes d'analyse des gaz qui ont été mises en usage dans son laboratoire par des préparateurs soigneux, ce sont celles mêmes qui sont classiques, et que Bunsen a perfectionnées, les méthodes par absorption et les méthodes eudiométriques. J'accorde qu'il eût mieux valu, dans les expériences relatives à l'asphyxie en vase clos, acclimater les oiseaux, les soumettre à un régime, les peser avec et sans plumes, employer des récipients de même volume, se servir du cathétomètre pour la lecture des niveaux. Ceci accordé, j'ajoute que le résultat général eût été le même. On serait arrivé à conclure que la mort des animaux soumis à la dépression en vase clos arrive lorsque la tension partielle de l'oxygène est de 3,5 centièmes d'atmosphère, au lieu de dire avec Paul Bert qu'elle est comprise entre 3 et 4 centièmes. — La critique, on le voit, aboutit ici à un résultat misérable.

Elle a plus de valeur, en ce qui concerne le troisième point, relatif aux modifications du sang chez les animaux soumis à la dépression. En effet, il y avait dans les premiers résultats une contradiction dont la raison n'est pas bien saisie. C'est la suivante : la dissociation de la combinaison oxygène-hémoglobine du sang examiné en dehors de l'organisme commence seulement entre 15 et 10 centimètres de pression (température, 16°). La dissociation de la même combinaison dans l'organisme (tempér., 37°) commencerait beaucoup plus haut, à 56 centimètres, d'après Paul Bert. La différence des deux résultats est évidemment très considérable : on la comprendrait légère ou minime, en rapport avec les conditions différentes de l'expérience faite sur le sang *in vitro* et sur le sang *in vivo* : on ne la comprend pas aussi grande. C'est ce point spécial qui a été examiné avec beaucoup d'attention dans le travail de Fraenkel et Geppert. Ces auteurs ont repris les expériences relatives au gaz du sang de l'animal (chien) soumis à divers degrés de dépression, sous courant d'air : comme il s'agissait d'une œuvre de vérification, ils ont dû porter leur effort sur le perfectionnement des appareils et des méthodes. Voici maintenant les résultats : tandis que Paul Bert a placé à 57 centimètres la limite de dépression où commence l'altération des gaz du sang, Fraenkel et Geppert la placent à 40 centimètres. Entre 40 et 30 centimètres, l'oxygène du sang éprouve une diminution qui est comprise dans la limite des oscillations physiologiques. Ce n'est qu'au-dessous de 30 centimètres que débuterait réellement l'altération du sang : l'*anoxyhémie* de Jourdanet et Bert, la mort arrive fatalement lorsque la pression tombe au-dessous de 18 centimètres. Si nous acceptons ces résultats — et j'y suis tout disposé, — nous devrons abaisser simplement les valeurs numériques fournies par le physiologiste français. La correction semble insignifiante au point de vue de la théorie; nous allons voir qu'elle a plus de valeur au point de vue de la pratique.

En effet, le dernier terme de cette série de recherches, c'est l'application au mal des montagnes et au mal des ballons. En reculant la limite où la diminution de pression altère la composition du sang, Fraenkel et Geppert reculent les hauteurs où le sang de l'aéronaute et de l'alpiniste sera altéré. Les accidents ne seront donc pas attribuables à l'appauvrissement du sang en oxygène, puisqu'ils surviendraient auparavant. L'anoxyhémie ne serait pas la cause du mal des montagnes ou du mal des ballons : il faudrait faire intervenir la fatigue musculaire, l'aveuglement produit par l'illumination de la neige, etc. Paul Bert a parfaitement discuté tous ces points relatifs aux théories du mal des montagnes. Il semble bien, en effet, que diverses causes interviennent, avant cette cause ultime de l'altération du sang. Il en est, si on nous permet la comparaison, comme pour le mal de mer : on peut l'éprouver avec des mouvements très faibles du bateau ou même au repos par la simple vue du mouvement des vagues; mais ce qui est certain, c'est que lorsque les mouvements deviennent très violents, comme ceux des torpilleurs, personne n'y échappe. Le mal des montagnes aux très grandes hauteurs est dû à l'anoxyhémie : à des hauteurs moindres interviendront les causes accessoires auxquelles beaucoup de voyageurs pourront échapper. On peut donner encore une autre forme à ces idées. Il existe, pour la fonction d'hématose — et en cela les auteurs allemands sont d'accord avec Paul Bert, — un mécanisme régulateur et compensateur; quand l'oxygène diminue, alors la respiration s'accélère ou devient plus ample, et les effets de la diminution de l'oxygène sont conjurés. Par là, l'organisme de l'homme est, dans des limites assez étendues, indépendant de la pression partielle de l'oxygène atmosphérique. Le mécanisme régulateur et compensateur n'est fatalement rendu impuissant que lorsque l'appauvrissement en oxygène dépasse un terme excessif (pression de 56 centimètres pour Bert, de 40 centimètres pour les auteurs allemands). Mais la physiologie nous avertit assez clairement d'une façon générale que ces mécanismes compensateurs (par exemple, le mécanisme thermique) fonctionnent plus ou moins parfaitement chez les différents animaux, chez les animaux d'une même espèce et jusque chez le même animal, selon des circonstances diverses. Une fatigue ou telle autre cause qui chez un homme produira un mouvement fébrile (dérangement du mécanisme thermique) ne produira rien chez un autre. De même, il est très possible que le mécanisme compensateur respiratoire soit faussé chez quelques personnes bien au-dessous de la limite ordinaire. La diminution de gaz vital ne reste pas moins la cause principale et permanente du phénomène.

Il nous reste à examiner la troisième partie de l'œuvre de Bert. Jusqu'à présent, on le voit, les faits annoncés par le physiologiste français sont confirmés et les divergences portent sur des points de détail; mais ici nous allons trouver des objections plus nombreuses et plus vives.

Il s'agit des atmosphères comprimées. L'excès de pression, lorsqu'il devient considérable, entraîne des accidents redoutables. Laissons de côté le cas d'excès peu considérables.

Paul Bert a vu qu'avec de l'oxygène pur de 3 à 5 atmosphères de pression, on déterminait chez les animaux, oiseaux, chiens, des accidents violents, des convulsions, avec perturbation de la respiration et de la circulation, suppression de la sécrétion urinaire, etc. Ces accidents convulsifs, souvent terminés par la mort, ont de l'analogie avec ceux que produisent les poisons convulsivants énergiques, la strychnine, l'acide phénique.

Voici la troisième expérience de cours dont nous vous rendons témoins. Dans ce cylindre en verre épais, éprouvé à 10 atmosphères, et d'ailleurs protégé par un grillage métallique, nous plaçons un oiseau, que nous pouvons observer assez facilement. Nous y comprimons rapidement de l'oxygène presque pur. Le manomètre marque 5 atmosphères; quelques minutes s'écoulent : vous voyez l'oiseau s'élever, retomber sur le flanc, puis se retourner sur le dos en battant des ailes d'un mouvement convulsif : il se calme et retombe bientôt dans un nouvel accès. — Déchargeons lentement l'appareil, les accès pourront continuer après que l'animal sera revenu à la pression normale.

Au moyen d'appareils plus grands on peut répéter la même expérience avec un résultat identique sur des animaux de plus grande taille, chats, chiens, lapins.

A quoi sont dus ces accidents? Est-ce à l'effort mécanique? Il n'en est rien. Refaisons l'expérience avec de l'oxygène moins pur (27 pour 100 d'azote), sur le même moineau, puis sur un autre aussi comparable que possible. — Nous atteignons la pression de 5 atmosphères sans qu'il se soit rien produit : nous dépassons 6 atmosphères et même 7, et avec cet effort mécanique plus puissant nous ne reproduirons pas le phénomène. Il nous faut aller au delà de 8 atmosphères. Avec l'air ordinaire, il nous faudrait aller au moyen d'un appareil convenable jusqu'à 15 ou 20 atmosphères.

Ces accidents convulsifs se manifestent lorsque la tension partielle de l'oxygène dans le mélange dépasse une certaine limite, quelle que soit la pression totale, laquelle est par là même désintéressée. Cette limite oscille entre des valeurs sensiblement identiques pour des animaux de même espèce. Chez les chiens, les convulsions apparaissent lorsque la tension partielle de l'oxygène dans le mélange varie entre 3 et 5 atmosphères.

Quoi qu'il en soit, il n'en est pas moins certain que l'oxygène, l'aliment de la vie, devient l'instrument de la mort s'il est en excès ou s'il est en défaut. La vie ne se soutient que par la mesure en toutes choses, — et, comme l'a dit Pascal, « les qualités excessives des choses nous sont ennemies ». Il faut pour entretenir l'organisation une certaine proportion d'oxygène comme une certaine proportion d'eau, comme une certaine proportion de principes chimiques. L'excès peut nuire autant que le défaut.

Des lois physiologiques fixent ces proportions entre des limites assez étroites, qui deviennent ainsi les limites des oscillations vitales. Des mécanismes compensateurs répriment les écarts qui tendent à se produire et soustraient ainsi l'organisme à la servitude trop étroite du milieu extérieur. Le travail de Paul Bert fournit une nouvelle démonstration de ces vérités générales.

A un point de vue plus restreint, une loi très simple ressort de ces expériences : elle exprime l'équivalence des mélanges atmosphériques les plus divers, pourvu que la tension partielle de l'oxygène y soit la même. Qu'on fasse un pas de plus et la règle se généralise; elle s'étend à tous les gaz et aux vapeurs, et elle s'exprimera en disant que *l'action des fluides volatils sur l'être vivant est réglée uniquement par leur tension partielle.*

VIII

ROLE DES LOBES CÉRÉBRAUX

I. J'enlevai les deux lobes cérébraux [1] à la fois sur une belle et vigoureuse poule.

Cette poule, privée de ses deux lobes, a vécu dix mois entiers dans la plus parfaite santé, et vivrait sûrement encore, si, au moment de mon retour à Paris, je n'avais été obligé de l'abandonner.

Durant tout ce temps, je ne l'ai pas perdue un seul jour de vue; j'ai passé, chaque jour, bien des heures à l'observer; je l'ai étudiée dans toutes ses habitudes; je l'ai suivie dans toutes ses démarches; j'ai noté toutes ses allures : et voici le résumé des observations que m'a fournies cette longue étude.

II. A peine eus-je enlevé les deux lobes cérébraux, que la vue fut soudain perdue des deux yeux. L'animal n'entendait plus, ne donnait plus aucun signe de volonté: mais il se tenait parfaitement d'aplomb sur ses jambes; il marchait quand on l'irritait ou qu'on le poussait; quand on le jetait en l'air, il volait; il avalait l'eau qu'on lui versait dans le bec.

Du reste, il ne bougeait plus dès qu'on ne l'irritait plus.

1. Lobes cérébraux ou hémisphères de cerveau.

Quand on le mettait sur ses pattes, il restait sur ses pattes; quand on le couchait sur le ventre, à la manière des poules qui dorment ou qui reposent, il restait couché sur le ventre. Constamment, il était plongé dans une espèce d'assoupissement que ni le bruit, ni la lumière, mais les seules irritations immédiates, telles que le pincement, les coups, les piqûres, pouvaient interrompre.

Six heures après l'opération, la poule prend l'attitude d'un sommeil plein et profond, c'est-à-dire qu'elle détourne son cou, le porte en arrière, et cache sa tête sous les plumes du bord supérieur de son aile, comme font les animaux de son espèce qui vont dormir.

Je la laisse à peu près un demi-quart d'heure dans cet état, je l'irrite alors brusquement, et elle s'éveille comme en sursaut. Mais à peine est-elle éveillée qu'elle retombe encore dans un sommeil profond.

Onze heures après l'opération, je fais manger ma poule, en lui ouvrant le bec, et y enfonçant de la nourriture qu'elle avale très bien.

Le lendemain, la poule sort peu du sommeil où elle est plongée; et quand elle en sort, c'est avec toutes les allures d'une poule qui se réveille.

Elle secoue sa tête, agite ses plumes, quelquefois même les aiguise et les nettoie avec le bec; quelquefois elle change de patte, car souvent elle ne dort que sur une seule, comme dorment assez communément les oiseaux.

Dans tous ces cas, on dirait un homme endormi qui, sans s'éveiller tout à fait, et à demi endormi encore, change de place, se repose en une autre de la fatigue occasionnée par la précédente, en prend une plus commode, souvent s'étend, allonge ses membres, bâille, se secoue un peu et se rendort ou reste ainsi assoupi.

Le troisième jour, la poule n'est plus aussi calme qu'à l'ordinaire. Elle va et vient, mais sans motif et sans but; et si elle rencontre un obstacle sur son chemin, elle ne sait ni l'éviter, ni s'en détourner. Ses caroncules sont rouge-de-feu, sa peau brûlante, une fièvre aiguë la dévore; je me borne à la gorger d'eau.

Du reste, nul signe de convulsions, nulle désharmonie dans les mouvements; et deux jours après, il n'y a plus ni agitation ni fièvre : la poule redevient calme et assoupie comme à l'ordinaire.

III. Je saute maintenant plusieurs articles de mon journal, et j'arrive tout d'un coup au deuxième mois de l'opération.

La poule jouit d'une santé parfaite : comme je la nourris avec beaucoup de soin, elle a beaucoup engraissé. Elle dort toujours beaucoup, et quand elle ne dort pas pleinement, elle est assoupie.

Depuis plusieurs jours, les fragments osseux du crâne, exposés à l'air, s'exfolient et tombent. La cicatrice fait des progrès rapides.

IV. Cinq mois après l'opération. — Je n'ai jamais vu de poule plus grasse ni plus fraîche que celle-ci. La plaie du crâne est entièrement cicatrisée : une peau fine, blanche et lisse en revêt toute la surface; et au-dessous de cette peau se forme une nouvelle couche osseuse qui, quoique encore mince, est pourtant solide.

V. J'ai laissé jeûner cette poule à plusieurs reprises jusqu'à trois jours entiers. Puis, j'ai porté de la nourriture sous ses narines, j'ai enfoncé son bec dans le grain, je lui ai mis du grain dans le bout du bec, j'ai plongé son bec dans l'eau, je l'ai placée sur des tas de blé. Elle n'a point odoré, elle n'a point avalé, elle n'a point bu, elle est restée immobile sur ces tas de blé, et y serait assurément morte de faim si je n'eusse pris le parti de revenir à la faire manger moi-même.

Vingt fois, au lieu de grain, j'ai mis des cailloux dans le fond de son bec: elle a avalé ces cailloux comme elle eût avalé du grain.

Enfin, quand cette poule rencontre un obstacle sur ses pas, elle le heurte, et ce choc l'arrête et l'ébranle: mais choquer un corps n'est pas le toucher. Jamais la poule ne palpe, ne tâtonne, n'hésite dans sa marche; elle est choquée et choque, mais ne touche pas.

Ainsi donc, la poule sans lobes a réellement perdu, avec la vue et l'ouïe, l'odorat, le goût et le tact. Cependant nul de ces sens, ou, pour mieux dire, nul organe de ces sens n'a été directement atteint. L'œil est parfaitement clair, net, et son iris mobile. Il n'a été touché ni à l'organe de l'ouïe, ni à celui du goût, ni à celui du tact. Chose admirable! tous les organes des sens subsistent, et toutes les perceptions sont perdues. Ce n'est donc pas dans ces organes que résident les perceptions.

Finalement, la poule sans lobes a donc perdu tous ses sens : car elle ne voit, ni n'entend, ni n'odore, ni ne goûte, ni ne touche absolument rien.

Elle a perdu tous ses instincts : car elle ne mange plus d'elle-même à quelque jeûne qu'on la soumette, elle ne se remise plus à quelque intempérie qu'on l'expose, jamais elle ne se défend contre les autres poules, elle ne sait plus ni fuir, ni combattre, il n'y a plus d'attrait pour la génération, les caresses du mâle sont ou indifférentes ou inaperçues.

Elle a perdu toute intelligence : car elle ne veut, ni ne se souvient, ni ne juge plus.

Les lobes cérébraux sont donc le réceptacle unique des perceptions, des instincts, de l'intelligence. (FLOU-RENS, *Recherches expérimentales sur les propriétés et les fonctions du système nerveux des animaux vertébrés*, p. 87-92. J.-B. Baillière, éditeur.)

IX

FONCTIONS DU CERVELET

I. J'ai supprimé le cervelet par couches successives, sur un pigeon. Durant l'ablation des premières couches, il n'a paru qu'un peu de faiblesse et de manque d'harmonie dans les mouvements.

Aux moyennes couches, il s'est manifesté une agitation presque universelle, bien qu'il ne s'y mêlât aucun signe de convulsion : l'animal opérait des mouvements brusques et déréglés; il entendait et voyait.

Au retranchement des dernières couches, l'animal, dont la faculté de sauter, de voler, de marcher, de se tenir debout, s'était de plus en plus altérée par les mutilations précédentes, perdit entièrement cette faculté.

Placé sur le dos, il ne savait plus se relever. Loin de rester calme et d'aplomb, comme il arrive aux pigeons privés des lobes cérébraux, il s'agitait follement et presque continuellement, mais il ne se mouvait jamais d'une manière ferme et déterminée.

Par exemple, il voyait le coup qui le menaçait, voulait l'éviter, faisait mille contorsions pour l'éviter, et ne l'évitait pas. Le plaçait-on sur le dos, il n'y voulait pas rester, s'épuisait en vains efforts pour se relever, et finissait par y rester malgré lui.

Finalement, la volition, les sensations, les perceptions, persistaient : la possibilité d'exécuter des *mouvements d'ensemble* persistait aussi; mais la *coordination de ces mouvements* en mouvements de locomotion, réglés et déterminés, était perdue.

II. Je retranchai le cervelet d'un autre pigeon.

Arrivé aux couches moyennes, je touchai la moelle allongée, et il y eut un trémoussement convulsif.

Ce trémoussement dissipé, je continuai mon opération. Les mouvements désordonnés et impétueux reparurent aux mêmes couches que dans l'expérience précédente. L'animal perdit de même la faculté de se tenir en équilibre, de marcher et de voler : il était dans une agitation presque continuelle; il voulait et se mouvait, mais il ne se mouvait jamais comme il le voulait.

III. Je perçai de part en part, avec une aiguille, sur un troisième pigeon, toute la région supérieure du cervelet : nul indice d'excitabilité, mais faiblesse, indétermination, et léger manque d'harmonie dans les mouvements.

Je pénétrai plus avant : la faiblesse, l'indétermination, le manque d'harmonie des mouvements, s'accrurent.

J'arrivai aux dernières couches : l'animal perdit presque entièrement l'équilibre; ses mouvements étaient indécis, son agitation presque continuelle.

IV. J'enlevai, sur un quatrième pigeon, les couches supérieures du cervelet. Cette mutilation opérée, l'animal voyait et entendait très bien; il se tenait aussi debout, marchait et volait, mais d'une manière indécise et mal assurée.

Je continuai mes retranchements : l'équilibre s'abolit presque entièrement. L'animal avait toute la peine du monde à se tenir debout, et encore n'y parvenait-il qu'en s'appuyant sur ses ailes et sur sa queue. Lorsqu'il marchait, ses pas chancelants et mal affermis lui donnaient tout à fait l'air d'un animal ivre: ses ailes étaient obli-

gées de venir au secours de ses jambes, et, malgré ce
secours, il lui arrivait souvent de tomber et de rouler sur
lui-même.

Au retranchement des dernières couches, toute espèce
d'équilibre, c'est-à-dire toute harmonie entre les efforts,
disparut. La marche, le vol, la station, furent totalement
anéantis; mais, ce que j'engage à bien remarquer, la
volition de ces mouvements, et des tentatives réitérées
pour les exécuter, n'en persistèrent pas moins toujours.

V. Je retranchai le cervelet sur un cinquième pigeon,
par couches successives extrêmement minces, afin de
suivre, jusque dans les derniers détails, tous les degrés
et toutes les nuances par lesquels ce retranchement graduel devait faire passer mon pigeon d'un équilibre parfait à l'abolition complète du vol, de la marche et de la
station.

C'est une chose surprenante de voir l'animal, à mesure
qu'il perd son cervelet, perdre graduellement la faculté
de voler, puis celle de marcher, puis enfin celle de se
tenir debout.

Il n'y a pas jusqu'à cette faculté de se tenir debout qui
ne s'altère petit à petit avant de se perdre complètement.
L'animal commence par ne pouvoir rester longtemps
d'aplomb sur ses jambes, il chancelle presque à chaque
instant; puis ses pieds ne suffisent plus à la station, et il
est obligé de recourir à l'appui de ses ailes et de sa
queue; enfin, toute position fixe et stable devient impossible : l'animal fait d'incroyables efforts pour s'arrêter à
une pareille position, et il n'y peut réussir.

La faculté de marcher s'évanouit également par degrés.
L'animal conserve encore, d'abord, une démarche chancelante, et tout à fait comparable à la démarche bizarre
de l'ivresse, puis il ne marche qu'avec le secours de ses
ailes, et puis il ne sait plus marcher du tout.

On peut à volonté, par des coupes ménagées, ne supprimer que le vol; ou supprimer le vol et la marche; ou

supprimer tout à la fois le vol, la marche et la station. En disposant du cervelet, on dispose de tous les *mouvements coordonnés* de locomotion, comme, en disposant des lobes cérébraux, on dispose de toutes les perceptions.

Le pigeon sur lequel j'étudiais ces singuliers développements n'éprouva, au retranchement des premières couches, qu'un peu de faiblesse et d'hésitation dans ses mouvements.

Je remarque ici, par rapport à la faiblesse, que le moment de la mutilation est toujours le moment où elle est le plus marquée, et qu'ensuite elle va diminuant de plus en plus jusqu'à une nouvelle mutilation.

Aux moyennes couches, mon pigeon voyait et entendait très bien; il ne se plaignait aucunement; son air était gai, sa tête alerte.

A sa bonne mine, personne n'eût assurément imaginé qu'il lui manquait déjà plus de la moitié de son cervelet; mais, en revanche, sa démarche était très chancelante et très agitée; et bientôt il ne marcha plus qu'avec le secours de ses ailes.

Je continuai mes retranchements; l'animal perdit totalement la faculté de marcher. Ses pieds ne suffisaient plus à la station, et il ne parvenait à se soutenir qu'appuyé sur ses coudes, sa queue et ses ailes. Souvent il cherchait à s'envoler ou à marcher; mais ces tentatives inefficaces se bornaient à rappeler, sous plus d'un rapport, les premiers essais de vol et de marche que font les petits oiseaux au sortir du nid.

Le poussait-on en avant, il roulait sur sa tête; en arrière, il roulait sur sa queue.

Je portai plus loin encore mes retranchements. L'animal perdit jusqu'à la faculté de se tenir appuyé sur ses coudes, sa queue et ses ailes. Il roulait continuellement sur lui-même sans pouvoir s'arrêter à une position fixe.

A force de rouler ou de se débattre, il finissait par s'épuiser; et, rendu de fatigue, il gardait alors un moment la position que le hasard lui avait donnée : tantôt il restait à plat sur le ventre, et tantôt sur le dos.

Cette position sur le dos, quelque pénible qu'elle lui fût, et quelques efforts qu'il fît pour s'en dégager, il était pourtant réduit à la garder, parce qu'il ne savait plus s'en tirer.

Du reste, il voyait et il entendait très bien. Durant son repos, la moindre menace, le moindre bruit, la plus légère irritation, rouvraient la scène tumultueuse de ses contorsions.

Mais au milieu de toutes ces contorsions si déréglées, si fougueuses, si pétulantes, il n'y avait pas le moindre signe de convulsion. (FLOURENS, *Recherches expérimentales sur les fonctions et les propriétés du système nerveux des animaux vertébrés*, p. 37-43. J.-B. Baillière, éditeur.)

λ

FONCTIONS DE LA MOELLE ÉPINIÈRE

I. Je coupai, sur un jeune chat, tout l'arc supérieur des six dernières vertèbres dorsales; je fendis ensuite la dure-mère, l'arachnoïde, la pie-mère; et la moelle épinière étant ainsi mise à nu, je l'irritai alternativement par des piqûres et par des pressions.

A chacune de ces irritations, l'animal criait; il subissait des convulsions qui ébranlaient tout son corps; et, devenu furieux par les douleurs qu'il éprouvait, on avait toute la peine du monde à se garantir de ses griffes et de ses dents.

Je divisai, par une section transversale, la portion de moelle dénudée : les irritations du tronc antérieur continuèrent à exciter des contractions et des douleurs violentes; les irritations du tronc postérieur n'excitèrent plus que des contractions.

II. Je découvris, comme ci-dessus, la région dorsale de la moelle épinière, sur un jeune cochon d'Inde que j'avais rendu très familier. Je divisai incontinent la moelle par une section transversale à peu près vers le milieu de cette région; et l'animal étant remis des douleurs et du trouble causés par l'opération, je lui offris à manger en le caressant, et il mangea en effet.

J'irritai alors le tronc postérieur de la moelle : toutes les parties qui recevaient leurs nerfs de ce tronc, les muscles des jambes, des cuisses, etc., toutes ces parties éprouvèrent des contractions vives et répétées; mais l'animal n'en ressentit rien, il continua à manger. J'irritai le tronc antérieur; il poussa des cris pitoyables et voulut s'enfuir.

III. Je découvris, sur un pigeon, toute la portion de moelle qui s'étend du renflement des membres antérieurs au renflement des membres postérieurs.

Cela fait, j'irritai successivement divers points de cette portion de moelle dénudée, en comprimant tour à tour en avant ou en arrière des points irrités; et je provoquai tour à tour ou des douleurs et des contractions tout ensemble, ou des contractions seulement, selon que j'irritais en avant ou en arrière des points comprimés.

Par exemple, lorsque j'irritais la moelle en avant du point comprimé, les parties antérieures éprouvaient des convulsions, l'animal souffrait et voulait s'enfuir. Lorsque au contraire j'irritais la moelle en arrière du point comprimé, les parties postérieures éprouvaient bien des convulsions aussi, mais l'animal ne souffrait plus et ne cherchait plus à s'enfuir.

IV. Je coupai, sur un autre pigeon, la moelle épinière un peu au-dessus du renflement des membres antérieurs. Quelque point que j'irritasse en deçà de la section, toutes les parties situées en deçà subissaient des contractions, mais l'animal n'en ressentait rien.

Je fis une seconde section un peu en avant du renflement des membres abdominaux. Les irritations du bout médullaire antérieur ne s'étendirent plus qu'au train antérieur; celles du bout postérieur, qu'au train postérieur : l'animal ne ressentait ni les unes ni les autres.

Je pratiquai une troisième section vers le milieu de la région dorsale. J'eus alors trois centres d'irritation parfaitement distincts et indépendants. Les irritations d'un centre restaient étrangères aux irritations de l'autre, et l'animal n'en percevait aucune.

V. J'interceptai, sur un lapin, par deux sections, une portion déterminée de la moelle épinière dorsale. Je détachai tous les nerfs de cette portion; après quoi, j'irritai tour à tour, en avant, en arrière, ou entre les deux sections.

Lorsque j'irritais en arrière, il n'y avait que des convulsions; lorsque j'irritais en avant, les convulsions s'accompagnaient de douleurs; lorsque j'irritais entre, il n'y avait ni convulsions ni douleurs.

VI. Ainsi : 1° lorsqu'on irrite une portion de moelle épinière convenablement préparée, en comprimant tour à tour en avant ou en arrière du point irrité, on détermine tour à tour et séparément des contractions ou des douleurs.

2° En interceptant, par des sections transversales, deux ou plusieurs portions de moelle épinière, on établit incontinent deux ou plusieurs centres d'irritation. Pareillement, en détachant un nerf de la moelle épinière, on localise incontinent ses irritations aux seules parties auxquelles il se rend. (FLOURENS, *Recherches expérimentales sur les fonctions et les propriétés du système nerveux des animaux vertèbres*, p. 9-12. J.-B. Baillière, éditeur.)

XI

FONCTIONS DES NERFS

I. Jusqu'ici je n'ai vu, dans la *moelle épinière* et dans les *nerfs*, que des organes simples. J'ai pris, dans mes expériences, le nerf tout entier; j'ai piqué, j'ai coupé la moelle épinière tout entière. Aussi le fait que j'ai séparé ainsi de la contraction n'est pas un fait simple, ce n'est pas la *sensation* seule; le fait que j'ai séparé est un fait complexe et qui se compose tout à la fois, comme je l'ai déjà dit, de la *sensation* et de la *perception*.

II. Des expériences nouvelles, et dont la première idée est due à une vue admirable de M. Charles Bell, ont séparé dans le *nerf* même, dans la *moelle épinière* même, le mouvement du sentiment, l'*excitabilité* de la *sensibilité*.

III. Si, sur un animal, on touche la *face postérieure* de la moelle épinière, l'animal témoigne de la douleur; si l'on touche la *face antérieure*, l'animal ne paraît point souffrir; si l'on coupe la *racine postérieure* de l'un des nerfs qui partent de cette moelle, l'animal perd aussitôt le *sentiment* dans toutes les parties auxquelles ce nerf se rend, mais le *mouvement* s'y conserve encore; si l'on coupe la *racine antérieure*, c'est, au contraire, le *mouve-ment* qui se perd, et le sentiment qui subsiste.

IV. Le *mouvement* peut doncs être éparé du *sentiment*;

l'un peut donc être aboli sans l'autre, et chacun a son siège propre : le *sentiment* dans le *faisceau postérieur* de la moelle épinière et dans les *racines postérieures* des nerfs; le *mouvement*, dans le *faisceau antérieur* de la moelle épinière et dans les *racines antérieures* des nerfs.

V. J'ai répété les expériences de **M.** Bell, et je les ai répétées avec une modification que mes vues particulières me suggéraient.

VI. J'ai commencé par mettre à nu le renflement postérieur de la moelle épinière, sur un chien; puis, pinçant séparément les *racines antérieures* ou les *racines postérieures*, je provoquais séparément ou des contractions dans les muscles des jambes de derrière, ou des douleurs.

De plus, chaque fois que j'irritais la *face postérieure* de la moelle épinière, l'animal souffrait, et le témoignait par ses cris et ses efforts pour s'échapper.

J'ai retranché alors les lobes cérébraux tout entiers, et tous les effets de l'expérience ont continué comme auparavant. Quand j'ai pincé les *racines antérieures*, les muscles des jambes de derrière se sont contractés; quand j'ai pincé les *racines postérieures*, l'animal l'a senti, il a souffert, il s'est agité, il a crié; il a souffert, il s'est agité, il a crié de même, quand j'ai irrité la *face postérieure* de la moelle épinière.

VII. J'ai répété cette expérience compliquée sur plusieurs chiens, et le résultat a été le même.

VIII. Ainsi donc, d'une part, la *sensation* survit au retranchement des lobes cérébraux, lobes dans lesquels la *perception* réside; la *sensation* est donc distincte de la *perception*. D'autre part, la *sensation* a, dans la moelle épinière et dans les nerfs, un siège distinct de l'*excitabilité*; la *sensibilité* est donc distincte de l'*excitabilité*. L'*excitabilité*, la *sensibilité*, la *perception*, sont donc trois propriétés distinctes.

I. J'ai découvert, sur un jeune chien, la moelle épinière, dans toute son étendue, depuis le sacrum jusqu'au -

crâne. Puis j'ai irrité, successivement, tous les points de cette moelle ainsi dénudée à partir de l'extrémité caudale et j'ai provoqué par tous les points des phénomènes de contraction musculaire.

J'ai aussitôt ouvert le crâne, j'ai continué mes irritations sur la masse cérébrale, et j'ai bientôt rencontré un point où les phénomènes de contraction musculaire ont cessé.

II. Ensuite, et comme pour contre-épreuve, j'ai commencé, sur un autre chien, par ouvrir le crâne ; j'ai irrité d'abord impunément tous les points des centres nerveux antérieurs : l'*excitabilité* (c'est-à-dire l'effet sur la contraction musculaire) n'a reparu qu'au point où, dans l'expérience précédente, elle avait cessé.

III. J'ai mis à nu, dans le même temps à peu près, toute la région dorsale de la moelle épinière sur un pigeon, toute la région cervicale sur une grenouille, toute la région lombaire sur un lapin. Partout, dans toute l'étendue de ces régions, sur tous ces animaux, les piqûres ou les pressions ont été suivies de *convulsions*.

IV. J'ai découvert la masse cérébrale sur trois autres individus de ces trois espèces. J'ai constamment trouvé, sur tous, un point où l'*excitabilité* a cessé ; et, sur tous, ce point a été le même.

A partir de ce point, la moindre irritation provoquait des convulsions ; de l'autre côté de ce point, j'avais beau dilacérer, piquer, brûler, nulle contraction n'avait lieu.

V. Il y a donc un point, dans le système nerveux, où finissent les phénomènes d'*excitabilité*, et il y en a un où ils commencent. L'*excitabilité*, c'est-à-dire la propriété de provoquer immédiatement des contractions musculaires, n'appartient donc pas à tout ce système. (FLOURENS. *Recherches expérimentales sur les propriétés et les fonctions du système nerveux des animaux vertébrés*, p. 13-18. J.-B. Baillière, éditeur.)

XII

CONDITIONS DE L'AUDITION

I. Je commence par rappeler en peu de mots l'ensemble des parties qui composent l'oreille. Je m'occupe surtout ici de celle des oiseaux.

II. Tout le monde sait que, dans ces animaux, un méat externe très court précède la membrane du tympan; qu'à cette membrane adhère la chaîne des osselets; que l'extrémité de cette chaîne va fermer l'ouverture du vestibule; qu'à ce vestibule aboutissent les trois canaux semi-circulaires et le limaçon; et que, dans ces dernières parties, le vestibule, les canaux et le limaçon, vient se ramifier le nerf auditif.

III. Les parties que j'ai nommées en dernier lieu composent le *labyrinthe*, ou oreille interne; la cavité interposée entre le tympan d'une part et le labyrinthe de l'autre, forme ce qu'on appelle *caisse* ou moyenne oreille. Tout ce qui vient après la caisse forme l'oreille externe.

IV. Il suffit d'avoir rappelé ces objets : je passe tout de suite aux expériences.

I. Je mis bien à nu sur un pigeon, et sur les deux oreilles à la fois, toute la membrane du tympan, en enlevant successivement la peau, les muscles, les ligaments, et les petites portions d'os qui en recouvrent plus ou moins la circonférence.

Cela fait, je détruisis complètement cette membrane dans les deux oreilles. L'audition ne parut pas troublée.

II. J'observe, avant d'aller plus loin, que, dans toutes ces expériences, j'ai toujours opéré simultanément sur les deux oreilles; quand on n'opère que sur une oreille, il faut boucher l'autre. Mais, comme on n'est jamais sûr de l'avoir exactement bouchée, il vaut infiniment mieux soumettre en même temps les deux oreilles aux mêmes épreuves, et les maintenir ainsi constamment dans le même état.

III. Je me hâte d'avertir encore que, dans les épreuves auxquelles on soumet l'animal pour s'assurer s'il entend ou non, on doit apporter la plus grande attention à empêcher que l'agitation de l'air, produite par le choc qui cause le bruit, ne vienne se mêler à l'effet des ondulations sonores. J'interpose toujours un écran entre le point où le bruit est produit, et le point que l'animal occupe; et j'évite avec le plus grand soin tout choc qui pourrait communiquer le moindre ébranlement, soit à l'appartement, soit à l'objet sur lequel l'animal repose.

IV. Enfin, une troisième précaution, non moins essentielle, est de boucher exactement les yeux à l'animal, afin qu'on ne soit point exposé à croire qu'il entend lorsqu'il ne fait que voir; et que d'ailleurs ne voyant plus, il soit plus attentif au moindre bruit qu'il pourrait entendre.

V. Sur un second pigeon, je détruisis les deux tympans : l'animal entendit.

J'enlevai, des deux côtés, la première portion de la chaîne des osselets, c'est-à-dire la portion qui correspond au manche du marteau, ou même au marteau : l'animal entendit encore. J'enlevai l'étrier : l'animal entendit toujours. Mais, ce qu'il importe de remarquer ici, l'audition, qui jusque-là n'avait point paru sensiblement affaiblie, le fut alors beaucoup.

VI. J'ai répété cette expérience graduelle sur un troisième pigeon : le résultat a été le même. Je l'ai répétée sur plusieurs autres; et les résultats obtenus d'abord se sont reproduits toujours.

VII. Ainsi, ni l'ablation du tympan, ni celle des premiers osselets, ni celle de l'étrier même, n'abolit l'ouïe; mais celle de l'étrier l'affaiblit beaucoup : dernière circonstance qui m'a engagé à tenter l'expérience que je vais dire. Puisque en effet la perte de l'étrier affaiblit d'une manière notable l'énergie de l'audition, il était curieux de voir si, avec la restitution de la partie enlevée, ne se restituerait pas aussi l'énergie de la fonction.

VIII. Dans cette vue, je me bornai à détruire sur un pigeon la portion antérieure du tympan. Après quoi je saisis avec de petites pinces la tige de l'étrier; et j'enlevai doucement cet osselet du petit tube dans lequel il s'enfonce avant d'arriver jusqu'à la fenêtre ovale.

Cela fait, j'examinai l'animal : son audition était très affaiblie.

L'étrier n'avait pas été détaché de la portion du tympan à laquelle il adhère; je le repris avec les petites pinces; je le replaçai dans son petit tube; j'examinai de nouveau l'animal : l'audition avait repris un peu de son énergie.

IX. Je répétai cette expérience sur deux autres pigeons; le résultat fut le même.

X. Je passai à l'examen des deux orifices (fenêtres *ronde* et *ovale*), par lesquels le limaçon et le vestibule s'ouvrent dans la caisse du tympan.

XI. Après avoir successivement enlevé sur un pigeon le tympan et les osselets, je détruisis, avec la pointe d'un stylet aigu, la membrane fine et lisse qui ferme ces deux orifices. L'audition parut notablement affaiblie, mais elle persistait encore.

XII. Arrivé ainsi au vestibule et au limaçon, ou au centre de l'appareil auditif, en allant d'avant en arrière, par le tympan, les osselets et les deux fenêtres, il s'agissait d'explorer à leur tour les parties situées du côté opposé à celui qu'occupent les précédentes, et de revenir au centre de l'appareil par un chemin contraire à celui déjà suivi, c'est-à-dire en allant d'arrière en avant, et par les canaux semi-circulaires.

XIII. Ces canaux n'étant enveloppés, dans les oiseaux, que par une simple cellulosité osseuse, il est fort aisé de les mettre à nu. Je les découvris donc bien exactement sur un pigeon, et je les coupai ensuite l'un après l'autre avec de petits ciseaux très fins.

A chacune de ces sections, l'animal parut souffrir beaucoup ; et il survint de plus un phénomène si singulier, qu'à cause de sa singularité même, et pour ne point interrompre d'ailleurs l'histoire de l'audition, j'ai cru devoir le décrire à part.

Les canaux semi-circulaires étant rompus, non seulement l'animal entendait encore, mais il paraissait souffrir lorsqu'il entendait. Évidemment, le bruit l'agitait et l'importunait ; l'audition semblait même plus vive, ou du moins l'animal en exprimait plus vivement les signes, à cause sans doute de la souffrance qu'il ressentait à l'occasion du bruit.

XIV. Cette expérience a été répétée sur plusieurs autres pigeons, et toujours le résultat a été semblable.

XV. Il ne restait plus à examiner que le vestibule et le limaçon. Mais, pour bien apprécier le rôle propre de ces parties centrales de l'appareil, on sent combien il importait de pénétrer jusqu'à elles sans blesser aucune des parties voisines.

Heureusement, une petite ouverture communique de l'intérieur du vestibule à cette cellulosité osseuse dont j'ai déjà parlé, et qui enveloppe les canaux semi-circulaires. Quand on remue le manche du marteau par le tympan, on voit, à travers cette petite ouverture, la platine de l'étrier qui se meut ; et, réciproquement, quand, par cette petite ouverture, on meut la platine de l'étrier, on voit le manche du marteau et le tympan se mouvoir.

C'est de cette ouverture que j'ai profité pour pénétrer dans le vestibule.

XVI. Sur un pigeon, j'agrandis d'abord petit à petit cette ouverture, au moyen d'un stylet très fin.

La cavité intérieure du vestibule étant ainsi mise à nu, l'animal entendait encore.

Je détruisis alors peu à peu, avec la pointe du stylet, l'expansion nerveuse qui, comme je l'ai déjà dit, se porte dans le vestibule, et par le vestibule dans les canaux semi-circulaires : l'animal n'entendit plus que très faiblement.

Je poussai cette destruction jusqu'à l'expansion nerveuse du limaçon : l'animal n'entendit plus du tout.

XVII. J'ai répété bien souvent cette expérience. Constamment la simple mise à nu de l'intérieur du vestibule n'a que faiblement altéré l'ouïe; constamment la destruction de l'expansion nerveuse du vestibule n'a altéré ce sens qu'en partie; et constamment la destruction complète et de cette expansion et de l'expansion nerveuse du limaçon, l'a complètement détruit.

XVIII. Une remarque particulière, et que je ne dois pas omettre, c'est que la destruction des parois du vestibule, de la membrane des fenêtres ronde et ovale, de l'étrier, c'est que cette destruction, dis-je, bien qu'elle n'abolisse pas sur-le-champ l'audition, finit toujours, au bout d'un temps plus ou moins long, par la détruire. L'étrier est, de toutes ces parties, celle dont la perte entraîne le plus tard la perte de l'audition.

XIX. Je reviens aux canaux semi-circulaires, et au fait singulier que j'ai annoncé plus haut.

J'ai déjà dit que la section de ces canaux s'accompagne toujours d'une douleur très vive. Cette douleur s'accroît ou se reproduit chaque fois qu'on pique avec le bout d'une aiguille les parties contenues dans ces canaux. Mais ce qui paraît de plus singulier, soit quand on coupe, soit quand on pique ces parties, c'est un mouvement horizontal de la tête, d'une brusquerie et d'une violence telles qu'il est presque impossible de s'en faire une idée sans l'avoir vu.

XX. Pour suivre ce curieux phénomène dans tous ses détails, je découvris avec soin les canaux semi-circulaires, sur un pigeon; et je coupai ensuite, avec de petits ciseaux très fins, le canal horizontal des deux côtés.

Chacune de ces sections fut accompagnée d'une douleur aiguë, et d'un mouvement horizontal de la tête, laquelle se portait de droite à gauche et de gauche à droite avec une rapidité inconcevable.

Ce mouvement ne durait pas toujours : quelquefois la tête restait un moment en repos; mais, pour peu que l'animal voulût se mouvoir, le branlement singulier de la tête revenait soudain.

L'animal voyait, entendait, et paraissait conserver toutes ses facultés intellectuelles. Son corps était dans un parfait équilibre durant la simple station; mais, dès que l'animal commençait à marcher, la tête recommençait à s'agiter; et cette agitation de la tête s'accroissant avec les mouvements du corps, toute démarche, tout mouvement régulier, finissaient par devenir impossibles, à peu près comme on perd l'équilibre et la stabilité de ses mouvements quand on tourne quelque temps sur soi-même, ou qu'on secoue violemment la tête.

Quelquefois effectivement l'animal se bornait à tourner sur lui-même; et, en tournant, il perdait l'équilibre, il tombait, et se roulait et se débattait longtemps sans pouvoir réussir à se relever et à se tenir d'aplomb.

XXI. La ressemblance frappante de cette dernière partie du phénomène avec les phénomènes qui suivent les lésions du cervelet pouvait faire croire à quelque lésion, sinon directe, du moins indirecte de cet organe. J'examinerai donc le cervelet avec le plus grand soin; il parut dans un état d'intégrité parfaite.

XXII. Pour établir, avec plus de précision encore,

l'indépendance du phénomène que je décris, de toute lésion, au moins directe, soit du cervelet, soit de toute autre partie de l'encéphale, j'eus recours aux précautions suivantes.

Je mis bien exactement à nu les canaux semi-circulaires sur un pigeon; puis je coupai le canal horizontal des deux côtés.

Je choisis ce canal pour sujet de mon expérience, parce qu'il est le plus éloigné de l'encéphale, surtout du cervelet; et en le coupant je mis toute mon attention à éviter la moindre secousse qui eût pu se communiquer aux parois du crâne.

Malgré ces précautions, la section des deux canaux fut suivie du branlement impétueux de la tête.

Quand ce branlement s'arrêtait, on pouvait toujours le reproduire, soit en piquant avec la pointe d'une aiguille les parois internes des canaux, soit en excitant l'animal à se mouvoir.

Le branlement était toujours plus vif au moment où il commençait; puis il allait en se ralentissant, et finissait peu à peu par cesser tout à fait. Mais les choses ne se passaient ainsi qu'autant que l'animal restait en repos; quand il marchait, au contraire, le branlement était toujours d'autant plus vif que l'animal cherchait à marcher plus vite.

XXIII. J'avais constaté l'absence de toute lésion ou plutôt de toute blessure directe du cervelet; mais il restait une cause particulière de lésion à examiner encore.

En rompant avec des ciseaux, comme je l'avais fait jusqu'ici, les canaux semi-circulaires, on rompt inévitablement la petite artère qui rampe sur leur côté externe; et cette rupture amène bientôt un épanchement de sang qui gagne rapidement le cervelet, la moelle allongée, et toute la cellulosité osseuse des parois postérieures du crâne. Il importait donc d'éviter la complication qui pouvait résulter de cet épanchement.

A cet effet, les canaux semi-circulaires étant mis à nu sur un pigeon, j'ouvris l'un de ces canaux, l'horizontal, par le côté opposé à celui qu'occupe l'artère, et sans ouvrir l'artère par conséquent.

Tout épanchement étant évité ainsi, je piquai les parties internes de ce canal; la douleur et l'agitation de la tête suivirent tout aussitôt, et de la même manière que dans les expériences précédentes; à cela près, néanmoins, que l'agitation fut bien moindre dans ce cas que dans le cas de la rupture complète du canal.

XXIV. En parlant tout à l'heure de la destruction de l'expansion nerveuse contenue dans le vestibule et le limaçon, j'ai omis de dire que l'animal paraissait à peu près insensible à cette destruction. Mais toutes les fois qu'on pousse le stylet jusque vers les orifices des canaux semi-circulaires, les signes de douleur et les branlements de tête qui caractérisent la lésion de ces canaux reparaissent.

I. En résumant tout ce qui précède, on voit :

1° Que ni la destruction du tympan, ni celle de la première portion de la chaîne dite des osselets, n'altèrent gravement l'ouïe;

2° Que l'ablation de l'étrier l'affaiblit beaucoup;

3° Que la destruction de la membrane qui ferme les fenêtres ronde et ovale (l'étrier toujours enlevé) l'affaiblit encore davantage;

4° Que la restitution de l'étrier semble restituer à l'ouïe quelque énergie;

5° Que la rupture des canaux semi-circulaires rend l'audition douloureuse, et s'accompagne, de plus, d'une agitation brusque et violente de la tête;

6° Que la mise à nu de l'intérieur du vestibule n'altère point notablement l'ouïe;

7° Que la destruction de l'expansion nerveuse contenue dans le vestibule, et qui du vestibule se rend dans les canaux semi-circulaires, ne détruit ce sens qu'en partie, et que la destruction complète et de cette expansion et de l'expansion nerveuse du limaçon le détruit complètement.

II. Les conditions fondamentales de l'audition se déduisent tout naturellement, comme on voit, de ces résultats. La partie la plus essentielle à cette fonction est évidemment l'expansion nerveuse du limaçon. C'est même à la rigueur la seule partie indispensable : car toutes les autres peuvent être ôtées; pourvu que celle-là subsiste, l'audition subsiste.

Toutes les autres parties ne concourent donc qu'à l'étendue, à l'énergie, aux modifications accessoires de la fonction, ou à la conservation de l'organe.

III. D'un autre côté, en faisant une application de ces dernières expériences à la recherche des différentes causes de la surdité, on voit :

1° Qu'il y a une cause immédiate et absolue de la surdité, savoir la destruction du nerf qui se rend dans le limaçon;

Et 2° qu'il y a plusieurs causes d'affaiblissement progressif, et, par suite, de perte plus ou moins éloignée de l'ouïe : la destruction de l'étrier, celle des orifices du vestibule et du limaçon, celle des parois du vestibule, etc.

IV. Enfin, on peut se souvenir que, dans mes expériences sur le cerveau, j'ai fait voir que l'audition se perdait par l'ablation des lobes cérébraux, sans qu'aucune partie de l'oreille fût réellement atteinte et qu'ainsi la perte de l'organe du sens est complètement distincte de la perte de l'organe de la perception. (FLOURENS, *Recherches expérimentales sur les propriétés et les fonctions du système nerveux des animaux vertébrés*, p. 438-451. J.-B. Baillière, éditeur.)

XIII

LES LOCALISATIONS CÉRÉBRALES

On a lu dans les articles précédents empruntés aux œuvres de Flourens quelles étaient les fonctions des différentes parties du système nerveux. Dans les deux articles qui suivent, on verra qu'on a pu dans une certaine mesure attribuer des fonctions particulières aux diverses régions des hémisphères du cerveau. C'est à cette spécialisation de chaque partie du cerveau qu'on donne le nom de localisations cérébrales.

La doctrine des localisations a été émise pour la première fois par Gall, suivant lequel le cerveau est dépourvu d'unité fonctionnelle. Gall considérait les diverses facultés intellectuelles ou instinctives comme localisées dans des régions distinctes du cerveau. Il avait d'ailleurs assigné à chacune d'elles une place que rien ne légitimait. Sa topographie cérébrale était absolument arbitraire, et ce qui en a fait le succès relatif, c'est l'application fantaisiste qu'il en avait déduite, sous le nom de crânioscopie.

On sait que cette prétendue science consiste à reconnaître les facultés cérébrales d'après le développement plus ou moins grand des protubérances ou bosses de la table externe des os du crâne.

Il est probable que la crânioscopie, avant d'être proposée comme une science nouvelle, avait été le point de départ des localisations cérébrales proposées par Gall. Quoi qu'il en soit, la phrénologie et la crânioscopie, malgré leur succès auprès des gens du monde et d'un certain nombre de savants, ne pouvaient pas, manquant de toute espèce de base, résister à des attaques sérieuses. Aussi furent-elles ébranlées et ruinées, dès qu'elles furent battues en brèche. Ce fut Flourens qui leur porta les plus rudes coups.

Il ne faudrait pas croire par là que Flourens repoussait *a priori* l'idée des localisations d'une manière générale; il est, au contraire, le premier physiologiste localisateur. En réalité, c'est lui qui a montré que les diverses parties de l'encéphale ont des fonctions distinctes; que les facultés intellectuelles et instinctives résident dans le cerveau proprement dit, et non ailleurs; que le cervelet est le centre de coordination des mouvements; que les tubercules bijumeaux ou quadrijumeaux sont des centres spécialement en rapport avec la vue; qu'une partie extrêmement restreinte du bulbe exerce une action si importante sur la vie des mammifères, que, si on la détruit, l'animal meurt immédiatement. Il s'est attaché avec opiniâtreté à bien déterminer cette partie, dont le rôle avait déjà été, du reste, indiqué avant lui. Il a montré que le point dont les lésions sont ainsi immédiatement mortelles siège dans les profondeurs du bulbe rachidien au niveau du V de substance grise inscrit dans l'angle postérieur du quatrième ventricule. Ce V sert de repère pour faire l'opération. Flourens désignait, comme on sait, ce point, situé dans les profondeurs du bulbe, sous le nom de point ou *nœud vital.* Tous les physiologistes ont répété l'expérience de Flourens que j'ai faite bien des fois avec lui, lorsque j'avais l'honneur d'être son préparateur, et maintes fois encore depuis ce temps déjà éloigné. On sait que l'interprétation donnée par Flourens aux résultats de cette expérience est inexacte. Lorsque l'on coupe le point vital, l'animal est foudroyé; parfois il n'y a pas même de con-

vulsions asphyxiques ; le choc du bulbe rachidien a été
tel que non seulement il y a une immobilité dans le premier moment qui suit la section, mais que cette immobilité est définitive. Mais la mort n'a pas lieu parce que le
foyer central de la vie est détruit : l'animal succombe à
l'arrêt brusque de la respiration. La preuve en est que, si
l'on entretient artificiellement les mouvements respiratoires, le cœur continue à battre, les mouvements réflexes
restent possibles dans toutes les parties du corps et cela
pendant longtemps. Chez les animaux à sang froid, la
réflectivité des centres nerveux survit plusieurs jours à
la section du bulbe au niveau du nœud vital. Le point
vital est donc, à proprement parler, un point ou un nœud
respiratoire, comme le pensait Le Gallois, dont l'opinion
est ici conforme à la vérité. Vous voyez, par cet exemple,
comment un fait incontestable peut recevoir une explication incorrecte.

Si Flourens est le premier qui ait établi des localisations encéphaliques bien nettes et exactes, il était intrai-
table, à ce point de vue, à l'égard du cerveau proprement
dit. Il pensait que le cerveau, par tous ses points, par
toute sa partie grise, coopérait aux perceptions, aux passions, aux incitations volontaires, aux instincts, aux phénomènes d'intelligence, de jugement et de raisonnement,
de mémoire, etc., etc. Les expériences sur lesquelles il se
fondait paraissaient, d'ailleurs, légitimer ces conclusions.
Il enlevait, par couches ou tranches successives, une
partie des lobes cérébraux, sur des oiseaux et des mammifères, d'avant en arrière ou d'arrière en avant. Il voyait
toutes les facultés cérébrales persister lors des premières
excisions. Lorsqu'une certaine partie des lobes avait été
enlevée, ces facultés commençaient à s'affaiblir, et elles
s'affaiblissaient toutes à la fois et à un égal degré. Cet
affaiblissement augmentait au fur et à mesure que les
lobes cérébraux étaient plus profondément entamés.
Quand la lésion avait enlevé une assez grande partie des

lobes du cerveau, toutes les facultés cérébrales avaient disparu, les unes en même temps que les autres. Il n'y avait plus ni perceptions, ni instincts, ni volonté, ni intelligence, etc. Chez certains animaux, Flourens ne poussait pas l'expérience jusqu'au bout ; il l'arrêtait lorsque les diverses facultés cérébrales avaient subi une notable diminution. Au bout de quelques heures ou de quelques jours, suivant les cas, ces facultés reprenaient peu à peu leur énergie primitive et ce retour des fonctions perdues se faisait aussi du même pas pour chacune d'elles.

Flourens avait donc pu se croire autorisé par de telles expériences à nier toute localisation cérébrale : il croyait avoir détruit ainsi à jamais la doctrine de Gall et avoir prouvé d'une façon inattaquable l'unité fonctionnelle du cerveau.

La doctrine des localisations cérébrales, combattue par Flourens et abandonnée par la plupart des physiologistes, devait trouver plus tard, dans la clinique, un appui qui lui avait jusque-là fait défaut.

Gall avait déjà émis l'idée que le langage siège dans les lobes antérieurs du cerveau. Du reste, il n'apportait pas de faits à l'appui de cette hypothèse. Cette théorie particulière, spéciale au langage, il la donnait sans preuve aucune, comme il avait donné sa doctrine générale. Plus tard, Bouillaud place également la faculté du langage dans les lobes antérieurs du cerveau, sans préciser, d'ailleurs, la région de ces lobes qui serait plus spécialement en rapport avec cette faculté. Mais il avait été conduit à cette localisation par des faits cliniques bien observés. C'est donc à Bouillaud, il faut le reconnaître, que l'on doit la première assise véritablement scientifique de la doctrine des localisations cérébrales. Son premier mémoire sur ce sujet date de 1825. Non seulement Bouillaud fit connaître le premier fait de localisation fonctionnelle dans une partie déterminée du cerveau, mais encore il chercha, par des recherches expérimentales, à trouver d'autres localisations. Bien que ses expériences ne l'aient conduit qu'à des résultats peu nets et bien discutables, il ne cessa de proclamer la réalité de l'existence de centres cérébraux fonctionnellement distincts, et, en un certain sens, c'est lui, plutôt que Gall, qui devrait être considéré comme le véritable promoteur de la doctrine des localisations cérébrales.

En 1836, Dax père lut, au congrès de Montpellier, un mémoire contenant des observations de cas de lésions de l'hémisphère cérébral gauche, dans lesquels on avait constaté des troubles de la parole. Il conclut de ces observations que, dans les affections cérébrales, l'altération de la mémoire verbale est sous la dépendance de lésions de l'hémisphère cérébral gauche; mais, faute d'autopsie, il ne put pas aller au delà et donner une indication quelconque sur la région de l'hémisphère gauche dont les lésions déterminent des troubles dans la mémoire des mots.

En 1861, Broca a l'occasion d'observer deux cas d'aphasie dans lesquels il peut faire l'autopsie. Il étudie avec le plus grand soin les lésions du cerveau, et, profitant des progrès accomplis par l'anatomie topographique des circonvolutions, il arrive à déterminer avec la plus grande précision le siège des lésions sous l'influence desquelles était survenue l'aphasie (ou l'aphémie, comme il l'avait appelée d'abord). Il montre que ces lésions siègent dans la partie postérieure de la troisième circonvolution frontale du côté gauche. On sait que cette détermination a été reconnue exacte par tous les cliniciens et qu'elle sert depuis lors dans le diagnostic des affections cérébrales.

La localisation un peu vague de Bouillaud devient alors rigoureusement définie. Une région circonscrite du cerveau proprement dit est, dès lors, considérée comme le siège ou le centre fonctionnel de la faculté du langage. La doctrine des localisations cérébrales peut enfin citer, comme un argument puissant en sa faveur, un fait bien net et accepté pour exact par la plupart des médecins.

Mais ce fait reste unique pendant longtemps, et c'est seulement neuf ans plus tard que la doctrine dont il s'agit prend un grand développement. Cette fois, c'est la physiologie expérimentale qui vient lui fournir des données nouvelles.

. . . .

Fritsch et Hitzig, en 1870, virent qu'en excitant certains points de la surface antérieure des lobes cérébraux, chez le chien, ils déterminaient des mouvements dans les membres de l'animal. Chez le singe, ils obtenaient également des mouvements de diverses parties du corps en faradisant certains points de l'écorce grise du cerveau.

Voici un dessin schématique qui représente exactement les circonvolutions cérébrales chez le chien. L'encéphale est vu par sa face supérieure; cette ligne qui le traverse d'avant en arrière suivant la ligne médiane est la grande scissure inter-hémisphérique. Vers la partie antérieure de la grande scissure longitudinale un sillon plus petit se détache en dehors de chaque côté, pour former ce que l'on appelle le sillon crucial. Le sillon crucial, qui est souvent bifurqué à son extrémité externe, est entouré par une circonvolution cérébrale à laquelle on a donné le nom de sigmoïde, ou gyrus sigmoïde, à cause d'une ressemblance plus ou moins éloignée avec un sigma. C'est dans cette région qui entoure le sillon crucial que se passent les principaux phénomènes dont nous aurons à nous occuper et dont voici les plus saillants et les plus constants.

Quand on électrise la circonvolution sigmoïde d'un côté, en arrière du sillon crucial et près de la scissure inter-hémisphérique, on détermine des mouvements dans le membre postérieur du côté opposé. Ainsi la faradisation de ce point du gyrus du côté gauche provoque un mouvement dans le membre postérieur du côté droit. Vient-on à porter l'excitateur électrique sur cet autre point du gyrus, toujours situé en arrière du sillon cru-

cial, mais en dehors du point précédent, et, par conséquent, plus éloigné que lui de la grande scissure longitudinale, il se fait un mouvement dans le membre antérieur
du côté opposé, dans le côté droit du corps, alors que le
point excité est dans le côté gauche du cerveau.

La constatation de phénomènes aussi remarquables,
chez le chien, conduisit MM. Fritsch et Hitzig à de nouvelles expériences sur des animaux plus rapprochés de
l'homme, par exemple chez le singe.

D'après les expériences de M. Hitzig sur le magot
(*Pithecus innuus*), les points que je viens de vous indiquer
sur le cerveau du chien sont, chez le singe, placés plus
en arrière. Ces points occupent la substance grise corticale en avant du sillon de Rolando, près de la grande
scissure longitudinale. Ainsi que vous le voyez sur ce dessin, les lignes qui représentent chez le singe des circonvolutions cérébrales sont beaucoup moins accusées et
beaucoup moins repliées sur elles-mêmes que les lignes
correspondantes chez l'homme. C'est que les anfractuosités du cerveau sont en réalité beaucoup moins profondes
chez le singe que chez l'homme. Les circonvolutions cérébrales du singe sont effacées, si on les compare à celles
de l'homme : elles sont effacées aussi comparativement à
celles du chien. Mais tandis que, chez le chien, les circonvolutions bien saillantes ne rappellent en rien la disposition des groupes des circonvolutions de l'homme, chez
le singe, les groupes principaux des circonvolutions rappellent, représentent les groupes classiques des circonvolutions du cerveau humain.

Quoi qu'il en soit, la reproduction, chez le singe, des
phénomènes d'excitation cérébrale constatés chez le chien
devait conduire tout naturellement à des présomptions
applicables au cerveau de l'homme.

Les expériences de MM. Schiff, Ferrier, Carville et
Duret, etc., vinrent confirmer celles de MM. Fritsch et
Hitzig. M. Ferrier reconnut dans l'écorce cérébrale l'exis-

tence, non seulement des centres moteurs découverts par MM. Fritsch et Hitzig, mais encore de régions circonscrites, destinées à la sensibilité et constituant des centres de sensation, soit pour la sensibilité générale, soit pour les sensibilités spéciales.

Il restait cependant un point important à étudier après toutes ces recherches expérimentales, et ce point fut éclairci dans mon laboratoire par MM. Carville et Duret qui avaient entrepris leurs expériences à mon instigation. Il s'agissait de savoir si l'ablation des points reconnus excitables dans le gyrus serait suivie de paralysie. Les résultats expérimentaux furent affirmatifs : l'extirpation des points excitables de la circonvolution sigmoïde chez le chien fut suivie de la paralysie des membres du côté opposé. Les expériences de MM. Carville et Duret, bien souvent répétées depuis lors, ont toujours donné les mêmes résultats.

Les présomptions relatives à l'application à l'homme des faits d'expérimentation constatés chez le chien prenaient une plus grande force. La clinique devait bientôt leur donner une éclatante confirmation, grâce aux travaux de M. Charcot et de ses élèves. Des cas de plus en plus nombreux de destruction de l'écorce cérébrale, suivis de troubles bien déterminés de la motilité, de la sensibilité, etc., étaient chaque jour rassemblés, et la doctrine des localisations ne tardait pas à prendre rang dans la pathologie cérébrale.

Aujourd'hui cette doctrine des localisations paraît solidement établie, et elle est admise par la plupart des physiologistes et des pathologistes.

C'est elle cependant que je me propose d'examiner avec vous, car elle ne me paraît pas encore à l'abri de toute contestation. Les faits expérimentaux et cliniques sur lesquels elle est fondée peuvent être soumis à la critique, et l'on voit, ce me semble, que la légitimité de déductions tirées de ces faits n'est pas absolument démontrée.

Nous reprendrons donc les expériences de physiologie et les observations cliniques pour les examiner et voir si elles ont reçu une interprétation correcte.

Provisoirement je laisserai de côté les faits relatifs à l'aphasie, parce que c'est là un sujet clinique, qui n'est point abordable par l'expérimentation. Mais je discuterai les autres localisations au double point de vue des expériences et des observations cliniques.

Voyons d'abord les expériences. Elles sont de deux sortes, comme nous l'avons vu.

Les unes consistent dans l'*excitation* de certaines régions de l'écorce grise du cerveau ;

Les autres consistent dans l'*ablation* ou la *destruction* de ces régions.

I. — *Expériences d'excitation.* — Pour que les conclusions tirées de ce genre d'expériences aient de la valeur, il faut qu'il soit prouvé que les effets observés sont bien dus à l'excitation de la substance grise, car c'est dans cette substance seule, et non dans la substance blanche, que peuvent se trouver des centres de cérébration. Il est de toute évidence que la substance blanche, qui est composée de fibres nerveuses, c'est-à-dire de conducteurs nerveux, ne peut pas être considérée comme un foyer d'innervation centrale.

Or la substance grise est-elle excitable ? Telle est la question primordiale qui se présente immédiatement à l'expérimentateur. Lorsque l'on applique un excitateur électrique à la surface d'une région circonscrite d'une circonvolution du cerveau, on produit un mouvement dans un membre. Mais ce mouvement peut être uniquement dû à l'excitation des fibres blanches sous-jacentes à la substance grise corticale : dans ce cas, le fait expérimental ne prouve nullement que le point de substance grise à travers lequel a passé le courant électrique soit un centre nerveux. Il faut démontrer que cette substance grise a été excitée tout d'abord, et que les cordons blancs ont ensuite conduit plus loin cette excitation.

Jusqu'en 1870, on a universellement admis que toute la substance cérébrale était inexcitable. Ainsi cette doctrine ne s'appliquait pas seulement à l'écorce du cerveau; elle comprenait la substance blanche aussi bien que la substance grise. Toute l'école de Haller a cru à l'inexcitabilité de la masse cérébrale entière. Flourens, Longet, moi-même, tous les physiologistes, ont accepté cette notion. Comment pouvait-il en être autrement? Jusqu'en 1870, toutes les expériences d'excitation du cerveau avaient donné des résultats négatifs. Le cerveau était mis à découvert, dans une étendue plus ou moins grande, généralement à sa partie moyenne, chez le chien : chez les mammifères plus petits comme le lapin, le cochon d'Inde, on mettait le cerveau plus largement à nu, ou même complètement; il en était ainsi encore chez les oiseaux. Puis on faisait subir au cerveau les excitations les plus variées. On pouvait y plonger un bistouri; on pouvait en exciser un morceau; on pouvait écraser avec une pince la pulpe cérébrale, brûler cette substance avec le fer rouge : on ne produisait aucun mouvement, aucune douleur. On avait même, surtout sur le chien, soumis la surface ou la profondeur du cerveau à des excitations électriques; mais à cause des points excités, aucun effet ne s'était manifesté. On pouvait donc se croire autorisé à conclure que le cerveau était inexcitable.

Les expériences de MM. Fritsch et Hitzig sont venues renverser une notion qui paraissait si bien établie.

Nous verrons plus tard toutes les contestations qui ont été soulevées par la découverte de ces expérimentateurs, toutes les hypothèses qu'elles ont suscitées. Pour le moment, nous retenons seulement ce fait capital : que l'électricité, appliquée en des points limités du gyrus, ou sur les régions tout à fait voisines de ces points, chez le chien, détermine l'apparition immédiate de phénomènes de motilité; par exemple, suivant les points excités, des mouvements dans le membre antérieur ou dans le membre postérieur du côté opposé ou dans les yeux, dans la face, dans le cou, etc. En même temps l'excitation électrique provoque des manifestations de la sensibilité, car, si l'animal n'est pas très engourdi, il pousse alors des cris plaintifs.

L'excitabilité de certains points du cerveau est donc, en fin de compte, parfaitement démontrée.

. . . .

II. — *Expériences d'ablation ou de paralysie.* — Après avoir examiné l'excitabilité électrique du cerveau, nous chercherons à voir les effets produits par l'excision des régions de l'écorce cérébrale que l'on a considérées comme des centres fonctionnels distincts, ou par la destruction de ces régions au moyen de la cautérisation.

Lorsque l'on a enlevé ainsi ou détruit une certaine partie du gyrus sigmoïde, chez le chien, on observe une paralysie plus ou moins prononcée, mais toujours très incomplète des membres ou d'un membre, du côté opposé au côté du cerveau où la lésion a été faite. Mais, au bout d'un certain temps, la guérison s'opère, et l'on ne constate plus de trace de paralysie.

Voici, par exemple, un jeune chien de chasse mâtiné sur lequel nous avons enlevé avec le bistouri, du côté gauche, toute la région du gyrus sigmoïde, dont la faradisation produisait des mouvements dans les membres postérieur et antérieur du côté droit. La destruction était profonde et avait certainement détruit, en même temps que la substance grise, la partie superficielle de la substance blanche sous-jacente. L'animal a présenté de la paralysie de l'un et l'autre membre du côté droit; il a même été assez sérieusement malade, de sorte que l'on a pu craindre qu'il ne survécût pas à l'opération. Peu à peu il s'est remis. Comme vous le voyez, il est encore très amaigri, mais alerte et bien portant. La perte de substance du cerveau et du crâne est comblée, et la cicatrisation de la peau est bientôt complète. Enfin, et c'est le fait qui nous intéresse, il semble ne plus avoir de paralysie dans les membres du côté droit. Le membre antérieur droit, qui, ces jours derniers, était encore plus faible que son congénère, paraît aujourd'hui revenu à l'état normal.

Sur un autre chien, on a cautérisé profondément, avec le thermo-cautère Paquelin, une partie du gyrus sigmoïde dont la faradisation, comme dans l'expérience faite sur ce jeune chien, avait produit des mouvements dans les membres du côté opposé. Par suite des conditions hygiéniques déplorables où se trouvent nos animaux en expérience, dans une pièce exiguë, très humide, sans air ni lumière, ce chien a succombé à de la méningo-encéphalite très intense. Le lobe cérébral gauche, dont le gyrus avait été cautérisé, a presque entièrement disparu. La portion restreinte qui existe encore est à l'état de bouillie comme vous pouvez le voir. J'ai tenu à mettre sous vos yeux ces pièces, afin de vous montrer jusqu'à quel point le délabrement d'un lobe cérébral est compatible avec la vie. Car cette destruction du cerveau gauche ne s'est pas faite tout d'un coup, un instant avant la mort. Elle remonte à trois jours au moins avant la mort, de sorte que, pendant ces trois jours, la vie a persisté malgré la destruction d'un lobe cérébral à peu près tout entier.

J'ajoute que, l'avant-veille de la mort, on avait constaté chez ce chien la persistance de la sensibilité dans les quatre membres.

Vous pouvez voir aussi que la surface de l'autre hémisphère, de celui qui reste seul, est couverte de pus. La méningite s'était propagée dans le canal rachidien, et l'on trouvait du pus à la surface de la moelle épinière. Le canal rachidien n'a pas été ouvert dans toute sa longueur ; mais il est probable que l'inflammation des méninges s'était étendue jusqu'à la partie inférieure de la moelle. C'est là un résultat très ordinaire chez le chien, lorsqu'on provoque chez lui une méningite intra-crânienne expérimentale.

Quoi qu'il en soit, chez ces deux chiens, l'ablation ou la destruction du gyrus sigmoïde gauche a produit une paralysie (incomplète) des membres du côté droit. (VULPIAN, *Revue scientifique* du 11 mars 1885.)

XIV

L'APHASIE

Broca était alors chirurgien de Bicêtre. Or, le 11 avril 1861, on transportait dans son infirmerie, pour une lésion chirurgicale, un vieux pensionnaire de Bicêtre, connu dans l'hospice sous le pseudonyme de *Tan*, parce qu'à toutes les questions il ne pouvait répondre verbalement que par le mot *Tan*, mais en y joignant des gestes variés, au moyen desquels il réussissait à exprimer la plupart de ses idées. Il comprenait en effet tout ce qu'on lui disait; mais, quoique les muscles de la langue et du larynx ne fussent nullement paralysés, il ne pouvait proférer que des sons inarticulés, n'ayant conservé d'autre vocabulaire que le monosyllabe en question. Ce malade succomba peu de jours après, et, à l'autopsie, Broca constata qu'un ramollissement chronique avait détruit, sur le lobe frontal gauche, la moitié postérieure des deuxième et troisième circonvolutions frontales, dont la substance était remplacée par une poche pleine de sérosité : l'étude exacte de la lésion montrait que la troisième frontale avait dû être atteinte la première, et qu'en elle la destruction était plus profonde et plus étendue. Broca communiquait cette observation à la Société anatomique en août 1861. Mais, en présence d'un fait isolé, il s'abstenait

de formuler une conclusion et déclarait qu'avant de localiser le siège de la faculté du langage articulé dans la
moitié postérieure de la troisième frontale, il voulait
attendre de nouveaux faits. Il n'attendit pas longtemps.

En effet, le 27 octobre, dans ce même service de Bicêtre,
Broca se trouvait en présence d'un nouveau cas, calqué
pour ainsi dire sur le précédent. C'était un vieillard qui,
frappé d'apoplexie, s'était promptement rétabli, ne conservant de son accident que des troubles désignés par sa
famille comme une paralysie de la langue, parce que ce
malade avait perdu définitivement la faculté de parler.
Mais, en réalité, la langue ni aucun organe musculaire
n'était paralysé ; le sujet n'était pas non plus aphone,
mais il n'avait pour tout vocabulaire que les mono-
syllabes : *oui*, *non*, *tois* (pour trois) et *toujours*, qu'il
appliquait à tort et à travers ; mais, ces mots ne répon-
dant que rarement à ce qu'il voulait exprimer, il cor-
rigeait, par des gestes expressifs, l'imperfection de ce
langage rudimentaire, imperfection dont il avait conscience. Il n'avait donc pas perdu l'intelligence. Ce malade
étant mort au bout de dix jours environ, l'autopsie révéla
une lésion identique à celle du cas précédent, mais beaucoup mieux circonscrite, c'est-à-dire n'occupant exactement que la partie postérieure de la troisième circonvolution frontale gauche. En communiquant ce nouveau cas
à la Société anatomique, Broca se tint encore sur une certaine réserve ; une coïncidence purement fortuite pouvait
peut-être s'être rencontrée ; mais cependant il insistait
sur l'importance de ces faits en faveur de son hypothèse
des localisations par circonvolutions.

Cependant l'attention des cliniciens était vivement
attirée sur ces observations, et des cas qui, dans d'autres
circonstances, auraient peut-être passé presque inaperçus,
furent de divers côtés soigneusement étudiés avec autopsie. Trousseau, Charcot, Gubler, Vulpian vinrent ainsi
ajouter aux deux cas de Broca diverses observations sem-

blables, si bien qu'au bout de deux ans, en 1863, la science se trouvait en possession de onze observations . Broca avait examiné toutes ces pièces : toutes avaient cela de commun que la lésion atteignait le tiers postérieur de la troisième frontale de l'hémisphère gauche.

C'est alors, et devant sa chère Société d'anthropologie, dans les séances des 2 et 16 août 1863, que Broca vint développer ses idées, poser des conclusions fermes, établir en un mot sa découverte. Le symptôme fut désigné par lui sous le nom d'*aphémie* (α, privatif; φημί, je parle). Les aphémiques, dit-il, ont perdu la faculté coordinatrice des mouvements du langage articulé; ils n'ont pas perdu la mémoire des mots, puisqu'ils comprennent les mots articulés par leurs interlocuteurs. Ils n'ont pas de trouble général de l'intelligence, puisqu'ils peuvent se faire comprendre à leur tour par la mimique et par l'écriture, et que, par conséquent, ils ont des idées et peuvent les exprimer. La mémoire en général persiste chez eux à un degré remarquable. Et du reste, ajoute Broca, la mémoire ne saurait être considérée comme une faculté simple; chaque faculté a sa mémoire particulière : le pied de la troisième frontale est l'organe de la mémoire des mouvements de la parole articulée.

Mais, avons-nous dit, c'était toujours la frontale gauche qu'on trouvait lésée chez ces aphémiques. Ce fait était surprenant, c'est avec *stupéfaction* que Broca le signale dès sa seconde observation; cette prédilection étrange pour le côté gauche lui paraît une subversion de nos connaissances en psychologie cérébrale. Mais les faits se multiplient; il faut se rendre à l'évidence. Alors Broca cherche une explication et trouve celle que toutes les observations sont venues confirmer depuis. Il fait remarquer que l'homme s'habitue dès l'enfance à répartir entre les deux hémisphères le travail relatif aux actes compliqués et difficiles dont la pratique ne s'acquiert que par l'éducation. C'est ainsi que la plupart des hommes sont droitiers, c'est-à-dire se servent de préférence de la main droite commandée par l'hémisphère gauche. C'est sans doute de même que l'enfant s'habitue à diriger presque toujours avec l'hémisphère gauche la mécanique délicate du langage articulé. Mais les gauchers, qui sont droitiers du cerveau, doivent devenir aphémiques par lésion de la troisième frontale droite. Aujourd'hui les faits confirmatifs ne se comptent plus. De même le droitier, devenu aphémique par lésion du cerveau gauche, pourra sans doute apprendre, par une nouvelle éducation, à coordonner les mouvements de la parole avec son hémisphère droit. Cette nouvelle induction de Broca est également confirmée par l'observation, si bien que Charcot déclare aujourd'hui n'avoir jamais rencontré de véritable infraction aux lois de Broca.

. . . .

D'abord, et par le fait de Trousseau, en vertu de considérations de grammaire grecque, on voulut substituer au mot aphémie, celui d'*aphasie* (α, φάσις, parole). Or les deux mots doivent être conservés aujourd'hui : le premier pour désigner précisément le symptôme si bien étudié par Broca ; le second pour désigner l'ensemble des troubles de l'expression, car le langage articulé n'est pas le seul mode d'expression ; il y a encore l'écriture, la mimique ; et puis, il y a, comme nous allons le voir, bien d'autres troubles, bien d'autres lésions cérébrales qui peuvent entraver le mécanisme complexe de l'expression. Chacun de ces troubles devra recevoir un nom particulier : celui de la coordination des mouvements phonateurs conservera le nom d'*aphémie* : l'aphasie désignera un ensemble, dont l'aphémie est un cas particulier.

En effet, dans les nombreuses observations cliniques qui suivirent la découverte de Broca et vinrent la confirmer, on s'attacha à étudier sur les malades l'état des autres modes d'expression, en dehors de la parole. En se reportant au mémoire de Jules Falret publié en 1864 on voit que déjà à ce moment on reconnaît que tantôt les aphémiques peuvent encore écrire, et que tantôt ils ont également perdu ce mode d'expression de la pensée. Bientôt on observe des malades qui peuvent plus ou moins parler, mais ont complètement perdu la faculté d'écrire. D'autres peuvent écrire et parler, mais ils ne peuvent plus lire, soit l'écriture, soit l'imprimé.

D'autres ne peuvent ni écrire ni parler, mais ils lisent soit l'écriture, soit l'imprimé. Enfin quelques-uns peuvent écrire, parler, lire, mais ils ne comprennent plus les questions qu'on leur adresse, ils n'entendent plus la parole parlée, et s'ils ont conservé tous les moyens d'expression, entre autres l'expression verbale, ils ne reconnaissent plus cette expression verbale émise par un interlocuteur. Et toutes ces formes diverses de troubles se trouvant mêlées et combinées chez les différents malades, la question de l'aphasie a pu un moment apparaître comme un chaos défiant toute systématisation simple, chaos duquel émergeait seulement, avec sa netteté symptomatique, vu sa localisation cérébrale précise, l'aphémie de Broca ou perte de la faculté coordinatrice du langage parlé.

Ce chaos est aujourd'hui débrouillé d'une manière aussi nette que possible : et faire l'histoire de l'aphasie depuis Broca, c'est précisément montrer les résultats acquis à cet égard par les observations cliniques suivies d'autopsie, selon les règles mêmes posées par Broca. Ce travail a commencé vers 1874, grâce surtout au travail de **Magnan** et de **Charcot** en France, de **Wernicke**, de **Kussmaul** en Allemagne, pour ne citer ici que les principaux. On connaît ainsi aujourd'hui quatre formes d'aphasie, à localisations cérébrales bien précisées; nous allons les passer en revue, en établissant pour chaque type une sorte de schéma symptomique dont nous empruntons les éléments à diverses observations cliniques.

Premier type. — Le malade, frappé le plus souvent d'une attaque d'apoplexie, s'est relativement bien rétabli, quant à la paralysie; mais, d'après l'appréciation de ceux qui l'entourent, il semble resté sourd et idiot, car il répond de travers aux questions qu'on lui pose, il ne comprend pas la conversation. Cependant un examen attentif et méthodique montre qu'il n'est ni sourd ni idiot. Il n'est pas sourd, car si, après un temps de silence, on lui adresse la parole, étant placé derrière lui, de façon qu'il ne puisse voir le mouvement des lèvres, il tourne la tête; il a entendu, mais il répond de travers, car si, par exemple, on lui a demandé : « quel âge avez-vous? » il aura répondu : « je me porte très bien, merci. » Il n'est pas sourd, car il se retourne également au bruit d'une porte qu'on ouvre, d'une fenêtre que fait battre le vent, et même au bruit léger d'une épingle qu'on laisse tomber sur le parquet. Après avoir répondu de travers à diverses questions, il voit très bien que ses réponses ne sont pas satisfaisantes, il s'impatiente : « Je ne sais pas ce que vous me dites, s'écrie-t-il; que dites-vous? je ne comprends pas! guérissez-moi! » Il n'est donc pas idiot. Et, en effet, s'il répond de travers à une question, c'est fort correctement qu'il s'exprime lorsqu'il parle spontanément, lorsqu'il exprime ses propres idées, répond à sa propre pensée. De plus, il lit l'écriture et répond d'une manière toute normale aux questions qu'on lui pose par écrit; il lit les journaux, les romans; il joue aux échecs et gagne son adversaire. Donc ce sujet n'est ni sourd ni idiot. Il parle, il lit, il écrit.

Que lui manque-t-il donc? Il lui manque de comprendre le langage parlé. Quand il entend parler sa langue maternelle c'est comme s'il entendait une langue étrangère complètement inconnue de lui. Cette langue maternelle, il l'avait apprise peu à peu, comme nous tous, par une éducation lente, c'est-à-dire qu'il avait peu à peu appris à retenir et à reconnaître la valeur conventionnelle des sons de la parole; les images auditives, les résidus, comme dit Taine, les résidus des impressions auditives verbales s'étaient peu à peu emmagasinés dans son cerveau. Ce qui lui manque aujourd'hui, c'est tout ce qu'il avait acquis à cet égard : il a perdu la mémoire des sons de la parole, la *mémoire auditive verbale*. Il n'est pas sourd à proprement parler; mais il est sourd pour le sens des articulations de la parole. Il est frappé de *surdité verbale*. Ce seul mot résume tout son état, il explique qu'un examen superficiel ait pu faire croire que ce sujet est sourd et idiot.

Il y a donc une faculté qui consiste dans la mémoire des sons du langage, dans la mémoire auditive verbale. Cette faculté peut être lésée, supprimée par une affection cérébrale, alors que toutes les autres sont conservées. Elle a donc probablement un organe cérébral bien distinct, c'est-à-dire une localisation bien précise, sans doute dans une circonvolution particulière, selon les idées de Broca. Et, en effet, l'autopsie d'un semblable malade montre toujours la même lésion : c'est la première circonvolution temporale qui est atteinte ; quelquefois la lésion s'étendait jusque sur la seconde temporale; mais la première était la plus atteinte : tantôt la lésion portait sur sa moitié antérieure. Donc, actuellement, sans localiser dans telle moitié de cette circonvolution, nous pouvons dire que la lésion de la première temporale produit la *surdité verbale*, c'est-à-dire que le sujet frappé a perdu la mémoire des sons verbaux. Cette circonvolution est donc le siège, l'organe de la *mémoire auditive verbale*.

Chose singulière, c'est la première temporale de l'hémisphère gauche, et nullement celle de l'hémisphère droit qui est l'organe de la mémoire auditive verbale, du moins chez les droitiers; c'est-à-dire que, selon l'explication de Broca, ici encore nous sommes gauchers du cerveau. Mais chez les gauchers, qui sont droitiers du cerveau, la localisation est inverse : en effet Westphall a donné l'observation d'un cas où, chez un gaucher, il y avait eu destruction du lobe temporo-sphénoïdal gauche, et cependant le malade avait toujours compris ce qu'on lui disait et répondu correctement.

. . . .

Second type. — Ici il s'agira comme précédemment d'un sujet frappé d'apoplexie dans le cerveau gauche, d'où paralysie des membres droits. Mais la paralysie a rapidement disparu; le malade se rétablit, il se lève au bout de trois semaines, ne présentant aucun trouble de la parole ni de l'audition. Il paraît complètement normal; c'est un commerçant, il songe à ses affaires interrompues, et, ne sortant pas encore, il veut envoyer un ordre par écrit relatif à ses affaires. Il prend la plume, la tient bien, écrit lisiblement. Croyant avoir oublié quelque chose dans sa lettre, il la reprend, et alors se révèle dans son originalité presque fantastique le phénomène que nous allons étudier. Il avait pu écrire, mais il lui est impossible de relire son écriture. Impatienté, désireux de multiplier l'épreuve, il ouvre ses registres : il ne peut lire, il ne peut comprendre ce qui est écrit; il prend un journal, mais l'imprimé est pour lui sans signification, aussi bien que l'écriture.

Je le répète, ce malade entend et comprend le langage parlé : il n'a donc pas de surdité verbale, comme le précédent; il parle bien ; ce n'est pas un aphémique de Broca; chose remarquable, il écrit; mais il écrit comme chacun de nous dans l'obscurité, c'est-à-dire qu'il a conservé la mémoire des mouvements de la main dans l'écriture. Il peut ainsi signer correctement son nom; mais quand il regarde sa signature, il ne la reconnaît pas : il sait ce que c'est, dit-il, c'est son nom qu'il vient de tracer lui-même, mais il est incapable de le distinguer visiblement d'un autre nom; les lettres qui le composent sont, dans leur forme visuelle et leur association visuelle, des signes aussi indéchiffrables, que le serait une écriture chinoise ou toute autre dont il n'aurait jamais eu connaissance; et de même pour l'imprimé.

Qu'a donc perdu ce malade? Ce n'est ni la parole, ni l'audition des mots, ni les mouvements de l'écriture, il a perdu la connaissance visuelle des signes écrits ou imprimés du langage. Cette connaissance, il l'avait acquise peu à peu en apprenant à lire et à écrire. Il avait emmagasiné dans son cerveau le souvenir, les images visuelles des lettres, de façon à les retenir et à les reconnaître, en même temps qu'il emmagasinait le souvenir des mouvements de l'écriture. Or, s'il a conservé la mémoire des mouvements de l'écriture, il a perdu ce qu'il avait acquis comme éducation par les yeux. Il considère, dit Bernard, les mots tout comme un candidat embarrassé fait d'une substance dans un examen de sciences naturelles à la Faculté de médecine. Il tourne, retourne, place sous diverses inclinaisons, à des distances variées, la feuille imprimée ou écrite. Il ne sait plus lire, et cependant il voit les lettres. D'autre part, s'il peut écrire, c'est uniquement par la sensation des mouvements de la main, comme chacun de nous dans l'obscurité; mais il ne peut pas copier de l'écriture, absolument comme nous dans l'obscurité, car pour copier il faut d'abord lire, et il ne peut pas plus lire que nous ne le pouvons dans l'obscurité. Il a donc perdu la mémoire visuelle des signes figurés de l'expression, la *mémoire visuelle verbale*. Il n'est pas aveugle, quoique nous le comparions à certains égards à l'état où nous nous trouvons quand nous sommes plongés dans l'obscurité; mais il est aveugle pour la valeur des signes figurés de l'expression verbale : il est frappé de *cécité verbale*. Ce mot résume tout son état, comme celui de *surdité verbale* résumait les troubles caractéristiques du type précédent.

Il y a donc une faculté qui consiste dans la mémoire des formes des lettres et des mots écrits ou imprimés? Cette faculté peut être lésée, supprimée par une affection cérébrale, alors que toutes les autres sont conservées. Elle a donc probablement un organe cérébral bien distinct, c'est-à-dire une localisation bien précise, sans doute dans une circonvolution particulière, selon les idées de Broca. C'est, en effet, ce que démontre l'autopsie.

La première observation de ce genre fut publiée en 1879, par Guéneau de Mussy, sous le nom d'*amblyopie aphasique*; c'est Kussmaul qui lui a donné le nom, aujourd'hui en usage, de *cécité verbale*. En janvier 1880, Magnan présenta à la Société de biologie deux beaux cas de ce genre; puis vint l'observation de Déjerine, contenant la première relation d'autopsie faite en France. Dans sa thèse, de 1881, Mlle Skwortzoff en réunissait quatorze observations.

Aujourd'hui, on compte huit cas d'autopsie. Tous ces cas désignent comme siège essentiel de la lésion la seconde circonvolution pariétale, ou lobule pariétal inférieur, avec ou sans participation du pli courbe, mais en tout cas la partie la plus reculée, la plus postérieure du lobule pariétal inférieur. Ici encore, comme dans la forme précédente, et pour les mêmes raisons, c'est de l'hémisphère gauche qu'il s'agit.

Nous pouvons donc dire actuellement que la lésion de la seconde circonvolution pariétale produit la *cécité verbale*, c'est-à-dire que le sujet frappé a perdu la mémoire visuelle des signes de l'écriture. Cette circonvolution est donc le siège de la *mémoire visuelle verbale*.

Troisième type. — Comme dans le cas précédent, le type de malade que nous décrirons ici a été frappé d'une hémiplégie droite, par lésion de l'hémisphère gauche. En peu de mois il s'est remis, et, quand son état a été soigneusement étudié au point de vue du symptôme qui va nous occuper, tout paraissait fonctionner régulièrement en lui : la parole est facile, il peut lire aussi bien l'écriture que l'imprimé. Un seul trouble le préoccupe : sa main droite, bien qu'il la remue facilement et s'en serve d'une manière normale pour s'habiller, manger, etc., se refuse absolument à exécuter les mouvements de l'écriture. Quand on l'invite à écrire, il prend plume ou crayon, les tient bien comme s'il allait pouvoir s'en servir; puis, quand on lui dicte un mot, il lui est impossible de tracer même une seule lettre. On lui dit, par exemple, d'écrire *Bordeaux*; il déclare se rendre parfaitement compte mentalement des caractères qu'il faudrait tracer, et il épèle les lettres du mot. Il montre sans erreur ces lettres dans un journal; mais il lui est impossible de les écrire. Ainsi ce malade n'est pas aphémique, car il parle; il n'a ni la surdité verbale ni la cécité verbale que nous venons d'étudier; c'est un autre élément de l'expression qui lui manque. Il avait autrefois appris à écrire, il avait emmagasiné dans sa mémoire le souvenir des mouvements de la main droite dans l'écriture; le souvenir de ces mouvements, qui était resté au malade du type précédent, et qui lui permettait d'écrire comme nous écrivons dans l'obscurité, c'est-à-dire sans voir et reconnaître les lettres, ce souvenir est précisément ce que le présent malade a perdu. Il a oublié les mouvements de l'écriture; il est comme une personne qui n'aurait jamais appris à écrire.

L'étude attentive du sujet révèle encore des détails qui précisent bien la nature de ce qu'il a perdu. Ainsi il peut tenir plume et crayon et tracer des traits, de sorte qu'il peut plus ou moins dessiner, copier des traits. Aussi peut-il, quand on lui présente un mot écrit, le copier; mais il le copie lentement, laborieusement, comme un dessin, comme nous copierions un mot écrit en chinois ou en langue dont nous ne saurions pas l'écriture. Et quand on lui enlève le modèle et qu'on le prie de nouveau d'écrire le mot, il ne le peut plus. Il ne sait que copier l'écriture, parce que alors il copie un dessin.

Fait plus net encore, quand on lui donne un modèle en caractère d'imprimerie, il ne peut copier qu'en imitant le dessin des lettres imprimées; il ne peut traduire en écriture cursive ce qu'il lit en texte d'impression.

Ce malade a donc perdu la mémoire coordinatrice des mouvements de l'écriture, la mémoire motrice de l'expression écrite, la *mémoire motrice graphique*; il a conservé toutes les autres mémoires spéciales étudiées à propos des types précédents. Il est atteint d'*aphasie de la main*, d'*agraphie* en un mot.

Il existe donc une faculté qui consiste dans la mémoire des mouvements coordonnés de la main et du membre supérieur droit pour l'écriture. Cette faculté peut être lésée, supprimée par une affection cérébrale, alors que toutes les autres sont conservées! Elle a donc probablement un organe cérébral bien distinct, c'est-à-dire une localisation bien précise, sans doute dans une circonvolution particulière, selon les idées de Broca. C'est ce qu'il est permis d'affirmer *a priori*, d'après les localisations observées dans les types précédents; c'est ce que les autopsies confirment, en effet; mais, pour le moment, d'une manière moins absolue que pour les faits précédents. Il n'y a pas eu encore d'autopsie pour un cas d'agraphie pure, et par suite pas de fait anatomo-pathologique nettement circonscrit. Mais, dit Ballet [1], en rapprochant les unes des autres les lésions relevées dans les cas positifs et négatifs, c'est-à-dire dans ceux par exemple d'aphasie motrice (type ci-après) avec agraphie, et dans ceux d'aphasie motrice sans agraphie, on est arrivé à cette conclusion que le siège vraisemblable du sens de l'écriture est le pied (partie postérieure) de la deuxième circonvolution frontale.

Nous pouvons donc dire que la lésion du pied de la seconde frontale produit l'*agraphie*, c'est-à-dire que le sujet frappé a perdu la mémoire motrice de l'écriture. Cette circonvolution est donc, dans sa partie postérieure, le siège de la *mémoire motrice graphique.*

---

1. Gilbert Ballet, *le Langage intérieur et les diverses formes de l'aphasie*, Paris, 1886.

Et c'est encore et toujours de l'hémisphère cérébral gauche qu'il s'agit. Ici la démonstration présente ce fait net, que les sujets frappés d'agraphie, ne pouvant plus écrire avec la main droite, que dirige normalement l'hémisphère gauche, apprennent de nouveau à écrire, mais cette fois avec la main gauche, dont ils apprennent à coordonner les mouvements, avec l'hémisphère droit. C'est-à-dire qu'ils emmagasinent, par une nouvelle édu-cation, les images motrices graphiques dans leur seconde frontale droite, comme ils l'avaient fait précédemment, lors de leur première éducation, dans la seconde frontale gauche.

Quatrième type. — Celui-ci, nous le connaissons déjà : c'est le type des aphémiques de Broca, que nous avons décrit tout au début, et dont nous devons reprendre rapidement l'analyse, pour montrer combien ce type forme série complète avec les précédents.

Les aphémiques purs du type décrit par Broca, en 1861, comprennent le langage parlé; ils écrivent, lisent; ils ont une mimique expressive, mais ils ne savent plus émettre les sons réguliers de la parole. Quelques mots, le plus souvent monosyllabiques, ou bien un juron familier, sont seuls restés à leur disposition; ils s'en servent à tout propos, comme un enfant qui n'a encore que quelques mots à sa disposition. Un malade de Trousseau répondait à toute question : « Cousisi ». Un autre: « Monomomentif »; un autre : « Ah! malheur ». Le poète Baudelaire, devenu aphasique, ne pouvait dire que : « Cré nom! »

Qu'ont donc perdu ces malades? Ils ont perdu ce qu'ils avaient acquis dès la première éducation de leur enfance ; la mémoire des mouvements compliqués du larynx et de la langue dans l'expression verbale. Ils n'ont perdu ni la mémoire visuelle verbale, ni la mémoire motrice gra-phique. Ils ont perdu la mémoire motrice verbale. C'est ce que Broca avait si admirablement spécifié quand il a dit : « Le langage articulé que ces malades parlaient naguère leur est toujours familier, mais ils ne peuvent exécuter la série des mouvements méthodiques et coordonnés qui correspondent à la syllabe cherchée. Ce qui a péri en eux, ce n'est pas la mémoire des mots, ce n'est pas non plus l'action des nerfs et des muscles de la phonation et de l'articulation, c'est autre chose : c'est la faculté de coordonner les mouvements propres au langage articulé, puisque sans elle il n'y a pas d'articulation possible. »

Il y a donc une faculté qui consiste dans la mémoire des mouvements du langage parlé, des mouvements verbaux, et cette faculté peut être lésée, supprimée, par une affection cérébrale alors que toutes les autres sont conservées. Cette faculté a un organe cérébral bien distinct, une localisation précise, dans une circonvolution particulière. C'est ce qu'a découvert Broca en 1861. Cet organe cérébral est le pied ou moitié postérieure de la troisième circonvolution frontale. Cette circonvolution est donc le siège de la *mémoire motrice verbale*; sa lésion produit l'*aphasie motrice*, ce qu'on appelle encore l'aphasie du type Broca. Mais comme Broca avait employé le mot d'*aphémie*, il serait mieux, et c'est ce qu'on tend à faire généralement aujourd'hui, de conserver ce mot; il fait bien le pendant du mot *agraphie*.

Nous avons ainsi parcouru le cycle de l'ensemble des troubles d'expressions désignés sous le nom général d'*aphasie*, et dont les types, actuellement bien définis, sont la surdité verbale, la cécité verbale, l'agraphie et l'aphémie.

Comme le disait si bien Broca, il n'y a pas une mémoire unique, il y a différentes mémoires, et nous venons d'apprendre à en connaître quatre bien distinctes : deux siègent en arrière du sillon de Rolando, ce sont des mémoires de sensations (visuelles et auditives) : en effet, tout porte à croire aujourd'hui que la partie postérieure du cerveau est sensitive, forme le centre où s'emmagasinent les sensations; deux siègent en avant du sillon de Rolando, ce sont les mémoires motrices (graphique et verbale). Enfin, tout démontre aujourd'hui que la partie antérieure des hémisphères se compose de centres moteurs, organes des mouvements volontaires. (MATHIAS DUVAL, *l'Aphasie depuis Broca*. *Revue scientifique* du 17 décembre 1887.)

LIVRE III

HISTOIRE DES ANIMAUX

—

I

LA CLASSIFICATION DES ANIMAUX
D'APRÈS CUVIER

Linnæus, celui de tous les naturalistes du XVIIIe siècle dont l'influence avait été la plus universelle sur les esprits, particulièrement en fait de méthode, divisait le règne animal en six classes : les *quadrupèdes*, les *oiseaux*, les *reptiles*, les *poissons*, les *insectes* et les *vers*.

Or, en cela, Linnæus commettait une première erreur générale; car en mettant sur une même ligne ces six divisions primitives, il supposait qu'un même intervalle les séparait l'une de l'autre; et rien n'était moins exact.

D'un autre côté, presque toutes ces classes ou divisions, nommément la dernière, tantôt séparaient les animaux les plus rapprochés, tantôt réunissaient les plus disparates. En un mot, la classification, qui n'a pourtant d'autre but que de marquer les vrais rapports des êtres, rompait presque partout ces rapports; et cet instrument de la méthode, qui ne sert l'esprit qu'autant qu'il lui donne des idées justes des choses, ne lui en donnait presque partout que des idées fausses.

Toute cette classification de Linnæus était donc à refondre, et le cadre presque entier de la science à refaire.

Or, pour atteindre ce but, il fallait d'abord fonder la classification sur l'organisation, car c'est l'organisation seule qui donne les vrais rapports; en d'autres termes, il fallait fonder la zoologie sur l'anatomie; il fallait ensuite porter sur la méthode elle-même des vues plus justes et surtout plus élevées qu'on ne le faisait alors.

Ce sont, en effet, ces vues élevées sur la méthode, ce sont ces études approfondies sur l'organisation qui brillent dès les premiers travaux de M. Cuvier : ressorts puissants, au moyen desquels il est parvenu à opérer successivement la réforme de toutes les branches de la zoologie l'une après l'autre, et à renouveler enfin, dans tout son ensemble, cette vaste et grande science.

J'ai déjà dit que c'était surtout dans la classe des *vers* de Linnæus que régnaient le désordre et la confusion. Linnæus y avait jeté tous les animaux à sang blanc, c'est-à-dire plus de la moitié du règne animal.

C'est dès le premier de ces mémoires, publié en 1795, que M. Cuvier fait remarquer l'extrême différence des êtres confondus jusque-là sous ce nom vague d'*animaux à sang blanc*, et qu'il les sépare nettement les uns des autres, d'abord en trois grandes classes :

Les *mollusques*, qui, comme le *poulpe*, la *seiche*, les *huîtres*, ont un cœur, un système vasculaire complet, et respirent par des branchies;

Les *insectes*, qui n'ont, au lieu de cœur, qu'un simple vaisseau dorsal, et respirent par des trachées;

Enfin, les *zoophytes*, animaux dont la structure est si simple qu'elle leur a valu ce nom même de *zoophytes*, d'*animaux-plantes*, et qui n'ont ni cœur, ni vaisseaux, ni organe distinct de respiration.

Et formant ensuite trois autres classes : des *vers*, des *crustacés*, des *échinodermes*, tous les *animaux à sang blanc* se trouvent compris et distribués en six classes : les *mollusques*, les *crustacés*, les *insectes*, les *vers*, les *échinodermes* et les *zoophytes*.

Tout était neuf dans cette distribution ; mais aussi tout y était si évident qu'elle fut généralement adoptée, et dès lors le règne animal prit une nouvelle face.

D'ailleurs, la précision des caractères sur lesquels était appuyée chacune de ces classes, la convenance parfaite des êtres qui se trouvaient rapprochés dans chacune d'elles, tout dut frapper les naturalistes ; et ce qui sans doute ne leur parut pas moins digne de leur admiration que ces résultats directs et immédiats, c'était la lumière subite qui venait d'atteindre les parties les plus élevées de la science ; c'étaient ces grandes idées sur la subordination des organes et sur le rôle de cette subordination dans leur emploi comme caractères ; c'étaient ces grandes lois de l'organisation animale déjà saisies : que tous les animaux à sang blanc qui ont un cœur ont des branchies, ou un organe respiratoire circonscrit ; que tous ceux qui n'ont pas de cœur n'ont que des trachées ; que partout où le cœur et les branchies existent le foie existe ; que partout où ils manquent le foie manque.

Assurément, nul homme encore n'avait porté un coup d'œil aussi étendu, aussi perçant sur les lois générales de l'organisation des animaux ; et il était aisé de prévoir que, pour peu qu'il continuât à s'en occuper avec la même suite, celui dont les premières vues venaient d'imprimer à la science un si brillant essor ne tarderait pas à en reculer toutes les limites.

M. Cuvier a souvent rappelé depuis, et jusque dans ses derniers ouvrages, ce premier mémoire, duquel datent en effet les premiers germes de la grande rénovation qu'il a opérée en zoologie, et de la plupart de ses idées les plus fondamentales en anatomie comparée.

Jamais le domaine d'une science ne s'était, d'ailleurs, aussi rapidement accru. A l'exception d'Aristote, dont le génie philosophique n'avait négligé aucune partie du règne animal, on n'avait guère étudié, à aucune époque, que les seuls animaux vertébrés, du moins d'une manière générale et approfondie.

Les *animaux à sang blanc*, ou, comme M. de Lamarck les a depuis appelés, les animaux *sans vertèbres*, formaient en quelque sorte un règne animal nouveau, à peu près inconnu aux naturalistes, et dont M. Cuvier venait tout à coup de leur révéler, et les divers plans de structure, et les lois particulières auxquelles chacun de ces plans est assujetti.

Tous ces animaux, si nombreux, si variés dans leurs formes, et dont la connaissance a si fort étendu depuis les bases de la physiologie générale et de la philosophie naturelle, comptaient à peine alors pour le physiologiste et le philosophe; et longtemps encore, après tous ces grands travaux de M. Cuvier dont je parle ici, combien n'a-t-on pas vu de systèmes qui, prétendant embrasser sous un point de vue unique le règne animal entier, n'embrassaient réellement que les vertébrés! Tant la nouvelle voie qu'il venait d'ouvrir aux naturalistes était immense, et tant il avait été difficile de l'y suivre à cause de cette immensité même!

Dans ce premier mémoire, M. Cuvier venait donc d'établir enfin la vraie division des *animaux à sang blanc*. Dans un second, reprenant une de leurs classes en particulier, celle des *mollusques*, il jette les premiers fondements de son grand travail sur ces animaux; travail qui l'a occupé pendant tant d'années, et qui a produit l'ensemble de résultats le plus étonnant peut-être, et du moins le plus essentiellement neuf de toute la zoologie, comme de toute l'anatomie comparée moderne.

On n'avait point eu jusque-là d'exemple d'une anatomie aussi exacte, et portant sur un aussi grand nombre de parties fines et délicates.

Daubenton, ce modèle de précision et d'exactitude,

n'avait guère décrit avec ce détail que le squelette et les viscères des quadrupèdes : ici c'était la même attention, et une sagacité d'observation bien plus grande encore, portées sur toutes les parties de l'animal, sur ses muscles, sur ses vaisseaux, sur ses nerfs, sur ses organes des sens.

Swammerdam, Pallas, qui avaient embrassé toutes les parties de l'animal dans leurs anatomies, avaient borné ces anatomies à quelques espèces; en un autre genre, Lyonnet s'était même borné à une seule : ici c'était une classe entière d'animaux, et de tous les animaux la classe la moins connue, dont presque toutes les espèces se montraient décrites, et tout le détail, le détail le plus délicat, le plus secret de leur structure, mis au jour et développé.

Les *mollusques* ont tous un cœur, ainsi que je l'ai déjà dit : mais les uns n'en ont qu'un seul, comme l'*huître*, comme le *limaçon*; les autres en ont deux; les autres en ont jusqu'à trois distincts, comme le *poulpe*, comme la *seiche*. Et cependant, c'est avec ces animaux, dont l'organisation est si riche, qui ont un cerveau, des nerfs, des organes des sens, des organes sécrétoires, que l'on en confondait d'autres, qui, comme les *zoophytes*, comme les *polypes*, par exemple, n'ont pour toute organisation qu'une pulpe presque homogène.

Les expériences de Trembley ont rendu célèbre le *polype d'eau douce*, cet animal qui pousse des bourgeons, comme une plante, et dont chaque partie, séparée des autres, forme un individu nouveau et complet. Toute la structure de ce singulier *zoophyte* se réduit à un sac, c'est-à-dire à une bouche et à un estomac.

M. Cuvier a fait connaître un autre *zoophyte*, dont la structure offre quelque chose de plus surprenant encore, car il n'a pas même de bouche : il se nourrit par des suçoirs ramifiés, comme les plantes; et sa cavité intérieure lui sert tour à tour d'estomac et d'une sorte de cœur, car il s'y rend des vaisseaux qui y conduisent le suc nourricier, et il en part d'autres vaisseaux qui portent ce suc aux parties. Un des problèmes les plus curieux de toute la physiologie des *animaux à sang blanc* qui ait été résolu par M. Cuvier est celui de la nutrition des *insectes*.

Les *insectes*, comme je l'ai déjà dit, n'ont, au lieu de cœur, qu'un simple *vaisseau dorsal*; et, de plus, ce *vaisseau dorsal* n'a aucune branche, aucune ramification, aucun vaisseau particulier qui s'y rende ou qui en parte.

C'est ce que l'on savait déjà par les travaux célèbres de Malpighi, de Swammerdam, de Lyonnet; mais M. Cuvier va beaucoup plus loin : il examine toutes les parties du corps des *insectes*, l'une après l'autre ; et par cet examen détaillé il montre qu'aucun vaisseau sanguin, ou, ce qui revient au même, qu'aucune circulation n'existe dans ces animaux.

Comment s'opère donc leur nutrition?

M. Cuvier commence par faire remarquer que le but final de la circulation est de porter le sang à l'air. Aussi tous les animaux qui ont un cœur ont-ils un organe respiratoire circonscrit, soit *poumon*, soit *branchies*; et le sang revenu des parties au cœur est-il invariablement contraint de traverser cet organe, pour y être soumis à l'action de l'air avant de retourner aux parties.

Mais, dans les *insectes*, l'appareil de la respiration est tout différent. Ce n'est plus un organe circonscrit qui reçoit l'air; c'est un nombre presque infini de vaisseaux élastiques, nommés *trachées*, qui le portent dans toutes les parties du corps, et qui le conduisent ainsi jusque sur le fluide nourricier lui-même, qui baigne continuellement ces parties.

En un mot, tandis que dans les autres animaux c'est le fluide nourricier qui, au moyen de la circulation, va chercher l'air, le phénomène se renverse dans les *insectes*, et c'est, au contraire, l'air qui y va chercher le fluide nourricier et rend par là toute circulation inutile. (FLOURENS, *Éloge historique de Cuvier*, reproduit dans le Discours sur les évolutions du globe de Cuvier. Firmin-Didot, éditeur; p. 3-9.)

II

H. MILNE-EDWARDS

Milne-Edwards étant un des naturalistes qui, pendant ce siècle, ont le plus contribué à faire connaître les animaux, on lira sans doute avec intérêt un résumé de sa vie et de ses travaux extrait du discours prononcé par M. de Quatrefages sur la tombe de l'illustre savant.

Henri Milne-Edwards est né à Bruges, le 23 octobre 1800. Il était le vingt-neuvième enfant de William Edwards, riche planteur et lieutenant-colonel de milice à la Jamaïque. A la suite des événements politiques des premières années de ce siècle, ce chef de famille vint s'établir d'abord en Angleterre, puis en Belgique. Il avait épousé en secondes noces Élisabeth Vaux, d'une ancienne famille anglaise dont un membre avait été élevé à la pairie au XVIIᵉ siècle. Milne-Edwards fut le second fruit de cette union. Le colonel Edwards comptait de nombreux amis dans le monde littéraire et philosophique. Mais, malgré la nature de ces relations, il ne put échapper aux rigueurs de la police impériale, alors toute-puissante dans la Belgique, momentanément devenue française. Soupçonné d'avoir facilité l'évasion de quelques prisonniers, il fut lui-même incarcéré et ne recouvra la liberté qu'après sept ans de détention. Bien loin de garder rancune à la

France, il se hâta de se rendre à Paris et de réclamer, pour son fils Henri Milne-Edwards, le bénéfice de la loi qui lui permettait de le faire reconnaître en qualité de citoyen français.

. . . .

Le premier Mémoire, lu à l'Académie par Milne-Edwards, date de 1823. Depuis cette époque, il n'a cessé d'agrandir le champ de la science par ses recherches et d'enseigner par la parole ou par la plume ses émules d'abord, puis les générations qui grandissaient à ses côtés. Ces travaux, cet enseignement ont donc duré plus de soixante ans.

Lorsque Milne-Edwards fut nommé membre de l'Académie des sciences, en 1838, sa *Notice* renfermait déjà le résumé de soixante-dix Mémoires originaux. Sur cette liste ne figurent ni les nombreux articles insérés dans le *Dictionnaire classique d'histoire naturelle* ou dans l'*Encyclopédie d'anatomie et de physiologie* du docteur Todd; ni les *additions* faites par lui à l'*Histoire des animaux sans vertèbres* de Lamarck; ni ses *Éléments de zoologie*; ni aucun de ses ouvrages élémentaires. A partir de cette époque, et pendant plusieurs années, les publications de notre confrère sur des sujets spéciaux ont été tout aussi fréquentes, et vous comprendrez que je ne puisse en dresser ici même une simple table de matières.

En somme, Milne-Edwards a touché à toutes les branches de la zoologie et, dans toutes, il a laissé sa trace. La liste de ses ouvrages présente, en zoologie méthodique, des recherches sur la classification des Vertébrés aussi bien que sur celle des Annelés, des Mollusques et des Rayonnés; en zoologie descriptive vivante ou fossile, plusieurs livres généraux devenus classiques dès leur apparition; en zoologie générale, des recherches sur les centres de création, sur la répartition géographique des Crustacés; en anatomie proprement dite, une foule de *Mémoires*, dont je ne pourrais même indiquer les princi-

paux; en anatomie philosophique, des études sur le squelette des Crustacés, regardées par Geoffroy Saint-Hilaire
comme un modèle du genre, etc.

Mais ce qui caractérise l'œuvre de Milne-Edwards
mieux qu'aucun de ces travaux, quelque remarquables
qu'ils soient d'ailleurs, c'est que jamais l'auteur ne perd
de vue le côté physiologique du sujet qui l'occupe, c'est
qu'il le met constamment en saillie et s'en sert pour
éclairer les autres points de la question. C'est par là qu'il
a mérité d'être reconnu pour un chef d'école et qu'il s'est
assuré une place à côté de ses plus illustres prédécesseurs.

En effet, depuis l'époque de la Renaissance, les sciences
naturelles, la zoologie en particulier, ont présenté des
phases successives et marché de progrès en progrès, qui
s'enchaînent dans un ordre remarquablement logique.
Au début, on chercha à peu près exclusivement à retrouver
les espèces décrites par les anciens; mais on rencontra
en route bien des animaux ou des plantes que n'avaient
connus ni Aristote ni Pline. On s'arrêta à les décrire, et
bientôt on sentit qu'il fallait mettre de l'ordre dans ces
richesses devenues encombrantes. Linné, avec ses classifications systématiques et sa nomenclature binaire,
répondit à ce besoin. La zoologie d'abord, pour ainsi dire,
littéraire et érudite, devint ainsi classificatrice et descriptive. Buffon lui conserva essentiellement ce dernier caractère, en même temps que, par ses belles recherches de
géographie zoologique, il ouvrit la voie à la zoologie
générale. Puis vint Cuvier, qui comprit qu'il ne fallait pas
s'en tenir à l'examen extérieur des animaux et que, pour
juger de leurs vrais rapports, il fallait en connaître tous
les organes. Ses deux ouvrages, l'*Anatomie comparée* et
le *Règne animal*, expression d'une même pensée, fruits
du même travail et s'appuyant l'un sur l'autre, fondèrent
la zoologie anatomique.

On comprend que je n'ai pas eu la prétention de tracer
ici même une esquisse abrégée de l'histoire de la zoologie.

et que j'ai volontairement omis de mentionner les branches diverses sorties de ce tronc si vivace et si fécond. J'ai voulu seulement indiquer le point où l'avaient conduite le génie de Cuvier et les travaux de ses disciples immédiats. Or, il faut bien le reconnaître, ils ont oublié trop souvent les préceptes de Haller sur l'alliance intime qui doit unir l'anatomie et la physiologie. Mais peut-être sont-ils excusables. Leur labeur a été grand; ils nous ont fait connaître les instruments; à nous de chercher comment ils agissent.

C'est ce que Milne-Edwards comprit pour ainsi dire à ses débuts dans la science. Associé d'abord avec Victor Audouin, on le voit, dès 1826, commencer sur les côtes de France ces campagnes zoologiques qui devaient être si fécondes en résultats. Les deux amis, accompagnés de leurs jeunes femmes, qui les suivaient dans toutes leurs courses et les aidaient dans leurs travaux, s'étaient installés dans le petit archipel de Chausey, où, une quinzaine d'années après, je retrouvais bien vivace, mais légèrement altéré, le souvenir de leur séjour et de leurs occupations. Ils en revinrent les mains pleines, et l'un de leurs mémoires, les *Recherches anatomiques sur la circulation dans les Crustacés*, obtint, en 1828, le prix de physiologie décerné par l'Académie des sciences.

En allant demander des enseignements au monde marin, Milne-Edwards et Audouin renouaient une tradition toute française, que l'on peut faire remonter tout au moins à Bernard de Jussieu et à Guettard, qui furent chargés par l'Académie de vérifier ce qu'avait de vrai la grande découverte de Peysonel. Il est permis de se demander auquel des deux jeunes naturalistes revient le mérite d'avoir eu la pensée de rentrer dans cette voie. Sans doute, il est souvent difficile et parfois délicat de poser une question pareille à propos de deux collaborateurs qui ont signé de leurs noms le même travail. Mais ici, les faits parlent trop haut pour qu'il soit possible d'hésiter. A partir du jour où cette association scientifique fut rompue, sans que leur amitié en souffrît, Audouin se livra tout entier à l'entomologie et à ses applications qui le conduisirent à la section d'agriculture de l'Académie ; Milne-Edwards reprit ses voyages sur les côtes, revint à diverses reprises sur celles de notre Océan, explora celles de Nice, de Naples, de l'Algérie et plus tard celles de la Sicile, où M. Blanchard et moi nous eûmes la joie de l'accompagner.

C'est que ce jeune maître sentait de plus en plus quels précieux sujets d'études offrent les animaux inférieurs marins au naturaliste que préoccupent les questions physiologiques. Chez eux, la machine animale, se démontant, pour ainsi dire, pièce à pièce, finit par ne plus conserver que les organes fondamentaux, et la nature intime des fonctions se laisse bien mieux pénétrer. Quand à cette simplification organique vient s'ajouter la transparence des tissus, l'œil armé du microscope peut aller fouiller ces corps vivants sans les détruire, sans même les altérer et prendre en quelque sorte la nature sur le fait.

Une fois la route indiquée, la zoologie moderne ne pouvait manquer d'entrer dans cette nouvelle voie. Elle devait de plus en plus aller au delà de l'anatomie et s'inquiéter de la fonction autant que des organes. Elle l'a fait d'abord, sans se rendre bien compte de ce changement de direction. Ce fut un de ses adversaires qui lui donna la claire conscience du progrès accompli. En 1845, un journal, parlant des travaux de l'Académie des sciences, qualifia ironiquement de *zoologistes physiologistes* Milne-Edwards et quelques jeunes travailleurs groupés autour de lui. Tous acceptèrent, de très bon cœur et comme caractérisant au mieux leurs tendances, ce titre qu'on leur appliquait comme un blâme et par dérision. On leur apprenait à eux-mêmes qu'il y avait dans leur petit groupe le germe d'une école nouvelle.

Cette école, si peu nombreuse il y a vingt ans, a bien

grandi depuis lors. Elle a, on peut le dire, envahi tous les pays où l'on fait de la science sérieuse; et chose remarquable, quoique très naturelle, c'est en suivant la voie frayée par les naturalistes français que les savants de ces diverses contrées arrivent à se ranger sous la même bannière. Chez eux, comme chez nous, c'est le monde marin qui conduit à l'évidence et commande les convictions. Le succès d'ailleurs ne se fit pas trop attendre; l'École physiologique compta bientôt de glorieux adeptes. L'illustre Müller, le chef des physiologistes allemands, après avoir demandé pendant vingt ans les secrets de la vie aux animaux supérieurs, comprit qu'il devait, lui aussi, aller s'instruire en étudiant le monde marin; il rapporta de ses campagnes quelques-uns de ses plus beaux titres de gloire. Et il le comprit si bien que, devenu injuste envers ses premiers travaux, il déclarait regarder comme perdu tout le temps qu'il n'avait pas passé au bord de la mer.

Ainsi la zoologie et la physiologie, si longtemps regardées comme deux sciences distinctes, cherchent mutuellement à se rapprocher. La zoologie physiologique, qui leur sert de lien, a grandi rapidement à la faveur de cette double tendance, et Milne-Edwards en est resté le chef universellement reconnu.

Ce que notre confrère a été dans ses travaux écrits, il l'était dans son enseignement oral.

A la Sorbonne comme au Muséum, on retrouvait toujours l'infatigable chercheur. Pour chacun de ces enseignements il ne s'est jamais tracé de cadre absolu. Je l'ai vu bien souvent remanier le cours de quelque année précédente, s'efforçant sans cesse de le perfectionner; et, de ce travail sans trêve fécondé par le savoir personnel, était résultée une érudition solide et éclairée qui attirait autour de sa chaire de nombreux et assidus auditeurs.

C'eût été grand dommage que le trésor scientifique, fruit d'un semblable labeur, disparût avec celui qui avait su l'acquérir. Heureusement Milne-Edwards devait obéir à la logique de tout esprit vraiment élevé et chercher à coordonner, ne fût-ce que pour lui-même, l'ensemble de ses connaissances. Sans renoncer aux recherches spéciales, il entreprit presque en même temps deux ouvrages, tous les deux rédigés dans ce sens : l'*Introduction à la Zoologie générale* et les *Leçons sur la Physiologie et l'Anatomie comparées de l'homme et des animaux*. Dans le premier, il résume plus spécialement les idées qui ont dirigé ses travaux; le second est pour ainsi dire la preuve et le développement du précédent en même temps qu'il présente le tableau détaillé de la science actuelle.

Je voudrais pouvoir vous parler longuement de ces deux beaux livres; j'aimerais surtout à vous entretenir de l'*Introduction*, parce que ce tout petit volume renferme la doctrine à peu près entière de l'auteur et à ce titre mérite toute notre attention. Mais le temps manque et je puis à peine parcourir à vol d'oiseau quelques-uns des grands horizons que Milne-Edwards ouvre à ses lecteurs.

« Pour me former une idée du plan qui a présidé à la constitution du règne animal, dit Milne-Edwards, j'ai cherché à juger des causes par les effets. Je n'ai pas cru un seul instant pouvoir deviner la pensée mère dont est sortie cette vaste conception, ni déterminer la route suivie par l'auteur de toutes choses dans l'exécution de son œuvre. »

Partout, toujours, notre confrère est resté fidèle à ce programme, qui écarte dès l'abord toute hypothèse *a priori*. Partout, toujours, Milne-Edwards part du fait et remonte par induction à la cause prochaine. Puis il contrôle ses premières conclusions en les rapprochant de tous les faits ambiants, et cette comparaison même le conduit à des résultats nouveaux. C'est ainsi que, toujours appuyé sur la réalité, il s'élève à la perception des lois les plus générales qui ont présidé à la constitution des êtres, au groupement de leurs innombrables formes, à leur répartition dans le cadre du règne animal, à l'établissement et à la constance des rapports qui unissent les parties de ce vaste ensemble. Cette manière de procéder, n'est-ce pas la méthode expérimentale telle qu'il est possible de l'appliquer aux sciences d'observation?

Deux faits généraux frappent d'abord Milne-Edwards. Le premier est l'infinie variété des êtres vivants. « Les organismes, dit-il, ne sont réellement identiques, ni dans le temps, ni dans l'espace. La première condition imposée à la nature dans la formation des animaux semble être la *diversité des produits.* »

Le second fait général dont Milne-Edwards a le premier montré toute l'importance est que cette variété extrême s'obtient toujours à peu de frais. La nature est loin d'avoir réalisé toutes les formes animales que notre esprit peut concevoir. On dirait qu'elle répugne aux innovations et qu'avant de créer un nouveau modèle, elle s'efforce de tirer tout le parti possible de ceux qu'elle s'était déjà donnés. Des premiers temps paléontologiques jusqu'à nos jours, on la voit obéir à ces deux lois en apparence opposées : la *loi de variété* et la *loi d'économie.* Rechercher les moyens employés pour satisfaire à l'une et à l'autre, tel est le but principal de l'ouvrage.

Au premier rang des causes de variété, il faut placer l'inégalité dans la perfection avec laquelle s'accomplissent les fonctions. Pour satisfaire à la première des lois indiquées plus haut, la nature, avant tout, perfectionne. Déterminer les procédés de ce perfectionnement est donc d'une haute importance. On voit tout ce que ce point de départ a de profondément physiologique.

Usant d'une comparaison qui revient souvent sous sa plume, Milne-Edwards rapproche l'animal des machines employées dans nos usines. Pour accroître le *travail industriel*, l'homme tantôt grandit la machine, tantôt en multiplie les parties actives. Pour augmenter le *travail fonctionnel*, la nature bien souvent ne procède pas autrement. Mais le plus puissant moyen mis en œuvre par elle pour perfectionner les organismes et établir de groupe à groupe et d'espèce à espèce la merveilleuse variété qui les distingue est incontestablement la *division du travail fonctionnel*. Ici encore l'industrie humaine fournit un terme de comparaison facile à saisir et qui explique également les faits anatomiques et les résultats physiologiques.

Mais le perfectionnement par voie de division du travail, en produisant la *variété*, entraîne une complication anatomique, et il n'en faut pas moins obéir à la loi d'*économie*. La nature y pourvoit en ne perfectionnant jamais à la fois tout un organisme, mais seulement quelques-unes de ses parties. Il résulte de là que les espèces, les groupes les plus voisins, ne sont jamais ou plus haut ou plus bas placés d'une manière absolue. Celui qui l'emporte par le développement d'un certain organe, d'une certaine fonction, est inférieur à quelque autre titre. Il est facile de voir quelle diversité extrême doit naître précisément de cette singulière parcimonie, d'où il résulte que la machine animale, au lieu de s'améliorer en masse, ne se perfectionne que par portions souvent très restreintes.

Je voudrais pouvoir emprunter soit au livre de Milne-Edwards, soit à mes propres souvenirs, au moins quelques exemples de cette espèce d'avarice dans les moyens, alliée à la plus magnifique profusion dans les résultats. Je voudrais vous montrer comment la *loi d'économie*, qui semble ne pouvoir qu'éloigner les espèces et les groupes les uns des autres, produit parfois des résultats inverses et amène l'apparition de ces *rapports collatéraux* d'où résultent ce que l'on a appelé les *analogues zoologiques* ou les *termes correspondants*. Surtout j'aimerais vous montrer comment, au milieu des modifications innombrables des espèces, apparaissent toujours et se conservent intacts les types fondamentaux ; comment s'établissent et se manifestent les harmonies organiques, tantôt rationnelles, tantôt purement empiriques, comment...; mais la simple énumération des questions abordées et résolues dans ce petit livre par notre maitre regretté m'entraînerait trop loin. Il me suffit d'avoir sommairement indiqué quelques-unes des tendances de son école, *de toutes les écoles actuelles*, pourrais-je dire; car, ceux-là même qui ne se rangent pas officiellement sous la bannière de Milne-Edwards n'en reconnaissent pas moins le bien fondé des lois qu'il a formulées; et de simples débutants en zoologie les appliquent chaque jour, sans même dire d'où elles leur viennent, tant elles sont entrées dans le savoir commun.

Et puis, bien que l'heure me presse et que je me reproche d'être si long, il faut bien dire au moins quelques mots des *Leçons de physiologie et d'anatomie*, de ce grand ouvrage dont le premier volume a paru en 1857 et le quatorzième en 1881. Vous comprenez que le résumer serait impossible. C'est le tableau complet du passé et du présent des sciences physiologiques et anatomiques, avec leurs détails infinis qu'embrassent et coordonnent des idées générales, presque toutes résumées dans l'*Introduction*. Ce livre marque dans l'histoire de ces sciences une véritable époque. Il est dès à présent pour nous, il sera pour nos arrière-neveux ce que les écrits de Haller ont été pour ses contemporains et pour leur postérité. (DE QUATREFAGES, *Revue scientifique*, du 8 août 1885.)

III

LA DURÉE DE LA VIE DES ANIMAUX

Les espèces appartenant aux dernières classes du règne animal paraissent avoir en général une durée fort courte; la plupart d'entre elles vivent au plus quelques années. Parmi les poissons, il en est un certain nombre qui, naissant très petits et croissant avec lenteur, sont destinés cependant à acquérir une grande taille. Dans les viviers des Césars, des murènes ont été nourries jusqu'à l'âge de soixante ans. En calculant d'après le poids que les carpes atteignent en dix années, on en a pêché plusieurs qui devaient avoir près d'un siècle. En 1497, il fut pris, dit-on, dans un des étangs du château de Lautern, un brochet pesant trois cent cinquante livres, qui, d'après une inscription gravée sur un anneau suspendu à l'un de ses opercules, y avait été mis deux cent soixante-sept ans auparavant par l'ordre de l'empereur Frédéric II. Forster parle de tortues qui auraient vécu plus d'un siècle après leur capture, et les crocodiles passent aussi pour avoir la vie très longue. Quelques oiseaux, l'aigle, le cygne, le corbeau, les perroquets, sont regardés comme pouvant jouir d'une existence séculaire. L'auteur de *la Macrobiotique*, Hufeland, parle d'un faucon, envoyé du cap de Bonne-Espérance à Londres, qui portait ces mots gravés sur un collier d'or : « A Sa Majesté Jacques, roi d'Angleterre, 1610 », et il s'était écoulé cent quatre-vingt-deux ans depuis sa captivité.

Tous ces faits ne présentent pas un caractère suffisant d'authenticité. Nous avons un peu plus d'expérience relativement à la durée des mammifères, et surtout des mammifères domestiques. Nous savons que le cheval vit à peu près vingt-cinq ans, le chameau quarante, le cerf de trente-cinq à quarante, le bœuf de quinze à vingt, le chien de dix à douze, le chat de neuf à dix. La vie du lion est environ de vingt ans, celle du lièvre et du lapin de sept ou huit, celle du cochon d'Inde de six à sept. Les très grands animaux, l'éléphant, l'hippopotame, le rhinocéros, la baleine, vivent probablement un temps beaucoup plus considérable. On voit toutefois, par exemple, que la plupart des êtres qui se rapprochent de nous sous le rapport de leur organisation sont loin d'avoir une existence aussi longue que la nôtre, « ce qui rend bien injustes, dit Haller, nos plaintes continuelles sur la brièveté de la vie ».

C'est de l'homme seulement que nous voulons nous occuper ici. Où en sont les recherches scientifiques sur la durée de sa vie? Avant tout, il est bon d'écarter une cause de confusion dont ne se sont pas assez préoccupés les divers physiologistes. Les uns fixent le terme de la vie humaine à soixante-dix ans, d'autres à quatre-vingts ans ou quatre-vingt-dix, d'autres enfin au delà de cent ans. Cette divergence d'opinions nous paraît tenir principalement à ce qu'on a presque toujours confondu la vie *ordinaire* avec la vie *naturelle* ou *normale*. Pour se former une idée exacte et complète de la durée de la vie, il est nécessaire de l'envisager sous différents aspects. Elle peut présenter quatre modes particuliers dont il importe de tenir compte. Nous devons bien distinguer la *durée moyenne*, la *durée ordinaire*, la *durée naturelle* et la *durée anormale*.

La *vie moyenne* s'obtient en divisant la somme d'années qu'a vécues une grande quantité d'individus décédés à tout âge par le même nombre d'individus. Elle résume par conséquent les causes susceptibles de déterminer la mort. Le chiffre qui l'exprime indique le nombre d'années que le nouveau-né a chance de vivre.

Nous entendons par *vie ordinaire* l'espace de temps que parcourent les individus échappés aux dangers de la jeunesse et de la virilité. Elle se termine à l'âge auquel parviennent habituellement ceux qui ne sont pas déjà morts avant le commencement de la vieillesse. C'est en quelque sorte la vie moyenne des vieillards.

La *vie naturelle* ou *normale* représente la durée que Dieu a accordée à l'espèce en la créant. Elle se termine par l'effet de la vieillesse seule, et les limites entre lesquelles ce terme est marqué traduisent la loi même de la durée de la vie; mais comme ces limites seront atteintes par ceux-là seulement qui pourront entièrement se soustraire à l'influence continue des diverses causes troublantes, la loi ne s'accomplira qu'imparfaitement. Il pourra même arriver que ce qui est bien certainement la règle naturelle semblera par le fait ne plus être que l'exception.

Quant à la vie *extraordinaire* ou *anormale*, c'est une déviation de la loi, agissant en sens inverse de la déviation produite par les morts prématurées, mais qui ne compense pas celle-ci d'une manière notable. Elle indique la limite extrême et exceptionnelle, au delà de laquelle il n'y a plus que l'impossible.

. . . .

Aristote a entrevu le premier chez les animaux un rapport direct entre la durée de l'accroissement, de la gestation, et la durée totale de la vie. Sur ce point comme sur beaucoup d'autres, les naturalistes modernes ont confirmé, au moins en partie, les vues du prince des philosophes. De ce simple aperçu, Buffon a tiré une théorie à l'appui de laquelle il cite plusieurs faits. Il distingue avec raison l'accroissement en grosseur de l'accroissement en hauteur, celui-ci précédant toujours celui-là, qui ne s'achève guère qu'une fois plus tard. La durée de ces deux accroissements doit être comprise un certain nombre de fois dans la durée de la vie. Or Buffon dit d'une part : « L'homme, qui est trente ans à croître, vit quatre-vingt-dix ou cent ans; le chien, qui ne croît que pendant deux ou trois ans, ne vit aussi que dix ou douze ans ». Et il écrit ailleurs : « L'homme, qui est quatorze ans à croître, peut vivre six ou sept fois autant de temps. Comme le cerf est cinq ou six ans à croître, il vit aussi sept fois cinq ou six ans, c'est-à-dire trente-cinq ou quarante ans ». Dans le premier cas, il s'agit évidemment de l'accroissement en grosseur, et en dernier lieu de l'accroissement en hauteur; mais Buffon ne s'explique pas là-dessus, et il fixe arbitrairement et beaucoup trop tôt le terme de l'un et de l'autre : c'est qu'il n'a pas su reconnaître et marquer ce terme au moyen d'un caractère précis commun aux diverses espèces. Tant que ce caractère a fait défaut, il était impossible d'établir avec quelque certitude le temps de l'accroissement et la proportion de ce temps à la durée de la vie.

Un éminent physiologiste a cherché ce signe du terme de l'accroissement, qui avait manqué jusqu'alors, et il l'a trouvé dans la réunion des os à leurs épiphyses [1]. « Tant que les os ne sont pas réunis à leurs épiphyses, dit M. Flourens, l'animal croît; dès que les os sont réunis à leurs épiphyses, l'animal cesse de croître. » Voilà donc un caractère net faisant connaître d'une manière positive que l'accroissement en hauteur est achevé. M. Flourens

---

1. Les principaux os des membres présentent un corps allongé et sont terminés à leurs extrémités par des éminences qui dans le jeune âge en sont distinctes, et qui se soudent par les progrès du développement. C'est à ces éminences qu'on a donné le nom d'*épiphyses*.

s'est assuré que ce signe est constant, et que dans une même espèce il apparaît à une époque fixe. Dès lors il devenait facile de trouver le rapport entre le terme de la vie accusé par les faits. La réunion des os à leurs épiphyses s'opère à huit ans dans le chameau et le chameau vit quarante ans; elle se fait à cinq ans dans le cheval, qui en vit vingt-cinq, à quatre dans le bœuf et dans le lion, qui en vivent de quinze à vingt, à deux dans le chien, qui en vit de dix à douze; dans le chat, elle a lieu à dix-huit mois, et la vie du chat n'est que de neuf à dix ans. Le rapport cherché serait donc, pour tous ces animaux, 5 ou à peu de chose près, et non pas 3, ni 6 ou 7, comme Buffon l'a supposé successivement.

Chez l'homme, c'est vers l'âge de vingt ans que les os se réunissent à leurs épiphyses; la durée normale de la vie humaine devrait donc être de cent ans, et ce chiffre coïncide bien en effet avec ce que nous apprennent l'histoire et même la statistique. D'après ce principe, il suffirait de quintupler le temps de l'accroissement d'un animal donné pour obtenir la durée de vie de cet animal. Par exemple, on ignore la durée de vie de l'éléphant; mais tout récemment un éléphant femelle est mort à l'âge de quarante ans environ, à la ménagerie du Jardin des Plantes. Ses épiphyses n'étaient pas encore soudées. On devrait en conclure que la vie naturelle de ce géant de la création est au moins de deux cents ans, et telle est justement l'opinion d'Aristote, de Buffon et de Cuvier. « Une seule observation exacte sur l'époque où se fait la réunion des os et des épiphyses dans l'éléphant, dans le rhinocéros, dans l'hippopotame, etc., nous donnerait tout de suite et nous donnerait à coup sûr, dit M. Flourens, la durée de vie de toutes ces grandes espèces. »

Pour que cette assertion fût absolument vraie, une condition serait nécessaire : c'est que le rapport de l'accroissement à la vie totale, que nous voyons exprimé par le chiffre 5 pour le chameau, le bœuf, le cheval, le lion, le chien et le chat, restât invariablement le même pour les autres animaux. Le nombre des faits bien constatés ne permet pas encore de décider si ce rapport est ou n'est pas très général; mais d'après quelques exemples connus, et grâce surtout aux analogies que nous fournit l'étude des tendances de la nature, nous penchons à croire que la relation entre la durée de l'accroissement et la durée de la vie varie dans les divers groupes naturels.

L'immense majorité des êtres animés n'est pas assujettie à la règle si nettement formulée par M. Flourens; cette règle, M. Flourens l'a d'ailleurs restreinte à la classe des mammifères, qui comprend, comme l'on sait, les espèces les mieux organisées, telles que le tigre, l'éléphant, le mouton, le rat, la chauve-souris, le singe, et dont l'homme lui-même fait partie. Chez ces divers animaux et ceux qui leur ressemblent, la vie se continue longtemps après que l'accroissement est terminé; mais il n'en est plus de même pour tous ceux dont l'organisation est moins parfaite. Chez les insectes par exemple, l'espace de temps compris entre l'éclosion de l'œuf et la dernière métamorphose est infiniment supérieur au reste de la vie, et cet espace correspond à certains égards à la durée de l'accroissement chez les mammifères. Une fois parvenus à l'état parfait, les insectes ne vivent souvent que quelques jours ou même quelques heures après avoir passé plusieurs années à se développer. Chez la plupart des animaux sans vertèbres, la vie se prolonge très peu après que la croissance est terminée, et ce caractère se retrouve aussi chez les vertébrés inférieurs; on sait que beaucoup de poissons grandissent et grossissent toujours, si ce n'est peut-être dans l'extrême vieillesse.

Nous voyons ainsi que plus une classe d'animaux est élevée en organisation, plus la durée totale des espèces qui la composent s'allonge relativement à la durée de leur croissance. M. Milne-Edwards a montré dans son enseignement au Muséum et à la Faculté des sciences que c'est là une tendance de la nature qui peut souffrir quelques exceptions, mais qui pourtant domine l'ensemble du règne animal. Eh bien! cette tendance paraît ne pas se borner aux classes, mais s'étendre encore aux subdivisions des classes. Nous avons dit que la proportion entre l'accroissement et la vie normale est exprimée par 5 pour le lion, le chien et le chat, qui appartiennent à l'ordre des carnivores, pour le cheval, qui est le type de l'ordre des solipèdes, pour le bœuf et le chameau, qui représentent deux familles de l'ordre des ruminants; mais deux espèces de rongeurs, le lapin et le cochon d'Inde, nous montrent un rapport notablement différent de celui-là. M. Flourens a vu les épiphyses se souder dans le lapin à un an et dans le cochon d'Inde à sept mois. Si la règle précédente s'appliquait à ces deux animaux, la vie normale serait de cinq ans pour le premier et d'un peu plus de trois pour le second. On sait pourtant, et M. Flourens le dit, que le lapin vit huit ans, et le cochon d'Inde de six à sept. Le rapport ici n'est donc plus cinq; pour le lapin, nous trouvons huit, et presque dix pour le cochon d'Inde, en sorte que s'il était permis de tirer une conséquence d'un aussi petit nombre d'observations, il faudrait, pour obtenir la durée de la vie d'un mammifère, connaissant seulement l'époque à laquelle ses épiphyses se soudent aux os, multiplier le temps de son accroissement par le nombre cinq, quand il s'agirait d'un solipède, d'un ruminant ou d'un carnivore, et par les nombres huit ou dix, quand on aurait affaire à un rongeur. Or, dans la classification naturelle que M. Milne-Edwards a basée sur l'étude des caractères génériques, les ruminants et les solipèdes d'une part, et les carnivores de l'autre, appartiennent à des types différents de celui auquel les rongeurs se rattachent. Les autres dérivés de ce dernier type sont les insectivores, les chauves-souris, les singes et l'homme. Conséquemment les rongeurs, tout en restant inférieurs au chat, au bœuf et au cheval, font cependant partie d'un groupe d'animaux qui, considéré dans son ensemble, est de beaucoup plus élevé en organisation que les groupes où sont contenus le cheval, le bœuf et le chat. Il semblerait donc que, dans la classe des mammifères, la durée normale de la vie tendrait à s'allonger par rapport à la durée de l'accroissement à mesure que le type génésique s'élèverait davantage. Si cette tendance est réelle, on peut prévoir que le chiffre exprimant cette proportion chez les monotrèmes et les marsupiaux, qui sont les derniers des mammifères, serait plus faible que 5, et au contraire, chez les singes, que leur organisation place si près de l'homme, il est vraisemblable que ce chiffre serait supérieur à 5 et peut-être à celui que nous offrent les rongeurs. Pourtant il faudrait savoir si l'influence du caractère génésique et du perfectionnement organique n'est pas combattue souvent par l'influence de quelque autre cause dont on n'a pas étudié les effets à ce point de vue, comme la taille, le régime ou la manière de vivre. Il y a là tout un ensemble de questions nouvelles que le temps seul pourra résoudre, car elles exigent beaucoup d'observations directes; mais nous sommes en droit d'assurer dès à présent que le rapport de l'accroissement à l'étendue de la vie n'est pas uniforme dans la classe des mammifères, puisque dans le petit nombre de cas connus nous le voyons varier du simple au double.

Maintenant quel sera le chiffre exprimant ce rapport dans le genre humain? Sera-t-il différent de celui des ruminants et des carnivores, et supérieur à celui des rongeurs? Par analogie, on devrait le croire au moins égal à ce dernier, puisque l'homme est le plus parfait des êtres organisés. Hufeland pensait que tout animal dure huit fois plus qu'il ne met de temps à s'accroître. A ses yeux, l'homme s'accroît pendant vingt-cinq ans, et conséquemment la durée absolue de l'homme est de deux cents ans. « La mort qui arrive avant cent dix ans, dit-il, est presque toujours *artificielle*. » D'après la tendance que nous avons rappelée, il faudrait au moins admettre ici les deux siècles devant lesquels Hufeland n'a pas reculé; mais l'histoire et la statistique ne s'accordent plus avec ce résultat. Il y a là une apparente contradiction, dont pourtant il est facile de se rendre compte. Toutes les fois que l'on compare l'homme aux autres animaux, il ne faut pas perdre de vue qu'il y a en lui quelque chose de plus que chez tous ceux-ci : il y a l'être intellectuel et moral, dont l'action use et affaiblit sans cesse les ressorts de la machine organique. Cette condition spéciale, qui fait sa force et sa grandeur, rendrait sa vie plus courte, relativement à sa croissance, que ne l'est celle des autres animaux, si la supériorité de son organisme ne tendait au contraire à allonger sa durée totale. Il y a donc pour lui une sorte de compensation par suite de laquelle, en définitive, on est porté à quintupler simplement la durée de son accroissement pour avoir la durée normale de son existence.

L'étude physiologique des âges dont se compose la vie humaine conduit à la même conclusion. Si l'accroissement en hauteur s'achève à la vingtième année, l'accroissement en grosseur se prolonge jusqu'à environ quarante ans. Au delà de quarante ans, le corps peut augmenter de volume; mais, comme le remarque très bien Buffon, cette extension n'est pas une continuation du développement de chacun des organes; c'est une addition de matière surabondante, une simple accumulation de graisse qui surcharge le corps d'un poids inutile. Après ce développement en longueur et en grosseur, M. Flourens établit qu'il s'opère encore dans la profondeur de nos tissus et de nos organes un travail intérieur, lequel, « rendant, dit-il, toutes ces parties plus achevées, plus fermes, rend aussi toutes les fonctions plus assurées et l'organisme entier plus complet ». Ce dernier travail, que M. Flourens nomme très justement *travail d'invigoration*, a lieu de quarante à quarante-cinq ans, et, suivant ce physiologiste, il se maintiendrait encore jusqu'à soixante-cinq ou soixante-dix. C'est seulement à cette époque qu'il fait commencer la vieillesse, la *première*, la *verte* vieillesse, car pour la dernière il ne la place qu'à quatre-vingt-cinq ans. Peut-être le savant académicien donne-t-il ici une extension un peu trop grande à l'âge viril, en faisant au contraire une part trop petite au dernier âge, à celui qu'il appelle l'*âge saint* de la vie. Sans doute il est difficile de fixer rigoureusement le terme de chacun d'eux, car ce terme varie presque pour chaque homme; pourtant il est une mesure commune à laquelle nous nous arrêterons avec d'autant plus de confiance, qu'elle est généralement adoptée et qu'elle a pour elle la sanction du temps. On considère habituellement l'âge viril comme se terminant vers soixante ans, et à cette époque commence l'âge de retour, ou, si l'on veut, la première période décroissante. Buffon, s'adressant aux jeunes gens, disait à l'âge de soixante-dix ans : « N'ai-je pas la jouissance de ce jour aussi présente, aussi plénière que la vôtre ? » Et il appelait la vieillesse un préjugé résultant de notre arithmétique. Comment oser dire, après cela, que Buffon était déjà vieux à soixante ans, lui qui se trouvait encore jeune à soixante-dix? Mais si quelques hommes privilégiés conservent après soixante ans les avantages attachés à l'âge viril, on conviendra que ce n'est pas là la règle. En général, à cette époque de la vie, plusieurs signes se manifestent qui indiquent l'origine de la décroissance. La vue s'affaiblit, la mémoire devient lente, et le cerveau en quelque sorte plus dur; *memoria incipit difficilius reddi, ut duritiem cerebri non possis non agnoscere*, dit Haller. La femme n'a plus le pouvoir d'être mère, l'homme perd également une partie de ses facultés caractéristiques. Alors aussi commence la diminution des forces en réserve ou des forces radicales, comme les appelle Barthez par opposition aux forces agissantes. C'est là, d'après M. Flourens lui-même, le caractère physiologique de la vieillesse. Ce caractère se prononce de plus en plus à mesure que les années augmentent, mais il est déjà très sensible après soixante ans.

Nous croyons donc devoir faire subir une légère modification des âges telle que M. Flourens l'a proposée récemment. En dehors de la vie fœtale, il existe cinq âges principaux. — Le premier s'étend de la naissance à vingt ans. Il correspond à l'accroissement en hauteur et se compose de l'enfance et de l'adolescence. — Le second commence à vingt ans et finit vers quarante. Il répond au développement en grosseur et comprend la première et la seconde jeunesse. — Le troisième âge est renfermé entre la quarantième et la soixantième année. C'est l'âge viril. Il est caractérisé par ce travail d'invigoration que M. Flourens a si bien apprécié. — Avec le quatrième âge commence la décroissance, c'est-à-dire l'affaiblissement des organes et l'accomplissement moins entier des diverses fonctions physiologiques. C'est la première vieillesse, dont le signe principal consiste dans la diminution des forces en réserve. Elle s'étend d'ordinaire jusqu'à quatre-vingts ans. — A partir de cette époque, l'homme entre dans la seconde et dernière vieillesse, dans cet âge au bout duquel il peut être assuré de n'en pas recommencer d'autre. Nous ne saurions distinguer au moyen d'un signe précis cette seconde période décroissante de la première vieillesse. Burdach l'a dit avec beaucoup de raison : plus la vie avance, plus elle se diversifie chez les individus, et plus il devient difficile d'arriver par voie d'abstraction à établir le caractère essentiel et normal de ses périodes. Tous les traits qui marquent l'âge précédent sont seulement ici plus fortement accusés ; toutes les facultés sont amoindries ; la décroissance s'étend à toutes les parties de l'organisme, jusqu'à ce qu'enfin le vieillard éprouve ce complet épuisement, cette difficulté d'être dont parle Fontenelle, cette défaillance universelle, comme dit Bacon, qui précède toujours la mort naturelle.

La vie se compose ainsi de cinq périodes : deux d'accroissement, une de repos, et deux de décroissance. Ces périodes sont égales entre elles d'une manière générale, à l'exception de la dernière, dont la fin est ordinairement hâtée, ou qui peut dans quelques cas se prolonger davantage. L'étendue de ces divers âges s'accorde bien avec celle que leur donnait Pythagore; seulement le nombre 4 étant le plus parfait aux yeux de ce philosophe, il n'y avait pour lui que quatre âges, et il terminait impitoyablement la vie à quatre-vingts ans. Au delà de cet âge, il ne comptait plus personne au nombre des vivants. En cela, César fut pythagoricien : « César, dit Montaigne, à un soldat de sa garde recreu et cassé qui vint en la rue lui demander congé de se faire mourir, regardant son maintien décrépit, répondit plaisamment : « Tu penses « donc être en vie? » Ce n'est pas ici le lieu de décider si au delà de quatre-vingts ans on a tort ou raison d'exister; il nous suffit de constater que le cinquième âge est dans l'ordre naturel des choses.

En résumé, les chiffres de la statistique, les faits que l'histoire a enregistrés et les données que fournit la physiologie nous amènent à conclure : 1° que la durée moyenne de la vie est aujourd'hui en Europe de trente-six à quarante ans; 2° que la durée ordinaire est à peu près de soixante-quinze ans; 3° que la durée anormale est au moins d'un siècle et demi; 4° enfin que la durée naturelle n'est guère moindre qu'un siècle. Ce dernier résultat n'est pas nouveau. Haller, Buffon et d'autres physiologistes l'ont proclamé depuis longtemps, mais sans preuves suffisantes. Il vient de revêtir le caractère de la certitude sous la plume habile de M. Flourens. Plus nos connaissances s'accroissent, et plus cette vérité se dégage nettement de l'ensemble des faits. (JULES HAIME, *Revue des Deux Mondes*, 1ᵉʳ juin 1855.)

IV

L'ORANG-OUTANG

Caractères. — L'orang asiatique, appelé ordinairement *orang-outang* ou *Pongo*, se distingue de l'orang africain par la longueur considérable de ses bras, qui descendent jusqu'aux malléoles, et par la forme pyramidale ou conique de sa tête, à museau saillant, qui enlève à ces animaux toute conformité avec l'homme, lorsqu'ils deviennent vieux. Tant que l'orang-outang est jeune, son crâne ressemble au plus haut degré à celui d'un enfant; mais il se modifie avec l'âge, et n'a plus, par suite, qu'un vague rapport avec la forme qu'il présentait pendant sa jeunesse.

L'orang-outang mâle atteint quatre pieds de hauteur; la femelle est plus petite d'environ un demi-pied. Le corps est très large dans la région des reins et se distingue par un ventre saillant; le cou est court et forme des plis sur le devant, parce que cet animal possède un grand larynx, à parois flasques, qu'il peut gonfler; ses membres sont terminés par de longues mains et de longs doigts. Les ongles sont toujours aplatis; ils manquent presque constamment aux pouces des mains de derrière. La face est tout à fait caractéristique : les canines font saillie au milieu de ses puissantes dents; la mâchoire inférieure est plus longue que la mâchoire supérieure; les lèvres sont ridées et fortement gonflées; le nez est tout à fait aplati et la cloison nasale se prolonge au delà des ailes du nez; les yeux et les oreilles sont petits, mais de la même forme que ceux de l'homme. Les poils, rares sur le dos et sur la poitrine, sont longs et plus fourrés sur les parties latérales du corps. Ceux de la figure forment barbe. Sur les lèvres et sur le menton, sur le crâne et sur les avant-bras, les poils sont dirigés de bas en haut, partout ailleurs de haut en bas. La face et la paume de la main sont nues; les joues et la partie supérieure des doigts le sont presque. La couleur du pelage est ordinairement d'un rouge de rouille, passant quelquefois au rouge brun; les poils de la barbe sont d'une nuance plus claire que ceux du dos et de la poitrine. Les parties nues paraissent bleuâtres ou gris d'ardoise. Les vieux mâles se distinguent des femelles non seulement par leur taille, mais encore par leur poil plus long et plus touffu, par leur barbe et par des callosités particulières qui couvrent les joues, des yeux jusqu'aux oreilles et jusqu'à la mâchoire supérieure; ces callosités ont la forme de croissants et enlaidissent singulièrement leur visage. Les jeunes orangs n'ont pas de barbe; mais les diverses parties de leur corps sont couvertes d'un poil plus épais et plus foncé.

Distribution géographique et habitat. — Il paraît certain que l'orang-outang se trouve exclusivement sur l'île de Bornéo. Autrefois on regardait souvent l'île de Sumatra et les autres îles de la Sonde comme sa patrie; il paraît que cette opinion reposait sur de fausses assertions des indigènes. Pendant longtemps on n'était pas éloigné d'admettre deux, trois et même jusqu'à quatre espèces d'orangs-outangs dont chacune aurait habité une île particulière. Maintenant, au contraire, on s'accorde généralement à considérer les divers orangs de l'Asie, qu'on avait pris pour des espèces distinctes, comme des individus d'âges différents d'une seule espèce, habitant Bornéo.

C'est dans cette île que vit notre singe; il habite les grandes forêts solitaires et marécageuses du Sud et de l'Ouest; il recherche les vallées du Kahayan, du Sampit, du Mandawej, du Kotaringin, et les bords des autres fleuves de l'île. On ne le rencontre jamais dans la montagne.

Il a besoin, pour se multiplier, de grandes forêts dans lesquelles il peut vivre à l'abri des persécutions de son ennemi mortel, l'homme. Il a disparu de toutes les contrées habitées, dans lesquelles il vivait autrefois. On le trouve, au contraire, assez fréquemment dans les régions vraiment sauvages, mais on a pu l'y observer et l'y surprendre si rarement, que nous ne savons pas encore grand'chose sur son genre de vie à l'état libre.

Mœurs, habitudes et régime. — Les femelles seules et les singes les plus jeunes vivent en sociétés, mais ne forment jamais de bandes nombreuses; les vieux mâles sont, au contraire, solitaires. Les orangs qu'un âge très avancé a rendus faibles vivent sur le sol, où ils traînent une vie misérable.

Les singes plus jeunes et plus vigoureux vivent sur les arbres. Leurs longs bras de devant rendent leur marche pénible et lourde; ils leur sont au contraire du plus grand secours pour grimper. Lorsqu'ils marchent, ils s'appuient sur la partie supérieure des pieds tenus fermés, et sur le bord extérieur du métacarpe. Ils ne peuvent soutenir pendant longtemps la progression verticale; aussi ne marchent-ils pas plus que les autres singes sur leurs jambes de derrière seules. Déjà, dans leur jeune âge, ils sont calmes ou du moins peu pétulants; ils deviennent encore plus paresseux et plus lourds avec l'âge. Ils grimpent lourdement et avec prudence, à peu près comme l'ours, saisissent une branche à l'aide des mains de devant et font suivre lourdement leur corps. Jamais ils ne font de grands sauts audacieux. Ils trouvent sur la cime des arbres tout ce qu'il leur faut, des fruits, des bourgeons, des fleurs, des feuilles, des graines, des écorces, des insectes et des œufs. C'est là ce qui constitue leur nourriture en liberté. Ils recherchent de préférence les parties basses des forêts vierges pour y passer la nuit, et choisissent les cimes les plus touffues pour être protégés contre la pluie et le vent. Les plantes parasites qui vivent sur des branches épaisses, de grandes et de petites fougères, des arbres à feuilles larges et touffues, sont leur milieu favori. Ils se construisent aussi une espèce de nid à une hauteur de quinze à vingt pieds au-dessus du sol. Ces abris ressemblent à l'aire de nos grands oiseaux de proie et ne sont jamais couverts par un toit. Des branches épaisses, cassées en morceaux ou simplement courbées, de petits rameaux garnis de feuilles desséchées et d'herbes, sont les matériaux qu'ils emploient pour former un lit chaud et doux. On prétend que l'orang-outang ne dort jamais assis, mais qu'il se couche comme l'homme; lorsqu'il fait froid, il se couvre même de feuilles. On a observé des faits de ce genre sur des individus captifs.

L'orang-outang est un animal très doux et très paisible. Il n'est pas timide et ne fuit pas devant l'homme, qu'il regarde, au contraire, avec beaucoup de calme.

Chasses et combats. — Lorsqu'il craint quelque danger ou lorsqu'il est vivement poursuivi, il cherche un refuge sur la cime des arbres les plus élevés, où il se cache dans l'épaisseur du feuillage ou derrière quelque grosse branche. Lorsqu'il ne s'y sent pas en sûreté, il se sauve de cime en cime, non pas avec une rapidité impétueuse comme beaucoup d'autres singes, mais avec réflexion et avec une prudence calculée. Lorsqu'il est atteint par une balle ou par une flèche, il pousse de grands cris, casse les branches et les rameaux qu'il peut saisir et les lance sur ses adversaires pour les effrayer et faire cesser la poursuite. Même dans ses plus violentes colères, ses mouvements sont tellement lents, qu'il est facile de l'at-

teindre. Jamais aucun naturaliste sérieux ne l'a vu se
servir de branches cassées en guise de massue, et l'imagination des indigènes a seule donné naissance à tous les
contes faits à ce sujet. Ce qu'il y a de certain, c'est que,
quand il est blessé et que son adversaire le serre de près,
il sait très bien se défendre : le chasseur n'a alors qu'à
bien se garder de ses attaques. Ses bras sont vigoureux
et ses dents sont réellement terribles. Il casse facilement
le bras d'un homme et fait des morsures affreuses.

Il est tout à fait impossible de s'emparer d'un vieil
orang-outang vivant; les jeunes sont plus faciles à cap-
turer. On raconte que, pour s'en emparer, les chasseurs
abattent les arbres qui entourent celui sur lequel il a
cherché un refuge, et lui enlèvent ainsi tout moyen de
retraite; inutile de dire que c'est là une nouvelle fable
ajoutée à tant d'autres. Schouten nous apprend qu'on
prend les jeunes singes dans des lacets.

Domesticité. — Nous possédons un grand nombre de
récits sur la vie de ces animaux à l'état captif, et tous
s'accordent à dépeindre les jeunes orangs-outangs comme
de bonnes créatures, un peu lentes et lourdes.

C'est à un Hollandais, à Bosmaern, que nous devons
les premières observations sur cette espèce, dont il a conservé pendant longtemps une femelle à l'état de domesticité. Cette femelle était très douce et ne se montrait
jamais méchante ou fausse. On pouvait sans la moindre
crainte mettre la main dans sa bouche. Sa physionomie
avait quelque chose de triste et de mélancolique. Elle
aimait la société de l'homme, sans avoir de préférence
pour l'un ou l'autre sexe, et recherchait surtout les personnes qui s'occupaient beaucoup d'elle. On l'attachait à
une chaîne, ce qui la mettait quelquefois au désespoir;
elle se jetait alors par terre, poussait des cris à faire
pitié et déchirait toutes les couvertures qu'on lui avait
données. Elle marchait ordinairement à quatre pattes,
comme les autres singes, mais elle marchait très bien

debout et se soutenait assez longtemps au moyen d'une canne.

Un jour qu'on la laissa courir en liberté, elle grimpa sur la charpente du toit et s'y démena avec tant d'agilité, qu'il fallut plus d'une heure à quatre personnes pour la reprendre. Le jour de cette escapade, elle trouva une bouteille de malaga; la déboucher, la vider et la remettre à sa place, fut l'affaire d'un instant.

Elle mangeait de tout, mais elle préférait les fruits et les plantes aromatiques. Elle aimait aussi la viande rôtie ou grillée et les poissons frits. Les insectes ne paraissaient pas être de son goût. Un jour on lui donna un moineau : elle en eut d'abord peur; puis elle le tua, lui arracha quelques plumes, goûta la viande, et le jeta loin d'elle. Elle éprouvait beaucoup de plaisir à boire des œufs frais. Les fraises étaient pour elle la plus grande des friandises. Elle buvait ordinairement de l'eau, mais elle aimait toutes les espèces de vins, surtout le malaga. Après avoir bu, elle s'essuyait la bouche avec la main; elle se servait aussi du cure-dent, absolument comme un homme. Très habile pick-pocket, elle enlevait avec une grande dextérité des friandises aux personnes qui la visitaient.

Avant de se coucher, elle faisait toujours de grands préparatifs, disposait son foin, le secouait, en réunissait une partie en botte pour y appuyer sa tête et se couvrait ensuite. Elle n'aimait pas à coucher seule, et craignait en général la solitude. Elle sommeillait quelquefois pendant le jour, mais jamais longtemps. On lui avait donné une espèce de vêtement, dont elle s'enveloppait tantôt le corps, tantôt la tête, par le froid aussi bien que par les plus grandes chaleurs.

Un jour, on ouvrit le cadenas de sa chaîne à l'aide d'une clef; elle avait attentivement suivi des yeux tout le mouvement, et essaya plus tard d'ouvrir à son tour le cadenas, en y introduisant un petit morceau de bois et en le tournant dans tous les sens.

Une autre fois on lui donna un jeune chat, elle le retint et le flaira avec soin. Le chat lui ayant fait une égratignure au bras, elle le jeta, examina la blessure, et, à partir de ce moment, ne voulut plus rien avoir de commun avec lui.

Elle savait très bien dénouer les nœuds les plus compliqués à l'aide de ses mains, ou à l'aide de ses dents, lorsqu'ils étaient trop solides; cet exercice semblait même l'amuser beaucoup, car elle déliait régulièrement les cordons de souliers de toutes les personnes qui approchaient d'elle.

Elle avait une très grande force dans les bras, soulevait les poids les plus lourds, et se servait de ses mains de derrière avec autant d'habileté que de celles de devant. Lorsqu'elle ne pouvait pas saisir un objet avec les membres antérieurs, elle se couchait sur le dos et l'attirait avec ses mains de derrière. Elle ne criait que lorsqu'elle était seule : son cri ressemblait d'abord au hurlement d'un chien, devenait de plus en plus rude, et rappelait à la fin le bruit d'une scie coupant du bois.

La phtisie l'enleva au bout de fort peu de temps.

. . . .

Parmi les nombreuses observations que nous possédons sur les mœurs de ces singes en captivité, les plus complètes, sans contredit, sont celles que F. Cuvier a faites sur une jeune femelle qui a vécu un mois au château de la Malmaison, en 1808; celles que le docteur Abel, naturaliste de l'ambassade de lord Amherst, a recueillies sur un orang-outang de Bornéo, qui fut transporté de Batavia en Angleterre, où il vécut du mois d'août 1817 au 1er avril 1819; enfin celles qu'a pu faire le capitaine Smitt, durant trois mois de traversée, sur un autre individu qui mourut à bord avant son arrivée en Allemagne.

L'orang-outang que Frédéric Cuvier étudia à Paris était âgé de dix à onze mois à son arrivée en France, où il vécut encore près d'un mois.

« Cet orang-outang était entièrement conformé pour grimper et faire des arbres sa principale habitation. En effet, autant il grimpait avec facilité, autant il marchait péniblement : lorsqu'il voulait monter à un arbre, il en empoignait le tronc et les branches avec ses mains et ses pieds, et ne se servait ni de ses bras ni de ses cuisses. Il passait facilement d'un arbre à un autre lorsque les branches se touchaient, de sorte que, dans une forêt un peu épaisse, il n'y aurait eu aucune raison pour qu'il descendît jamais à terre, où il marchait difficilement. En général, tous ses mouvements avaient de la lenteur; mais ils semblaient être pénibles lorsqu'il voulait se transporter sur terre d'un lieu à un autre. D'abord il appuyait ses deux mains fermées sur le sol, se soulevait sur ses longs bras et portait son train de derrière en avant, en faisant passer ses pieds entre ses bras et en les portant au delà des mains; ensuite, appuyé sur son train de derrière, il avançait la partie supérieure de son corps, s'appuyait de nouveau sur ses poignets, se soulevait et recommençait à porter en avant son train de derrière. Ce n'était qu'en étant soutenu par la main qu'il marchait sur ses pieds; encore, dans ce cas, s'aidait-il de son autre bras. Je l'ai peu vu s'appuyer sur la plante entière; le plus souvent il n'en posait à terre que le côté externe, semblant par là vouloir garantir ses doigts de tout frottement sur le sol; cependant quelquefois il appuyait le pied sur toute sa base, mais alors il tenait les deux dernières phalanges des doigts recourbées, excepté le pouce, qui restait ouvert et écarté. Dans son état de repos, il s'asseyait, ayant les jambes reployées sous lui à la manière des Orientaux. Il se couchait indistinctement sur le dos ou sur les côtés, en retirant ses jambes à lui et en croisant ses bras sur sa poitrine; alors il aimait à être couvert, et, pour cet effet, il prenait toutes les étoffes, tous les linges qui se trouvaient près de lui.

« Cet animal employait ses mains comme nous employons généralement les nôtres, et l'on voyait qu'il ne lui manquait que de l'expérience pour en faire l'usage que nous en faisons dans un très grand nombre de cas particuliers. Il portait le plus souvent ses aliments à sa bouche avec ses doigts; mais quelquefois aussi il les saisissait avec ses longues lèvres, et c'était en humant qu'il buvait, comme le font tous les animaux dont les lèvres peuvent s'allonger. Il se servait de son odorat pour juger de la nature des aliments qu'on lui présentait et qu'il ne connaissait pas, et il paraissait consulter ce sens avec beaucoup de soin. Il mangeait presque indistinctement des fruits, des légumes, des œufs, du lait, de la viande; il aimait beaucoup le pain, le café et les oranges; et une fois il vida, sans en être incommodé, un encrier qui tomba sous sa main. Il ne mettait aucun ordre dans ses repas, et pouvait manger à toute heure comme les enfants.

« Sa vue est fort bonne ainsi que son ouïe.

« On a eu la curiosité de voir quelle impression ferait sur lui notre musique, et, comme on aurait dû s'y attendre, elle n'en fait aucune; elle n'est même pour nous qu'un besoin dû à notre perfectionnement : elle n'a fait sur les sauvages d'autre effet que celui de bruit.

« Pour se défendre, notre orang-outang mordait et frappait de la main; mais ce n'était qu'envers les enfants qu'il montrait quelque méchanceté, et c'était toujours par impatience plutôt que par colère. En général, il était doux et affectueux, et il éprouvait un besoin naturel de vivre en société. Il aimait à être caressé et donnait de véritables baisers. Son cri était guttural et aigu; il ne le faisait entendre que lorsqu'il désirait vivement quelque chose. Alors tous ses signes étaient expressifs : il secouait sa tête en avant pour montrer sa désapprobation, boudait lorsqu'on ne lui obéissait pas, et, quand il était en colère, il criait très fort et en se roulant par terre. Alors son cou se gonflait singulièrement.

« Cet orang-outang arriva à Paris dans les commencements du mois de mars 1808. Lorsqu'il arriva de Bornéo à l'île de France, on assura qu'il n'avait que trois mois ; son séjour dans cette île fut de trois mois ; le vaisseau qui l'apporta en Europe mit trois mois à sa traversée ; il fut débarqué en Espagne, et son voyage jusqu'à Paris dura deux mois : d'où il résulte qu'à la fin de l'hiver 1808, il était âgé de dix à onze mois. Les fatigues d'un si long voyage de mer, mais surtout le froid que cet animal éprouva en traversant les Pyrénées dans la saison des neiges, mirent sa vie à toute extrémité, et, en arrivant à Paris, il avait plusieurs doigts gelés et était atteint d'une fièvre hectique très prononcée. Malgré les soins les plus constants, on ne put le rétablir, et il mourut après avoir langui pendant cinq mois.

« La nature n'a donné aux orangs-outangs qu'assez peu de moyens de défense. Après l'homme, c'est peut-être l'animal qui trouve dans son organisation les plus faibles ressources contre les dangers ; mais il a de plus que nous une extrême facilité à grimper aux arbres et à fuir ainsi les ennemis qu'il ne peut combattre. Ces seules considérations suffiraient pour faire présumer que la nature a doué l'orang-outang de beaucoup de circonspection. En effet, la prudence de cet animal s'est montrée dans toutes ses actions, et principalement dans celles qui avaient pour but de le soustraire à quelque danger. Pendant les premiers jours de son embarquement, il montrait beaucoup de défiance en ses propres moyens, ou plutôt, ne pouvant apprécier la cause du roulis, il s'en exagérait les dangers. Il ne marchait jamais sans tenir fortement en ses mains plusieurs cordes ou quelque autre chose qui tînt au vaisseau ; il refusa constamment de monter aux mâts, quelques encouragements qu'il reçût des personnes de l'équipage, et il ne fut poussé à le faire que par la force d'un sentiment que la nature semble avoir porté dans cette espèce à un très haut degré : celui de l'affection. Notre animal en ressentait constamment les effets, et il doit sûrement conduire les orangs-outangs à vivre en société et à se défendre mutuellement quand quelques dangers les menacent, comme le font la plupart des animaux qui sont portés par la nature à vivre réunis. Quoi qu'il en soit, notre orang-outang n'eut le courage de monter aux mâts que lorsqu'il eut vu M. Decaen, son maître, y monter lui-même; il le suivit, et, dès ce moment, il y monta seul chaque fois qu'il en éprouva le désir : l'expérience heureuse qu'il avait faite lui donna assez de confiance en ses propres forces pour qu'il osât la répéter.

« Les moyens employés par les orangs-outangs pour se défendre sont en général ceux qui sont communs à tous les animaux timides, la ruse et la prudence; mais tout annonce que les premiers ont une force de jugement que n'ont point la plupart des autres et qu'ils l'emploient dans l'occasion pour éloigner des ennemis plus forts qu'eux. Notre animal, vivant en liberté, avait coutume, dans les beaux jours, de se transporter dans un jardin où il trouvait un air pur et les moyens de se donner quelque mouvement; alors il grimpait aux arbres et se plaisait à rester assis entre les branches. Un jour qu'il était ainsi perché, on parut vouloir monter après lui pour le prendre; mais aussitôt il saisit les branches auxquelles on s'accrochait, et les secoua de toute sa force comme si son intention était d'effrayer la personne qui faisait semblant de monter. Dès qu'on se retirait, il cessait de secouer les branches; mais il recommençait dès qu'on paraissait vouloir monter de nouveau, et il accompagnait ce geste de tant d'autres signes d'impatience ou de crainte, que son intention d'éloigner par le danger d'une chute, ou par une chute même, celui qui menaçait de le prendre, fut évidente pour toutes les personnes qui se trouvaient en ce moment-là près de lui. Cette expérience, qui a été tentée plusieurs fois, a toujours produit les mêmes résultats.

« Souvent il se trouva fatigué des nombreuses visites qu'il recevait; alors il se cachait entièrement dans sa couverture et n'en sortait que lorsque les curieux s'étaient retirés; jamais il n'agissait ainsi quand il n'était entouré que des personnes qu'il connaissait.

« C'est à ces seuls faits que se bornent nos observations sur les moyens des orangs-outangs pour se défendre; mais ils suffisent, je pense, pour convaincre que ces animaux peuvent suppléer par les ressources de leur intelligence à celles qu'une faible organisation physique leur refuse.

« Les besoins naturels de ces quadrumanes sont si faciles à satisfaire, qu'ils doivent trouver dans leur organisation assez de moyens pour ne pas être obligés d'exercer fortement sous ce rapport leurs autres facultés. Les fruits sont les aliments principaux dont ils se nourrissent, et, comme nous l'avons vu, leurs membres sont essentiellement conformés pour grimper aux arbres. Il est donc vraisemblable que, dans leur état de nature, ces animaux emploient beaucoup plus leur intelligence à écarter les dangers qu'à chercher les objets de leurs besoins.

« Les hommes, au reste, ne sont pas les seuls êtres, différents des orangs-outangs, auxquels ceux-ci peuvent s'attacher. Notre animal avait pris pour deux petits chats une affection qui ne lui était pas toujours agréable : il tenait ordinairement l'un ou l'autre sous son bras, et d'autres fois il se plaisait à les placer sur sa tête; mais comme dans ces divers mouvements les chats éprouvaient souvent la crainte de tomber, ils s'accrochaient avec leurs griffes à la peau de l'orang-outang, qui souffrait avec beaucoup de patience les douleurs qu'il en ressentait. Deux ou trois fois, à la vérité, il examina attentivement les pattes de ces petits animaux, et, après avoir découvert leurs ongles, il chercha à les arracher, mais avec ses doigts seulement : n'ayant pu le faire, il se résigna à souffrir plutôt qu'à sacrifier le plaisir qu'il trouvait à jouer avec eux. L'instinct semblait encore entrer pour quelque chose dans le mouvement par lequel il portait ces petits chats sur sa tête. Si quelques papiers légers lui tombaient sous la main, il les élevait sur sa tête; s'il arrivait à une cheminée, il en prenait les cendres à poignée et s'en couvrait la tête; il faisait de même avec la terre, avec les os qu'il avait rongés, etc.

« Nous avons dit que pour manger, il prenait ses aliments avec ses mains ou avec ses lèvres. Il n'était pas fort habile à manier nos instruments de table, et à cet égard il était dans le cas des sauvages que l'on a voulu faire manger avec nos fourchettes et avec nos couteaux ; mais il suppléait par son intelligence à sa maladresse : lorsque les aliments qui étaient sur son assiette ne se plaçaient pas aisément sur sa cuiller, il la donnait à son voisin pour la faire remplir. Il buvait très bien dans un verre, en le tenant entre ses deux mains. Un jour qu'après avoir reposé son verre sur la table, il vit qu'il n'était pas d'aplomb et qu'il allait tomber, il plaça sa main du côté où ce verre penchait pour le soutenir. Le premier de ces faits, qui a souvent été répété ici, a été vu de plusieurs personnes, et le second m'a été rapporté par M. Decaen. » (BREHM, *l'Orang-Outang*, *Revue scientifique*, 1868, p. 159-165; extrait des *Merveilles de la nature : les Mammifères*, t. I. J.-B. Baillière, éditeur.)

V

L'ÉLÉPHANT

On trouve les éléphants dans toutes les grandes forêts de leur patrie. Plus elles sont riches en eau, plus ces animaux y sont abondants. Ce n'est cependant pas là leur habitation exclusive. On a dit qu'ils évitaient les **régions** froides et élevées : des observations exactes le contredisent. A Ceylan, les éléphants se trouvent surtout dans les cantons montagneux.

« Dans l'Urach, dit Tennent, où les hauts plateaux sont souvent couverts d'une couche de frimas, les éléphants se rencontrent encore très nombreux à une altitude de plus de 2 600 mètres, tandis qu'on les chercherait en vain dans les jungles de la plaine. Aucune hauteur n'est pour eux trop froide, trop exposée au vent, s'ils y trouvent de l'eau en abondance. Contrairement à l'idée vulgaire, l'éléphant évite autant que possible les rayons du soleil : il reste pendant le jour dans les fourrés les plus épais; il profite des nuits fraîches et obscures pour accomplir ses pérégrinations. Comme tous les pachydermes, il est plutôt nocturne que diurne; à la vérité, il pait aussi pendant le jour; mais c'est surtout dans le silence de la nuit qu'il vit. Si le voyageur surprend pendant le jour un troupeau d'éléphants, il les voit couchés tranquillement l'un à côté de l'autre. Leur simple aspect suffit pour démentir tous les récits qu'on a faits de leur méchanceté, de leur férocité, de leur amour de vengeance. Ils sont là, à l'ombre de la forêt : les uns cueillent avec leur trompe des feuilles et des branches d'arbres, les autres s'éventent avec des feuilles; quelques-uns sont couchés et dorment, tandis que les jeunes courent joyeux aux environs, image de l'innocence, comme les vieux sont des symboles vivants de la tranquillité et du sérieux. On remarque que chaque éléphant exécute des mouvements singuliers. Quelques-uns agitent leur tête en cercle, ou de droite à gauche; d'autres balancent un pied d'avant en arrière; d'autres encore rabattent leurs oreilles sur leur tête ou les agitent; d'autres lèvent et baissent régulièrement une de leurs pattes de devant. Plusieurs auteurs ont avancé que ces mouvements, qu'on observe aussi chez les éléphants captifs, provenaient de leur longue traversée : ils n'avaient jamais vu d'éléphants sauvages. Dès que le troupeau aperçoit un homme, ou le sent seulement, il s'enfuit tout entier dans les profondeurs de la forêt. »

Il en est de même de l'éléphant d'Afrique. Dans le pays des Bogos, j'ai vu des traces d'éléphants à des altitudes de 1 600 à 2 000 mètres, et les indigènes m'ont assuré que dans l'Hamasée, ces animaux se trouvaient sur les plus hautes montagnes, à une altitude de 2 600 à 3 300 mètres au-dessus du niveau de la mer. Von der Decken, dans son ascension du Kilimandscharo, trouva des traces de ces pachydermes à près de 3 000 mètres au-dessus du niveau de la mer.

Dans toutes les forêts habitées par les éléphants, on remarque leurs chemins. Ils vont généralement des hauteurs vers les cours d'eau, très rarement on en rencontre qui se croisent. Dans toutes les grandes forêts vierges, sur les deux rives du Nil Bleu, ce n'est qu'en suivant ces chemins que l'on peut pénétrer dans la forêt; les éléphants représentent, là, toute l'administration des ponts et chaussées. Le guide du troupeau va tranquillement par la forêt, sans s'inquiéter des broussailles qu'il foule aux pieds, et des branches qui descendent des arbres; il les casse avec sa trompe et les mange. La bande fait d'ordinaire halte dans les clairières à sol sablonneux ou poussiéreux; les éléphants y prennent des bains de poussière, comme le font les poules. Je vis à ces endroits des creux profonds, et de la grandeur d'un éléphant; ils avaient été probablement creusés par l'animal avec ses défenses, et l'on voyait qu'il s'y était vautré. Les chemins des éléphants sont faciles à reconnaître de ceux d'autres animaux, à la forme caractéristique du crottin. Dans les montagnes, ces chemins sont souvent disposés avec une prudence à étonner les hommes du métier. Tennent, ingénieur anglais, raconte que l'éléphant, lorsqu'il gravit une montagne, sait toujours chercher la meilleure crête, et sait admirablement se tenir en place. Ces chemins sont frayés au travers de montagnes où un cheval ne pourrait passer.

. . . .

La lourdeur de ces animaux n'est qu'apparente. L'éléphant est très adroit pour tout. Il va d'ordinaire à l'amble, tranquillement, comme le chameau et la girafe; mais il peut hâter sa marche de telle sorte qu'un cavalier a de la peine à suivre un éléphant au trot. D'un autre côté, il lui est facultatif de marcher si légèrement qu'on l'entend à peine.

. . . .

Quand il lui faut gravir des pentes rapides, l'éléphant se montre un véritable animal grimpeur. J'ai pris plaisir bien souvent à voir notre éléphant captif monter des talus: il fléchit avec prudence ses articulations carpiennes; il abaisse de la sorte le train de devant et porte en avant son centre de gravité; il glisse en quelque sorte sur ses pattes ainsi fléchies, et étend les pattes de derrière. Il monte fort bien à l'aide de cette manœuvre ; quant à la descente, son poids la lui rend plus difficile. S'il marchait comme à l'ordinaire, il perdrait rapidement l'équilibre, tomberait en avant, et payerait peut-être sa chute de la vie. Cela ne lui arrive pas. Il s'agenouille au haut de la pente, de façon à ce que sa poitrine touche le sol ; il étend lentement ses pattes de devant jusqu'à ce qu'il retrouve un point d'arrêt, ramène ensuite à lui ses pattes de derrière et descend en glissant le long de la montagne.

Parfois, cependant, il fait quelque lourde chute dans ses promenades nocturnes. J'en vis des traces irrécusables dans la vallée supérieure de Mensa. Un troupeau avait traversé la vallée, avait suivi le flanc de la montagne, et pris un chemin étroit, que les pluies avaient endommagé par endroits. Un éléphant posa le pied sur une pierre saillante, la pierre glissa, et l'animal, perdant l'équilibre, la suivit dans sa chute. L'éléphant dut faire une terrible culbute ; l'herbe et les buissons étaient écrasés et arrachés sur une longueur d'environ 15 mètres, et sur une largeur correspondant à peu près à la longueur d'un éléphant. Un buisson plus solide l'avait enfin arrêté. De là, la piste reprenait et remontait vers le chemin. L'animal pouvait s'être fait un peu mal au dos, mais il n'avait pas été grièvement blessé.

Tous les éléphants que nous voyons dans les ménageries démentent la vieille fable qui veut qu'ils ne puissent se coucher. A vrai dire, l'éléphant peut dormir debout ; mais, quand il veut prendre ses aises, il se couche et se relève avec la même agilité qu'il met à tous ses mouvements.

L'éléphant nage aussi très bien, et enfonce dans l'eau moins que les autres quadrupèdes. C'est un avantage qu'il doit à la rondeur de ses formes et à la capacité de sa poitrine ; sa trompe, qu'il relève en l'air pour respirer, lui permet d'ailleurs de se submerger sans être suffoqué.

C'est avec une véritable volupté qu'il se jette à l'eau et qu'il plonge. Il traverse en droite ligne et sans hésiter les fleuves les plus larges.

Mais c'est avec sa trompe que l'éléphant exécute les mouvements les plus singuliers. On ne sait ce qu'il faut le plus admirer ou de la force de cet organe, ou des mouvements variés qu'il peut exécuter, ou de l'adresse avec laquelle il saisit les objets. Grâce à l'appendice digitiforme qui la termine, l'éléphant peut ramasser les plus petits objets, une pièce de monnaie, un brin de papier; et avec cette même trompe, il peut courber un arbre. Il serait impossible d'écrire tout ce que l'animal peut faire d'un tel organe.

L'éléphant emploie aussi ses défenses à divers usages. Avec elles, il soulève des fardeaux, renverse des pierres, creuse des trous dans la terre; ces dents lui sont des armes défensives ou offensives. Il les ménage autant que possible; car ce n'est pas en elles que réside sa plus grande force. Mercer envoya à Tennent la pointe d'une défense, qui avait 14 cent. de diamètre, et pesait de 10 à 12 kilogr. 1/2; elle avait été brisée d'un coup de trompe par un autre éléphant. Des indigènes avaient entendu un bruit singulier, ils accoururent et trouvèrent deux éléphants aux prises : l'un avait des défenses avec lesquelles il attaquait; l'autre, une femelle, était privée de cette arme; c'est elle cependant qui d'un seul coup de trompe avait brisé la moitié de la dent de son antagoniste.

Les facultés physiques de l'éléphant sont en parfaite harmonie avec cette organisation. Ses sens sont très subtils, mais la vue n'est pas particulièrement bonne; ceux qui ont observé l'animal en liberté, prétendent, du moins, que le champ visuel de l'éléphant est très borné. Comme on peut facilement s'en convaincre chez les éléphants captifs, le tact et le goût sont relativement délicats. Tous les chasseurs peuvent témoigner de la finesse de l'ouïe de cet animal. Le plus léger bruit le rend attentif; un rameau qui se casse suffit pour l'inquiéter. Son odorat est aussi fin que celui des ruminants, ce qui fait que les chasseurs évitent de s'avancer sous le vent. La trompe est un organe de tact très subtil, et son appendice digitiforme peut rivaliser avec le doigt exercé d'un aveugle.

Quiconque a eu affaire à l'éléphant, reconnaît ses hautes facultés intellectuelles. On ne peut nier son intelligence, et le développement surprenant qu'elle acquiert par l'éducation. L'éléphant égale sous ce rapport les mammifères les mieux doués : le chien et le cheval. Il réfléchit avant d'agir; il se perfectionne de plus en plus; il reçoit mieux les leçons qu'aucun autre animal, et se forme ainsi tout un trésor de connaissances. Un éléphant sauvage ne peut se comparer à un éléphant domestique; chez lui, la timidité et la prudence innées masquent les hautes facultés intellectuelles, si développées chez le second.

. . . .

L'éléphant sauvage est plus naïf que prudent. Son intelligence ne s'élève même pas jusqu'à la ruse. La riche nature qui l'environne et lui fournit sa nourriture en abondance, le dispense de faire usage de toutes ses facultés. Il mène une vie tranquille et inoffensive. Au premier abord, il paraît à l'observateur la plus stupide des créatures; mais dès que la crainte s'empare de lui, le force à réfléchir, nul animal ne le surpasse.

C'est à tort que l'on traite l'éléphant d'animal terrible. Il est doux et tranquille. Il vit en paix avec chaque créature. Il n'attaque jamais personne, quand il n'est pas excité; il évite soigneusement tous les animaux, même les plus petits. « Le plus terrible ennemi de l'éléphant, dit Tennent, c'est la mouche. » — « Une souris, dit Cuvier, effraye l'éléphant au point de le faire trembler. » Tous les récits qu'on a faits de combats entre l'éléphant et le rhinocéros, le lion, le tigre, sont à rejeter, sans exception, dans le domaine de la fable. Un carnassier se garde bien d'attaquer un éléphant, et celui-ci ne donne à aucune créature occasion de se mettre en colère ou de se venger.

Quelques animaux, quelques oiseaux surtout, vivent en grande amitié avec l'éléphant. Ce sont, dans le sud de l'Afrique, le *Buphaga africana*, dans le nord, l'*Ardeola Bubalcus*, dans les Indes, quelques autres oiseaux qui sont continuellement occupés à tenir le grand pachyderme à l'abri de la vermine, par égoïsme il est vrai, leur ami n'étant pour eux qu'un nourricier. L'on ne peut se figurer l'éléphant d'Afrique sans les garde-bœufs. Quel plus beau spectacle qu'un de ces animaux gigantesques marchant tranquillement, portant sur son dos une douzaine de ces charmants oiseaux, au plumage d'un blanc éclatant; l'un se repose, un autre fait sa toilette, un troisième explore tous les plis de la peau, y cherchant un insecte, une sangsue qui s'est attachée à l'éléphant pendant son bain.

Chaque troupeau d'éléphants forme une grande famille, et, inversement, chaque famille forme un troupeau. Ces sociétés sont plus ou moins nombreuses : on en voit de 10, 15, 20, et jusqu'à plus de 100 individus. Anderson, près du lac N'gami, vit un troupeau de 50 éléphants; Barth, au lac Tschad, un de 96, et Wahlberg, un de 200 dans la Cafrerie. Beaucoup de voyageurs disent avoir vu réunis 400 ou 500 éléphants; mais c'est là une exagération. Dans les pays que j'ai parcourus, les troupeaux étaient de 30 à 50 individus.

La famille forme un tout bien circonscrit. Aucun autre éléphant n'y est admis, et celui qui a eu, pour une cause ou pour une autre, le malheur de perdre son troupeau, de fuir la captivité, est forcé de mener une vie solitaire. Il peut paître au voisinage du troupeau, avoir les mêmes places pour se baigner et s'abreuver, suivre la bande, mais toujours en se tenant à une certaine distance;

jamais on ne le reçoit dans le sein de la famille. Cherche-
t-il à s'y introduire, il est reçu à coups de défenses et de
trompe; la femelle même le frappe. Ces éléphants sont
appelés par les Indiens *gundahs* et *rogues*; il sont mé-
chants. On les craint surtout. Tandis que le troupeau va
paisiblement son chemin, évitant toujours l'homme, ne
l'attaquant qu'à la dernière extrémité, les rogues ne con-
naissent pas pareille retenue. La vie solitaire qu'ils
mènent les a rendus furieux. On les chasse dans l'Inde;
personne n'a pitié d'eux; on ne cherche même pas à les
prendre en vie.

Les Indiens, que nous devons considérer comme connaissant l'éléphant mieux que tout autre peuple, assurent
que chaque famille a ses caractères distinctifs; les
Anglais rapportent que certains Indiens peuvent reconnaître les membres d'une famille, même quand elle a été
dispersée. « Dans un troupeau de 21 éléphants qui furent
pris en 1844, dit Tennent, la trompe présentait chez tous
un caractère particulier; elle était arrondie et partout
d'égale grosseur. Dans un autre troupeau de 35 individus,
tous avaient la même position d'yeux, la même voussure
du dos, la même forme de la face. » Les Indiens savent
que le nombre des animaux d'un troupeau, la multiplication naturelle mise à part, reste constant, à moins d'accidents particuliers, et les chasseurs, pendant des années,
n'ont jamais trouvé dans les troupeaux que le nombre
d'individus qui avaient échappé à leurs premiers coups.
En moyenne, on peut aussi admettre qu'il y a un éléphant
mâle pour huit femelles.

L'éléphant le plus prudent est le chef de la bande. C'est
tantôt un mâle, tantôt une femelle. Il a pour fonction de
conduire le troupeau, de parer aux dangers, d'observer
la contrée, en un mot, de veiller à la sécurité générale.
Tous les éléphants sauvages sont, nous l'avons déjà dit,
très craintifs et très prudents, mais l'éléphant conducteur
l'est encore dix fois plus. Ses fonctions sont pénibles; il

est continuellement en exercice; par contre, ses subordonnés lui obéissent sans réserve. Jamais il n'y a de révolte contre lui; il va, et les autres le suivent, même à leur perte.

« Au fort de la sécheresse, raconte le major Skinner, les rivières, les marais, les étangs se dessèchent. Les animaux de l'Inde, souffrant alors beaucoup de la privation d'eau, se réunissent en grand nombre autour des étangs non encore à sec. Dans le voisinage de l'un d'eux, j'eus une fois occasion d'observer la prudence **surprenante** des éléphants. A l'une des rives commençait une épaisse forêt vierge ; de l'autre côté, s'étendait la plaine libre. C'était par un clair de lune splendide, aussi beau qu'un de nos jours du Nord; je résolus d'observer les éléphants. Le lieu était propice. Un arbre gigantesque, dont les branches s'étendaient au-dessus de l'étang, devait me servir d'observatoire. Je m'y rendis de bonne heure et j'attendis.

« Les éléphants n'étaient pas à cinq cents pas; mais ce ne fut qu'au bout de deux heures que j'aperçus le premier. Un grand éléphant sortit de la forêt à environ trois cents pas de l'étang; il s'arrêta pour écouter. Il s'était avancé sans faire le moindre bruit, et resta plusieurs minutes immobile comme un roc. Il s'avança, s'arrêta de nouveau, et cela par trois fois, restant chaque fois immobile quelques minutes, ouvrant les oreilles pour mieux écouter. Il arriva ainsi jusqu'au bord de l'eau. J'y voyais se réfléter son image; toutefois il n'étancha pas sa soif, et demeura quelques minutes en observation. Puis, retournant silencieusement et prudemment, il rentra dans la forêt par où il en était sorti.

« Cependant il ne tarda pas à reparaître, et cette fois avec cinq de ses compagnons. Tous s'avançaient avec la même prudence, mais moins silencieusement. Le guide plaça les cinq éléphants en sentinelle, rentra dans la forêt et en ressortit bientôt, suivi de tout le troupeau, composé de quatre-vingts à cent individus. Tous marchaient silencieusement, je les voyais bien se mouvoir, mais je ne les entendais pas. Ils s'arrêtèrent à mi-chemin. Le guide s'avança de nouveau, conféra avec les sentinelles, et, une fois pleinement rassuré, donna l'ordre d'avancer. Aussitôt le troupeau, oubliant toute idée de danger, se précipita dans l'eau. Toute trace de crainte et de timidité avait disparu. Ils avaient pleine confiance dans leur chef, et paraissaient se débarrasser sur lui de tout souci.

« Ils se livraient, et le guide le dernier, au plaisir d'étancher leur soif et de se rafraîchir dans un bain bienfaisant. Jamais je n'avais vu autant d'animaux rassemblés sur un si petit espace. Je croyais qu'ils allaient vider l'étang. Je les observai avec intérêt, jusqu'à ce que tous fussent satisfaits. Voulant voir alors ce que produirait un bruit insignifiant, je cassai une petite branche, et aussitôt tout le troupeau s'enfuit dans la forêt. »

Les éléphants vont avec la même prudence chercher leur nourriture. Les forêts qu'ils habitent sont si riches qu'ils ne souffrent jamais de la faim; toujours ils ont des aliments en abondance; aussi ne paraissent-ils ni voraces ni gloutons. Ils cassent les branches de tous les arbres, comme par passe-temps, s'en éventent pour chasser les mouches, leurs ennemies, et les mangent ensuite. Ils déglutissent des branches qui ont la grosseur du bras. Dans leurs excréments, en forme de boudins, longs de 50 centimètres, épais de 14 à 16 centimètres, je trouvais des morceaux de branches de 11 à 14 centimètres de long, et de 4 à 6 centimètres de diamètre. Quant aux petites branches, ils les cueillent en faisceau, les enfoncent dans la gueule, les mâchent ou plutôt les déchirent avec leurs dents. Ils pèlent plus ou moins complètement les grosses racines, mais en laissent le bois. Chaque contrée possède des arbres préférés par ces animaux. L'Afrique centrale fournit le végétal que l'on nomme *arbre aux éléphants*, car c'est lui surtout qui leur sert de nourriture. C'est un arbre épineux, mais dont les épines sont molles, et ne peuvent blesser le palais de l'animal. Les éléphants préfèrent toujours à l'herbe les branches et les racines d'arbres; ils ne dédaignent cependant pas la première. Lorsqu'un troupeau d'éléphants arrive à une place couverte d'herbes succulentes, il se met à y paître; chaque bête arrache des touffes d'herbes avec sa trompe, les frappe contre un arbre pour les débarrasser de la terre qui adhère aux racines, puis les avale.

Dans leurs pérégrinations nocturnes, les éléphants visitent quelquefois les plantations et y produisent de grands dégâts. Mais le moindre épouvantail, la palissade la plus faible suffit pour les en écarter. Les Indiens laissent au milieu de leurs champs de longs chemins pour les éléphants qui vont s'abreuver; ils entourent leurs jardins d'une clôture de bambous très légère : un seul coup de trompe pourrait renverser toute une paroi de cette balustrade, et cependant jamais les éléphants n'ont essayé de détruire un si faible obstacle. (BREHM, *les Merveilles de la nature : les Mammifères*, t. II, p. 709-714. J.-B. Baillière, éditeur.)

VI

L'ÉCUREUIL

Sans émigrer réellement, l'écureuil vulgaire entreprend néanmoins de grands voyages. Il préfère les grandes forêts sombres, sèches et composées d'arbres verts. Il fuit l'humidité et le trop grand jour. Lorsque les fruits et les noix sont mûrs, il pénètre dans les jardins, qui sont contigus à la forêt, ou n'en sont séparés que par des buissons. Il s'établit surtout dans les forêts de pins, qui lui fournissent une nourriture abondante. Il a ordinairement une ou plusieurs demeures. Souvent il se loge temporairement dans des nids abandonnés de corbeaux, d'éperviers ou de tout autre oiseau de proie; mais l'habitation dans laquelle il passe la nuit, où il se met à l'abri du mauvais temps, où la femelle dépose ses petits il l'édifie de toutes pièces, en empruntant cependant la plupart des matériaux qu'il fait entrer dans sa construction à des nids d'oiseaux.

On a dit que chaque individu avait au moins quatre retraites; cependant on n'a pu en déterminer le nombre avec certitude, et je crois que ce nombre varie considérablement. Parfois l'écureuil s'établit dans les cavités que lui offrent les trous des arbres.

Le nid de l'écureuil vulgaire est intelligemment et

assez artistement construit. Le fond de ce nid est disposé
comme le fond d'un nid d'oiseau, et un dôme de bûchettes,
légèrement conique, assez épais pour s'opposer au passage de l'eau de pluie, le surmonte : il a donc dans son
ensemble la plus grande analogie avec un nid de pie.
L'entrée principale se trouve à la partie inférieure, du
côté du soleil levant; vers l'extrémité opposée, dans
l'épaisseur du dôme par conséquent, une petite ouverture est ménagée pour la fuite de l'animal en cas de
surprise. L'intérieur est mollement rembourré avec de la
mousse. Au dehors, se trouvent des branches solidement
entrelacées. Si l'écureuil rencontre un vieux nid de pie,
comme la besogne est en partie faite, il l'adopte et se
borne seulement alors à l'approprier à ses besoins.

L'écureuil est sans contredit un des ornements de nos
forêts. Par le beau temps il est continuellement en mouvement; il court, va, vient sur les arbres, descend,
remonte en grimpant, et tout cela pour chercher sa nourriture et souvent par simple passe-temps. Il est, l'on
peut dire, le singe de nos forêts, et rappelle dans bien des
circonstances cet animal capricieux des pays tropicaux.
Sa vivacité et son agilité sont extraordinaires. Bien peu
d'autres mammifères sont toujours aussi éveillés, aussi
actifs. Il court et saute d'arbre en arbre, de cime en cime,
de branche en branche; même à terre, où il est étranger,
il court avec rapidité. Il ne marche ni ne trotte, mais il
s'avance par bonds; un chien a de la peine à l'attraper,
et un homme doit bientôt abandonner sa poursuite. C'est
principalement quand il grimpe que se montre toute son
agilité. Il glisse le long des troncs d'arbres avec une
sûreté et une rapidité incroyables. Ses ongles longs et
aigus lui sont dans cette circonstance d'un très grand
secours. Pour grimper, il se cramponne des quatre pattes
à l'écorce, prend un élan, s'accroche plus haut, et ainsi
successivement; mais ses bonds se suivent si rapidement,
qu'on a de la peine à saisir les temps d'arrêt. On dirait

que l'animal glisse le long de l'arbre; et pendant qu'il grimpe ainsi, il produit un bruit de frottement continu qn'on entend d'assez loin. D'ordinaire, l'écureuil grimpe jusqu'à la cime de l'arbre; arrivé là, il court jusqu'à l'extrémité d'une branche, et saute sur un autre arbre, en franchissant une distance de 4 à 5 mètres, mais toujours dans une direction oblique de haut en bas. Sa queue lui est très utile pour sauter. Des écureuils captifs auxquels on la coupe, font des sauts moitié moins étendus que ceux qu'ils peuvent exécuter. Les pattes ne rendent pas à l'écureuil les mêmes services que les mains aux singes; néanmoins elles lui suffisent pour se tenir sur les branches les plus vacillantes. Jamais il ne tombe à terre, ni ne fait un faux pas. Au moment où il atteint l'extrémité d'une branche, il la saisit solidement, résiste au balancement, et court avec grâce et agilité vers le tronc de l'arbre. L'eau lui est très désagréable, et cependant il nage très bien. On a dit que, quand les circonstances le forçaient à traverser l'eau, il se servait d'un morceau d'écorce comme d'un canot, et que sa queue relevée lui tenait lieu à la fois de mât et de voile. Mais ce n'est là qu'une de ces fables ridicules propagées par des écrivains trop crédules: l'écureuil, lorsque la nécessité l'y oblige, nage comme les autres rongeurs.

Les graines, les bourgeons, les jeunes pousses des arbres, les baies, les graines, les cônes des pins et des sapins, forment le fond de la nourriture de l'écureuil. Après avoir détaché de sa tige un cône de pin, il s'assied sur ses pattes de derrière, porte le cône à sa bouche avec ses pattes de devant, le tourne et le retourne, coupe une à une les écailles qui couvrent les amandes, s'empare successivement de celles-ci, avec sa langue, à mesure qu'elles se montrent, et les ouvre pour en dévorer le contenu. Il est très gracieux quand il peut se procurer en quantité suffisante son mets favori, les noisettes. Il visite les buissons de coudriers, choisit les fruits les plus mûrs, prend dans une grappe une noisette, la dépouille, la saisit entre ses pattes de devant, en perce la coquille de quelques coups de dents, la tourne entre ses pattes très rapidement, jusqu'à ce que la noisette se fende en deux, et en retire l'amande qu'il broie entre ses molaires. L'écureuil mâche longuement ses aliments, et ne les amasse pas dans ses joues, comme le font beaucoup d'autres rongeurs. Il mange encore des feuilles de myrtilles, d'airelles, des graines d'érable, de sureau, des champignons, des truffes même, d'après Tschudi. Il ne mange pas les fruits et ne s'attaque à eux que pour avoir le noyau ou les graines. Tient-il une pomme ou une poire, il en rejette toute la chair pour en manger seulement les pépins. Il est très friand d'œufs; il pille les nids, mange les petits oiseaux, s'attaque même aux parents. Lenz enleva un jour à un écureuil une grive adulte, qui n'était pas malade, et qui s'enfuit au loin dès qu'elle fut mise en liberté. Les amandes amères sont un poison pour l'écureuil; deux suffisent pour le tuer.

On pourrait croire, d'après ses appétits, que l'écureuil est un animal très nuisible; il n'en est rien cependant. Il détruit sans doute; mais ses dégâts ne sont sensibles que là où il se trouve en très grandes troupes; chez nous, les préjudices qu'il peut causer sont insignifiants.

Quand la nourriture abonde, l'écureuil se met à amasser des provisions pour les temps de disette. Il établit ses greniers dans les fentes ou les creux des troncs d'arbres et des racines, dans des trous qu'il fait en terre, sous des buissons, sous des pierres, dans l'un de ses nids, et va chercher quelquefois fort loin les substances qu'il y entasse. Cet instinct montre combien cet animal est sensible aux variations de température. Par le beau temps, lorsque le soleil est plus chaud que de coutume, l'écureuil dort pendant la grande chaleur, et ne quitte son nid que le matin ou le soir; mais ce qu'il redoute plus encore que la chaleur, ce sont les pluies, les orages, les tempêtes, les tourmentes de neige. Il pressent les changements de temps. Une demi-journée avant l'orage, il montre déjà son inquiétude, en sautant sans cesse dans les branches, et en faisant entendre un sifflement particulier, qu'il ne pousse que quand il est agité. Dès que les premiers signes du mauvais temps se manifestent, chaque écureuil se retire dans sa demeure; souvent plusieurs se réunissent dans un même nid. Si le vent vient du côté où se trouve l'ouverture du nid, l'animal bouche soigneusement cette ouverture et, désormais à l'abri, il reste en repos tranquillement enroulé sur lui-même. Il peut garder ce repos pendant des jours; mais, enfin, la faim le fait sortir et il va à l'un de ses greniers chercher des provisions.

Un mauvais automne est fatal aux écureuils, en ce qu'il les empêche de ramasser leurs provisions d'hiver. Si un pareil automne est suivi d'un hiver rigoureux, beaucoup périssent, car les neiges, en recouvrant la plupart de leurs greniers, les privent de leurs ressources ; aussi trouve-t-on par-ci par-là un écureuil mort dans son nid; d'autres tombent épuisés du haut des arbres ou n'ont plus la force d'échapper aux martes. Dans les forêts de chênes et de hêtres, les écureuils sont dans de meilleures conditions ; ils peuvent encore rencontrer des faînes et des glands sur les arbres, et, en écartant la neige, en découvrir suffisamment pour leurs besoins.

A la tombée de la nuit, l'écureuil se retire dans son nid, et y dort jusqu'au lever du jour; il sait cependant se tirer d'affaire dans l'obscurité, comme Lenz en a été témoin. Par une nuit très obscure, il se rendit dans la forêt, avec deux journaliers portant une longue échelle qu'il fit dresser contre un arbre où se trouvait un nid de jeunes écureuils : le tout se fit aussi silencieusement que possible. Les deux journaliers restèrent au pied de l'échelle, avec une lanterne, et Lenz monta. A peine eut-il touché le nid, que les animaux s'échappèrent avec la rapidité du vent, deux grimpèrent au haut de l'arbre, un descendit, un troisième s'élança d'un bond par terre, et en un instant tout redevint silencieux.

Lorsqu'il est effrayé, l'écureuil pousse un cri perçant, que l'on peut exprimer par « *douck, douck* »; s'il est content ou colère, il fait entendre un murmure qu'il est difficile de rendre. Il manifeste de la joie ou de l'excitation par une sorte de sifflement.

L'écureuil est plus intelligent que les autres rongeurs. Tous ses sens sont développés, surtout la vue, l'ouïe et l'odorat. Quant au toucher général, il doit aussi être très fin : on ne pourrait exprimer autrement le pressentiment qu'il a des changements de temps. Sa mémoire, la ruse avec laquelle il déroute ses ennemis, sont des preuves de son intelligence. Lorsqu'il cherche un refuge sur un arbre, il a la précaution de toujours grimper du côté opposé à celui par lequel arrive son ennemi; il se glisse dans les branches, montre au plus sa tête, se dissimule, se tapit, fait preuve, en un mot, de beaucoup de jugement.

Les vieux écureuils s'accouplent une première fois en mars; les jeunes sont un peu moins précoces. Dix mâles, et plus quelquefois, se rassemblent autour d'une femelle et se livrent en son honneur des combats sanglants. La femelle se donne au vainqueur, et reste quelque temps avec lui. Quatre semaines après, elle met bas dans celui de ses nids qui est le mieux situé, le plus mollement rembourré, de trois à sept petits, qui restent aveugles pendant neuf jours et qu'elle soigne avec tendresse. Elle s'établit de préférence dans les creux des troncs d'arbres, et quelquefois, d'après Lenz, dans ceux que des étourneaux ont choisis pour y faire leur nid. Elle l'approprie à ses besoins, en le garnissant de substances molles et en rendant son entrée plus facile.

« Avant la naissance des petits, et pendant qu'ils tettent, dit Lenz, les parents jouent autour du nid.

Lorsque les petits commencent à sortir, ce sont, par le beau temps, des jeux, des sauts, des agaceries, des chasses, des murmures, des sifflements ; cela dure cinq jours, puis tout d'un coup la jeune famille disparaît, émigre dans la forêt voisine. » Si on la trouble dans ses fonctions de nourrice, la mère porte ses petits dans un autre nid, souvent très éloigné du premier. Il faut donc beaucoup de prudence pour prendre de jeunes écureuils, et ne jamais visiter un nid sans être certain de pouvoir enlever la nichée.

Les petits sont nourris par leurs parents pendant quelque temps encore après leur sevrage ; puis ils sont abandonnés à eux-mêmes, et le mâle et la femelle s'accouplent de nouveau.

En juin, la femelle met bas, pour la seconde fois, un nombre de petits moindre que la première. Quand ceux-ci sont assez grands pour l'accompagner, elle rejoint souvent avec eux ceux de sa portée précédente, et on rencontre toute la bande, composée de douze à seize individus, jouant et exploitant le même canton de la forêt.

Indépendamment de l'homme, l'écureuil a bien d'autres ennemis, et la marte est parmi eux le plus redoutable. Souvent aussi il devient la proie de quelques-uns de nos oiseaux rapaces nocturnes. Il échappe plus facilement à la dent du renard, en gagnant le haut d'un arbre, et aux serres du milan, de l'épervier en montant rapidement en spirale autour d'une branche ; ou bien encore il trouve son salut dans le premier trou qu'il rencontre. Il en est autrement avec la marte : celle-ci grimpe aussi bien que sa victime ; elle la suit pas à pas, dans la cime des arbres aussi bien qu'à terre, et pénètre dans les trous où elle cherche un refuge. L'écureuil a beau fuir en poussant des sifflements d'angoisse, le carnassier est toujours à ses trousses, rivalisant d'agilité avec lui. La seule chance qui lui reste est de sauter du haut de l'arbre à terre, de gagner un autre arbre et de recommencer le même jeu tant que dure la poursuite. C'est aussi ce qu'il fait. On le voit, devançant de bien peu la marte, gagner la cime d'un arbre, grimper avec une rapidité incroyable, en décrivant des spirales, et, au moment où son ennemi va le saisir, s'élancer dans l'air les quatre membres étendus, franchir l'espace en décrivant une courbe, et, aussitôt arrivé à terre, courir à la recherche d'une cachette inaccessible à son ennemi. S'il ne peut en rencontrer, la marte le poursuit jusqu'à ce qu'il succombe.

Les jeunes écureuils, moins rusés, moins expérimentés, moins agiles que les vieux, sont bien plus que ceux-ci exposés au danger. Un bon grimpeur peut attraper les jeunes écureuils. Lorsque j'étais enfant, je me suis amusé avec mes camarades à les chasser. Nous grimpions sur les arbres, et l'indifférence avec laquelle ils nous laissaient approcher causait leur perte. Quand nous pouvions atteindre la branche où ils étaient assis, c'en était fait de leur liberté. Nous agitions cette branche de toutes nos forces, et l'écureuil, qui ne songeait qu'à se bien tenir, nous laissait approcher ; toujours agitant la branche et toujours avançant, nous finissions enfin par atteindre l'animal et par nous en emparer. Nous ne regardions pas à un coup de dent, nos écureuils apprivoisés nous en donnaient déjà tant! (BREHM, *les Merveilles de la nature:
les Mammifères*, t. II, p. 59-62. J.-B. Baillière, éditeur.)

VII

LA MARMOTTE

Peu de nos rongeurs indigènes ont été le sujet d'autant d'observations que la marmotte, et pourtant on ne connaît pas encore toutes les particularités de la vie de cet intéressant habitant de nos montagnes, ce qui peut s'expliquer par la difficulté que l'on a à le suivre dans les régions où il est confiné. C'est, en effet, sur les pics les plus élevés des Alpes, à la limite des neiges éternelles, là où ne croît plus aucun arbre, aucun buisson, où le bétail ne monte plus, où la chèvre elle-même n'arrive pas; c'est là, sur les petits îlots des rochers, au milieu des glaciers qui, pendant six semaines au plus, ne sont pas couverts de neiges, qu'habite la marmotte. Elle séjourne donc dans les lieux les plus inaccessibles à l'homme. Plus les montagnes sont désertes, plus elle les recherche. Elle a à peu près complètement disparu des endroits que l'homme fréquente. Elle habite généralement les versants méridionaux, orientaux et occidentaux; comme la plupart des animaux diurnes, elle aime le soleil. Elle creuse là ses terriers, les uns simples, petits, pour l'été; les autres profonds, étendus, pour l'hiver. Les premiers lui fournissent un abri passager pendant le mauvais temps; les autres, un refuge pour l'hiver qui, dans les hautes régions, règne six, huit et même dix mois.

Dans ces régions élevées, la marmotte n'a qu'une vie active de courte durée, son sommeil persistant tant que règnent les froids; mais ses mœurs, durant cette période, sont curieuses à observer.

« L'été, dit Tschudi, s'écoule gaiement pour elles. A la pointe du jour, les vieilles sortent de leurs terriers, avancent la tête avec précaution, prêtent l'oreille et guettent de tous côtés pour s'assurer s'il ne se passe rien d'extraordinaire dans le voisinage; elles se hasardent enfin à faire quelques pas et se mettent à déjeuner. Ce repas est promptement expédié; l'herbe verte et surtout les jolies fleurs des Alpes en font les principaux frais, et on les voit disparaître rapidement autour des établissements des marmottes. Les jeunes suivent de près les parents. Dès qu'elles sont toutes rassasiées, elles se rangent en cercle sur une pierre plate, bien exposée au soleil et aussi rapprochée que possible de leur demeure. Alors elles commencent leurs jeux et leurs plaisirs, qui consistent à se peigner, à se gratter, à faire leur toilette, à se taquiner les unes les autres et à faire les belles en se dressant sur leurs jambes de derrière. Pendant que les jeunes se livrent ainsi à leur humeur folâtre, les vieilles marmottes font sentinelle, et dès que paraît quelque chose de suspect, un homme, un oiseau de proie ou un renard, fût-ce à des lieues de distance, le sifflet se fait entendre, clair, fort, retentissant. Ce son, quoique aigu et perçant, a quelque chose de plaintif et de profond [1]. Le

1. Un pâtre tessinois, qui passe chaque été dans le voisinage des marmottes, nous a assuré que toutes les vieilles ne sifflent jamais. Nous venions à peine de le quitter que nous avons pu nous apercevoir de la justesse de cette remarque. Près de la hutte du Prosa, nous vîmes à trente pas de nous un de ces animaux d'une grandeur extraordinaire et qui paraissait d'un âge très avancé. Il était occupé à manger et ne se dérangeait point à notre approche; les sifflets et les appels de ses compagnons ne le troublèrent pas davantage;

reste de la troupe, n'ayant pas vu l'ennemi, ne répond pas au signal de la sentinelle, mais s'attache à suivre tous les mouvements de celle-ci, restant tant qu'elle reste, fuyant quand elle fuit. Les avertissements se renouvellent de moment en moment ; mises ainsi sur leur garde, toutes les marmottes de la montagne cherchent à découvrir l'ennemi, et, quand elles y sont parvenues, elles sifflent à leur tour, et bientôt de tous les côtés les vigilantes sentinelles sont à leur poste. Si l'ennemi se cache ou s'arrête, les signaux cessent, mais la surveillance ne se relâche pas ; à l'approche du danger, elles se précipitent toutes dans leur demeure et ne se hasardent à sortir de nouveau que quand tout sujet de crainte a disparu. Celles qui n'ont pas vu l'ennemi sont les premières à reparaître. On ne sait pas si les marmottes ont des sentinelles proprement dites, comme les chamois ; les chasseurs ne le croient pas. Ils pensent que la petitesse et la couleur grise de ces animaux, et plus encore leur vue perçante, qui leur fait découvrir un homme à une distance telle que le meilleur télescope nous permettrait seul de le distinguer, les gardent mieux que la plus grande vigilance. Dès que le temps est froid, elles restent des jours entiers dans leurs trous ; la nuit elles ne sortent jamais. Aussitôt après le coucher du soleil, tous les lieux de plaisir sont déserts ; en automne elles se retirent bien avant ce moment, et la vue d'un ennemi les retient dans leur demeure, pendant tout le reste de la journée.

« Les marmottes établissent leurs habitations d'été sur les oasis de gazon qu'entourent les rochers et les abîmes ; elles recherchent le soleil plutôt que l'ombre et évitent toujours l'humidité. Leurs trous sont souvent creusés à 3 ou 4 pieds de profondeur, et des galeries d'une ou deux

enfin, nous voyant tout près de lui, il se décida à s'éloigner, mais sans grande hâte et sans pousser un son. Peut-être que les marmottes familiarisées avec les lieux habités et la vue des humains perdent l'habitude de siffler.

toises, si étroites qu'on a peine à y passer le poing, conduisent à la demeure proprement dite, qui a la forme
d'un vaste bassin. L'entrée se trouve quelquefois en plein
gazon, mais, le plus souvent, elle se cache au milieu des
rochers ou sous des pierres où il est impossible de la
découvrir. Les galeries vont en montant ou en descendant ; elles sont simples ou divisées en plusieurs embran-
chements, dans lesquels la terre est si bien pressée et
tassée que c'est à peine s'il a fallu en enlever pour les
construire.

« L'accouplement a lieu peu après le sommeil d'hiver,
et déjà en juin les petits viennent au monde ; il n'en naît
pas plus de quatre à la fois. Ceux-ci ne sortent que quand
ils sont déjà passablement gros, et ils partagent l'habitation de leurs parents jusqu'à l'année suivante.

« Les marmottes n'ont quelquefois qu'une demeure
pour les deux saisons ; dans ce cas, elles la construisent
sur le plan des habitations d'hiver, qui sont plus vastes
que les résidences d'été. Mais, en général, elles aiment à
passer la belle saison, autant que possible, dans les
hautes prairies, à 3 000 mètres environ. C'est là leur
séjour préféré, parce qu'elles y sont à l'abri de tout dangereux voisinage. Cependant le moment arrive où il faut
le quitter ; elles descendent alors dans les pâturages que
le berger vient d'abandonner et s'y creusent leurs terriers
d'hiver, vaste construction qui contient quelquefois une
famille de quinze individus. Avant le milieu d'octobre,
qui est l'époque où elles s'enferment définitivement, elles
transportent une grande quantité de foin dont elles
tapissent leurs trous et qui leur sert aussi, avec de la
terre et des pierres, à fermer les canaux. Les demeures
d'été et celles qui ne sont pas habitées restent ouvertes.
L'entrée même des canaux est d'ailleurs toujours libre ;
ce n'est que 1 ou 2 pieds plus bas que se trouve la porte
si solidement bâtie. De là, les canaux se divisent. L'un
n'est qu'un embranchement accessoire, creusé sans doute

après la construction de la porte pour décharger les matériaux qui n'étaient plus utiles. Cet embranchement existe aussi parfois dans les terriers d'été ; alors il n'a évidemment pas cette destination, mais il sert sans doute d'échappatoire aux marmottes poursuivies par le chasseur, ou bien il devait d'abord former l'entrée principale, et la rencontre d'une pierre a forcé à l'abandonner. La grande avenue qui conduit à l'habitation d'hiver a rarement moins de 10 pieds de long, à partir de l'entrée, et assez souvent elle a 8 à 10 mètres. Elle remonte un peu vers l'extrémité et aboutit au terrier, qui ne mesure pas moins de 3 à 6 pieds de diamètre, et qui est rempli d'un foin tendre et sec, renouvelé en partie tous les automnes. La prudente marmotte commence déjà en août ses approvisionnements ; elle coupe avec ses dents tranchantes de l'herbe et des plantes, qu'elle fait sécher et qu'elle transporte ensuite chez elle. Bien des gens croient encore, comme Pline, que l'une d'elles se couche sur le dos et se laisse charger de foin par les autres, qui la traînent ensuite dans leur trou en la tirant par la queue ; on explique ainsi le triste état de la fourrure de leur dos, qui est en effet très râpée ; mais cela vient uniquement de l'entrée trop étroite des canaux. »

Outre ces deux habitations, la marmotte a encore des couloirs de refuge qui lui servent en cas de danger ; si elle ne peut les atteindre, elle se cache sous des pierres ou dans des crevasses de rochers.

Les habitants d'un même terrier paraissent vivre en bonne harmonie tant qu'ils ont leur liberté ; il n'en est pas de même en captivité. Le comte Bräuner, le fondateur du jardin zoologique de Vienne, m'a raconté qu'une marmotte en avait attaqué une autre dans son terrier, l'avait tuée et l'avait mangée. Étonné de ne point voir reparaître cet animal, on avait éventré le terrier, et découvert ainsi le crime.

Les allures de la marmotte sont très curieuses. Lors-

qu'elle marche — ce qu'elle fait en se dandinant lourdement. — le ventre touche à terre, et la tête est un peu
penchée. Elle ne la dresse que quand elle s'assied. Les
jeunes la font balancer gaiement, en mesure avec la
queue, pendant qu'elles se livrent à leurs jeux. Malgré la
brièveté de ses jambes et la masse de son corps, cet
animal court avec une grande vitesse et fait des sauts
prodigieux; il grimpe dans les fissures des rochers absolument comme les ramoneurs dans les cheminées, en
s'appuyant tantôt sur les épaules, tantôt sur les reins, et
arrive bientôt en haut. Il est surtout plaisant à voir quand
il s'assied sur son derrière, droit comme un cierge, la
queue horizontale, les pattes de devant pendantes, et
qu'il regarde tout autour de lui.

La marmotte creuse avec lenteur, et d'ordinaire avec
une seule patte. Quand elle a détaché une certaine quantité de terre, elle la rejette rapidement avec ses pattes de
derrière et la pousse ensuite hors de son terrier. Elle
apparaît souvent au dehors pendant ce travail pour
secouer le sable qui reste attaché à ses poils, puis elle
creuse de nouveau avec ardeur.

Elle se nourrit de plantes alpines succulentes, de
feuilles, de racines, et recherche principalement les
oreilles-d'ours, les gnaphaliums, le trèfle, les asters, le
plantain; au besoin, elle se contente de l'herbe verte ou
même sèche qui croît aux alentours de son terrier. Elle
broute l'herbe comme les lapins, mais lorsqu'elle a de
gros morceaux à manger, tels que des fruits ou des rai-
sins, elle s'assied et les mange en les tenant entre les
pattes de devant, comme les écureuils.

Elle boit rarement, mais beaucoup à la fois, avec un
certain bruit, et lève la tête à chaque gorgée, comme les
oies et les canards. Sacc avance cependant qu'elle lappe
les liquides comme les chiens et les chats. Son inquiétude
continuelle fait qu'elle ne mange pas une bouchée tranquillement; à chaque instant, elle se dresse et regarde

autour d'elle; jamais elle ne se repose sans s'être bien
assurée auparavant qu'aucun danger ne la menace.

Plusieurs naturalistes croient que la marmotte se
nourrit du foin qu'elle a ramassé dans son terrier,
lorsque le soleil du printemps vient la réveiller trop tôt
et que tout est encore couvert de neige et de glace. Mais
on ne connaît rien de positif à ce sujet. On sait cependant
qu'immédiatement après son réveil, si son terrier est
encore entouré de neige, elle entreprend de longues
excursions pour chercher sa nourriture.

D'après toutes les observations, les marmottes paraissent pressentir les variations atmosphériques. Les montagnards sont persuadés que le sifflement des marmottes
annonce un changement de temps, et que quand on ne
voit pas ces animaux jouer au soleil, c'est un indice de
pluie pour le lendemain. En tous cas, elles font preuve
d'une sensibilité instinctive particulière. C'est ce que
montre le soin avec lequel, en été, elles prennent leurs
précautions pour l'hiver, et l'opportunité avec laquelle
elles s'enfoncent sous terre en automne, pour n'en sortir
qu'au printemps.

Beaucoup de naturalistes se sont préoccupés du singulier phénomène connu sous le nom de *sommeil hivernal*, et
ont cherché la cause de ce mystérieux sommeil dans les
particularités anatomiques que présentent les animaux
qui le subissent, et notamment la marmotte, chez laquelle
le phénomène est le plus prononcé. « Le secret de cette
léthargie prolongée, dit Sacc, gît tout entier dans les
conditions climatériques auxquelles est soumise la marmotte, appelée à vivre à près de 3 000 mètres au-dessus
de la mer, dans des régions où l'hiver dure au moins
sept mois, souvent neuf, et où, par conséquent, une alimentation de trois à cinq mois au plus doit suffire à
l'entretien de la vie pour toute l'année. A peine réveil-
lées, les marmottes se gorgent de nourriture; elles
recherchent les herbes les plus succulentes, les racines

les plus riches en fécule, et en consomment des masses vraiment prodigieuses. Après chaque repas bien copieux, elles boivent, puis s'endorment quelques heures et ne se réveillent que pour manger derechef. Sous l'influence de ce régime, les marmottes acquièrent bientôt un embonpoint considérable, et pèsent alors, dit-on, jusqu'à 10 kilogrammes; à mesure que l'embonpoint se développe, le besoin de sommeil augmente, et devient si impérieux en automne, que, quelle que soit la température, les marmottes passent souvent des journées entières à dormir sans rien manger. Ce besoin de sommeil s'accroît sans cesse, jusqu'à ce qu'il s'établisse régulièrement, pour ne plus s'interrompre que de quinze en quinze jours environ, quand la vessie, pleine d'urine, force l'animal à s'en débarrasser. La marmotte sort alors à moitié de sa torpeur, se rend, les yeux en général fermés, à l'endroit qu'elle a choisi, et qu'elle ne change jamais, pour y laisser ses déjections, et puis regagne paisiblement son matelas de foin.

« Pendant huit années qu'ont duré nos observations, il nous a été impossible de saisir un rapport quelconque entre la léthargie hivernale des marmottes et l'état de l'atmosphère; elles s'éveillent ou s'endorment en hiver, indifféremment, par un temps froid ou chaud, ou humide. Il y a, par contre, un rapport frappant entre l'intensité de la léthargie et la richesse en graisse de l'animal; car le sommeil des marmottes maigres est beaucoup moins profond et soutenu que celui des marmottes grasses; de là vient aussi que le poids des premières diminue d'une façon beaucoup plus sensible. Il ne faut pas croire, du reste, que le poids de ces animaux change beaucoup pendant leur sommeil hivernal; il ne diminue que de 200 à 300 grammes au plus, en sorte que, gras en automne, ils se réveillent encore bien en chair au commencement de l'été. »

C'est dans leurs grands terriers que les marmottes

s'engourdissent. Quand les frimas reviennent, elles s'y installent après les avoir préalablement bourrés de foin, en ferment l'entrée sur une étendue de 60 cent. à 2 mètres avec de la terre, des pierres, des herbes, et cela avec tant d'habileté que le tout ressemble à un mur. Elles se couvrent totalement de foin et s'endorment le front entre les jambes de derrière, de telle sorte que le nez touche au nombril; la queue repliée sur le nez; les jambes de derrière étendues de chaque côté de la tête, les jambes de devant sur celles de derrière, et le tout recouvert par le large pli de la peau, garni de graisse, qui s'étend et flotte de chaque côté du ventre.

L'animal, selon les observations de Sacc, est alors si totalement replié sur lui-même, qu'il est absolument impossible de deviner où se trouvent la tête et les membres; la température du corps s'abaisse rapidement au-dessous de celle de l'air ambiant, même dans les appartements chauffés, en sorte que le toucher des marmottes engourdies est aussi froid, aussi glacial que celui du marbre. Des individus qu'il a tenus constamment dans une chambre dont la température se maintenait entre + 10° et + 15° c., ont continué à dormir aussi régulièrement que d'autres qui étaient renfermés dans une cave, à une température plus basse, et ne sont jamais réveillés que pour satisfaire le besoin d'uriner, et se rendormir ensuite jusqu'au réveil définitif du mois d'avril. Il a constaté que l'animal, aussi longtemps que dure le sommeil d'hiver, ne rend jamais des déjections solides; que l'estomac ne fonctionne plus; et que la respiration travaille seule, quelque lente qu'elle soit. En effet, la marmotte respire alors quatre-vingt-dix fois moins que quand elle est éveillée et n'a plus que quinze inspirations par heure. Comme conséquence, les mouvements circulatoires sont de moins en moins actifs et les pulsations de l'organe central diminuent considérablement. Mais, chose curieuse, l'on a vu le cœur d'une marmotte décapitée pendant son sommeil d'hiver continuer à battre pendant trois heures, en donnant seize à dix-sept pulsations par minute, et la tête du même animal présenta, une demi-heure après la décapitation, des traces de sensibilité.

La température intérieure de la marmotte pendant le sommeil est de 8° à 9° centigrades, c'est-à-dire celle de l'air ambiant du terrier. Si l'on réchauffe un individu dans un état d'engourdissement, à 17°, la respiration devient plus manifeste; à 20°, l'animal commence à ronfler; à 22°, il étend les membres; et à 25°, il se réveille.

D'après Sacc, « rien, absolument rien ne peut tirer les marmottes de leur sommeil, qu'un changement brusque et considérable de température. Un froid vif les réveille beaucoup plus vite qu'une température élevée; mais, dans les deux cas, elles ne tardent pas à s'engourdir de nouveau. Pour tirer les marmottes de leur léthargie, il n'y a donc pas de meilleur moyen que de les exposer à un froid très vif; elles se réveillent de suite, cherchent précipitamment quelque réduit où elles puissent s'abriter, et meurent bientôt si on ne se hâte de les rapporter dans un endroit chaud.

« Le réveil du printemps est vraiment extraordinaire, parce qu'il permet de voir la vie renaître lentement dans l'animal, et d'en suivre les progrès tout aussi facilement que lorsqu'on étudie l'œuf soumis à l'incubation; le procédé naturel est absolument le même, c'est-à-dire que la vie nerveuse apparaît d'abord, puis l'activité circulatoire, et enfin seulement la sensibilité et l'excitabilité musculaire. La marmotte se déroule d'abord en poussant de gros soupirs, mais elle est encore froide au toucher; bientôt elle ouvre ses beaux gros yeux, aussi doux que limpides, puis le mouvement gagne les pattes de devant, et l'animal commence à marcher, tirant après lui son train de derrière comme le colimaçon sa coquille.

« Le sommeil prend le corps dans un sens opposé à

celui du réveil, c'est-à-dire que, commençant par le train de derrière, il finit par la tête.

« Pendant le sommeil hivernal, chose extraordinaire, le poids des marmottes augmente lentement jusqu'au moment où elles se réveillent pour uriner, et diminue alors d'une quantité correspondante à celle du liquide expulsé. Cette augmentation de poids est due à une fixation d'oxygène qui se combine aux éléments du corps sous l'influence d'une respiration qui, tout imperceptible qu'elle soit, existe bien réellement.

« Toutes ces observations conduisent à admettre que le sommeil hivernal des marmottes n'est pas autre chose qu'un profond engourdissement produit à la fois par la fatigue et par l'obésité; il est absolument semblable à celui qu'on remarque chez les serpents gorgés de nourriture, et chez les bestiaux parvenus au dernier degré de graisse. »

Au commencement de l'été, les marmottes, quoique maigres, se réveillent encore bien en chair; elles sortent de leurs terriers et sont souvent obligées, comme nous l'avons dit, de parcourir de longs trajets pour trouver un peu d'herbe sèche sur les flancs des montagnes, là où le vent a balayé les neiges. Mais bientôt poussent les jeunes plantes alpines, fraîches, succulentes, et l'animal redevient gros et gras.

C'est en sortant de leur sommeil d'hiver que les marmottes s'accouplent. Cinq semaines plus tard, elles mettent bas de quatre à six petits au plus, suivant leur âge. Dès que les jeunes sont en état de suivre leurs parents, toute la famille quitte le quartier d'hiver, descend dans les pâturages fertiles placés le long des ruisseaux et s'y établit.

L'âge des marmottes est facile à reconnaître à la couleur de leurs dents incisives, qui, blanches la première année, deviennent jaune-citron la seconde et orange vif la troisième; plus tard, on ne peut plus apprécier leur âge que d'après la couleur du ventre, qui est d'un roux orangé d'autant plus vif que l'animal est plus vieux.

Les marmottes vivent de neuf à dix ans. (BREHM, *les Merveilles de la nature : les Mammifères*, t. II, p. 77-82. J.-B. Baillière, éditeur.)

VIII

LE CASTOR

Aujourd'hui encore, l'aire de dispersion du castor est assez grande. On trouve l'espèce dans trois parties du monde, du 33° au 68° de latitude boréale. Mais, autrefois, son habitat a dû être bien plus étendu. On croit l'avoir reconnu dans les hiéroglyphes égyptiens; il aurait donc existé en Afrique. La religion des mages de l'Inde défend de tuer le castor; il a donc dû se trouver dans les Indes. Gesner écrivait en 1583 : « C'est un animal commun dans tous les pays, mais on le trouve surtout auprès des grands cours d'eau ; en Suisse, dans l'Aar, la Reuss, la Limmat, la Birse, près de Bâle, dans presque tous les cours d'eau de l'Espagne, comme le dit Strabon, en Italie, là où le Pô se jette dans la mer. » On le trouvait partout en France et en Allemagne. Il existait aussi en Angleterre, mais c'est la première contrée d'où il ait disparu.

Maintenant, on ne le rencontre plus en Allemagne qu'isolément, sur les bords du Danube, de la Nab, de la Moselle, de la Meuse, de la Lippe, du Weser, de l'Aller, de la Riss, du Bober, et l'on peut dire que sur tous ces points il tend à disparaître. En 1848, on en trouvait encore un bon nombre dans l'Elbe et l'Hovel, ils y étaient protégés par les lois sur la chasse; mais, depuis qu'il est permis à chaque paysan de les tirer, ils ont diminué très rapidement. Quelques-uns cependant se sont établis récemment à Wörlitz, et y vivent sous la protection spéciale du duc d'Anhalt. On en rencontre en Autriche, en Pologne, en Russie, en Suède et en Norvège. Il y a trois ou quatre ans, quelques-uns avaient élevé des constructions près d'Arendal. A la vérité, ils y étaient protégés par un grand propriétaire, M. Aal. Mais les grandes eaux ont enlevé leurs demeures, et les ont dispersés ; leur protecteur espère néanmoins qu'ils reviendront.

En France, le castor était jadis très commun, et existait dans beaucoup de localités d'où il a depuis longtemps disparu. Il vivait sur la plupart de nos grands cours d'eau et de leurs affluents, notamment sur la Saône, le Gardon, la Durance, l'Isère, la Somme, etc. Il se trouvait même sur la petite rivière de Bièvre, qui se jette dans la Seine, à Paris : de là son nom, *bièvre* étant l'ancien nom français du castor. Aujourd'hui, on ne le voit plus qu'en petit nombre sur le Rhône, depuis son embouchure jusqu'au Pont-Saint-Esprit. On le tue encore de temps en temps en Camargue, et jusques auprès d'Arles, de Beaucaire, de Tarascon, d'Avignon.

Le castor est plus abondant en Asie qu'en Europe. On le trouve, en quantité, dans les grands fleuves de la Sibérie, et il n'est pas rare dans les cours d'eau qui se jettent dans la mer Caspienne.

Il était très commun en Amérique, mais les chasses continuelles qu'on lui a faites en ont beaucoup diminué le nombre. La Hontan, qui voyageait en Amérique il y a environ cent quatre-vingts ans, raconte qu'on ne peut marcher quatre ou cinq heures dans les forêts du Canada sans rencontrer un étang de castors. Les territoires de chasse sont fermés par des étangs nombreux ; ainsi, au fleuve Puang, à l'ouest du lac Illinois, se trouvent placés, sur une étendue de vingt lieues, plus de soixante étangs à castors. Depuis plusieurs siècles, on exporte chaque année du Canada plus de 4000 peaux de castors ; on comprend donc que ces animaux aient diminué considérablement. Audubon, en 1849, ne donne plus comme patrie du castor que le Labrador, Terre-Neuve, le Canada, quelques parties du Maine et du Massachusetts ; il ajoute cependant qu'on peut encore rencontrer des castors isolés dans diverses parties habitées des États-Unis. Mais il faut maintenant parcourir des milliers de lieues avant de pouvoir observer leurs mœurs.

Nous allons décrire les mœurs du castor en les dégageant de toutes les fables qui ont eu cours pendant si longtemps.

Le castor, dans les localités que nous venons d'indiquer, vit généralement par couples. Ce n'est que dans les cantons les plus tranquilles qu'on le trouve en familles. Dans tous les pays fréquentés par l'homme, on ne le rencontre qu'isolé. Comme la loutre, il habite des terriers, sans songer à se construire des huttes. Cependant, pendant l'été de 1822, on trouva des constructions de ce genre près de la Nuthe, non loin de la ville de Barby, dans un endroit désert, couvert de roseaux, qui n'était parcouru que par un cours d'eau de six à huit pas de large, et qui était connu de tout temps sous le nom de : l'*Étang aux castors*. L'inspecteur des forêts de Meyerinck, qui y observa pendant longtemps une petite colonie de ces animaux, dit à ce sujet : « Plusieurs paires de castors y habitent maintenant (1822) dans des terriers ressemblant aux terriers du blaireau, longs de trente à quarante pas ; ils sont à la hauteur du niveau de l'eau, et ont plusieurs ouvertures du côté de la terre. Près de ces terriers, les castors établissent leurs huttes. Celles-ci ont de 2 mètres et demi à 3 mètres, elles sont construites en fortes branches, que les castors coupent aux arbres voisins, et dont ils enlèvent l'écorce, qu'ils mangent. En automne, ils les recouvrent de vase et de terre qu'ils détachent de la rive, et qu'ils transportent entre leurs pattes de devant et leur poitrine : ces huttes ressemblent à un four ; les castors ne les habitent pas, ils s'y réfugient lorsque les grandes eaux les chassent de leurs terriers. Pendant l'été, la colonie se composait de quinze à vingt sujets : on remarqua qu'ils construisaient des digues. A cette époque, la Nuthe était si basse que l'on voyait, partout sur la rive, les ouvertures des terriers, à plusieurs centimètres au-dessus du niveau de l'eau. Les castors avaient profité d'un petit barrage qui se trouvait au milieu de la rivière ; de chaque côté, ils avaient jeté dans l'eau de fortes branches, avaient comblé les intervalles avec de la vase et des roseaux ; en sorte que le niveau de l'eau se trouvait de 30 cent. plus haut en amont de cette digue qu'en aval. La digue céda plusieurs fois, mais la nuit suivante elle était réparée. Quand les grandes eaux de l'Elbe remontaient dans la Nuthe, que les demeures des castors étaient submergées, on pouvait voir ces animaux durant le jour. Ils se tenaient sur leurs huttes ou sur les saules environnants. »

A ce récit véridique, on peut encore ajouter ceux de Sarrazin, qui passa plus de vingt ans au Canada ; de Hearne, qui resta trois ans dans la baie d'Hudson ; de Kartwright, qui fit un séjour de douze ans au Labrador ; d'Audubon, qui rapporte ce que lui ont dit les trappeurs, et enfin celles du prince de Wied. D'après ces naturalistes, les castors se choisissent un cours d'eau dont les rives leur fournissent de la nourriture et des matériaux propres à élever leurs huttes. Ils commencent par construire un barrage, qui maintient le niveau de l'eau à la hauteur du sol de leurs huttes ; ce barrage est épais de 3 à 4 mètres à la base, de 60 cent. à sa partie supérieure. Ils l'établissent avec des pièces de bois de la grosseur de la cuisse ou du bras, de 1 mètre et demi à 2 mètres de long ; ils les fichent dans le sol par une de leurs extrémités, l'une contre l'autre ; placent dans leurs intervalles des branches plus petites, plus flexibles, et remplissent les vides avec de la vase. Ils travaillent à cette digue jusqu'à ce que l'eau ait atteint le plancher de leurs huttes. En amont, la digue est inclinée; en aval, elle est verticale. Elle est assez solide pour qu'un homme puisse s'y aventurer. Dès qu'un trou s'y montre, les castors le bouchent avec de la vase. Leurs demeures s'ouvrent à 1 m. 20 au moins au-dessous de la surface de l'eau, de telle façon que jamais elles ne soient fermées par les glaces. Quand l'eau n'a qu'un faible courant, la digue est presque droite; quand le courant est fort, elle est recourbée, offrant sa convexité au cours de l'eau.

C'est en amont de la digue, le plus souvent sur le côté sud des îles, ou au milieu même de la rivière, que les castors bâtissent leurs huttes. Ils creusent un couloir oblique qui part de la rive, au haut de laquelle ils construisent un monticule en forme de four, à parois très épaisses, de 1 m. 30 à 2 m. 30 de haut, de 3 à 4 mètres de diamètre. Les parois en sont formées de morceaux de bois dépouillés de leur écorce, réunis par du sable et de la vase. Cette demeure renferme une chambre voûtée, dont le plancher est couvert de débris de bois. Près de l'ouverture est un compartiment destiné à recevoir des provisions. On y trouve souvent plusieurs charretées de racines de nénuphar.

Les castors travaillent continuellement à leurs demeures, à amasser des provisions jusqu'à ce que la glace les en empêche. L'eau monte-t-elle et pénètre-t-elle dans l'intérieur des habitations, ils percent la voûte et prennent la fuite par cette voie. Souvent, un castor reste trois, quatre ans dans la même demeure; mais, souvent aussi, il se construit une nouvelle habitation, ou restaure une ancienne hutte; il arrive encore qu'il élève une nouvelle demeure à côté de l'ancienne, et qu'il les fait communiquer entre elles. Les naturalistes des deux derniers siècles prétendaient avoir observé que le castor se sert de sa queue comme d'une truelle; Kartwright, qu'on peut

regarder comme l'observateur le plus fidèle et le plus
consciencieux, n'est pas de cet avis, et croit que les castors lissent les parois de leurs demeures avec leurs pattes.

Ce ne sont que les castors réunis en sociétés qui bâtissent des digues et des huttes; ceux qui vivent solitaires
habitent des terriers, comme la loutre. On peut dire,
malgré cela, que ce sont des animaux sociables, et, quelque grossières que soient leurs constructions, on n'en a
pas moins à admirer l'art avec lequel ils les élèvent.

C'est avec les dents que le castor récolte ses matériaux :
quelques coups donnés dans le même sens lui suffisent
pour couper les petites branches; quant aux grands
troncs, il les abat ordinairement en les rongeant tout
autour et plus profondément du côté de l'eau. Les grands
arbres ne sont pas plus épargnés que les petits, et il en
renverse quelquefois dont le tronc a plus de 30 cent. de
diamètre. Le prince Max. de Wied dit avoir vu des peupliers de 50 cent. de diamètre rongés par les castors; les
troncs étaient épars, couchés les uns sur les autres.

« Il n'est pas rare, dit Crespon, qu'une paire de castors, dans une seule nuit, renverse une cinquantaine de
jeunes saules de la grosseur du bras ou de la jambe.
Lorsqu'ils en ont jonché le sol, ils choisissent les morceaux qui sont le plus de leur goût. Un jour du mois de
mai 1843, sur la rive gauche du Rhône, mon frère et moi,
nous nous amusâmes à compter les arbres victimes de
leurs ravages, et nous pûmes nous convaincre que, dans
deux saussaies voisines, il y avait de onze à douze cents
jeunes saules coupés par les castors. Ces animaux rongent l'arbre à environ 1 mètre de hauteur, selon leur
taille; ils se posent sur leur train de derrière, et, sans
changer de place, taillent l'arbre en sifflet, et le renver-
sent toujours du côté qui leur est opposé, en le poussant
avec un de leurs pieds de devant qu'ils tiennent appuyé
au-dessus de l'endroit qu'ils ont entamé. Dès la première
aurore, ils ont soin de charrier avec leur gueule un cer-

tain nombre de branches dans leur terrier, pour les ronger tout à leur aise, à l'abri de tout danger, pendant le jour. »

Dietrich de la Winkell a eu la bonne fortune d'assister à une petite scène de famille, de pouvoir observer près de Dessau une femelle de castor accompagnée de ses petits. « Au crépuscule, dit-il, la famille se montra à la surface de l'eau et nagea vers la rive. La femelle se risqua la première à gagner terre, et après s'être assurée que tout était tranquille, entra dans la saussaie. Les trois petits, qui avaient la taille d'un chat à demi adulte, la suivirent. On entendit bientôt le bruit qu'ils faisaient en rongeant, et au bout de quelques minutes, un arbre tomba. Toute la famille aussitôt se mit à couper les branches et à en manger l'écorce. Peu de temps après, la femelle apparut, traînant dans sa gueule une branche de saule, que les petits l'aidèrent à transporter jusqu'au bord de l'eau. Après un instant de repos, chacun reprit la branche, et tous ensemble parcoururent à la nage le même chemin que celui par lequel ils étaient venus. » Meyerinck dit de son côté que plusieurs castors se réunissent pour prendre une branche d'arbre entre les dents et la traîner à l'eau, mais il ajoute qu'ils la coupent auparavant en morceaux de 1 mètre à 1 m. 30.

Les castors préfèrent les saules, les peupliers, les aunes, les frênes, les bouleaux, pour s'en nourrir et pour construire leurs demeures. Rarement, ils s'en prennent aux chênes et aux ormes, dont le bois est plus dur.

Comme la plupart des rongeurs, les castors ont des habitudes plutôt nocturnes que diurnes. Ce n'est que dans les endroits retirés, où l'homme n'arrive que très rarement, qu'ils se hasardent à sortir pendant le jour. « Peu après le coucher du soleil, dit Meyerinck, ils abandonnent leurs demeures, font entendre des sifflements, et se précipitent à l'eau avec bruit. Ils nagent quelque temps autour de leur hutte, descendant le courant, le remontant, selon qu'ils se sentent plus ou moins en sûreté ; ils montrent soit leur museau, soit toute la tête et le dos. Lorsque tout est tranquille, ils gagnent la rive, s'éloignent jusqu'à cinquante pas de la rivière, et plus encore, pour couper les arbres dont ils ont besoin.

« En nageant, ils vont jusqu'à un demi-mille de leurs huttes, mais ils y reviennent toujours la même nuit. L'hiver, c'est également la nuit qu'ils abandonnent leur gîte ; parfois ils le quittent pour huit ou quinze jours. Durant cette saison, ils mangent l'écorce des branches de saules qu'en automne ils ont transportées dans leurs terriers, et avec lesquelles ils ont bouché toutes les issues du côté de la terre. »

Ils rongent la glace, comme le dit le prince de Wied ; et là où l'eau gèle jusqu'au fond, ils se creusent sous la glace des conduits dans la vase.

Le castor n'est pas aussi lourd, aussi maladroit qu'il le paraît. Dans l'eau, ses mouvements sont vifs, rapides, assurés. Il nage avec ses pattes de derrière, et sa queue fonctionne comme gouvernail ; les pattes de devant lui servent rarement de rames, il les étend d'ordinaire sous son menton. A terre, le castor trotte assez maladroitement ; sa marche et tous ses mouvements rappellent ceux du hamster. Pour explorer les environs, il se dresse sur ses jambes de derrière ; pour manger, il s'assied sur son arrière-train, prend les branches entre ses pattes de devant, les tourne et les retourne en en rongeant l'écorce. Il meut ses mâchoires plus rapidement que ne le font l'écureuil et le hamster. C'est ordinairement près de l'eau profonde qu'il se place pour prendre ses repas, en ayant soin de tourner la face du côté du fleuve, pour pouvoir s'y réfugier promptement, en cas de danger. Il ne mange jamais l'écorce des arbres et des buissons qui sont encore debout, comme le font les autres rongeurs ; son premier soin est d'abattre les branches avant d'en ronger les parties qui entrent dans son alimentation, et il en coupe ordinairement plus qu'il n'en a besoin pour satisfaire sa faim et pour construire sa demeure.

En liberté, les castors se montrent très prudents, très craintifs. Au moindre danger, ils disparaissent dans l'eau. Lorsqu'ils sont réunis en colonie, ils placent pendant la nuit des sentinelles qui signalent un péril par une sorte de claquement tout particulier.

Le castor a tous les sens très développés, notamment la vue, l'ouïe et l'odorat. Il s'aperçoit généralement à temps du danger, et sait y échapper, grâce à son habileté extraordinaire à la nage. Il n'a pas à craindre beaucoup d'autres animaux ; les grands carnassiers mêmes ont bien de la difficulté à l'attraper ; ses dents lui sont des armes terribles, avec lesquelles il peut tenir tête à la plupart des autres mammifères. Tous les observateurs s'accordent à dire que, d'un coup de dents, le castor peut couper la patte d'un chien ou d'un chat. Il n'a donc pas d'ennemis parmi les animaux, la loutre exceptée. Ce carnassier nage et plonge mieux encore que le castor ; il peut l'atteindre dans ses demeures aquatiques, profiter d'un moment favorable pour le saisir et l'égorger, et il est très probable que sa voracité, son instinct de meurtre le portent souvent à l'attaquer.

L'époque des amours varie selon les contrées que l'espèce habite. Certains auteurs disent que l'accouplement a lieu au commencement de l'hiver, d'autres en février ou en mars. C'est à ce moment surtout que le castoréum, dont l'odeur conduit les sexes l'un vers l'autre, est abondamment sécrété. Un chasseur raconta à Audubon que lorsqu'un castor a vidé ses glandes anales dans un endroit, un second castor, guidé par l'odeur, arrive, recouvre la matière odorante de terre, vide ses glandes à son tour, et ainsi de suite de plusieurs autres ; aussi trouve-t-on souvent de petits monticules qui exhalent une forte odeur de castoréum. Cette substance ayant la propriété d'attirer les castors, on en enduit les trappes.

Deux ou quatre mois après l'accouplement (la durée de la gestation n'est pas encore bien déterminée), la femelle met bas de deux à quatre petits aveugles, les allaite pendant un mois et les soigne avec tendresse. Le mâle, qui reste fidèle à sa femelle, quitte la chambre où elle a mis bas, et va habiter un simple couloir. Au bout de quatre semaines, la mère apporte à ses petits de jeunes pousses d'arbres, et au bout de six semaines, elle sort avec eux.

A deux ans, les petits sont capables de se reproduire ; à trois ans, ils sont complètement adultes. Ils gardent généralement la demeure de leurs parents, et ceux-ci s'en construisent une nouvelle. (BREHM, *les Merveilles de la nature : les Mammifères*, t. II, p. 153-158. J.-B. Baillière, éditeur.)

IX

LA PÊCHE A LA BALEINE

« La pêche de la baleine a été tant et tant de fois décrite qu'il nous suffira d'en dire quelques mots. Quand les navires sont arrivés dans les parages que fréquentent les baleines, ils croisent ou se mettent à l'ancre, explorant continuellement l'horizon tout autour d'eux. Le cri de la vigie « un souffleur ! » émeut tout l'équipage. On met à la mer des canaux parfaitement équipés, montés par six ou huit vigoureux rameurs, un pilote et un harponneur, et tous se dirigent rapidement et silencieusement vers la baleine. Le harpon est un fer acéré, très pointu, muni d'un crochet et attaché à une corde très longue et très flexible, celle-ci est enroulée à une bobine placée à l'avant du canot. En approchant de l'animal, on redouble de prudence, et lorsqu'on est arrivé tout auprès le harponneur lance son harpon sur le colosse. Au même instant, les rameurs se penchent sur leurs avirons, pour éloigner le plus rapidement possible le canot du voisinage de l'animal blessé. Ordinairement, la baleine plonge au fond de l'eau, en dévidant la corde avec une telle rapidité qu'on est obligé de la mouiller pour qu'elle ne prenne point feu. Mais bientôt sa fuite est moins rapide, elle nage plus lentement, et les pêcheurs peuvent la suivre.

Souvent aussi, ils sont entraînés loin de leur navire, par
une baleine harponnée, à plusieurs heures, à une demi-
journée même. Cependant le colosse, après la première
attaque, n'est jamais plus d'un quart d'heure à reparaître
à la surface de l'eau pour respirer. Abordée de nouveau,
elle reçoit un second harpon. On ne pourrait, dit un
témoin oculaire, imaginer un spectacle plus horrible. La
baleine effrayée se roule dans les vagues; dans son
agonie, elle bondit hors de l'eau; la mer est couverte de
sang et d'écume. L'animal disparaît, un tourbillon indique
la place où il a plongé; il revient à la surface, mais c'est
pour recevoir une nouvelle blessure mortelle; de quelque
côté qu'il se dirige, un nouveau fer s'enfonce dans son
corps. En vain redouble-t-il d'énergie, en vain fait-il
bouillonner l'eau autour de lui; un tremblement a saisi
son corps monstrueux; on dirait Vulcain ébranlant les
montagnes. Il a perdu tout son sang, il se couche sur le
flanc, ballotté par les vagues; des milliers d'oiseaux
accourent, pressés de se repaître de ce gigantesque cadavre. »

La baleine, morte, se putréfie très rapidement. Quelques jours après qu'elle a cessé de vivre, ce n'est qu'une
masse spongieuse; les gaz qui se développent gonflent le
corps de telle sorte que la peau éclate avec détonation, et
une odeur pestilentielle se répand partout. Mais, d'ordinaire, les pêcheurs ont fini leur travail avant ce moment.

Une fois morte, la baleine est attachée à une forte
corde, et plusieurs canots la tirent vers le navire. Au
grand mât sont fixées deux solides poulies, sur lesquelles
s'enroulent de forts câbles, dont une extrémité est fixée
au cabestan; à l'autre est attachée la baleine. Sa tête,
que l'on détache du reste du corps, et dont on retirera
plus tard les fanons, et le *sperma ceti*, si l'on a affaire à
un cachalot, est hissée sur le pont, et le corps est suspendu contre les flancs du navire, auxquels sont fixés de
petits échafaudages, sur lesquels se tiennent les hommes.

Ceux-ci, pendant que d'autres hommes mettent le cabestan en mouvement, coupent avec de forts couteaux, tout autour du corps, des lanières de graisse d'un mètre de long, et continuent cette besogne jusqu'à ce que l'animal soit complètement dépouillé de son lard. Le reste est abandonné aux animaux marins.

La graisse, portée dans l'entrepôt, y est coupée en morceaux, d'abord à la main, puis à la machine, et mise ensuite, pour être fondue, dans une chaudière fixée sur le pont et entourée d'eau. Au commencement de l'opération, l'on chauffe avec du charbon; plus tard le feu est entretenu avec des restes de graisse. On refroidit l'huile dans un appareil réfrigérant, et on en remplit des tonneaux, que l'on charge à fond de cale. (BREHM, *les Merveilles de la nature : les Mammifères*, t. II, p. 860-861. J.-B. Baillière, éditeur.)

X

LE KANGUROO

Les Marsupiaux sont des mammifères qui habitent presque exclusivement l'Australie; ils se distinguent des autres mammifères par un certain nombre de caractères dont le plus important est relatif au développement. Les femelles ont sous le ventre une sorte de bourse dans laquelle elles mettent leurs petits qui viennent de naître. Ces petits restent là pendant un certain temps, fixés à une mamelle; plus tard ils se détachent et continuent à se développer comme les autres mammifères. On va lire l'histoire du Kanguroo, l'un des marsupiaux les plus connus.

L'Australie est la patrie des kanguroos.

Les uns habitent les vastes plaines herbeuses de cette partie du monde; les autres vivent de préférence dans les endroits buissonneux; d'autres sur les montagnes rocheuses; d'autres encore, dans les forêts les plus impénétrables, où ils sont obligés de se frayer un passage en cassant les branches et les racines; il en est même qui habitent sur les arbres. La plupart vivent solitaires : ce n'est qu'accidentellement qu'ils se trouvent réunis en grand nombre dans certains endroits où la nourriture est abondante, mais ce ne sont pas là des sociétés durables. Le voyageur peut bien rencontrer de ces réunions temporaires, où l'on compte quatre-vingts individus et plus; mais quelques heures après tout s'est dissipé; chacun s'en est allé de son côté, ou s'est réuni à une nouvelle bande, sans plus s'inquiéter de ses compagnons. La plupart sont des animaux diurnes. Les petites espèces sont nocturnes et passent le jour dans des endroits cachés. Quelques-uns habitent les creux des rochers, en sortent pour se repaître, et y retournent quand leurs besoins sont satisfaits.

Les habitudes, le genre de vie des kanguroos méritent notre attention, car tout en eux est curieux : mouvements, repos, nourriture, régime, reproduction, développement, intelligence.

Leur allure, telle qu'on la voit quand ils sont à paître, est un saut lourd et maladroit. L'animal appuie toute la main sur le sol et place ses pattes de derrière près de celles de devant, et même entre elles. Il s'appuie en même temps sur sa queue; mais cette position est trop fatigante pour qu'il la garde longtemps. Pour arracher les plantes, il s'assied sur la queue et les pattes de derrière, en laissant retomber ses membres antérieurs, et lorsqu'il en a pris une, il se redresse pour la manger. Son corps paraît alors reposer sur un trépied dont les branches seraient formées par les membres de derrière et par la queue. Très rarement, on le voit se tenir sur trois pattes à la fois et sur la queue; il ne prend cette attitude que lorsqu'il a à faire quelque chose sur le sol avec une de ses mains. Quand il est à demi rassasié, il se couche à terre, les jambes de derrière étendues. Lui prend-il fantaisie de manger, il reste couché, se soulève seulement un peu et s'appuie sur ses courtes pattes de devant. Pour dormir, les petites espèces prennent la même posture que les lièvres au gîte; ils s'asseyent sur leurs quatre pattes, la queue étendue en arrière; cette position leur permet de prendre rapidement la fuite.

Au moindre bruit, le kanguroo se lève, surtout le mâle

adulte, et regarde tout autour de lui, en se dressant sur la pointe des pieds. Aperçoit-il quelque chose de suspect, il se hâte de prendre la fuite. Alors se montre toute son agilité. Il saute exclusivement sur ses pattes de derrière, et fait des bonds comme nul autre animal. Il ramasse ses jambes de devant contre sa poitrine, étend sa queue en arrière, fléchit, puis étend brusquement avec toute la force de ses muscles fémoraux ses membres postérieurs longs et grêles, et file dans l'air comme une flèche, en décrivant une courbe. Quelques-uns, en sautant, tiennent leur corps dans une position horizontale, les autres dans une position oblique, les oreilles étant ordinairement couchées. Lorsque rien ne le trouble, le kanguroo fait de petits bonds de 2 mètres et demi de long, mais s'il est effrayé, ses sauts sont deux et trois fois plus grands. Dans ce mode de locomotion, le pied droit précède un peu le pied gauche. A chaque bond, il lève et abaisse sa queue, et cela d'autant plus que le bond est plus vigoureux. Il change de direction en faisant deux ou trois petits bonds; la queue ne paraît donc pas lui servir de gouvernail. Il ne touche la terre qu'avec les doigts de derrière; jamais il ne tombe sur ses pattes de devant; certaines espèces les portent collées contre les flancs, les autres les croisent sur la poitrine. Un bond suit l'autre immédiatement, et chaque bond est de 2 mètres au moins. Quelques espèces en font de 6, 8 et même 10 mètres de long, et de 2 à 3 mètres de haut. Des kanguroos captifs, poursuivis dans un espace assez grand, franchissent en bondissant un espace de 8 mètres. On comprend donc qu'il faille un chien excellent pour attraper un de ces animaux, et il n'y en a que peu qui en soient capables. Sur un sol couvert d'arbres et de broussailles, la poursuite n'est pas de longue durée, le kanguroo franchissant les obstacles que le chien est obligé de tourner; sur un sol incliné, le kanguroo se meut plus péniblement, il lui est notamment très difficile de descendre une pente sans culbuter. Il peut sauter ainsi plus de deux heures, sans se fatiguer.

De tous les sens, l'ouïe paraît être le plus parfait chez les kanguroos. On les voit continuellement remuer les oreilles comme les cerfs. Leur vue est faible, leur odorat assez obtus.

Leur intelligence est peu développée. Le kanguroo est méfiant sans prudence; il n'a pas de mémoire, il est curieux, timide, facile à exciter et à apaiser; il vit en bons ou en mauvais rapports avec ses semblables; difficile à apprivoiser, il ne s'attache pas à son maître; son intelligence, en un mot, est très bornée. Il montre son excitation par des inspirations rapides, et par une salivation abondante. Alors même qu'il est en proie à la plus grande terreur, lorsque, par exemple, il est chassé, que les chiens sont sur ses talons, il ne peut retenir sa curiosité. Il se retourne pour regarder ses poursuivants, et il lui arrive quelquefois, dans ce cas, de heurter avec tant de violence un arbre ou un rocher, qu'il tombe étourdi.

Les kanguroos ont un régime très varié. Ils se nourrissent d'herbes, de feuilles, de racines, d'écorces d'arbre, de bourgeons, de fruits. Quelques naturalistes ont cru qu'ils étaient ruminants. Je n'ai pu trouver chez eux trace de rumination. Ils mâchent longtemps certains végétaux, mais le bol alimentaire, une fois avalé, ne leur revient plus dans la bouche.

Les kanguroos ne sont pas très féconds. Les grandes espèces ont rarement plus d'un petit par portée. Malgré leur grande taille, les femelles n'ont pas une longue gestation : celle du kanguroo géant n'est que de trente-neuf jours. Au bout de ce temps, le petit naît. La mère le prend dans sa bouche, ouvre sa bourse avec ses pattes de devant et greffe le petit être à un de ses mamelons. Douze heures après la naissance, le petit du kanguroo géant n'a que 32 millimètres de long, et ne peut être comparé qu'aux embryons des autres animaux. C'est une masse molle, transparente, vermiforme; les yeux sont fermés ; le nez et les oreilles sont à peine indiqués, et les membres sont loin d'avoir leur forme. Il n'y a pas la moindre ressemblance entre cet être et sa mère. Les membres antérieurs sont d'un tiers plus longs que les postérieurs ; la queue est courte et recourbée entre les pattes de derrière. Il pend ainsi à la tetine comme un corps inerte. Il est même incapable alors de téter, et le lait, par suite d'une disposition organique particulière, lui est versé directement dans la bouche par le mamelon : ce n'est que plus tard qu'il exercera lui-même la succion.

Il reste ainsi huit mois à se nourrir du lait de sa mère ; de temps à autre, cependant, il montre la tête, mais il n'est pas encore capable de se mouvoir tout seul. Owen a vu un jeune kanguroo géant respirer profondément mais lentement, et agiter les pattes de devant quand on le touchait. Quatre jours après la naissance, cet observateur enleva le petit du mamelon, pour voir comment il était en rapport avec la mère, comment se faisait la lactation, pour savoir enfin si un être aussi imparfait avait une force à lui appartenant, s'il pouvait de lui-même retrouver le mamelon, ou si la mère l'y remettait. Voici quel fut le résultat de son expérience. Le petit enlevé, une goutte de liquide blanc apparut au mamelon. Le petit s'agita, mais ne parut pas faire d'efforts pour s'attacher à la peau de la mère, et il fut absolument impuissant à se mouvoir. On le déposa au fond de la poche et on l'abandonna à la mère. Celle-ci se montra très irritée, se courba, gratta la face externe de sa bourse, l'ouvrit avec ses pattes, y plongea la tête et l'y promena de divers côtés. Owen conclut que la mère doit prendre son petit dans sa bouche et le tenir au mamelon jusqu'à ce qu'elle sente qu'il y est greffé. Il faut ajouter que ce petit mourut, la mère ne l'ayant pas remis à la tetine, et aucun gardien n'ayant voulu se charger de l'y mettre.

On a vu, depuis, un jeune kanguroo détaché ainsi de

la tetine, par violence ou par hasard, la reprendre de
nouveau de lui-même. Leisler dit avoir trouvé sur la
paille un jeune kanguroo un peu plus fort que celui dont
parle Owen, déjà presque froid, l'avoir remis au mamelon,
et l'avoir vu poursuivre son développement. Owen obtint
aussi, plus tard, le même résultat. Geoffroy Saint-Hilaire
a démontré l'existence d'un muscle placé autour du
mamelon et capable, par ses contractions, de faire pénétrer le lait dans la bouche du petit. Il résulte des observations les plus récentes que le jeune kanguroo, lorsqu'il
a atteint une certaine taille, s'accroît très rapidement,
surtout lorsque ses poils ont poussé. Ses oreilles, qui
étaient pendantes sur les côtés de la tête, sont maintenant
droites, et il se montre souvent quand sa mère est au
repos. Il sort alors sa tête, ses petits yeux regardent de
tous côtés, ses petites pattes se promènent sur le foin, et
il commence à manger. La mère le soigne avec tendresse,
mais se montre moins craintive qu'auparavant. Au commencement, elle ne souffre pas qu'on tente de le voir, et
à plus forte raison de le toucher. Elle éloigne même le
mâle que la curiosité pousse à voir son rejeton. Elle
répond aux tentatives qu'il fait pour satisfaire son envie,
par un murmure de mauvaise humeur et même par des
coups. Une fois que le petit a montré sa tête, elle cherche
moins à le cacher. Celui-ci est d'ailleurs très craintif : un
rien le fait aussitôt rentrer au fond de la bourse où il
prend toutes les positions imaginables; il en laisse sortir
tantôt la tête, tantôt les pattes de derrière, ou la queue.
C'est un spectacle curieux que de voir la mère, lorsqu'elle
veut se déplacer, forcer son petit à gagner les profondeurs de la bourse, en lui donnant de petits coups avec
ses mains. Au bout d'un certain temps, le jeune kanguroo
abandonne la poche marsupiale et saute autour de sa
mère; mais au moindre indice de danger, il arrive en
toute hâte, et se précipite la tête la première dans sa
cachette; en un instant il se retourne et, certain mainte-

nant d'être à l'abri de tout péril, regarde au dehors avec une expression comique.

« A la fin de septembre, dit Weinland que j'ai suivi en donnant cette description ; à la fin de septembre, j'ai aperçu pour la dernière fois dans la bourse marsupiale le petit kanguroo femelle née en janvier ; il ne quitta cependant pas sa mère, et se fit nourrir par elle. Le 22 octobre, je le vis encore téter, et, à ma grande surprise, j'aperçus dans sa bourse des mouvements qui ne me laissèrent pas de doute sur son contenu : déjà mère et allaitant un petit elle tétait encore sa mère ! Ce fait curieux est positif ; mais je fis une découverte bien autrement curieuse. La mère s'étant tuée contre les barreaux de sa cage, je la disséquai et trouvai dans sa bourse un petit à peine mort, encore nu, de 8 cent. de long, âgé par conséquent d'au moins deux mois. Il en résulte que la femelle du kanguroo peut allaiter simultanément deux petits de portées différentes, et même médiatement son petit-fils. »

Les voyageurs disent que le kanguroo femelle cherche, dans le danger, à sauver son petit, surtout lorsqu'elle est blessée. Si elle ne se sent plus la force d'échapper au sort qui la menace, elle retire rapidement son nourrisson, le dépose à terre et, tout en se retournant de temps à autre vers lui, s'en éloigne le plus qu'elle peut ; elle se sacrifie ainsi pour sa progéniture, et souvent elle atteint son but, le chasseur ne voyant que la mère et passant à côté du petit sans le remarquer. (BREHM, *les Merveilles de la nature : les Mammifères*, t. II, p. 37-39. J.-B. Baillière, éditeur.)

XI

LA COULEUR ET LA FOURRURE DES ANIMAUX

En parlant des productions naturelles de la Laponie, de la Finlande, de la Suède et de la Norvège, j'ai passé sous silence les pelleteries que ces pays fournissent et que les visiteurs de l'Exposition internationale ont beaucoup remarquées. C'est que, sous ce rapport, la Scandinavie et les contrées adjacentes ne diffèrent que peu des parties septentrionales de l'Asie et du nouveau monde. Les faunes de toutes ces régions circumpolaires présentent les mêmes caractères principaux, et c'est afin de ne pas scinder les remarques dont elles pouvaient être l'objet que j'ai réservé pour des articles spéciaux ce que je me proposais d'en dire.

Ce que l'on recherche le plus dans les fourrures, c'est l'abondance, la finesse, le moelleux et le brillant des poils; or la température exerce sur ces qualités une grande influence, et, dans les pays dont le climat est extrême, on voit souvent le même animal avoir en été et en hiver des pelages complètement différents. Ainsi l'écureuil commun de nos bois, qui est d'un brun marron en dessus et blanc en dessous, a, partout où il habite, la même robe en été; mais, dans le Nord, où le froid hibernal est intense, la partie supérieure de son corps devient en hiver d'un joli gris tendre. Chez l'hermine, la différence est encore plus grande; en été ce petit carnassier est, de même que la belette, dont il est proche parent, d'un brun roux en dessus et sur les flancs, avec le dessous du corps blanc, tandis qu'en hiver il devient partout d'un blanc pur, sauf le bout de la queue, qui en toute saison reste noir. Peu de quadrupèdes subissent, quant à la coloration, des changements aussi grands; mais presque tous perdent une grande partie de leurs poils lorsque la saison devient chaude, et, sous l'influence du froid, ils se recouvrent de téguments à la fois plus longs, plus épais et plus propres à empêcher la déperdition de la chaleur développée dans l'intérieur de leur corps par l'espèce de combustion lente que la respiration entretient dans la profondeur de toutes les parties de l'organisme.

D'ordinaire, la peau des mammifères est garnie de deux sortes de poils, dont les uns, plus ou moins longs, gros et raides, constituent le revêtement superficiel appelé le *jarre*, et les autres, tous très fins, courts, doux au toucher et souvent ondulés, restent cachés entre la partie basilaire des précédents et forment ce que l'on nomme le *duvet* ou *bourre*. La proportion de ces deux espèces de couvertures varie suivant les climats : chez les mammifères des pays chauds, le duvet manque plus ou moins complètement et le jarre est en général court et sec, tandis que dans les pays tempérés, non seulement tout le système pileux s'allonge pendant l'hiver, mais le duvet devient très abondant; enfin, dans les pays très froids, ces particularités se prononcent encore davantage. Il en résulte que nos pelleteries indigènes, désignées dans le commerce sous le nom de *sauvagines*, sont beaucoup moins estimées que les fourrures des mêmes espèces obtenues dans les régions boréales, et que dans les pays les plus froids, de même que chez nous, c'est pendant l'hiver que la chasse de ces animaux donne les plus beaux produits.

Le vêtement chaud ainsi préparé par la nature est plus nécessaire pour les mammifères de petite taille que pour les animaux dont le corps est volumineux, parce que la quantité de chaleur développée dans l'intérieur de ces êtres est à peu près proportionnelle à leur masse et que sa déperdition est en rapport avec l'étendue de leur surface ; par conséquent les petits animaux sont disposés à se refroidir plus rapidement que les grands, et cela nous explique comment il se fait que la plupart des espèces dont la fourrure est la plus estimée sont de très petite taille.

Le refroidissement ne produit pas les mêmes effets chez tous les animaux. Chez beaucoup d'entre eux, que les naturalistes appellent des *animaux à sang froid*, parce que la température de leur corps ne diffère en général que peu de la température de l'atmosphère, le refroidissement détermine seulement un ralentissement des fonctions vitales, une sorte d'engourdissement, qui peut aller très loin sans que l'organisme en souffre, et il suffit d'un retour de chaleur pour que l'activité physiologique se rétablisse. Chez les animaux supérieurs il en est presque toujours autrement ; quelques-uns d'entre eux, les loirs et les marmottes par exemple, peuvent être amenés à cet état de léthargie par l'action du froid extérieur et n'en ressentir aucun mauvais effet ; pendant l'hiver ils dorment d'un sommeil souvent des plus profonds, dont ils se réveillent en bon état au retour de la belle saison, et on les appelle pour cette raison des *animaux hibernants*. Mais la plupart des mammifères, de même que les oiseaux, se comportent autrement, car le refroidissement intérieur, en arrivant à un certain degré, leur devient mortel. Il en résulte que pour les animaux dits *à sang chaud*, êtres dont l'activité physiologique doit être continue, un certain degré de froid extérieur est incompatible avec l'existence, à moins que ces animaux n'aient la faculté de se constituer, par le développement

du système pileux, une espèce de vêtement très mauvais
conducteur du calorique, et par conséquent conserva-
teur de la chaleur dégagée dans l'intérieur de leur organisme. On peut donc prévoir que les mammifères à peau
nue ou à poil ras resteront d'ordinaire confinés dans les
contrées chaudes, et que, si des individus de leur espèce
s'acclimatent dans des pays froids, leur fourrure changera
de qualité.

Le tigre nous offre un exemple du changement que le
climat peut produire dans la fourrure d'animaux de
même espèce. Ce grand et beau carnassier est originaire
des parties les plus chaudes de la région asiatique, l'Inde
et les grandes iles adjacentes, et là, son poil est court et
sec; c'est du jarre sans mélange de duvet. Mais le tigre a
franchi les limites de son domaine ordinaire, et il se
montre au nord de l'Himalaya, jusqu'en Sibérie; or,
dans ce pays froid, son corps est couvert d'une fourrure
épaisse, à poils comparativement longs, et dont la disposition est telle, que l'air en contact avec la surface de la
peau ne se renouvelle que difficilement, circonstance
très favorable à la conservation de la chaleur propre de
l'animal.

Les singes sont aussi presque exclusivement des animaux de pays chauds et d'ordinaire ils supportent très
mal un climat froid; la plupart d'entre eux ont le poil
court et peu abondant. Mais M. Alphonse Milne-Edwards
a fait connaître récemment un représentant de ce groupe
zoologique, qui a été trouvé par un de nos missionnaires,
M. Armand David, au milieu des hautes montagnes du
Tibet oriental, où la neige persiste pendant plus de la
moitié de l'année et où l'hiver est d'une rigueur extrême.
Ce singe, désigné sous le nom de *Rhinopithecus*, à cause
de la conformation particulière de son nez, ressemble
beaucoup aux semnopithèques de l'Inde par ses caractères anatomiques; mais il est pourvu d'une épaisse couverture formée de poils doux, fort longs et très abon-

dants, qui lui donnent un aspect des plus singuliers et qui le protègent efficacement contre le froid extérieur.

La grande famille naturelle des bœufs, qui est répandue presque partout et qui est apte à s'accommoder aux climats les plus divers, nous offre des exemples encore plus remarquables de l'harmonie établie par la nature entre l'état de l'appareil tégumentaire et la température du milieu ambiant. Dans les plaines brûlantes de l'Afrique et de l'Inde, ces grands ruminants ont la peau presque nue, et dans les pays tempérés leur poil est ras et médiocrement serré; mais dans la haute région de l'Himalaya, où le froid est intense, ils ont pour représentants les yacks, animaux dont le corps est couvert d'un épais manteau de poils tellement longs, que souvent ils touchent presque à terre. L'aurochs, espèce de bœuf qui habitait jadis toute la partie septentrionale de l'Europe et qui se trouve encore en Russie, dans quelques forêts de la Lithuanie et du Caucase, a aussi une toison épaisse et presque laineuse. Enfin le bison de l'Amérique septentrionale est pourvu d'une fourrure analogue et le bœuf musqué, ou *ovibos*, qui est propre aux parties les plus boréales du nouveau monde, est encore mieux partagé sous ce rapport, car il a tout le corps couvert de longues soies tombantes parfaitement disposées pour résister à la neige, et au-dessous du manteau ainsi formé se trouve une couche de duvet qui tombe en été, mais prend en hiver un développement énorme.

Au premier abord, on pourrait croire que les règles physiologiques dont je viens de parler sont en opposition avec plusieurs faits bien connus, tels que l'existence de la longue crinière dont la tête et le torse du lion sont couverts; mais, en examinant les choses de près, on voit que là encore il y a harmonie entre la disposition de l'appareil tégumentaire et les besoins de l'animal. Il ne faut pas confondre les effets produits sur l'organisme par l'air chaud avec ceux qui sont déterminés par la chaleur rayonnante du soleil. A l'ombre, le thermomètre ne s'élève presque jamais à 40 degrés, température qui serait promptement mortelle pour la plupart des animaux si l'évaporation dont la surface de leur corps est le siège ne la rafraîchissait sans cesse; mais les corps frappés directement par le soleil peuvent s'échauffer beaucoup plus, et souvent en quelques minutes leur température est portée ainsi bien au-dessus des limites compatibles avec le maintien de la vie. Sur les membres et sur le tronc cette action ne produit communément que des accidents de peu d'importance, des ampoules ou une sorte d'inflammation de la peau appelée *coup de soleil*; mais, sur le crâne, l'insolation est beaucoup plus dangereuse et détermine souvent une fièvre cérébrale ou même une mort subite. Or, il suffit en général d'interposer entre la peau du crâne et les rayons solaires un écran mauvais conducteur de la chaleur pour empêcher cet échauffement excessif, et c'est pour cette raison qu'en Algérie, par exemple, nous voyons les Arabes se couvrir habituellement la tête d'un pan de leur burnous flottant ou même d'un grosse étoffe enroulée en turban. Cela nous permet de comprendre l'utilité de la chevelure laineuse des Nègres d'Afrique, ainsi que celle de la crinière du lion. En effet, le lion, qui habite principalement les grands déserts sablonneux du centre de l'Afrique et qui y mène une vie errante, s'y trouve exposé à toute l'ardeur du soleil, et les longs poils raides et tombants de sa crinière lui fournissent un abri naturel analogue à celui qui est constitué par les vêtements des Arabes dont je viens de parler, et ce qui l'aurait préservé du froid s'il avait été dans un pays à basse température le préserve de la chaleur dans un pays tropical où l'ombre fait souvent défaut. Chez la lionne dont le système pileux, comme chez les femelles en général, n'est pas susceptible de se développer au même degré, l'absence de crinière coïncide avec des habitudes plus sédentaires, et il est à noter que dans la partie de l'Inde appelée *le Guzarate*, où il y a aussi des lions, mais où l'ombrage abonde, ces animaux sont également dépourvus de crinière.

Il me serait facile de multiplier beaucoup ces exemples d'une harmonie naturelle entre la constitution des êtres vivants et les conditions biologiques dans lesquelles ils se trouvent, et, en présence des faits de cet ordre, la pensée se reporte nécessairement vers la cause de ces relations utiles. Faut il y voir les conséquences d'un plan d'organisation conçu d'avance en prévision des besoins futurs et variables de chaque espèce animale et même de chaque individu, ou les effets de lois générales en vertu desquelles les modifications particulières provoquées dans l'organisme de l'individu par les agents extérieurs se transmettraient héréditairement et se perpétueraient d'autant mieux qu'elles auraient été plus favorables à l'existence ou à la puissance physiologique de celui qui les possède? En d'autres termes, faut-il expliquer ces harmonies par l'hypothèse dite des causes finales ou par la théorie darwinienne de la mutabilité des types zoologiques et de l'influence de la sélection naturelle? Peu importe, car dans l'un et l'autre cas j'admirerais également l'intelligence ordonnatrice qui répondrait à toutes ces appropriations mystérieuses, opérées en quelque sorte au jour le jour, ou qui obtiendrait les mêmes résultats par le jeu régulier de lois universelles et préétablies. Cette dernière interprétation s'accorderait même mieux que la précédente avec l'idée de grandeur que j'attache à cette puissance régulatrice première, quel que soit le nom qu'on lui donne. Mais ici je ne dois pas insister davantage sur des questions de cet ordre, car elles nous feraient perdre de vue le point spécial que je voulais traiter, et je me hâte d'y revenir.

La température n'est pas la seule condition climatologique qui influe sur les qualités des fourrures. L'action de l'air sec et chaud tend à rendre le poil raide et grossier; ainsi, au toucher, les personnes qui ont l'habitude de manier les pelleteries distinguent en général les écureuils africains de ceux provenant des autres parties du globe où l'air est plus humide. Les mammifères qui habitent au bord de l'eau et qui nagent fréquemment ont pour la plupart le poil remarquablement fin et doux. Les espèces qui vivent sous terre, et qui se trouvent par conséquent à l'abri des causes ordinaires de dessiccation, présentent généralement des caractères analogues. Enfin, il est aussi à noter que ces conditions d'existence, de même que les habitudes aquatiques, sont favorables au lustre de la fourrure, car le brillant de celle-ci dépend en grande partie des matières grasses dont elle est lubrifiée ; cette matière est fournie par un petit sac sécréteur situé dans l'épaisseur de la peau, à la base de chaque poil, et l'humidité maintient ces organes en état de fonctionner activement.

Les conditions biologiques locales ont certainement aussi une influence considérable sur le pelage, mais leur action sur la couleur du poil n'a pas été jusqu'à présent bien expliquée physiologiquement.

La coloration de l'appareil tégumentaire est due principalement à la présence de diverses matières grasses dans l'espèce de moelle cellulaire qui occupe l'axe de chaque poil et qui, au microscope, se distingue facilement de sa gaine corticale. Ces substances huileuses, dont les unes sont blanches, d'autres noires, brunes, jaunes ou rouges, sont fabriquées par le bulbe ou organe formateur, qui est situé à la base du poil, et le régime de l'animal, ainsi que le degré d'activité physiologique de son système cutané, peuvent influer beaucoup sur leur production. Dans la vieillesse, la source en est souvent tarie, et alors les poils deviennent blancs. Le travail vital dont résultent ces principes colorants est beaucoup activé par l'action directe de la lumière ou plutôt des rayons chimiques qui accompagnent les rayons éclairants dans la lumière solaire ; nous en avons la preuve sur nous-mêmes par le hâle de la peau et le développement fréquent de taches de rousseur sur les parties de notre corps que ces rayons frappent, et cela nous explique pourquoi la plupart des mammifères sont blancs en dessous, quoique fortement colorés sur le dos et les flancs. Probablement le manque de lumière est une des causes de la fréquence de l'albinisme chez les oiseaux aussi bien que chez les mammifères des régions polaires dans les deux hémisphères ; mais le régime paraît aussi ne pas être étranger au mode de coloration de certains animaux. Ainsi les ours polaires, dont la robe est généralement d'un blanc presque pur, prennent une teinte jaunâtre lorsqu'ils se nourrissent des débris laissés par les cadavres des baleines, qui contiennent une grande quantité d'huile, et j'incline à croire que le mélanisme peut être causé par des particularités de régime. En effet, le rat noir (le *Mus rattus* de Linné) était jadis très abondant en France, comme dans les autres parties de l'Europe ; mais il a été presque entièrement supplanté par une autre espèce du même genre, le surmulot, ou *Mus decumanus*, dont la taille est plus forte et les proportions un peu différentes. Ces rongeurs sont originaires de la région persique ; ils arrivèrent en Europe, vers le commencement du XVIIIe siècle, par la Russie et par l'Angleterre, où ils avaient été apportés par les navires de commerce, et ils étaient alors tous d'un brun fauve. mais dans la ménagerie du Muséum d'Histoire naturelle, où ils se multiplient d'une manière fâcheuse, on commença, il y a vingt ans, à rencontrer des individus dont le pelage était noir comme celui du *Mus rattus*, et M. Alphonse Milne-Edwards a constaté que depuis une quinzaine d'années cette variété mélanienne y est devenue extrèmement commune ; aujourd'hui elle constitue environ un cinquième de la population ratière du Jardin des Plantes. Un changement analogue, mais plus complet, s'est opéré jadis dans le pelage du rat commun (*Mus rattus* de Linné). Un naturaliste de Nantes, M. de l'Isle de Romeuf, a montré que ce rongeur, inconnu en Europe du temps des Romains, descend du *Mus Alexandrinus* d'Egypte, qui, dans ce pays, a le dos et les flancs d'un gris brun tirant sur le jaune et le ventre blanc; tandis que, chez nous, il est devenu communément d'un noir lustré en dessus et d'un gris noirâtre ardoisé en dessous. Enfin, très récemment aussi, un zoologiste suisse, M. Fatio, a trouvé, aux environs de la fabrique de tabac de Paschiavo, dans les Grisons, une variété noire de la souris commune qui est inconnue ailleurs; ces petits rongeurs se nourrissent principalement de tabac sous ses différentes formes, et l'auteur que je viens de citer attribue ce mode de coloration à l'influence exercée sur l'organisme par cet aliment exceptionnel.

Des faits analogues, mais d'ordre inverse, nous sont fournis par nos animaux domestiques. Les mammifères à l'état sauvage ne présentent presque jamais des taches irrégulières et non symétriques. Tous les individus de même espèce qui habitent la même région sont, en général, colorés de la même manière, et cette règle s'applique au cheval, au bœuf, au chat, au chien, au lapin et au cobaye, ou cochon d'Inde, aussi bien qu'aux autres animaux. Mais, sous l'influence de la domestication, les différences individuelles deviennent fort nombreuses, et très souvent des taches dissimilaires, dont originairement il n'y avait aucune trace, se montrent sur diverses parties de la robe, ainsi que cela se voit au plus haut degré chez les chevaux pies, chez les chats dits espagnols ou à trois couleurs et chez les cobayes. Or, toute cette maculature anomale disparaît plus ou moins promptement chez les descendants de ces mêmes animaux lorsqu'ils ont repris leur vie sauvage; alors le pelage redevient uniforme. Un de mes anciens amis, feu M. Roulin, a fait, relativement à ce retour au type primitif, beaucoup d'observations intéressantes sur les chevaux, les bœufs et d'autres animaux domestiques transportés en Amérique par les premiers colons espagnols et redevenus libres; des exemples analogues ont été enregistrés par beaucoup d'autres voyageurs, mais je n'y insisterai pas ici, parce que les faits de ce genre sont aujourd'hui trop généralement connus pour qu'il me paraisse utile d'en parler plus longuement.

D'autres influences locales, dont la nature ne nous est pas connue, semblent avoir agi sur le mode de coloration de divers animaux dont l'organisation est à peu près semblable et dont la robe seulement diffère beaucoup, suivant les parties de la surface du globe où ils ont établi leur demeure. Cela est surtout remarquable pour le mécanisme normal qui contribue à donner à la faune ornithologique de certaines régions un caractère particulier.

On trouve des oiseaux à plumage noir sur presque tous les points du globe; mais, ainsi que l'a fait remarquer récemment un des professeurs de zoologie du Muséum, certaines familles aviennes dont l'extension géographique est très grande ne montrent une tendance au mélanisme que dans la région océanienne comprise entre le Chili à l'est, Madagascar à l'ouest, la Papouasie au nord et la Nouvelle-Zélande au sud. Ainsi les cygnes qui habitent dans l'hémisphère nord des deux mondes et qui s'y font remarquer par la blancheur de leur robe sont représentés en Australie par une espèce dont le plumage est d'un noir intense, et au Chili par une espèce dont le corps est blanc, mais dont la tête et le cou sont noirs; il n'y a dans l'hémisphère sud aucun cygne blanc. La grande famille des perroquets, qui en Amérique, en Afrique, dans l'Inde et dans la plupart des îles de l'Extrême-Orient, se fait admirer par l'éclat de son plumage rouge, bleu, vert et jaune, a pour représentants principaux, dans la partie de l'hémisphère sud dont je viens de parler, des espèces à robe sombre et rabattue par un mélange de noir en forte proportion, ou même d'un noir presque complet. A la Nouvelle-Zélande, par exemple, et dans les îles adjacentes, on trouve les Nestors, qui ont le plumage en majeure partie d'un brun sombre, et les Stigops, ou perroquets nocturnes, dont la robe mouchetée de blanc et rayée de noir sur un fond verdâtre mais sombre, ressemble beaucoup à celle d'une chouette. Aux îles Comores, aux Seychelles, à Madagascar et sur la partie voisine de la côte du Mozambique, il y a les perroquets Vasa, qui sont presque entièrement noirs, et l'Australie est habitée par des *Cyanorymphus*, dont le plumage est assombri par du noir mélangé de jaune vert dans la proportion de 5 ou même de 6 dixièmes; enfin les *Calyporhynchus*, dont le plumage est presque entièrement noir, abondent en Australie; il y a aussi dans ces parties du globe des perroquets à plumage de couleurs franches et brillantes, mais c'est là seulement que l'on voit des perroquets noirs.

C'est presque exclusivement dans la zone torride que se trouvent les mammifères à pelage brillant, rouge ou jaune et orné de bandes ou de taches noires; mais cette circonstance paraît être en relation avec l'abondance de la lumière plutôt qu'avec l'élévation de la température, car le quadrupède le plus remarquable par le rouge éclatant de sa fourrure est le Panda, ou *Ailurus*, qui habite dans le nord de l'Inde les hautes montagnes du Tibet, jusque dans le voisinage des neiges éternelles. Les relations entre le mode de coloration de la fourrure et l'intensité de la lumière, suivant que les rayons solaires frappent presque d'aplomb la terre ou n'y arrivent que très obliquement, se manifestent également lorsqu'on compare entre elles les diverses espèces dont se composent certains genres de mammifères qui occupent sur le globe une aire très vaste, par exemple le groupe des Félins et le groupe des écureuils. Pour rappeler la beauté, la

richesse du pelage des tigres de l'Inde et des îles de la
Sonde, des panthères de la même région et de l'Afrique
tropicale, des jaguars de l'Amérique méridionale, il suffit
de citer les noms de ces carnassiers, et les individus qui
s'égarent en dehors des limites naturelles de leur domaine,
comme c'est le cas pour quelques tigres, conservent leur
coloration ordinaire; mais l'once qui habite l'Asie centrale jusqu'en Sibérie, et qui ressemble beaucoup à la
panthère par les dessins noirs dont il est orné, a le fond
de la fourrure d'un gris blanchâtre ou d'un ton jaunâtre
clair, au lieu d'un fauve intense, comme chez cette dernière espèce.

Les écureuils sont de tous les mammifères ceux dont
le pelage varie le plus, suivant les contrées habitées par
ces petits et gracieux rongeurs. Or, dans les régions septentrionales, leur robe est en général d'un gris pâle ou
d'un noir uniforme sur le dos et blanche sur le dessous
du corps, tandis que, dans les contrées tropicales, le
pelage présente en général des tons riches, et l'on trouve
des espèces multicolores dont les flancs sont bariolés et
dont le ventre est d'un jaune vif tirant sur le rouge.
(Milne-Edwards, *Nouvelles Causeries scientifiques*, p. 255-
268. Gauthier-Villars, éditeur.)

XII

LE VOL DES OISEAUX

Aristote représente la plus haute antiquité dans les sciences naturelles; il nous a légué peu de choses relativement à la question qui nous occupe.

Le vol, dit-il, se fait par le mouvement de l'aile qui s'ouvre et se ferme tour à tour; la queue de l'oiseau agit à la façon d'un gouvernail; enfin, chez les espèces dont la queue est peu développée, le rôle du gouvernail est rempli par les jambes qui sont fortement étendues en arrière, comme cela se voit chez les cigognes.

Aujourd'hui on n'accepte plus sans réserves ces appréciations d'Aristote; les alternatives d'ouverture et de fermeture des ailes ne semblent nécessaires que dans le vol de départ. Quant au rôle de la queue, si c'est un gouvernail, il agit moins pour imprimer au vol une déviation latérale que pour lui donner une direction ascendante ou descendante, suivant que le plan de la queue se relève ou s'abaisse; enfin les pattes, en se portant plus ou moins en arrière, de même que le cou en s'allongeant plus ou moins, déplacent notablement le centre de gravité de l'oiseau par rapport à la surface alaire qui le soutient et modifient ainsi la direction du vol par rapport à un plan horizontal.

Pline l'Ancien fut un observateur attentif; il nota les différents caractères de la marche des oiseaux sur le sol et fit cette remarque importante, que l'oiseau, avant de s'envoler, cherche toujours à acquérir une vitesse préalable, soit en sautant, soit en courant, soit en se laissant tomber d'un lieu élevé. Le canard seul, d'après Pline, ferait exception à cette règle, car il s'envole en s'élevant directement de la surface des eaux. Cette particularité a été signalée par les observateurs modernes pour presque tous les oiseaux plongeurs.

Galien a indiqué, le premier, que les oiseaux se maintiennent parfois dans les airs sans battements d'ailes. Mais, sentant bien que pour neutraliser l'action de la pesanteur, il faut qu'une force égale et contraire soutienne le poids de l'animal, il attribue cet effet à une *tension psychique*. On retrouve au début de toute science ces simulacres d'explication qui ont le grave inconvénient de satisfaire les esprits peu exigeants et de paralyser les recherches. L'horreur de la *nature pour le vide* a retardé sans doute de plusieurs siècles la découverte de la pesanteur de l'air. Ces forces imaginaires changeant maintes fois de nom avant de s'évanouir, Belin expliquera la surtension de l'oiseau par la *répugnance de l'air à la légèreté de la plume*. Aldrovande, voyant l'aigle planer sans agiter ses ailes, lui attribuera une *force tonique* en lutte contre la pesanteur.

L'art de la fauconnerie, bien que fort ancien, prit au moyen âge une grande faveur chez toutes les nations de l'Europe et donna lieu à de curieuses observations sur les caractères du vol et même sur l'anatomie des oiseaux. Au XIIᵉ siècle, Frédéric II, empereur d'Allemagne, écrivit un livre *de Arte venandi*, où l'on trouve mentionnée pour la première fois la présence de l'air dans les os des oiseaux. Cet auteur attachait une grande importance, pour diriger le vol à droite et à gauche, aux ailes bâtardes, c'est-à-dire aux pouces qui sont garnis de petits groupes de plumes. Ces organes, doués de mobilité, agiraient en présentant à l'air une surface résistante plus grande d'un côté que de l'autre; l'aile qui trouverait le plus de résistance dans l'air cheminerait moins vite et la direction du vol s'infléchirait de son côté.

C'est encore aux fauconniers que revient la découverte de cet acte curieux qu'ils ont appelé la *ressource*, du latin *resurgere*, et par lequel l'oiseau qui s'est laissé tomber d'une grande hauteur ouvre soudainement ses ailes et, les inclinant de certaine façon, glisse sur l'air et remonte à peu près au niveau d'où il était parti. Belon, le premier, mentionna la *ressource*; mais Huber, deux siècles plus tard, la décrivit d'une manière saisissante, avec toutes les évolutions des oiseaux chasseurs.

Sans cesse appliqués à perfectionner leur art, les fauconniers ont acquis et se sont transmis d'âge en âge d'importantes notions sur les caractères du vol des différentes espèces d'oiseaux; sur les manœuvres que les unes emploient pour atteindre leur proie, les autres pour échapper à l'ennemi.

Ils ont distingué, chez les oiseaux de proie, deux genres de vol très différents : l'un à coups d'ailes, ou *vol ramé*, l'autre sans coups d'ailes, ou *vol à voile*. Les oiseaux nobles ou de haute volerie, dont le faucon est le type, pratiquent le vol ramé; leurs ailes sont de forme aiguë, concaves en dessous; leurs pennes rigides, leurs muscles puissants. Les faucons s'élèvent rapidement à de grandes hauteurs, puis fondent sur leur proie, la frappent de leurs serres, *la lient*, et, s'ils la manquent, s'élèvent de nouveau, par une *ressource* soudaine, et recommencent une nouvelle *passade*.

Les oiseaux de basse volerie, comme le milan et l'autour, ont les ailes plus larges et plus plates, émoussées à leurs bouts qui paraissent souvent déchiquetés par suite de rétrécissement de l'extrémité des grandes pennes. Le vent commande les évolutions de ces oiseaux qui se laissent enlever à une grande hauteur, d'où ils tombent rapidement, comme ceux de haut vol.

Une science progresse plus quand elle a des applications pratiques; c'est ainsi que la médecine, cherchant dans l'expérimentation sur les animaux la connaissance des fonctions de la vie, recrute de nombreux adeptes à la physiologie expérimentale. De même, la fauconnerie a vivement stimulé l'observation du vol. Depuis le moyen âge jusqu'à la Révolution française, cet art fut en grand honneur dans toutes les cours de l'Europe. L'histoire a conservé le nom des maîtres fauconniers, dont plusieurs ont consigné dans leurs écrits la manière d'apprivoiser les oiseaux de proie, et de les exercer graduellement à différentes sortes de chasses.

Lorsqu'un faucon *entreprend* contre un oiseau qui fuit, il ne le poursuit pas directement à tire d'aile, mais tend à s'élever le plus haut possible, et, quand il a gagné assez de hauteur, se laisse glisser sur l'air avec une extrême rapidité. La chute du faucon du haut des airs est extrêmement rapide, surtout quand l'oiseau tombe presque verticalement, *chute foudroyante*. Huber estime que si un faucon emploie un certain temps pour s'élever par un vol oblique et ascendant qu'on nomme une *carrière*, il met cent fois moins de temps pour effectuer sa descente, à peine davantage pour pratiquer sa ressource. L'oiseau paraît se jouer sans fatigue dans ces passades successives, tandis que le vol ascendant ne saurait être longtemps soutenu. Si l'ascension doit être de longue durée, le faucon la fractionne et fait plusieurs *carrières*, séparées par des temps de vol horizontal ou *degrés*, pendant lesquels il cède au vent sans perdre de sa hauteur. De degrés en carrières, l'oiseau chasseur s'élève jusqu'au niveau convenable pour faire une passade. De son côté, l'oiseau chassé tente d'échapper au faucon par une *esquirade*, abaissement soudain ou mouvement de côté. Mais la précision avec laquelle le faucon dirige son attaque est si grande, qu'il manque rarement son but. Cette adresse merveilleuse se montre surtout quand un fauconnier exerce un oiseau à voler au *leurre*, c'est-à-dire quand il le dresse à saisir une proie morte liée à un cordeau et qu'il fait tourner rapidement d'un mouvement de fronde. A la vue du leurre, l'oiseau, qui volait en rond à quelque cent mètres de hauteur, se laisse tomber et calcule si bien le lieu où son but mouvant devra se trouver au bas de la passade, qu'il l'atteint presque à coup sûr. Et si le fauconnier veut esquiver cette atteinte en tirant brusquement sur la corde, il lui faut une grande prestesse pour déjouer l'adresse du faucon.

C'est encore dans les traités de fauconnerie qu'on trouve mentionnées les différentes manœuvres des oiseaux, suivant l'animal qu'ils poursuivent; les combats aériens que se livrent entre eux faucons et milans, combats dans lesquels la force du vent décide, en général, de la victoire; le vent étant favorable à l'oiseau voilier, l'air calme à l'oiseau rameur.

. . . .

Les fauconniers avaient tous observé que les oiseaux rameurs *piquent dans le vent* quand ils veulent gagner en hauteur. Cette observation est capitale pour la théorie du vol; elle se relie à cet autre fait que l'oiseau, avant de s'envoler, imprime à son corps une vitesse préalable et crée ainsi un *vent relatif* sous ses ailes. On verra, en effet, à propos du mécanisme du vol, que l'aile trouve un appui plus ferme lorsque, dans son abaissement, elle rencontre successivement des masses d'air nouvelles.

Quant au vol à voile, aucun fauconnier n'en contestait l'existence; ils l'observaient chaque jour et savaient que le vent est la condition nécessaire de ce genre de vol. Ils avaient vu qu'au moment du départ, et pour s'élever au-dessus des couches d'air calme qui avoisinent le sol, les oiseaux voiliers rament comme les autres et qu'ils ne commencent à planer qu'après avoir atteint les régions supérieures où l'air est presque toujours agité. De la théorie, on ne s'inquiétait guère alors. Mais plus tard, lorsque les physiciens tentèrent d'expliquer le mécanisme du vol et qu'ils parvinrent à concevoir l'action du coup d'aile et les effets de la résistance de l'air, le vol à la voile leur apparut comme une impossibilité physique. Admettre qu'un oiseau immobile trouve dans l'action du vent la force capable de remonter contre le vent lui-même, ce serait, disaient-ils, comme si l'on prétendait qu'en jetant un corps inerte dans une rivière, ce corps trouverait dans le courant une force capable de lui faire remonter ce courant même.

Toutefois, les observateurs modernes en appelèrent de ce verdict : M. d'Esterno et M. Mouillard montrèrent qu'à moins de fermer les yeux à l'évidence, il faut accepter la réalité du vol à voile, sauf à convenir que nos connaissances actuelles en mécanique n'en donnent pas une explication satisfaisante.

Dans son remarquable travail sur le vol des oiseaux, M. d'Esterno commence par dissiper une équivoque :

« On a confondu, dit-il, avec le vol à voile, tous les accidents du vol ramé qui présentent *momentanément* l'appareil immobile et rigide comme le vol à voile le présente *constamment*. Il arrive, par exemple, que l'oiseau, ayant acquis de la hauteur qu'il ne veut pas conserver, la transforme en translation et se laisse glisser en descendant sur l'air qu'il ne frappe plus. D'autres fois, il frappe quelques coups d'aile après lesquels il continue sa marche horizontalement, en tenant les ailes étendues et en parcourant sans ramer un espace qui va facilement jusqu'à 40 mètres et plus.

« Dans ces deux cas et dans d'autres semblables, l'oiseau n'obtient aucune production de force ; il ne fait que consommer la force qu'il a précédemment acquise ; il la consomme, dans le premier cas, en perdant sa hauteur, dans le second, en perdant sa vitesse. »

Les glissements de l'oiseau sur l'air, si bien décrits par Huber, sous le nom de ressource, n'ont donc pas besoin du vent pour se produire. Les ailes étendues et inclinées sous un certain angle supportent le poids du corps par un mécanisme pareil à celui d'un cerf-volant qui, dans un axe calme, s'enlève et se soutient sur l'air quand la traction d'une corde lui imprime une vitesse suffisante. Toute la différence consiste en ce que la vitesse du cerf-volant est produite par traction, celle de l'oiseau par impulsion préalable.

Au sujet du vol à voile, d'Esterno rappelle à ceux qui en contestent l'existence, qu'il suffit, pour n'en plus douter, de regarder, par un temps de vent, un milan ou une buse qui plane dans les airs. Qu'on s'arme, au besoin, d'une puissante lunette, on verra que l'aile de l'oiseau n'exécute pas le moindre mouvement.

Pour d'Esterno, lorsqu'un oiseau, en se laissant descendre, veut se diriger dans un certain sens, c'est en déplaçant son centre de gravité de ce côté qu'il y parvient. Un allongement du cou, une inflexion de la tête vers la droite ou vers la gauche, suffisent pour imprimer au vol la direction voulue.

Mouillard, comme d'Esterno, affirme *de visu* l'existence du vol à voile; mais il reconnaît que, dans nos pays, les occasions d'observer ce vol curieux sont fort rares, tandis qu'on le voit à chaque instant dans les pays, qu'habitent les aigles, les vautours, les condors et les pélicans. Observateur passionné du vol, M. Mouillard a fait souvent de longues excursions pour contempler son spectacle favori. On partage son émotion en lisant les récits colorés où il décrit l'arrivée des oiseaux à leur campement de nuit quand vient l'heure du crépuscule. Embusqué près d'un de ces grands perchoirs, on peut, dit M. Mouillard, « voir le *gyps vulvus* à cinq mètres en plein vol ».

« Quand ces énormes oiseaux passent aussi près de

vous, on entend un frémissement étonnant; leurs vigoureuses rémiges vibrent comme des languettes; elles sont
retournées par les 14 livres qu'elles supportent, au point
de décrire un quart de cercle.

« Les gyps arrivent au-dessus du perchoir à 500 ou
600 mètres au moins et se laissent descendre perpendiculairement, les ailes à peine repliées; l'aigle fond souvent comme un corps grave qui tombe; ses muscles sont
si puissants qu'il peut maîtriser une vitesse de 50 mètres
à la seconde. » Mouillard admet que le voilier, en décrivant
ses orbes, trouve dans la vitesse de sa translation circulaire le moyen d'utiliser des vents trop faibles pour le
soutenir autrement; mais il a vu, par une bonne brise, un
aigle s'élever en avançant contre le vent sans donner un
coup d'aile. « L'oiseau s'élança du sommet d'un frêne où
il était perché, s'abaissa au vent de 2 ou 3 mètres, fut
relevé par une rafale et s'éleva ainsi, directement, lentement, à une centaine de mètres en l'air, ayant gagné
au vent au moins 50 mètres, et cela sans un seul bat-
tement. »

(MAREY, *Physiologie du vol des Oiseaux. Revue scientifique* du 16 juillet 1887.)

XIII

LE HARENG

Le hareng proprement dit, ou hareng commun, appelé *Clupea Harengus* par Linné, appartient à un genre de poissons qui est très répandu, mais il se trouve presque exclusivement dans les mers boréales de l'Europe et de l'Asie. Il n'existe ni dans la Méditerranée ni sur les côtes occidentales de l'Europe au sud de la Rochelle, quoiqu'il abonde dans la Manche, sur les deux rives de la mer du Nord, dans la Baltique, autour des îles Britanniques et de l'Islande ; enfin on le trouve encore vers le nord-ouest, sur les côtes du Groënland, et au nord-est, dans la mer Blanche et les parages adjacents. A l'époque du frai, il arrive sur certains points en nombre incalculable, puis, d'ordinaire, il disparaît plus ou moins complètement pour revenir en général dans les mêmes lieux l'année suivante. Le spectacle offert par les troupes de harengs, se jouant à la surface de la mer par une nuit calme, est parfois magique lorsque, éclairés par les rayons de la lune, ils arrivent en colonnes serrées ayant souvent 5 ou 6 kilomètres de long et 3 ou 4 kilomètres de large, brillantes, d'un éclat argentin et comparables à un immense tapis dont chaque point serait à la fois phosphorescent et mobile. Les pêcheurs du Nord parlent volontiers des éclairs jetés par ces poissons, mais ils ne s'attardent pas à les admirer; car ces radeaux scintillants de mille feux sont capricieux dans leurs allures, et il faut se hâter de jeter les filets à l'aide desquels on peut en faire la capture; effectivement, le hareng est un comestible précieux à raison de ses qualités aussi bien que de son abondance.

Dans toutes les mers comprises entre l'Islande et le littoral méridional de la Manche, la pêche de ce poisson constitue une branche importante de l'industrie maritime, et, suivant les localités, elle se pratique de deux manières. Le plus ordinairement on jette à l'eau, au milieu d'un banc de harengs naviguant près de la surface de la mer, ou sur le passage présumable de l'une de ces légions de Poissons, de grands filets lestés par le bas et garnis de flotteurs le long de leur bord supérieur. Le poids de ces engins les fait descendre jusqu'à ce qu'ils soient arrêtés par les flotteurs et les maintient bien tendus, dans une position à peu près verticale, de façon qu'ils forment dans le sein de la mer autant de cloisons à claire-voie. Deux ou plusieurs de ces filets sont attachés bout à bout, de façon à constituer un rideau (ou, comme disent nos pêcheurs, une *tessure*) dont la longueur varie suivant l'état de la mer et la force de l'équipage qui le manœuvre. Ces filets ont rarement moins de 70 ou 80 mètres, et dans certains parages ils peuvent atteindre 300 mètres ou même davantage. Jadis ils n'avaient qu'environ 2^m,50 de large, mais maintenant que l'on a trouvé profit à les faire descendre plus bas, leur hauteur est souvent de 4 mètres. Les mailles sont de grandeur convenable pour laisser entrer la tête des harengs, mais pour les empêcher de passer outre, et, lorsque ces poissons cherchant à avancer se trouvent engagés, ils ne peuvent plus se libérer et restent prisonniers jusqu'à ce que les pêcheurs les aient tirés à bord et pris un à un. Le nombre des invidus capturés de la sorte est immense; parfois, d'un seul coup de filet, on prend plus de poissons que le bâteau pêcheur n'en peut porter.

Cette pêche au filet flottant se pratique au large dans les baies ou en haute mer. Mais, dans quelques localités, sur le littoral scandinave, on prend aussi le hareng avec des seines, c'est-à-dire des filets traînants que l'on jette en demi-cercle près de la côte et que l'on tire ensuite à terre par les deux bouts, de façon à ramener sur la plage tout le poisson compris dans l'enceinte mobile ainsi formée. On donne à ces seines jusqu'à 4 mètres de profondeur ou même davantage, et 300 mètres de longueur; on les jette autour d'une bande de harengs que l'on voit gagner la côte ou que l'on sait être engagée dans un fjord, et l'habileté du pêcheur consiste en partie à reconnaître la présence de ces poissons, lors même qu'ils se trouvent dans une eau trop profonde pour être visibles à ses yeux.

Enfin la pêche côtière du hareng se fait parfois encore au moyen de filets stationnaires; mais cette méthode, dont l'emploi est très ancien, est maintenant jugée peu profitable, et l'on tend à l'abandonner complètement.

En résumé, il y a donc en Norvège deux pêches principales, l'une côtière, l'autre pélagique, et les produits obtenus par l'une et l'autre ne sont pas les mêmes, circonstance importante à noter pour le naturaliste aussi bien que pour le pêcheur.

C'est, en général, à des époques à peu près fixes que les bancs de harengs apparaissent dans chacun des parages où ces poissons se montrent. Ainsi, c'est en juin et en juillet qu'ils sont le plus nombreux aux Orcades et aux îles Shetland; dans les eaux de la Manche, ils abondent communément en novembre et en décembre; enfin, sur les côtes de la Norvège, ils sont l'objet de deux grandes pêches qui ont lieu l'une en mars, avril et mai, l'autre en septembre et en octobre, ou même plus tard.

En combinant les données fournies par les pêcheurs rela-

tivement aux époques d'arrivée et de départ de ces légions
de harengs dans divers parages, les naturalistes du siècle
dernier crurent pouvoir tracer l'itinéraire suivi par ces poissons voyageurs. A l'exemple d'un auteur anglais nommé
Dodd, dont les premiers écrits datent de 1728, et d'un
savant de Hambourg, J. Anderson, qui publia, en 1746,
un ouvrage estimé sur l'Islande, le Groënland et le détroit
de Davis, on admettait généralement que la demeure
habituelle des harengs était sous les glaces des régions
polaires; que les jeunes, nés dans nos mers, se retiraient
là pour y passer l'hiver et pour grandir; que les vieux,
après la ponte, allaient également dans ces parages inaccessibles à la plupart de leurs ennemis, et qu'à l'approche
du retour de la belle saison les uns et les autres reprenaient le chemin du midi à la recherche des lieux où
leur reproduction devait s'effectuer. En janvier, disait
Anderson, il part chaque année de la mer Glaciale du
Nord une immense troupe de ces poissons voyageurs, qui
bientôt se divise en plusieurs bandes, dont l'une se dirige
vers le banc de Terre-Neuve et dont les autres, allant plus
à l'est, arrivent de concert aux atterrages de l'Islande vers
l'équinoxe du printemps, puis gagnent les îles Shetland
et se répandent ensuite dans diverses directions; l'aile
gauche se rend sur les côtes de la Laponie et de la Norvège, et, parvenue près de l'embouchure de la Baltique,
se subdivise en plusieurs colonnes pour aller visiter d'une
part les côtes de la Scanie, ainsi que divers points de la
côte suédoise, situés plus loin vers le nord-est; d'autre
part les Belts du Danemark, l'île de Rugen et le littoral
de la Poméranie. Le gros de la troupe, au contraire, continue sa route vers le sud en descendant le long de la
côte ouest du Jutland, pour gagner les atterrages du Hols-
tein, de la Frise et pénétrer dans le Zuiderzée. L'aile
droite de la colonne principale, ajoutait Anderson, passe
à l'ouest, gagne les Hébrides, puis se subdivise pour se
rendre en partie sur la côte occidentale de l'Écosse, à l'île

de Man et dans le canal de Saint-Georges, en partie dans les eaux qui baignent à l'ouest le littoral de l'Irlande. Enfin, ce que l'on a appelé le corps d'armée visite successivement, disait-on, les baies de la côte est de l'Écosse, les côtes de Berwick, la baie de Yarmouth, les côtes de la Hollande et de la Flandre, enfin les eaux de la Manche, où les dernières divisions de la bande vont frayer les unes près de la côte anglaise depuis Douvres jusqu'à Torbay, les autres vers le littoral de la France depuis Boulogne jusqu'au cap La Hève, et même plus loin vers l'ouest. Un auteur un peu plus moderne, nommé Gilpin, dont le travail obtint en 1786 les honneurs de l'insertion dans les *Transactions de la Société philosophique américaine*, ayant observé que, sur les côtes des États-Unis d'Amérique, une espèce de hareng se dirige du sud au nord, attribua à nos harengs d'Europe l'habitude de faire, en sortant de la Manche, la traversée de l'océan Atlantique, pour gagner la Floride et remonter ensuite jusqu'à Terre-Neuve.

Enfin l'auteur d'un ouvrage spécial sur l'histoire des pêches dans les mers du Nord, publié en 1801, complète le récit de ces longs voyages en disant : « Ce qu'il y a de plus merveilleux en tout cela, c'est que toutes les bandes de ces harengs, partis en une seule caravane, ont aussi un rendez-vous général et qu'après avoir subi en route des pertes énormes elles retournent aux plages boréales dont elles étaient parties ».

Il y a dans cette histoire des migrations du hareng un singulier mélange de vérités et d'erreurs. Il est vrai que toutes les côtes dont je viens de parler sont visitées chaque année, à une certaine saison, par des bandes innombrables de harengs qui, serrés les uns contre les autres, constituent ce que les pêcheurs appellent des *bancs* ou des *radeaux*; que ces poissons frayent dans ces localités et qu'ensuite ils disparaissent, ainsi que les jeunes nés de leurs œufs; enfin que presque toujours,

l'année suivante, de nouvelles hordes de même espèce
arrivent de loin et succèdent aux premières. Mais tous
ces animaux viennent-ils réellement de la mer polaire?
est-ce sous les glaces arctiques qu'ils passent l'hiver, et
est-ce une même troupe voyageuse qui, en descendant du
nord au sud, envoie successivement des détachements
sur les divers points où on les voit apparaître?

Vers la fin du siècle dernier un ichtyologiste célèbre
de Berlin, nommé Bloch, révoqua en doute l'existence de
ces merveilleux voyages de long cours; en 1796, des
objections y avaient été faites par Noël de la Morinière,
auteur d'un ouvrage très estimé sur l'histoire des pêches
pendant l'antiquité et le moyen âge; puis, en 1816, des
études faites sur les côtes du Massachusetts par notre
compatriote Lesueur, permirent aux ichtyologistes de
faire justice de l'hypothèse de Gilpin relative à la provenance des harengs de New-York, car ce naturaliste fit
voir que ce hareng, réputé d'origine européenne, est en
réalité un poisson très différent de notre *Clupea harengus*
et ne se montrant jamais dans nos mers : c'est le *Clupea
elongata*. Mais ce furent principalement les recherches
persévérantes de Nilson qui débarrassèrent la science du
tissu d'erreurs dont Anderson avait été le propagateur.
Il constata que les harengs qui fréquentent sur le littoral
scandinave différents atterrages et qui y arrivent pour
frayer, les uns au printemps, les autres en automne,
diffèrent notablement entre eux et appartiennent à plusieurs races ou peut-être même, suivant lui, à plusieurs
espèces, au lieu d'être, comme on le supposait, seulement des détachements d'une immense troupe homogène.
Il distingua les harengs de haute mer des harengs du
littoral, et parmi ces derniers il reconnut deux races ou
variétés, dont l'une, désignée par les pêcheurs suédois
sous le nom de *Kivek-Sild*, fréquente la partie méridionale de la Baltique, tandis que l'autre, appelée le
Strömming, ne se montre guère que dans le golfe de

Bothnie. Parmi les harengs du type océanien, il distingua un plus grand nombre de variétés, tel que le *Storsild*, ou grand hareng des pêcheries de Bohus, le *Clupea majalis* ou *Varsild*, le *Clupea schelderensis* ou *Kulla-sild* et le *Clupea himealis* ou *Norsk-venter-sild*.

En 1874, M. Ljungman, chargé par le gouvernement suédois de poursuivre ses études ichtyologiques dans les eaux de la province de Bohus, publia un nouveau travail sur le même sujet, et il s'accorda avec M. Nilson sur la plupart des distinctions établies par cet auteur.

Enfin la diversité des harengs provenant des différentes stations de pêche n'a pas été reconnue seulement près du littoral de la péninsule scandinave; des faits du même ordre ont été constatés sur la côte sud de la Baltique, par M. Munter, ainsi que dans les eaux de la Grande-Bretagne, et je dois ajouter que M. Valenciennes a pu reconnaître avec certitude, parmi les harengs pêchés dans la Manche et vendus sur les marchés de Paris, ceux qui venaient de la côte anglaise et ceux qui avaient été pris près de la rive méridionale de ce bras de mer.

Ces résultats fournis par une multitude d'observations directes, ne pouvaient guère s'accorder avec les opinions régnantes, il y a cinquante ans, au sujet de la grande émigration annuelle d'une immense colonne de harengs sortant de la mer Glaciale pour aller envahir les divers parages plus ou moins méridionaux où l'on voit apparaître des légions de ces poissons; et, d'ailleurs, l'hypothèse des migrations lointaines se trouvait également en opposition avec d'autres faits bien constatés. Effectivement si tous les harengs dont se peuplent les atterrages du Groënland, des îles Schetland, de l'Écosse, de la Norvège et des autres pays plus méridionaux, sortaient de dessous les glaces polaires pour gagner peu à peu des latitudes de plus en plus basses, ce serait dans les parties les plus septentrionales de la région parcourue de la sorte que ces poissons devraient se trouver en plus

grand nombre, et ils ne devraient se montrer sur les
côtes méridionales de leurs domaines qu'après avoir
envahi les parties situées plus près du pôle boréal. Or on
savait depuis longtemps, par les observations d'Othon
Fabricius, que le hareng est rare sur les côtes du Groënland, et aucun des navigateurs qui ont visité les régions
arctiques n'y a signalé l'existence des immenses légions
de ces poissons, que l'on disait en provenir. Enfin,
dans maintes circonstances, il a été bien avéré que les
bancs de harengs sont arrivés en même temps dans des
pêcheries situées à plusieurs degrés de latitude les unes
des autres, et que parfois même ces troupes se sont
montrées dans certaines localités avant d'être parvenues
dans les lieux de pêche situés plus au nord, à peu près
sous le même méridien.

La théorie des migrations d'Anderson fut vivement
combattue par Nilson, et effectivement elle n'était plus
admissible. Aujourd'hui, elle est abandonnée par tous les
auteurs qui ne se bornent pas à copier ce que l'on disait
jadis, et les naturalistes, désillusionnés de la sorte,
devaient se demander encore une fois d'où proviennent
les harengs, qui en troupes immenses visitent chaque
année tant de parages divers. Parfois on se contentait
de dire que, pendant l'intervalle des saisons de ponte,
tous ces poissons se tiennent cachés dans les abîmes de
l'Océan; mais rien ne prouvait que cette hypothèse fût
l'expression de la vérité, et d'ailleurs elle était trop
vague pour satisfaire tous les hommes de science.

Les premières recherches directes entreprises dans l'espoir d'élucider cette question sont dues à M. Alexandre
Boeck, et portèrent principalement sur le hareng printanier de la partie méridionale du littoral ouest de la
Norvège. Il fixa, avec beaucoup de soin, la position des
divers points où ces poissons viennent frayer; il y étudia
la conformation des parties adjacentes du fond de la mer,
et, au moyen de filets dispersés méthodiquement dans

les passes, il détermina avec précision les diverses routes suivies par les bancs de harengs pour gagner la côte. Il constata aussi que, dans l'intervalle des époques auxquelles ces attroupements se montrent sur les stations de pêche, les harengs n'abandonnent pas complètement ces parages, et les morues que l'on prend au large dans cette saison en ont souvent l'estomac rempli. Cet investigateur crut pouvoir fixer même la situation du lieu de refuge où ils se tiennent cachés pendant une grande partie de l'année : ce serait, suivant lui, une sorte de grande vallée sous-marine qui, à une certaine distance en mer, suit la direction générale de la côte norvégienne, et qui présente sur certains points une profondeur de 400 ou 500 brasses. Les observations de M. Boeck furent donc favorables à l'opinion de Nilson, relativement à la brièveté des voyages exécutés par les harengs propres à chacune des régions où ces poissons, à l'époque du frai, donnent lieu à de grandes pêches; mais il ne confirma pas toutes les distinctions zoologiques proposées par ce naturaliste, et il fit voir que certaines différences, considérées comme étant caractéristiques d'espèces ou de races particulières, ne sont que la conséquence de l'âge ou de l'état d'immaturité des organes reproducteurs. Ainsi le hareng d'été, appelé *Telsild*, à cause de la quantité de graisse dont il est chargé, ne serait que le hareng printanier à l'époque de la vie où la laitance et les œufs ne sont encore que peu développés.

Les recherches récentes de M. Ossian Sars ont jeté de nouvelles lumières sur la question si obscure de la provenance des bancs de harengs qui fréquentent les côtes de la Norvège, et je puis ajouter sur l'histoire naturelle de ce poisson considérée d'une manière générale. M. Sars s'est appliqué, d'une part, à étudier le mode de croissance du hareng et les modifications que l'âge détermine dans la conformation de cet animal; d'autre part, les aliments dont il fait usage à différentes époques de son

existence. A l'aide de la drague, de filets traînants et
d'autres engins appropriés à cet usage, il a exploré les
fonds de la mer à diverses profondeurs; enfin, il a examiné et décrit les petits crustacés nageurs et d'autres
animaux marins qui servent de pâture aux harengs, et
qui abondent dans les mers du Nord. Il constata d'abord
que la grande excavation ou vallée sous-marine dont j'ai
parlé précédemment est une espèce de désert peu propre
à nourrir les jeunes harengs, et que ces poissons ne s'y
trouvent pas en plus grande abondance que dans les
parages adjacents. La partie de la théorie de M. Boeck
qui est relative à la résidence du hareng dans ces lieux,
préalablement à leur émigration vers la côte, a dû, par
conséquent, tomber à son tour, et il a fallu chercher
ailleurs la provenance des bandes de ces poissons qui
vont frayer sur les stations de pêche du littoral norvégien. M. Sars pense que cette espèce de foyer ichtyolo-
gique est la haute mer située entre la Norvège, l'Écosse
et l'Islande. Là, ces harengs vivraient épars, non pas
dans les abîmes de l'Océan, comme on le dit communément, mais plus ou moins près de la surface, dans les
couches pélagiques fréquentées par les troupes innombrables de petits crustacés et de molluscoïdes, et peut-
être aussi de zoophytes nageurs, que l'on sait exister
dans ces eaux. Les jeunes, nés près des terres, sur les
frayères du littoral scandinave, s'y rendraient et y gran-
diraient, jusqu'à ce que, parvenus à l'âge où d'autres
conditions biologiques leur deviennent nécessaires, ils
retourneraient vers leur premier berceau. Sans prétendre
que dans d'autres mers il ne puisse y avoir diverses
races locales, M. Sars considère tous les harengs de la
côte norvégienne comme appartenant à une seule et
même espèce, et il pense que les différences, à raison
desquelles les pêcheurs les distinguent entre eux sous
autant de noms particuliers, ne dépendent que de l'âge.
Ainsi ce serait le même animal qui porterait le nom de

Musse quand il est dans sa première année, qui deviendrait un *Bladsild* l'année suivante, et qui, dans sa troisième année, constituerait ce que l'on appelle le *Hareng de Christiania*. Le même poisson, en entrant dans sa quatrième année, serait le *Middelsild*, et prendrait, une année plus tard, le nom de *Hareng marchand* ou *Kobmandssild*; enfin les *Storsill*, les *Varsill* ou *vrais Harengs printaniers*, ne seraient autre chose que les précédents arrivés à la sixième année, et, en vieillissant, ils deviendraient les *Grabensild* ou harengs à os grisâtres. Les harengs à ponte tardive, que les Norvégiens désignent d'une manière générale sous le nom de *Harengs d'été*, seraient des poissons non adultes, ainsi que ceux appelés harengs gras, *Irtersild*, *Tetsild*, etc.

Les observations de M. Sars sur le régime alimentaire du hareng à différents âges nous permettent d'entrevoir comment il se fait que souvent les adultes et les jeunes se trouvent dans des localités distinctes. Le hareng printanier de la Norvège, c'est-à-dire le hareng en état de se reproduire, se nourrit principalement de petits crustacés nageurs qui appartiennent au groupe zoologique que j'ai établi il y a près de cinquante ans sous le nom de *Copépodes*, et que quelques auteurs confondent à tort avec les crevettes de petite taille. Le hareng d'été, qui se montre dans la même région, paraît se nourrir principalement de petits Annélides que les pêcheurs appellent de *Rôdât*. Or nous savons que ces copépodes et ces Annélides sédentaires habitent des localités différentes, et par conséquent la recherche de la proie appropriée aux individus de différents âges peut être la cause déterminante de leur séparation en troupes distinctes.

Les observations récentes de M. Sars et de quelques autres naturalistes du Nord ont fait rectifier une autre opinion erronée qui avait cours parmi les ichtyologistes. On disait généralement que les harengs n'arrivent près des côtes que pour y frayer. Or, sur le littoral norvégien,

les harengs d'été arrivent de la haute mer, et, quoique
les uns soient solitaires et errants, la plupart se montrent
en bandes très nombreuses; cependant ils ne sont pas
encore à l'âge où ils peuvent se multiplier; leur laite
n'existe pas encore, leurs œufs ne sont pas mûrs et même
leurs organes reproducteurs sont à peine développés. Il
faut donc qu'en voyageant comme ils le font ils aient un
autre mobile, et, suivant toute probabilité, c'est la faim
qui les pousse vers les lieux où se trouve la pâture appropriée à leurs besoins. Les pêcheurs s'imaginent que le
hareng ne se nourrit que d'eau; aucun physiologiste
n'adoptera une pareille opinion, car il n'y a pas d'animal
qui ait le pouvoir de créer la matière organisable dont il
est formé : tout ce qui est en lui doit lui venir du dehors,
et l'eau ne lui fournirait pas même tous les éléments chimiques nécessaires pour la production de sa substance;
les végétaux sont les fabricants de la matière organisable
et les animaux ne peuvent vivre et grandir qu'en se nourrissant soit de plantes, soit d'animaux qui, directement
ou indirectement, ont puisé dans le règne végétal leur
propre substance. A raison de la rapidité avec laquelle
les jeunes harengs grandissent, on peut même être
assuré qu'ils doivent consommer beaucoup de nourriture.
Effectivement, ces poissons, presque microscopiques au
moment de l'éclosion, ont d'ordinaire de 5 à 8 centimètres de long vers la fin de leur première année; ceux de
deux ans ont, en général, 14 ou 15 centimètres, et à trois
ans ils mesurent environ 18 centimètres; enfin, lorsque
leur croissance est terminée, ils ont le plus souvent
environ 25 centimètres et parfois 30 centimètres.

La forme de diverses parties du corps de ces poissons
change un peu avec l'âge. Il en est de même de l'époque
du frai.

C'est surtout quand les sacs ovariens sont distendus
par le développement de plusieurs milliers d'œufs dans
leur intérieur que les harengs se réunissent en troupes

innombrables et émigrent vers les côtes ou les bas-fonds, lieux qui sont les seuls où la ponte puisse s'effectuer convenablement. Pour se débarrasser de ses œufs, la femelle a besoin de se frotter le dessous du corps contre le sable ou le gravier sous une eau peu profonde ; guidés par un instinct que l'on pourrait comparer à une habitude devenue héréditaire, ils abandonnent donc la haute mer et se réunissent en groupes qui suivent la même direction et grossissent par l'adjonction de nouvelles bandes rencontrées en route. La tendance à l'imitation, qui n'est pas étrangère à beaucoup des actions humaines, joue évidemment un très grand rôle dans la détermination des mouvements des animaux, soit qu'il s'agisse de fuir un danger ou de chercher ce qui peut leur être avantageux. Les poissons possèdent à un haut degré cet instinct ; pour s'en convaincre, il suffit d'observer les allures des petites espèces qui fourmillent dans nos eaux douces : lorsque rien ne les attire particulièrement vers un point, on les voit tournoyer lentement en tous sens ; mais quelques-uns d'entre eux viennent-ils à se précipiter dans une certaine direction pour saisir quelque aliment qu'on leur jette, leurs voisins en feront autant, lors même qu'ils n'ont pu voir la cause de ce mouvement. Ces animaux ne montrent, il est vrai, que peu d'intelligence, mais dans plus d'une circonstance ils agissent comme si chacun d'eux faisait le raisonnement suivant : « Mon voisin paraît avoir intérêt à faire telle chose, j'aurai donc intérêt à en faire autant ; par conséquent je ferai comme lui ». Est-ce dans ce cas l'individu le plus fort ou le plus agile qui se fait suivre, ainsi que cela se voit chez beaucoup d'animaux supérieurs qui vivent en société sous la direction d'un chef? On n'en sait rien, mais l'ignorance des naturalistes à cet égard ne doit pas nous surprendre, car les mœurs des poissons marins sont fort difficiles à observer, et peu de personnes ont essayé d'en faire l'étude.

Les zoologistes se sont demandé aussi ce qui peut

déterminer les bancs de harengs à se rendre à une frayère plutôt qu'à toute autre, et quelques auteurs pensent que leur instinct les porte à reprendre en sens inverse la route que dans leur jeune âge ils avaient suivie lors de leur émigration vers la haute mer; de sorte que, pour frayer, ils retourneraient à leur lieu de naissance, comme le font ordinairement les saumons. Des zoologistes éminents, tels que Sundewall et M. Lund, ont professé cette opinion, et, adoptant les mêmes vues, un de leurs compatriotes a cru pouvoir affirmer que toute campagne de pêche très abondante dans une localité y était suivie d'une pêche également heureuse au bout de six ans, laps de temps nécessaire pour que les jeunes harengs nés à l'une de ces époques puissent arriver à parfaite maturité. Mais des relevés statistiques faits avec beaucoup de soin par M. Boeck prouvent que cette prétendue périodicité n'existe pas et qu'on ne peut établir aucune règle relative aux années de grande abondance ou de mauvaise pêche. Il est fort douteux que les harengs nés en une localité y reviennent pour frayer; mais il est probable que les jeunes sortis d'une même frayère ne s'éloignent que peu les uns des autres et que chacun des bancs ou radeaux constitués par ces poissons est composé essentiellement d'individus nés en même temps dans un même lieu d'incubation. En effet, le nombre des œufs pondus par chaque femelle est si considérable et le nombre des mères réunies sur une même frayère est si grand que chacune des pontes collectives doit suffire pour donner naissance à des milliards de ces poissons. On évalue à plus de 60 000 le nombre des œufs contenus parfois dans les ovaires d'une seule femelle adulte, et, malgré la destruction énorme des harengs œuvés résultant de la pêche, le nombre des pondeuses réunies sur une frayère de quelque étendue doit être presque incalculable.

Un autre point de l'histoire naturelle du hareng dont les ichtyologistes de la Norvège et de la Suède, ainsi que les gouvernements de ces pays, se sont beaucoup préoccupés depuis quelques années, se rattache également aux migrations plus ou moins lointaines de ce poisson. Parfois les bancs de harengs, après avoir fréquenté régulièrement une localité pendant une longue série d'années et y avoir répandu parmi la population de la côte adjacente l'aisance ou même la richesse, l'abandonnent complètement. Leur disparition est, comme on le pense bien, un désastre pour le pays; à la longue on les voit revenir, mais leur absence se prolonge souvent plusieurs années. Ainsi à Bohuslen, sur la côte ouest de la Suède, la pêche du hareng était, depuis plus d'un demi-siècle, très productive et avait donné lieu à la création de vastes établissements industriels lorsque, tout à coup, en 1808, les bancs cessèrent d'arriver dans cette localité : il en résulta une grande misère; on espéra d'abord que leur absence ne serait que de courte durée et au retour de chaque printemps on répétait : l'année prochaine, nous serons moins malheureux; mais pendant quarante ans rien ne changea, et ce fut seulement en 1847 que la grande pêche put reprendre dans cette localité si cruellement frappée. A diverses époques, des phénomènes analogues ont été constatés dans d'autres lieux. Ainsi, de 1760 à 1776, le comté de Sutherland, dans le nord de l'Écosse, fut abandonné de la même manière, et, à diverses reprises, l'Irlande a éprouvé des pertes du même ordre. Enfin j'apprends par un document annexé au catalogue officiel de l'exposition norvégienne que depuis 1874 le hareng printanier, celui dont la pêche offre le plus d'importance, a de nouveau disparu du littoral de la Norvège. Cependant, de tout temps, c'est la portion de cette côte comprise entre le cap Lindeness au sud et le cap Stat au nord, principalement vers le sud, autour de Karmo, que ce poisson a donné lieu aux pêches les plus importantes. J'ajouterai que, depuis 1851 jusqu'en 1875, les côtes de la partie septentrionale de la

Norvège furent visitées par une grosse variété de hareng
dont la pêche était très lucrative, mais que dans ces dernières années ce poisson a complètement disparu de cette
région boréale.

Partout où ces dommages ont été ressentis, on a cherché à se rendre compte de la cause du mal; mais, en
général, on s'est borné à ouvrir des enquêtes, et les opinions exprimées à ce sujet furent parfois des plus singulières. Ainsi, suivant les uns, les harengs s'étaient éloignés de telle localité parce qu'on avait cessé de payer
au clergé les dîmes ordinaires; ailleurs, l'abandon était
attribué à ce qu'en 1830 des jeunes gens de l'île de Hel-
goland avaient, sans motif, cruellement maltraité un de
ces poissons; et, dans certains ports, les bals masqués
étaient prohibés parce que, disait-on, ce plaisir profane
excitait la colère divine et causait de la sorte la disparition des harengs. Le gouvernement suédois, comme on
doit bien le penser, ne se contenta pas de renseignements
de ce genre, et ce fut à l'occasion du désastre dont la côte
occidentale de ce royaume avait été frappée que l'État fit
commencer la série de recherches scientifiques dont je
viens de dire quelques mots. Jusqu'ici les résultats
obtenus de la sorte n'ont jeté que peu de lumière sur les
questions à l'étude; mais elles ont montré l'insuffisance
de beaucoup d'explications qui, au premier abord, inspiraient confiance aux naturalistes, ainsi qu'aux pêcheurs.
On supposait assez généralement qu'un bruit violent, des
détonations d'artillerie par exemple, faisait fuir le poisson,
et l'on attribua au tapage fait par les tonneliers de la
grande pêcherie de Bohuslen l'abandon dont cette localité fut frappée en 1808. A un certain moment on pensa
que les bancs de harengs pouvaient être chassés de la
côte par l'infection des eaux de la mer, déterminée par le
rejet des résidus provenant des ateliers dans lesquels on
préparait de l'huile de poisson, et l'on réclama la clôture
de ces ateliers. L'établissement du phare de Fleekfjord

fut également rangé au nombre des causes de ce phénomène, mais les investigations des naturalistes ne confirment aucune de ces opinions, et si elles ne conduisirent qu'à des résultats négatifs elles prouvèrent au moins que les moyens préservatifs proposés et parfois prescrits par la loi ne devaient inspirer aucune confiance.

Les circonstances qui peuvent favoriser l'arrivée des bancs de harengs dans les endroits où la pêche en est praticable ont aussi été étudiées attentivement, non seulement par les Suédois et les Norvégiens, mais aussi par les Danois et les Hollandais : je citerai à ce sujet une longue série d'observations thermométriques sur la température de la mer considérée dans ses relations avec la date des arrivages des harengs, travail dont la science est redevable à un officier de la marine néerlandaise, M. Kraft, et je ne dois pas oublier ici les observations plus récentes de M. Sars sur la distribution topographique des animalcules marins dont ces poissons se nourrissent. J'ajouterai que d'autres études relatives à ces migrations et à la manière dont ces poissons vivent lorsqu'ils sont loin des côtes se poursuivent jusque dans l'Océan. Les officiers de la marine norvégienne y font en ce moment une troisième campagne, et il est à espérer que leur zèle sera récompensé par la constatation de faits importants. (MILNE EDWARDS, *Nouvelles Causeries scientifiques*, p. 107-125. Gauthier-Villars, éditeur.)

XIV

LES FOURMIS

Les insectes vulgairement appelés fourmis sont des hyménoptères appartenant à plusieurs genres différents, mais voisins les uns des autres. Les fourmis vivent en colonies ou familles dans des demeures ou fourmilières qu'elles se sont construites elles-mêmes. On va voir dans l'article suivant quelques traits des mœurs si curieuses de ces animaux.

En hiver, pour la plupart des espèces, la famille se compose d'ouvrières et de reines. Les ouvrières sont sans ailes pendant toute leur vie ; ce sont elles que l'on voit courir à l'extérieur.

Les reines ressemblent beaucoup aux ouvrières, sauf la taille qui est souvent très considérable, et sauf le thorax qui est un peu plus large et sur le côté duquel on voit les cicatrices de deux paires d'ailes. Si l'on cherche bien jusqu'au fond du nid, on trouve de petits vers blancs, mous, presque sans mouvement, sans pieds et sans yeux : ce sont des larves. C'est à cet état que les fourmis sortent de l'œuf et grandissent. Quand leur croissance est entièrement terminée, les larves changent de peau, et alors la forme de la fourmi devient évidente, mais elles sont immobiles ; ce sont des nymphes. Les formicines [1] avant

1. Formicine, nom donné à certaines fourmis.

de passer à l'état de nymphe se filent un cocon tout comparable sauf par la taille et la couleur à celui du ver à soie ; les myrmicines [1] ne font pas de cocon, elles se métamorphosent sans précaution aucune.

Enfin les nymphes arrivent à leur complet développement, leur peau se détache et il en sort des individus parfaits, les neutres ou ouvrières que vous connaissez déjà et des individus ailés. Ces derniers sont mâles ou femelles. Les ouvrières sont bien aussi des femelles, mais comme celles des abeilles, incapables de pondre un œuf qui se développe, sauf quelques exceptions peut-être. Ce sont, dit Huber, des femelles dont le moral s'est développé aux dépens du physique.

Les femelles ailées sont plus grandes que les ouvrières, plus vigoureuses, mais du reste leur ressemblent beaucoup. Leurs ailes sont au nombre de quatre, ce sont des membranes transparentes soutenues par des nervures solides. L'insecte les porte ordinairement couchées en arrière.

Les mâles sont le plus souvent très petits, leurs formes grêles contrastent avec celles des femelles.

Voilà les différents membres de la famille, voyons à présent quel est le rôle de chacun.

Les ouvrières méritent bien leur nom, ce sont de vigoureux et infatigables travailleurs, elles seules travaillent du reste, au moins quand la famille est définitivement constituée. Il y a pourtant, dans le midi de la France, une petite espèce chez laquelle les reines travaillent aussi, si je ne me trompe.

D'abord elles construisent et entretiennent la maison, et cela d'une manière différente suivant les espèces. Les unes creusent des terriers souvent très profonds, ou bien, ne pouvant construire une voûte, profitent d'une pierre plate posée sur le sol et font leurs galeries au-

____

1. Myrmicine, nom donné à d'autres fourmis.

dessous, ce sont les mineuses; d'autres font de grandes
constructions de terre que j'ai vues acquérir près d'un
mètre de hauteur, ce sont les maçonnes. Vous connaissez
les cônes de bûchettes de la fourmi fauve; ce sont des
espèces de toitures de chaume qui recouvrent les vraies
galeries. Ces cônes sont percés au sommet par un petit
nombre d'ouvertures, mais les ouvrières les ferment tous
les soirs et aussi chaque fois qu'il pleut, de sorte que
l'intérieur de leur maison est toujours bien sec; il ne faudrait pas croire pourtant que toutes les espèces agissent
de même. Les anciens ont parlé de fourmis qui travaillent **au clair de la lune**. Quoi qu'en dise Huber, c'est
vrai; une myrmicine que l'on trouve aux bords de la
Méditerranée (*Atta barbara*) sort le matin et le soir; au
milieu du jour, par la forte chaleur, elle fait la sieste. Je
l'ai vue travailler au clair de la lune. Beaucoup d'espèces
recherchent le vieux bois qu'elles percent en tous sens.
Il y en a qui tirent parti des branches mortes de ronce,
elles savent que la moelle est d'un travail facile, et que
le bois est encore solide, et forme une bonne muraille.
Une espèce recherche les toutes petites galles du chêne,
celles qui ont à peine le volume d'une noisette. C'est cette
petite espèce du Midi dont les reines travaillent, je crois.
Ses sociétés se composent d'une soixantaine de membres
dont le tiers est formé de reines; vingt reines pour quarante sujets, voilà une singulière république.

Quelques espèces s'occupent à ramasser des graines
avec une activité merveilleuse, elles vont quelquefois
très loin les chercher, mais elles se partagent la besogne.
Y a-t-il sur leur chemin une plante à grandes feuilles ou
une pierre qui laisse un espace libre sous elle ou toute
autre toiture, elles y établissent un dépôt. Celles qui
ramassent les graines les portent ou plutôt les traînent
jusque-là; d'autres les prennent en ce point et les portent
jusqu'à l'entrée de la maison; une troisième escouade
enfin les met dedans, et quelquefois, quand le trajet est

long, il y a deux ou trois dépôts successifs sur la route. C'est cette curieuse coutume de ramasser des graines qui leur a donné depuis longtemps la réputation de faire des provisions. Sont-ce réellement des provisions?

La Fontaine assure que oui; mais il ne l'avait pas vu, il a copié Ésope et l'opinion vient de la Grèce. Huber affirme que non et les raisons qu'il en donne semblent excellentes. D'abord les fourmis tombent, quand il fait froid, dans un sommeil léthargique qui ressemble à celui des marmottes des Alpes, et d'un grand nombre d'autres animaux des pays froids. Puis la bouche des fourmis n'est pas faite pour manger des aliments solides.

Examinons en dessous une tête de fourmi, après avoir écarté les pièces qui constituent cette bouche. Ces deux grands crochets placés à droite et à gauche, ce sont les mandibules, leur extrémité est un peu aplatie et garnie d'un nombre de dentelures qui varie beaucoup. Ce sont uniquement des organes de travail; les fourmis ne s'en servent pas pour manger, dit Huber. Les mâchoires et la lèvre inférieure avec ces petits membres que l'on nomme des palpes, sont beaucoup moins durs. Ce sont les organes qui servent à manger ou bien plutôt à boire, car les fourmis boivent leurs aliments; elles lappent comme les chiens, par des mouvements rapides et répétés; ainsi, dit Huber, les graines ne sont pas des provisions, d'autant moins que souvent elles germent.

Eh bien, je crois qu'Ésope a raison et Huber aussi; voici comment : les espèces du Midi, qui ramassent des graines, n'existent pas dans le nord de l'Europe; à Paris on ne les trouve pas, et Huber qui observait à Genève n'en parle pas, elles l'auraient frappé pourtant par une foule de caractères. C'est surtout la fourmi fauve, celle qui fait les grands cônes de bûchettes qu'il a observée; il lui a vu porter de l'avoine et du blé, comme elle porte tous les fragments végétaux qu'elle trouve, et il a cru avoir affaire à l'espèce des anciens. Voilà l'erreur; la fourmi fauve est un habitant des pays froids ou tempérés, elle n'existe pas sur les rives de la Méditerranée. Ce sont des myrmicines noires et à grosse tête qui, dans le Midi, font des provisions de graines, de blé surtout; je les ai suivies bien souvent dans leur travail, et j'ai trouvé, quelques jours après, un petit tas de son à leur porte, toujours au moins le germe avait été mangé, c'est la partie la plus tendre et la plus sucrée de la graine. Il est vrai que ce n'est qu'une faible fraction des provisions qui a été ainsi consommée et qu'une grande partie reste sans être touchée. Nous savons que les graines en germant produisent du sucre, c'est alors que les fourmis les brisent et les lèchent. Ce sont donc de vraies provisions. Il n'y a pourtant qu'un très petit nombre d'espèces qui en fassent, la majorité ne ramasse pas ainsi.

Les aliments ordinaires sont liquides et sucrés; les fourmis, vous le savez, sont friandes de sirop. Le suc des fleurs et des jeunes bourgeons, la sève des arbres et quelques autres liquides, voilà ce qu'elles recherchent. Quand une d'elles trouve une goutte de la précieuse boisson, elle se couche à terre pour n'en pas perdre la moindre parcelle, elle lèche le sol, et si la provision est un peu considérable, on voit son abdomen augmenter énormément de volume. Elle ne quitte la place que lorsque sa peau est arrivée à la limite de l'élasticité. Toute cette conduite serait le comble de la gourmandise si le mobile n'en était l'amour fraternel; « la fourmi n'est pas prêteuse », dit la Fontaine; non, elle ne prête pas, elle donne: la voici repue, suivons-la à la maison. Aussitôt arrivée, elle s'adresse à une de ses sœurs, se place en face d'elle, avance les antennes et lui frappe quelques coups légers sur le devant de la tête. Ce que cela veut dire, l'autre n'en doute pas un instant : elle avance à son tour les antennes tout doucement, et les deux faces, les deux bouches sont au contact, il ne s'agit pas pourtant d'une caresse : une gouttelette de liquide apparaît, elle est bue immédiatement. Le partage est commencé, mais il ne s'arrête pas là, tous les membres de la famille ont leur part, les larves aussi. La division de la bienheureuse goutte est poussée à l'extrême. Un instant après, quelques ouvrières sortent, elles suivent le sentier qui a été si productif pour leur compagne, et si la provision en vaut la peine, on voit se former une longue procession.

C'est dans un premier estomac que les fourmis portent ainsi les aliments, comme les pigeons portent les graines à leurs petits, et surtout comme les abeilles rapportent le miel à leurs ruches. C'est l'odorat qui leur permet d'aller si loin de leur nid et d'y rentrer par le même chemin qu'elles ont pris pour le quitter. Vous savez combien l'odeur qu'elles exhalent est forte; eh bien, placez pendant un instant la main sur le point où passe une de ces longues files, faites-le avec précaution dans un moment où aucune fourmi n'est là, et attendez un instant : en voici une qui arrive sans se douter de rien, au point où votre main a touché, elle se recule brusquement d'un air effrayé, et le plus souvent elle se sauve au plus vite en arrière. Il en vient une seconde, une troisième, le même manège recommence. Enfin en voici une, moins avisée ou moins peureuse qui traverse, toutes les autres suivent, l'obstacle est vaincu. L'odorat, vous le voyez, messieurs, est leur sens le plus subtil.

Ce n'est pas seulement quand elles ont de la nourriture à partager que les fourmis peuvent échanger leurs idées. C'est dans une foule de circonstances, mais leur vocabulaire semble très simple et, pour quelques idées, il est insuffisant. En voici une preuve.

Les fourmis changent quelquefois de logement : leur nid est trop à l'ombre, ou bien l'humidité l'envahit, ou bien quelque autre cause difficile à découvrir les décide. On voit alors une ouvrière s'approcher d'une de ses compagnes et lui tenir un petit discours, toujours sous forme de légers coups d'antennes sur la tête. Celle-ci pelotonne alors ses pattes, et attend. Sa sœur la prend par les mandibules et l'emporte au point où elle propose de déménager. Si elle avait eu dans son langage de fourmi le moyen de lui expliquer son projet, elle n'aurait pas eu besoin de la porter ainsi. Puis toutes deux reviennent et recommencent pour d'autres; les larves et les nymphes sont portées aussi, et la famille a abandonné son domicile ancien pour un nouveau qui lui convient mieux. Ce qui est plus remarquable, c'est que certaines espèces ont, paraît-il, une langue plus riche ; car elles peuvent communiquer à leurs compagnes le projet de déménagement sans les porter dans la nouvelle habitation.

Ce sont aussi les ouvrières qui soignent les larves, et il ne faut pas croire que ce soit un petit travail. Suivant qu'il fait chaud ou froid, sec ou humide, que le soleil luit ou se cache, les larves sont portées du haut en bas de la maison, et toujours avec le plus grand soin. Ces petits vers sont presque sans mouvement, capables tout au plus de boire la nourriture qu'ils reçoivent, et vous verrez même tout à l'heure la preuve que leur intelligence est si peu ouverte qu'ils ne reconnaissent même pas leurs nourrices. Ces soins sont continués aux nymphes, et au moment de la dernière transformation, quand la fourmi éclôt avec la forme et la taille qu'elle doit conserver, les ouvrières l'aident encore à se dépouiller de son enveloppe et, chez les formicines, à déchirer le cocon.

Les mâles et les femelles ailés ne travaillent jamais, bien que, dans certaines espèces, ils restent longtemps dans le nid. Ainsi dans la fourmi perce-bois, la plus grande espèce de France, les individus ailés naissent bien avant l'hiver, et ce n'est qu'au printemps suivant, qu'un beau jour ils se décident à prendre leur vol. Chez la plupart de nos espèces les mâles et les femelles émigrent pendant l'été ou dans les premiers jours de l'automne, par un beau temps calme, ordinairement le lendemain d'une pluie d'orage.

Le plus souvent les diverses sociétés de la même espèce ont l'air de s'entendre et fournissent en même temps leur émigration. On voit alors les ouvrières agrandir l'entrée du nid, et les individus ailés qui ne se montrent pas ordinairement à l'extérieur venir comme pour se chauffer au soleil et monter sur les herbes. Bientôt une femelle ouvre les ailes et s'envole suivie par quelques mâles, puis une autre l'imite, au bout d'une heure presque toutes les femelles et tous les mâles sont partis. C'est ce qui explique comment il se fait que les fourmis ailées apparaissent brusquement en nombre immense, mais pendant un jour ou deux seulement.

Nos insectes volent pendant quelques heures à peine, puis c'est à terre qu'on les trouve, et, le soir, aucun ne reste plus en l'air. Pour les mâles la vie est finie, quelques-uns ne sont pas morts encore, mais les oiseaux insectivores les ont bientôt détruits, ceux qui restent sont languissants, et il n'est pas difficile de voir que leur rôle est terminé.

Quant aux femelles, leur activité commence. Elles cherchent de la terre humide pour se creuser un terrier. Aussitôt qu'elles ont trouvé un point convenable elles détachent leurs ailes. A la base de ces organes il y a une espèce d'articulation en quelque sorte préparée. C'est un point de moindre résistance dont elles savent très bien profiter. Elles saisissent donc successivement leurs quatre ailes avec leurs pattes, les tordent et les désarticulent. N'est-ce pas un singulier instinct que celui qui enseigne à ces insectes que leurs ailes, nécessaires pendant un jour, ne doivent plus leur servir, que désormais elles sont destinées à vivre sédentaires, à ne plus quitter leur maison? L'opération terminée, elles sont devenues des reines; pour un petit nombre c'est une véritable royauté : les ouvrières les ont forcées à rentrer presque aussitôt après leur sortie, leur ont enlevé les ailes et les gardent dans le nid. Mais le plus grand nombre meurt, quelques-unes seulement trouvent un endroit convenable, creusent un petit terrier et y passent l'hiver. Au printemps suivant, elles pondent quelques œufs d'ouvrières, élèvent les larves et se trouvent à la tête d'une famille nouvelle.

Voilà, messieurs, l'histoire bien rapide des sociétés les plus simples, et c'est le plus grand nombre. Mais sur ce fonds commun chaque espèce offre un détail, soit dans la forme de son nid, soit dans la nourriture qu'elle recherche, soit dans le nombre d'individus qui constituent une famille ou dans le nombre de reines qui y sont admises.

Il y a en France beaucoup d'espèces dont les familles sont plus compliquées que celles dont je viens de vous entretenir; cette complication présente comme premier degré l'apparition d'une nouvelle forme de neutres que l'on a nommé des soldats.

A en croire la plupart des entomologistes, nous n'aurions qu'une seule espèce possédant cette forme de neutres, il y en a réellement six ou sept; mais leurs soldats diffèrent moins des ouvrières.

Voici comparativement l'ouvrière et le soldat de la myrmice à grosse tête (*Pheidole megacephala*). C'est une très petite fourmi de couleur jaune clair, qui se trouve dans la partie la plus méridionale de la France et en Italie. Le soldat est beaucoup plus gros que l'ouvrière, sa tête est encore énorme relativement à sa taille. On croirait à première vue que c'est lui qui est chargé de défendre la famille; il n'en est rien, ses mœurs ne diffèrent nullement de celles des ouvrières : il travaille comme elles, elles se défendent à l'occasion comme lui. Les uns et les autres sont des neutres, et n'ont jamais d'ailes. Il en est de même pour toutes les espèces qui, en France, présentent deux formes distinctes de neutres. On dit que dans les pays chauds les mœurs des soldats sont très différentes.

Il y a en France trois espèces qui ne se contentent pas des neutres nés dans leur société, qui font des esclaves. Ce terme d'esclaves est-il exact? C'est ce que j'examinerai tout à l'heure quand les faits nous seront connus.

Deux de ces espèces sont des formicines, la fourmi sanguine (*F. sanguinea*) et l'amazone (*Polyergus rufescens*); elles s'attaquent toutes les deux aux mêmes espèces : la fourmi gris cendré (*F. fusca*) et la fourmi mineuse (*F. cunicularia*); ces deux espèces et leurs esclaves sont à peu près de la même taille, ni des plus grandes, ni des plus petites. La troisième est une toute petite myrmicine (*Strongylognathus acuminatus*), elle prend ses esclaves chez un insecte de la même tribu; la myrmice des gazons (*M. cæspitum*).

Chacune de ces espèces a ses habitudes. Étudions-les donc l'une après l'autre.

La fourmi sanguine ressemble à la fourmi fauve qui fait dans les bois ces énormes tas de bûchettes et de fragments de paille que vous connaissez tous. Elle a un peu de ces habitudes elle aussi, mais elle choisit les pierres pour faire son nid dessous, et la toiture est souvent négligée. Ses sociétés sont ordinairement très nombreuses, mais en outre des ouvrières de la vraie famille, il y a presque autant d'étrangères qui appartiennent aux deux espèces que je vous ai déjà nommées; trois espèces vivent donc ensemble dans un même nid. Ces esclaves sont là comme chez eux et leurs maîtres travaillent bravement comme eux. Il règne dans tout cet ensemble une vraie fraternité, et le terme d'esclavage est bien dur pour représenter la position des étrangères dans cette société. Eh bien, dans ses expéditions à la recherche des auxiliaires, la fourmi sanguine déploie une véritable férocité. C'est par petites troupes qu'elle va en course. Quand une bande a trouvé une société à piller, elle commence le blocus du nid, quelques fourmis retournent en arrière

chercher du renfort, et quand les assaillants se trouvent
en force, ils se précipitent brusquement dans le nid dont
ils ont fait le siège depuis quelques heures, ils donnent
l'assaut, pénètrent dans les galeries, et enlèvent larves et
nymphes. Mais le plus souvent la fourmi sanguine ne se
borne pas là ; après avoir volé les enfants, elle prend la
maison si elle est à sa convenance et y transporte son
habitation ; de sorte que la société attaquée est bel et
bien détruite.

La fourmi amazone a des habitudes différentes. C'est
une espèce vigoureuse et très vive, mais son caractère le
plus remarquable se trouve dans les mandibules. Ces
organes, ainsi que je vous le faisais observer il y a un
moment, sont destinés au travail. Ici c'est tout autre
chose, au lieu d'une extrémité munie de petites dents,
ils ont une seule pointe et sont réduits à de véritables
crochets.

Aussi l'amazone ne travaille-t-elle jamais ; bien mieux,
elle ne sait pas manger seule, ce dont l'organisation de
sa bouche ne rend pas compte. Il faut que ses esclaves
pourvoient à tous ses besoins, soignent ses larves et la
soignent, mangent pour elle et lui donnent la becquée.
Peut-on, je vous le demande, se figurer une dépendance
pareille de ses domestiques. Huber avait mis dans une
petite boîte quelques amazones avec plusieurs larves de
leur espèce et de la terre humide ; mais les fourmis ne
s'occupèrent de rien, elles laissaient les larves sans
soins, elles-mêmes souffraient la faim et semblaient
devoir mourir, quoiqu'un morceau de sucre mouillé fût
tout auprès. Il introduisit alors trois esclaves ; en quelques heures tout changea de face : les larves furent net-
toyées et mises à l'abri sous un fragment de voûte, les
amazones elles-mêmes reçurent leur ration et la nouvelle
société put continuer à vivre.

J'ai voulu vérifier encore cette curieuse habitude, en
me tenant, le plus possible, dans les conditions nor-

males. Sur une petite pierre, tout près de l'entrée d'un nid, j'ai mis un fragment de sucre mouillé. Un moment après, une ouvrière de fourmi cendrée l'a trouvé et en a bu le plus possible; puis elle est revenue à la maison. D'autres ouvrières ont paru bientôt, et le sucre a trouvé beaucoup d'amateurs. Enfin, les amazones sont arrivées courant de tous côtés d'un air effaré, mais ne mangeant rien; elles en sont venues bientôt à tirailler leurs esclaves par les pattes, et alors elles ont eu leur part de sirop, mais sans le prendre elles-mêmes.

Que l'on ouvre leur nid ou que l'on soulève la pierre qui le recouvre souvent, on verra les amazones se sauver au plus vite. Seules les esclaves s'occupent à enlever les larves et les cocons. Les neutres d'amazones ne sont donc bons que pour le pillage, ce sont de vrais flibustiers; on connaît bien leurs habitudes, il n'est pas difficile de les observer, et comme j'ai été bien souvent témoin de leurs expéditions, je puis me borner à vous raconter ce que j'ai vu.

C'est seulement à la fin de l'été et en automne que ces expéditions ont lieu. A cette époque, les individus ailés de la fourmi grise et de la fourmi mineuse ont émigré, les amazones ne veulent pas courir la chance de transporter chez elles des bouches inutiles. Quand le ciel est pur, vers trois ou quatre heures du soir, nos pillards sortent de leur tanière. D'abord aucun ordre ne préside à leurs mouvements; mais quand toutes sont réunies, elles forment une colonne qui s'élance vivement en avant, et dans une direction différente chaque jour. Les fourmis qui composent cette troupe marchent serrées les unes contre les autres; celles qui sont au premier rang ont l'air de chercher quelque chose à terre, aussi sont-elles à tout instant dépassées par celles qui viennent derrière, et la tête de la colonne est renouvelée ainsi pendant toute l'expédition. Elles cherchent, en effet, la trace des espèces qu'elles vont piller, et c'est l'odorat qui les guide; elles

quêtent à terre, comme les chiens qui cherchent le gibier,
et quand elles trouvent elles s'élancent vivement en avant
en entraînant après elles la troupe entière. Les moindres
bandes que j'ai vues comprenaient environ trois cents
individus, mais je n'exagère pas en portant au quadruple
le nombre des plus considérables. Elles forment alors une
colonne qui a jusqu'à 5 mètres de long sur 50 centimètres
de plus grande largeur.

Après une marche qui dure quelquefois une heure,
cette colonne arrive à une fourmilière de gris-cendrées
ou de mineuses. La seconde espèce, plus robuste, oppose
une résistance acharnée, mais sans grand succès. Bientôt
toutes les amazones pénètrent dans le terrier; une minute
après, à peine, elles en ressortent rapidement, et en
même temps les fourmis grises sortent aussi en masse.
La seule préoccupation, ce sont les larves et les nymphes : les amazones cherchent à les voler, les légitimes
propriétaires cherchent à en sauver le plus grand nombre possible. Elles savent fort bien que les amazones ne
peuvent grimper. Qui le leur a appris? l'expérience peut-
être, mais elles le savent. Aussi se réfugient-elles sur
toutes les herbes du voisinage, en emportant leur précieux fardeau; elles sauvent ainsi quelques larves. Puis,
elles suivent les voleurs, les harcèlent et réussissent
encore à leur en enlever quelqu'une. Eh bien! dans tout
ce tumulte, il y a bien peu de coups sérieux donnés de
part et d'autre; rarement une amazone, poursuivie avec
acharnement, coupe en deux une fourmi grise.

Voilà nos voleurs qui reviennent chez eux en courant,
chacun emportant une larve ou une nymphe. Mais ce
n'est pas par le chemin le plus court qu'elles s'en retournent, c'est en suivant exactement tous les détours qu'elles
ont suivi en venant. C'est encore l'odorat qui les guide,
et point du tout la vue. Arrivées à leur nid, les amazones
abandonnent leur butin à leurs esclaves, elles ne s'en
occupent plus. Peu de jours après, les nymphes ainsi

volées éclosent, et les ouvrières qui en sortent ne conservent, paraît-il, aucun souvenir de leur première
enfance, car elles prennent immédiatement, sans y être
forcées, leur rôle de travailleur. (LESPÈS, *les Fourmis.
Revue scientifique*, 17 mars 1866.)

XV

RAPPORTS DE L'INTELLIGENCE
ET DE L'INSTINCT CHEZ LES INSECTES

L'instinct d'après lui (Darwin) ne serait que le produit des facultés intellectuelles proprement dites, modifiées d'une certaine façon par la double influence de l'hérédité et de l'habitude.

L'*hérédité* est, comme l'intelligence, une de ces qualités propres aux êtres vivants, dont on peut constater l'existence, mais dont le principe se dérobe à nos recherches de la manière la plus absolue. Quand nous voulons pénétrer par quel mystère la plante qui sort de la graine, l'oiseau qui se forme du jaune de l'œuf, seront semblables à la plante ou à l'oiseau dont ils proviennent plus qu'à tout autre, nous sommes devant l'inconnu le plus insondable. L'hérédité ne transporte pas seulement d'une génération à l'autre toutes les modifications imaginables de forme, de taille, de coloris; elle s'étend aux facultés cérébrales, transmises sans doute à la faveur de quelque particularité physique de l'organe de l'intelligence. C'est ce qu'on appelle l'esprit de race, qui fait que tel peuple naît fourbe et brave comme le Grec d'Homère, industrieux comme le Chinois, trafiquant comme le Juif, chasseur comme le Peau-Rouge. C'est là, si l'on veut, une sorte d'instinct que l'éducation permet quelquefois de maîtriser, mais ne corrige jamais. Comme le loup engraissé dans le chenil finit par retourner à sa vie misérable de la forêt, l'enfant sauvage élevé au milieu de la civilisation garde dans l'esprit comme sur les traits la profonde empreinte héréditaire de son origine. — Presque autant que l'hérédité, l'*habitude* est encore une faculté mysté-rieuse que nous constatons sans pouvoir l'expliquer. L'acte le plus difficile en apparence, qui a demandé de la part de notre cerveau une somme considérable de volonté et toute l'activité de notre esprit, finit un beau jour par se faire comme de lui-même. On dirait que l'attention et la réflexion sont descendues dans nos membres, qui exé-cutent les ouvrages les plus délicats, qui se défendent contre les agressions du dehors, tandis que l'esprit occupé ailleurs poursuit un but différent.

Tenons-nous à ces deux faits que nous présente le monde animé, à ces deux propriétés des êtres vivants aussi incontestables qu'inconnues dans leur essence, l'hérédité, l'habitude, et voyons comment elles vont se combiner avec l'intelligence dans la théorie de M. Dar-win. On connaît celle-ci, nous ne nous y arrêtons pas. Cuvier croyait à l'immutabilité des formes animales jetées sur le globe par le Créateur à la suite de chacune des grandes commotions par lesquelles avait passé, selon lui, notre planète. La géologie moderne conteste ces secousses violentes, et M. Darwin, reprenant à son tour, après cinquante années de science acquise, les idées de Lamarck, est venu prétendre, avec des arguments presque irrésistibles, que les formes animales, loin d'être immua-bles comme l'admettait Cuvier, se modifient lentement sous l'empire du temps, des circonstances et des énergies avec lesquelles chaque individu et chaque race « combat-tent le combat de l'existence ». L'individu qui apporte, en naissant une modification de ses organes légère, mais néanmoins avantageuse, réussira dans la vie mieux qu'un autre. Il aura donc toutes chances de laisser la plus nombreuse postérité. Si la modification avantageuse s'est transmise, ce qui peut arriver par hérédité, ses descendants à leur tour auront chance de mieux réussir que leurs contemporains. La modification ira donc, selon toutes les probabilités, en se généralisant, par la même loi de fatalité qui fait qu'un peuple fort absorbe un peuple faible; de la sorte, *après un temps plus ou moins long*, toute la race finira par présenter la modification qui n'était qu'individuelle à l'origine. Et comme il n'y a pas de raison pour que le même phénomène si simple, si naturel, ne se répète pas indéfiniment avec toutes les variations imaginables, on conçoit qu'il puisse aboutir, dans l'infini du temps, à cette multiplicité de formes et de caractères qui distinguent à nos yeux les espèces animales.

M. Darwin dit, dans les pages où il traite de l'instinct, que, s'il était possible de prouver qu'une habitude peut devenir héréditaire, toute distinction entre l'habitude et l'instinct s'effacerait absolument. Le procédé littéraire de M. Darwin est de pousser partout son lecteur plus loin que lui-même ne semble aller. Il donne d'un air de doute les meilleurs arguments du monde, et on s'étonne, à chaque instant, de voir l'auteur si peu convaincu, quand on l'est si bien soi-même. Et en effet on ne saurait contester que de jeunes chiens couchants tombent souvent en arrêt dès la première fois qu'on les lance, et même mieux que d'autres depuis longtemps exercés. Le sauvetage est héréditaire chez certaines races, de même que chez le chien de berger l'habitude de tourner autour du troupeau. Tous ces actes sont accomplis sans le secours de l'expérience par les jeunes aussi bien que par les vieux, et certainement en dehors de toute notion de but, au moins la première fois. On objecterait en vain que les seules habitudes imposées par l'homme aux bêtes se transmettent de la sorte. Plus d'un exemple, emprunté aux animaux sauvages, prouve le contraire. Le meilleur est peut être ce que nous voyons faire à un oiseau de nos pays, le loriot. Il a un nid très particulier, en berceau; il le suspend à la fourche d'une branche, cousu par les bords avec des herbes flexibles et toujours des bouts de cordon, de lacet ou de ficelles. Pas de nid de loriot sans quelque lien ouvré par la main de l'homme. Si c'est une habitude, elle est héréditaire; si c'est un instinct, on conviendra du moins qu'il ne remonte pas au commencement du monde.

De naissance, un individu ou plusieurs individus de la même espèce, placés dans des conditions identiques, ont pris une habitude. De deux choses l'une : cette habitude est nuisible, ou elle est utile; elle est bonne ou elle est mauvaise au point de vue de la conservation des individus et par conséquent de l'espèce. Si elle est nuisible, elle tend à disparaître forcément, soit avec l'individu qui l'a prise, soit avec les descendants qui en hériteront. Si l'habitude est favorable, elle a chance de se transmettre sous la forme d'instinct. Celui-ci, d'abord limité à quelques individus du même sang, tend à se généraliser, puisqu'il est avantageux, et nous retombons ainsi dans un cas particulier du grand principe de l'élection naturelle formulé par M. Darwin. Poursuivons. Jusque-là cet instinct est fort peu compliqué, puisqu'il n'a que la valeur d'une habitude qu'un individu a pu prendre avec sa part d'intelligence. Maintenant que la voilà enracinée sous forme d'instinct, chaque individu à son tour y pourra spontanément, avec sa propre part d'intelligence, ajouter quelque chose. Si l'addition est encore favorable et qu'elle se transmette, elle tendra également à se généraliser : l'instinct acquis se compliquera d'autant, et de même que des modifications organiques à peine sensibles, mais successivement accumulées en nombre suffisant, ont pu conduire à l'infinité des formes animales, de même l'instinct, par additions presque imperceptibles mais continues, pourra finir par atteindre cet état de perfection où les philosophes avaient cru voir la preuve éclatante d'une harmonie préétablie.

Certains naturalistes aujourd'hui même ne sont pas très heureusement inspirés quand ils essayent de nous montrer l'organisation corporelle de tout animal conçue et agencée en raison de son instinct. Il ne faut pas aller bien loin pour trouver que l'instinct est dans beaucoup de cas, comme on peut déjà s'y attendre d'après ce qui précède, indépendant des formes extérieures. Tous les oiseaux, qu'ils soient maçons comme l'hirondelle et le fournier, tisserands comme la fauvette, charpentiers comme la corneille, terrassiers comme le mégapode tumulaire [1], ont le même bec, les mêmes ongles et des formes presque pareilles. Le castor d'Europe, qui vit sur les affluents du Rhône et du Danube, se distingue à peine du castor d'Amérique; cependant il a une industrie toute différente. Le castor d'Amérique, sur ses lacs et ses larges rivières désertes, se bâtit les fameuses cabanes qu'on connaît; le castor d'Europe creuse sous la terre de longues galeries à la manière des taupes. S'il l'a toujours fait, que devient cette prétendue corrélation nécessaire entre les organes et l'instinct d'un animal fouisseur sur un continent, bâtisseur sur l'autre, avec les mêmes membres pour deux fins si différentes? Si le castor d'Europe s'est autrefois bâti des cabanes, où trouver un plus éclatant témoignage en faveur de la théorie de la mutabilité des instincts? Recherché pour sa chaude toison, pour sa chair, il a, devant la civilisation envahissante, changé d'instinct plus vite que de formes extérieures. C'est un point aujourd'hui bien établi que le

---

1. Dans les petites îles qui avoisinent les côtes d'Australie, le mégapode tumulaire construit des monticules qui ont parfois plus de trois pieds anglais de haut et quatorze ou quinze pieds de diamètre : ce sont les nids de cet oiseau, gros tout au plus comme une poule d'eau.

contact de l'homme a eu sur l'instinct de beaucoup d'animaux une influence décisive. C'est ainsi que les grands oiseaux s'enfuient à son approche dans les pays habités, tandis que dans les régions visitées pour la première fois par les voyageurs ils se laissent encore approcher. Partout où ils sont chassés comme des proies qui en valaient la peine pour leur chair ou pour leurs plumes, ils ont pris l'habitude, puis ont eu l'instinct de s'éloigner. . . . . .

. . . .

Le problème d'expliquer par des conditions naturelles l'architecture des abeilles semblait défier toute tentative. Cependant M. Darwin entreprend de le résoudre. Aidé des expériences de son compatriote, M. Waterhouse, il montre que tout ce travail, digne du géomètre le plus exercé, peut être ramené en fin de compte à un certain nombre d'habitudes très simples, prises successivement, en sorte que par un enchaînement de faits, hypothétiques, il est vrai, mais tous parfaitement plausibles et possibles, on arrive à trouver dans les lois biologiques déjà connues l'explication naturelle de cet instinct qui semblait tenir du miracle. On sait de quoi il s'agit. Les alvéoles de l'abeille sont des prismes à six pans d'une régularité parfaite. Le plus intéressant, c'est le fond de l'alvéole : il est formé d'une pyramide creuse à trois pans égaux et disposés de telle façon que chacun contribue pour sa part, de l'autre côté du rayon, à faire le fond d'une alvéole distincte : le fond de chaque alvéole repose ainsi sur trois alvéoles de l'autre face du gâteau. Buffon n'avait pas aperçu cette combinaison, il n'a parlé que du dessin hexagonal régulier de l'ensemble, et à ce sujet il avait eu une idée bizarre. « Les abeilles veulent toutes, disait-il, se faire dans la cire une loge cylindrique, mais la place manque ; sur le rayon trop étroit, chacune cherche à s'arranger de la manière la plus commode pour elle, en même temps que toutes se gênent également. Les cellules ne sont hexagones que par la raison des obstacles réciproques.... Pour la même raison, ajoute Buffon, qu'on emplisse un vase avec des pois ou des graines cylindriques, qu'on le ferme exactement après y avoir versé autant d'eau que les intervalles entre ces graines peuvent en recevoir, et qu'on fasse bouillir cette eau, tous les cylindres deviendront des colonnes à six pans. » On s'est beaucoup moqué de la comparaison de Buffon; cependant tout n'y était pas mauvais. Il avait compris que chaque alvéole avec ses pans coupés à angles réguliers n'était point une œuvre individuelle, ni l'exécution directe du plan original, que c'était une espèce de résultante amenée par le voisinage forcé, l'entassement et la gêne mutuelle de constructions conçues sur un modèle plus simple et plus commun parmi les insectes, la loge cylindrique.

Les bourdons, qui sont des hyménoptères comme les abeilles, mettent le miel en provision dans leurs vieux cocons. Quand le vaisseau est trop petit, ils y ajoutent à l'orifice une rallonge de cire. Il peut même leur arriver de construire des cellules isolées d'une forme globuleuse, irrégulière; c'est un premier degré, c'est l'industrie primitive de la cire. Là rien de bien remarquable encore; mais voici qui devient plus important : entre cette grossière simplicité et le travail si parfait de l'abeille, on trouve un intermédiaire, les cellules à miel de la mélipone domestique du Mexique. L'animal lui-même forme la transition, par ses caractères extérieurs, entre l'abeille et le bourdon; il est plus voisin de celui-ci. Il bâtit, pour garder son miel, un entassement de grandes cellules sphériques placées toutes à égales distance les unes des autres; seulement cette distance est partout moindre que deux fois le rayon de ces sphères, en sorte que toutes empiètent les unes sur les autres, séparées alors par une cloison parfaitement plane ayant juste la même épaisseur que la muraille courbe qui limite la portion libre et sphérique de chaque cellule. S'il s'en trouve trois contiguës, les plans de séparation se coupent à angles égaux, et l'arête commune repose sur le sommet d'une pyramide à trois pans que forment les trois cellules, exactement comme dans un gâteau de miel. C'est en réfléchissant à tout cela, dit Darwin, qu'il lui vint à la pensée que si la mélipone, qui construit déjà ses sphères à égale distance les unes des autres, venait à les disposer symétriquement et dos à dos sur deux faces, il résulterait de ce seul fait une construction aussi admirable que le fond d'un double rang d'alvéoles.

Le génie constructeur de la guêpe et de l'abeille a-t-il passé par ces transitions? C'est ce qu'il est impossible d'affirmer; mais l'évidence montre et le calcul confirme que quelques modifications, assez légères en définitive, survenant dans les instincts de la mélipone, pourraient la conduire, après un nombre infini de siècles — il faut toujours calculer sur de pareilles durées, — à édifier des pyramides trièdres (qu'on trouve déjà dans ses constructions) sur deux ou trois rangs, puis à construire sur ces pyramides, de chaque côté, des rallonges cylindriques en principe (comme celles que met le bourdon aux cocons), et prismatiques par voisinage. Cette construction à niveau des magasins à miel de la mélipone n'aurait d'ailleurs rien de bien extraordinaire : elle bâtit de la sorte les petites loges où elle dépose ses larves.

Dans l'effort commun qui produit le gâteau de miel, il importe de tenir compte de cette loi suprême de la nécessité à laquelle Buffon fait allusion, et qui contraint chaque animal, s'il se trompe dans les proportions, à recommencer son travail, sous peine de le voir détruit par ses voisins. L'alvéole de l'abeille n'est pas plus une œuvre individuelle qu'un travail de premier jet. Au commencement, le dessin hexagonal est à peine indiqué, la muraille primitive est grossière, dix fois trop épaisse ; elle est reprise en sous-œuvre, amincie au pied, renforcée au faîte, refoulée par force à sa place juste, remaniée sans cesse jusqu'à l'entier achèvement. La régularité géométrique de l'ensemble est le fruit d'un long tâtonnement. Une multitude d'abeilles y travaillent à la fois, chacune quelque temps à une cellule, puis à une autre, et ainsi de suite; vingt individus au moins se mettent à la première loge, qui d'abord est fort peu régulière; de nouvelles loges s'ajoutent, et celle-là se réforme. Sur toutes ces choses, M. Darwin et d'autres naturalistes anglais ont fait de très curieuses expériences qui mériteraient d'être citées à côté des observations de François Huber. Celui-ci observait pour connaître; ils ont expérimenté pour expliquer. En opérant sur de petits essaims ou des individus convenablement isolés, en modifiant les conditions de leur travail, en trompant leur instinct, on arrivera sans aucun doute à décomposer celui-ci par une sorte d'analyse physiologique, en même temps qu'on déterminera mieux la part assez grande qui revient probablement à l'intelligence dans cette industrie de l'abeille. C'est là un côté du problème trop négligé peut-être par M. Darwin, mais qu'indique Mlle Clémence Royer dans les notes ajoutées par elle à la traduction française de l'*Origine des espèces*. On peut se demander pourquoi l'abeille ne serait pas sensible, elle aussi, à cette harmonie des lignes qui frappe notre œil dans ses ouvrages. Pourquoi refuser une impression aussi simple que celle qui naît de la régularité à ce cerveau de très petite dimension, il est vrai, mais apte à saisir des rapports de cause à effet bien autrement compliqués, à choisir le bon endroit, à tourner l'obstacle, à poursuivre de l'œil et de l'aiguillon l'ennemi de la ruche? Nous avons vu la fourmi comprendre qu'un objet était trop large pour passer par l'entrée de son souterrain. L'abeille, à qui nous voulons donner le sentiment de la régularité des lignes, a certainement la notion des rapports de longueur. Il y a un gros papillon, le sphinx tête de mort, très friand de miel, et qui ne demande pas mieux que de s'introduire dans les ruches;

son corps, tout velu et couvert de plaques cornées, défie la piqûre. Les abeilles, qui redoutent cette visite désagréable, savent très bien s'en préserver dans les pays où il y a beaucoup de sphinx. Dès que les premiers commencent à se montrer aux soirs des plus longs jours, nous raconte M. Blanchard, les abeilles rétrécissent l'entrée de la ruche de telle façon que le voleur ne peut plus entrer. La saison des sphinx passée, elles détruisent la maçonnerie faite et rétablissent le passage dans sa largeur primitive. Voilà certes des bêtes qui ont le *coup d'œil!* Y a-t-il donc si loin de ce coup d'œil à cette entente de la symétrie qu'a le dernier sauvage, sensible à l'harmonie des lignes d'une découpure ou d'un tatouage? N'est-il pas plus simple de supposer à l'abeille quelque chose de la même impressionnabilité plutôt qu'une sorte d'instinct mathématique, comme on le lui a parfois attribué? Toute la physiologie cérébrale des insectes reste à faire. Tant que nous ne serons pas plus avancés, il est peut-être téméraire d'accorder beaucoup à leurs facultés intellectuelles, mais il est certainement déraisonnable de les trop rabaisser. C'est toujours au reste chez nous ce vieux péché d'orgueil si finement raillé par Montaigne, précisément à propos de l'esprit des bêtes. Bien mieux que Descartes, il a vu les animaux; il les aime, il joue avec sa chatte, et ce commerce l'éclaire; il juge très sainement de la trop petite part d'intelligence faite aux bêtes par l'homme, tandis que lui-même « se va plantant par imagination au-dessus du cercle de la lune ».

Pour les fourmis légionnaires[1], la filiation des phénomènes successifs propres à expliquer l'apparition et le développement de leur instinct était beaucoup plus difficile à imaginer. On eût pu désespérer de toute induction raisonnable, si quelques faits, çà et là dans la nature,

---

1. Les fourmis légionnaires sont celles qui capturent des esclaves parmi les fourmis d'une autre espèce; leurs mœurs ont été décrites dans l'article précédent.

n'étaient venus nous mettre sur la voie en nous montrant ailleurs le même instinct moins développé ou modifié de différentes manières. Ces observations, coordonnées par M. Darwin, sont devenues des traits de lumière, et ont permis de se figurer d'une façon au moins plausible l'évolution de ces curieuses habitudes. Ainsi il n'est pas rare que des fourmis — qui ordinairement ne prennent point d'auxiliaires — emportent chez elles des nymphes trouvées par hasard dans le voisinage de leurs demeures. Il n'est pas invraisemblable que quelques-unes de ces nymphes soient venues à éclore, et qu'elles aient rempli dans la cité d'adoption les fonctions de leur instinct particulier. Qu'on admette maintenant que ces services soient de quelque utilité à la fourmilière, elle réussira mieux, et dès lors il peut arriver que les mêmes enlèvements et les mêmes éclosions de hasard se répètent. A la longue, l'habitude sera prise, puis viendra l'instinct d'apporter des nymphes volées. En même temps la présence de ces étrangères réagira presque nécessairement sur les fourmis ravisseuses. Leurs instincts et leurs organes tout à la fois se modifieront, toujours d'après le même principe, dans le sens le plus favorable au rôle spécial qu'elles gardent dans l'association. — De proche en proche, par une suite de modifications à peine sensibles s'ajoutant à travers les temps et les âges, nous arriverons à des races de légionnaires aussi dépendantes des travaux de leurs compagnes que les espèces étudiées par Pierre Huber.

Chaque instinct que nous observons se révèle à nous sous une forme en quelque sorte absolue, nous ne le voyons jamais changer; aussi l'a-t-on dit immuable : c'est le mirage commun à tous les phénomènes trop lents pour que la vie ou le souvenir des hommes en mesure le progrès. Cependant le castor d'Europe et le loriot nous donnent l'exemple d'instincts qui remontent à une date relativement fort peu ancienne. Que M. Darwin nous

signale ces instincts changeant avec les latitudes, cela est
fort naturel; mais on devait moins s'attendre à trouver
un fait analogue dans le livre d'un partisan de l'immutabilité des instincts. La coupeuse de feuilles — encore un
insecte hyménoptère — dépose ses œufs dans autant de
loges faites avec des morceaux de feuilles qu'elle a pres-
tement coupés. Dans notre pays, c'est toujours une
feuille de rosier qui lui sert et jamais une autre. Pourtant
« on nous assure, dit M. Blanchard, que notre coupeuse
de feuilles de rosier, se trouvant en quelque endroit de
la Russie où il n'existe pas de rosiers, fait son nid avec
des feuilles de saule ou d'osier ». L'instinct varierait donc
dans l'espace comme il a varié dans le temps! Il s'en
faut de beaucoup que les mêmes légionnaires soient partout aussi dépendantes de leurs compagnes que celles
qu'a vues Pierre Huber aux environs de Genève. En
Angleterre comme en Suisse, les auxiliaires enlevées par
les sanguines prennent seules soin des larves, tandis que
ces légionnaires vont seules en expédition; mais en
Suisse les deux castes s'occupent ensemble à tous les travaux de construction et d'approvisionnement, tandis
qu'en Angleterre les légionnaires seules vont au dehors
chercher provisions et matériaux; les auxiliaires restent
confinées à l'intérieur : elles rendent donc moins de
services à la communauté qu'en Suisse.

On trouvera peut-être que ces différences sont peu de
chose; elles suffisent du moins à prouver combien est
ébranlée l'ancienne doctrine de Cuvier, et comment dans
l'infini du temps ont pu se développer ces instincts que
de simples accidents géographiques suffisent à modifier
légèrement. La grande explication de l'instinct, c'est le
temps, l'incommensurable durée des époques géologiques
que notre esprit embrasse du regard, mais dont il ne
saurait pas plus se faire une idée que de la mesure des
espaces célestes. (GEORGE POUCHET, *Revue des Deux Mondes*,
au 1ᵉʳ janvier 1870.)

LIVRE IV

HISTOIRE DES VÉGÉTAUX

———

I

LA RESPIRATION DES PLANTES

La respiration des êtres vivants, c'est-à-dire l'absorption de l'oxygène jointe à une production d'acide carbonique, est l'un des plus importants caractères physiologiques communs aux animaux et aux végétaux. La respiration est un phénomène de la vie, à la condition qu'on n'entende par ce mot que l'ensemble des échanges gazeux soumis à certaines lois définies; car il est évident que si l'huile, en devenant rance, absorbe de l'oxygène; si la viande cuite (et sans ferments) peut en certains cas dégager de l'acide carbonique, cela ne voudra pas dire que ces corps sont des êtres vivants. On a, en effet, souvent poussé à l'extrême la généralisation de ce mot respiration, et alors toute réaction chimique où l'oxygène se combine, toute réaction où l'acide carbonique se dégage, seraient des phénomènes respiratoires. Comment a-t-on été amené à cette généralisation trop grande? Pourquoi a-t-on nié, avec Claude Bernard, que la respiration soit un phénomène des tissus vivants? Comment même en est-on venu jusqu'à proposer de supprimer le mot respiration? Telles sont les questions que nous allons examiner d'abord. Il est indispensable de les bien comprendre avant de chercher à étudier les lois du phénomène respiratoire.

Si l'on soustrait au contact de l'oxygène, libre ou dissous, un tissu vivant quelconque, va-t-il périr immédiatement asphyxié? En aucune façon. Le tissu vivant résiste à l'asphyxie pendant un temps plus ou moins long. D'où une première difficulté. L'être qui résiste à l'asphyxie respire-t-il ou ne respire-t-il pas? Consomme-t-il simplement l'oxygène dissous dans ses cellules en rejetant de l'acide carbonique, ou se produit-il une autre action chimique?

Pour le savoir, faisons une expérience.

Plongeons dans un flacon d'azote une carotte ou un oignon qu'on vient d'arracher de terre, et dans un autre flacon d'azote, un tissu animal, par exemple, le foie d'un oiseau qu'on vient d'ouvrir. Si chacun de ces flacons a été mis en communication avec un manomètre, on voit le mercure s'abaisser dans la branche qui communique avec l'atmosphère du flacon. La pression augmente : un gaz se dégage. Si l'on a adapté au flacon un système de tubes convenable, on peut analyser l'atmosphère qu'il renferme alors; on trouve, dans le premier flacon comme dans le second, qu'elle est formée d'un mélange d'azote et d'acide carbonique. Par une analyse plus précise, on peut même s'assurer que la quantité d'azote mise au début dans chacun des flacons n'a pas varié. Ainsi aucune absorption de gaz, et un dégagement d'acide carbonique, voilà pour les échanges avec l'extérieur.

Maintenant ouvrons les flacons au bout d'un temps déterminé. Si l'expérience a duré assez longtemps et n'a pas été trop prolongée, nous pourrons sentir, en débouchant l'un ou l'autre des flacons, une odeur d'alcool ou d'éther; d'ailleurs, une recherche chimique permettrait de mettre en évidence et de doser l'alcool qui s'est produit à l'intérieur des tissus. Ainsi production d'alcool dans les cellules, voilà le phénomène interne le plus frappant.

Mais pour pouvoir conclure quelque chose de ces expériences, il faut s'assurer qu'on n'a pas tué les cellules et qu'on n'observe pas simplement un phénomène de décomposition. Si l'expérience a été arrêtée à temps, on constate en effet que la respiration normale réapparaît dès que les tissus sont exposés à l'air. Tandis que l'acide carbonique continue à se produire, l'oxygène est absorbé et toute formation d'alcool cesse à l'instant. D'autre part, si l'on prend un fragment du corps soumis à l'expérience et qu'on l'examine au microscope, on peut y suivre les mouvements du protoplasma dans les cellules. Les tissus sont donc encore vivants. Dans le cas même de la plante entière ou d'un animal inférieur placés ainsi dans le flacon, on peut, après avoir montré les phénomènes de la résistance à l'asphyxie, planter le végétal en terre, où il continue à s'accroître, et voir l'animal se mettre en mouvement.

Il résulte de ces expériences que la résistance à l'asphyxie ne se fait pas simplement au moyen de l'oxygène qui peut être dissous dans les cellules : une réaction chimique qui n'a pas lieu dans les conditions normales se produit. Certaines substances, les sucres surtout, sont décomposées en formant de l'alcool qui reste dans les cellules et de l'acide carbonique qui se dégage. C'est le phénomène de la fermentation propre découvert par MM. Lechartier et Bellamy, et dont la généralité a été mise en évidence par M. Pasteur, vérifiée par les expériences de M. Müntz.

Le grand intérêt qu'offre l'étude de cet état spécial où sont placés les êtres vivants lorsqu'on supprime l'oxygène libre se comprend facilement, car, pour passer de ce

phénomène à celui des fermentations, il n'y a qu'un pas
à franchir. Si l'être qu'on asphyxie est plongé dans un
liquide nutritif, une dissolution sucrée, par exemple, il
pourra souvent produire la même réaction et transformer
ainsi tout le sucre en alcool et en acide carbonique. La
fermentation alcoolique par les levures n'est elle-même
qu'une longue résistance à l'asphyxie de ces petits champignons qui, dans leur état naturel, vivent à l'air libre;
l'on sait que lorsque la levure est vieillie, il faut la
remettre à l'air libre, où elle respire normalement, pour
qu'elle puisse servir de nouveau.

C'est de cette manière qu'on a vu entre la respiration
normale et la fermentation vraie tous les intermédiaires,
et qu'on a pu dire, avec M. Pasteur, que l'être privé
d'oxygène et ne pouvant plus respirer normalement
emprunte ce corps aux substances de réserve qu'il contient, ou même, en certains cas, à celles qu'il trouve
autour de lui.

Voilà une première série de faits qui permet déjà de
comprendre comment on a pu être conduit à une extension très grande du mot respiration; mais on a été
même beaucoup plus loin dans cette voie, et pour plusieurs physiologistes, parmi lesquels on peut citer
MM. Pfeffer et Detmer, il y aurait au fond identité complète entre le phénomène de la fermentation propre et
celui de la respiration normale. Ces auteurs supposent en
effet que, dans les conditions ordinaires, les substances
de réserve, telles que les sucres, sont décomposées, et
que si l'alcool ne peut être mis en évidence, c'est qu'il est
lui-même oxydé grâce à la présence de l'air libre. Mais ce
sont là de simples suppositions : ne nous y arrêtons pas.

Arrivons à un autre ordre de considérations, aux
résultats de recherches différentes, sur lesquels on s'est
appuyé pour concevoir la respiration d'une manière
nouvelle. On enseigne habituellement qu'en général,
dans la respiration des êtres vivants, il n'y a ni gain ni

perte d'oxygène, car le volume d'acide carbonique produit est égal au volume d'oxygène absorbé; et, comme un volume d'acide carbonique contient son volume d'oxygène, il n'y aurait, en définitive, qu'une perte de carbone. D'où la comparaison que Lavoisier a fait entre la respiration et une combustion; on dit couramment : l'oxygène de l'air brûle le carbone des tissus.

Déjà Ingen-Housz, et, avec plus de précision, Saussure avaient signalé un certain nombre de cas où les volumes de gaz absorbé et rejeté ne sont pas égaux, mais ce n'étaient là que des exceptions. Cependant plusieurs expérimentateurs montrèrent que le rapport de l'acide carbonique émis à celui de l'oxygène absorbé pouvait varier beaucoup suivant les conditions physiologiques dans lesquelles l'être se trouve. Nous pouvons nous demander dès maintenant si ces changements dans le rapport des gaz émis et absorbés sont un argument contre l'existence d'une fonction respiratoire proprement dite. Non certainement, si pour un être dans des conditions internes déterminées à un moment précis de son développement, le rapport de l'acide carbonique émis à l'oxygène absorbé conserve une valeur fixe, quelles que soient les conditions extérieures. Si le rapport est constant, c'est bien qu'il y a une relation entre la quantité d'oxygène absorbée et la quantité d'acide carbonique dégagée. Si le rapport n'est pas constant et varie avec toutes les conditions extérieures, on pourra dire que le mot respiration doit être supprimé en physiologie ; on pourra dire qu'il y a, pour l'être, recette d'oxygène, d'une part, et dépense d'acide carbonique, de l'autre, mais que ces deux phénomènes ne sont liés entre eux par aucune loi.

Il semblait résulter d'expériences nombreuses, faites surtout sur la respiration des végétaux à l'obscurité, que ce rapport $\left(\text{appelons-le, pour abréger, } \dfrac{CO^2}{O}\right)$ du volume de l'acide carbonique émis au volume de l'oxygène absorbé est extrêmement variable, qu'il peut être égal à l'unité et le plus souvent inférieur ou supérieur à cette valeur.

Voilà donc une autre série de considérations par lesquelles la fonction respiratoire, telle qu'on la définit et qu'on la conçoit ordinairement, serait encore détruite. Ce ne serait pas seulement une généralisation très grande du mot respiration, ce serait la négation même de cette fonction, la suppression démontrée de toute relation immédiate entre le gaz absorbé et le gaz produit par les cellules vivantes.

Avant d'examiner de plus près la solution de ce problème complexe, il est nécessaire de bien définir la question. Il faut d'abord faire cesser toute ambiguïté au sujet du phénomène général de la respiration dans les deux règnes, toute confusion, lorsqu'il s'agit des êtres à chlorophylle. En outre, il sera utile d'examiner avec précision la nature même des gaz échangés pendant la respiration; car s'il y a, comme l'ont annoncé certains auteurs, échange d'azote, ou, en certains cas, production d'hydrogène par la respiration, le phénomène devient tout différent.

Rappelons d'abord en quelques mots ce qu'on entend par respiration en tant que phénomène commun aux deux règnes.

Une confusion fâcheuse a, comme on sait, trop longtemps existé entre le phénomène dont nous venons de parler et l'échange gazeux inverse qui a lieu, à la lumière seulement, et uniquement chez les tissus végétaux ou animaux contenant de la chlorophylle. On trouve encore, dans de nombreux ouvrages élémentaires de chimie ou de sciences naturelles, que les végétaux respirent à l'inverse des animaux. Pour bien comprendre comment on est arrivé à confondre deux phénomènes aussi profondément distincts que la respiration et l'assimilation

chlorophyllienne, quelques mots d'historique sont nécessaires.

Après que Priestley eut découvert l'action chlorophyllienne, qu'il croyait être la respiration des végétaux,
Scheele fit voir que les végétaux peuvent, comme les animaux, absorber de l'oxygène. Ingen-Housz montra que
la lumière était une condition essentielle du phénomène
chlorophyllien, et, à la suite des beaux travaux de
Saussure, on imagina les mots de respiration diurne et
respiration noturne, supposant ainsi, pour exprimer les
faits, que les végétaux avaient deux sortes de respiration
inverses l'une de l'autre : l'une dans l'obscurité, l'autre à
la lumière.

M. Garreau, grâce à ses expériences, aujourd'hui classiques, a fait nettement saisir l'indépendance de ces deux
phénomènes, souvent confondus sous le nom peu clair de
respiration végétale.

Une plante verte, en plein soleil, est placée sous une
grande cloche avec de l'eau de baryte ; l'eau de baryte se
trouble et donne un précipité abondant. Telle est une
expérience de cours, bien simple, qui montre que les
feuilles vertes respirent au soleil comme à l'obscurité.
Seulement, si l'acide carbonique produit n'était pas immédiatement soustrait à l'atmosphère, il serait décom-
posé au soleil par l'action chlorophyllienne.

Ainsi, chez les êtres à chlorophylle, comme chez les
êtres sans chlorophylle, à la lumière comme à l'obscurité,
chez les animaux comme chez les végétaux placés au
contact de l'air libre ou dissous, il y a absorption
d'oxygène et émission d'acide carbonique, généralité
qu'on peut résumer en ces quelques mots. En présence
de l'oxygène, le protoplasma vivant respire.

Nous n'avons parlé jusqu'ici que de l'absorption
d'oxygène et de l'émission d'acide carbonique. Il y a lieu
de se demander : 1° si l'azote de l'air n'intervient pas
dans la respiration ; 2° si d'autres gaz ne peuvent être

dégagés par l'être vivant lorsqu'il respire à l'air libre.

Saussure avait conclu de certaines expériences que des quantités relativement considérables d'azote peuvent être émises par la respiration des végétaux; d'autres auteurs, et notamment Regnault et M. Reiset, semblent admettre aussi que de petites quantités d'azote peuvent être dégagées par la respiration des animaux. C'est aussi ce que concluait M. Lory de ses expériences sur la respiration des Orobanches, plantes parasites sans chlorophylle. Plus récemment même, MM. Dehérain et Landrin signalaient, pendant la germination des graines, alors que l'intensité respiratoire des tissus est considérable, soit un dégagement, soit une absorption d'azote dont la valeur pourrait atteindre et même dépasser le volume de l'acide carbonique produit dans les mêmes conditions.

D'autre part, de Humboldt, qui a, le premier, donné quelques indications sur la respiration des champignons, a fait remarquer que des agarics (les champignons à chapeau ordinaires), au soleil ou à l'obscurité, donnent au bout d'un certain temps un dégagement d'hydrogène. De Candolle, Grischow et d'autres expérimentateurs vérifièrent le fait.

En somme, dégagement ou absorption d'azote, émission d'hydrogène, en certains cas, tels seraient les échanges gazeux qu'il faudrait ajouter à celui dont nous avons parlé.

Disons d'abord quelques mots de cette question de l'hydrogène pour aborder ensuite avec plus de détails le problème des échanges d'azote, si important pour la culture et pour l'alimentation des bestiaux. Les circonstances dans lesquelles l'hydrogène prend naissance chez les champignons ont été mises en évidence et complètement déterminées dans un travail de M. Müntz. Cet auteur a démontré, par des expériences très bien conduites, que, dans la respiration normale, les champignons n'exhalent jamais d'hydrogène. C'est seulement en vase clos, et lorsque toute trace d'oxygène a disparu, que les champignons peuvent dégager à la fois de l'acide carbonique et de l'hydrogène, et encore cela ne se produit-il que pour les champignons contenant de la mannite (substance voisine des sucres qu'on peut considérer comme une combinaison de glucose et d'hydrogène). Dans ces conditions, lorsque ces êtres sont soustraits au contact de l'oxygène, il se produit le phénomène de résistance à l'asphyxie dont nous avons parlé plus haut; les champignons, par la fermentation propre, décomposent les matières sucrées ou la mannite qu'ils renferment, et, lorsque cette dernière substance existe, il se produit (fermentation mannitique) de l'acide carbonique et de l'hydrogène. De nombreuses séries d'expériences, faites plus récemment encore, sur la respiration de ces végétaux ont vérifié en tout point les conclusions de M. Müntz. Ainsi, dans les cas où on l'avait signalé, l'hydrogène ne se produit jamais dans la respiration normale à l'air libre.

Revenons à la question de l'azote. Nous avons parlé plus haut des auteurs qui croyaient avoir montré qu'une absorption ou, dans la plupart des cas, un dégagement d'azote pouvait se produire dans la respiration. D'autres physiologistes, aussi bien pour la respiration des animaux que pour celle des végétaux, ont soutenu, au contraire, que le volume d'azote, dans l'atmosphère qui entoure un être, reste absolument constant pendant la respiration. C'est ainsi que M. Boussingault a fait voir que c'est par une erreur d'expériences que Saussure avait cru trouver parfois un important dégagement d'azote dans la respiration. Les expériences de Fleury, de MM. Oudemanns et Rauwenhoff aboutissent aux mêmes conclusions. Que déduire de ces opinions contradictoires? Peut-il y avoir, oui ou non, échange d'azote dans la respiration? Telle est la question qu'il nous faut résoudre.

Examinons d'abord les causes d'erreur qui peuvent se produire dans de semblables recherches. La plus importante, lorsque les êtres étudiés ont été maintenus longtemps dans une atmosphère confinée, c'est que leurs tissus peuvent se décomposer plus ou moins partiellement, quelquefois avec une assez grande rapidité, et les gaz mesurés à la fin de l'expérience proviennent alors à la fois de la respiration et de la décomposition partielle des cellules. Pour qu'un résultat trouvé par cette méthode de l'atmosphère confinée soit acceptable, il faut que l'expérience soit de courte durée; il est même nécessaire que deux expériences de contrôle, faites au commencement et à la fin de chaque série de recherches, montrent que, pendant tout ce temps, l'être étudié est resté identique à lui-même. Dans le cas où l'air, constamment renouvelé, circule à travers l'espace où sont placés les individus en expérience, l'erreur peut être due à un dosage souvent difficile de l'azote, surtout lorsqu'il s'agit d'animaux supérieurs restant longtemps dans l'appareil.

Voici une méthode très simple qui permet de rechercher avec précision si, oui ou non, l'azote intervient dans la respiration des cellules. Elle n'est applicable qu'au cas où le rapport des volumes échangés est différent de l'unité; mais nous verrons que c'est là le cas le plus fréquent. Supposons qu'il s'agisse d'êtres pour lesquels il est constaté que $\dfrac{CO^2}{O}$ est plus petit que l'unité, et choisissons comme exemple les graines en germination, pour lesquelles, nous venons de le voir, on avait signalé des échanges d'azote, ou encore les champignons qui avaient montré à Marcet de semblables échanges. On pourrait opérer aussi avec des mammifères en état d'hibernation.

Dans l'un ou l'autre de ces cas, pendant le séjour, même très court, de ces êtres dans une atmosphère confinée, on observera naturellement toujours une dimi-

nution de volume correspondant à une absorption
d'oxygène plus grande que le volume d'acide carbonique
dégagé dans le même temps. Cette diminution de volume
se traduit dans l'appareil par une diminution de pression
que l'on peut évaluer au moyen d'un manomètre.

D'autre part, l'analyse des gaz, avant et après l'expérience, permet de calculer cette même diminution de
pression, en admettant, par hypothèse, que le volume
d'azote n'ait pas varié. D'après cela, si la température et
la pression n'ont pas changé pendant une expérience, on
pourra trouver que la diminution de pression lue sur le
manomètre et la diminution de pression calculée sont
égales ou qu'elles sont différentes. Dans le premier cas,
il n'y a aucun échange d'azote; dans le second cas,
l'azote intervient dans la respiration. Cette méthode,
appliquée aux tissus vivants les plus différents, a constamment donné une concordance parfaite entre la pression observée et la pression calculée : donc l'azote ne
joue aucun rôle.

Il résulte de tout ce qui précède que, dans la respiration des tissus vivants, à l'air libre, il n'y a jamais ni
absorption ni dégagement des gaz azote ou hydrogène.
La respiration normale consiste toujours simplement
en une absorption d'oxygène et une émission d'acide
carbonique. Maintenant que ces causes d'erreur sont
éliminées et qu'il ne saurait y avoir aucun doute sur la
nature du phénomène étudié, voyons d'abord comment
il est influencé par les diverses conditions extérieures.

Ce n'est pas sur les variations du rapport $\frac{CO^2}{O}$ dans des
conditions physiologiques différentes, qu'on a dû s'appuyer pour cette critique du mot respiration, c'est sur
les variations du même rapport avec les circonstances
extérieures, et pour un même état physiologique déterminé.

Il est donc nécessaire d'étudier ce rapport pour un

même tissu, à un même état, en faisant varier de toutes les manières les diverses conditions physiques où il se trouve placé : température, lumière, pression, etc.

D'après les recherches de MM. Dehérain et Moissan, et celles de M. Moissan seul, on avait cru que le rapport des gaz échangés, c'est-à-dire la nature même du phénomène, changeait pour un même organe de même âge avec la température. Le rapport $\dfrac{CO^2}{O}$, pour des feuilles à l'obscurité, serait plus petit que l'unité aux basses températures, et plus grand que l'unité aux températures élevées. D'où cette conséquence, entre autres, que les végétaux des climats froids, assimilant plus d'oxygène par la respiration que ceux des climats chauds, doivent contenir plus d'acides organiques que ces derniers, etc.

Il est facile, avec la méthode de l'atmosphère confinée et l'appareil que nous avons déjà plusieurs fois cité, de s'assurer de l'inexactitude de cette prétendue loi. Pour les tissus les plus divers, le rapport des gaz échangés est au contraire *constant* pour toutes les températures que peuvent supporter les cellules vivantes.

D'autre part, M. Godlewski a montré que ce rapport ne varie pas avec la pression, et on peut aussi le vérifier par la même méthode.

Enfin, il résulte des recherches entreprises sur l'action de la lumière que si la nature des radiations comme la température influe sur l'intensité respiratoire, elle agit sur l'assimilation d'oxygène exactement de même que sur le dégagement d'acide carbonique. De telle sorte que, dans ce cas encore, quelle que soit l'intensité lumineuse et quelle que soit la nature des radiations reçues, le rapport des gaz échangés est encore constant.

On peut donc énoncer d'une manière générale les trois lois suivantes, qui s'appliquent aux mêmes individus, à un état physiologique quel qu'il soit, mais toujours le même :

1° *Pour les mêmes individus, le rapport du volume de l'acide carbonique émis au volume de l'oxygène absorbé est constant, quelle que soit la température;*

2° *Pour les mêmes individus, le rapport est le même à la lumière et à l'obscurité;*

3° *Ce rapport est également constant, quelle que soit la pression totale ou quelle que soit la pression de l'oxygène.*

L'ensemble de ces trois lois montre le lien étroit qui, pour un tissu vivant donné à un état déterminé, relie entre elles la quantité de l'oxygène absorbé dans la respiration, à la quantité d'acide carbonique émise. C'est la réunion de ces trois lois qui constitue le phénomène respiratoire. Il n'y a donc aucune raison pour supprimer le mot respiration.

Y en a-t-il plus pour admettre, au contraire, la généralisation extrême de ce mot, et pour comprendre dans la respiration les phénomènes de résistance à l'asphyxie ou de fermentation? Actuellement cette généralisation ne repose que sur une hypothèse, et si, dans la fermentation propre des tissus, par exemple, l'oxygène est emprunté au sucre, il faudrait prouver que le rapport entre la quantité d'acide carbonique émise par cette fermentation des tissus et l'oxygène assimilé par la destruction du sucre est non seulement constant, mais aussi qu'il est égal à celui de la respiration normale du même tissu. Cette démonstration n'étant pas faite, il est prudent de ne pas accepter cette généralisation hâtive.

En somme, d'une manière générale, la respiration des tissus vivants est donc caractérisée par une absorption d'oxygène et une émission corrélative d'acide carbonique, de manière que, quelle que soit la série des réactions inconnues qui se produisent à l'intérieur du protoplasma, le rapport des gaz échangés demeure indépendant des circonstances extérieures. (BONNIER, *la Respiration des tissus vivants. — Revue scientifique* du 8 novembre 1884.)

II

LES FLEURS ET LES INSECTES

Considérons d'abord la fleur en elle-même, dont il est nécessaire de nous rappeler l'organisation.

Prenons par exemple la plante connue sous le nom de Gueule-de-loup; elle est cultivée dans les jardins, et souvent elle élit domicile sur les vieux murs. En voici la fleur : à la base, nous y distinguons cette partie verte qui, comme vous le savez, se nomme le calice; au-dessus cette autre partie, colorée ordinairement de vives teintes rouges ou jaunes, c'est la corolle; elle est contournée et repliée de manière à former deux lèvres en avant; les botanistes l'ont comparée à un masque antique; ils disent que c'est une corolle personée (de *persona*, qui veut dire masque).

C'est ordinairement pour les belles teintes de la corolle, parfois aussi du calice, que les fleurs sont cultivées dans les jardins; mais ces parties ne sont que les enveloppes de la fleur. Elles entourent et protègent ses organes essentiels, ceux qui doivent donner les graines et permettre ainsi à la plante de se reproduire.

Pour voir l'intérieur de la fleur, coupons-la dans sa longueur. Nous pouvons remarquer alors, en dedans de la corolle et du calice, les parties internes. Vous reconnaissez ces filets épaissis à l'extrémité, ce sont les étamines; puis, au fond de la fleur, l'ovaire, cette proéminence verte, à l'intérieur de laquelle nous distinguons les ovules qui doivent devenir les graines: en haut l'ovaire se prolonge en un long tube qui se termine par une partie plus large qu'on nomme le stigmate.

Portons maintenant notre attention sur l'extrémité des étamines, nous en verrons sortir une sorte de poudre jaune, c'est le pollen. Ce pollen, produit par les étamines des fleurs, n'est pas formé comme une poussière quelconque. Regardons-en une parcelle au microscope. Nous voyons que tous les grains qui composent cette poussière sont parfaitement égaux et qu'ils ont une forme déterminée. Ils renferment une substance vivante qui a un rôle particulier à remplir. Quel est ce rôle du pollen? Si, par un moyen quelconque, on empêche le stigmate de recevoir cette poussière, jamais les ovules ne se transforment en graines, le fruit ne se forme pas. Si, au contraire, le pollen arrive sur le stigmate, il se produira le fruit renfermant les graines.

Ainsi donc, sans pollen, il n'y a pas de graines produites.

Mais au fond de la fleur, au-dessous de l'ovaire, nous apercevons une gouttelette brillante; déchirons la corolle et portons cette petite goutte sur notre langue. Nous sentirons alors que ce liquide a un goût agréable et sucré. Les botanistes, comme vous le savez, ont été jusqu'à comparer ce liquide sucré des fleurs au breuvage des dieux: ils l'ont appelé le nectar.

D'où vient ce nectar? Si nous observons la fleur avec soin, nous saurons découvrir qu'il est produit à la surface d'un organe spécial que nous voyons ici et qu'on nomme le nectaire. Pour mieux nous rendre compte de cette production, observons le nectaire au microscope, en le grossissant beaucoup. Vous voyez que c'est un tissu particulier où viennent s'accumuler les matières sucrées à

l'époque de l'épanouissement de la fleur. Vous entrevoyez
ici, à sa surface, plusieurs petits orifices ; c'est par là que
peut sortir le liquide. Regardons l'une de ces petites
ouvertures en augmentant encore le grossissement. En
voici une vue de face. Ici, au-dessous, c'est une partie du
nectaire située près de la même ouverture ; vous observez
la petite cavité où l'eau, amenée dans la fleur par la
transpiration et transformée en eau sucrée par son passage à travers le tissu du nectaire, peut venir se réunir et
sortir à un certain moment, en dehors des tissus de la
fleur.

Quel est le rôle de ce nectaire, de cet emmagasinement
de sucres à la base de la fleur? Pendant très longtemps
on n'a pas trouvé que le nectaire eût pour la fleur une
utilité directe. On a laissé de côté l'étude de cet organe,
sans le mettre au nombre des caractères de la plante, et
l'on a même été jusqu'à dire que le nectar était une
matière de rebut, inutile au végétal et qu'il rejette. Nous
reviendrons d'ailleurs sur cette question.

En résumé, en examinant cette fleur, nous trouvons
qu'elle produit deux matières différentes : l'une est une
poudre vivante, le pollen, dont nous comprenons bien le
rôle : il sert à transformer les ovules en graines; l'autre
est un liquide sucré, le nectar, dont nous ne voyons pas
encore le rôle utile.

Mais avant de chercher à résoudre cette dernière question, il est nécessaire que nous disions quelques mots
des insectes qui butinent sur les fleurs.

Prenons encore un exemple particulier, les abeilles;
allons près d'une ruche. On en construit qui peuvent
s'ouvrir facilement; telle est cette ruche à cadres que je
mets sous vos yeux. Après avoir eu le soin de nous
munir d'un chapeau à voile et de gants pour ne pas être
piqués, ouvrons donc une ruche telle que celle-ci, pour
regarder à l'intérieur. Nous y trouvons des rayons de
cire, ainsi que vous l'apercevez ici, dans lesquels les

abeilles ont construit une quantité de petites cellules régulières. Détachons un fragment de l'un de ces rayons de cire; enlevons délicatement avec une plume d'oiseau les abeilles qui le recouvrent, et regardons-le avec attention. Vous distinguez ici divers alvéoles réguliers; ils ont la même forme, mais ne renferment pas les mêmes choses. Dans ceux qui sont à la base, fermés par des couvercles bombés, nous trouverions des larves d'abeilles en voie de développement; ces cellules, plus sombres, sont remplies d'une matière jaune ou rougeâtre, que nous pouvons reconnaître : c'est du pollen de fleurs. Dans ces autres cellules claires, plus nombreuses, nous ne trouverons ni pollen ni larves, mais une matière transparente et très sucrée : c'est le miel; nous verrons qu'il est fait avec le nectar, le liquide sucré des fleurs.

A quoi servent ces provisions de miel et de pollen? Si nous observions les abeilles au moyen d'une ruche qui ait une paroi de verre, nous pourrions remarquer qu'elles font avec ces deux substances une bouillie dont elles nourrissent leurs petits, c'est-à-dire les très jeunes larves. Le miel, en outre, est mis en provision pour leur propre nourriture.

Comment les abeilles rapportent-elles le pollen?

Plaçons-nous, sans bouger, à l'entrée d'une ruche par un jour de beau temps, et examinons les abeilles qui rentrent. Vous voyez celles-ci qui rapportent sur leurs pattes de derrière deux masses de pollen; cette autre, qui est là au milieu, a aussi recueilli du pollen sur ses pattes; mais en outre, vous remarquez ces sortes de plumet qu'elle porte sur la tête; en se plongeant dans des fleurs d'orchidées, elle en a enlevé les masses polliniques avec le dessus de sa tête. Et le nectar, ce liquide sucré qui sert à faire le miel, de quelle manière le transportent-elles? Si nous prenons l'une de ces abeilles par les ailes, de manière à n'être pas piqué, en pressant un peu sur sa poitrine, nous verrons apparaître sur sa bouche une goutte de liquide sucré. C'est le nectar, qui est recueilli dans une poche située en arrière de la bouche, pour être déposé dans les cellules où il se transforme en miel.

Nous parlerons aussi des bourdons, autres espèces d'insectes qui recherchent avidement le liquide sucré des fleurs; il ne faut pas les confondre avec les abeilles mâles ou faux bourdons dont ils se distinguent par leur corps plus gros, plus trapu, souvent orné de vives couleurs, rouge, jaune rayé de noir, comme celui que représente cette figure.

Ainsi les deux substances que produit la fleur : le pollen et le nectar, sont recueillies par des insectes qui s'en servent pour leur nourriture ou pour celle de leurs petits. Nous avons vu comment ces matières sont produites, et comment elles sont utilisées par les visiteurs des fleurs; examinons maintenant comment se fait leur récolte, car, comme vous le savez, c'est là le point le plus important du sujet qui nous occupe.

A la fin du siècle dernier, un observateur allemand, Christian-Conrad Sprengel, a consacré une grande partie de son existence à observer les insectes visitant les fleurs. Pendant toute la belle saison, il faisait des promenades dans son jardin ou aux environs, emportant avec lui une chaise de campagne.

Il s'assied devant une fleur, la fleur de Gueule-de-loup par exemple, et, avec une patience germanique, il attend indéfiniment qu'il vienne un insecte sur la fleur. Sur cette fleur, il voit arriver un bourdon comme celui que je vous ai montré il y a un instant; ce bourdon, pour atteindre le nectar qui est au fond de la fleur, écarte les deux lèvres de la corolle, introduit sa tête dans la fleur et allonge sa trompe de façon à aspirer la gouttelette de liquide sucré.

Sprengel crut voir dans cette visite de l'insecte l'explication du nectaire et du nectar, auxquels nous n'avons assigné aucun rôle. Il remarqua que parfois les poils qui recouvrent le corps du bourdon, en frôlant les étamines, entraînent avec eux la poussière pollinique et la portent sur le stigmate, et que, par suite, l'insecte facilite, sans le vouloir, la formation des graines. Dès lors, pour l'observateur allemand, le rôle du nectaire serait de rendre indirectement service à la fleur. Cet organe produirait un liquide sucré, dans le but unique d'attirer le bourdon, lequel, venant prendre le nectar, en touchant d'une façon inconsciente le pollen et le stigmate, provoquerait la production des graines.

Bien plus, toute l'organisation florale serait disposée dans ce but. La couleur et l'odeur de la fleur auraient pour rôle de la faire apercevoir de loin à l'insecte qui est censé lui être indispensable; la forme même de cette corolle, cette disposition en deux lèvres, servirait à ce que les bourdons seulement puissent la visiter à l'exclusion d'autres insectes qui opéreraient mal, prétend-on, le transport du pollen. Il n'y aurait que les bourdons, dont la force puisse écarter les bords de la fleur de Gueule-de-loup, dont la trompe soit assez allongée pour atteindre le fond de la fleur, où se trouve le liquide sucré.

Sprengel prétendit même que chaque fleur avait son insecte, chaque insecte sa fleur, que la fleur était pour ainsi dire moulée sur le visiteur qui lui est destiné. Dans son très curieux ouvrage appelé *le Secret de la nature découvert*, il alla jusqu'à imaginer deux fractions du créateur, l'une chargée de construire les insectes, l'autre occupée à combiner la forme des fleurs; de temps en temps, elles se passaient réciproquement les mesures, afin de les faire concorder.

C'est ainsi que les insectes à longue trompe, comme le bourdon dont vous voyez ici la tête figurée, sont, dans son idée, destinés uniquement aux fleurs profondément creusées en un long tube; ceux à courte trompe, comme cet éristalis, seraient réservés pour les fleurs à tube très court, ou pour celles dont la corolle est largement étalée;

les abeilles qui, comme vous le voyez, ont une trompe de longueur intermédiaire, devraient seulement aspirer le nectar dans les fleurs à tubes de profondeur moyenne.

Ces idées avaient été complètement oubliées, lorsque, récemment, les darwinistes les ont reprises à un autre point de vue. Ils ont voulu appliquer à ces faits la loi de la concurrence vitale. Comme Sprengel, ils admettent une adaptation parfaite entre la fleur et l'insecte; comme lui, ils donnent au nectaire et à la couleur un rôle extérieur, un but attractif pour les insectes; mais, au lieu de supposer avec les finalistes que les fleurs et les insectes ont été créés les uns pour les autres, ils imaginent qu'ils se sont créés les uns les autres, et que c'est eux-mêmes qui ont déterminé leurs adaptations réciproques. Dans l'histoire des êtres organisés et de leurs transformations aux divers âges de la terre, ils supposent que peu à peu les nectaires des fleurs se sont développés, que dans la lutte pour la vie, en même temps que certaines fleurs se creusaient, certains insectes allongeaient davantage leur trompe.

Voici quelle est à ce sujet la conclusion de sir John Lubbock.

« Aux abeilles, nous devons la couleur de nos fleurs et les parfums de nos champs. Non seulement la forme et les contours actuels, les brillantes couleurs, la douce odeur et le miel des fleurs ont été peu à peu développés par la sélection inconsciente exercée par les insectes, mais l'arrangement même des couleurs, les bandes circulaires, les lignes radiales, la forme, la grandeur et la position relative de tous les organes de la fleur sont disposés par rapport aux visites d'insectes, de façon à assurer le grand objet que ces visites sont destinées à effectuer. »

Voila donc la question résolue, si nous admettons cette théorie.

Tout s'expliquerait même, la forme et la couleur de la

fleur. La corolle serait un phare indicateur qui désigne à l'insecte le nectaire qui doit l'attirer, et l'insecte en visitant la fleur transporte le pollen soit sur le stigmate de la fleur même, soit sur celui d'un autre, ce qui produit souvent, dit-on, de meilleures graines. Le but unique du nectaire serait extérieur à la fleur. Cet organe serait uniquement construit pour les insectes.

Cette théorie est certainement très ingénieuse et très séduisante. J'en fus moi-même fort épris, et c'est dans l'espoir de la vérifier que j'entrepris l'étude des relations entre les fleurs et les insectes. Les êtres de la nature qui, en général, s'entre-dévorent, se prêtent ici une aide mutuelle; il est difficile de concevoir quelque chose de plus charmant.

Cependant, puisque nous faisons une recherche scientifique, nous dirons-nous satisfaits par l'application d'une ingénieuse hypothèse? Oui, si elle explique tous les faits. si elle est vérifiée par l'observation et par l'expérience. C'est ce qui nous reste à voir.

Pour vérifier si tous les faits concordent bien avec la théorie qu'on nous propose, faisons ensemble, si vous le voulez bien, quelques excursions dans la nature. Commençons par une course à Meudon, nous irons plus loin ensuite.

Avant d'entrer dans le bois, si nous sommes au commencement de l'été, nous pouvons trouver des Gueules-de-loup en fleur sur les murailles; approchons-nous et observons les insectes qui viennent y prendre le nectar. Vous voyez ici un bourdon qui écarte les deux lèvres de la corolle pour aller prendre le nectar, ainsi que l'a décrit Sprengel; mais à la base de cette autre fleur vous distinguez deux petits trous faits dans la corolle. Qui les a percés? Si nous restons quelque temps en observation, nous pourrons voir des bourdons qui, comme celui-ci, perforent la corolle en face du nectar pour le prendre directement. Mais alors que devient l'adaptation dont on nous a parlé? A quoi sert que la forme de la corolle ait été combinée pour le bourdon? Pourquoi les organes de la fleur sont-ils si bien disposés pour que le bourdon transporte le pollen? L'insecte a trouvé trop compliqué tout ce système disposé pour lui; pour s'éviter la peine d'écarter les deux lèvres et les étamines, d'allonger péniblement sa trompe jusqu'au fond de la corolle, il a pensé qu'il est plus simple de percer l'enveloppe de la fleur juste en face du nectar, sans toucher en rien aux étamines ni aux stigmates. Il vole le liquide sucré, car il va sur la fleur, sans payer son passage en l'aidant à former ses graines.

Mais ce simple trou percé dans la corolle par le bourdon a des conséquences bien plus graves encore pour la théorie dont nous avons parlé. Le bourdon, comme nous l'avons vu, a une très longue trompe; seul, il pouvait atteindre jusqu'au fond de la fleur de Gueule-de-loup; mais maintenant qu'il a déchiré la corolle à la base, voilà que les abeilles et une foule d'insectes à trompe moyenne ou à courte trompe, non adaptés à la fleur de Gueule-de-loup, vont pouvoir atteindre le nectar sans difficulté. On voit, en effet, les abeilles, par exemple, venir en quantité sur les fleurs de Gueule-de-loup, lorsque les bourdons leur ont frayé le passage en trouant les corolles. Beaucoup de corolles d'autres espèces de fleurs nous présenteraient ainsi des trous percés soit par des bourdons, soit par d'autres insectes.

Mais allons-nous renoncer à une théorie aussi séduisante parce que beaucoup de fleurs manquent leur but et ont le tort de se laisser perforer par les bourdons? Certainement non.

Entrons dans le bois; nous trouverons facilement dans les taillis cette jolie fleur, dont vous apercevez les grandes corolles claires, tachées de rose, se détachant nettement sur le fond sombre du feuillage, et que son odeur pénétrante a fait nommer la mélisse des bois. Installons-nous

à côté d'une touffe de ces fleurs et observons les insectes
visiteurs. Attendons, nous n'en verrons aucun. Attendons
encore. Eussions-nous une patience supérieure à celle de
Sprengel, revenant tous les jours à la même place, nous
ne trouverons pas d'insecte venant sur la fleur de la
mélisse des bois; à moins qu'une mouche ne vienne se
poser sur le bord de la corolle comme elle se poserait sur
une feuille. Nous aurions même pu abréger cette longue
attente en coupant en long la fleur de mélisse; la raison
de cette absence de visiteurs est très simple, il n'y a pas
de nectar dans la fleur.

Et pourtant, tout était disposé pour cette attraction des
insectes dont on nous parle : le parfum de la fleur, la
grande corolle visible, et jusqu'aux taches rouges allon-
gées qu'on y observe et qui, d'après Sprengel, indiquent
à l'insecte la route qu'il doit suivre pour atteindre le
liquide sucré.

Il y a bien d'autres fleurs sans nectar et dont la corolle
est revêtue de brillantes couleurs. Il suffirait de citer les
coquelicots, les lis, les tulipes, les jacinthes, les anémones, les hélianthèmes et toutes les fleurs à corolles
éclatantes que vous avez ici sous vos yeux.

On pourra répondre, il est vrai, que l'exception confirme la règle, ce qui n'est pas une explication bien
scientifique; ou bien encore on nous répondra que ces
fleurs ont dégénéré, mais que leurs ancêtres, à une
autre époque de l'histoire du globe, avaient du nectar
dans leur corolle; de cette manière on peut tout expliquer.

Mais laissons ces fleurs qui ne se conforment pas à la
théorie; nous pourrons à la lisière du bois de Meudon
observer en été des champs où l'on cultive des gesses
pour faire du foin. Si elles ne sont pas encore fleuries, le
champ est vert comme un champ d'avoine. Il n'y a pas
une seule fleur et cependant nous pouvons remarquer un
grand nombre d'abeilles et de bourdons qui se dirigent

vers ce champ ou qui en viennent. Regardons alors avec attention l'une des tiges de ces gesses. Vous y voyez ces abeilles et ces bourdons qui y sucent un liquide sucré. Mais le liquide sucré n'est pas produit dans des fleurs. Il suinte à la surface de nectaires qui sont développés à la base des feuilles, et là, sur le nectar découvert tous les insectes à courte ou à longue trompe, sans aucune adaptation de formes, semblent s'être donné rendez-vous. Il y a un nectaire, du nectar, des insectes visiteurs et pas de fleurs! Cela ne concorde guère avec ce qu'on nous a dit sur le rôle du liquide sucré; dans quel but ici attirerait-il les insectes qui ne peuvent aider à produire les graines, puisque la plante n'a pas encore de fleurs?

Abandonnons ce champ pour retourner dans le bois; si plusieurs jours de chaleur ont succédé à des jours de pluie, nous entendrons parfois un bourdonnement singulier dans les hautes branches des chênes. Montons sur la pente d'un coteau pour voir ces branches de plus près, nous les trouverons encore couvertes d'insectes mellifères; vous voyez ces abeilles, ces bourdons de diverses sortes qui viennent lécher avec leur trompe la surface des feuilles de chêne. On peut s'assurer qu'ils viennent y prendre un liquide sucré qu'on nomme la miellée et qui, comme l'a montré M. Berthelot, contient les mêmes sucres que le nectar. Là encore, aucune adaptation, aucun service rendu à la plante par l'insecte.

En somme, dans cette excursion à Meudon, nous venons de trouver un certain nombre de plantes qui ne nous ont pas satisfaits au point de vue de l'adaptation rigoureuse qui devrait exister entre les fleurs et les insectes, et nous voilà un peu ébranlés.

Cherchons alors, si vous le voulez bien, ce qui se produit à ce point de vue, lorsque la flore tout entière change d'aspect. Pour cela, il nous faudra faire de plus grands voyages que celui de Meudon.

Pour étudier les modifications qui peuvent être pro

duites aux diverses latitudes, nous irons en Norvège; pour voir comment l'altitude peut faire varier les plantes et leurs rapports avec les insectes, nous monterons jusqu'aux sommets des Carpathes ou des Alpes.

Commençons par la Norvège. A peine serons-nous débarqués dans ce pays, nous promenant dans la campagne ou dans les bois, que nous remarquerons, dans la végétation, des teintes singulières, des tons auxquels nous ne sommes pas habitués. Un paysagiste français écrivait peu de jours après son arrivée en Scandinavie : « Dans ce pays-ci, je n'y comprends plus rien, ce sont les mêmes arbres, les mêmes prairies, les mêmes bois, les mêmes fleurs qu'en France et je ne puis jamais employer les mêmes couleurs pour les reproduire. »

Sur le bord d'un chemin, je suppose, nous serons surpris par l'aspect d'une marjolaine d'un pourpre foncé, nous croirions avoir découvert une nouvelle espèce; et pourtant si nous cherchons le caractère botanique de cette plante, nous trouverons que c'est la marjolaine ordinaire, l'*Origanum vulgare*; nous finirons par nous apercevoir que toutes les corolles des fleurs sont beaucoup plus colorées en Norvège que celles des mêmes espèces en France. Voici, par exemple, la bruyère ordinaire avec la teinte qu'elle a ordinairement en Norvège, et ici, un brin de la même espèce de bruyère cueilli aux environs de Paris; vous voyez que sa couleur rose est beaucoup plus pâle.

Pour confirmer la théorie de Sprengel, on a attribué aux insectes la coloration plus grande dont se revêtent toutes les fleurs sous les hautes latitudes. On a imaginé que les corolles nombreuses, se trouvant en présence d'un nombre moins grand d'insectes, s'adaptent à la région où elles se trouvent en se colorant pour les attirer; chaque fleur se farderait, pour ainsi dire, davantage pour engager les insectes à lui rendre visite.

Cette idée pe t sembler assez étrange et, cependant,

comme la théorie précédente, elle est enseignée officiellement dans beaucoup d'écoles en Europe.

On pourrait d'abord remarquer que si toutes les fleurs se colorent plus, c'est absolument comme si aucune ne se colorait davantage, puisque, par rapport à la visite des insectes, c'est le point de vue relatif qui est seul à considérer; mais afin de voir si l'on peut admettre que les fleurs se sont colorées avec plus d'éclat pour attirer les insectes moins nombreux dans ces pays, nous pouvons répéter une expérience bien simple.

Prenons à Paris un paquet de graines d'une espèce de fleur, des Phlox, si vous voulez; séparons le paquet en deux parties égales. Semons la moitié des graines en France et allons semer l'autre en Scandinavie.

Dans les deux pays elles vont donner des fleurs. Comparons-en les teintes, les voici.

Vous voyez que celles de Scandinavie sont beaucoup plus foncées. Il en est de même pour les teintes de ces Tagetes et de ces Lobelia.

Ainsi du premier coup ces plantes ont eu des corolles plus éclatantes. Pour adopter la théorie qu'on nous propose, il faut donc admettre que les graines que nous avons portées de Paris en Suède se sont dit à elles-mêmes, pendant le trajet, qu'on les emmenait dans une contrée où il y a un peu moins d'insectes, et qu'alors en y germant elles se sont empressées de se revêtir de couleurs plus fortes!

Il nous est donc impossible d'admettre cette explication; c'est simplement sous l'influence directe des conditions physiques du milieu que la couleur des fleurs se modifie. Pendant la saison des fleurs, les jours sont beaucoup plus longs en Suède et en Norvège que dans nos pays. Voici une figure qui vous montre la durée moyenne du jour et de la nuit pendant la belle saison, aux diverses latitudes; vous voyez qu'à mesure qu'on s'avance vers le nord, la durée du jour augmente de plus en plus. Divers expérimentateurs ont prouvé que les modifications de teintes que nous avons observées sont dues à l'action de cette lumière peu intense et presque continue.

En Norvège, nous pourrions constater aussi par expérience que les fleurs ont plus de nectar qu'aux environs de Paris; il y a même des fleurs, comme celles des Potentilles, qui n'ont pas de nectar chez nous et qui en ont en Scandinavie.

Voici la manière très simple dont j'ai procédé pour déterminer le volume de nectar produit chez les mêmes fleurs dans les deux pays. Les plantes étaient placées comme celles-ci sous des cages de toile, afin d'empêcher les insectes de visiter les fleurs et de venir en aspirant du nectar troubler les mesures comparatives. Un des côtés de ce cube de toile peut se soulever, comme vous le voyez, et au moyen d'une pipette effilée et graduée qui remplace la trompe de l'insecte, on peut mesurer le liquide sucré que contiennent les fleurs.

Ces deux courbes vous représentent les volumes de nectar observés aux différentes heures de la journée sur une même espèce de trèfle, d'une part, en Norvège; d'autre part, en Normandie. Vous voyez que, dans les mêmes conditions, les fleurs en produisent beaucoup plus en Norvège. De telles modifications dans la production du liquide sucré, qui troublent l'adaptation, sont dues aussi à l'influence de conditions physiques différentes.

En nous élevant dans les Carpathes ou dans les Alpes, nous pouvons rencontrer successivement les mêmes phénomènes qu'en nous avançant vers le nord. On sait par exemple que dans des prairies alpines les fleurs sont plus colorées à mesure qu'on s'élève, parce que l'atmosphère absorbe de moins en moins la lumière. Les fleurs des mêmes espèces sont aussi plus nectarifères dans les hautes régions.

S'il nous reste encore des doutes après les nouvelles observations que nous venons de faire, et il peut nous en rester, car la théorie qu'on nous présentait avait bien des côtés attrayants, nous pouvons nous adresser à l'expérience.

La couleur des corolles est-elle disposée pour attirer les abeilles?

Voici quatre morceaux d'une même étoffe, de même grandeur, mais de couleurs différentes; je les place sur un fond vert; vous ne distinguez pas celui qui est vert, les autres se voient parfaitement. Si on les recouvre d'un même poids de miel ou de liquide sucré, et qu'on les place à la même distance de cette ruche, en comptant toutes les minutes le nombre des abeilles qui viennent sur chaque carré, ou en pesant d'une manière précise le poids de sucre qu'elles enlèvent dans le même temps, nous verrons qu'elles viennent aussi bien sur le carré vert que sur les autres. La couleur leur est bien indifférente, c'est le sucre qui leur importe.

Autre expérience : prenons cette fleur bien connue, la capucine; les bourdons, et parfois les abeilles, viennent y chercher du nectar; vous voyez la corolle colorée, et sur le pétale inférieur de petites dents disposées en palissades, pour guider l'insecte plus sûrement dans sa route vers le sucre, nous dit-on, et pour le forcer à transporter le pollen.

Eh bien! sur d'autres fleurs de capucines, enlevons ces pétales si bien disposés pour faire voir la fleur et pour lui faire remplir son rôle utile à la plante; si nous n'avons pas arraché le nectaire qui se trouve dans ce prolongement en éperon, nous verrons les insectes venir tout aussi bien sur la fleur, et les graines produites par ces fleurs sans corolles seront aussi bonnes que les autres.

Nous ne pouvons donc pas dire que la couleur des fleurs ait pour but d'attirer les insectes. Alors pourquoi cette couleur? demandera-t-on. Nous pouvons demander aussi pourquoi les papillons, pourquoi les oiseaux, pourquoi les rochers sont colorés, pourquoi les bois sont verts et pourquoi le ciel est bleu. Il faut prendre garde, en voulant répondre à toutes ces questions, de parler comme cet individu que rencontre Henri Heine et qui lui explique que le ciel est bleu parce que cette teinte se marie agréablement à la couleur verte des feuillages et que les feuilles des arbres sont vertes parce que ce vert des feuilles fait ressortir l'azur du ciel.

Au reste, en lisant certaines pages des auteurs qui soutiennent que les fleurs sont disposées pour les insectes, on croirait parfois qu'on lit une page des *Études de la nature* de Bernardin de Saint-Pierre.

Aussi lorsqu'on nous dit que la forme et la grandeur des différentes fleurs est disposée pour diverses tailles d'insectes, ce qui n'est en rien vérifié par l'observation, on pense involontairement à ce passage du livre de l'auteur de *Paul et Virginie*.

Il parle des différents fruits :

« Il n'y a pas moins de convenance dans les formes et les grosseurs des fruits. Il y en a beaucoup qui sont taillés pour la bouche de l'homme, comme les cerises et les prunes; d'autres pour sa main, comme les poires et les pommes; d'autres beaucoup plus gros, comme les melons, sont divisés par côtes et semblent destinés à être mangés en famille; il y en a même, comme la citrouille, qu'on pourrait partager avec ses voisins. » Toutes les grandeurs sont représentées et chacune a son but pour l'homme.

Au reste, dans la plupart des cas, nous ne pourrons constater aucune adaptation entre les formes de l'insecte et de la fleur qu'il visite; voyez ce papillon, le sphinx de l'euphorbe : sa trompe est très allongée et cependant la fleur sur laquelle il butine est largement ouverte; elle est en outre peu visible, verdâtre et sans coloration spéciale.

Dans certaines circonstances, nous pourrons même observer le contraire d'une adaptation. Sans parler des nombreux coléoptères qui dévorent les fleurs et des fleurs qui dévorent les insectes, supposons que nous observions certaines espèces d'asclepias, dont les fleurs sont visitées par les abeilles. Parfois nous verrons celles-ci accrochées par les pattes aux appendices de la fleur. L'effort que fait l'insecte pour se dégager ne fait qu'amener sa perte; le tissu élastique et irritable des organes floraux le retient plus fortement. Souvent, on peut voir le sol autour de la plante, jonché de cadavres d'abeilles, c'est là, on en conviendra, une singulière façon de s'entr'aider.

En résumé, des observations et des expériences que nous venons de faire, il résulte que nous ne pouvons admettre que le nectaire a seulement un rôle extérieur à la fleur; nous ne pouvons pas dire que le nectaire est fait pour former un liquide sucré qui attire le visiteur et lui fait transporter le pollen. Nous avons trouvé du nectar en dehors des fleurs et, d'autre part, nous avons vu qu'un nombre considérable de fleurs ne produisent jamais dans leur corolle aucun liquide sucré.

Mais il ne suffit pas de faire des objections à une explication proposée : il faut en présenter une autre. Si nous avons détruit, il faut édifier.

S'il n'est pas vrai de dire que le rôle général de cette provision de sucre est de fournir le miel aux insectes, à quoi sert-elle? Quel est le rôle du nectaire?

Ce rôle est direct; c'est pour la plante elle-même, pour la fleur ou pour la feuille, que cette provision de sucre est accumulée.

Tout d'abord nous pouvons remarquer que toutes les fleurs qui n'ont pas de nectar ont cependant, comme les autres, une provision de sucre à leur base, dans l'intérieur de leurs tissus; seulement ce sucre ne transpire jamais au dehors sous forme de nectar. Il en est de même de la plupart des feuilles.

Quelle peut être la fonction de cette provision de sucre qui se produit à la base d'une partie de la plante, feuille ou fleur?

Pour nous en rendre compte, examinons ce que devient cet emmagasinement de sucre lorsque la feuille se développe, ou lorsque la fleur devient fruit.

Prenons un exemple. Voici une fleur connue sous le nom de Rue, elle n'a pas de nectar; mais vous voyez cependant au-dessous de l'ovaire cette masse colorée en jaune, c'est une provision de sucre, c'est le nectaire; au moment où la fleur vient de s'ouvrir, il est beaucoup plus gros que l'ovaire lui-même. Suivons maintenant le développement du fruit, voici l'ovaire transformé qui grossit peu à peu, et à mesure qu'il grossit, tout le tissu du nectaire diminue, s'atrophie et enfin disparaît presque complètement. Tout le sucre qu'il renfermait est allé nourrir le fruit en voie de développement, les graines qui se forment. Quand le fruit s'est complètement accru, il n'y a plus de sucre dans le nectaire.

Il en serait de même pour une feuille; la provision de sucre qui est à sa base se détruit et est assimilée par les tissus de la feuille jusqu'à ce qu'elle ait atteint sa grandeur définitive.

Cette provision de sucre peut se comparer à celle qui se fait dans la racine d'une betterave, à la fin de sa première année de végétation. A quoi sert ce sucre qui est dans la betterave? à la plante elle-même. Dans la seconde année, elle consommera cette provision pour produire ses feuilles et ses tiges fleuries; elle se nourrit aux dépens de ce sucre accumulé.

Il y a plus, on peut suivre le mécanisme de la destruction du sucre dans les nectaires des fleurs ou des feuilles, comme dans la betterave. Au moment où les matières sucrées sont mises en provision, elles contiennent surtout du sucre cristallisable ordinaire, du sucre de canne; on peut le prouver en le faisant cristalliser dans la matière sucrée elle-même, comme vous le voyez ici. Mais ensuite, lorsque la provision est enlevée par la plante pour développer ses feuilles ou ses fruits, ce sucre cristallisable est peu à peu détruit et transformé en glucose dont voici l'apparence dans le liquide. C'est sous cette dernière forme que la provision est assimilée. Cette transformation du sucre de canne en glucose assimilable se fait sous l'influence d'un corps azoté qu'on nomme un ferment soluble et qui se produit alors dans le tissu à sucre. C'est le même corps que celui que Mitscherlich a découvert dans la levure de bière.

Et le nectar, alors, qu'en faites-vous? me dira-t-on.

Le nectar, nous l'avons vu, ne se produit pas toujours au-dessus des tissus sucrés; on peut même dire que dans la majorité des cas il ne se forme pas. Le nectar est simplement dû à la transpiration du végétal.

Le matin, on aperçoit sur un très grand nombre de plantes, dans l'herbe des prairies, à l'extrémité des feuilles dentées, de petites gouttelettes d'eau transparentes où se produisent de charmants jeux de lumière. Il ne faut pas les confondre avec la rosée. Elles sont faites d'une eau presque chimiquement pure, d'une eau qui a passé à travers le filtre le plus parfait qu'on puisse imaginer : à travers tous les tissus de la plante. Les gouttelettes d'eau que la plante transpire sur ses feuilles sont tout à fait comparables aux gouttelettes de nectar, seulement le nectar n'est pas de l'eau pure, c'est de l'eau qui a traversé une provision de sucre, c'est de l'eau sucrée.

Et c'est pour cela même que les gouttelettes de nectar demeurent plus longtemps que les autres à la surface des tissus sans s'évaporer. On sait, en effet, que le sucre retarde l'évaporation.

On peut prouver par plusieurs procédés différents que le nectar est dû à la transpiration. Je me bornerai à indiquer l'expérience suivante.

Prenons une plante qui n'a jamais de nectar dans les conditions ordinaires, mais qui, comme toutes les plantes, possède une provision de sucre à la base de ses fleurs et faisons-la transpirer fortement; puis, en l'arrosant beaucoup et en l'exposant au soleil, mettons-la brusquement sous une cloche, dans un air saturé d'humidité et à l'obscurité; nous verrons alors perler abondamment dans les fleurs d's gouttelettes sucrées.

J'ai pu ainsi rendre artificiellement nectarifères un grand nombre de fleurs, comme ces jacinthes, ces tulipes, ces anémones, qui n'ont pas de nectar dans les conditions naturelles.

Ajoutons que si on abrite une fleur nectarifère contre les insectes, le peu de sucre qui a été transpiré au dehors n'est pas perdu pour la plante, il est réabsorbé par elle et rentre dans les tissus lorsque le fruit se développe.

Ainsi donc, sans nier que l'intervention des insectes, fréquemment nuisible, puisse être souvent utile, nous devons conclure que le nectaire est un organe disposé pour la plante elle-même et qu'il n'est pas disposé pour l'insecte.

De même que le sucre accumulé dans la betterave est emmagasiné, en réserve, par la plante pour nourrir ses feuilles et ses fruits et non pas pour sucrer notre café; de même que la feuille de chou est faite pour le chou et non pour le lapin qui la mange.

Comme l'a dit Claude Bernard, ce n'est pas en dehors de l'organisme qu'il faut chercher la loi de la finalité physiologique; « elle est dans chaque être en particulier et non hors de lui, l'organisme vivant est fait pour lui-même. Il travaille pour lui et non pour les autres. »

Je dois ajouter, en terminant, que les partisans de l'adaptation absolue entre les fleurs et les insectes ne s'en sont pas tenus aux hypothèses que je vous ai signalées. Ils ne se sont pas contentés des insectes, ils ont fait appel à d'autres animaux pour venir aider les fleurs à produire des graines.

Vous savez qu'en Australie il y a beaucoup d'espèces de kanguroos. On y trouve aussi beaucoup d'arbres à toutes petites fleurs qui appartiennent au groupe des

Protéacées. Or l'on a observé parfois certains de ces kanguroos qui, pour leur dessert probablement, léchaient les fleurs de ces arbres afin d'en sucer le nectar. D'où plusieurs mémoires sur l'adaptation réciproque des Protéacées d'Australie et de la langue des kanguroos. Les fleurs de ces arbres seraient faites pour les kanguroos et les kanguroos pour les Protéacées.

Dans l'Amérique du Sud, ce sont les colibris et quelques autres oiseaux que l'on prétend chargés d'aller transporter le pollen des fleurs.

Un entomologiste allemand observa une fois un colimaçon sur des fleurs de Chrysosplenium, une petite plante qui pousse au bord des ruisseaux : l'observateur regarde avec soin le colimaçon, et il remarque qu'il n'a mangé qu'une partie des fleurs, entraînant avec son liquide visqueux du pollen pris sur les autres fleurs; il suppose alors que si le colimaçon s'en va ensuite sur un autre Chrysosplenium, il peut avoir transporté le pollen sur les fleurs de cette autre plante; il lui aura ainsi rendu service, à condition qu'il ne la dévore pas complètement.

Cette observation a été le point de départ de la théorie de l'adaptation réciproque entre les fleurs et les mollusques, ce qu'on a nommé la malacophilie. Deux auteurs belges, en appliquant cette idée à l'histoire du globe, ont même fourni aux géologues l'explication de la présence de nombreuses coquilles de mollusques dans les terrains. La chose est toute simple : c'est qu'autrefois les plantes formaient leurs graines avec l'aide des mollusques et non avec celle des insectes. La malacophilie était dans toute sa splendeur!

Vous voyez à quelles exagérations, à quelles théories saugrenues l'on peut être entraîné, lorsqu'on laisse de côté l'observation positive des faits et la méthode expérimentale rigoureuse.

Et maintenant, pouvons-nous nous demander, aurons-nous fourni des arguments aux adversaires de la théorie de la descendance en assignant à tous les organes des fleurs un rôle pour la fleur elle-même? Si je suis parvenu à vous convaincre, ce qui m'était difficile dans un temps si court, vous penserez certainement que, bien au contraire, ainsi que je le disais en commençant, nous lui avons rendu service; que, loin d'enlever une pierre à cet édifice, nous l'aurons débarrassé d'un ornement qui le surchargeait et qui compromettait sa solidité. (BONNIER, *les Fleurs et les Insectes. — Revue scientifique* du 2 avril 1881.)

III

SUR LA DIGESTION DE L'ALBUMEN

Une graine mûre renferme un embryon qui pendant la germination se développe pour devenir plus tard une plante adulte. Au début de son développement, la jeune plante ne peut encore puiser dans le sol les aliments qui lui sont nécessaires et se nourrit aux dépens des réserves nutritives accumulées dans la graine. Dans bien des cas, ces réserves nutritives sont renfermées dans les cotylédons et font ainsi partie de l'embryon même. Dans d'autres plantes au contraire, les substances qui doivent nourrir la plante pendant la germination sont contenues dans un tissu indépendant de l'embryon et situé à côté d'elle à l'intérieur des enveloppes de la graine. Ce tissu de réserve s'appelle l'*albumen*. On va voir dans l'article suivant comment l'albumen sert à la nutrition de la plante.

La digestion est l'acte par lequel un être vivant transforme, à l'aide d'un liquide actif produit par lui, et rend soluble une substance auparavant insoluble. Si cette substance est placée en dehors de l'organisme, la digestion est *extérieure* et suivie d'absorption; elle est *intérieure*, au contraire, et sans absorption consécutive, si la substance à dissoudre se trouve située dans les cellules du corps. Tous les êtres vivants digèrent; si certains d'entre eux, les Infusoires par exemple, et les végétaux aquatiques libres, vivant exclusivement d'aliments dissous, paraissent manquer de digestion extérieure, ils n'en sont pas moins, comme tous les autres, le siège de phénomènes digestifs intérieurs. Les plantes étant dépourvues de cavité digestive, c'est par la surface libre du corps que, dans certaines régions, s'opère chez elles la digestion extérieure ; mais de pareilles régions digestives peuvent se rencontrer, à la fois ou séparément, sur chacun des trois organes fondamentaux de l'appareil végétatif, sur les racines, les tiges et les feuilles.

Ceci posé, on sait qu'à la germination l'albumen de la graine, c'est-à-dire le tissu de réserve confiné entre le tégument et l'embryon, est progressivement dissous et digéré ; après quoi, il est absorbé au fur et à mesure par l'embryon, qui s'en nourrit et en même temps se développe en plantule. L'albumen n'étant pas purement et simplement une matière inerte, mais un tissu vivant ou ayant vécu, sa digestion soulève naturellement des questions toutes particulières dont je demande à l'Académie la permission de l'entretenir quelques instants.

« L'albumen est digéré, c'est un fait ; mais par qui ? Le tégument étant ici hors de cause, ce ne peut être que par lui-même ou par l'embryon. Est-ce par lui-même, c'est-à-dire par l'activité propre de ses cellules constitutives, par une digestion intérieure pareille à celle qui s'opère au même moment avec plus ou moins d'intensité dans le corps même de l'embryon et dont l'embryon est le siège exclusif avec une énergie plus grande quand la graine n'a pas d'albumen ? Le rôle de l'embryon se bornerait alors à absorber l'albumen au fur et à mesure de sa liquéfaction. Est-ce, au contraire, par l'embryon au contact, c'est-à-dire en général le long de la face externe de sa première ou de ses deux premières feuilles, par une digestion extérieure où l'albumen, entièrement passif, ne fait que subir l'action de sucs digestifs émanés du cotylédon ? Le rôle de l'embryon serait double alors : il digérerait d'abord l'albumen et l'absorberait ensuite. En un mot, l'albumen est-il pour l'embryon une nourrice, ou simplement une nourriture? C'est la question que j'ai essayé de résoudre.

ALBUMEN ISOLÉ SOUMIS A LA GERMINATION

« 1° *Albumen charnu*. — L'albumen du Ricin (*Ricinus communis*), que je prendrai pour exemple, forme un ellipsoïde aplati, à l'intérieur duquel l'embryon étale, dans le plan du grand et du moyen axe, ses deux larges cotylédons foliacés. On enlève le tégument, on coupe l'amande en deux suivant le plan de contact des cotylédons, on détache chaque cotylédon de la moitié d'albumen où il adhère assez fortement et l'on place ces plaques albumineuses en forme de demi-ellipsoïdes aplatis sur de la mousse ou de la ouate humide à la température de 25 à 30 degrés. Après quelques jours on voit ces plaques grandir et au bout d'un mois certaines ont atteint 22 millimètres de longueur sur 16 millimètres de largeur, quand elles n'avaient au début que 12 millimètres de longueur sur 8 millimètres de largeur; elles sont aussi un peu plus épaisses; leurs deux grandes dimensions ont doublé et leur surface a quadruplé. Il y a donc un grand accroissement de l'albumen, dû surtout à l'agrandissement des cellules constitutives et au développement des méats aérifères qui les séparent. En même temps, il est facile de constater que l'albumen absorbe de l'oxygène et dégage de l'acide carbonique en volume sensiblement égal, en un mot qu'il respire.

« Si l'on pénètre dans sa structure en étudiant chaque jour au microscope le contenu des cellules, on y constate de remarquables transformations. Les grains d'aleurone sont progressivement dissous. Leur revêtement amorphe disparaît d'abord en mettant à nu le globoïde et le cristalloïde, qui ne tardent pas à se dissocier : ces deux corps se dissolvent à leur tour : d'abord le globoïde, qui pâlit de plus en plus et se fond ; puis le cristalloïde, qui se corrode peu à peu et se fragmente, dont les fragments eux-mêmes sont bientôt rongés à leur tour et réduits en particules plus petites qui se dissolvent lentement. Cette dissolution des grains d'aleurone commence un peu plus tôt dans les cellules périphériques de la plaque albumineuse, tant sur sa face plane autrefois en contact avec l'embryon que sur sa face convexe jadis en rapport avec le tégument ; elle gagne assez rapidement le centre et se poursuit ensuite lentement dans toutes les cellules à la fois : résultat qui s'explique par la pénétration progressive de dehors en dedans de l'eau et de l'oxygène nécessaires à la vie individuelle des cellules. En même temps, l'huile grasse diminue lentement, en partie du moins sous l'influence de la combustion respiratoire. Enfin le poids de matière sèche de l'albumen va décroissant peu à peu.

« Parmi les substances nouvelles qui résultent des transformations dont nous venons de parler, il en est qui prennent dans les cellules une forme caractéristique. La plus remarquable est l'amidon. On sait que, pendant sa période de formation, l'albumen du Ricin est le siège d'un dépôt transitoire de grains d'amidon ; mais dans la graine mûre il n'en renferme pas et, dans les circonstances normales, il n'en acquiert pas non plus pendant la germination. Dans l'isolement où il est actuellement placé, au contraire, on voit au bout de quelques jours se déposer dans ses cellules une quantité de petits grains d'amidon, qui s'accroît pendant un certain temps ; de sorte que cet albumen, purement oléagineux et aleurique au début, tend à se transformer en albumen amylacé. Cette production d'amidon, dans un tissu privé de chlorophylle et sans connexion actuelle avec aucun tissu à chlorophylle, n'est pas sans intérêt au point de vue de la glycogénèse végétale. L'amidon n'est d'ailleurs pas le seul produit nouveau accessible à l'observation directe. Certaines cellules de l'albumen, éparses ou disposées par groupes à la surface ou dans la profondeur, développent une matière colorante rose, dissoute dans le suc cellulaire, et de même nature que celle qui, dans les conditions normales, colore les cellules épidermiques de la tigelle de l'embryon et des nervures de ses cotylédons.

« Je crois en avoir dit assez pour montrer que l'albumen du Ricin est un tissu doué d'une activité propre et comparable à celle de l'embryon lui-même, sommeillant comme l'embryon dans la graine mûre et réveillé comme lui et en même temps que lui par l'action combinée de l'eau, de l'air et de la chaleur. Cette activité se manifeste, comme dans l'embryon, par l'accroissement des cellules, par leur respiration, par la dissolution, la digestion intérieure des matériaux solides qu'elles tenaient en réserve, enfin par la production de composés nouveaux. On a prolongé six semaines durant cette germination libre de l'albumen, dans l'espoir que peut-être il s'y formerait à la fin de la chlorophylle, peut-être aussi des racines et des bourgeons adventifs; mais jusqu'ici cet espoir a été déçu.

« Par la dessiccation, on peut suspendre à volonté le cours de cette lente végétation et ramener l'albumen à l'état de sommeil où il était d'abord plongé. Les grains d'aleurone se reforment alors dans les cellules, de la périphérie au centre, mais en quantité d'autant moindre que la germination antérieure a duré plus longtemps. Replacé plus tard dans l'air humide et chaud, cet albumen redevient le siège de la série de phénomènes exposée plus haut.

« 2° *Albumens farineux et corné.* — Séparé de l'embryon et soumis aux conditions ordinaires de la germination, l'albumen amylacé de la Belle-de-Nuit (*Mirabilis longi-flora*) et du Balisier (*Canna aurantiaca*) n'a subi, même après plusieurs semaines, aucun changement sensible. Il ne s'accroît pas et l'amidon qui remplit ses cellules demeure inaltéré.

« Il en est de même de l'albumen cellulosique de l'Aucuba (*Aucuba japonica*) et du Dattier (*Phœnix dactylifera*), qui dans ces conditions conserve son aspect et sa structure. C'est essentiellement sous forme de cellulose, dans les épaississements des membranes cellulaires, que la matière de réserve est ici accumulée : ces membranes demeurent inaltérées.

« A la question proposée, cette première méthode apporte donc une solution différente suivant la nature de l'albumen considéré. S'il est charnu, c'est-à-dire essentiellement oléagineux et aleurique, il est actif et se digère lui-même : l'embryon n'a plus qu'à l'absorber. S'il est farineux ou corné, c'est-à-dire essentiellement amylacé ou cellulosique, ce qui, au fond, se ressemble beaucoup, il est passif, et l'embryon doit le digérer avant de l'absorber.

MARCHE DE LA DISSOLUTION DE L'ALBUMEN DANS LA GRAINE
ENTIÈRE, A LA GERMINATION

« 1° *Albumen charnu*. — L'albumen du Ricin, quand il est et demeure en relation avec l'embryon dans la graine entière, se comporte à la germination comme lorsqu'il est seul, à cette différence près, que son accroissement et ses transformations internes sont beaucoup plus rapides et qu'il ne s'y dépose pas d'amidon, différence qui s'explique aisément. La marche de la dissolution des substances solides y est donc simultanée ou, par une cause connue, légèrement centripète, et, d'après la remarque faite plus haut, cette marche atteste que la digestion des matériaux de réserve est opérée, non par l'embryon, mais par l'activité propre des cellules de l'albumen.

« 2° *Albumens farineux et corné*. — Pendant la germination d'une graine entière de Belle-de-Nuit ou de Balisier, l'albumen amylacé se comporte, au contraire, tout autrement que lorsqu'il est seul. L'amidon y est progressivement dissous, d'abord totalement dans la rangée de cellules qui bordent le cotylédon, puis totalement dans la rangée suivante, et ainsi de suite jusqu'aux cellules qui touchent le tégument. L'action digestive émane donc de l'embryon, sous forme d'une diastase produite par les cellules épidermiques.

« Quand germe une graine entière de Dattier, les cellules de l'albumen cellulosique qui touchent le cotylédon ont leur membrane de cellulose progressivement dissoute ; le produit liquide est absorbé par le cotylédon, qui s'accroît en même temps jusqu'à venir se placer au contact de l'assise suivante ; celle-ci se dissout totalement à son tour, le cotylédon s'accroît d'autant et ainsi de suite jusqu'à la couche cellulaire qui confine au tégument. L'action digestive émane donc encore de l'embryon, sous forme d'une diastase beaucoup plus énergique que la diastase qui dissout l'amidon.

« Par leur mode successif et centrifuge de dissolution dans la graine entière, les albumens amylacé et cellulosique se montrent donc entièrement passifs. Comme des expériences qui datent déjà de quelques années l'avaient établi d'une autre manière pour l'albumen amylacé, ils sont digérés par l'embryon et ensuite absorbés par lui.

« En résumé, les résultats obtenus par ces deux méthodes s'accordent à montrer que les deux modes de digestion indiqués comme possibles au début de cette Note, et entre lesquels nous avons cherché à décider par l'observation et l'expérience, se réalisent à la fois dans la nature. L'albumen oléagineux et aleurique est doué d'une activité propre, il se digère lui-même et l'embryon ne fait qu'absorber les produits de cette digestion intérieure : il lui est une nourrice. L'albumen amylacé et l'albumen cellulosique sont au contraire passifs ; ils sont digérés par l'embryon, chacun à sa manière, et les produits de cette digestion externe sont ensuite absorbés par lui : ils ne lui sont qu'une nourriture. » (PH. VAN TIEGHEM, *Comptes rendus des séances de l'Académie des sciences*, séance du 26 mars 1877.)

IV

L'ACTION DU FROID SUR LES VÉGÉTAUX

La vie d'une plante, comme celle de tout être organisé, n'est possible qu'entre des limites de température déterminées, et ces limites sont très variables suivant l'espèce.

D'un façon générale toutefois — si l'on excepte quelques végétaux des tropiques, — on peut admettre qu'une plante quelconque résiste toujours entre 1° et 35°, tant que la température reste au-dessus de zéro. Ce n'est guère qu'en dehors de ces températures que la résistance de chaque espèce devient différente.

La résistance variable des différentes plantes à 0° et au-dessous est, tout d'abord, un fait d'observation banale sur lequel il est à peine besoin d'insister.

Personne n'ignore que déjà, à 0°, pour peu que l'action de cette température se prolonge, les tubercules de pommes de terre se congèlent et meurent. Il en est de même pour les fèves, les concombres et un certain nombre de plantes méridionales. Par contre, jusque dans les régions les plus arctiques, on trouve des espèces qui supportent pendant des périodes, souvent de plusieurs mois, les froids les plus intenses. Dans le nord de la Sibérie, par exemple, à des latitudes de 72°, où la température descend au-dessous de 47° au-dessous de zéro, on rencontre encore, d'après Middendorf, des forêts de mélèzes, des bouleaux et des pins Cembra. Dans l'Amérique du Nord, sur les bords du Mackenzie, Richardson a de même observé, à des latitudes de 69°, différentes espèces de pins, d'aunes, de saules et de genévriers. Dix degrés plus haut, aux environs de la baie de Lady-Franklin, c'est-à-dire à moins de 200 lieues du pôle, les membres de l'expédition Greely ont recueilli, d'autre part, jusqu'à soixante espèces de phanérogames herbacées, parmi lesquelles la renoncule des neiges, le pavot à tige nue, le pissenlit, un certain nombre de saxifrages et une dizaine de graminées. Quant aux cryptogames inférieures, mousses, champignons et lichens — ces derniers surtout, — on sait que partout, en ces régions froides, ils ont des représentants nombreux, comme ils en ont également, malgré le froid continuel, dans les zones montagneuses dont l'altitude est bien supérieure au niveau moyen des neiges éternelles. Schlagintweit, à ce propos, cite des lichens trouvés sur des parois verticales de rochers à une hauteur de 4 500 mètres ; de Humboldt, de son côté, dit avoir recueilli de ces mêmes plantes à des hauteurs plus grandes encore, lors de son excursion célèbre de 1802, sur les derniers massifs trachytiques du Chimborasso. Il n'est pas jusqu'aux algues qui, bien que moins abondantes, ne puissent également se développer dans des conditions identiques : tel l'*Hæmatococcus pluvialis*, qui, en certains points des Alpes, forme sur la neige ces larges taches rouges, source de tant de légendes.

Si, par suite, à 0°, on peut déjà constater la mort de certaines plantes, il est impossible, en revanche, par la seule observation de la nature, de préciser à partir de quel degré toute végétation est rendue impossible, puisque dans les zones les plus froides de notre globe on rencontre encore des manifestations de la vie végétale.

L'expérience n'a guère donné, à cet égard, de meilleurs résultats que l'observation. Certaines graines, soumises à des températures artificiellement produites, plus basses que les précédentes, ont, dans la suite, germé comme des graines ordinaires; certaines cryptogames, traitées de façon analogue, ont repris ensuite à la chaleur leurs fonctions normales. La conclusion de ces premiers faits, c'est que la température limite qui tue inévitablement toute plante ou partie de plante reste encore à déterminer.

Mais il est juste d'ajouter que — les graines exceptées — les plantes susceptibles d'une pareille résistance se font de plus en plus rares à mesure qu'en s'abaissant la température s'éloigne davantage du point de congélation de l'eau. A partir d'un certain degré, les végétaux qui survivent appartiennent presque exclusivement aux cryptogames. Pour les phanérogames, celles qui ne meurent pas après un froid persistant de 30° au-dessous de zéro sont en nombre restreint. En dehors d'une certaine quantité de conifères, de quelques arbres comme le bouleau, de quelques arbustes comme le gui, et de plusieurs autres plantes herbacées telles que la pàquerette et le perce-neige, la plupart périssent à des températures variables suivant l'espèce, mais s'étageant entre les limites de 0° et de — 30°.

Les modifications qui peuvent survenir dans le végétal soumis à ces températures inférieures à 8°, soit qu'il meure, soit qu'il résiste, sont d'ordre physique, chimique ou physiologique. Nous examinerons, en premier lieu, les modifications physiques.

Si l'on ne considère que l'aspect extérieur de la plante, les modifications de cet ordre ne sont la plupart du temps visibles que sur les espèces herbacées, ou sur les organes charnus tels que les tubercules ou les fruits. Ces plantes ou ces organes deviennent durs et cassants, leur surface devient brillante, certains de leurs tissus acquièrent une sorte de transparence, comme s'ils étaient imbibés d'huile.

Chez les espèces ligneuses, pour que le froid amène des effets extérieurement apparents, il faut que la température s'abaisse jusqu'à — 15° et — 20°. Alors, parfois, l'arbre se fendille, avec un bruit souvent violent; des crevasses, ou, pour employer le terme propre, des *gélivures* apparaissent.

Ces crevasses ou gélivures sont de dimensions variables; il est rare, en tout cas, qu'en profondeur elles s'arrêtent à l'écorce; elles pénètrent d'ordinaire plus ou moins profondément dans le bois, quelquefois jusqu'au centre.

Jamais, du reste, elles n'apparaissent sur les arbres complètement sains; sur les autres, on les remarque toujours aux points où l'union des tissus s'est trouvée affaiblie par une blessure quelconque.

Parmi les différentes explications auxquelles a donné lieu leur formation, celle de Caspary semble la plus admissible. Elle est basée sur ce fait établi par l'expérience que le bois est très mauvais conducteur de la chaleur dans le sens horizontal. Les couches externes de l'arbre se refroidissent, par suite, bien plus rapidement que les couches internes; il en résulte que celles-ci conservent encore leur volume primitif alors que les premières se contractent, et il y a ainsi, dans l'arbre dont la température s'abaisse, un étirement périphérique supérieur à la contraction radiale. Supposons que, dans la zone périphérique qui se trouve étirée circulairement, il y ait un point de moindre résistance, une rupture en ce point devra inévitablement se produire; c'est ce qui a lieu chez l'arbre blessé. La gélivure résulte de l'inégal refroidissement des différentes couches du bois, dû à la mauvaise conductibilité de ce bois dans le sens horizontal.

Aux points où, sur le tronc, des crevasses se sont produites, on observe fréquemment, dans la suite, des protubérances plus ou moins volumineuses dans lesquelles s'enfoncent, en formant des anses concentriques, les couches annuelles ultérieures à l'apparition de la gélivure. La cause de ces protubérances est encore facile à établir.

Au printemps, quand tout froid a cessé, les deux lèvres de la gélivure se rapprochent; grâce à l'activité de la zone génératrice du bois et du liber la couche de l'année se ressoude au point de rupture, et le tissu de cicatrisation clôt l'extrémité de la crevasse. Si les hivers suivants sont peu rigoureux, cette fermeture persiste et se trouve même renforcée par la formation de toutes les nouvelles couches annuelles. L'arbre ne présente, dans ce cas, aucune protubérance visible. Mais si, au contraire, plusieurs hivers très froids se succèdent, les gélivures, qui sont naturellement les points les plus sensibles du tronc, se rouvrent chaque année, par rupture de la mince couche annuelle qui, depuis l'hiver précédent, les a refermées. Sous l'action de la rupture, les bords de cette couche se trouvent chaque fois légèrement rejetés vers l'extérieur. La zone de l'année suivante doit donc, en se refermant, décrire à cet endroit une courbe au-dessus de la zone précédente. Après un certain nombre de crevassements successifs, on conçoit que la convexité de cette courbe, s'accentuant de plus en plus, doive devenir visible extérieurement; c'est à ce moment qu'une protubérance est formée. Quand ensuite à la série d'hivers rigoureux succède une série d'hivers doux, les couches annuelles se superposent de nouveau régulièrement les unes au-dessus des autres, et la gélivure, fermée par un tissu qui s'épaissit sans cesse, ne se rouvre plus. La place n'en reste pas moins indiquée par la déformation qui persiste.

Les gélivures des plantes ligneuses, ainsi que la dureté et la transparence des tissus chez les plantes herbacées, sont, dans l'ordre physique, les effets les plus apparents du froid, et ceux qui, de l'extérieur, nous sont immédiatement visibles, mais ce ne sont pas les seuls. A l'intérieur des tissus un autre phénomène les accompagne, qui est, au surplus, la cause principale de l'aspect que présentent les plantes herbacées. Ce phénomène interne est la congélation, c'est-à-dire la transformation en glace d'une plus ou moins grande partie de l'eau de constitution du végétal.

Avant qu'un examen microscopique attentif eût été fait à ce sujet, c'était dans la science une opinion courante que l'eau de la cellule en congelant distend, par son augmentation de volume, les parois cellulaires et finalement déchire les tissus. Ce déchirement devait être, pensait-on, une des causes de la mort de la plante à la suite de la congélation. Il est aujourd'hui bien établi qu'une telle opinion, qui n'avait en somme rien d'invraisemblable, est absolument contraire à la réalité ; pendant le froid, non seulement le déchirement des tissus est relativement rare, mais en outre la cellule ne gèle jamais.

Lorsqu'on examine, en effet, sous le microscope, dans les conditions voulues, un organe quelconque en état de congélation, on constate aisément que les glaçons ne se trouvent pas dans la cellule, mais dans tous les espaces intercellulaires, méats ou lacunes, qu'offrent les tissus. C'est donc à l'extérieur des cellules que se déposent les cristaux de glace.

MM. Sachs et Prillieux expliquent ce dépôt de la façon suivante :

Sous l'influence du froid, la mince couche d'eau qui recouvre toujours la face externe de toute membrane cellulaire se congèle. Pour la remplacer, la membrane attire, par imbibition, une certaine quantité d'eau de la cellule ; mais cette eau, à son tour, est, dès sa sortie, congelée comme la précédente. L'attraction de l'eau nterne recommence, suivie d'une nouvelle congélation, et, au bout d'un certain temps, une partie plus ou moins grande de l'eau contenue dans la cellule est venue ainsi se déposer sur le côté externe de la membrane. Elle y forme, à ce moment, une couche plus ou moins épaisse de glace, constituée par la juxtaposition d'aiguilles prismatiques, perpendiculaires à la paroi.

En l'absence de toute lacune, ce dépôt se forme parfois entre deux cellules accolées, que la glace écarte peu à peu l'une de l'autre, à mesure que son volume s'accroît. En cette circonstance, des déchirures peuvent se produire entre les tissus, et les glaçons peuvent même venir faire saillie au dehors sous forme de lames ondulées, mais c'est là une exception.

Dans tous les cas, le liquide qui se congèle sur la face externe de la cellule est de l'eau à peu près pure. On sait que, de même, quand une solution de substances quelconques est soumise à la congélation, la partie solide formée ne renferme qu'une faible proportion des substances dissoutes.

La congélation du contenu cellulaire pendant le refroidissement de la plante est donc comparable à celle d'une solution quelconque, avec cette seule particularité que, dans la plante, l'eau qui se sépare doit, pour se transformer en glace, sortir de la cellule.

Ni cette formation de glace à l'extérieur des organes, ni la production de gélivures chez les espèces ligneuses ne permettent de rien préjuger sur l'état vital de la plante. Ces phénomènes physiques sont observables aussi bien chez les végétaux qui résistent que chez ceux qui périssent.

Il n'en est plus de même pour les modifications chimiques, que nous avons maintenant à passer en revue; non seulement celles-ci sont pour la plupart caractéristiques de la mort, mais certaines d'entre elles sont même à ranger parmi les causes directes de l'action mortelle du froid. Aussi leur examen et celui des phénomènes amenant ou accompagnant la mort ne forment-ils en somme qu'une seule et même étude.

La première question qui se pose alors est la suivante : à quel moment périt le végétal exposé aux basses températures?

Actuellement, cette question est encore assez mal résolue. Tandis que, d'après MM. Gœppert et Kunisch, la mort proviendrait de la congélation, d'autres auteurs, au contraire, avec MM. Sachs et Drude, pensent qu'elle dépend du dégel.

Cette dernière opinion, la plus généralement admise, est aussi celle qui, il faut le reconnaître, s'appuie sur le plus grand nombre de faits dûment constatés.

Un des principaux arguments donnés en sa faveur est le changement de coloration des tissus; ce phénomène symptomatique de la mort n'apparaît d'ordinaire qu'au moment où la glace commence à fondre.

En outre, on a fréquemment observé qu'après des degrés de froid égaux, un même organe peut continuer à vivre quand le dégel s'est fait lentement, tandis qu'il se désorganise si le dégel a été brusque. En ce dernier cas, il est bien nécessaire de conclure que la mort est la conséquence du dégel.

Est-ce à dire pourtant qu'il faille nier toute influence de la congélation même? Nous ne le croyons pas: car les faits précédents établissent bien, sans conteste, que le dégel peut parfois, suivant la façon dont il se produit, être la cause de la mort, mais ils ne prouvent pas, selon nous, que ce soit la seule. De la réalité, nettement démontrée, de certains phénomènes, les partisans de la théorie de Drude ont, à notre avis, trop rapidement conclu à la seule possibilité de ces phénomènes, à l'exclusion de toute autre. Et peut-être est-ce ici, comme trop souvent dans les discussions scientifiques, l'occasion d'appliquer aux théories émises (à celle du gel comme à

celle du dégel) le mot de Leibniz sur les doctrines philosophiques : « Elles sont vraies dans ce qu'elles affirment
et fausses dans ce qu'elles nient ». Il nous semble qu'on
peut le prouver en quelques mots.

On admet généralement que la mort de la plante pendant le dégel est due à une concentration anormale du
contenu cellulaire, à la suite d'une perte d'eau. Aussitôt
que la température remonte, tous ces glaçons que nous
avons vus se déposer sur les parois cellulaires externes
se liquéfient, et l'eau sortie de la cellule s'écoule entre les
tissus, pour venir, plus ou moins abondante, ruisseler à
la surface des organes. Si le dégel est lent, cette quantité
d'eau qui vient s'écouler au dehors est, à vrai dire, assez
faible ; la plus grande partie rentre dans la cellule d'où
elle provient et y rétablit les rapports primordiaux du
contenu cellulaire ; la plante n'éprouve aucun dommage.
Mais si, au contraire, le dégel est très rapide, l'eau quitte
presque en totalité les tissus avant que ceux-ci aient eu
le temps de la réabsorber, et c'est dans ce cas que la
plante meurt, ni le protoplasme ni la membrane ne pouvant reprendre leur état d'imbibition primitif.

La mort pendant le dégel est ainsi le résultat d'un
changement de constitution du contenu cellulaire.

Or, avant le dégel, pendant la congélation même, des
phénomènes analogues peuvent déjà se produire, car, par
lui-même, l'abaissement de température provoque souvent, soit dans les solutions, soit chez les corps non dissous, des modifications importantes et durables.

Lorsqu'on détermine, par exemple, le gel, puis le
dégel de l'empois d'amidon ou de l'albumine, on voit la
masse, primitivement homogène, se transformer en une
masse spongieuse par les pores de laquelle s'écoule une
grande quantité d'eau. Rüdorf, d'autre part, a constaté
que, dans une solution qui se congèle, au fur et à mesure
que cette solution se concentre, de nouvelles combinaisons chimiques prennent naissance.

Que, sous l'action des mêmes causes, les mêmes phénomènes, comme c'est évidemment à admettre, aient lieu dans la cellule, on conçoit qu'à un moment donné les modifications pourront être telles qu'elles amèneront des résultats semblables à ceux que produisent les changements chimiques dus au dégel rapide. Et, en fait, il n'est pas douteux qu'après certains degrés de froid, beaucoup de végétaux périssent inévitablement, quelle que soit la façon dont le dégel s'opère.

Peut-être se demandera-t-on pourquoi, en ce cas, les changements de coloration, signes manifestes de la mort, n'apparaissent pas pendant la congélation. Cela peut tenir vraisemblablement à ce que les basses températures ne sont pas favorables aux réactions particulières amenant ces changements, ou encore à ce que les combinaisons chimiques nouvelles n'exercent véritablement leur effet nuisible qu'au moment où la cellule se retrouve dans des conditions de vie plus active ; auquel cas il n'en resterait pas moins vrai que la mort date réellement de la période de congélation.

La plante, aux basses températures, pourrait ainsi, à notre avis, périr, suivant les circonstances, soit pendant le gel, soit pendant le dégel ; et, pour résumer nos idées à ce sujet, nous conclurions volontiers :

Il est, pour chaque plante, une limite inférieure de température à laquelle, sous l'action du refroidissement même ou de la concentration cellulaire résultant de la congélation, certaines combinaisons chimiques nouvelles se forment, qui, plus ou moins définitives, entraînent la mort de la cellule. La mort, en cette circonstance, est due à la congélation. Toutefois, alors même que cette température critique n'est pas atteinte, la plante peut encore périr, lorsque le dégel qui suit la congélation est trop rapide ; car, l'eau s'écoulant au dehors avant que la cellule ait eu le temps de la réabsorber, protoplasme et suc cellulaire restent en un état d'organisation moléculaire anormale, dans lequel les fonctions ne peuvent se rétablir. Dans ce dernier cas — peut-être au reste le plus fréquent, — la mort survient pendant le dégel.

Il importe néanmoins de remarquer que, dans la conclusion ainsi formulée, on ne considère que le cas où, du moins pendant une certaine période, les deux phénomènes du gel et du dégel ne se sont produits qu'une seule fois; or, dans la nature, une seconde circonstance est possible, à savoir une succession répétée de gels et de dégels alternatifs.

Pour se rendre compte expérimentalement de l'influence particulière que peut exercer une telle alternance, M. Gœppert a placé, à de simples températures de — 5°, des plantes qui, comme le séneçon, le mouron, le chou, la giroflée, supportent d'ordinaire assez facilement des froids de 12° et de 15° au-dessous de 0°. Au bout d'un certain temps d'exposition à — 5°, ces plantes ont été dégelées à + 18°, puis, ensuite, replacées à — 5°, de nouveau dégelées, et ainsi, un certain nombre de fois, tour à tour transportées à des températures inférieures et supérieures au point de congélation. Or, après les premiers dégels, les plantes ont continué à vivre, mais elles sont mortes après le cinquième.

D'où cette loi posée par M. Gœppert : à la suite de gels et de dégels répétés, des végétaux périssent qui, sous l'action d'un froid unique, même prolongé, auraient résisté à des températures bien plus basses.

Quelques faits d'observation viennent confirmer et compléter ces faits d'expérience. C'est ainsi, par exemple, que les désastres causés par l'hiver de 1879-1880 dans la forêt de Fontainebleau, où plus de 500 000 stères de bois périrent, doivent être, en toute évidence, attribués surtout à cette alternance de hautes et de basses températures. Cela ressort nettement des observations de M. Croizette-Desnoyers.

D'après ces observations, l'hiver de 1879 s'est divisé à

Fontainebleau en deux périodes bien distinctes : une période de froid continu, du 1er au 28 décembre, pendant laquelle la température moyenne fut de — 14°; en second lieu, une période comprenant les mois de janvier et de février, au cours de laquelle la température s'éleva souvent, le jour, bien au-dessus de 0°, pour redescendre, la nuit, jusqu'à — 5° et 8°.

Si basse qu'elle soit, la température de la première période ne suffit évidemment pas pour expliquer l'étendue des dommages causés, car elle est encore supérieure à celle que peuvent ordinairement supporter les arbres qui ont péri. La cause principale du mal réside donc dans la seconde période, c'est-à-dire dans l'alternance presque quotidienne de gels et de dégels qui la caractérise.

Quant au mode d'action d'une pareille alternance sur la vie de la plante, il n'est pas douteux qu'il est, de tous points, comparable à celui d'un dégel brusque. Si, pendant un dégel lent, la quantité d'eau qui s'écoule sans être reprise par la cellule est négligeable, elle ne l'est plus quand ce dégel, si lent qu'il soit, s'est répété plusieurs fois de suite. Plusieurs dégels successifs ont ainsi le même résultat qu'un dégel rapide; la plante perd une grande partie de son eau de constitution, et, dans un cas comme dans l'autre, il en résulte une concentration anormale du protoplasme et une désorganisation de sa substance.

Un gel trop intense, un dégel trop rapide, une série trop prolongée de gels et de dégels successifs, telles sont, par suite, en définitive, les trois circonstances dans lesquelles meurt la plante exposée aux basses températures. Ces trois circonstances sont les causes occasionnelles qui amènent dans la cellule les modifications chimiques et moléculaires, cause immédiate de la mort.

Les indices auxquels on reconnaît de suite cette mort sont ceux qu'on observe chez tous les végétaux tués par une cause quelconque. Le protoplasme perdant son imperméabilité, toute turgescence disparaît et l'eau s'échappe des tissus sous la moindre pression. En même temps, les différentes parties du contenu cellulaire, primitivement séparées, se mélangent. Aussitôt, sous l'influence de l'acidité du suc cellulaire qui se répand à travers le protoplasme granuleux alcalin, certaines substances qui se trouvaient dans ce dernier se transforment : c'est ainsi, probablement, que s'explique en particulier la production de sucre, aux dépens de l'amidon, dans les tubercules de pomme de terre congelés.

Tout le monde sait l'odeur désagréable que dégagent beaucoup de crucifères, les choux par exemple, tués par le froid ; un mélange s'est ici formé non seulement entre les différentes parties d'une même cellule, mais entre cellules voisines, et des essences sulfurées ont pris naissance. (JUMELLE, *Revue scientifique*, du 26 mars 1892.)

V

V

L'ASSIMILATION AUX BASSES TEMPÉRATURES

Tandis que ces divers phénomènes, causes ou conséquences de la mort, se produisent chez les végétaux incapables de résister aux basses températures, les espèces qui, au contraire, survivent, sont le siège de modifications d'un autre ordre, auxquelles nous avons déjà fait allusion sous le nom de modifications physiologiques. Ces modifications portent essentiellement sur les fonctions qui caractérisent et rendent manifeste la vie végétale : la respiration chez les plantes sans chlorophylle, la respiration et l'assimilation chez les plantes vertes.

On sait qu'en ce qui concerne l'intensité si variable de ces fonctions, la vie végétale peut présenter un cas extrême : celui où elles s'affaiblissent au point que la plante placée dans une atmosphère confinée n'apporte pas, même après un temps relativement prolongé, le moindre changement sensible dans la composition de cette atmosphère.

Le végétal est en cet état qu'on a défini sous le nom de *vie latente*, il offre les apparences de la mort, tout en restant cependant susceptible de revenir à la *vie manifestée*, aussitôt que certaines circonstances réapparaissent.

Or cet état de vie latente semble être précisément celui dans lequel se trouvent le plus souvent les cryptogames très résistantes, telles que lichens et mousses, lorsqu'elles sont exposées aux basses températures.

Si, en effet, après une période, même courte, de froid, on arrache du substratum sur lequel ils poussent, sol, roche, tronc d'arbre, quelques-uns de ces végétaux, et si on les place aussitôt, toutes conditions égales d'ailleurs, dans une atmosphère confinée, on ne constate entre ces plantes et le milieu aucun échange gazeux. Pourtant, qu'à quelques jours de là, le dégel survienne, d'autres échantillons des mêmes espèces, pris aux mêmes endroits, présenteront des phénomènes tout différents; il y aura, alors, dans l'atmosphère confinée où on les placera : si c'est à l'obscurité, une absorption d'oxygène et une augmentation d'acide carbonique; si c'est à la lumière, une diminution d'acide carbonique et un rejet d'oxygène. L'état primitif n'était donc qu'un état passager de mort apparente. De nombreuses expériences analogues nous ont permis personnellement de nous rendre compte qu'un tel résultat est, au reste, des plus généraux.

Mais cet état de vie latente est-il un cas seulement très général ou l'unique cas possible? En d'autres termes, dans le règne végétal, la vie manifestée est-elle toujours et nécessairement suspendue au-dessous d'un certain degré de froid, ou ne l'est-elle que dans des circonstances déterminées et pour certains végétaux? La question ne manque assurément pas d'intérêt au point de vue de la biologie générale; elle est cependant restée long-temps sans solution, et ce n'est que tout récemment que nous avons eu nous-même l'occasion d'entreprendre sur ce point toute une série d'expériences et d'observations, que nous allons rapidement résumer.

Dans nos recherches, nous nous sommes surtout préoc-cupé d'établir les causes précises qui, pendant le froid, provoquent l'état de vie latente. Ces causes étant connues, il sera facile, comme nous le verrons et comme on peut le pressentir, de répondre d'une façon certaine et complète à la question précédente.

Parmi les causes pouvant amener directement l'arrêt des fonctions, la première qui se présente tout naturellement à l'esprit est l'abaissement même de température. Il n'y a pas le moindre doute, en effet, que l'intensité de la respiration s'affaiblit rapidement à mesure que la température descend ; et, pour l'assimilation, les quelques recherches faites jusqu'alors sembleraient indiquer qu'il en est de même. D'après Cloëz et Gratiolet, la décomposition de l'acide carbonique cesserait déjà au-dessous de 10° chez le potamot, et au-dessous de 6° chez la vallisnérie ; Boussingault, de son côté, paraît signaler comme des cas exceptionnels l'assimilation de certaines graminées qui commence à 1°,5 et celle des feuilles de mélèze qu'il a observée à 0°,5. Il paraît donc inutile de chercher ailleurs que dans l'action du froid la cause de l'état particulier des lichens et des mousses pendant l'hiver.

L'expérience suivante montre pourtant qu'en réalité cette explication ne suffit pas ou que, tout au moins, à côté de la cause précédente, il en est une seconde plus influente.

Comme précédemment, on arrache du sol, pendant une période de froid, différentes espèces de cryptogames, et on les transporte encore dans une atmosphère confinée dont on détermine, à différents moments, la composition. Mais ici, au lieu de laisser les végétaux à la température extérieure, on les place dans les conditions de chaleur (15° à 20°) qui sont les plus favorables à la végétation et aux échanges gazeux. Or, pas plus que précédemment, on ne peut observer, même après un long temps, le moindre changement de composition de l'atmosphère. Ce changement ne se produit que dans un cas : celui où, au préalable, mousses ou lichens ont été imbibés d'eau.

Alors cette dernière constatation attire de suite l'attention sur cette particularité bien connue que présentent en général pendant les froids de l'hiver la plupart des cryptogames inférieures, à savoir une dessiccation plus ou moins complète; et, après l'expérience qui précède, il ne peut rester de doute sur l'influence directe d'une pareille dessiccation. Puisque, aussitôt qu'elle cesse, et dans ce cas seulement, les échanges gazeux réapparaissent, elle est la cause influente cherchée de l'état de vie latente. Le froid n'amène cet état qu'indirectement, en la produisant.

On pourrait objecter, il est vrai, en rappelant les recherches que nous avons tout à l'heure citées, que le froid aurait peut-être pu, par lui-même, indépendamment de la dessiccation qui l'accompagne, produire, en somme, le même résultat. A ce point de vue, il devenait intéressant d'examiner comment, dans les mêmes conditions de température, se comportent les mêmes végétaux, quand on élimine cette cause prédominante de leur vie latente, la dessiccation. Ajoutons que les expériences faites en ce sens offrent un intérêt d'autant plus grand, qu'on peut prévoir des cas nombreux où, dans la nature, un fait semblable doit se produire, où, par suite de circonstances particulières, la plante est exposée à supporter de basses températures tout en restant imbibée d'eau.

Ce n'est pas ici le lieu d'entrer dans le détail des procédés par nous suivis pour réaliser ces conditions et observer les phénomènes qui en résultent. Il nous suffira de dire que nous avons eu successivement recours à deux appareils différents. Dans une première série de recherches, nous avons employé, avec quelques modifications nécessitées par le but spécial que nous poursuivions, l'appareil connu dont se servaient MM. Drion et Loir pour congeler le mercure, au moyen de l'évaporation de l'acide sulfureux liquide. Une seconde série de recherches a été faite ensuite avec le cryogène, un appareil tout récemment imaginé par M. Cailletet, et dans lequel le froid est obtenu par la détente de l'acide carbonique solide; la température peut s'y abaisser à l'obscurité, jusqu'à 80°, et, au soleil, jusqu'à 40° et 50° au-dessous de zéro.

Dans un cas comme dans l'autre, la méthode a consisté à déterminer les changements de composition que fait subir à une atmosphère confinée, en présence ou en l'absence de la lumière, une plante susceptible de résister, et soumise à la température de ces appareils. Les résultats ont toujours été concordants.

Jamais, quel que fût l'état préalable d'imbibition de la plante, nous n'avons pu, à l'obscurité, constater d'échange gazeux respiratoire, à partir du moment où la température descendait au-dessous de — 10° environ.

Au soleil, au contraire, nous avons, à maintes reprises, observé dans l'atmosphère où se trouvait la plante une diminution appréciable d'acide carbonique, accompagnée d'une augmentation correspondante d'oxygène. La température était alors de — 40°, et la plante avait l'aspect ordinaire des végétaux congelés : les feuilles de conifères étaient raides et cassantes; les cryptogames, mouillées au début de l'expérience, avaient la dureté de blocs de glace. Ainsi se sont comportés, par exemple, des conifères tels que l'épicéa et le genévrier; un lichen, l'*Evernia Prunastri*; une mousse, le *Polytrichum juniperinum*.

Tandis donc que la respiration disparaît toujours rapidement aux basses températures, il est, par contre, des circonstances possibles dans lesquelles l'assimilation se poursuit pendant les froids les plus intenses, bien au delà des limites que pouvaient faire concevoir les observations de Boussingault ou celles de Cloëz et Gratiolet.

A première vue, cette continuation du phénomène assimilatoire doit d'autant plus étonner que, comme nous l'avons vu, les différentes fonctions, pour se manifester, nécessitent la présence dans les tissus d'une certaine quantité d'eau libre. Puisque la décomposition de l'acide carbonique persiste à — 40°, il faut donc en conclure que toute l'eau de la plante n'est pas encore congelée à cette température. Cela peut paraître invraisemblable; pourtant, sans fournir pour le moment une explication complète et définitive, on peut tout au moins rappeler que, dans ce phénomène de la congélation des tissus, deux faits sont à considérer : l'eau est, dans la cellule, à l'état de solution et, en même temps, elle est, par capillarité, retenue à l'état d'eau d'imbibition dans les pores intermoléculaires de la membrane et du protoplasme. Chacune de ces deux circonstances suffit à elle seule pour abaisser notablement le point de congélation; et c'est même là la raison pour laquelle la glace ne se forme que rarement dans la plante à 0°, mais bien plus souvent à une température inférieure.

Sous ces deux influences réunies, il n'est pas impossible qu'il reste jusqu'à des températures excessivement basses une dernière petite quantité d'eau libre. Et cette supposition semblera encore plus admissible, si l'on veut bien réfléchir qu'il s'agit, dans tout ce qui précède, de la température extérieure, et que la température interne, difficilement déterminable, peut n'être pas tout à fait aussi basse. Il ne faut pas non plus oublier ce fait bien connu, que les rayons calorifiques, quand ils pénètrent à l'intérieur d'un morceau de glace sur une bulle d'air ou sur des corps solides refroidis, échauffent et liquéfient la glace environnante. Pareil phénomène peut évidemment se produire dans les tissus congelés soumis à une température de — 40°, mais recevant les rayons solaires.

Quelle que soit, de toutes ces causes, celle qui exerce l'action prédominante, le fait, en tout cas, n'en reste pas moins en lui-même bien établi par l'expérience, et c'est ce qui importe le plus : dans une atmosphère dont la température s'abaisse jusqu'à — 40°, les plantes qui résistent peuvent continuer à assimiler à la lumière le carbone de l'air.

Par ce résultat, le problème biologique posé plus haut

se trouve résolu; car l'on comprend maintenant ce qui, dans la nature, se produit ou peut se produire, relativement à la vie végétale aux basses températures.

Les faits, en résumé, sont les suivants :

A mesure que la température s'abaisse, les végétaux, de plus en plus rares, qui sont susceptibles de résister, passent pour la plupart en cet état de mort apparente, où les fonctions sont presque complètement suspendues, et qu'on définit sous le nom de vie latente. Mais cet état est dû, moins à l'abaissement de température qu'à la dessiccation qui, chez les cryptogames en particulier, accompagne le plus souvent le refroidissement. Que, par suite, des circonstances particulières se présentent qui empêchent cette dessiccation; que la plante se trouve bien abritée, par exemple, la vie, tout en se ralentissant, pourra rester manifeste. Si la température est supérieure à — 10°, le végétal, en ce cas, continuera à respirer et à assimiler; si elle devient inférieure, la respiration cessera, mais l'assimilation persistera, souvent sensible encore par des froids intenses de 40° au-dessous de zéro.

Ajoutons que cet état de vie simplement ralentie, qui paraît être un fait exceptionnel lorsqu'il s'agit des cryptogames, est peut-être, par contre, le cas le plus fréquent chez les conifères. Ces dernières plantes, en effet, ne perdent pas aussi facilement que les premières l'eau que leurs cellules renferment. Sachs, à la vérité, a montré qu'un des effets du froid est de diminuer le pouvoir absorbant des racines, ce qui empêcherait l'eau de pénétrer dans la tige et les feuilles en quantité assez grande pour compenser les pertes dues, d'autre part, à la transpiration. Mais il y a là une tendance au desséchement, plutôt qu'un desséchement réel, et, selon toute apparence, il reste toujours une certaine proportion d'eau de constitution. A un degré plus ou moins affaibli, l'assimilation, chez ces plantes, persiste donc probablement même pen-

dant les plus grands froids, dans les conditions ordinaires que présente la nature.

La persistance possible de la vie végétale en tant que
vie manifestée — au moins dans l'une de ses fonctions
— jusqu'aux plus basses températures, entraine la faus-
seté d'une opinion courante et enseignée. On admet communément qu'il est pour la plante deux limites de température, l'une inférieure et l'autre supérieure, à partir
desquelles cette plante ne meurt pas encore, mais passe
à cet état, intermédiaire entre la vie et la mort, qui est
l'état de vie latente. Il est facile de se convaincre maintenant qu'une telle opinion n'est pas conforme à la réalité.
Pour les raisons que nous avons indiquées, la vie latente
accompagne souvent, il est vrai, l'abaissement de température, mais il faut voir là une coïncidence fréquente
et non nécessaire. Que la plante périsse sous l'action de la
chaleur ou du froid, la vie latente n'est, en quelque sorte,
qu'incidemment l'état intermédiaire entre la vie manifestée et la mort. Ce qu'il est seulement toujours permis
de dire, c'est que, lorsque l'élévation ou l'abaissement de
température dépassent certaines limites, la vie se ralentit,
plusieurs fonctions s'arrêtant même souvent complètement. Mais il y a deux de ces fonctions qui peuvent
continuer à s'exercer : aux hautes températures, la respiration; aux basses, l'assimilation. Et cette persistance
possible de l'une ou de l'autre ne permet pas de considérer
théoriquement comme bien fréquent le cas où la plante
soumise à une trop grande chaleur ou à un trop grand
froid doit, avant que la mort survienne, passer nécessairement par l'état de vie latente. Comme exemple à prévoir en ce sens, peut-être ne peut-on guère citer que celui
des végétaux sans chlorophylle, tels que les champignons.
Pour ces végétaux seuls, on conçoit de suite qu'au-dessous
d'une certaine limite, et même lorsqu'ils sont imbibés
d'eau, toute fonction doit être suspendue, puisque la
seule qui pourrait alors se manifester, l'assimilation,

n'existe pas. C'est là un des cas exceptionnels où la vie
latente, aux basses températures, dépend directement du
froid, bien plus que de la dessiccation.

On a pu remarquer que jusqu'alors nous avons toujours
paru considérer les phénomènes que nous avons décrits
comme le résultat exclusif d'un seul facteur : le refroidissement de l'atmosphère entourant la plante. En réalité,
ce facteur est la cause essentielle des différentes modifications signalées; concurremment à lui, cependant,
d'autre faits ou phénomènes se produisent parfois, qui,
pour leur part, contribuent aussi à la mort de la plante,
et dont il nous faut, en terminant, dire quelques mots.
Ces quelques mots sont d'autant plus nécessaires qu'ils
fourniront l'explication de faits qu'on observe assez
fréquemment dans la nature, et qui pourraient paraître en
contradiction avec quelques-unes des conclusions énon-
cées plus haut. C'est ainsi, par exemple, qu'il n'est pas
rare de voir certaines plantes périr alors que la température ambiante est restée supérieure à celle qui, seule, est
d'ordinaire mortelle pour cette espèce, et alors qu'il n'y
a eu, non plus, ni dégel rapide, ni gels et dégels successifs. On se rappelle que ce sont les trois causes qui peuvent amener la mort du végétal à la suite du refroidissement de l'atmosphère.

Lorsqu'aucun de ces trois cas généraux ne se présente,
et que pourtant la plante meurt, on doit en conclure que
d'autres circonstances éventuelles sont venues ajouter
leur action à celle de ce refroidissement.

La première dont il faut tenir compte est la teneur en
eau du végétal. Si l'abondance d'eau dans les tissus est,
en effet, la condition la plus favorable pour la continuation des échanges gazeux, les expériences nombreuses de
différents auteurs ont depuis longtemps montré qu'elle
est, par contre, une des conditions les plus défavorables
pour la résistance au froid. Des graines sèches supportent des températures beaucoup plus basses que les

mêmes graines gonflées d'eau ; et une plante quelconque, à un moment donné, survit à un degré de froid auquel, dans la suite, elle périt parce qu'elle se trouve alors dans une autre phase de végétation où la proportion de son eau de constitution a augmenté. Ce dernier cas, pour n'en citer qu'un exemple, est celui des bourgeons des plantes ligneuses : presque secs pendant l'hiver, ces bourgeons résistent à des froids intenses, tandis qu'au printemps leurs jeunes feuilles gorgées d'eau meurent déjà après une faible gelée.

Pour comprendre l'influence nuisible qu'exerce ainsi une forte teneur en eau, il suffit de se rappeler quelques-unes des explications que nous avons eu l'occasion de donner au cours de cet article. Nous avons vu que la mort de la plante, pendant la congélation, a pour cause directe une désorganisation de la structure primordiale du protoplasme, à la suite de la sortie de l'eau de consti-tution de la cellule. Ceci admis, plus une cellule sera primitivement pauvre en eau, ou — ce qui revient au même — plus la solution cellulaire sera concentrée, plus la température devra être basse pour amener la sépara-tion de l'eau de cette solution. La destruction de la struc-ture protoplasmique chez les organes relativement secs n'aura lieu alors que par un froid très intense. Inverse-ment, plus la structure protoplasmique normale néces-sitera une grande quantité d'eau, plus la désorganisa-tion du contenu cellulaire se produira facilement à une température encore élevée, car il suffira d'un froid très faible pour amener dans la solution cellulaire ainsi diluée la congélation, et, par suite, la perte d'une partie de cette eau indispensable à sa constitution.

La conclusion de cette explication est que des plantes qui, comme les cryptogames, se dessèchent sans que cette perte d'eau entraîne la désorganisation moléculaire, devront être les plantes résistantes par excellence ; même humides, ces espèces devront supporter les basses températures, puisque l'eau, sortie de leurs cellules pendant la congélation, n'est pas nécessaire à leur constitution. En fait, nos expériences décrites plus haut démontrent bien qu'il en est ainsi; malgré l'eau que renfermaient leurs tissus pendant la congélation, lichens et mousses ont continué à assimiler, c'est-à-dire à vivre. L'influence nulle de l'eau sur le degré de résistance du végétal, dans le cas particulier où ce végétal est une cryptogame qui, normalement, supporte la dessiccation, prouve ainsi la justesse de l'explication précédente en même temps que celle-ci nous donne la raison de cette exception.

Indépendamment de la plus ou moins grande quantité d'eau, les autres circonstances qui, concomitantes du refroidissement de l'atmosphère, peuvent, de même, faire périr la plante avant que le froid extérieur ait atteint le degré d'ordinaire mortel, sont la transpiration et le rayonnement. Ces deux nouveaux facteurs ont entre eux un point commun: l'un et l'autre aboutissent à un même effet qui est de produire dans les tissus une température inférieure à celle du milieu. La plante meurt quand, sous l'action de ces deux causes, isolées ou réunies, sa température descend jusqu'à la limite critique.

La transpiration agit comme toute évaporation d'un liquide quelconque, qui est toujours accompagnée d'une perte de chaleur pour le milieu. Il est vraisemblable, d'ailleurs, que son influence, tant qu'elle s'exerce seule, n'est jamais bien grande.

L'action du rayonnement, au contraire, est considérable. Lorsque, pendant les nuits où l'air est calme et le ciel sans nuages, la surface du sol et les corps qui la recouvrent rayonnent vers les espaces célestes où le froid est intense, la perte de chaleur que ces corps subissent abaisse parfois leur température jusqu'à 7° et 8° au-dessous de celle de l'air. Dans ces conditions, la plante atteint rapidement le degré auquel elle périt.

C'est ce qui n'a lieu que trop fréquemment, au printemps, pour les cultures de tous genres. Les plantes, à ce moment gorgées d'eau par la reprise de la végétation, sont déjà dans un état où un froid relativement faible suffit pour les tuer ; une matinée claire, en favorisant le rayonnement, amène bien vite le refroidissement voulu. Plantules, jeunes pousses et fleurs meurent ainsi à une température extérieure encore assez élevée, tandis qu'elles auraient résisté à une température bien plus basse si, pendant la nuit et la matinée, le ciel avait été couvert ou l'air agité.

Les causes de leur mort sont à la fois les trois circonstances que nous venons d'examiner.

Si, maintenant, nous réunissons ces dernières données à quelques-unes de celles fournies plus haut, nous pouvons nous former une idée générale et complète du mode d'action exercée par le froid sur la plante, dans le cas où cette action est mortelle.

La plante meurt, soit pendant le gel, soit pendant le dégel, soit après une série de gels et de dégels successifs. En ces trois circonstances, la cause directe de la mort est une désorganisation moléculaire du protoplasme, résultant d'une perte d'eau de constitution due à la congélation. La mort est d'autant plus rapide et a lieu à une température d'autant plus élevée que le végétal se trouve, par sa nature ou par la phase de végétation qu'il traverse, dans des conditions où la proportion d'eau de ses cellules est plus grande. Quant au refroidissement propre de la plante, qui amène la congélation, il se produit, soit sous l'action exclusive de ce refroidissement de l'atmosphère, soit sous cette action combinée à celle de deux autres phénomènes, la transpiration et le rayonnement.

Il suit de là qu'une plante quelconque se refroidira d'autant moins et résistera d'autant mieux qu'elle sera à la fois protégée, non seulement contre l'abaissement de température, mais encore contre cette transpiration et ce rayonnement.

Ceci nous donne la raison pour laquelle, à températures égales, les mêmes espèces de végétaux résistent souvent différemment en des régions voisines. La différence tient à la présence ou à l'absence, dans le voisinage de la plante, de corps quelconques tels qu'un mur, une haie ou un arbre élevé. Pendant les nuits et les matinées claires, ces corps, même placés à distance, servent au végétal d'écrans protecteurs et, en masquant plus ou moins le ciel, affaiblissent le rayonnement vers l'espace. Les espaliers jouent un rôle analogue à l'égard des arbres qu'ils supportent; et les paillassons et les toiles qu'on étend au printemps, dans les jardins ou dans les vignes, n'ont pas d'autre effet.

C'est, de même, en empêchant le refroidissement de la terre et des plantes, que, dans certaines contrées, on préserve les cultures, pendant les matinées claires, en brûlant des substances qui, comme la paille mouillée, le goudron de houille, les résines, donnent une fumée épaisse. Le procédé n'est pas nouveau; Olivier de Serres le préconisait dès 1669, et les Incas, si l'on en croit Boussingault, l'employaient de temps immémorial. Il n'en est pas moins un des plus efficaces qu'on emploie encore actuellement, en différentes régions, pour protéger les vignes et les oliviers. La fumée ainsi produite supplée en partie aux nuages absents et, comme ceux-ci, empêche la terre de se refroidir en interceptant tout rayonnement vers les espaces célestes.

Pour les plantes herbacées, la meilleure protection, entre toutes, est celle que fournit la neige. Conduisant mal la chaleur, la neige sert à la fois de couverture et d'écran. Boussingault a reconnu qu'une couche épaisse d'un décimètre a suffi pour préserver de l'action du froid un sol ensemencé de blé. La température, dans ce sol, s'est maintenue à 3° au-dessous de zéro, tandis que, pendant des nuits où l'air était calme et le ciel sans nuages, elle aurait pu descendre jusqu'à — 12°. Les différences sont quelquefois encore plus grandes.

C'est pourquoi les hivers les plus désastreux pour nos récoltes ne sont pas toujours, comme tout le monde le sait, les plus rigoureux, mais ceux où la neige est tombée le moins abondamment. La terre, ne se trouvant alors protégée ni contre la température extérieure ni contre le rayonnement, se refroidit de plus en plus profondément, et les plantes, au début de leur végétation, sont saisies par le froid qui les tue. Nous n'en avons eu qu'un trop probant exemple pendant l'avant-dernier hiver de 1890-1891. (JUMELLE, *Revue scientifique*, du 26 mars 1892.)

VI

DU ROLE DE L'ANATOMIE DANS
LA CLASSIFICATION

On distingue ordinairement les espèces de plantes les unes
des autres par des caractères tirés de la forme de la fleur. Les
caractères anatomiques sont peu employés: il y a cependant
des cas où ils peuvent être utiles et servir à distinguer facilement des espèces très difficiles à caractériser si l'on se contente d'examiner l'extérieur de la plante. Duval-Jouve dont on
va lire un article est un des premiers botanistes qui ait utilisé
les caractères anatomiques pour la classification.

« La connaissance des espèces et de leurs rapports
naturels est ce qu'il y a de plus certain, de moins variable
et de plus utile dans la botanique. »

Assurément personne aujourd'hui n'oserait écrire cette
proposition, dans laquelle, il y a plus d'un siècle,
Lamarck résumait son article Espèce du *Dictionnaire
encyclopédique*. Mais bien que la notion d'espèce soit
loin d'avoir, de nos jours, un sens rigoureusement déterminé et accepté de tous, il faut cependant s'occuper des
espèces, nommer et décrire ce qui nous paraît différent;
car, en définitive, il faut s'entendre et savoir de quoi l'on
parle.

Assez généralement on paraît s'accorder à dire de

l'espèce, avec A.-L. de Jussieu, qu'elle est l'ensemble des individus qui se ressemblent plus entre eux qu'à tout autre et peuvent donner naissance par génération à des individus semblables à eux; mais aussitôt après on se divise, et les opinions divergent en trois sens principaux. Les uns, admettant l'évolution incessante des modes sous lesquels se manifeste la vie, voient dans chaque espèce, non un type originairement distinct par une existence propre, mais un degré de la série plus ou moins séparé des autres par les lacunes qui ont pu se produire. D'autres, tout en attribuant aux types spécifiques une diversité originelle, fixe et permanente, les regardent comme pouvant, dans des conditions différentes, subir des modifications d'une importance secondaire. D'autres enfin, s'appuyant sur des idées de métaphysique et de tradition, proclament l'invariabilité *absolue* de types immuables, émanant d'un acte spécial et arrêté qu'ils appellent la création. Or, pour les uns comme pour les autres,

Nomina si nescis, perit et cognitio rerum,

et il est nécessaire de nommer les types divers qui sont l'objet de leurs études. Que pour les derniers il soit indispensable de reconnaître et de déterminer les espèces actuelles, cela est tout d'abord évident; mais pour les premiers la même nécessité est plus impérieuse encore, puisque, s'il est permis d'espérer que l'on arrivera à constater quelques-uns des degrés de l'évolution vitale, on ne le pourra qu'en décrivant exactement les formes de chaque temps et de chaque lieu, afin de pouvoir reconnaître avec quelque certitude les changements qu'amèneront les temps ou les milieux.

Or, jusqu'à ce jour, pour établir les espèces végétales et constater leurs rapports, on ne s'est guère appuyé que sur l'observation des formes extérieures; c'est là aussi qu'on cherchait les ressemblances qui devaient être transmissibles par descendance. Dans les Traités les plus justement accrédités, je vois que, au sujet des organes sur lesquels on doit chercher les caractères spécifiques, on recommande d'en observer « l'existence, la position, le nombre, la grandeur, la forme, l'usage, la durée, la consistance, la couleur, l'odeur, etc. »; mais nulle part je ne vois indiquer qu'il faille les étudier dans leur structure et la disposition relative de leurs éléments constitutifs.

Il est cependant permis de se demander si cet examen de la superficie n'est pas trop réduit pour fournir à la *critique spécifique* une base assez solide. La vie et les modifications de la vie ne se manifestent pas qu'à l'intérieur, et il semble qu'il doit y avoir quelque intérêt et quelque utilité à rechercher si les modifications de l'organisation intime correspondent aux modifications de la surface et des extrémités. L'étude spécifique serait évidemment incomplète et tronquée, si elle négligeait la description des formes extérieures des végétaux, mais il semble qu'elle demeure tout aussi incomplète quand elle ne pénètre pas dans les détails de leur organisation.

. . . .

Il me semble que la vraie voie n'est pas dans l'exclusion, mais plutôt dans la réunion et le concours des deux ordres d'étude. Il me semble que, dans la spécification sérieuse et critique, il ne faut pas oublier que les plantes sont des êtres organisés, et qu'il y aurait lieu de tenir quelque compte de leur mode d'organisation. A mon avis, c'est se tromper étrangement que croire différencier scientifiquement deux espèces voisines en se bornant à constater que sur l'une les dents des feuilles sont simples, et sur l'autre quelquefois dentelées, les sépales seulement aigus sur l'une, sur l'autre un peu acuminés, sans examiner si au-dessous de ces variations, qui peuvent être locales et accidentelles, il y a identité d'organisation.

Toujours regarder et toujours comparer l'extérieur de plantes desséchées, comme si elles n'avaient pas d'organes et n'avaient pas vécu, c'est un peu trop ressembler aux commis de magasin qui différencient leurs châles ou leurs dentelles d'après les nuances ou d'après la grandeur des mailles et la longueur des franges, sans jamais songer au mécanisme de la fabrication. Non, la nature ne donne point à ce prix la vérité et la science; et ce qu'elle ne donne point volontairement, il faut, disait Bacon, le lui arracher avec des vis et des leviers; il faut ici couper, disséquer et aller aux entrailles. Les minéralogistes ne se bornent pas à regarder l'extérieur des cristaux; et les zoologistes (à l'exception peut-être de quelques amateurs d'insectes), les zoologistes, pour établir une espèce vraiment distincte, ou montrer les rapports d'un type éteint avec un type actuel, n'examinent ni la longueur des poils, ni les taches de la peau, mais bien la relation des pièces du squelette, l'insertion des muscles, le développement des apophyses, en un mot l'organisation. C'est ce qu'a fait M. W. Schimper, dans son savant *Traité de paléontologie végétale*, pour montrer les rapports des *Calamites* et des *Equisetum*; et c'est ce qu'il faut faire dans tous les cas douteux, pour arriver à une véritable et sérieuse connaissance des espèces.

Ces idées, à l'état de simple présomption, me portèrent, en 1855, à rechercher si nos Fougères françaises présentent, dans le mode d'agencement de leurs tissus, des différences d'espèce à espèce. Très imparfaite et trop souvent interrompue, cette première étude rendit cependant évident pour moi, d'une part, que la constatation de l'identité dans la structure interne est une puissante raison pour conclure à l'identité du type, malgré quelques apparences de différence dans les parties superficielles et terminales soumises directement aux influences des agents extérieurs; d'autre part, que la concordance entre les différences externes et les différences anatomiques nous indique des types distincts. — Ce principe fut formulé par moi en 1862, dans les termes suivants :

« 1° Quand deux espèces, si voisines qu'elles soient, sont bien distinctes, aux différences saillantes de leur ensemble extérieur correspondent des différences réelles dans les détails de leur organisation intime ;

« 2° Si, dans l'ensemble de leur aspect et dans leur constitution intime, deux plantes se ressemblent, et que leurs différences ne soient qu'à la surface et ne consistent qu'en des modifications de parties secondaires, en développements ou arrêts d'une ou plusieurs de ces parties, il n'y a, sous cette unité d'ensemble et de constitution, et malgré cette différence dans quelques détails, qu'une seule espèce, qu'un seul et même type modifié par des circonstances extérieures, quelquefois appréciables, souvent encore inconnues. » Et c'est dans les mêmes termes que je le maintiens ici, voulant, après seize ans d'observations nouvelles et de contrôle incessant, l'affirmer de nouveau pour le soumettre directement à l'examen des compétents.

Mais avant d'exposer ce que je pense de la légitimité et des avantages scientifiques qu'à mon avis offrirait son application, je dois entrer dans quelques détails à l'effet de prémunir contre certaines idées qu'on pourrait à tort se faire des comparaisons histotaxiques et des difficultés que ce procédé peut présenter dans l'application.

Tout d'abord et avant tout, je prie instamment qu'on veuille bien remarquer que, dans ma pensée, il n'est point du tout question de substituer systématiquement, pour la détermination des espèces, l'examen microscopique des tissus aux indices fournis par les caractères extérieurs et apparents. Vouloir spécifier les plantes uniquement d'après les combinaisons que présentent leurs organes élémentaires, serait une prétention absurde, que je repousse de toutes mes forces, attendu que ce serait méconnaître les rapports les plus naturels, ceux que fournissent les organes de reproduction, les enveloppes florales, les feuilles, l'ensemble de la plante et le reste. Mais dans certains cas où l'on risque de rester en état de doute, on peut et, à mon avis, on doit avoir recours à l'examen des tissus constitutifs. Ainsi, dans le cours ordinaire du commerce et des relations financières, on accepte la monnaie et on en détermine la valeur sur la simple vue de la forme et de l'effigie : a-t-on quelques doutes, on la pèse; des doutes plus forts, on la coupe et on l'analyse.

. . . .

Il y a dans tout végétal, comme dans tout être vivant, deux ordres de caractères :

Les uns extérieurs, consistant en modifications superficielles, dimensions relatives de l'ensemble ou des parties, détails des contours et des extrémités, vestimentum, couleur, etc. ;

Les autres intérieurs, qui sont l'organisation elle-même et que l'on peut constater dans la disposition des éléments anatomiques.

Les premiers, accidentels, changent ou peuvent changer, sous l'influence des milieux, comme le simple bon sens nous l'indique et comme l'expérience le confirme.

Les seconds sont constants et permanents au-dessous des variations de la surface, ainsi que l'observation le constate.

Chercher dans les caractères extérieurs le critérium de la détermination spécifique, c'est s'exposer à faire autant de types qu'il y a de variations possibles dans les formes et les contours des extrémités; c'est user son intelligence à suivre des apparences sans persistance, et fatiguer sa mémoire à retenir cette multiplicité de formes à peine saisissables, souvent presque individuelles ou locales. Une semblable étude, continuée avec persévérance, ne peut aboutir qu'à la création d'un nombre infini d'espèces ayant toutes même valeur, sans limites possibles, car de nouvelles recherches, faites en d'autres régions, feront rencontrer de nouvelles combinaisons de caractères extérieurs, dues à d'autres combinaisons d'action. Nous savons, en effet, que tous ces caractères, ou plutôt que toutes ces nuances varient, encore que nous ne soyons pas toujours à même de rendre un compte exact des circonstances qui amènent ces variations. De là, pour résultat final, constatation sempiternelle de faits individuels et particuliers, absence de toute vérité générale, c'est-à-dire négation de toute science; car il n'y a pas de science de ce qui est passager et individuel.

Que si, au contraire, on s'attaque à la disposition des éléments de l'organisme, on arrive de suite à ce qui est essentiel et nécessaire. Car, s'il n'est ni essentiel ni nécessaire qu'une plante ait quelques poils de plus ou de moins, ou une ramification plus ou moins divariquée, il l'est qu'elle possède un organisme déterminé, qui la fait être ce qu'elle est. C'est là qu'est l'identité; c'est là qu'est le principe de la permanence. Dans l'organisation des parties pour l'accomplissement des actes déterminés de la vie, tous les phénomènes sont générateurs les uns des autres. La forme des premiers développements de l'embryon est, d'une part, la conséquence des lois organiques et de la constitution du végétal producteur, et, de l'autre, la condition nécessaire de l'apparition et des formes des développements qui suivent; et cela d'élément à élément, de tissu à tissu, d'organe à organe et d'appareil à appareil. D'où résulte la formation d'un tout, d'une unité végétale dont les composants, inévitablement solidaires, assurent l'identité fondamentale, en rattachant l'antécédent à ce qui suivra. C'est dans cette organisation que se trouve le maintien de la forme spécifique dans l'espace comme dans le temps : c'est là qu'il faut surtout aller la chercher et non pas seulement dans les parties extérieures, dans l'enveloppe de cet organisme soumise à des influences de milieu qui la modifient de toute façon, tant qu'elles demeurent compatibles avec la permanence de l'intégrité de la composition organique. et jusqu'au point où la vie, c'est-à-dire la fonction de l'organisme, cesserait d'être possible. En remontant des appareils aux organes et aux tissus élémentaires, ce qui reste de plus invariable c'est la disposition de ces derniers. C'est donc à elle qu'il faut demander des caractères constants.

Ces recherches faites comparativement sur des espèces voisines, mais réellement distinctes, nous les montrent différant en tout. à l'intérieur comme à l'extérieur, très peu sans doute. puisque ce sont des organisations très ressemblantes. et probablement des écarts. aujourd'hui arrêtés. d'un même type, mais enfin avec des différences internes correspondant aux différences externes. Sur d'autres plantes, au contraire, les variations actuelles semblent conduire à des écarts plus considérables, tandis qu'au-dessous l'organisation essentielle reste identique.

Je citerai comme exemple du premier cas les *Juncus conglomeratus* L. et *effusus* L.; certes, ce sont deux espèces voisines. mais tout en elles diffère : cellules médullaires; constitution et agencement des faisceaux fibro-vasculaires; place des lacunes; cellules de l'épiderme, etc. En comparant les parties élémentaires, on constate des différences tout aussi réelles et plus marquées encore que celles qu'on indique sur les capsules, les divisions du périanthe et autres parties externes de chaque plante. Ce sont donc pour nous des espèces légitimement distinctes. Un exemple du cas opposé se trouve dans le *Juncus bufonius* L.; espèce polymorphe s'il y en a, et qui, par ses tiges droites, ascendantes ou étalées, par ses fleurs espacées ou rapprochées, isolées ou fasciculées, par les divisions du périanthe plus courtes que les capsules, ou les égalant. ou les dépassant jusqu'au delà du double, etc., semble épuiser tous les modes possibles de variabilité. Or, sous toutes ces variations, parmi lesquelles il y en a qui s'écartent plus les unes des autres que le *J. effusus* du

J. conglomeratus, l'organisation intime, manifestée dans la composition et le groupement des éléments anatomiques, reste la même. Elle est immuable en sa disposition générale comme en ses détails, et détermine cette forme propre et spécifique qui commande de ne reconnaître, au-dessous de toutes ces variations, qu'un seul type, le *J. bufonius.* (DUVAL-JOUVE, *Comparaisons hytotaxiques.* p. 472-487. J.-B. Baillière, éditeur. — Extrait des *Mémoires de l'Académie de Montpellier.*)

VII

LA VIE DANS L'HUILE

Que l'huile puisse être un milieu propice à la vie et au développement des organismes, c'est ce qui ne paraît pas avoir encore été remarqué. On a dit, il est vrai, au siècle dernier, que des pois gonflés sous l'eau germent ensuite lorsqu'ils sont submergés dans l'huile; mais les expériences de Th. de Saussure ont opposé à ces assertions un démenti qui n'a pas été relevé. Et en effet, comme je l'ai observé sur divers exemples, non seulement des graines imbibées d'air et d'eau ne germent pas dans l'huile, mais les plantules en voie de développement qui proviennent de la germination normale de ces graines cessent de croître dès qu'on les plonge dans ce liquide; l'arrêt de croissance est si brusque, que les jeunes racines, placées horizontalement, conservent cette situation sans courber leurs pointes en bas; le géotropisme y est donc aussitôt supprimé. Mais si l'huile se montre impropre à entretenir la vie des plantes supérieures, elle constitue au contraire, pour un certain nombre d'organismes inférieurs, un milieu de culture approprié. Avant d'aborder le sujet dans sa généralité, je vais rappeler ou citer d'abord deux exemples particuliers.

J'ai, comme on sait, cultivé dans l'huile d'olive et

d'œillette une levure analogue à la levure de bière, mais plus petite, que j'ai nommée *Saccharomyces olei*. Elle se développe dans toute l'étendue du liquide, sans s'étendre à la surface, et le rend trouble, comme laiteux. En même temps l'huile subit une altération profonde déjà signalée dans ma communication précédente et sur la nature de laquelle je puis me prononcer aujourd'hui. Elle devient acide et se saponifie. Par le fait de la séparation et de la solidification des acides gras, qui y forment des grumeaux blancs à structure radiée ou des plaques écailleuses, elle prend l'aspect d'une pâte, dont un lavage à l'eau extrait de la glycérine. Il ne se dégage pas de gaz pendant le phénomène. La levure de bière (*Saccharomyces cerevisiæ*) ne se développe pas dans l'huile.

D'autre part j'ai observé et cultivé dans l'huile de ricin une Monère qui se développe aussi dans toute la profondeur du liquide, qu'elle rend opalin. Les petites masses protoplasmiques, dépourvues à la fois de membrane et de noyau, qui constituent cet organisme, se meuvent lentement dans l'huile en poussant des prolongements dans divers sens à la façon des amibes, et se multiplient par bipartition. L'huile cependant paraît conserver sa composition primitive; même après un long espace de temps, elle ne donne aucun signe de saponification.

Ces deux exemples particuliers suffisent déjà pour montrer que diverses catégories d'êtres inférieurs, plantes ou animaux, peuvent trouver dans l'huile les conditions nécessaires à leur vie et à leur développement, et qu'en même temps ces êtres peuvent agir diversement sur les corps gras qui la composent, puisque les uns les saponifient énergiquement, tandis que les autres ne les saponifient pas.

Considérons maintenant le sujet dans sa généralité.

Si, dans une huile quelconque non épurée (on comprendra bientôt l'utilité de cette restriction), on introduit un corps quelconque imbibé d'eau, on voit, après quelques jours, la surface de ce corps se couvrir d'une abondante végétation. Ce sont des filaments serrés côte à côte et dressés perpendiculairement à la surface, où ils forment comme une sorte de gazon ou de velours épais de 1 à 2 centimètres, et dont la blancheur contraste avec la couleur ambrée du liquide. Au microscope, ces filaments se montrent diversement ramifiés, quelquefois continus, mais le plus souvent cloisonnés et çà et là anastomosés : ils offrent tous les caractères du mycélium des Champignons.

Il y en a de plusieurs sortes, parfois entremêlés dans le même tapis, j'y ai distingué divers Mucors, notamment les *Mucor spinosus* et *pleurocystis*, ainsi que plusieurs Ascomycètes, notamment un *Verticillium*, un *Chœtomium*, un *Sterigmatocystis*. Mais l'espèce de beaucoup prédominante, qui forme souvent à elle seule le tapis tout entier, c'est le *Penicillium glaucum*. On en a la preuve en voyant naître sur les filaments, dans la profondeur même du liquide, les fructifications caractéristiques de cette plante. Les spores y prennent la couleur vert glauque qui leur est habituelle, mais le principe qui colore leur membrane, étant à la fois soluble dans l'huile et peu diffusible, forme une sorte de gaine nuageuse tout autour des chapelets de spores.

. . . .

J'ai mis en expérience les huiles non épurées les plus diverses, végétales ou animales : huile d'amande, d'arachide, de chènevis, de noix, de noisette, d'œillette, d'olive, de ricin, de foie de morue, etc. J'y ai submergé les corps imbibés d'eau les plus différents : parties de plantes vivantes (racines, tiges, feuilles, fleurs, fruits, graines, tubercules); fragments de tissus animaux (viande, os, cartilage, jaune et blanc d'œuf); substances mortes ou minérales (papier, bois, coton, éponge, gélatine, terre cuite, plâtre, terre végétale, sable, argile, etc.); j'y ai introduit des gouttes liquides de diverse nature (jus d'orange, solution de noix de galle, etc.) : toujours avec le même résultat. Les mêmes corps, plongés dans une huile épurée par l'acide sulfurique comme l'huile de colza, ou chauffée comme l'huile de lin cuite et l'huile de pied de mouton, n'y développent aucune végétation ; nous saurons tout à l'heure pourquoi.

La possibilité de vivre et de se développer dans l'huile se trouvant ainsi établie pour un certain nombre de Champignons, il faut expliquer cette végétation, et pour cela plusieurs questions sont à résoudre. Il y a d'abord la question d'origine : D'où viennent les germes qui se développent dans les conditions d'expérience que nous venons d'indiquer, et notamment ceux du *Penicillium glaucum*?

S'il est soumis à un séjour prolongé dans l'eau bouillante avant son immersion dans l'huile, le corps humide ne s'en couvre pas moins après quelques jours d'une abondante couche de Moisissures. Mais si l'on chauffe l'huile vers 200 degrés, et qu'après refroidissement on y introduise le corps humide, aucun organisme n'y apparaît, même après un temps fort long. C'est donc l'huile, non le corps humide, qui renferme les germes des Moisissures. Les diverses huiles du commerce se trouvent ainsi abondamment ensemencées e ddivers Champignons, et surtout de *Penicillium glaucum*. C'est ce qui explique aussi l'insuccès de l'expérience citée plus haut quand elle est réalisée avec les huiles de colza, de lin ou de pied de mouton. L'action de l'acide sulfurique sur le premier liquide, de la chaleur sur les deux autres, a détruit les spores qui pouvaient y exister.

Pourquoi, dans l'huile laissée à elle-même, ces spores ne se développent-elles pas? Parce que l'eau est nécessaire à leur passage de vie latente à vie active, à leur germination, et que l'huile ne leur en offre pas. Mais que dans cette huile on introduise un peu d'eau à l'état d'imbibition dans un corps quelconque, aussitôt les spores en contact avec la surface humide entrent en germination, les filaments mycéliens envahissent d'abord toute la surface pour envoyer ensuite au loin dans l'huile leurs branches perpendiculaires et, plus tard, s'y couvrir de fructifications. Si le liquide a été privé de germes par la chaleur, ou si, comme les huiles de colza et de lin, il s'en trouve déjà dépourvu par les pratiques mêmes de la fabrication, il est nécessaire de semer sur le corps humide, avant de l'immerger, le *Penicillium* ou tout autre Champignon que l'on veut cultiver dans l'huile. La plante se développe alors tout auss. bien que dans l'huile naturelle. J'ai réalisé ainsi un grand nombre de cultures dans de l'huile stérilisée au préalable par la chaleur, en semant les spores sur divers corps humides, notamment sur des lames de gélatine, qui constituent un support très commode.

Où maintenant la plante trouve-t-elle l'oxygène qui lui est nécessaire, l'eau qui lui est indispensable, les matières hydrocarbonées, azotées et minérales enfin, dont elle se nourrit?

L'huile tient en dissolution de l'oxygène et de l'azote, qui s'en dégagent dans le vide. Ces deux gaz s'y trouvent à peu près dans les mêmes proportions que dans l'air atmosphérique. Il semble que l'huile soit simplement pénétrée par de l'air. La plante trouve donc facilement et amplement au sein même du liquide l'oxygène nécessaire à sa germination, à son développement et à sa fructification.

. . . .

La plante forme directement, à l'intérieur de son protoplasma et aux dépens de l'hydrogène de l'huile, l'eau dont elle a besoin pour sa croissance, son eau de végétation; plus tard, à mesure qu'elle vieillit, elle expulse à travers sa membrane une partie de l'eau ainsi produite. La végétation laisse donc finalement de l'eau dans l'huile, et cette eau s'y rassemble peu à peu et s'y accumule.

L'huile fournit directement à la plante le carbone et l'hydrogène qui lui sont nécessaires pour former sa cellulose, ses principes sucrés, etc. Quant aux matières azotées et minérales, l'huile naturelle, et même l'huile imparfaitement épurée du commerce, en renferme toujours une petite quantité qui paraît suffire à alimenter pendant un certain temps le développement de la plante. (Van Tieghem, *Recherches sur la vie dans l'huile*; Bulletin de la Société botanique de France, séance du 11 février 1881.)

VIII

FLORES INSULAIRES

Les naturalistes ont toujours étudié avec prédilection les flores des îles, où, dans un espace circonscrit, la nature leur offrait un petit monde végétal parfaitement limité. Jean-Jacques Rousseau, exilé volontaire dans la petite île de Saint-Pierre, au milieu du lac de Bienne, projetait une *Flora petrinsularis*. L'intérêt s'est accru quand on a comparé les flores insulaires avec celles des continents voisins. Cette étude pleine d'enseignements a été mêlée de surprises, et a soulevé des problèmes qui sont loin d'être résolus. On a vu que certains archipels, celui des îles britanniques par exemple, ne possèdent pas une seule espèce en propre; toutes, excepté deux, se retrouvent sur le continent européen; on en a conclu avec raison que ces îles avaient été peuplées par une grande invasion végétale semblable à celle des Danois et des Normands. D'autres archipels au contraire, les Canaries, Madagascar, les Gallapagos, ont une flore et une faune complètement différentes du continent le plus rapproché. Entre ces deux cas extrêmes, on a trouvé tous les degrés intermédiaires, et peut-être le lecteur nous saura-t-il gré d'entrer dans quelques détails sur ce sujet.

La flore des îles britanniques, avons-nous dit, est un

prolongement de la flore européenne. Un naturaliste enlevé jeune à la science, qu'il honorait déjà, Edward Forbes, a le premier mis ce fait hors de doute. L'Angleterre et l'Écosse furent d'abord colonisées par les plantes arctiques pendant l'époque glaciaire. — Le climat s'étant adouci, ces végétaux se réfugièrent dans les montagnes. Vint une époque ou l'Angleterre était unie au continent; ce qui le prouve, ce sont les forêts sous-marines qu'on observe le long des côtes d'Angleterre comme sur celles de France; ce qui le confirme, c'est la faible profondeur du détroit, argument principal des partisans d'un tunnel international. L'Angleterre, à l'époque quaternaire, n'était donc qu'un promontoire de la France, comme le Finistère ou le Cotentin. Les plantes de la Picardie et de la Normandie l'envahirent et se propagèrent dans le Devonshire, le Cornouailles, et, en Irlande, dans les comtés de Cork et de Waterford. Les mêmes espèces se retrouvent encore actuellement en France dans la presqu'île dont Cherbourg occupe l'extrémité.

C'est ainsi que les Normands partirent jadis des mêmes rivages sous la conduite de Guillaume le Conquérant; mais l'occupation végétale n'a pas dépassé le sud de l'archipel, et la rigueur du climat, qui n'arrête pas les hommes, a posé une limite infranchissable à l'invasion des plantes. Forbes énumère les espèces auxquelles on peut attribuer cette origine; il les réunit sous le titre de *type armoricain*. Un autre courant plus puissant marchait parallèlement au premier; il venait du nord de la France et de l'Allemagne. Ces plantes, au *type germanique*, ont occupé la plus grande partie de l'Angleterre, de l'Écosse et de l'Irlande, comme les Saxons qui envahirent la terre des Angles pour se substituer à eux. Plusieurs de ces espèces ne franchirent point le canal de Saint-George. Quelques animaux, le lièvre, l'écureuil, le loir, la fouine, la taupe, sont également limités à l'Angleterre et ne se retrouvent pas en Irlande.

Si toutes les plantes britanniques se rangeaient sous les trois types indiqués ci-dessus : le *boréal*, l'*armoricain* et le *germanique*, la géographie botanique de ce grand archipel n'aurait point d'obscurités; mais dans le sud-ouest de l'Irlande croissent l'arbousier [1], six saxifrages et trois bruyères [2], végétaux étrangers au nord de l'Europe, communs dans les Basses-Pyrénées et les Asturies. Pour Edward Forbes, la présence de ces plantes est la preuve d'une ancienne connexion géologique entre le sud-ouest de l'Irlande et les terres qui bordent le golfe de Gascogne. Une de ces espèces, le *daboecia polyfolia*, se retrouve aux Açores, et nous commençons à voir surgir des eaux de l'Océan les premiers linéaments de l'Atlantide de Platon, traitée longtemps de continent fabuleux, mais que la géologie, d'accord avec la géographie botanique, tend à reconstituer. L'existence de ce continent est encore prouvée par la présence de deux autres plantes [3] qui ne se retrouvent que dans l'Amérique du Nord. La première, signalée dans les marais tourbeux de l'île de Skye, en Écosse, et de plusieurs lacs de l'Irlande voisins de la mer, est le seul représentant européen de la famille exotique des *restiacées*, répandue principalement en Australie, au Cap, à Madagascar, dans l'Inde et dans l'Amérique septentrionale; l'autre est une orchidée de Terre-Neuve et de tous les états septentrionaux de l'Union américaine. On ne saurait songer à une introduction involontaire par des navires, car ces plantes, toutes deux aquatiques, mais d'eau douce, n'auraient pu être transportées par des courants ni amenées avec du lest par les navires. D'ailleurs d'autres faits analogues vont se présenter à nous et forcer les esprits les plus prévenus d'admettre d'anciennes connexions continentales, que la

---

1. *Arbutus unedo.*

2. *Saxifraga umbrosa, elegans, geum, hirsuta, hirta, affinis*; *Erica Mackai, mediterranea*; *Daboecia polyfolia.*

3. *Eriocaulon septangulare* et *Spiranthes cernua.*

zoologie, la géologie et la physique du globe confirment de leur côté. Arrivons à quelques autres archipels.

Sur la côte occidentale de l'Afrique, nous voyons quatre groupes insulaires : Madère, les Canaries, les Açores et les îles du Cap-Vert. Le premier, situé par 33 degrés de latitude nord, se compose des îles de Madère, Porto-Santo et Las Desertas. Le voyageur qui débarque à Madère est frappé par la physionomie européenne de la végétation, et ce sont en effet les espèces du midi de l'Europe qui dominent. Les unes sont identiques, les autres analogues à celles de nos régions méditerranéennes. Un grand nombre appartiennent à des genres tellement voisins des nôtres que les botanistes hésitent à les en séparer. Transportons-nous à Porto-Santo, distant de Madère de 15 milles (24 kilomètres) seulement, et aux rochers des Desertas, qui n'en sont éloignés que de la moitié; pénétrons dans les montagnes et les ravins de ces îlots, nous y découvrirons avec étonnement des plantes africaines [1], asiatiques [2] et américaines [3], que nous comprendrons avec M. Dalton Hooker sous le nom commun de *végétaux atlantiques*.

La présence de ces plantes est un fait extraordinaire; c'est exactement comme si l'on rencontrait dans les îles de Jersey et de Guernesey des espèces inconnues sur les côtes de France et d'Angleterre, mais originaires de l'Afrique ou de l'Asie. Il faut dire ici que l'homme, comme toujours, a profondément altéré la flore primitive de Madère. Quand les Portugais la découvrirent en 1419, l'île était couverte de forêts; les nouveaux colons y mirent le feu, l'incendie dura sept ans. La vigne et la canne à sucre prospérèrent admirablement sur ce sol couvert de cendres : mais combien de plantes ont dû périr pendant cette longue conflagration! A Porto-Santo, autre

1. Espèces des genres *Dracæna* et *Myrsine*.
2. Genres *Phœbe* et *Oreodaphne*.
3. Genres *Clethra* et *Persea*.

cause de destruction : en 1418, on y porte une lapine pleine, et sa progéniture multiplie tellement qu'elle broute tout ce qu'elle peut atteindre, menaçant de chasser par la faim les colons eux-mêmes.

Avant de tirer les conséquences de ces faits, étudions les autres archipels. Les Canaries ou Iles Fortunées, plus méridionales que Madère et beaucoup plus rapprochées de l'Afrique, ont une flore qui n'a presque rien de commun avec celle de ce continent. On y compte près de mille espèces, la plupart identiques ou analogues à celles du pourtour de la Méditerranée. Cet archipel, beaucoup plus étendu que celui de Madère, possède encore un grand nombre d'espèces qui lui sont propres [1] et qui n'ont jamais été signalées sur aucun autre point du globe. Quelques-unes lui sont communes avec Madère [2]. Les autres rentrent dans le type atlantique et existent par conséquent soit en Afrique [3], soit en Amérique ou dans l'Inde [4]. De même que Porto-Santo et Las Desertas nourrissent des espèces inconnues à Madère, de même dans l'archipel des Canaries, les îles de Palma, de Lancerotte, de Gomère et l'île de Fer [5], possèdent des végétaux qui ne se trouvent pas dans l'île principale, celle de Ténériffe.

---

1. *Cytisus nubigenus, proliferus*; *Retama chodorhizoïdes, Visnea mocanera, Canarina campanula, Arbutus canariensis, Convolvulus canariensis, Echium giganteum, Statice arborescens, Myrsine canariensis, Euphorbia regis-Jubæ, atropurpurea, balsamifera canariensis; Pinus canariensis*, etc.

2. *Pittosporum coriaceum, Clethra arborea, Teucrium canariense, Olea excelsa, Jasminum Barellieri, Apollonias barbusana, Oreodaphne fœtens, Persea indica, Faya fragifera, Danae androgyna*, etc.

3. *Zygophyllum Fontonesii, Lobularia libyca, Pistacia atlantica, Tamarix canariensis, Euphorbia Forskahlii, Dracæna draco, Commelyna canescens*, etc.

4. *Clethra arborea, Euphorbia tenella, Commelyna agraria, Persea indica*, etc.

5. Palma, *Centaurea arborea, Echium pininana, Waltheria elliptica*. — Lancerotte, *Ononis hebecarpa, Euphorbia panacea, Lavandula pinnata, Asparagus stipularis*. — Gomère, *Statice brassicæfolia*. — Ile de Fer, *Statice macroptera*.

Il y a plus, les ilots des Salvages, plus rapprochés de la côte d'Afrique que toutes les autres îles, ont une végétation qui n'est nullement africaine, qui est intermédiaire entre celle de Madère et celle des Canaries. Ces rochers battus par les flots sont les sommets d'une terre actuellement submergée qui réunissait jadis l'archipel de Madère à celui des Canaries.

Passons aux Açores, situées à 500 milles marins au nord de Madère, à 740 milles du Portugal et à 1035 milles de Terre-Neuve, le point le plus rapproché de l'Amérique. Leur flore est moins connue, les Açores se composent d'ilots la plupart inhabités; mais nous savons par M. Watson, qui accompagna le capitaine Vidal, chargé par l'amirauté de l'exploration hydrographique de l'archipel, que le caractère général de la végétation est encore méditerranéen. On y trouve la bruyère commune et le *daboecia polyfolia* de l'Irlande et du sud-ouest de la France. Une campanule [1] n'existe que sur les rochers abrupts de l'îlot de Florès. M. Watson envoya la graine en Angleterre, elle y a réussi, on a multiplié la plante, et maintenant elle est en plus grande abondance dans les jardins des amateurs anglais que sur son île natale. Plus rapprochées de l'Amérique, les Açores devraient contenir plus de plantes du Nouveau-Monde que Madère et les Canaries. C'est le contraire qui est vrai. On n'a découvert aux Açores qu'une seule espèce américaine du genre *Sanicula*, tandis que celles des genres *Clethra*, *Phœbe* et *Persea*, communes à Madère et aux Canaries, y font complètement défaut.

Les iles du Cap-Vert sont situées, dans l'océan Atlantique, à 800 milles au sud des Canaries et à 300 milles de l'Afrique. MM. Hooker et Lowe, qui les ont successivement explorées, constatent que la flore est un prolongement de celle du Sahara africain. Dans les montagnes, on ren-

1. *Campanula Vidali.*

contre quelques espèces appartenant au type méditer-
ranéo-européen, mais, le dragonnier excepté, pas une
des plantes propres aux trois autres archipels que nous
venons d'étudier.

Jetons encore un coup d'œil sur quelques îles perdues
dans l'immensité de l'océan Atlantique. L'île de Sainte-
Hélène est à 1 200 milles de l'Afrique, à 1 800 de l'Amérique et à 600 de l'île de l'Ascension, la terre qui en est
la plus rapprochée. Sainte-Hélène est un rocher volcanique, long de 18 kilomètres, large de 8, qui s'élève
brusquement du sein de l'Atlantique. Quand on le découvrit, il y a trois cent soixante ans, il était couvert de
forêts qui descendaient dans les ravins jusqu'aux bords
de la mer. Actuellement tout est nu, et les végétaux qui
s'y trouvent ont été introduits successivement de l'Europe,
de l'Amérique, de l'Afrique et de l'Australie. La flore
autochtone est confinée sur les sommets du pic Diana,
élevé de 810 mètres au-dessus de la mer. Les forêts de
Madère furent brûlées par les premiers occupants; celles
de Sainte-Hélène ont disparu sous la dent des chèvres
sauvages. Introduites dans l'île en 1513, elles s'y multiplièrent tellement qu'en 1588 le capitaine Cavendish y vit
des bandes longues de deux kilomètres. En 1709, quelques forêts existaient encore, et l'un des arbres qui les
composaient. l'ébénier [1], servait à alimenter les fours à
chaux. Cependant le gouverneur écrivait aux directeurs
de la compagnie des Indes qu'il était nécessaire de
détruire les chèvres pour conserver les forêts de bois
d'ébène, ce à quoi les directeurs répondirent que les
chèvres avaient plus de valeur que le bois d'ébène.
En 1810, nouvelles plaintes du gouverneur, affirmant
que, si les chèvres étaient détruites, la végétation indigène reparaîtrait de nouveau. Les chèvres furent enfin
exterminées: mais un autre gouverneur, le général

___

1. *Melhania melanoxylon.*

Beatson, créa une concurrence formidable à la végétation indigène en introduisant une foule de plantes étrangères à l'île, — des ronces, des genêts, des saules et des peupliers d'Angleterre, des pins d'Écosse, des bruyères du Cap, des arbres d'Australie et des mauvaises herbes d'Amérique. Tous ces végétaux prospérèrent et se multiplièrent prodigieusement. Devant l'invasion étrangère, la flore indigène s'éteignit. Heureusement un botaniste anglais, le docteur Burchell, a séjourné dans l'île de 1805 à 1810; son herbier est au musée de Kew. Roxburgh, peu après lui, fit un catalogue des plantes de Sainte-Hélène en distinguant les espèces introduites des espèces autochtones. Réunissant ces documents à ses propres notes, le docteur Hooker a pu reconstituer la flore primitive de Sainte-Hélène. Il trouve que 40 espèces, n'existant nulle part ailleurs, étaient propres à cette île. Parmi elles, on remarque ces singulières composées arborescentes que les colons désignaient sous le nom de *gum-wood-tree* et que les botanistes ont réunies dans le genre *commidendrum*, voisin de nos *conyza* européens. Le caractère général de la flore est celui d'une végétation de l'Afrique extra-tropicale [1], avec quelques représentants de l'Inde et de l'Amérique.

Éloignons-nous de l'équateur et avançons dans l'autre hémisphère, vers le pôle sud. Abordons avec sir James Ross et le botaniste de l'expédition, M. Dalton Hooker, à l'île de Kerguelen, découverte en 1773 par le navigateur français qui lui a donné son nom; elle est située sous le 49e degré de latitude (celle de Paris dans notre hémisphère), à 2170 milles du continent africain, à 4130 du cap Horn et 3800 de la Nouvelle-Zélande. Battue par une mer toujours en courroux et assiégée de glaces flottantes, elle est stérile avec un climat comparable à celui de nos

---

1. Espèces appartenant aux genres *Phylica*, *Pelargonium*, *Mesembryanthemum*, *Osteospermum*, *Wahlenbergia*.

régions arctiques. C'est une masse volcanique noire, entourée d'écueils ; Cook l'avait appelée *Ile de la Désolation*. De loin, elle semble dépourvue de toute végétation. En approchant, on découvre des touffes arrondies, formées par une espèce d'ombellifère [1], et quelques graminées qui bordent le rivage dans les baies abritées. Anderson, le naturaliste du voyage de Cook, n'y trouva que 18 espèces, M. Hooker en découvrit 150, toutes vivaces. L'une de ces plantes, gigantesque crucifère, qui ressemble à un chou, fut saluée du nom de *Kerguelen cabbage* par les marins anglais. Pendant cent trente jours, ce chou fut le seul aliment frais des 120 hommes d'équipage, parmi lesquels un certain nombre présentaient les premiers symptômes du scorbut. Le docteur Hooker, reconnaissant, donna à la plante le nom de sir John Pringle, médecin militaire connu par ses recherches sur cette maladie [2]. La *Pringlea* n'a aucune affinité avec les autres espèces de l'hémisphère austral. Le genre *Lyellia*, propre également à l'île de Kerguelen, rappelle le port des plantes alpines de la chaîne des Andes. Parmi les autres phanérogames, quatre sont encore propres à la terre de Kerguelen ; mais 13 ont leurs congénères à la Terre-de-Feu et une appartient à un genre de la Nouvelle-Zélande. Les autres sont généralement répandues dans toutes les régions circumpolaires de l'hémisphère austral ; trois sont européennes [3], et une seule se partage entre la terre de Kerguelen et le groupe des îles Auckland.

Terminons par l'examen d'un archipel important de l'hémisphère sud, celui de la Nouvelle-Zélande. On y compte environ mille phanérogames. Sur ce nombre, 507 sont propres à ces îles, 193 leur sont communes avec le continent le plus voisin, l'Australie ; 89 existent également-

---

1. *Azorella selago*.
2. *Pringlea antiscorbutica*.
3. *Callitriche verna*, *Limosella aquatica* et *Montia fontana*.

ment dans l'Amérique du Sud, et 77 se retrouvent à la
fois dans le Nouveau-Monde et en Australie : 60 sont des
espèces européennes, et 50 sont disséminées dans les
régions antarctiques, savoir les Falkland, Tristan
d'Acunha, les îles Saint-Paul, Amsterdam, de Kerguelen,
Auckland, Campbell et la Terre-de-Feu. Cette statistique,
due à M. Dalton Hooker, nous rappelle celle des archipels atlantiques que nous avons examinés précédemment.
En analysant ces éléments numériques, on est frappé de
nouveau par cette anomalie, que le plus grand nombre
des espèces de la Nouvelle-Zélande ne se retrouvent pas
sur le continent le plus rapproché, l'Australie, et que
d'autres existent aussi dans l'Amérique du Sud, séparée
de la Nouvelle-Zélande par le tiers de la circonférence
du globe. En Australie, les forêts se composent exclusivement de ces *acacia* et de ces *eucalyptus* si communs
actuellement dans les jardins du littoral de Nice ;
aucun de ces arbres n'est spontané dans les forêts de la
Nouvelle-Zélande. Cependant le climat ne leur est pas
défavorable, car les individus introduits de la Nouvelle-
Hollande y prospèrent admirablement. Les plantes européennes sont presque toutes aquatiques, côtières ou littorales ; mais rien dans l'organisation de leurs graines
n'explique ce transport d'un hémisphère à l'autre. Les
espèces américaines, parmi lesquelles nous remarquons
un arbre [1] et plusieurs espèces de *fuchsia* et de calcéo-
laires, formes bien connues des amateurs de jardins,
n'existent ni en Australie, ni sur aucun autre point du
globe, en dehors de la Nouvelle-Zélande et des parties
tempérées de l'Amérique du Sud. Ces singularités se
reproduisent sur les petites îles ; celle qui porte le nom
de lord Howe est située entre la côte orientale de l'Australie et l'extrémité septentrionale de la Nouvelle-Zélande.
Les végétaux caractéristiques de l'Australie y font abso-

---

1. *Edwardsia grandiflora.*

lument défaut, mais l'île renferme cinq espèces de palmiers qui lui sont propres et appartiennent vraisemblablement au genre *Seaforthia*. Les autres plantes sont celles qui se retrouvent dans l'île voisine de Norfolk, à laquelle nous devons le pin de même nom [1].

Les faits que nous venons de passer en revue soulèvent bien des problèmes. Le lecteur éclairé ne s'attend pas sans doute à ce que la science puisse fournir à chacune de ces questions une réponse précise et satisfaisante. Il ne faut pas l'oublier, les flores actuelles sont le résultat définitif de transformations et de vicissitudes qui remontent à des millions d'années, et qui se sont succédé sans interruption jusqu'à nos jours, ne laissant derrière elles que des traces obscures et isolées. Rappelons-nous encore que ces problèmes, posés à peine depuis quelques années, sont les plus ardus que l'histoire naturelle ait à résoudre. Toutefois l'étude que nous venons de faire nous révèle une première vérité : c'est l'existence, sur le continent comme dans les îles, de plantes qui vivaient déjà aux époques tertiaires ou quaternaires; dans le midi de la France, le laurier, le grenadier, le figuier, etc.; dans les Canaries, le *dracæna*, les lauriers, les *myrcine*, etc. Toutes les espèces propres et limitées à une île en particulier rentrent dans cette catégorie. Ces espèces représentent la population aborigène ou primitive qui a survécu à toutes les révolutions, et n'a pas succombé dans une lutte inégale contre les grandes invasions végétales parties de continents voisins ou éloignés. Les naturels qui peuplaient, il y a un siècle, l'Australie, la Nouvelle-Zélande et toutes les îles de l'océan Pacifique, n'ont-ils pas diminué de nombre ou même disparu complètement devant l'invasion de races plus énergiques et plus civilisées? Il en est de même des plantes. Les moins robustes, les moins nombreuses sont étouffées par des espèces plus

____

1. *Araucaria excelsa.*

vigoureuses ou plus fécondes. Celles de l'Europe semblent
participer des qualités de l'homme européen; elles dominent à Madère, aux Canaries, aux Açores. Sous nos yeux,
elles envahissent les parties des deux Amériques situées
en dehors des tropiques; elles jouent un rôle même à la
Nouvelle-Zélande, où l'apport du continent australien
n'entre que pour un quart dans la population végétale de
l'archipel.

Comment ces immigrations se sont-elles opérées? Té-
moignent-elles d'une ancienne union des îles avec le continent le plus rapproché? Pour l'Angleterre, le fait paraît
incontestable; mais il est douteux quand il s'agit d'autres
îles, telles que Madagascar, les Gallapagos, les Falkland,
dont les faunes et les flores sont fort différentes des continents qu'elles avoisinent. Les naturalistes qui répugnent
à l'idée de ces anciennes unions de continents et d'îles
souvent séparés aujourd'hui par des détroits profonds
ou par de vastes étendues de mer invoquent les trans-
ports des graines de plantes par les oiseaux voyageurs.
Cette cause minime se continuant pendant une longue
suite de siècles peut produire des résultats considérables,
et je crois avoir démontré que la colonisation végétale
des Féroë (petit archipel situé entre l'Écosse et l'Islande)
s'explique très naturellement par la migration des millions d'oiseaux marins qui nichent dans le nord de l'Europe en été, passent l'hiver dans le Midi et reviennent
vers le Nord l'année suivante. Les graines des plantes
s'attachent aux pattes et aux plumes de ces oiseaux voyageurs, qui les transportent et les ressèment à de grandes
distances de leur point de départ. En fait d'autres causes,
je néglige à dessein l'intervention volontaire ou involontaire de l'homme, mais je ne puis passer sous silence la
part qui peut revenir aux courants marins dans cette dissémination des graines à la surface du globe. Linné
savait déjà que le *Gulfstream* jette des graines du golfe
du Mexique sur les côtes d'Écosse et de Norvège. J'ai

ramassé moi-même une graine de mimeuse grimpante du Mexique [1] parmi les galets du cap Nord de la Scandinavie. Cependant cette action est limitée. En effet, la plupart des graines ne surnagent pas, et les autres, au bout de quelques mois de flottaison, ont perdu leurs facultés germinatives. Admettons qu'elles les aient conservées; ne faut-il pas une réunion bien extraordinaire de circonstances favorables pour qu'une graine germe sur la plage lointaine où le courant l'aura jetée? A l'appui de cette thèse, on cite ces *attols* ou récifs de coraux que des zoophytes microscopiques élèvent pour ainsi dire sous nos yeux dans l'océan Pacifique, et qui se peuplent peu à peu de palmiers, de plantes herbacées et d'animaux importés des îles voisines par des agents naturels dont ce peuplement rapide atteste l'efficacité. Pour beaucoup de naturalistes, ces faits ne sont pas concluants; à leurs yeux, les espèces américaines des archipels atlantiques prouvent une ancienne union de l'Europe et de l'Amérique. La science moderne réhabilite l'Atlantide de Platon; Madère, les Canaries, les Açores, représenteraient les sommets de montagnes, seuls encore émergés après l'affaissement de ce continent.

MM. Asa-Gray et Oliver, au contraire, sont frappés du grand nombre de plantes fossiles tertiaires découvertes dans le nord de l'Amérique, le Groënland, l'Islande, le Spitzberg, les îles Aléoutiennes, et pensent que, pendant cette période géologique où le climat était plus chaud que de nos jours, une migration de végétaux a pu s'établir entre l'ancien monde et le nouveau; de là des affinités inexplicables quand on considère seulement les parties séparées par l'océan Atlantique. Des découvertes nouvelles éclairciront ces questions, elles en feront surgir d'autres encore; mais dès aujourd'hui nous pouvons invoquer les idées transformistes de M. Darwin pour

____

1. *Mimosa scandens* ou *Entada gigalobium.*

expliquer la présence d'espèces semblables, sans être identiques, sur des terres fort éloignées l'une de l'autre. Ce sont des espèces dérivées d'un même type, mais qui, placées dans des circonstances différentes, se sont modifiées chacune suivant le milieu qui l'entourait. Il y a un élément que l'homme ne peut jamais introduire dans ses expériences ; cet élément, c'est le temps. La vie est trop courte et l'organisation de travaux scientifiques à long terme n'a pas même été tentée. On ne conteste pas les services rendus par les savants à la société, on applaudit, même à leurs efforts individuels ; mais on ne leur vient pas en aide. Des laboratoires, institués et entretenus par l'État, où une série d'expériences capitales et décisives serait continuée pendant un ou deux siècles, sont encore à créer. Cependant, avec l'aide du temps, une foule de problèmes insolubles dans les conditions actuelles de notre organisation scientifique seraient définitivement résolus. Nous savons déjà qu'un certain nombre d'années suffisent pour modifier profondément les races animales et végétales. L'homme a remplacé le temps qui lui manque par la sélection artificielle dont il dispose, et en présence des résultats qu'il a obtenus il devient impossible de soutenir que les êtres vivants sont coulés dans un moule invariable, et que les siècles sont impuissants à les transformer. Toutefois des preuves décisives, des arguments irrésistibles manquent encore dans l'arsenal de la science ; mais l'induction, l'analogie, un vif pressentiment de la science future, nous permettent de dire d'ores et déjà : Rien n'est immuable dans la nature. La croûte terrestre se soulève et s'affaisse, les roches les plus dures s'altèrent et se dégradent, les cours d'eau augmentent ou diminuent, la terre gagne sur la mer par ses deltas, et la mer envahit la terre en démolissant ses falaises ; les flores se transforment, les unes s'accroissent et s'améliorent pendant que d'autres s'appauvrissent et s'éteignent, laissant le désert après elles. Les faunes suivent le sort des flores, car sans la plante l'animal ne saurait vivre, et dans ce tableau, changeant par les seules forces de la nature, l'homme intervient à son tour et laisse partout des traces de sa puissance, souvent destructive, quelquefois salutaire. (CHARLES MARTINS, *les Migrations végétales*, *Revue des Deux Mondes*, 1er février 1870.)

IX

CLIMAT ET VÉGÉTATION DU MONT-VENTOUX

Le Mont-Ventoux est le dernier ressaut de la chaîne des Alpes Maritimes. Avant d'expirer sur les bords du Rhône, la force qui plissa l'écorce terrestre semble avoir fait un effort suprême pour élever le Mont-Ventoux au-dessus des crêtes parallèles environnantes. Les petites chaînes qui le séparent des Alpes sont en effet moins hautes que lui, et la dernière à l'occident, celle du Leberon, est également plus basse. Quoiqu'il forme le trait saillant de la vallée de la Durance entre Manosque et Cavaillon, le Leberon n'est plus que la manifestation affaiblie de la force soulevante, car son point culminant ne dépasse pas 1 125 mètres, tandis que le sommet du Ventoux s'élève à 1 911 mètres au-dessus de la Méditerranée. Cette altitude est une des mieux déterminées de France.

. . . .

L'aspect physique du Mont-Ventoux est une conséquence de sa structure. Son versant méridional offre une pente augmentant régulièrement de la base au sommet, et semble une portion relevée de la plaine du Rhône, vaste plan incliné qui serait complètement uni, si depuis longtemps le déboisement de la montagne n'avait favorisé le ravinement de ses pentes. Ces ravins, qui rayonnent du sommet vers la base, s'élargissent à mesure qu'ils descendent et forment quelquefois de véritables vallées; nulle part on ne reconnaît mieux la puissance de l'action des eaux pluviales sur les terrains dénudés. Par les fortes averses qui caractérisent le midi de la France, ces ravins deviennent des torrents temporaires qui se précipitent vers la base du Ventoux et inondent souvent les campagnes comprises entre les collines et la montagne. Ces combes sont séparées par des crêtes plus ou moins larges. Le versant septentrional, au contraire, offre des parois presque verticales, interrompues par des ressauts : tel est celui connu sous le nom de prairie du Mont-Serein à 1 450 mètres au-dessus de la mer, celui de Saint-Sidoine à 787; mais les pentes sont toujours très raides et rendent l'ascension extrêmement fatigante. On ne s'en étonnera pas quand on saura que la pente générale du versant méridional est de 10 degrés, et celle du versant septentrional de 19°,30.

Vu d'Avignon, le Ventoux a une teinte brune qui ne dépare pas le paysage; mais de près l'aspect de ses pentes dénudées est désolant. Depuis les déboisements irréfléchis de la fin du siècle dernier, la terre végétale a été emportée par les eaux ou balayée par les vents. La roche calcaire s'est réduite en fragments de grosseur médiocre qui recouvrent toute la montagne. Vu de Bedoin, le Ventoux ressemble à un gigantesque amas de macadam : il semble que ce mont pelé soit dépourvu de toute végétation; mais à la base la végétation s'est réfugiée dans les dépressions où le passage des eaux en automne et au printemps entretient toujours une certaine fraîcheur dans le sol. A partir de 1 000 mètres environ, les chênes et les hêtres trouvent un climat moins chaud qui favorise leur croissance; mais la violence extrême des vents, qui justifie si bien le nom de la montagne, ne permet pas à ces arbres d'acquérir une grande taille, sauf dans les ravins; ces vents, surtout celui du nord-ouest ou *mistral*, sont d'une violence dont il est difficile de se faire une idée quand on ne l'a pas éprouvée : les hommes, les chevaux même sont jetés à terre lorsque ce vent est dans toute sa force. La puissance du mistral soufflant dans la plaine du Rhône est généralement connue; elle peut faire présumer quelle doit être sa violence sur la montagne, lorsqu'il vient la frapper directement sans que rien ait ralenti ou brisé son élan. Les anciens le connaissaient : « La Crau, dit Strabon, est ravagée par le vent appelé *melamboreas*, vent impétueux et terrible qui déplace des rochers, précipite les hommes du haut de leurs chars, broie leurs membres et les dépouille de leurs vêtements et de leurs armes. » Sa violence n'a pas diminué depuis Strabon; il renverse des murs, de lourdes charrettes chargées de foin, des wagons de chemin de fer, soulève le sable et même des cailloux; c'est au point qu'on a renoncé à remettre des carreaux à la façade septentrionale du château de Grignan, situé non loin de Montélimart et habité si longtemps par la fille de Mme de Sévigné; ils étaient toujours cassés par les cailloux enlevés sur les terrasses voisines. L'abbé Portalis fut emporté par un coup de mistral du sommet de la montagne de Sainte-Victoire, près d'Aix, et se tua dans sa chute. Moi-même, dans une ascension au Ventoux, je fus obligé de me cramponner à un rocher pour ne pas éprouver le même sort, et je gagnai en rampant une crête qui me mit un peu à l'abri des rafales; elles étaient intermittentes, mais furieuses, accompagnées d'un bruit semblable aux détonations de l'artillerie, et semblaient ébranler la montagne jusque dans ses fondements.

Le mistral rentre dans la catégorie de ces vents que M. Fournet a désignés sous le nom de *brises de montagnes*; c'est un vent local, propre aux vallées du Rhône et de la Durance, et qui rarement dépasse de beaucoup les côtes de la Provence et du Languedoc. En mer, il abandonne à peu de distance du port les navires qui, partant de Marseille, comptent sur lui pour gagner rapidement les côtes septentrionales de l'Afrique; d'un autre côté, il arrête en vue de la terre ceux qni veulent entrer dans les ports de Marseille ou de Cette, et les force à s'abriter derrière les îles d'Hyères ou à gagner les côtes d'Espagne. La génération du mistral s'explique parfaitement par la configuration des côtes méditerranéennes de la France. L'embouchure du Rhône forme un grand delta sablonneux dont la base a une longueur de 65 kilomètres; à l'est, ce delta touche à la Crau, vaste plaine couverte de gros cailloux descendus jadis par la vallée de la Durance; à l'ouest, s'étend une succession de plages sablonneuses, de marais salants et de montagnes basses et dénudées. Ces plages s'échauffent prodigieusement sous les rayons du soleil méridional; l'air qui les recouvre se dilate et s'élève; il se forme donc un vide, mais l'air froid qui remplit les hautes vallées des Alpes ou recouvre les plateaux des Cévennes et de la Montagne-Noire se précipite pour remplir ce vide: cet air qui se précipite, c'est le mistral. Chaque jour nous sommes témoins du même phénomène quand nous allumons le feu de nos cheminées; dès que l'air échauffé par la flamme s'élève par le tuyau, l'air froid se précipite de tous les côtés vers ce foyer d'appel, il pénètre par les jointures des portes et des fenêtres, alimente le feu et s'échappe avec la fumée par le haut de la cheminée. Les choses se passent de même en Provence et en Languedoc. Lorsque les Alpes et les Cévennes sont couvertes de neige, la plage s'échauffe, et le mistral souffle avec une violence incroyable, surtout pendant le jour; la nuit, le rivage se refroidit par rayonnement, la différence de température entre l'air chaud de la plaine et l'air froid de la montagne tend à s'égaliser, et le vent tombe pour recommencer le lendemain. Le foyer d'appel de ce courant d'air étant sur la côte, on conçoit qu'il ne se prolonge pas en mer. On conçoit également pourquoi l'hiver et le printemps sont les époques de l'année où il acquiert la plus grande force et dure le plus longtemps, car c'est pendant ces deux saisons que le contraste entre la température de l'air des montagnes et celui du rivage est le plus marqué.

De pareils vents, qui soufflent souvent pendant une semaine tout entière, sont hostiles à toute végétation : ils courbent, dépriment et brisent les arbres et les arbustes, déchirent les feuilles des plantes herbacées les plus humbles, emportent la terre végétale et dessèchent le sol qui les nourrit. Les pluies torrentielles du printemps et de l'automne, les averses orageuses de l'été sont impuissantes pour compenser le mal, car ces eaux s'écoulent rapidement en torrents éphémères. Cependant, grâce à la couche de fragments brisés qui revêt les flancs de la montagne, l'eau s'infiltre jusqu'aux racines, et sous ce macadam naturel, la terre végétale conserve une certaine fraîcheur.

Si le Ventoux était un massif granitique ou schisteux, de nombreuses sources filtrant à travers les fissures de la roche compenseraient l'action desséchante du soleil et du vent; mais le Ventoux est calcaire, et dans toutes les montagnes appartenant à cette formation, les sources sont abondantes, mais rares. Les eaux pluviales pénètrent entre les tranches des couches, s'arrêtent sur des bancs argileux qui en font partie, et viennent se réunir en un même point où elles donnent naissance à des rivières qui semblent sortir brusquement de terre : telle est la célèbre fontaine de Vaucluse, non loin du Ventoux; telles sont la Birse, dans le Jura, et la Vis, dans les Cévennes. On ne connaît que cinq sources sur le Mont-Ventoux : la source du Groseau, au pied du versant occidental de la montagne : miniature de la fontaine de Vaucluse, elle arrose les prés verdoyants qui entourent la jolie ville de Malaucène. Sur la montagne même, les puits du Mont-Serein, situés sur le versant septentrional, à 1 455 mètres d'élévation, abreuvent les troupeaux de moutons qui passent l'été sur ce plateau. On cite encore la source d'Angel, à 1 164 mètres; celle de Lagrave, et surtout la Fontfiliole, à 1 788 mètres au-dessus de la mer, et par conséquent à 123 mètres seulement au-dessous du sommet. C'est un mince, mais intarissable filet d'eau qui se fraie un passage entre les pierres, et qui se maintient toujours à une température de 5 degrés centigrades. La Fontfiliole est évidemment le produit des eaux provenant de la fonte des neiges. Quoique le sommet du Ventoux en soit dépourvu pendant quatre mois de l'année, ces eaux, circulant dans les méandres formés par les intervalles qui séparent les pierres, suffisent pour alimenter cette petite source pendant tout l'été : ressource précieuse pour les voyageurs qui font l'ascension du Ventoux et les troupeaux qui s'aventurent jusqu'à ces hauteurs.

Avant de passer à l'étude de la végétation du Mont-Ventoux, nous devons nous former une idée des différents climats qui s'échelonnent sur ses flancs. Pour avoir des notions parfaitement exactes, il faudrait que des stations météorologiques eussent été établies à différentes hauteurs. Ces stations n'existent pas et n'existeront probablement jamais; de pareilles entreprises sont au-dessus des ressources d'un particulier, et celles des États ont eu de tout temps un emploi bien différent [1]. Néanmoins de nombreuses ascensions ont été faites sur le Ventoux, en hiver et en automne par M. Guérin, d'Avignon, en été par M. Requien, M. Delcros et moi-même. Les températures ont toujours été notées avec soin. Sur d'autres sommets, le grand Saint-Bernard, le Faulhorn et le Righi dans les Alpes, le pic du Midi de Bigorre dans les Pyrénées, des ascensions répétées et même des séjours prolongés ont permis de déterminer approximativement le climat des montagnes à différentes altitudes. On sait

1. Depuis un observatoire a été créé au sommet du Mont-Ventoux.

maintenant de combien de mètres il faut s'élever dans les différentes saisons pour que la température de l'air s'abaisse d'un degré; c'est ce qu'on appelle le *décroissement de la température avec la hauteur*. Le Saint-Bernard, où les religieux font depuis trente ans des observations météorologiques pendant toute l'année, le Righi, où M. Eschmann a passé le mois de janvier 1727, ont fourni des notions sur le décroissement hibernal. L'hôtel bâti par les soins du docteur Costallat près du cône terminal du pic du Midi, à 2 372 mètres au-dessus de la mer, permettra un jour de faire les mêmes études dans les Pyrénées. Dès aujourd'hui toutefois, en combinant les résultats des ascensions sur le Ventoux avec les lois connues du décroissement de la température, on peut se former une idée du climat du sommet du Ventoux, à 1 911 mètres d'altitude, et des bergeries du Mont-Serein, situées à 1 450 mètres sur le versant nord. La température annuelle moyenne de la plaine au pied du Ventoux est de 13 degrés environ. La moyenne annuelle de la température au sommet du Ventoux ne dépasserait pas 2 degrés. C'est, comme on le voit, une moyenne fort basse. En latitude, il faut s'approcher du cercle polaire pour trouver la même moyenne; c'est celle des villes d'Umeo [1] et d'Hernoesand [2] en Suède. Pétersbourg [3], situé plus au sud, mais aussi plus à l'est, ce qui abaisse la température, présente une moyenne comprise entre 3 ou 4 degrés, suivant le lieu où se font les observations météorologiques. Nous avons donc en France une montagne isolée qui s'élève brusquement d'une plaine dont la température moyenne est celle des villes de Sienne, Brescia ou Venise, et dont le sommet offre le climat de la Suède septentrionale, limitrophe de la Laponie. Ainsi monter au Ventoux,

1. Latitude, 63° 50'.
2. Latitude, 62° 38'.
3. Latitude, 59° 56'.

c'est climatologiquement comme si l'on se déplaçait de 19 degrés en latitude, savoir du 44ᵉ au 63ᵉ degré.

Le sommet du Ventoux étant couvert de neige pendant sept mois de l'année environ, les plantes dorment sous cette couche épaisse. Ce qui intéresse par conséquent les botanistes, ce sont les températures de l'été; ce sont aussi les mieux connues, parce que les ascensions se font presque toujours dans cette saison. La température moyenne de trois mois d'été, juin, juillet et août, est de 8 degrés environ au sommet; mais en juillet et août le thermomètre atteint souvent à l'ombre, vers le milieu du jour, 15 et même 17 degrés, comme je l'ai constaté moi-même. Aux bergeries de Mont-Serein, savoir à 1 450 mètres sur le versant nord, la moyenne de l'année est de 5 degrés et la température estivale de 12 degrés environ. Le thermomètre y atteint souvent de 18 à 20 degrés. A égale hauteur, sur le versant sud, on trouverait des moyennes plus élevées d'un degré environ. La somme de chaleur qui s'accumule dans les végétaux et dans le sol pendant les longues journées de l'été est beaucoup plus considérable sur ce versant, et se traduit par des différences dans les limites de la végétation que nous apprécierons plus loin.

On voit que tous les climats de l'Europe, depuis celui de la Provence et du nord de l'Italie jusqu'à celui de la Laponie, sont échelonnés sur les flancs du Ventoux; à chacun de ces climats correspond nécessairement une flore différente, mais comparable à celle du climat analogue dans les plaines de l'Europe. On peut donc y étudier l'influence de l'altitude sur la végétation. Quoique très élevé, le sommet du Ventoux n'atteint pas la limite des neiges éternelles, qui sous cette latitude est à 2 850 mètres au-dessus de la mer; mais il est assez élevé pour que les plantes appartenant à la région alpine puissent y vivre et s'y propager. On ne s'en étonnera pas quand on saura que la température annuelle moyenne du sommet est supérieure de trois degrés seulement à celle de Saint-Bernard, qui s'élève à 2 474 mètres au-dessus de la mer, c'est-à-dire à 563 mètres plus haut que le Ventoux et à deux degrés latitudinaux plus au nord. Ainsi donc la cime du Ventoux entre dans cette région alpine qui commence, dans la chaîne centrale, à 1 800 mètres d'altitude.

Pour les études de topographie botanique, le Ventoux présente des particularités remarquables qui, depuis longtemps, l'avaient signalé à l'attention des botanistes. D'abord son isolement. Quand une montagne fait partie d'un massif ou d'une chaîne, certains versants sont abrités par les contreforts voisins, d'autres ne le sont pas ; elle est dominée par les sommets qui la dépassent : de là des influences très diverses. La montagne sera à l'abri de tel vent, exposée à tel autre ; elle recevra la chaleur répercutée vers l'un de ses flancs par un escarpement voisin, tandis que l'autre rayonnera librement vers le ciel. Les conditions de chaleur, d'humidité, d'aération, varieront suivant les différents azimuts. Rien de semblable pour le Ventoux. Le versant méridional regarde la plaine, le versant septentrional les Alpes ; mais il en est fort éloigné, et entre la chaîne principale et lui on aperçoit un nombre infini de basses montagnes dont les plus rapprochées ne s'élèvent pas au-dessus de 1 000 mètres. A partir de cette hauteur, le versant nord est aussi découvert que le versant sud. Le Ventoux a encore un autre avantage pour les études que nous projetons. La plupart des montagnes sont pyramidales ou coniques, et présentent par conséquent plusieurs versants. Le Ventoux n'en a que deux. On peut le comparer à une crête ou, si l'on veut, au faîte d'un toit à double pente. L'une de ses pentes est tournée vers le midi, ou plus exactement vers le sud-ouest : c'est celle qui regarde la plaine ; l'autre fait face au nord, ou plutôt au nord-nord-est. On peut donc sur cette montagne, mieux que sur aucune autre en France, apprécier en quoi l'action prolongée du soleil adoucit le climat et modifie la flore d'une localité.

. . . .

Beaucoup de botanistes pensent que la composition chimique du sol exerce une grande influence sur la végétation. Ils sont persuadés que la présence de la silice, de la chaux, de la potasse, de la magnésie, du sel marin, est nécessaire à l'existence de certaines plantes, inutile ou hostile à certaines autres. On cite des végétaux, le châtaignier, les bruyères, certains genêts, la digitale, qui ne prospèrent que sur les sols siliceux, tels que le granite, le gneiss, les grès, les schistes, etc. D'autres plantes préfèrent les sols calcaires. Tous les savants sont également d'accord pour reconnaître l'influence prépondérante des conditions physiques. Il est clair que la perméabilité du sol, son mode d'agrégation, son degré d'humidité, sont des conditions fondamentales. Le labourage, le binage, le drainage, n'ont d'autre but que de donner au sol les qualités physiques que les plantes cultivées réclament pour payer l'agriculture de ses soins. Ainsi donc, sur une montagne dont la structure géologique ne serait pas homogène, on ne saurait comparer logiquement la végétation des différentes zones, et encore moins celle des deux versants. L'influence de la terre compliquerait celle des agents atmosphériques, et l'on risquerait d'attribuer à l'air et à sa température des effets provenant du sol, ou *vice versa*. Sur le Ventoux, cette confusion est impossible ; le sol est partout d'une composition physique et chimique uniformes : la montagne entière est calcaire et recouverte d'une couche de fragments de la même roche presque de même grosseur. Les agents atmosphériques déterminent donc seuls ou arrêtent la végétation de telle ou telle espèce.

La rareté des sources est encore une condition favorable ; partout la terre est également sèche ; il n'y a point, comme sur d'autres montagnes, des prairies humides et des pentes arides. Nulle part le sol n'est arrosé par des filets d'eau permanents, et même celui de la Fontfiliole se perd finalement au milieu des pierres. Le déboisement du Ventoux, si déplorable sous tous les points de vue, est une circonstance heureuse pour les études de topographie botanique. Il favorise l'uniformité de la végétation. Si la montagne est partiellement ombragée par d'épaisses forêts, comme celle de la Grande-Chartreuse, les parties boisées seraient occupées par des espèces différentes de celles qui garnissent les parties dénudées; un versant couvert d'arbres n'eût pas été comparable au versant opposé qui en eût été dépouillé. Les forêts d'ailleurs s'opposent à la dissémination des graines, altèrent les lois du décroissement de la température, abritent certaines parties, entretiennent l'humidité autour d'elles, en un mot elles rompent l'uniformité, condition essentielle d'une étude du genre de celle que nous voulons entreprendre. Les vents violents eux-mêmes, fléaux du Ventoux et de la Provence, sont ici une circonstance favorable en ce qu'ils disséminent les graines sur toute la surface de la montagne, de telle façon que les plantes poussent partout où le climat leur permet de vivre.

. . . .

Le Mont-Ventoux offre une succession de régions végétales bien définies et caractérisées par l'existence de certaines plantes qui manquent dans les autres. Ces régions sont au nombre de six sur le versant méridional, de cinq sur le versant septentrional. Nous commencerons par le versant sud, celui qui se confond à sa base avec la plaine du Rhône. Toutes les plantes de la plaine appartiennent à la région la plus basse : elles se caractérisent très bien par deux arbres, le pin d'Alep et l'olivier. Tous deux sont propres au bassin méditerranéen, autour duquel ils forment une ceinture interrompue seulement par le delta de l'Égypte. Le pin d'Alep se trouve sur toutes les collines qui longent le pied méridional du Ventoux; mais il ne dépasse pas 430 mètres au-dessus du niveau de la mer. L'olivier monte plus haut, mais n'est plus cultivé au-dessus de 500 mètres. Sous ces arbres, on rencontre toutes les espèces méridionales qui caractérisent la végétation de la Provence : le chêne kermès, le romarin, le genêt d'Espagne, le *Dorycnium suffruticosum*. — Une zone étroite succède à celle-ci : elle est caractérisée par le chêne vert, celui-là même qui est si favorable à la production de la truffe. Cet arbre ne dépasse guère 550 mètres; mais les semis opérés depuis quinze ans en élèveront probablement la limite altitudinale. Au milieu des taillis, on trouve la dentelaire d'Europe, le genévrier cade, la grande euphorbe characias, la *Psoralea* à odeur de bitume, etc.

Une région dépourvue de végétaux arborescents vient immédiatement après les deux premières. Le sol est nu, pierreux, généralement inculte; cependant çà et là on remarque des champs de pois chiches, d'avoine ou de seigle, dont les derniers sont à 1 030 mètres au-dessus de la Méditerranée; mais un arbrisseau, le buis, deux sous-arbrisseaux, le thym et les lavandes, une autre labiée herbacée, le *Nepeta graveolens* et le dompte-venin (*Vincetoxicum officinale*), dominent pour la taille et le nombre. C'est dans cette région que les tentatives de reboisement au moyen des chênes et des pins maritimes se poursuivent avec succès. Il faut s'élever jusqu'à 1 130 mètres pour retrouver de nouveau la végétation arborescente : elle se compose de hêtres. D'abord épars et sous forme de taillis, ils sont plus grands à partir de 1 240 mètres, surtout dans les ravins profonds, véritables vallons qui les abritent du vent. Quelques-unes de ces gorges offrent un aspect charmant; des escarpements pittoresques les dominent, de beaux bouquets de hêtres aux troncs marbrés de lichens blancs se groupent à leur pied, un vert gazon entretenu par l'humidité du sol tapisse le fond de la combe. Des perspectives s'ouvrent d'un côté vers les arêtes nues de la montagne, de l'autre vers la plaine fertile; les eaux du Rhône scintillent au loin, l'air est traversé par les abeilles bourdonnantes qui s'échappent des ruches étagées au midi contre les rochers. Le thym et· les lavandes exhalent leurs parfums pénétrants lorsque le pied du voyageur vient à les fouler. L'œil est charmé de ce contraste qu'on ne trouve que dans le Midi : une belle verdure due à la fraîcheur du sol sous un ciel bleu et avec un air sec, chaud et transparent. Au printemps, en automne et pendant les pluies d'orage de l'été, ces ravins sont des torrents éphémères, mais terribles, qui entraîneraient le voyageur et ses chevaux comme des brins de paille; mais le torrent passe vite, le sol est imbibé d'eau, le soleil luit, et la végétation reprend avec une vigueur nouvelle.

Les hêtres montent jusqu'à 1 660 mètres. A cette hauteur, les dépressions sont peu profondes, et les arbres, exposés à l'action déprimante du vent qui les couche sur le sol, ne sont plus que d'humbles buissons à branches courtes, dures et serrées. Un pareil buisson, semblable à une boule ou à un matelas étendu par terre, est souvent aussi vieux que de grands hêtres qui élèvent dans le ciel leur cime orgueilleuse. Un grand nombre de plantes habitent la région des hêtres. Plusieurs appartiennent à la zone subalpine des montagnes de l'Europe moyenne, et ne descendent jamais dans la plaine. Tels sont le nerprun, le groseillier, la giroflée, la cacalie et l'oseille des Alpes, l'amélanchier commun, l'anthyllide des montagnes, etc.

A la hauteur de 1 700 mètres, le froid est trop vif, l'été trop court et le vent trop violent pour que le hêtre puisse encore subsister; aussi sur le Ventoux, comme dans les Alpes et les Pyrénées, un arbre de la famille des conifères est le dernier représentant de la végétation arborescente : c'est une espèce de pin assez basse, appelée pin de montagne (*Pinus uncinata*) par les botanistes, parce que les écailles de ces cônes sont recourbées en hameçons. Ces pins s'élèvent à plusieurs mètres de hauteur dans les endroits abrités, et deviennent des buissons touffus dans les lieux exposés au vent : ils montent jusqu'à la hauteur de 1 810 mètres, et forment la limite extrême de la végétation arborescente. Les plantes herbacées de cette région sont celles de la région des hêtres, qui presque toutes atteignent la limite des pins. Cependant il faut y ajouter le genévrier commun, couché sur le sol, comme on le voit toujours sur les hautes montagnes, où le poids de la neige l'écrase pour ainsi dire tous les hivers, la germandrée des montagnes et la saxifrage gazonnante (*Saxifraga cespitosa*), qui s'élève jusque sur les plus hautes cimes des Alpes. La flore nous enseigne donc, à défaut du baromètre, que nous touchons à la région alpine du Ventoux, à cette région où toute végétation arborescente a disparu, mais où le botaniste retrouve avec ravissement les plantes de la Laponie, de l'Islande et du Spitzberg. Dans les Alpes, cette région s'étend jusqu'à la limite des neiges perpétuelles, séjour d'un éternel hiver; mais, le Ventoux ne s'élevant qu'à 1 911 mètres, son sommet appartient à la partie inférieure de la région alpine des Alpes et des Pyrénées. A cette hauteur, tout arbre a disparu, mais une foule de petites plantes viennent épanouir leurs corolles à la surface des pierres ou des rochers. Ce sont le pavot à fleurs orangées, la violette du Mont-Cenis, l'astragale à fleurs bleues, et, tout à fait au sommet, le pâturin des Alpes, l'euphorbe de Gérard et la vulgaire ortie, qui apparait partout où l'homme construit un édifice. Une chapelle a été bâtie au sommet du Ventoux depuis l'ascension de Pétrarque. L'ortie s'abrite à l'ombre de ses murs. Une auberge se trouve au sommet du Faulhorn, en Suisse, à 2 680 mètres au-dessus de la mer, et l'ortie y croît également, entourée des plantes qui ne se trouvent que dans le voisinage des neiges éternelles. Mais ce n'est

pas au sud du sommet terminal de la montagne que le
botaniste cherchera les plantes alpines caractéristiques
de la région élevée d'où son œil embrasse tout le pano-
rama des Alpes françaises, du mont Blanc à la mer. C'est
dans les escarpements du nord, dans les rochers exposés
aux bises glaciales, privés de soleil pendant de longs
mois et couverts de neige jusqu'en juin. C'est là que j'ai
revu, comme on revoit une amie, la saxifrage à feuilles
opposées, que j'avais cueillie au sommet du Reculet, la
cime la plus élevée du Jura, et sur tous les sommets des
Alpes qui atteignent ou dépassent la limite des neiges
perpétuelles. Quand je mis le pied pour la première fois
sur les rivages glacés du Spitzberg, la saxifrage à feuilles
opposées fut encore la première plante que j'aperçus, car
ici elle retrouvait au bord de la mer les étés froids et les
neiges fondantes des sommets qui couronnent les Alpes
et les Pyrénées. Sur le Ventoux, d'autres saxifrages,
également alpines, environnaient la première; les clo-
chettes bleues de la campanule d'Allioni se dégageaient
du milieu des pierres, et des plantes naines, comme elles
le sont toutes à ces hauteurs, le *Phyteuma* à capitules
arrondies, l'*Androsace* villeuse, l'*Ononis* du Mont-Cenis,
et trois espèces d'*Arenaria*, se collaient contre les rochers
ou pointaient à travers les pierres.

Nous avons vu combien le Ventoux était heureusement
placé et favorablement orienté pour mettre en évidence
l'influence des versants sur la végétation; nulle part cette
influence n'est plus marquée que dans la région alpine.
Sur le versant sud, elle s'étend des derniers pins rabougris au sommet, sur une hauteur de 111 mètres, savoir
de 1 800 à 1 911 mètres. Sur le versant nord au contraire,
la région alpine est comprise entre 1 700 et 1 911 mètres,
sa hauteur est donc de 211 mètres. Ainsi les plantes alpines
se montrent plus bas au nord qu'au midi, parce qu'elles
trouvent à une moindre hauteur, à 1 700 au lieu de 1 800
mètres, les conditions climatologiques qui leur conviennent.

Un autre phénomène de végétation trahit l'influence des versants. Le sapin, qui n'existe pas sur le versant sud, s'élève dans les escarpements du nord, mêlé au pin de montagne jusqu'à la hauteur de 1 720 mètres : il forme une région qui correspond à la zone que ce pin caractérise seul sur le versant méridional; mais cette région est plus étendue au nord; les conifères y sont déjà prédominants à la hauteur de 1 380 mètres. Sur les pentes presque verticales qui plongent vers le village de Brantes, les sapins mêlés aux hêtres descendent jusqu'à 1 000 mètres environ. Le pin de montagne obéit aux mêmes influences : sur le versant sud, il commence à se montrer à la hauteur de 1 480 mètres pour cesser à 1 810 mètres. Sur le versant nord, il commence plus bas : on le rencontre déjà à 1 350 mètres; mais il monte moins haut qu'au sud, car il ne dépasse pas 1 625 mètres.

La région des hêtres existe au nord comme au midi du Ventoux; mais au midi ils occupent la région comprise entre 1 130 et 1 670 mètres. Au nord, la zone entière se trouve abaissée, car cet arbre se montre à 920 mètres de hauteur et cesse à 1 580. Au-dessous de 900 mètres, même au nord, les étés sont trop chauds pour que le hêtre, qui appartient aux essences de l'Europe moyenne, puisse prospérer. Dans la plaine du Rhône, il ne commence à apparaître qu'aux environs de Lyon, et il faut s'avancer jusque dans le nord de la France pour le trouver dans toute sa beauté, qu'il conserve en Belgique, en Allemagne et en Danemark, où il a de tout temps excité l'admiration des peintres et inspiré la muse champêtre. La limite septentrionale de cet arbre, déterminée avec beaucoup de soin par Alphonse de Candolle, forme une courbe qui, commençant un peu au nord d'Édimbourg, atteint son point culminant à Alvesund (latitude, 61° 31'), près de Bergen en Norvège, redescend en Suède, au sud des lacs Wettern et Wenern, coupe la côte de Poméranie près de Kœnigsberg, pour se diriger au sud-est à travers la Wolhynie jusqu'en Crimée (latitude, 45 degrés), où elle atteint sa limite méridionale. On voit que dans la plaine comme sur la montagne le hêtre craint les fortes chaleurs; mais il redoute également les hivers trop rudes, puisqu'il s'arrête en deçà du cercle polaire. Sa limite septentrionale s'abaisse dans l'est où les hivers, comme on sait, sont d'autant plus rigoureux qu'on s'éloigne plus de l'Océan. Au contraire la modération des hivers et des étés lui permet de s'avancer dans la France occidentale jusqu'au pied des Pyrénées.

De la région des hêtres, on descend dans celle du buis, du thym et des lavandes, qui est excessivement étroite sur le versant nord du Ventoux, car elle est comprise entre 800 et 910 mètres. La zone végétale placée immédiatement au-dessous de celle-ci est caractérisée par un arbre que nous chercherions vainement sur le versant méridional. Le noyer est cultivé sur les pentes septentrionales du Ventoux. Le dernier auquel j'aie suspendu mon baromètre pour mesurer son altitude se trouvait près de la chapelle de Saint-Sidoine, à 797 mètres au-dessus de la Méditerranée. Le noyer est originaire de la Perse et spontané dans les régions au sud du Caucase. Dans l'Europe occidentale, il ne dépasse pas le 56e degré de latitude, savoir : la latitude d'Édimbourg et de Copenhague; il ne faut donc pas s'étonner s'il ne s'élève pas davantage sur le flanc septentrional du Ventoux. Plus haut d'ailleurs sa culture serait illusoire, car, n'étant plus protégé par les contreforts des montagnes opposées, le vent abattrait ses fruits bien avant leur maturité.

La région la plus basse du versant nord du Ventoux est caractérisée par la présence du chêne vert. Il ne dépasse pas l'altitude de 620 mètres. Plus haut, le climat serait trop rude pour lui. Sur les côtes océaniques de la France, où les hivers sont si doux, le dernier bois de chênes verts se trouve dans l'île de Noirmoutiers, près de l'embouchure de la Loire, par le 47e degré de latitude.

La région des oliviers manque sur le versant septentrional du Ventoux, ce qui réduit à six le nombre des
régions végétales de ce côté, tandis qu'il est de sept au
midi. Cette différence s'explique : au nord, le pied de la
montagne est moins bas qu'au midi, la ville de Malaucène étant à 400 mètres au-dessus de la mer, tandis que
le village de Bedoin n'est qu'à 190. Aussi l'olivier ne sau-
rait-il mûrir ses fruits sur des pentes tournées vers le
nord à des altitudes supérieures à 400 mètres. Cela est si
vrai que sur les contreforts des basses montagnes opposées au Ventoux il monte au-dessus de 500 mètres dans
les vallons abrités qui séparent les deux chaînes. Originaire de l'Asie Mineure et de la Grèce, l'olivier est un
arbre délicat et très sensible aux gelées printanières, qui
ne s'élève pas à une grande hauteur sur les montagnes.
Dans la vallée du Rhône, les derniers oliviers sont au
pied des rochers volcaniques de Rochemaure, un peu au
nord de Montélimart. Jadis les oliviers étaient communs
jusqu'à Valence ; mais l'extension de la culture du mûrier
à la fin du xvie siècle les a refoulés vers le midi.

Le lecteur connaît maintenant la topographie botanique du Mont-Ventoux ; il a vu comment les zones de
végétation s'échelonnent sur ses flancs et représentent
en miniature la succession des végétaux depuis les plaines
de la Provence jusqu'aux extrémités de la péninsule scandinave. Sur toutes les grandes montagnes, on trouve des
successions semblables ; mais nulle part on ne rencontre
une montagne géographiquement mieux placée, plus
détachée du groupe principal et mieux orientée pour que
l'influence de l'exposition se traduise par la végétation.
(CH. MARTINS, *le Mont-Ventoux en Provence*, *Revue des
Deux Mondes*, 1er avril 1863.)

X

FLORE ACTUELLE ET FLORE FOSSILE
DE LA NORVÈGE

Partout l'état de la végétation est en rapport avec le climat : si l'on connaît le climat d'une contrée, on peut prévoir, jusqu'à un certain point, quels doivent être les caractères généraux de la flore et, d'après ces caractères, on peut également juger de la température qui y règne. Pour la météorologie préhistorique et même paléontologique, aussi bien que pour la botanique, il importe donc beaucoup d'étudier attentivement, d'une part les plantes qui, aujourd'hui, habitent chacune des parties de la surface de notre globe, d'autre part les changements qui, avec le temps, ont pu s'opérer dans la flore d'une même contrée. Or le Danemark et la Norvège sont des pays particulièrement favorables à des recherches de cet ordre, car, dans le premier de ces royaumes, on trouve à de faibles distances des climats très variés, et dans le second les tourbières recèlent dans leur sein de nombreux échantillons des plantes d'autrefois, à l'aide desquelles on a pu apprécier les changements que la végétation de la contrée a subis durant la période comprise entre la fin de l'époque tertiaire et le temps présent. Ces changements sont beaucoup plus grands qu'on ne pouvait le supposer, et ils témoignent de la longue suite de siècles qui a dû s'écouler depuis que l'Europe a acquis presque partout sa forme actuelle et que notre globe est entré dans la période appelée *moderne* par les géologues.

La tourbe qui a rendu aux naturalistes cet important service est le produit de la décomposition lente et incomplète de quelques mousses et d'autres débris de plantes entassés dans des eaux stagnantes et placées sous l'influence conservatrice du froid. Dans les pays chauds, les matières végétales déposées dans les marécages y sont promptement désorganisées, et leur substance, en majeure partie, retourne à l'atmosphère sous la forme de gaz ou de miasmes souvent délétères; mais, dans les régions froides, les choses se passent autrement; la terre détrempée, ou même submergée, se couvre souvent de diverses espèces de mousses, principalement de sphaignes, dont les générations successives se superposent et dont les restes, mêlés parfois à d'autres débris végétaux, ne s'altèrent que peu et se transforment graduellement en une couche épaisse de matière combustible utilisable pour le chauffage.

Le Danemark est très riche en tourbières. Celles-ci sont de trois sortes : les plus communes et les plus étendues sont désignées sous les noms de *Lyngmose* ou tourbières à bruyères, parce qu'elles finissent toujours par se couvrir de plantes de ce genre; elles sont formées par des sphaignes et des hypnées, mousses vivaces, et elles n'offrent rien qui soit particulièrement important à noter ici. D'autres tourbières, appelées les *Kjaermose*, n'occupent guère que les bords des lacs, les bas-fonds des larges vallées arrosées par des cours d'eau, ou les parties marginales des anses et des fjords où la mer se retire peu à peu; elles sont formées principalement de débris de roseaux et de plantes herbacées; elles n'ont en général que peu de profondeur, et je ne m'arrêterai pas pour en parler plus longtemps. Mais les *Skovmose*, ou tourbières forestières, quoique plus circonscrites, intéressent davantage les naturalistes, à cause des arbres qui s'y trouvent enfouis et qui nous éclairent sur les caractères des anciennes forêts de cette région.

Ces derniers marais tourbeux, dont M. Steenstrup et M. Vaupell ont fait une étude des plus approfondies, particulièrement dans la partie septentrionale de l'île de Seeland, entre Copenhague et Elseneur, occupent de petites vallées ou des excavations dues probablement à la présence d'anciennes montagnes de glaces flottantes détachées des grands glaciers de la Suède et échouées çà et là pendant que le sol d'alentour, d'origine erratique, se déposait au fond des eaux dont toute cette contrée était couverte au commencement de la période quaternaire. Ces cuvettes naturelles ont souvent plus de 10 mètres de profondeur; le fond en est tapissé par de l'argile provenant du lavage des parois de ces dépressions et contenant parfois des débris de plantes arctiques, actuellement inconnues en Danemark. Sur ce premier lit sédimentaire repose une couche horizontale de tourbe amorphe, composée de débris de végétaux réduits en une sorte de pâte et souvent mêlés à des matières minérales constituées par des tufs calcaires ou par les carapaces siliceuses de divers animalcules infusoires; puis sur cette base s'élève une couche de tourbe organisée, due au développement de mousses aptes à vivre sous l'eau, principalement des hypnées; à un niveau plus élevé, cette tourbe d'origine infra-aquatique est remplacée par de la tourbe ordinaire, constituée principalement par des sphaignes entremêlées de débris de cypéracées et, lorsque la tourbière occupe un espace considérable, sa partie centrale conserve ce caractère jusqu'à ce que sa surface émergée se soit consolidée et couverte de bruyères comme dans les lyngmoses; mais, dans ses parties marginales et même dans toute son étendue, lorsque la cuvette est petite, on trouve, enfouis dans cette substance

de consistance spongieuse, une multitude d'arbres provenant des bords boisés du marais. Quelquefois les troncs
sont encore debout, dans leur position normale; mais,
d'ordinaire, ils sont tous couchés, et alors leur extrémité
basilaire est toujours dirigée vers la périphérie de la tourbière et leur tête vers le centre de la cuvette. Le nombre
des grands arbres enfouis de la sorte dans la zone forestière de ces tourbières est immense. Dans la petite île de
Seeland on en a retiré plus d'un million en moins de
trente ans; ils sont conservés de manière à être parfaitement reconnaissables; à côté des troncs encore revêtus
de leur écorce, on trouve leurs branches, leurs feuilles
et leurs fruits à peine déformés, et, chose remarquable,
aucun de ces arbres n'appartient à l'essence forestière
qui aujourd'hui domine dans toute la contrée circonvoi-
sine.

Les forêts du Danemark sont composées principalement,
sinon exclusivement, de hêtres; nulle part on n'en voit
de plus beaux que sur les côtes du Jutland, et cet arbre
prospère sur les îles aussi bien que sur la terre ferme.
Cependant pas un seul hêtre n'a été trouvé dans les
tourbières de ce pays; les arbres enfouis dans ces dépôts
marécageux sont des pins, des chênes, des bouleaux et
des aunes, essences qui, pour la plupart, manquent ou
ne jouent qu'un rôle tout à fait secondaire dans la constitution des forêts actuelles de cette partie de l'Europe.

Le caractère de la végétation forestière du Danemark a
donc changé complètement depuis l'époque plus ou moins
reculée durant laquelle les arbres des tourbières garnis-
saient les bords des marais de ce pays, et il résulte des
recherches de M. Steenstrup que ce changement n'est pas
le seul qui ait eu lieu entre l'époque glaciaire et l'époque
actuelle. En effet, les différentes espèces d'arbres enfouis
de la sorte dans la zone marginale des *Skovmoses* ne s'y
trouvent pas pêle-mêle et ils y forment souvent plusieurs

couches parfaitement distinctes, dont la composition varie. Ainsi, dans la tourbière de Lillemore, M. Steenstrup a trouvé dans la couche basilaire, composée par la tourbe amorphe, des feuilles et des petites branches de tremble; puis, dans la zone forestière, il a rencontré une première assise composée de pins; une seconde assise était formée par des chênes, et, de même que la couche précédente, elle n'occupait que les bords de la cuvette; enfin, à un niveau plus élevé, se trouve une couche d'aunes qui s'étend partout. Le chêne manque dans quelques-unes de ces tourbières forestières, dans celles de Rungsted et de Vallerod par exemple; mais, dans presque toutes les autres, cet arbre est abondant, et ordinairement le bouleau joue aussi un rôle considérable dans la constitution de ces dépôts.

D'après l'ensemble des faits constatés de la sorte, l'éminent naturaliste de Copenhague dont je viens de citer le nom distingue dans l'histoire forestière du Danemark trois grandes périodes. A l'époque où ces tourbières commencèrent à emmagasiner les arbres tombés par suite de la dégradation des bords de ces marécages, le pays était couvert de pins dont la magnificence annonce le grand âge et l'influence de conditions climatologiques des plus favorables à leur développement. Ils atteignaient de très grandes dimensions, car souvent la circonférence de leur tronc mesurait 3 mètres; leur hauteur était correspondante à leur diamètre et, d'après leur port droit et élancé, il est présumable qu'ils étaient serrés entre eux de manière à ne laisser aucune place à d'autres essences forestières. Ils appartenaient à deux espèces ou variétés dont l'une ne paraît différer en rien du pin sylvestre qui aujourd'hui abonde en Norvège ainsi qu'en Suède et fournit de beaux bois de charpente; l'autre, rabougri et très riche en matières résineuses, ressemble beaucoup au *Pinus pumilio* des marais alpins de l'Europe centrale; mais aucun document historique ni aucune tra-

dition n'indique que de mémoire d'homme il y ait eu
des forêts de pins en Danemark, et aujourd'hui les arbres
de ce genre que l'on y introduit artificiellement ne prospèrent jamais. On a fait plus ou moins récemment des
tentatives pour y acclimater de nouveau le pin sylvestre,
mais on n'a pas réussi.

A une époque moins ancienne, les pins disparurent peu
à peu et furent remplacés graduellement par des forêts
de chênes rouvres dont la croissance était également
non moins vigoureuse, car les troncs trouvés dans les
tourbières mesurent parfois en circonférence plus de
4 mètres. Dans les parties supérieures de ces dépôts on
rencontre aussi le Chêne pédonculé, dont on voit encore
des représentants sur quelques points dans le Jutland;
mais les arbres de ce genre, depuis les temps historiques,
n'ont jamais constitué de forêts, ni en Danemark ni dans
les parties adjacentes de l'Allemagne. Il est également à
noter que le bouleau blanc a laissé de beaux troncs dans
les parties anciennes des tourbières, tandis que dans les
couches récentes de ces dépôts, dont la formation date
de l'époque du chêne, cette espèce est remplacée par le
bouleau verruqueux.

La troisième période de la végétation arborescente du
Danemark est caractérisée par l'apparition du hêtre, qui
peu à peu s'est substitué à la plupart des autres espèces
forestières et qui fait maintenant le plus bel ornement du
pays. Cette essence n'a laissé dans les tourbières aucune
trace de son existence, mais d'autres arbres qui, de nos
jours encore, prospèrent dans cette contrée, ont résisté
aux causes dont dépend la disparition successive des
forêts de pins et des forêts de chênes; ainsi le tremble
ou peuplier de Hollande a traversé toute la période des
tourbières et le bouleau verruqueux qui existait lors de
la formation des couches supérieures de la tourbe contemporaine du chêne vit encore aujourd'hui dans cette
partie de l'Europe. Enfin l'aune, qui se montre aussi

dans les formations tourbeuses, paraît être plus récent
que le chêne.

L'invasion du hêtre est postérieure non seulement aux
périodes des tourbières dont je viens de parler, mais
aussi à l'époque de la formation des dépôts littoraux qui
constituent sur divers points des côtes du Danemark et
des autres pays plus ou moins septentrionaux de l'Europe
les forêts sous-marines enfouies soit dans de l'argile, soit
dans un tuf calcaire. En effet, ces forêts, dont les unes
sont actuellement submergées, mais dont d'autres, recouvertes par des dépôts coquilliers marins, ont été soulevées
à une hauteur de 3 ou 4 mètres au-dessus du niveau de
la mer, ne contiennent pas de hêtres et sont formées de
bouleaux et de chênes; parfois on y trouve aussi des
pins; par conséquent, d'après la chronologie botanique
de M. Steenstrup, leur envahissement par la mer semble
dater du commencement de la seconde période forestière.
Le hêtre paraît être venu des montagnes de l'Europe
centrale; il lui a fallu des siècles pour compléter ses conquêtes en Danemark et ce n'est pas seulement dans cette
région qu'il tend à supplanter le chêne : ainsi, chez nous,
dans les Vosges, du temps de Charlemagne, les alentours
du lac de Gerardmer étaient couverts de belles forêts de
chênes et de hêtres, où ce monarque allait chasser l'ours,
et aujourd'hui encore on retire parfois des eaux de ce lac
de gros troncs de chêne, mais sur les pentes voisines on
ne trouve maintenant que des hêtres mêlés à des sapins
et à des *Epicea*.

On ne peut former que des conjectures très vagues relativement au laps de temps employé par la nature pour
opérer ces changements dans la végétation arborescente
du Danemark. M. Steenstrup pense que la production de
la couche épaisse de tourbe dans laquelle les anciennes
forêts ont laissé des débris doit être au moins de 4 000 ans,
mais on ne peut établir aucune règle générale relativement à la rapidité de l'accroissement des dépôts de ce

genre, et d'autres auteurs sont d'avis que l'on pourrait tout aussi bien lui assigner une antiquité de 6 000 ou même de 8 000 ans. Quoi qu'il en soit à cet égard, le commencement de la période des tourbières paraît être antérieur à la présence de l'homme dans ce pays, car, malgré les recherches les plus attentives, on n'a pu découvrir aucune trace de son existence à l'époque durant laquelle la tourbe amorphe se formait au fond des marécages du Danemark ; mais ce pays était certainement habité à l'époque des anciennes forêts de pins, car M. Steenstrup a trouvé au-dessous du tronc de l'un de ces arbres des objets en silex taillé, et l'on conserve au musée de Copenhague des bois de la même essence qui avaient été coupés au moyen du feu. Enfin l'opinion de ce savant, relativement à la coexistence de l'homme et des forêts de pins du Danemark, est corroborée par un fait d'un autre ordre dont la constatation est due à l'étude des *Kjoekkinmoeddings* ou débris de cuisine laissés par les anciens habitants du pays dans le voisinage de la mer. En effet, M. Steenstrup y a reconnu des ossements du grand coq de bruyère, oiseau qui ne vit plus dans cette partie de l'Europe et qui est connu pour ne se nourrir guère que de bourgeons de pins. J'ajouterai que les premiers temps de la période du chêne paraissent correspondre aussi à l'époque appelée l'*âge de pierre* par les anthropologistes.

Au commencement de l'époque géologique actuelle, la péninsule scandinave ne possédait ni arbres, ni arbustes, ni plantes herbacées. Elle était recouverte par un immense glacier qui, en se retirant peu à peu, n'a laissé à découvert que des roches polies par son frottement et des moraines formées par l'amoncellement des pierres charriées par la glace en mouvement. Mais, à mesure qu'elle est devenue habitable, une végétation d'origine étrangère s'y est introduite et le sol s'est couvert de forêts analogues en majeure partie à celles du Danemark, du temps de ses pins et de ses chênes. A mesure que ces arbres disparaissaient de ce dernier pays, ils s'étendaient au nord, et ils ont progressé d'autant plus loin vers la région polaire et vers les sommets de la chaîne des Alpes norvégiennes que leur existence en Danemark remonte plus haut dans la période des tourbières. Le hêtre, qui aujourd'hui forme presque à lui seul les belles forêts danoises, ne constitue dans le sud de la Norvège et de la Suède que quelques bois peu importants et ne dépasse pas le 61ᵉ degré de latitude boréale. La forêt de hêtres la plus septentrionale du monde, nous dit M. Broch, est celle de Sœim, non loin de Bergen, par 60° 35′ de latitude nord.

Le chêne, qui a précédé le hêtre en Danemark, s'avance plus loin en Norvège; il y forme de petites forêts près de la côte occidentale jusqu'au 66ᵉ parallèle et, dans les parties méridionales du pays, il atteint une altitude d'environ 300 mètres. En Suède, où le climat est plus rude, il ne dépasse guère le Daletf, par 60 degrés de latitude nord, à moins d'être planté, car sur les rives de la Baltique on le cultive jusqu'à Sandovalt, par 62° 20′. Mais le pin, qui fut le prédécesseur du chêne dans les forêts danoises, y arrive à la hauteur de 950 mètres au-dessus du niveau de la mer et même dans le Finmark par 70 degrés de latitude boréale, il s'élève à plus de 200 mètres au-dessus de la mer.

Le sapin (*Abies excelsa*), qui n'a jamais prospéré en Danemark, a pris, au contraire, un grand développement en Suède et en Norvège; parfois il s'élève à une altitude aussi grande que le pin; mais, sur les îles de la côte ouest, il devient rare au delà du 65ᵉ parallèle, tandis que dans le Finmark oriental on le trouve en petits groupes jusqu'à 69° 30′ de latitude boréale, et il y est probablement arrivé par la Laponie russe.

Le bouleau et l'aune ont aussi une part importante dans la constitution des forêts scandinaves. On trouve des traces de leur existence en Danemark à toutes les périodes de l'époque des tourbières. Le bouleau, qui constitue aussi l'une des principales richesses forestières de la Russie septentrionale, forme dans la péninsule scandinave de grands bois jusque dans le Finmark, mais il prospère surtout là où il est clairsemé. Il atteint souvent 20 ou même 25 mètres de haut, et, lorsqu'il est isolé, sa couronne s'étend parfois de tous les côtés à plus de 10 mètres du tronc; une variété à branches pendantes est surtout remarquable par l'élégance de son port, et quelques individus, dont l'un a été figuré par M. Broch, ont acquis sous ce rapport une célébrité locale bien méritée.

Les forêts de bouleaux et de pins sont les plus étendues; leur flore est pauvre en espèces et ne varie que peu suivant les localités. Les clairières en pente sont ordinairement couvertes d'une herbe épaisse dont l'aspect est partout à peu près le même et, dans les régions qui ne sont ni boisées ni cultivées, là où la roche dure n'est pas à nu, ce sont les bruyères et les tourbières qui dominent. Les montagnes les plus élevées présentent, au-dessous de la limite des neiges permanentes, une zone occupée par des roches brisées de teinte noirâtre et n'offrant que quelques plantes alpines disséminées, puis, au-dessous de ce désert, on rencontre des landes tapissées de lichens d'un gris jaunâtre et un peu plus bas apparaissent des saules rabougris à feuillage grisâtre, des bouleaux nains et une variété naine de genévrier, qui alternent avec les landes. C'est à des niveaux moins élevés que commence la région forestière. Considérée dans son ensemble, la flore scandinave est peu variée, mais celle de la Norvège est moins uniforme que celle de la Suède, et elle présente une particularité fort remarquable : de loin en loin, au milieu d'une région montagneuse, monotone et désolée, on rencontre des espèces d'oasis dont la végétation est luxuriante et variée. Ainsi, M. Martins, dans son intéressant *Voyage botanique sur les côtes de la Norvège*, nous raconte combien grande fut sa surprise, en débarquant dans une petite baie située à l'est du cap Nord, de se trouver au milieu de la plus riche prairie alpine qu'il soit possible de voir. « L'herbe touffue, dit-il, me montait au genou et je découvrais à l'extrémité de l'Europe les fleurs que j'avais admirées si souvent au pied des Alpes de la Suisse; c'étaient elles, aussi vigoureuses, aussi brillantes et plus grandes que dans leurs montagnes. » (MILNE-EDWARDS, *Nouvelles causeries scientifiques*, p. 84-94. Gauthier-Villars, éditeur.)

XI

PLANTES CULTIVÉES EN SUÈDE ET EN NORVÉGE

D'après ce que j'ai dit dans un précédent article sur la rigueur du climat de ces deux pays, sur la longueur de leurs hivers et la brièveté de leurs étés, quelques-uns de mes lecteurs ont peut-être pensé que, ni les céréales, ni les légumineuses, ni aucun autre de nos végétaux comestibles ne peuvent y arriver à maturité et ne sauraient y être cultivés avec avantage. Nous avons vu, en effet, que généralement, dans cette région septentrionale, la température moyenne de l'année ne dépasse guère 2°,5 au-dessus de zéro et n'atteint qu'exceptionnellement 5 ou tout au plus 7 degrés au-dessus de la glace fondante; dans le nord de la Suède le thermomètre ne commence à s'élever au-dessus de zéro qu'en mai, et dans les parties méridionales du pays il n'atteint vers la même époque que 9 ou 10 degrés. Le réveil printanier ne commence donc qu'à l'approche du mois de juin et l'hiver arrive de très bonne heure. Néanmoins, le seigle et l'avoine mûrissent bien au delà du cercle polaire, jusque sous le 69⁰ degré de latitude nord; on cultive l'orge jusqu'au 70⁰ parallèle et la pomme de terre prospère jusqu'en Laponie : on en a récolté même à Valso, par 70° 4' de latitude nord, ainsi que dans l'île Magéro, située non loin de l'extrémité boréale de l'Europe, par 71 degrés de latitude nord.

Cela s'explique facilement par les fortes chaleurs de l'été et la longueur des jours pendant cette saison de l'année. Le refroidissement nocturne est alors très faible et par conséquent la quantité de chaleur reçue par les plantes dans l'espace de vingt-quatre heures est très considérable. Or la physiologie végétale nous apprend que le temps nécessaire au développement complet des plantes annuelles et à la maturité des graines en général est en raison inverse non de la durée ou de la puissance de l'action stimulante des rayons solaires, mais de la quantité totale de chaleur fournie à la plante depuis le moment où, sortant de son engourdissement hivernal, celle-ci commence à vivre d'une vie active. Dans ces régions boréales, les végétaux se développent donc beaucoup plus rapidement que chez nous; il paraîtrait même, d'après les observations de M. Schubler, que la végétation rapide des céréales dans le Nord a exercé une influence notable sur leur aptitude à se développer hâtivement et que, toutes choses égales d'ailleurs, les graines des contrées méridionales mûrissent moins vite que celles recueillies dans la contrée où ses expériences furent faites. Ce botaniste a remarqué aussi que les graines du Nord sont plus pesantes et plus riches en fécule que celles des pays méridionaux, et que dans la première de ces régions les plantes sont généralement d'un vert plus foncé, caractère qui correspond à une puissance d'assimilation plus grande, puisque c'est la matière verte des végétaux qui possède la faculté de décomposer l'acide carbonique, sous l'influence de la lumière, et de fixer dans l'organisme le carbone puisé dans l'atmosphère.

Malgré l'intensité et la longue persistance du froid pendant l'hiver, la culture des céréales est donc susceptible d'acquérir une grande importance dans certaines parties de la péninsule scandinave. En Norvège, ses produits sont loin de suffire au besoin de la population; ainsi, pendant les cinq années comprises entre 1870 et 1875, l'exportation des céréales n'a été évaluée, terme moyen, qu'à environ 1 153 000 hectolitres, tandis que les importations ont dépassé 2 486 000 hectolitres. En Suède, il y a également insuffisance de froment et de seigle; mais, quant à la production de l'orge et de l'avoine, il en est autrement : l'exportation est beaucoup plus considérable que l'importation. En 1876, par exemple, il n'est entré en Suède qu'environ 348 000 pieds cubes d'orge et il en est sorti environ 736 000 pieds cubes; pour l'avoine, l'écart fut encore plus considérable : l'importation n'a été que de 102 700 de ces mesures, tandis que l'exportation a été de 21 053 729 pieds cubes. La culture de la pomme de terre, dont l'introduction en Suède date de 1725, fut d'abord très lente à se développer, mais elle a maintenant une grande importance. En général, elle produit annuellement plus de 19 millions d'hectolitres de tubercules, et elle prospère jusqu'en Laponie.

L'agriculture et les industries rurales qui s'y rattachent occupent en Suède les trois quarts de la population et les paysans y ont toujours joui d'une grande considération. Ils constituent un des quatre corps de l'État, et dans la législature ils sont représentés par une chambre élective spéciale.

Les produits forestiers ont en Suède aussi bien qu'en Norvège une grande importance. Leur bois, désigné communément sous le nom de *bois du Nord*, est fort estimé et constitue une de leurs principales richesses. Les quantités exportées augmentent rapidement et il est même à craindre que les profits obtenus par le commerce extérieur dont ils sont l'objet ne fassent exploiter les forêts d'une manière imprudente, et ne porte ainsi dans l'avenir un préjudice grave à ces deux pays. Pour donner une idée de l'augmentation survenue récemment dans l'exportation du bois de la Norvège, il me suffira de dire qu'en 1866 on l'évaluait à environ 40 millions de francs, tandis qu'en 1873 elle s'est élevée à plus de 78 millions et que pour la Suède l'exportation des madriers et des planches est montée, en 1877, à plus de 105 millions de pieds cubes. On évalue à environ 225 millions le revenu annuel des forêts de la Suède, et j'ajouterai que depuis quelque temps les divers travaux dont le bois est l'objet ont pris une grande extension, notamment la menuiserie et la tonnellerie. Il est aussi à noter qu'aujourd'hui on emploie beaucoup de pulpe de bois pour la fabrication du papier et qu'en 1875 la quantité de cette substance exportée par la Norvège a été de 8 500 000 kilogrammes. (MILNE-EDWARDS, *Nouvelles Causeries scentifiques*, p. 100-102. Gauthier-Villars, éditeur.)

XII

FORMATION DES RACES DE PLANTES CULTIVÉES

Tant que la plante vit à l'état purement sauvage, les modifications survenues dans sa structure n'ont chance de se perpétuer qu'autant qu'elles constituent pour elle un avantage dans la lutte pour l'existence. Étant donné le nombre de semences répandues sur la terre, en quantité incomparablement supérieure à celui des plantes qui peuvent vivre simultanément à sa surface, il faut que les mieux douées se développent et prospèrent au détriment des autres. Dans les plantes annuelles, celles qui se perpétueront seront celles qui le plus promptement et le plus sûrement auront mûri et répandu leurs graines; dans les plantes vivaces et dans les arbres et arbustes, les individus qui se seront emparés de la meilleure place et qui s'y maintiendront le plus obstinément contre les concurrents et contre toutes les causes de destruction, défendant leur situation acquise et faisant même des sorties par des drageons, des rameaux enracinés ou des tiges souterraines. Mais toujours la plante agira en égoïste, et a qualité qui lui vaudra le succès sera une qualité qui lui profite à elle-même ou à sa descendance. Car ces qua-

lités sont transmissibles, et les enfants héritent des aptitudes acquises par les parents.

Quand l'homme paraît, tout change. Jetant dans la lutte
l'appoint de son intelligence, de sa force et de sa volonté,
il en bouleverse les conditions et peut donner la victoire
à la plante la plus faible et la moins bien douée, s'il la
juge préférable au point de vue de son utilité ou de son
agrément.

Sous son influence, toute modification dans la structure ou dans les caractères de la plante peut devenir
héréditaire et permanente, parce que, protégeant et soi-
gnant la plante de son choix, il supprime d'une part les
dangers que lui ferait courir la concurrence des autres
plantes et pourvoit, d'autre part, à tous ses besoins dans
une mesure aussi large qu'il le juge utile.

Toute différente est donc la vie de la plante à l'état sauvage ou soumise à culture. Dans le premier cas, elle ne
doit rien attendre que d'elle-même; les variations qui
peuvent se produire chez elle disparaissent ordinairement dès leur apparition, à moins qu'elles ne constituent
pour l'individu un avantage au point de vue de la nutrition ou de la reproduction. Dans l'état de culture, au contraire, tout changement que l'homme estime utile ou
agréable a des chances de devenir un caractère nouveau
et fixe, s'il se transmet par le semis. La conservation de
la plante qui a montré la première un caractère nouveau
est assurée par l'intervention de l'homme. C'est maintenant à l'hérédité et à la sélection à faire en commun leur
œuvre de fixation de ce caractère, pour aboutir à la création d'une race.

On voit par là combien peut être étendu le cercle des
variations des plantes cultivées, par comparaison avec
les plantes spontanées. Par quelques exemples, je vais
essayer d'en donner une idée.

Dans le nord de l'Afrique existe encore, à l'époque
actuelle, une sorte de grand chardon à longues feuilles

pennées, à fleurs ou plutôt à groupes de fleurs volumineux, chaque fleurette s'insérant sur un disque épais et large environ comme une pièce de cinq francs.

La qualité charnue et la saveur agréable et fine du fond de la fleur ont été vite remarquées des indigènes, comme chez nous la nature comestible du réceptable de certains gros chardons est parfaitement appréciée des petits bergers et enfants de la campagne. L'épaisseur et le bon goût des larges côtes des feuilles n'ont pas échappé non plus à l'observation. La plante a été cultivée, s'est développée de plus en plus dans un sol plus riche et sous l'influence d'une nourriture plus abondante, et, la spécialisation intervenant, c'est-à-dire la tendance à développer les plantes dans le sens d'une production principale, à laquelle le reste est sacrifié plus ou moins complètement, on a obtenu, d'une part, l'artichaut, dont les têtes pèsent parfois un kilogramme et plus, tandis que les feuilles en sont un légume médiocre, et, d'autre part, le cardon, dont les côtes blanchies fournissent un des légumes d'hiver les plus abondants et les plus délicats, mais dont les fleurs ne sont guère plus développées que celles de la plante sauvage. Voilà donc, sorties du même type primitif, deux plantes assez différentes pour que le langage les ait distinguées, et différentes parce que l'action de l'homme a développé ici un organe et là un autre, notant à leur apparition, conservant avec soin et accumulant, grâce à l'hérédité, les changements progressifs de volume de l'organe à développer.

Cherchons, plus près de nous, un autre exemple. Sur nos côtes maritimes se rencontre une plante vivace, à courtes tiges rampantes, à feuilles triangulaires disposées en rosettes, plante que le promeneur ne remarque guère et que le botaniste lui-même, n'était l'aspect de ses graines, hésiterait à reconnaître pour la proche parente des betteraves de nos champs et de nos jardins. C'est cependant plus que leur parente : c'est leur ancêtre.

De la plante sauvage sont sorties, au gré des préférences des cultivateurs et des jardiniers :

Les betteraves potagères, à racine charnue, longue, ovoïde, ronde ou plate, à chair jaune ou rouge, à feuillage variant du vert franc au violet noir le plus intense;

Les betteraves fourragères, aussi variées de formes et plus variées de couleur que les betteraves potagères;

Les betteraves à sucre, dans lesquelles les principes colorants de la plante ont été éliminés à peu près complètement, mais où la qualité sucrée a été portée à son maximum d'intensité;

Enfin les poirées ou bettes, à racines fourchues et fibreuses, mais à feuilles très amples et surtout à côtes larges et charnues, donnant à la plante son mérite, soit alimentaire, soit purement ornemental.

Mais il est un troisième exemple, plus familier à chacun que les deux autres, et que vous ne me pardonneriez pas de passer sous silence; nous le trouvons dans la série si remarquablement différenciée des choux cultivés.

Considérez les choux à vaches, les choux à feuilles frisées, les choux pommés, les choux de Bruxelles, les choux à grosses côtes. Quelle différence d'aspect de l'un à l'autre par la variation des dimensions, de la forme, de la disposition des feuilles!

Regardez maintenant les choux moelliers et les choux-raves. C'est sur la tige que se sont portées les modifications fixées par l'hérédité.

Elles peuvent aussi atteindre la racine, et nous trouvons alors les choux-navets et les rutabagas, renflés au-dessous du sol, comme le chou-rave l'est au-dessus.

Les déformations du chou vont-elles s'arrêter là? Non, certes! Après les organes de la végétation, ceux de la floraison et de la fructification vont nous montrer d'autres exemples de ce que peut la patience de l'homme s'attachant à obtenir de nouveaux produits.

Les pousses qui porteront au printemps les fleurs et

les graines du chou sont tendres et d'un goût agréable étant cuites. A force de choisir les individus à jets épais et charnus, on est arrivé à constituer les races si distinctes des autres choux, que l'on nomme choux-fleurs quand ils se cultivent dans le cours d'une seule saison, et brocolis quand ils sont assez rustiques pour passer nos hivers en pleine terre.

Enfin, la graine du chou elle-même est utilisée dans l'industrie; c'est, ou du moins c'était jusqu'à ces dernières années, une des grandes sources de l'huile d'éclairage. Une race spéciale de chou le produit plus abondamment que toutes les autres, c'est le colza, qui est le plus rustique de tous et en même temps le plus voisin, par ses caractères de végétation, du chou sauvage.

Car le chou, comme la betterave, est indigène de notre pays et se trouve encore de temps en temps sur nos falaises de l'Ouest, de sorte qu'en le comparant aux races cultivées, on peut mesurer facilement le chemin parcouru par le travail de l'homme s'appuyant sur l'hérédité.

C'est à dessein que j'ai voulu mettre sous vos yeux des exemples frappants de la diversité des caractères héréditaires dans une même plante avant d'examiner avec vous de quelle façon l'hérédité agit dans les plantes.

Et, d'abord, faisons une distinction importante :

L'hérédité n'intervient que là où il y a reproduction par graines. Ailleurs, dans la multiplication par boutures, marcottes, rejets, coulants, division de bulbes ou de touffes, il y a propagation et extension d'un même individu, il n'y a pas filiation.

Dans la transmission des caractères qui se fait d'une plante ayant porté graine à la plante issue de cette graine, l'hérédité a son rôle à jouer, et ce rôle n'est pas toujours aussi simple qu'on peut l'imaginer.

Mais toutes les graines d'une même plante ne sont pas rigoureusement semblables entre elles. Elles diffèrent surtout lorsque la plante qui les a portées est de race mêlée ou qu'elle a subi ou est en train de subir des modifications par l'action du milieu où elle vit. Les divers caractères qui entrent dans sa composition s'impriment inégalement dans les diverses graines et se reproduisent en combinaisons diverses dans les plantes issues de ces graines.

Un exemple fera bien comprendre cette proposition, d'apparence un peu abstraite.

On sait que, dans les pois, il existe des races à grain blanc et d'autres qui, même à la maturité, ont le grain vert.

Or, cette année, en examinant des pois obtenus par croisement d'une race à grain vert avec une race à grain blanc, j'ai fréquemment trouvé dans la même cosse des grains de couleurs différentes. Ce caractère de couleur, facilement appréciable à l'œil, permet de conclure que tous les grains d'une même plante ne sont pas nécessairement semblables entre eux ni doués exactement des mêmes facultés de reproduction.

Mais c'est envisager un cas un peu compliqué que de nous occuper tout d'abord de la transmission des caractères dans la descendance de deux races distinctes combinées par le croisement.

Voyons d'abord comment l'hérédité agit en ligne simple et directe.

Mon père, qui a fait de l'étude des manifestations de l'hérédité un des principaux objets de ses travaux, en a bien défini la nature et le mode d'action :

« Si nous considérons une graine au moment où, mise en terre, elle va donner naissance à un nouvel individu, nous pouvons la regarder comme sollicitée, quant aux caractères que devra présenter la plante qui doit en naître, par deux forces distinctes et opposées.

« Ces deux forces, qui agissent en sens contraire et de l'équilibre desquelles résulte la fixité de l'espèce, peuvent être considérées ainsi qu'il suit :

« La première ou force centripète est le résultat de la *loi de ressemblance des enfants aux pères* ou *atavisme*; son action a pour résultat de maintenir dans les limites de variation assignées à l'espèce les écarts produits par la force opposée.

« Celle-ci, ou force centrifuge, résultant de la *loi des différences individuelles* ou d'idiosyncrasie, fait que chacun des individus composant une espèce, bien qu'on puisse la considérer comme la descendance d'un individu (ou d'un couple) unique, présente des différences qui constituent sa physionomie propre et produisent cette *variété infinie dans l'unité* qui caractérise les œuvres du Créateur.

« Nous venons d'abord, pour plus de simplicité, de considérer l'atavisme comme constituant une force unique; mais si l'on y réfléchit, on verra qu'il présente plutôt un faisceau de forces agissant à peu près dans le même sens, et qui se compose de l'appel ou de l'attraction individuelle de tous les ancêtres. Or, pour faciliter l'intelligence de l'action de cette force, il nous faudra considérer d'abord et d'une manière abstraite la force de ressemblance à la masse des ancêtres, qui pourra être considérée comme l'attraction du type de l'espèce, et à laquelle nous réserverons le nom d'atavisme; puis, séparément et d'une manière plus spéciale, l'attraction ou la force de ressemblance au père direct, ou *hérédité*, qui, moins puissante mais plus prochaine, tendra à perpétuer dans l'enfant les caractères propres du parent immédiat.

« Tant que le père ne s'est pas éloigné d'une manière sensible du type de l'espèce, ces deux forces agissent parallèlement et se confondent, et les variations qui peuvent survenir dans ce cas par l'effet de la loi d'idiosyncrasie peuvent se présenter indifféremment dans toutes les directions, sans en affecter plus particulièrement aucune.

« Il n'en est plus de même quand le père direct s'est

éloigné notablement du type; la force de ressemblance au père direct se combinant alors avec celle de variations individuelles, il en résulte un excès de déviation dans le sens de la résultante de ces deux forces ou, si on l'aime mieux, les variations nouvelles rayonnent alors non plus autour du type comme centre, mais autour d'un point placé sur la ligne qui sépare le type de la première déviation obtenue.

« D'après les considérations qui précèdent, on voit qu'un des points qu'on doit considérer comme des plus essentiels consiste à lutter le plus efficacement possible contre la force que je viens de désigner par le nom d'*atavisme*. Or cette force, moins directe en quelque sorte que celle de la ressemblance au parent immédiat, agit peut-être avec plus de persistance. Si une nouvelle comparaison empruntée aux lois de la mécanique m'était ici permise, je dirais qu'elle doit à son origine éloignée de ne décroître que d'une manière presque insensible pendant le petit nombre de générations sur lesquelles l'homme peut exercer son influence, tandis que la décroissance de l'autre force (celle de la ressemblance au père direct) marche en progression géométrique. »

De nombreuses expériences spéciales et une pratique extrêmement étendue de la production et de la fixation des races végétales ont permis à mon père de contrôler cent fois l'exactitude des idées ainsi formulées dès l'année 1851.

Parmi ces expériences, l'une des plus curieuses est celle qui a été poursuivie sur le grand lupin (*Lupinus hirsutus*), de 1856 à 1860.

Elle avait pour objet d'arriver à une évaluation approchée de la puissance relative des forces décrites plus haut, par l'observation de la proportion relative de plantes à fleurs bleues et à fleurs roses dans une espèce qui ne présente jamais que ces deux couleurs et où l'absence de fécondation croisée, chaque fleur se suffisant à elle-même, permet de suivre la filiation des individus successifs dans les conditions les plus parfaites de simplicité. Le jeu de l'hérédité y est des plus faciles à observer, chaque individu étant la descendance d'une seule plante à chaque génération précédente et non pas celle d'un nombre d'ancêtres doublant à chaque étape, comme dans les végétaux, où deux individus interviennent pour la production de la graine.

Ces conditions permettant de graduer pour ainsi dire à volonté les forces en présence, l'expérience a porté sur la descendance de plantes choisies dans les conditions d'origines les plus diverses, bleues ou roses, depuis un très grand nombre de générations, ou au contraire sorties depuis un, deux ou trois ans seulement d'un lot de couleur différente.

De ces observations se sont dégagés un certain nombre de faits qu'il serait prématuré d'appeler *règles*, mais qui s'accordent bien avec ce qu'on observe en général. On a constaté :

1° Une tendance très marquée des plantes à reproduire les caractères de leur ascendant immédiat. C'est l'effet de l'*hérédité directe*.

2° Une tendance moins forte, mais beaucoup plus persistante, à ressembler à la masse des ancêtres éloignés. C'est celle dont il a été parlé sous le nom d'*atavisme*.

3° Un affaiblissement rapide de la tendance à reproduire les caractères d'un ascendant qui n'est pas l'auteur immédiat de la plante, si ces caractères ne sont pas ceux de la masse des ancêtres.

On ne saurait tirer de là une évaluation mathématique de la puissance comparée des diverses forces qui agissent sur la transmission des caractères dans les plantes; les phénomènes dans lesquels interviennent les forces vitales ne sont pas de ceux qui se laissent réduire en formules chiffrées, mais au moins cette expérience

peut-elle indiquer des probabilités et servir de guide
dans la fixation des races cultivées.

Le fait capital, c'est l'existence d'une tendance chez les
végétaux à reproduire les caractères de l'individu qui
leur a donné naissance.

C'est là le point d'appui du levier le plus puissant dont
l'homme dispose pour améliorer, c'est-à-dire pour adapter à ses besoins ou à ses goûts les plantes qu'il cultive.

Ce levier, c'est la sélection.

Bien des gens parlent de la sélection sans avoir la
moindre notion de ce que c'est, et cette ignorance n'est
pas sans ajouter quelque chose à leur respect pour une
puissance si mystérieuse. Pour l'ensemble du public, la
sélection est une opération technique, comme le boutu-
rage ou le repiquage, et on lui attribue volontiers des
effets extraordinaires et quelque peu magiques.

Ce n'est rien de tout cela. La sélection est purement et
simplement la détermination et le choix, parmi un certain nombre de plantes d'une même race, de celles qui
seront affectées à la reproduction comme devant donner
ou ayant plus de chances que les autres de donner une
progéniture satisfaisante.

En un mot, c'est l'admission des plus dignes seulement
à la fonction de la reproduction et la suppression de tous
les individus défectueux ou inférieurs.

Rien n'est plus simple en principe. Rien en pratique
n'est plus délicat et ne demande plus de savoir-faire,
d'observation, de tact et de sagacité.

On ne saura jamais le nombre de bonnes variétés de
plantes de toute sorte qui ont été gâtées par des gens
déterminés à les améliorer; ni le temps, la peine et le
travail dépensés à fixer des variations insignifiantes et
absolument sans valeur.

Il n'y a peut-être pas de branche de l'activité humaine
où le sens commun soit appelé à jouer un rôle plus capital et où tout au contraire on s'affranchisse plus commu-

nément et plus complètement de l'obligation de le consulter.

Les variations se produisent dans les plantes spontanément ou sous l'influence de conditions spéciales de culture.

Dans le premier cas, le rôle du cultivateur intelligent et sensé consiste à les observer, à apprécier le mérite que pourrait avoir au point de vue utilitaire ou ornemental une race de plantes régulièrement douée du nouveau caractère qui s'est manifesté et à propager la variété nouvelle par le procédé le plus efficace.

Comme je ne m'occupe pas ici de l'obtention des nouveautés, mais de la formation des races par l'hérédité, je dirai seulement en passant que, si la plante en question est vivace ou ligneuse, la division, la greffe et les procédés analogues offrent le meilleur moyen de la multiplier.

La propagation par graines, qui entraîne la fixation d'une véritable race, n'est réellement pratique que pour les végétaux annuels ou bisannuels au point de vue de la fructification, dont les générations successives se répètent tous les ans ou tous les deux ans. Dans ce procédé de reproduction, les individus qui ne se montrent pas pourvus des caractères distinctifs de la race sont exclus, et ceux-là sont admis à fructifier qui ont fidèlement hérité des traits particuliers qui font la race en formation. De la sorte, et graduellement, les générations nouvelles acquièrent la qualité d'être *bonnes reproductrices*, ce qui est un don héréditaire comme les autres particularités extérieures, et quand cette qualité de transmission régulière est acquise et confirmée, la race est définitivement et solidement fixée.

Beaucoup de nos vieilles races de légumes et de fleurs possèdent une stabilité et une constance de reproduction qui témoigne d'une persévérance et d'un esprit de suite admirables chez ceux de nos ancêtres qui les ont façonnées. Après des siècles, elles rendent hommage à la lucidité de l'esprit et à la fermeté de la main qui leur a imprimé un semblable cachet de durée et d'uniformité.

J'ai dit que les variations se produisaient aussi sous l'influence de la culture. C'est le plus souvent le cas, soit que l'abondance de la nourriture, le changement d'époque de semis, très souvent le dépaysement des espèces, donnent lieu à des variations non pas nécessairement forcées, mais plutôt provoquées par le changement d'habitudes et de milieu, soit surtout parce que, dans les cultures, le grand nombre d'individus réunis et la surveillance continue de l'homme donnent une plus grande chance aux variations d'être remarquées quand elles se produisent.

Souvent elles sont désirées et attendues dans une direction déterminée. C'est le cas, lorsque le cultivateur a en vue le développement d'une faculté ou d'une qualité spéciale dans une plante, qui en a un certain germe ou qui paraît de nature à l'acquérir.

C'est ainsi que l'observation d'un léger goût sucré dans la racine de la betterave sauvage de nos côtes a amené nos pères à en faire un légume agréable, et a préparé plus tard à d'autres races sorties de la même origine des destinées industrielles capables de passionner les peuples et les gouvernements. (H.-L. DE VILMORIN, *l'Hérédité chez les végétaux. Revue scientifique* du 19 octobre 1889.)

LIVRE V

HISTOIRE DE LA TERRE

———

I

CAUSES QUI AGISSENT A LA SURFACE DU GLOBE

Les géologues pensent aujourd'hui que la forme actuelle de la surface de la terre est due aux mêmes causes qui agissent encore aujourd'hui. La formation des montagnes, des vallées, des mers est donc un phénomène très lent mais continu qui se poursuit encore sous nos yeux. Cuvier au contraire pensait que les inégalités du sol étaient dues à de grandes révolutions du globe, à des cataclysmes dont l'ère est passée maintenant. Ce grand naturaliste ne méconnaissait cependant pas, comme on va le voir, l'existence des causes actuelles, mais il ne leur attribuait pas une puissance assez grande.

Examinons maintenant ce qui se passe aujourd'hui sur le globe; analysons les causes qui agissent encore à sa surface, et déterminons l'étendue possible de leurs effets. C'est une partie de l'histoire de la terre d'autant plus importante, que l'on a cru longtemps pouvoir expliquer par ces causes actuelles les révolutions antérieures, comme on explique aisément dans l'histoire politique les événements passés quand on connaît bien les passions et les intrigues de nos jours. Mais nous allons voir que malheureusement il n'en est pas ainsi dans l'histoire physique : le fil des opérations est rompu; la marche de la nature est changée; et aucun des agents qu'elle emploie aujourd'hui ne lui aurait suffi pour produire ses anciens ouvrages.

Il existe maintenant quatre causes actives qui contribuent à altérer la surface de nos continents : les pluies et les dégels, qui dégradent les montagnes escarpées, et en jettent les débris à leur pied; les eaux courantes, qui entraînent ces débris, et vont les déposer dans les lieux où leur cours se ralentit; la mer, qui sape le pied des côtes élevées, pour y former des falaises, et qui rejette sur les côtes basses des monticules de sables; enfin les volcans, qui percent les couches solides, et élèvent ou répandent à la surface les amas de leurs déjections.

Éboulements. Partout où les couches brisées offrent leurs tranchants sur des faces abruptes, il tombe à leur pied à chaque printemps, et même à chaque orage, des fragments de leurs matériaux, qui s'arrondissent en roulant les uns sur les autres, et dont l'amas prend une inclinaison déterminée par les lois de la cohésion, pour former ainsi au pied de l'escarpement une croupe plus ou moins abondante. Ces croupes forment les flancs des vallées dans toutes les hautes montagnes et se couvrent d'une riche végétation quand les éboulements supérieurs commencent à devenir moins fréquents; mais leur défaut de solidité les rend sujettes à s'ébouler elles-mêmes quand elles sont minées par les ruisseaux; et c'est alors que des villes, que des cantons riches et peuplés se trouvent ensevelis sous la chute d'une montagne, que le cours des rivières est intercepté, qu'il se forme des lacs dans des lieux auparavant fertiles et riants. Mais ces grandes chutes heureusement sont rares, et la principale influence de ces collines de débris, c'est de fournir des matériaux pour les ravages des torrents.

Alluvions. Les eaux qui tombent sur les crêtes et les sommets des montagnes, ou les vapeurs qui s'y condensent, ou les neiges qui s'y liquéfient, descendent par une infinité de filets le long de leurs pentes; elles en enlèvent quelques parcelles, et y tracent par leur passage des sillons légers. Bientôt ces filets se réunissent dans les creux plus marqués dont la surface des montagnes est labourée; ils s'écoulent par les vallées profondes qui en entament le pied, et vont former ainsi les rivières et les fleuves, qui reportent à la mer les eaux que la mer avait données à l'atmosphère. A la fonte des neiges, ou lorsqu'il survient un orage, le volume de ces eaux des montagnes, subitement augmenté, se précipite avec une vitesse proportionnée aux pentes; elles vont heurter avec violence le pied de ces croupes de débris qui couvrent les flancs de toutes les hautes vallées; elles entraînent avec elles les fragments déjà arrondis qui les composent; elles les émoussent, les polissent encore par le frottement; mais à mesure qu'elles arrivent à des vallées plus unies, où leur chute diminue, ou dans des bassins plus larges, où il leur est permis de s'épandre, elles jettent sur la plage les plus grosses de ces pierres qu'elles roulaient, les débris plus petits sont déposés plus bas, et il n'arrive guère au grand canal de la rivière que les parcelles les plus menues ou le limon le plus imperceptible. Souvent même le cours de ces eaux, avant de former le grand fleuve inférieur, est obligé de traverser un lac vaste et profond, où leur limon se dépose, et d'où elles ressortent limpides. Mais les fleuves inférieurs, et tous les ruisseaux qui naissent des montagnes plus basses, ou des collines, produisent aussi dans les terrains qu'ils parcourent des effets plus ou moins analogues à ceux des torrents des hautes montagnes. Lorsqu'ils sont gonflés par de grandes pluies, ils attaquent le pied des collines terreuses ou sableuses qu'ils rencontrent dans leur cours, et en portent les débris sur les terrains bas, qu'ils inondent, et que chaque inondation élève d'une quantité quelconque. Enfin, lorsque les fleuves arrivent aux grands lacs où à la mer, et que cette rapidité qui entraînait les parcelles de limon vient à cesser tout à fait, ces parcelles se déposent aux côtés de l'embouchure; elles finissent par y former des terrains, qui prolongent la côte; et si cette côte est telle que la mer y jette de son côté du sable, et contribue à cet accroissement, il se crée ainsi des provinces, des royaumes entiers, ordinairement les plus fertiles, et bientôt les plus riches du monde, si les gouvernements laissent l'industrie s'y exercer en paix.

Dunes. Les effets que la mer produit sans le concours des fleuves sont beaucoup moins heureux. Lorsque la côte est basse et le fond sablonneux, les vagues poussent ce sable vers le bord; à chaque reflux il s'en dessèche un peu, et le vent, qui souffle presque toujours de la mer, en jette sur la plage. Ainsi se forment les dunes, ces monticules sablonneux qui, si l'industrie de l'homme ne parvient à les fixer par des végétaux convenables, marchent lentement, mais invariablement, vers l'intérieur des terres, et y couvrent les champs et les habitations, parce que le même vent qui élève le sable du rivage sur la dune jette celui du sommet de la dune à son revers opposé à la mer; que si la nature du sable et celle de l'eau qui s'élève avec lui sont telles qu'il puisse s'en former un ciment durable, les coquilles, les os jetés sur le rivage en seront incrustés; les bois, les troncs d'arbre, les plantes qui croissent près de la mer seront saisis dans ces agrégats, et ainsi naîtront ce que l'on pourra appeler des dunes durcies, comme on en voit sur les côtes de la Nouvelle-Hollande. On peut en prendre une idée nette dans la description qu'en a laissée feu Péron.

Falaises. Quand, au contraire, la côte est élevée, la mer, qui n'y peut rien rejeter, y exerce une action destructive : ses vagues en rongent le pied et en escarpent toute la hauteur en falaise, parce que les parties plus hautes se trouvant sans appui tombent sans cesse dans l'eau; elles y sont agitées dans les flots jusqu'à ce que les parcelles les plus molles et les plus déliées disparaissent. Les portions plus dures, à force d'être roulées en sens contraires par les vagues, forment ces galets arrondis ou cette grève qui finit par s'accumuler assez pour servir de rempart au pied de la falaise.

Telle est l'action des eaux sur la terre ferme; et l'on voit qu'elle ne consiste presque qu'en nivellements, et en nivellements qui ne sont pas indéfinis. Les débris des grandes crêtes charriés dans les vallons; leurs particules, celles des collines et des plaines portées jusqu'à la mer; des alluvions étendant les côtes aux dépens des hauteurs, sont des effets bornés, auxquels la végétation met en général un terme, qui supposent d'ailleurs la préexistence des montagnes, celle des vallées, celle des plaines, en un mot toutes les inégalités du globe, et qui ne peuvent par conséquent avoir donné naissance à ces inégalités. Les dunes sont un phénomène plus limité encore, et pour la hauteur et pour l'étendue horizontale; elles n'ont point de rapport avec ces énormes masses dont la géologie cherche l'origine.

Quant à l'action que les eaux exercent dans leur propre sein, quoiqu'on ne puisse la connaître aussi bien, il est possible cependant d'en déterminer jusqu'à un certain point les limites.

Dépôts sous les eaux. Les lacs, les étangs, les marais, les ports de mer où il tombe des ruisseaux, surtout quand ceux-ci descendent des coteaux voisins et escarpés, déposent sur leur fond des amas de limon qui finiraient par les combler si l'on ne prenait soin de les nettoyer. La mer jette également dans les ports, dans les anses, dans tous les lieux où ses eaux sont plus tranquilles, des vases et des sédiments. Les courants amassent entre eux ou jettent sur leurs côtés le sable qu'ils arrachent au fond de la mer, et en composent des bancs et des bas-fonds.

Stalactites. Certaines eaux, après avoir dissous des substances calcaires au moyen de l'acide carbonique surabondant dont elles sont imprégnées, les laissent cristalliser quand cet acide peut s'évaporer, et en forment des stalactites et d'autres concrétions. Il existe des couches cristallisées confusément dans l'eau douce, assez étendues pour être comparables à quelques-unes de celles qu'a laissées l'ancienne mer. Tout le monde connait les fameuses carrières de travertin des environs de Rome, et les roches de cette pierre que la rivière du Téverone accroît et fait sans cesse varier en figure. Ces deux sortes d'actions peuvent se combiner; les dépôts accumulés par la mer peuvent être solidifiés par la stalactite : lorsque, par hasard, des sources abondantes en matière calcaire, ou contenant quelque autre substance en dissolution, viennent à tomber dans les lieux où ces amas se sont formés, il se montre alors des agrégats où les produits de la mer et ceux de l'eau douce peuvent être réunis. Tels sont les bancs de la Guadeloupe, qui offrent à la fois des coquilles de mer et de terre et des squelettes humains. Telle est encore cette carrière d'auprès de Messine, décrite par de Saussure, et où le grès se reforme par les sables que la mer y jette, et qui s'y consolident. (CUVIER, *Discours sur les révolutions du globe*, p. 17-24. Firmin-Didot, éditeur.)

II

LES GLACIERS ET LES PHÉNOMÈNES GLACIAIRES

Un glacier est une énorme masse de neige et de glace qui remplit certaines vallées ou qui recouvre les flancs des montagnes. On a souvent comparé un glacier à un fleuve congelé. Il s'alimente, en effet, se déplace, coule entre ses rives, reçoit des affluents, présente des remous et même des cascades comme un cours d'eau. Il s'alimente par les neiges qui tombent dans les cirques rocheux où il prend naissance. Une des conditions nécessaires à l'existence d'un glacier, c'est qu'il y ait à son origine de vastes dépressions appelées cirques, où les vents puissent entraîner et accumuler les neiges. C'est donc avec raison qu'on a comparé les glaciers à ces fleuves sortant d'un lac, comme le Nil, par exemple ; ce qui ne préjuge rien sur le point de départ extrême du glacier, non plus que sur celui du fleuve historique dont les véritables sources seront encore longtemps mystérieuses. A leur extrémité inférieure, les glaciers se terminent par un escarpement appelé front du glacier, d'où s'échappe un torrent provenant de la fusion de la glace. Le Rhin, le Rhône, la Garonne et un grand nombre de cours d'eau n'ont pas d'autre origine.

Voici ce que l'observation nous apprend sur la formation d'un glacier. La neige qui l'entretient se tasse peu à peu et descend le long des pentes, cédant à la pesanteur ou précipitée par les avalanches. En même temps qu'elle passe de proche en proche à l'état de glace, elle se renouvelle sans cesse dans les hautes régions par des chutes presque quotidiennes. Quand la température est assez élevée, en été par exemple, cette neige se ramollit à la surface et éprouve un commencement de fusion. L'eau qui en provient s'infiltre à l'état liquide dans les couches profondes, et les convertit en une masse granuleuse composée de petits glaçons sans adhérence. C'est le névé des physiciens. Assez fin dans le voisinage des neiges éternelles, le névé devient de plus en plus grossier par l'augmentation du volume des glaçons dont il est formé. Ceux-ci finissent par se souder entre eux et donnent naissance à une glace d'abord bulleuse et remplie de petites cavités, puis compacte, et présentant, dans les crevasses, cette merveilleuse coloration bleue que l'œil ne peut se lasser d'admirer. Tous ces effets sont dus aux alternances de fusion et de congélation qu'éprouvent chaque jour les glaciers; car, même aux époques les plus chaudes de l'année, le thermomètre descend toutes les nuits au-dessous de zéro dans les hautes montagnes. Il en résulte que les infiltrations du jour et la gelée des nuits tendent à agglutiner de plus en plus les éléments des névés pour les transformer en glace, et que l'eau qui pénètre à l'état liquide dans les pores de la glace bulleuse finit par s'y congeler et en fait disparaître les cavités.

Aussi, loin de présenter un tout homogène, les glaciers varient dans leur composition suivant qu'on s'éloigne du cirque où ils commencent, pour se rapprocher de leur extrémité opposée. Ils sont d'abord formés de neige, puis de névé et de glace bulleuse, enfin de glace compacte.

En même temps qu'ils s'alimentent par les neiges, les glaciers diminuent par la fusion. Celle-ci a lieu principalement à leur surface et à leur extrémité inférieure; elle est d'autant plus active, qu'on l'observe sur des points de plus en plus éloignés du cirque d'origine, puisque, au fur et à mesure que le glacier pénètre dans les régions basses, il y rencontre une température plus élevée.

Dans les Alpes, la fusion superficielle enlève chaque année une couche d'environ 3 mètres d'épaisseur. Un de ses effets les plus remarquables, c'est de mettre à découvert les objets enfouis dans les parties profondes. Les glaciers rejettent toute impureté, disent les montagnards. Quelquefois d'énormes blocs de rochers, ainsi rendus à la lumière, préservent de la fusion les couches sur lesquelles ils reposent, pendant que la glace s'abaisse autour d'eux. Ils finissent par se trouver supportés à une certaine hauteur sur des espèces de colonnes, et constituent ce qu'on a appelé les tables des glaciers.

La fusion du front du glacier est la plus importante à considérer, car c'est elle qui en arrête les progrès vers les régions basses; aussi les glaciers sont-ils en équilibre instable. Un été sec et chaud les fait reculer du côté des hauts sommets; un été froid et humide leur permet de s'étendre dans les vallées. Quand il arrive une suite d'années pluvieuses, la marche du glacier peut devenir inquiétante pour les hameaux rapprochés. En 1818, plusieurs communes du Valais craignirent de se voir envahies. De 1846 à 1854, les glaciers du massif du Mont-Blanc firent de tels progrès, que les habitants des Bossons, près de Chamonix, délibérèrent pour savoir s'ils n'abandonneraient pas leurs demeures sérieusement menacées. Heureusement une série d'étés secs et chauds vint ramener les choses dans leur ancien état : depuis douze ans, le glacier des Bossons a reculé de 332 mètres; il se trouve actuellement à plus d'un demi-kilomètre du hameau.

On voit que l'existence et l'extension d'un glacier dépendent à la fois de son alimentation par les neiges et de ses pertes par la fusion. Si la première devient prépondérante, le glacier progresse; si c'est la seconde, il recule. Pour qu'un glacier prenne de l'extension, il faut et il suffit que son alimentation l'emporte sur ses pertes. L'établissement d'un glacier n'implique donc pas du tout, comme condition indispensable, l'existence d'une très basse température. Veuillez bien retenir ces propositions, fort importantes au point de vue de la géologie générale, et dont l'idée première revient à M. Lecoq.

Les glaciers ne restent donc pas tout à fait immobiles, comme le serait un fleuve congelé. Ils cheminent, fort lentement, il est vrai, du côté des vallées, où ils s'étendraient indéfiniment, si, comme on l'a vu, ils n'étaient arrêtés par la fusion de leur extrémité frontale. Le mouvement de progression est facile à constater, même à l'observation la plus superficielle. Depuis longtemps on a remarqué que les blocs de rochers précipités en si grand nombre à la surface des glaciers par les gelées et les infiltrations, ne restent pas au pied des escarpements qui les ont fournis, et que tel fragment granitique provenant du cirque où commence le glacier peut se trouver amené en face d'autres rochers, de schistes, par exemple, entre lesquels le fleuve de glace se trouve encaissé dans la partie inférieure de son cours. Divers objets abandonnés à des époques connues vers le haut des glaciers ont fini par reparaître plus bas et par être rejetés. On cite notamment une échelle laissée au pied de l'aiguille noire du Mont-Blanc par les guides de de Saussure, le 19 juillet 1788, et dont les fragments furent revus en 1832, sur la Mer de glace, par M. Forbes, à 4050 mètres plus bas. Un éminent observateur à qui j'emprunte beaucoup de détails, M. Martins, retrouva, le 18 août 1845, le pied gauche de cette même échelle à 4420 mètres de son point de départ : elle avait ainsi parcouru 87 mètres par an. M. Hugi avait fait construire en 1827, au confluent des glaciers du Finsteraar et du Lauteraar, une cabane qui était en 1843 à 1540 mètres plus bas, ce qui indique un mouvement de 96 mètres par année.

Des mesures exactes montrent que la progression des glaciers s'accomplit d'une manière continue et sans saccades; qu'elle est plus rapide en été qu'en hiver; qu'elle varie suivant l'étendue des cirques, l'inclinaison et la configuration de la vallée; qu'elle n'est pas toujours en rapport avec la pente; enfin qu'elle se ralentit à mesure qu'on descend le glacier. Ainsi la partie supérieure du glacier de l'Aar chemine de 75 mètres par an; la partie moyenne, de 71 mètres, et la partie inférieure, de 39 mètres seulement. Quant à la vitesse moyenne, elle ne peut être appréciée fort exactement, car la différence est souvent considérable entre deux glaciers voisins et même entre les divers affluents d'un glacier. Tandis que celui de l'Aar, déjà nommé, progresse de 70 mètres par an, la Mer de glace de Chamonix se déplace en raison de 147 mètres dans le même espace de temps. On ne s'écarte pas beaucoup de la vérité en admettant comme moyenne, pour les Alpes suisses, une vitesse annuelle de 50 à 120 mètres; estimation qui n'a rien de compromettant en raison même de son élasticité.

Non seulement la progression est inégale dans le sens de la longueur, mais elle l'est aussi dans le sens de la largeur. Des jalons plantés en ligne droite d'un bord à l'autre d'un glacier, perpendiculairement à son axe, ne tardent pas à se déplacer et à présenter à l'œil une courbe dont la convexité est dirigée dans le sens de la pente. Le mouvement est donc plus rapide au centre du glacier que sur ses rives. M. Tyndall a en outre reconnu que dans le cas où il se présente des courbes et des sinuosités, la ligne qu'on ferait passer par tous les points de la surface où le mouvement est le plus rapide ne suit pas le centre du glacier, mais se rapproche de la rive concave et s'éloigne de la rive convexe. Enfin, pour achever de justifier à vos yeux cette assimilation qu'on a proposée de la marche d'un glacier à celle d'un cours d'eau, j'ajouterai que le premier contourne les obstacles qui peuvent obstruer son lit, de la même manière qu'une rivière; qu'il éprouve des refoulements comparables au remous des eaux, et que, dans certains cas, il a ses rapides et ses chutes. Ainsi, dans les Alpes bernoises, le glacier de Schwarzwald se précipite en cascade solide d'un escarpement des Wetterhaerner, au pied duquel la glace brisée se ressoude pour continuer de s'écouler.

La cause de la progression des glaciers a été longtemps un problème, qui n'a reçu que depuis peu d'années une solution satisfaisante. Je me bornerai à rappeler, sans les discuter, les principales opinions émises à cet égard. Pour de Saussure, c'était le poids du glacier qui l'entraînait vers les régions inférieures. Pour M. Agassiz, dont la manière de voir a été longtemps admise, la dilatation de l'eau qui se congèle chaque nuit dans les fissures occasionnait le mouvement. M. Forbes considérait la glace comme une sorte de matière visqueuse qui s'écoulait lentement, sollicitée par son poids et obéissant à la pente. Toutes ces hypothèses ont quelque chose de vrai, mais chacune d'elles, étant trop exclusive, n'expliquait qu'un des côtés du phénomène. M. Forbes se rapproche surtout de la réalité; mais il restait à montrer que la glace est une matière plastique. C'est ce qu'a fait M. Tyndall, en s'appuyant sur des expériences qu'on répète maintenant dans tous les cours de physique, et dont je vous indiquerai les résultats sans entrer dans des explications théoriques. Des morceaux de glace fondante pressés l'un contre l'autre se soudent et se réunissent en un seul glaçon. Comprimée dans un moule par une presse hydraulique, une masse de glace ou de neige fondante prend toutes les figures qu'on veut lui donner, et se transforme, suivant le cas, en un disque, un vase, un anneau de glace solide et compacte. C'est ce qu'on appelle, en physique, le phénomène du regel. La glace est donc une matière plastique susceptible de prendre toutes les formes, de garder toutes les empreintes. On comprend maintenant que le glacier, poussé en avant par la masse des neiges et les névés de ses parties supérieures, obéissant d'ailleurs à la pente de son lit, glisse entre les parois rocheuses qui l'encaissent, se moule en quelque sorte sur elles, surmonte ou contourne les obstacles, puisque, sous l'influence de la pression énorme qu'elle subit, la glace, à chaque instant brisée et morcelée, conserve la propriété de se réunir en un tout homogène. Sans le regel, les glaciers se réduiraient en poussière. Je ne dois pas cependant vous dissimuler que des objections ont été récemment élevées contre l'explication proposée par M. Tyndall.

Mais ces divers mouvements ne s'accomplissent pas sans amener des perturbations profondes et des dislocations innombrables dans le corps même du glacier. A l'examen superficiel, ce dernier paraît un amas compact de neige, de névé et de glace; en réalité, c'est un assemblage de fragments en contact de toutes dimensions, une masse poreuse imprégnée d'eau. Non seulement la glace, en apparence la plus solide, renferme une multitude de petites fentes, mais le glacier lui-même est profondément morcelé par de grandes fissures qui le traversent quelquefois dans toute son épaisseur. Ces crevasses ont reçu le nom de *rimayes*. On en distingue de trois espèces. Ce sont d'abord les crevasses marginales, qui n'existent que sur les bords du glacier. Leur direction est toujours plus ou moins oblique et curviligne, et la convexité de la courbe regarde le haut du glacier. Elles résultent évidemment d'une traction provenant de ce que le mouvement est plus rapide au centre que sur les bords. Il y a ensuite les crevasses transversales, qui coupent le glacier dans toute sa largeur, et le divisent ordinairement dans toute son épaisseur. Elles sont occasionnées par une saillie du sol sous-jacent relevant le glacier et lui faisant éprouver un ploiement qui le force à se rompre. On connaît enfin des crevasses longitudinales, qui se forment toutes les fois que la glace vient buter contre un obstacle situé en avant.

Dans les hautes montagnes il peut neiger tous les jours de l'année. Les chutes ont souvent une telle abondance, qu'en peu d'heures, une couche de neige de plusieurs décimètres d'épaisseur recouvre le sol. Alors tout se confond, et les crevasses disparaissent sous un blanc linceul. Quelquefois elles sont entièrement comblées par les tourbillons; mais le plus ordinairement, c'est un simple pont de neige qui les dissimule aux regards. Quand ce pont n'a pas acquis la solidité suffisante, malheur à l'imprudent voyageur qui vient à y poser le pied. Il n'est pas de glacier qui n'ait dévoré ses victimes. Les récits des guides sont remplis de lamentables histoires. Obligé de choisir et pressé par le temps, je me bornerai à vous raconter une des catastrophes les plus récentes. Il y a quelques années, un jeune Russe, attaché d'ambassade, M. de Groth, était parti de Zermatt pour visiter les immenses et magnifiques glaciers du Mont-Rose. Il précédait de quelques pas son guide, lorsque soudain il disparaît dans une crevasse. Le malheureux jeune homme était tombé la tête en bas. Pressé entre deux murailles de glace, et à moitié enseveli dans la neige, il conserva cependant sa présence d'esprit, et ordonna au guide d'aller chercher du secours. Ce dernier mit beaucoup de temps à se rendre au hameau le plus voisin, où il se munit de cordes dont la longueur fut reconnue insuffisante. Toujours rempli de courage, le jeune voyageur lui donne de nouvelles instructions; mais quand les montagnards revinrent en nombre, ils ne retirèrent plus qu'un cadavre. Le corps du malheureux étranger, dont l'agonie dura cinq heures, avait laissé son empreinte dans la glace, qui s'était fondue autour de lui.

Ces mouvements intestins, ces déchirements, ces dislocations incessantes des glaciers, sont accompagnés de bruits divers dont il est facile de reconnaître la cause. Tantôt une détonation formidable annonce qu'une grande

crevasse vient de s'ouvrir subitement; tantôt un gronde-
ment plus sourd indique la démolition d'une partie du
front du glacier ou la chute de quelque avalanche. Les
innombrables tiraillements de la masse produisent des
craquements presque continuels : « le glacier cède en
gémissant à sa destinée », a pu dire avec raison M. Forbes.

C'est donc à tort qu'on se représenterait les champs de
glace comme le domaine du silence et de l'immobilité.
Dans un beau jour d'été, rien n'est au contraire plus
animé que leur surface pour qui sait observer. Dès le
matin, la chaleur fait fondre la pellicule solide formée
pendant la nuit, et bientôt circulent une multitude de
petits filets d'eau qui s'écoulent en murmurant, se réunissent et s'anastomosent de mille manières pour constituer
des ruisseaux qui se précipitent en cascades dans les
crevasses, et se joignent au torrent sortant du front du
glacier. Parfois la neige est colorée en rouge par un
végétal microscopique presque réduit à une simple cellule, le *Protococcus nivalis*, qu'on a observé dans les glaces
du pôle aussi bien que dans celles des montagnes. Des
îlots rocheux, connus sous le nom de jardins des chamois, percent les névés des cirques, et se revêtent d'une
charmante parure de mousses, de saxifrages, d'andro-
saces et d'autres plantes alpines fort recherchées des col-
lectionneurs. Il arrive aussi que de grands blocs précipités
par les avalanches amènent jusqu'à la surface du glacier
cette végétation aux vives couleurs. Le règne animal ne
fait pas non plus défaut. A des hauteurs prodigieuses
plane le gypaète barbu, ou vautour des agneaux, sur le
compte duquel circulent tant de fables. La corneille des
Alpes fait retentir de son cri rauque les basses vallées, où
elle se précipite en tournoyant. La perdrix des frimas, ou
lagopède, établit son nid dans le voisinage des neiges
éternelles. L'ours, le chamois, le bouquetin, fréquentent
ces régions désolées, de plus en plus rares et méfiants.
Fort nombreuses, au contraire, les marmottes font

entendre à chaque instant leur sifflement aigu, et courent à leur terrier à la moindre alarme. Les voyageurs qui passent la nuit dans les hautes régions reçoivent souvent la visite indiscrète et intéressée d'autres rongeurs particuliers aux montagnes glacées. Peu difficiles sur le choix des aliments, ces animaux ne respectent aucune substance ayant eu vie. Le vieux cuir paraît leur offrir des attraits particuliers : je connais un explorateur des Pyrénées dont les expériences furent arrêtées une fois par la dent des campagnols, qui, en une seule nuit, dévorèrent complètement l'étui de son baromètre. Il n'est pas jusqu'aux insectes qui n'aient leurs représentants. Pendant le séjour que fit, en 1840, sur le glacier de l'Aar, la courageuse phalange des naturalistes neufchâtelois, ils trouvèrent en grande abondance un petit animal agile et bondissant, la puce des glaciers, puisqu'il faut l'appeler par son nom. Cet insecte, découvert l'année précédente par M. Desor dans les glaciers du Mont-Rose, appartient à la famille des podurelles. De tous les habitants des neiges, c'est, sans contredit, le plus curieux à observer, car il pénètre dans l'intérieur de la glace en apparence la plus compacte, et y circule avec une grande rapidité; ce qui prouve bien que les blocs qui nous paraissent les plus homogènes sont remplis de fissures que l'œil ne distingue pas aisément.

La masse et l'étendue d'un glacier dépendent surtout de circonstances locales, telles que la surface plus ou moins grande du cirque d'alimentation, le nombre des affluents, l'orientation par rapport à de hauts sommets, l'altitude, l'abondance des neiges, etc. Les amas, plutôt formés de neige que de vraie glace, qu'on rencontre çà et là dans les Pyrénées, méritent à peine le nom de glaciers. Ces derniers sont au contraire fort nombreux dans les Alpes, et contribuent surtout à leur donner l'incomparable beauté qui les distingue parmi toutes les montagnes. Voici les dimensions de quelques glaciers. Le plus grand de la péninsule scandinave a 9 kilomètres de longueur sur 700 à 800 mètres de largeur. Le glacier de l'Aar, dans les Alpes bernoises, a 8 kilomètres de long sur 1 450 mètres de large ; son volume est estimé à 2 milliards et demi de mètres cubes. Celui d'Aletsch, le plus étendu de la chaîne, a 24 kilomètres, et son volume est de 22 à 24 milliards de mètres cubes. Dans l'Himalaya, où tout est gigantesque, le glacier de Baltoro a une longueur de 58 kilomètres sur une largeur de 3 à 4 kilomètres. Enfin, le glacier le plus considérable du globe, appelé glacier de Humboldt, s'étend au nord de la baie de Baffin, du 79ᵉ au 80ᵉ degré de latitude septentrionale, sur une longueur de 111 kilomètres.

Maintenant que vous possédez des notions suffisantes sur la constitution des glaciers et sur les traces qu'ils ont laissées, je puis aborder la seconde partie de cet entretien.

De nos jours, les glaciers ne sont connus que dans le voisinage des pôles et dans les hautes montagnes ; car il faut que leur cirque d'alimentation se trouve dans la région des neiges éternelles, et, d'un autre côté, leur front s'arrête toujours à des niveaux où la température moyenne de l'année ne dépasse pas de beaucoup celle de la glace fondante. Ainsi la limite des neiges s'élève-t-elle constamment à mesure qu'on s'avance des pôles vers l'équateur. Mais il y eut une époque géologique assez rapprochée de nous où les glaciers avaient pris une extension énorme. Non seulement ils recouvraient le nord des continents et envahissaient les plaines dans des contrées où ils n'existent plus depuis longtemps, mais ils occupaient encore la plupart des montagnes de l'Europe centrale. Les glaciers des Alpes ne s'arrêtaient au midi que dans la vallée du Pô, dépassant les emplacements du lac Majeur, du lac de Côme et du lac de Garde. Au nord, ils recouvraient presque toute la Suisse, et venaient buter à droite contre l'Alpe de Wurtemberg, et à gauche contre le Jura. Le plus considérable de tous, le glacier du Rhône, remplissait le Valais, comblait le lac de Genève, et s'étendait des environs de Lyon à Olten, dans le canton de Soleure. Il déposait les blocs alpins de ses moraines jusqu'à une altitude de 1 000 mètres environ, sur les flancs du Colombier et du Chasseron, les disséminait dans les vals intérieurs du Jura, et les étendait au pied de la chaîne jusqu'au delà de Soleure. Ces blocs, appelés erratiques, ont quelquefois des dimensions énormes, témoin la Pierre à Bot, de Neufchâtel. Dans le Valais, le bloc monstre de Charpentier mesure 17 mètres de longueur sur 16 de largeur et 20 de hauteur, ce qui représente une masse de 5 522 mètres cubes. D'ailleurs tout était prodigieux à cette époque. Tandis que l'épaisseur des glaciers actuels des Alpes ne dépasse pas 50 à 60 mètres en moyenne, le gigantesque glacier du Rhône s'élevait à plus de 600 mètres au-dessus de la plaine suisse.

Les Vosges et le Jura avaient aussi leurs glaciers particuliers, et les Pyrénées se trouvaient largement envahies. C'est peut-être dans cette dernière chaîne qu'ils ont laissé les traces les plus manifestes. Ainsi, toutes les vallées qui débouchent dans celle de la Pique, aux environs de Bagnères-de-Luchon, sont remplies d'anciennes moraines, de débris et de roches moutonnées. Les schistes du port de Vénasque sont fréquemment striés. La sauvage et profonde vallée, qui sépare le massif de la Maladetta de l'arête centrale de la chaîne, est bordée à une grande hauteur de moraines latérales fort étendues. Dans le val d'Oo, on rencontre à chaque pas des stries glaciaires, notamment sur les schistes que côtoie le sentier entre le village d'Oo et les granges d'Astau. Plus haut, un peu au-dessous du lac de Portillon, on remarque, à une altitude de 2 200 mètres environ, de vastes affleurements granitiques usés, arrondis et moutonnés, mais non rayés, la désagrégation ayant effacé les stries. La parfaite conservation, je dirai même la fraîcheur de

toutes ces traces, pourrait faire supposer que les glaciers ont disparu d'hier. Plus haut encore, mais toujours
en deçà des neiges éternelles, le fond de certaines dépressions étroites est rempli de petits blocs granitiques juxtaposés, de grandeur à peu près semblable, comprimés et
nivelés au point de ressembler, à s'y méprendre, aux
chemins pavés par les Romains. Ces chaussées ou voies
glaciaires, car on pourrait leur donner ce nom, ont été
aussi observées par M. Lézat sur le revers méridional de
la Maladetta. Je m'arrête avec quelque complaisance sur
ces détails, parce que l'extension des glaciers pyrénéens
a été niée par certains géologues, et ensuite parce que je
n'ai jamais vu, même dans les Alpes, les anciennes actions
glaciaires aussi nettement représentées. (CONTEJEAN, *les
Glaciers et les Phénomènes glaciaires. Revue scientifique du
30 mars 1867.)*

III

LA THÉORIE DES RÉCIFS CORALLIENS

Depuis les mémorables travaux de Darwin et de Dana, il semblait que la théorie des récifs coralliens fût définitivement fixée. Cette doctrine à la fois si ingénieuse et si simple, qui rattache toutes les manifestations de l'activité corallienne à un principe unique, l'affaissement continu du lit de l'Océan, paraissait acceptée de tous sans contestation. Dans un livre où la clarté de l'exposition s'allie au charme du style et à une exécution typographique irréprochable, le patriarche de la géologie américaine, James D. Dana, l'ancien naturaliste de l'exploration de Wilkes en 1840, avait résumé les principes de la théorie d'une manière qu'on peut qualifier de séduisante.

Mais, depuis lors, il s'est produit un fait de la plus haute portée. Le navire anglais le *Challenger*, inaugurant avec éclat la série des grandes croisières scientifiques où devaient plus tard s'illustrer les vaisseaux français le *Travailleur* et le *Talisman*, a sillonné le Pacifique en tous sens. M. John Murray, l'un des membres de la mission du *Challenger*, en a profité pour recueillir de nouveaux documents sur les récifs de coraux et spécialement sur ceux de Taïti, qui avaient précisément servi de base aux spéculations de Darwin. Le résultat de cette enquête a été de faire peser les doutes les plus sérieux sur la théorie du savant naturaliste anglais. Au même moment, M. Alexandre Agassiz, qui continue si dignement en Amérique les traditions paternelles, se livrait à l'étude des récifs de la Floride, et confirmait de son côté les conclusions de M. Murray. Aujourd'hui, après le magistral exposé que M. Archibald Geikie a fait de ces découvertes devant la Société royale d'Edimbourg, il nous semble bien difficile de ne pas se rendre. C'est ce que nous allons chercher à démontrer, en rappelant tout d'abord, dans un rapide exposé, les traits principaux de la doctrine précédemment admise.

Il existe un très grand nombre d'êtres qui, par le seul entassement de leurs dépouilles, peuvent donner naissance à des calcaires. Mais ces dépôts, formés par simple juxtaposition de coquilles d'animaux morts, n'ont rien de commun avec les *récifs* proprement dits, élevés par de véritables organismes *constructeurs*, qui, de leur vivant et en face du choc des vagues, ont pour fonction d'édifier, en plein océan, des massifs aussi solides que les mortiers les mieux cimentés. Ces êtres constructeurs sont de diverses sortes; on y compte tout d'abord des *polypiers* proprement dits; puis des *bryozoaires*, c'est-à-dire de petits mollusques vivant en colonies; ensuite des *hydrozoaires*, enfin des algues de la famille des *nullipores* et des *corallines*.

Ces diverses catégories d'êtres absorbent, pour l'incorporer dans leurs tissus à l'état de carbonate, la chaux que l'eau de mer renferme toujours sous la forme de sulfate. Il se fait ainsi, sur les fonds appropriés, une véritable *plantation corallienne*, qui meurt sans cesse par le pied, tandis que la partie extérieure continue à croître. Les portions mortes forment un squelette calcaire, dans les vides duquel s'accumulent tous les fragments que le choc des vagues arrache aux individus vivants; et cette masse, parcourue par des infiltrations d'eau chaude, chargée de

sels calcaires, finit par devenir une roche compacte, d'où
la structure organique primitive disparaît parfois d'une
manière absolue.

Si, à l'état isolé, les espèces d'organismes constructeurs
ont des conditions d'existence assez largement définies,
elles ne deviennent *coralligènes* que dans des limites de
circonstances physiques très étroites, depuis longtemps
bien fixées par les naturalistes. Tout d'abord, leur pros-
périté est indissolublement liée au climat des tropiques.
Nulle part elles ne peuvent se développer, si, dans le
mois le moins chaud de l'année, la température moyenne
de la mer descend plus bas que vingt degrés au-dessus de
zéro. En second lieu, elles ne s'accommodent pas d'une
profondeur sensiblement supérieure à 40 mètres, et,
d'autre part, elles ne peuvent supporter l'exposition à
l'air libre pendant une durée dépassant le temps de la
basse mer. Enfin il leur faut une eau pure, exempte de
matières solides en suspension; et le voisinage d'un cours
d'eau apportant dans la mer de la vase ou du sable suffit
pour en entraver absolument la croissance. Au contraire,
le choc violent des vagues est pour les espèces coralligènes un élément de succès; et le bord extérieur des
récifs, celui qui reçoit directement l'assaut de la lame, est
toujours plus haut et plus vivace que le bord opposé.

Ces conditions générales étant données, on remarque
que tous les récifs coralliens peuvent se grouper autour
de trois types principaux, suivant leurs relations vis-à-vis
de la terre ferme : 1º les *récifs frangeants*, qui bordent
presque immédiatement une côte, ne laissant dans l'intervalle que de petites lagunes ou des canaux sans profondeur; 2º les *récifs-barrières*, qui forment à une certaine
distance de la côte une sorte d'ouvrage avancé sous-marin,
se révélant par une ligne de brisants; 3º les *atolls* ou
récifs annulaires, isolant du reste de l'Océan une lagune
de forme ovale irrégulière, dont le centre est tantôt vide,
tantôt occupé par un ou plusieurs îlots.

Quant au profil même des récifs, Darwin avait été frappé, à Taïti, de sa forme abrupte. Il s'était assuré que le bord extérieur d'un récif était souvent vertical, parfois même en surplomb, et que, à quelques encâblures au large, le fond se trouvait en général à une distance de la surface qu'un plomb de sonde ordinaire était impuissant à mesurer. Sans doute, de ces profondeurs, la drague ne ramenait pas de coraux vivants; mais le calcaire qu'elle rapportait se montrait identique avec celui dont le corps du récif était formé à quelques décimètres de la surface et ainsi il semblait impossible de méconnaître que certains récifs doivent avoir au moins 200 ou 300 mètres d'épaisseur. D'ailleurs, il y a, sur certains points du Pacifique, d'anciens récifs, aujourd'hui amenés par des mouvements du sol à une grande hauteur au-dessus du niveau de la mer, et dont la roche, en apparence identique de la base au sommet, se poursuit avec la même compacité sur plusieurs centaines de mètres.

Comment concilier cette épaisseur avec le fait, absolument hors de doute, que les organismes coralligènes se développent seulement entre la surface et une vingtaine de brasses de profondeur? C'est ici qu'intervient l'hypothèse fondamentale de Darwin.

Les océans correspondent évidemment à des dépressions de l'écorce terrestre. Or ces dépressions paraissent être, pour la plupart, d'ancienne date dans leur dessin primitif; mais la géologie nous enseigne qu'elles se sont progressivement accentuées, en même temps que se prononçait le relief des parties continentales. Il est donc tout naturel de les considérer comme s'approfondissant encore de nos jours. Admettons cette notion, et supposons que le mouvement d'affaissement du Pacifique soit très lent. La vitesse d'accroissement en hauteur d'un massif de coraux, très variable d'ailleurs suivant les circonstances, se tient aux environs de 1 à 2 millimètres par an. Pourvu que la vitesse d'affaissement du fond de la mer ne soit pas, en moyenne, supérieure à ce chiffre, ou, si cet affaissement s'accomplit par saccades, pourvu qu'aucune de ses étapes n'amène le sommet de la plantation corallienne à plus de vingt brasses au-dessous de la surface, la plantation se développera indéfiniment; la hauteur du récif ira toujours en croissant, et son épaisseur, à un moment donné, pourra en quelque sorte servir de mesure au temps écoulé depuis l'origine du mouvement. Ainsi, à raison de 1 millimètre et demi par an, un récif de 1 mètre suppose un travail de six cent soixante-dix ans, et 100 mètres d'épaisseur exigeraient à la fois un minimum de soixante-sept mille ans, et un affaissement d'au moins 60 mètres. Dans de telles conditions, l'existence de récifs de 300 mètres d'épaisseur conduirait à assigner une durée énorme à ce qu'on appelle l'*ère actuelle*, c'est-à-dire la période écoulée depuis que les relations mutuelles de la terre ferme et de l'Océan ont été fixées, sous la réserve du lent mouvement de descente de certaines parties du fond des mers.

De la sorte, si le phénomène corallien est, par son essence même, indépendant de la plus ou moins grande stabilité du sol, du moins le développement qu'il a pris exigerait, de la part de l'écorce terrestre, dans les régions tropicales, une mobilité constante; sans quoi l'épaisseur des récifs ne dépasserait nulle part un maximum d'une quarantaine de mètres. Mais ce n'est pas tout, et la même explication semble rendre un compte très satisfaisant de la variété de formes des récifs.

En effet, imaginons une île située dans la région de la mer où les espèces coralligènes peuvent prospérer, et offrant, dans sa partie immergée, une pente convenable pour que les coraux y trouvent leur assiette. Une plantation corallienne s'y développera tout près du bord, et quand elle atteindra le niveau de la basse mer, donnera naissance à un *récif frangeant*. Comme d'ailleurs le récif s'accroît mieux du côté du large, et que, tout contre le rivage de l'île, le ruissellement des eaux pluviales peut entraîner des sédiments nuisibles aux coraux, il subsistera généralement, entre l'île et le récif, un petit espace, formant une ligne d'étroites lagunes. Si maintenant l'île s'affaisse lentement, le récif continuera à croître en épaisseur, en même temps que la largeur de la lagune augmentera. Un jour viendra où la distance du récif à la côte sera devenue assez grande pour que la digue corallienne forme un *récif-barrière*. Mais que le mouvement continue à se prononcer : ou bien l'île disparaîtra tout entière, ou elle se réduira à quelques îlots insignifiants, autour desquels s'étendra une barrière annulaire, interrompue ou non par d'étroits passages. Cette barrière pourra d'ailleurs être totalement ou partiellement émergée. En effet, les vagues des grandes tempêtes en dégradent constamment le bord extérieur; tandis que la plupart des blocs ainsi arrachés tombent dans la mer, au pied du récif, quelques-uns viennent s'entasser sur la plate-forme, et dépassent définitivement le niveau des plus hautes mers. Les vents et les oiseaux y apportent des semences, et ainsi peut se constituer un anneau de verdure, entourant un lac intérieur, dont la tranquillité contraste avec l'agitation des flots au dehors.

A cet état de perfection, le récif est devenu un *atoll*. Sa forme, plus ou moins irrégulière, n'est que le reflet des contours de l'île à laquelle il était originairement accolé, d'abord en qualité de frange, puis sous forme de barrière. L'île a disparu, pendant que l'atoll élevait sans cesse de nouvelles assises sur sa base primitive, et, le mouvement d'affaissement ayant un jour cessé de se produire, l'anneau corallien, d'ordinaire immergé à marée haute, a été définitivement conquis à la terre ferme. Un jour peut-être, sa lagune intérieure elle-même se comblera, soit par des sables coralliens que rejetteront les vagues, soit par le progrès de la végétation de l'atoll ou par des accumulations de déjections d'oiseaux.

En résumé, pour employer une ingénieuse expression de Dana, chaque atoll serait une sorte de *monument funéraire* marquant la place d'une île engloutie, en même temps qu'il attesterait la mobilité du fond de l'Océan au point en question. Ajoutons qu'en de nombreux endroits du Pacifique on observe des preuves directes d'immersion, et que tout un ensemble de faits, très habilement groupés par Darwin et Dana, semble établir l'existence de grandes lignes de charnière, dont un côté présente surtout d'anciens récifs aujourd'hui soulevés, tandis que, sur l'autre, on voit surtout des récifs-barrières, et, plus au large, seulement des atolls. Ainsi, d'après Dana, si l'on tire une ligne droite, dirigée N. 70° O., depuis l'île Pitcairn, la plus méridionale de l'archipel de Paumotou, jusqu'aux îles Pelew, en passant par les îles Gambier, l'archipel des Navigateurs et les îles Salomon, on peut dire que tous les atolls du Pacifique sont au nord de cette limite, tandis que la plupart des récifs aujourd'hui totalement émergés sont au sud. Entre cette ligne et les îles Sandwich, sur une superficie large de 3 700 kilomètres et longue de 11 000 kilomètres, il y a deux cent quatre îles, qui, presque toutes, appartiennent à la catégorie des atolls, tandis que les barrières de récifs abondent dans le voisinage même de la limite, et que, au sud, certains récifs d'ancienne formation, comme celui de Metia, sont maintenant à 80 mètres au-dessus du niveau de la mer.

De tels faits semblent décisifs, et dès lors on comprend sans peine la séduction que la théorie darwinienne a longtemps exercée, séduction d'autant plus naturelle, qu'en regard de cette doctrine, si simple et si harmonieuse, il n'y avait rien qui se montrât en état d'expliquer ni la forme annulaire des atolls ni la grande épaisseur de certains récifs. Seul, Chamisso avait tenté de justifier la première de ces deux circonstances, en supposant que chaque atoll était édifié sur le pourtour d'un cratère. Mais on n'avait pas eu de peine à objecter que la figure d'un

cratère serait nécessairement beaucoup plus régulière, et
que, d'ailleurs, la formation des appareils volcaniques à
cavité cratériforme se comprenait mal en pleine mer,
alors que la projection et la chute des débris s'accomplissent dans un milieu résistant.

Cependant la presque unanimité avec laquelle la théorie
de Darwin et Dana était acceptée n'empêchait pas quelques contradictions de se faire jour. Dès 1851, Louis
Agassiz montrait que cette théorie n'était pas applicable
aux récifs de la Floride et, en 1863, M. Semper la trouvait en défaut pour les îles Pelew. En effet, dans cet
archipel, tous les types de récifs se montrent juxtaposés,
de telle sorte qu'il faudrait imaginer une succession compliquée de mouvements discordants, sans que, d'ailleurs,
aucune preuve directe y permette de conclure à la réalité
d'un affaissement. Le même auteur renouvelait ses objections en 1869 et, l'année suivante, M. Rein émettait l'opinion que les Bermudes, où l'on n'observe pas non plus
d'indices d'affaissement, avaient pu constituer, à l'origine,
une éminence ou une plate-forme sous-marine, sur laquelle
des colonies de polypiers, de mollusques et d'échinodermes
étaient venues s'établir, se développant en assez grande
abondance pour élever peu à peu le niveau de la plate-
forme jusqu'à la zone où les coraux constructeurs peuvent prospérer.

Tel était l'état des choses, lorsque M. John Murray fit
paraître, en 1880, un important mémoire, où se trouvaient consignées les observations recueillies pendant la
croisière du *Challenger*. Voici le résumé de ces observations et des conséquences que M. Murray en a tirées.

Les îles auxquelles les récifs coralliens sont associés
sont, presque sans exception, d'origine volcanique. Il
n'y a, dans l'intérieur du Pacifique, aucune trace d'un
ancien massif continental, dont la submersion progressive aurait donné naissance à la dépression océanique,
et tout ce qui dépasse ou atteint à peu près le niveau de

cette mer peut être considéré comme le produit d'éjaculations internes. De même, on sait aujourd'hui que, là où les dépôts d'origine organique, tels que la vase à globigérines, font défaut, la sonde ne ramène, des grands fonds du Pacifique, *que des débris de nature volcanique.*

Il semble donc tout à fait légitime d'admettre que c'est l'activité éruptive seule qui a fait surgir, au sein des mers à récifs, les inégalités qu'on y observe. Tandis que les unes, après avoir dépassé le niveau de la nappe liquide, ont pu s'y maintenir en formant des îles, auxquelles les coraux sont venus constituer des ceintures ou des barrières, d'autres, battues par les flots ou ruinées par les agents atmosphériques, se sont réduites à des plates-formes immergées; et, comme l'action mécanique des vagues a pour limite, à très peu de chose près, la profondeur à laquelle les espèces coralligènes peuvent se développer, ces dernières ont dû trouver, dans les cônes volcaniques, ainsi rasés, un terrain propice au déploiement de leur activité.

Mais, parmi les accumulations de débris, édifiées au sein du Pacifique par l'action volcanique, beaucoup ont dû s'arrêter à une distance de la surface supérieure à vingt brasses. Étaient-elles pour cela condamnées à ne jamais servir d'assiette à des coraux? En aucune façon. En effet, c'est un des résultats les plus saillants des dernières explorations maritimes, que la constatation de l'extrême richesse, en organismes calcaires, des fonds situés sous la zone tropicale. Les eaux de la surface, dans les mers largement ouvertes, nourrissent en abondance des foraminifères calcaires, surtout des globigérines, dont les menues enveloppes s'entassent sur le fond, partout où la hauteur de l'eau ne dépasse pas notablement 4000 mètres. Déjà l'accumulation de ces débris peut faire naître des dépôts calcaires; mais surtout la matière organique de ces protozoaires fournit un aliment à des êtres beaucoup plus élevés, polypiers, rayonnés, mollusques, lesquels se

développent sur le fond. Le phénomène est surtout remarquable sous le parcours des grands courants chauds, tels
que le gulf-stream. Les récents sondages du *Blake* ont
montré qu'au-dessous de ce fleuve d'eau chaude, qui
charrie de la matière organique en grande abondance,
il s'est constitué une véritable plate-forme d'un calcaire
très dur, résultant de l'agglomération des coquilles. Nulle
part, d'après Alexandre Agassiz, ce résultat n'est mieux
marqué que dans la mer des Antilles et dans le golfe du
Mexique, entre 500 et 2 000 mètres de profondeur. Les
mollusques, les échinodermes, les polypiers, les alcyonaires, les annélides, les crustacés se développent en
nombre incroyable sur les plateaux sous-marins qui bordent la côte de la Floride, et les recouvrent, par l'accumulation de leurs enveloppes, d'une couche de calcaire
répandue sur plusieurs milliers de kilomètres carrés.
M. Agassiz n'hésite pas à attribuer cette abondance aux
matières organiques charriées par les courants tropicaux
et qui, venant s'ajouter à celles que contiennent toujours
les eaux littorales, assurent aux êtres marins une nourriture copieuse. De même une riche faune, sans doute
explicable par la même cause, a été constatée par le *Challenger* au-dessous du courant chaud de la côte japonaise.
Par contraste, les côtes occidentales des continents, le
long desquelles les courants issus des tropiques font
défaut, manifestent une moins grande richesse biologique.

Cela posé, un grand nombre des protubérances volcaniques, qui, dans l'origine, n'atteignaient pas la zone
bathymétrique des coraux, ont pu s'exhausser peu à peu
par des accumulations d'organismes calcaires, sous l'influence des conditions tropicales, et arriver ainsi assez
près de la surface pour que les espèces coralligènes pussent s'y établir.

Or, de quelque manière que les plates-formes coralliennes se soient constituées, nous savons que le bord extérieur, celui qui reçoit le plus directement le choc de la vague, doit tendre à se développer plus rapidement que le reste. Donc, autour des îles émergées, on verra prédominer la forme des barrières annulaires (d'autant plus qu'à l'intérieur la croissance des coraux est gênée par les sédiments qui descendent des pentes de l'île). Sur les plates-formes immergées, le récif constituera une sorte de cuvette, épousant le contour originel de la plate-forme et dont les bords seuls arriveront en bourrelet jusqu'à la surface. Quand le travail des vagues y aura fait naître l'amoncellement de blocs rejetés par les tempêtes, on aura un *atoll* complet, sans qu'aucun mouvement du sol ait concouru à sa formation.

Les particularités de chaque atoll tiendraient donc, d'une part, à la forme du massif servant de support; d'autre part, aux facilités diverses que les espèces coralligènes rencontraient, sur tel ou tel point, pour leur alimentation. Ainsi une longue chaîne sous-marine, offrant des inégalités dans sa surface et son contour, a pu donner naissance à une chaîne d'atolls, comme celle des îles Maldives. Des bas-fonds coralliens, comme ceux des Laquedives, des Carolines et de Chagos, au lieu d'être d'anciens récifs submergés, comme le croyait Darwin, seraient des plantations de date trop récente pour avoir atteint la surface, ou des bancs encore trop profonds pour que les coraux constructeurs aient pu s'y installer.

Mais, dira-t-on, si cette explication rend bien compte de la forme annulaire des constructions coralliennes ainsi que de leurs contours plus ou moins capricieux, on n'y trouve rien qui justifie la grande épaisseur de certains récifs ni la forme abrupte de leur profil. Si donc les faits sont bien tels que les a décrits Darwin, l'hypothèse de l'affaissement du fond semble inévitable. Mais justement les mesures de M. Murray, exécutées sur les récifs de Taïti, c'est-à-dire sur ceux mêmes qui avaient servi de base à l'ancienne théorie, mais dans des conditions de précision que l'état actuel de l'outillage a rendues possibles, tendent à faire voir les choses sous un jour tout nouveau.

Sans doute, le bord vivant d'un récif est très abrupt, parfois même vertical, jusqu'à une profondeur de 60 ou 70 mètres. Mais au-dessous s'étend, jusqu'à 300 mètres environ de profondeur et à peu près 360 mètres de distance horizontale de la crête (soit avec une inclinaison d'une quarantaine de degrés), un *talus de gros blocs coralliens*. Ces blocs ont été arrachés au bord du récif, surtout dans les endroits où la compacité de la roche avait pu être affaiblie par le travail des mollusques perforants, et sont venus tomber au pied. Au delà de ce talus, la sonde rencontre une pente de sable corallien, qui descend sous un angle de 25 à 30 degrés et à laquelle succède un fond, incliné de six degrés seulement, que tapissent surtout des *débris volcaniques*.

Dès lors on s'explique sans grande difficulté le mécanisme de la formation des récifs puissants.

Une plantation corallienne s'étant installée sur le sommet d'un cône volcanique, les blocs qui s'en détachent prolongent incessamment, dans la direction de la haute mer, la plate-forme sous-marine. Les animaux constructeurs s'en emparent et élèvent leur édifice, non plus directement sur le fond volcanique ou surélevé par une accumulation de coquilles, mais sur cet amas de blocs, que les eaux chargées de calcaire auront bientôt fait de cimenter en une roche aussi compacte que celle du récif. C'est ainsi que, sans qu'aucun affaissement se soit produit, certains atolls ou récifs-barrières peuvent offrir, en apparence, une portion abrupte d'une grande épaisseur, alors que le couronnement seul est formé par des coraux en place. Le reste se compose de débris coralliens, mêlés à des restes de mollusques, d'échinodermes, etc.

Remarquons d'ailleurs que le même effet pourrait se

produire, sans qu'il y eût formation d'un talus de blocs, par la simple superposition d'un récif vivant à une plate-forme constituée par une accumulation préalable de coquilles calcaires. En effet, avec le temps, dans les eaux tropicales, une plate-forme de ce genre, sous l'action des infiltrations, peut perdre ses caractères originaires et devenir très difficile à distinguer de la roche d'un récif proprement dit. Mais il est des cas où la distinction demeure possible. Par exemple, M. Guppy a observé, dans les îles Salomon, d'anciens récifs, aujourd'hui soulevés de 30 jusqu'à 300 et même 600 mètres, où le couronnement corallien est relativement mince, le reste se composant d'un calcaire terreux impur, où abondent les foraminifères et autres organismes pélagiques, tels que les ptéropodes.

Les vues qui précèdent ont été confirmées par les observations de M. Alexandre Agassiz sur les formations coralliennes des côtes de la Floride, des Indes occidentales et de l'Amérique centrale. Dans cette région, il y a de nombreux indices de soulèvements récents et pas la moindre trace d'un affaissement quelconque. Les récifs coralliens, portés par des plates-formes sous marines, probablement volcaniques comme la plupart des îles voisines, abondent sur le parcours des courants chauds, c'est-à-dire aux points où l'accumulation des organismes a pu préparer leurs bases. Le prolongement immergé de la Floride se peuple ainsi de récifs, dont le groupe le plus récent est celui des îles Tortugas, sorte d'atoll elliptique où prospèrent les madrépores, les gorgones, les nullipores et les corallines.

En résumé, si des affaissements locaux ont pu parfois intervenir dans la formation de certains récifs particuliers, il ne semble pas que le phénomène corallien réclame, comme condition essentielle, une mobilité générale du lit de l'océan. Ce qu'il faut avant tout aux organismes constructeurs, ce sont des plates-formes arrivant à moins de vingt brasses de la surface de la mer. Là où l'ancien relief du fond n'en fournissait pas, les déjections volcaniques en ont pu faire naître, dût la sédimentation organique intervenir à son tour, en cas d'insuffisance de hauteur, pour élever préalablement ces plates-formes jusqu'à la zone bathymétrique des coraux. Après quoi le développement de ces derniers s'est fait en raison des conditions plus ou moins favorables qu'ils rencontraient. Plus tard, le travail des eaux, chargées de bicarbonate calcique, a fait disparaître, plus ou moins complètement, la différence de structure des deux espèces de calcaires superposés et, si quelque mouvement du sol vient à déterminer l'émersion d'un récif de ce genre, on sera exposé à attribuer la totalité de son épaisseur à l'activité corallienne, qui pourtant n'est responsable que du seul couronnement.

Nous irons plus loin et nous dirons que, les atolls du Pacifique étant toujours établis sur des cônes volcaniques, cette disposition semble propre à suggérer l'idée d'un *soulèvement* plutôt que celle d'un *affaissement*. En effet, c'est Darwin lui-même qui a fait le premier la remarque que les lignes de volcans marquent toujours des rides en voie d'exhaussement. On sait que le domaine continental tend sans cesse à s'accroître aux dépens de l'océan, dont, par contre, la profondeur augmente, en même temps que le relief de la terre ferme s'accentue davantage. Chaque continent est ainsi composé de compartiments, successivement ajoutés les uns aux autres, et dont les bords sont, en général, des chaînes de montagnes, jalonnées par des manifestations volcaniques. Cela étant, il est extrêmement vraisemblable que les chaînes d'îles qu'on observe dans le Pacifique dessinent les limites futures des portions de cet océan destinées à s'adjoindre au continent asiatique ou australien. Chacune de ces chaînes marque une ligne de dislocation, encore plus ou moins profondément immergée, mais dont les fentes ont livré passage à des éjaculations volcaniques, devenues autant de points d'appui pour les récifs de coraux. Loin donc qu'il y ait affaissement continu le long de ces lignes, il doit plutôt se produire un exhaussement. C'est au large que le fond de la mer s'abaisse; mais, dans ces parties en voie de dépression, l'écorce terrestre comprimée ne se fend pas et n'édifie point de cônes volcaniques.

Quoi qu'il en soit, nous n'hésitons pas à reconnaître, avec M. A. Geikie, que les observations de M. Murray ont enlevé toute base positive à la brillante et ingénieuse conception de Darwin. Du même coup s'écroulent les spéculations de ce savant sur la grande durée de ce qu'on peut appeler l'époque actuelle; car il n'est plus permis de compter à son actif autre chose que le couronnement vraiment corallien des plates-formes et, dût-on admettre que la vitesse d'accroissement des récifs n'a pas varié, il y a loin de ce maximum de vingt brasses aux épaisseurs de 300 mètres et plus qu'admettait Darwin, quand il attribuait au corps même de la construction corallienne le calcaire du talus de blocs éboulés.

C'est ainsi que la science marche, enregistrant tous les jours des conquêtes nouvelles, dont chacune ébranle plus ou moins le crédit d'une théorie jusqu'alors admise et fait faire un pas de plus vers la connaissance de la vérité. Ce n'est pas que nous en devions accorder moins d'estime aux esprits de haute valeur dont l'œuvre est aujourd'hui reconnue comme insuffisante. Pour avoir mis de l'ordre, au moins à titre provisoire, dans des matières où ils ont dû déployer une rare sagacité, ils se sont acquis des titres indiscutables à la gratitude des amis de la science. La seule conclusion qu'il en faille tirer, c'est que dans les sciences naturelles une sage réserve s'impose à toutes les spéculations théoriques; car la doctrine qui succombe peut souvent dire à celle qui la remplace : « *Hodie mihi, cras tibi.* » (A. DE LAPPARENT, *la Théorie des récifs coralliens. Revue scientifique* du 2 mai 1885.)

IV

LES ORIGINES DU GLOBE TERRESTRE

Quelque opinion que l'on professe relativement à l'explication théorique des faits, il est une chose sur laquelle tous sont d'accord : c'est l'existence, dans l'écorce du globe, d'une épaisse série de sédiments marins, superposés les uns aux autres dans l'ordre de leur formation successive et dont la présence, en de nombreux points des continents actuels, atteste que les relations réciproques de la terre ferme et de l'océan ont subi des vicissitudes nombreuses. Cette série sédimentaire a été divisée par les géologues en trois grands groupes : *primaire, secondaire* et *tertiaire.* Non seulement chacun de ces groupes, mais chacune des assises dont il se compose a son mode particulier de distribution sur le globe et le mérite des cartes géologiques est précisément d'aider à reconstituer cette distribution, en faisant revivre, pour chaque instant de l'histoire terrestre, les contours de la masse océanique. De plus, chaque assise renferme des restes fossiles, animaux ou végétaux, et ceux-ci, par ce que nous savons de la manière d'être de leurs congénères actuels, doivent nous édifier sur les conditions physiques de l'époque correspondante. Partons de ces données et, sans insister sur les mille difficultés de détail que peut soulever la réalisation d'un tel programme, efforçons-nous de définir, au double point de vue de la géographie et de la physique du globe, les traits essentiels qui caractérisent les principales époques géologiques.

L'ère tertiaire, celle qui a immédiatement précédé l'état de choses actuel, est communément divisée en quatre périodes : la plus récente a été appelée *pliocène*. Sauf dans le bassin de la Méditerranée, où les sédiments marins de cette période se montrent à découvert sur des surfaces d'une certaine étendue, notamment au pied des Apennins, la géographie pliocène de l'Europe occidentale a très peu différé de la géographie actuelle. Un bras de mer très étroit, une sorte de fjord, pénétrait alors, par la vallée du Rhône, jusqu'aux portes de Lyon et le rivage maritime empiétait légèrement sur quelques points des côtes du Roussillon, de la Bretagne et du Cotentin, ainsi qu'à l'embouchure de l'Escaut, sur les côtes anglaises de Suffolk et de Norfolk, un peu plus sur celles du Portugal.

La différence était mieux marquée pour l'Europe orientale, où une grande nappe d'eau, sinon franchement marine, au moins saumâtre, couvrait le bassin de Vienne, la plaine sarmatique et le pied de l'Oural, c'est-à-dire cette région déprimée dont la mer Noire, la Caspienne et le lac d'Aral n'occupent plus que les cavités les plus profondes. Tout le reste était déjà un continent sur lequel, à en juger par les empreintes végétales du tuf de Meximieux, dans l'Ain, croissait une végétation très analogue à la nôtre, mais mieux favorisée par le climat; car elle possédait le laurier, et le palmier nain se maintenait encore aux environs de Marseille.

Remontons d'une étape en arrière. Nous voici à la période *miocène*. La mer forme un golfe profond en Aquitaine, pénètre encore plus loin dans la vallée de la Loire et ses ramifications, s'avançant jusqu'en Loir-et-Cher. Mais surtout elle couvre la vallée du Rhône et la majeure partie de la région alpine, ainsi que tout le bassin de

Vienne et, dans les Alpes, la nature des dépôts, où se font remarquer les cailloutis à gros éléments, atteste la mobilité du sol, causée par le soulèvement progressif d'une chaîne de montagnes qui n'existait pas auparavant. Cependant un grand lac d'eau douce occupe déjà, vers la fin de la période, l'emplacement du lac de Constance et, sur ses bords, d'après ce que nous ont appris les belles recherches d'Oswald Heer, le camphrier fleurit dès le mois de mars, comme il fait de nos jours à Madère. Par suite de l'invasion de cette mer, dite mer de la *mollasse*, l'Europe, suivant une comparaison de M. de Saporta, forme une sorte d'archipel indien, remarquable par l'égalité et la douceur de la température. Une abondante végétation de graminées y nourrit ces immenses troupeaux d'antilopes, de girafes et d'hipparions, dont les restes ont été exhumés, par M. Gaudry, des limons rouges de la Provence et de l'Attique. Si l'on veut bien caractériser cet état de choses, il suffira de dire que, pour retrouver aujourd'hui les associations végétales de la Provence miocène, il faudrait redescendre de 25° vers l'équateur.

Ajoutons que, si l'on tient compte de la diffusion remarquable des herbivores dans tout le bassin de la Méditerranée, ainsi que du grand nombre des dépôts d'eau douce ou saumâtre qui signalent, dans cette même région, le début de la période pliocène, on sera tenté de penser que, à la fin de l'époque miocène, la Méditerranée occidentale avait, momentanément, subi une notable diminution.

Les temps miocènes ont été précédés par la période *oligocène*, avec laquelle nous constatons un état de choses très différent du précédent, c'est-à-dire que la mer se trouve alors sur l'Europe septentrionale, s'étendant au sud jusqu'au delà de Fontainebleau, couvrant le Limbourg, l'Allemagne du Nord et une partie de la Suisse, réduite à l'état d'îlots, pendant que, dans le Midi, les eaux marines dépassent peu leurs limites actuelles, sinon au pied des

Pyrénées occidentales et en Piémont. Au même moment,
de grands lacs d'eau douce occupent la Beauce, la Limagne, la vallée du Rhône. Sur leurs bords se développe
une flore d'une incomparable richesse, où l'on voit, sur
l'emplacement du lac de Genève, les palmiers associés
aux lauriers, aux figuiers, aux camphriers, aux cannel-
liers; à ces essences s'ajoutent les chênes, les acacias et
les érables, alors descendus dans les plaines, tandis que,
dans les âges antérieurs, nous ne les retrouverons plus
que confinés sur les hauteurs. La douceur de température
qu'atteste cet ensemble végétal n'est d'ailleurs pas un
privilège exclusif de la région méditerranéenne; car, au
même moment, les magnolias prospèrent au Groënland,
avec les séquoias et les chênes, et, sur l'emplacement de
la terre de Grinnel, par 82° de latitude nord, le sapin et
le cyprès chauve croissent à côté du peuplier et du bouleau, auprès de lacs couverts de nénuphars. Ainsi les contrées polaires jouissent, à cette époque, d'un climat qui
est celui de nos Vosges.

Les changements géographiques que nous venons d'en-
registrer sont encore mieux marqués avec la période
éocène. Les eaux marines s'étendent alors sur le bassin
de Paris, la Belgique, le golfe de l'Aquitaine; mais surtout elles répandent leurs sédiments sur l'espace aujour-
d'hui occupé par la chaîne pyrénéenne. Il n'y a plus de
Pyrénées, dirions-nous en empruntant une parole célèbre,
s'il ne fallait nous souvenir que nous faisons ici de l'histoire à rebours et que par suite, ce qu'il convient de dire,
c'est qu'il n'y a pas encore de Pyrénées. A plus forte raison n'y a-t-il ni Alpes ni Apennins. Ainsi notre Europe ne
possède aucune de ses chaînes principales. Sur sa partie
méridionale règne une Méditerranée bien plus vaste que
celle de nos atlas, empiétant sur l'Algérie, couvrant le
désert de Libye et s'étendant par l'Asie Mineure jusqu'à
l'Himalaya. De plus, une différence tranchée se manifeste
pour la première fois entre les dépôts marins du nord de

l'Europe et ceux de la Méditerranée. Les premiers affectent presque toujours un caractère littoral; la variété des sédiments et des fossiles y est extrême, ainsi que la belle conservation de ces derniers, qui a rendu si justement célèbres les gisements du bassin de Paris. Au contraire, dans les dépôts du midi, formés sous la haute mer et remarquablement uniformes sur de grandes étendues, se développent des myriades d'organismes calcaires de petite taille, appelés foraminifères, dont les plus importants, les *nummulites*, ont mérité par leur abondance de donner leur nom à la formation éocène méridionale, le plus souvent qualifiée de *terrain nummulitique*.

Sous l'influence d'une telle disposition géographique, l'Europe jouit d'un climat chaud, africain, où des saisons sèches et brûlantes alternent, sans hivers sensibles, avec des saisons pluvieuses et tempérées, la moyenne annuelle étant de 25 degrés en Provence. Les palmiers abondent autour de Paris; des arbres analogues aux cocotiers prospèrent dans le bassin de Londres, et les mammifères, que nous ne retrouverons plus désormais qu'à l'état rudimentaire, déploient une grande richesse de formes.

Continuons notre ascension à travers les temps géologiques. Nous voici à la fin de l'ère secondaire, à l'époque dite *crétacée*. Il n'y a presque pas de continent européen Une mer tranquille, la mer de la craie, au fond de laquelle s'accumulent en prodigieuse quantité les enveloppes calcaires des blanches globigérines, couvre la France, à l'exception peut-être du Plateau central, de la Bretagne et des Vosges. Cette mer s'étend sur la Belgique, l'Allemagne du Nord, une portion de la Bohème, la Galicie, la Crimée, et communique largement avec une Méditerranée qui empiète à la fois sur la France méridionale et la région des Alpes autrichiennes. Comme à l'époque éocène, cette Méditerranée a son régime à elle, différent de celui des mers du Nord et attesté par un genre tout particulier de dépôts; nous voulons parler des calcaires à *hippurites*, ces curieux animaux en forme de cornets, dont la nature actuelle n'offre plus aucun représentant, et qui semblent bien indiquer un mode de formation analogue, mais nullement identique, à celui des récifs coralliens.

Tout ce qui vient d'être dit s'applique à la seconde partie des temps crétacés. Mais l'invasion marine septentrionale qui les caractérise était le résultat d'un empiétement poursuivi pendant une longue suite de siècles. Au début, nous trouvons la mer reléguée surtout dans les contrées méridionales, où le régime pélagique s'accuse par le développement des ammonitidés, tandis que le bassin de Paris, l'Angleterre et l'Allemagne du Nord voient se former des dépôts de fleuves ou d'estuaires, dans lesquels la mer n'a plus que rarement accès. Du moins ces sédiments auront-ils le mérite de nous édifier sur les conditions continentales de l'époque. Nous verrons alors que les mammifères font presque complètement défaut, laissant, ou plutôt ne disputant pas encore, l'empire de la terre ferme aux dinosauriens, ces gigantesques reptiles bipèdes de 10 mètres de long, dont une magnifique restauration vient d'être exécutée au musée de Bruxelles. De plus, nous chercherons en vain, parmi les plantes de l'époque, un seul représentant de la grande famille des dicotylédones angiospermes, qui forme le fonds de notre flore tempérée. Je me trompe, une feuille de peuplier, une seule, a été trouvée dans des dépôts de cet âge, et cela au Groënland, dans ces solitudes glacées, où, de nos jours, le saule nain peut à peine subsister!

L'émersion des contrées du Nord, au début des temps crétacés, n'avait été du reste qu'un épisode final, clôturant la série des temps *jurassiques*. Les dépôts de cet âge, ainsi que le nom l'indique, couvrent le Jura; mais ils s'étendent aussi sur tout le bassin de Paris, sur l'Angleterre, sur le midi de la France. On se rend bien compte de la géographie de l'époque en suivant, sur la carte géologique d'Élie de Beaumont et Dufrénoy, cette teinte d'un bleu foncé, qui signale les dépôts de ce qu'on appelle le *lias* et qui entoure d'un mince ruban les îlots, alors émergés au moins en grande partie, de l'Armorique, du Plateau central, de l'Ardenne et du massif rhénan. La même ligne se suit en Angleterre, contournant la Cornouailles, le pays de Galles et de l'Écosse. Ainsi se dessine le grand golfe anglo-parisien, communiquant avec l'Atlantique jurassique par le détroit de Poitiers et avec la Méditerranée par le détroit de Dijon.

Deux choses doivent surtout fixer notre attention : d'une part, c'est la différence entre les mers jurassiques du nord, assez découpées et variables de régime, et la Méditerranée, où prévaut sans conteste l'allure *pélagique*, c'est-à-dire de haute mer. D'autre part, c'est l'existence de véritables récifs coralliens, édifiés par des organismes constructeurs dans les conditions des récifs actuels, jusque sous la latitude du comté d'York en Angleterre et formant en Lorraine ces masses calcaires, auxquelles les constructions parisiennes font aujourd'hui tant d'emprunts. Or nous savons que les organismes coralligènes ne peuvent se développer que dans des mers où, pendant le mois le plus froid de l'année, la température de la surface ne descend jamais plus bas que 20 degrés *au-dessus* de zéro, soit ce qui convient aux bains de rivière en été. Cette condition devait donc être réalisée, à l'époque jurassique, par les mers de l'Europe septentrionale; qu'on juge par là du changement accompli depuis lors!

Chose curieuse à noter : les récifs coralliens jurassiques se montrent à l'état plus ou moins sporadique en Angleterre, en Normandie, dans le Boulonnais et les Ardennes et ne forment des massifs d'une certaine étendue que dans la Lorraine, la Bourgogne et le Jura. Ceux qu'on observe dans le Berri, la Charente ou la Bresse sont d'un âge un peu plus récent que les précédents. Enfin ceux du Dauphiné datent de la fin des temps jurassiques. Après quoi c'est seulement dans le crétacé inférieur des Pyrénées et de la Provence qu'on trouve des formations de récifs, représentées par les calcaires blancs à *Chama*, comme si, pour diverses raisons, et probablement en partie à cause d'un abaissement progressif de la température des mers, les conditions favorables aux espèces coralligènes avaient peu à peu reculé vers le sud.

Ajoutons, pour achever de caractériser la période qui nous occupe, que la flore jurassique se composait de fougères et de cycadées, avec des conifères, le tout formant un ensemble assez pauvre, monotone, et se retrouvant avec les mêmes caractères depuis le Tonkin jusqu'en Sibérie.

Il nous reste encore à considérer le premier terme du groupe secondaire, c'est-à-dire l'ensemble des terrains désignés sous le nom de *trias*. Nous n'en dirons qu'un mot : c'est qu'à cette époque la France presque tout entière, l'Angleterre et la moitié de l'Espagne étaient émergées ou tout au moins soumises au régime des lagunes. Au contraire, l'Autriche et toute la région méditerranéenne disparaissaient sous une mer largement ouverte, qui s'étendait jusque dans l'Asie centrale et où s'épanouissaient les premiers représentants de la grande famille des *ammonites*, tandis que de puissants récifs coralliens s'élevaient sur le Tyrol méridional et la Lombardie, au milieu des manifestations d'une activité volcanique intense.

Le régime continental de l'ouest de l'Europe, au début de l'ère secondaire, avait été préparé de longue date; car, à la fin des temps *primaires*, c'est-à-dire à l'époque appelée *permienne*, on ne voyait plus, dans le nord, que quelques nappes d'eau salée, l'une en Angleterre, l'autre en Saxe, l'une et l'autre sans communication avec la Méditerranée, toujours franchement pélagique, qui s'étendait jusqu'à la région indienne. Auparavant, pendant la période si connue sous le nom d'*époque houillère*, les mêmes surfaces continentales étaient couvertes d'une végétation puissante, dont les débris, balayés par des pluies torrentielles, venaient périodiquement s'entasser au fond de lacs ou d'estuaires. Protégés par l'eau contre la destruction, bientôt recouverts, d'ailleurs, par des alluvions de sable ou d'argile, ils se changeaient en combustible minéral. Ainsi se formaient ces couches de houille dans lesquelles notre industrie retrouve et exploite, à son profit, l'énergie calorifique autrefois dépensée par le soleil au bénéfice de cette même végétation.

L'étude, aujourd'hui très avancée, de la végétation houillère nous apporte de précieux enseignements. D'abord les cryptogames y dominent de beaucoup, mais avec des caractères étranges, qui parfois les ont fait prendre pour des gymnospermes, à ce point que, pour plusieurs d'entre eux, la question n'a été tranchée que par la récente découverte d'organes de fructification qui ne pouvaient laisser de prises au doute. Ensuite ces cryptogames atteignaient des dimensions extraordinaires, puisque les lycopodiacées, aujourd'hui représentées par l'humble lycopode, cette herbe modeste qui tapisse la plupart des serres chaudes, formaient alors des arbres de 30 et 40 mètres de hauteur, pendant que les frondes des fougères herbacées avaient 8 à 10 mètres de long. Dans cette flore abondaient les fougères arborescentes; les cycadées n'y étaient pas rares. Enfin l'ensemble atteste les conditions tropicales les mieux accentuées.

Le caractère de cette végétation, nous dit M. de Saporta, était la profusion plutôt que la richesse, la vigueur plutôt que la variété. C'était une association de grandes et élégantes fougères, au-dessus desquelles se dressaient en colonne les troncs nus des sigillaires et des lépidodendrées; la cime seule de ces troncs était couronnée d'un feuillage menu, raide et piquant, qui garnissait l'extrémité des dernières ramifications. M. Grand'Eury, qui a si bien étudié la flore houillère, signale la tendance de ces plantes à une rapide poussée verticale, par des tiges pour la plupart fistuleuses, pleines de moelle ou gorgées de sucs. Les bourgeons avaient neuf ou dix fois la longueur qu'ils ont aujourd'hui dans les congénères des espèces houillères, et les extrémités des Cordaitées, avec leur canal médullaire de cinq à dix centimètres, accusent une rapidité de végétation extraordinaire qui ne subissait aucun temps d'arrêt.

Autour de ces végétaux bourdonnaient d'ailleurs des insectes que les belles trouvailles de M. Fayol à Commentry ont permis de bien connaître, et parmi lesquels certaines espèces d'orthoptères ou de névroptères avaient jusqu'à soixante-dix centimètres d'envergure.

La description que nous venons de faire de la végétation carbonifère ne s'applique pas seulement à tous les bassins houillers d'Europe, où la flore est si uniforme dans l'espace et varie si régulièrement avec le temps, qu'elle fournit un moyen de classement d'une remarquable précision; mais on peut dire qu'elle convient à tous les bassins houillers connus. Le même climat régnait donc alors sur l'Amérique du Nord, sur toute l'Europe, sur la Chine, l'Afrique australe et l'Océanie. Il régnait aussi au pôle Nord, près duquel les espèces houillères de l'Europe ont été retrouvées; enfin il régnait à l'équateur, puisque le bassin du Zambèze, nouvellement exploré, nous fournit, à 16 degrés seulement de latitude méridionale, toute une collection de plantes déjà connues dans les bassins houillers européens.

Le climat des temps carbonifères n'est donc pas le résultat d'une augmentation dans l'intensité de la chaleur aujourd'hui versée sur le globe par le soleil. Autrement les tropiques eussent été inhabitables pour toute espèce de végétation. Il a dû y avoir simplement extension, au globe entier, des mêmes conditions thermiques, aujourd'hui localisées dans la zone tropicale.

Il y a plus, la botanique fossile nous apprend que, jusqu'à la dernière phase de l'époque houillère, il n'existe

pas encore de provinces végétales. La même flore s'étend
de la Grande-Bretagne à l'Amérique et à l'Australie. C'est
seulement à la fin de la période qu'on voit se décider une
province européenne et boréale, qui comprend l'Afrique
comme annexe, et une province océanienne, infiniment
plus réduite, se soudant peut-être à la première par l'Himalaya, alors à l'état de terres basses.

Enfin l'absence totale de végétaux à couches ligneuses
concentriques et séparées, attestant des phases alternatives d'activité et de repos, montre avec évidence que le
jeu des saisons ne se faisait pas sentir alors sur le globe.

Cette uniformité de conditions physiques va se trouver
confirmée par l'étude de la période marine qui a précédé
le grand développement de la végétation houillère; c'est
l'époque dite *anthracifère* ou du calcaire carbonifère, où
une notable partie de l'Europe disparaît sous les eaux de
la mer. Au fond de ces eaux et sous l'influence de conditions analogues à celles que font naître aujourd'hui les
courants chauds des tropiques, l'accumulation des organismes produit des calcaires, destinés plus tard à devenir
des marbres. Ces calcaires, avec leurs fossiles coralligènes
caractéristiques, se retrouvent sous toutes les latitudes et
nous prouvent que le même climat tropical était alors
commun, non seulement à tous les continents, mais à
toutes les mers du globe.

Si cette excursion, déjà bien longue, ne vous a pas trop
fatigués, je vous demanderai la permission de la continuer en jetant un rapide coup d'œil sur les périodes antérieures à l'époque carbonifère. Nous nous contenterons
d'ailleurs de les caractériser en quelques mots. Il suffira
de dire que le domaine continental s'y montre de moins en
moins étendu; que la différence de régime entre les mers
septentrionales et la Méditerranée, qui se manifestait
encore à l'époque houillère, disparaît ou du moins ne se
traduit plus d'une manière aussi nette. Les sédiments, à
mesure qu'on remonte dans la série, affectent de plus en

plus le caractère littoral. Les faunes sont très uniformes et à peu près indépendantes des régions où on les observe. Il n'y a plus de reptiles; les poissons eux-mêmes ne se montrent qu'à une époque relativement tardive; les types organiques sont moins différenciés. D'ailleurs, plus on s'avance et plus les fossiles sont rares; de nombreux petits cristaux apparaissent dans les sédiments et l'on ne sait bientôt plus si l'on a sous les yeux des dépôts mécaniques ou des roches de cristallisation immédiate. Enfin, poursuivant encore, on arrive au substratum, entièrement cristallisé, qui supporte toute la série sédimentaire et qui, partout, se montre constitué par le terrain de gneiss et de micaschistes, si connu dans l'Auvergne, le Limousin et les Cévennes.

Faut-il maintenant recommencer, pour l'étude des formations éruptives, ce que nous venons de faire pour les dépôts sédimentaires? Convient-il d'attirer votre attention sur ces grandes époques d'épanchements internes, dont chacune a fourni ses produits à elle, très différents de l'une à l'autre, quoi qu'on en ait pu dire? Devons-nous insister sur ces différences, telles que celles qui séparent les trachytes modernes des porphyres de la fin des temps primaires et ceux-ci des granites, les plus anciens de tous, différences qui témoignent d'une notable diminution survenue avec le temps dans la puissance de cristallisation des roches? Mais ce serait abuser de votre attention; et d'ailleurs nous n'avons pas besoin de cela pour la thèse que nous prétendons établir. Contentons-nous de dire que les roches éruptives peuvent être divisées en deux grandes catégories. La première comprend les roches légères, les plus riches en silice, de couleur généralement claire, de nature réfractaire et où les composés du fer ne jouent qu'un rôle restreint, figurant parfois, comme dans les porphyres, à leur degré supérieur d'oxydation. La seconde est constituée par les roches lourdes, fusibles, chargées de bases métalliques, de couleur sombre, noir ou vert foncé et renfermant du fer, soit à l'état d'oxydule, soit même à l'état natif. Le granite est le type de la première catégorie, tandis que le basalte peut caractériser la seconde et il est évident que, tandis que les roches légères forment en quelque sorte l'écume, saturée d'oxygène, de l'ancienne croûte terrestre, les roches lourdes n'ont pu se former qu'au sein d'un milieu réducteur, protégé contre les actions externes. Elles nous apportent la preuve de l'existence, dans les profondeurs du globe, d'un réservoir où les substances métalliques sont associées à des gaz combustibles, comme ceux qui se révèlent à nous toutes les fois qu'il nous est donné de pouvoir étudier, à quelque distance de la surface, les actions solfatariennes, dans les pays où l'activité volcanique est depuis longtemps sur son déclin.

Arrêtons-nous maintenant à considérer les grandes lignes du tableau que nous venons de tracer. N'est-il pas évident que, pour ce qui concerne les phénomènes extérieurs, toute l'histoire du globe n'est qu'une marche progressive du simple au composé, de l'uniformité originelle vers la diversité infinie du temps présent? N'avons-nous pas vu, à travers quelques vicissitudes, se constituer par degrés ce continent européen, d'abord si réduit, si simple dans son relief, aujourd'hui si compliqué dans ses contours et pourvu de chaines montagneuses de formation relativement récente? Ne nous a-t-il pas été donné d'assister, pour ainsi dire, au morcellement graduel de cette Méditerranée, d'abord continue de l'Europe occidentale aux extrémités de l'Asie, maintenant séparée des dépressions asiatiques, isolée de la Caspienne, presque sans communication avec la mer Noire, partout si étroitement divisée, par des protubérances continentales, qu'il ne peut plus y être question de régime pélagique? Même, ne nous serait-il pas permis de penser qu'une nouvelle menace pèse sur elle, celle de la fermeture définitive du détroit de Gibraltar, si les derniers tremblements de terre de l'Espagne doivent être regardés comme le prélude d'un mouvement du sol?

.   .   .   .

Prenons donc la terre à ce moment de son histoire où, formée de substances gazeuses incandescentes, elle était lumineuse par elle-même, en face, peut-être même au milieu, d'un soleil encore à l'état nébuleux. Bientôt ce globe de feu, mal défendu contre le refroidissement par ses faibles dimensions, dut passer par l'état liquide et devenir un sphéroïde légèrement aplati, où les matières étaient superposées par ordre de densités. Mais quelles étaient ces matières? La densité moyenne de la terre étant d'au moins 5,5, alors que les matériaux de l'écorce proprement dite ont un poids spécifique compris entre 2 et 3, on en peut conclure que les parties les plus voisines du centre sont vraisemblablement formées de substances lourdes et métalliques. D'autre part, à en juger par la nature des roches les plus lourdes et aussi par ce que les météorites nous apprennent sur la composition des masses cosmiques, il est naturel de penser que ce noyau métallique est surtout constitué par du fer, imprégné de gaz réducteurs, probablement d'hydrocarbures, analogues à ceux que nous voyons s'enflammer dans la queue des comètes, lorsqu'elles passent à proximité du soleil.

A la surface d'un tel noyau devaient s'accumuler, comme une écume de scories, les substances à la fois les plus légères et les plus réfractaires, c'est-à-dire la silice et l'alumine, combinées avec les métaux les plus oxydables. Ainsi la première croûte a dû être formée de silicates. A peine était-elle devenue cohérente et obscure que plusieurs des éléments, jusqu'alors contenus dans l'atmosphère primitive, à la faveur de son excessive température, venaient se précipiter à la surface. On se figure ce que pouvait être la puissance de cristallisation dans un tel milieu, où la pression, au début, n'était certainement pas inférieure à trois cents atmosphères, toute l'eau des océans se trouvant à l'état de vapeur. Par là s'expliquerait la nature si particulière du substratum cristallin qui partout supporte la série sédimentaire.

Une fois cette écorce suffisamment refroidie, l'eau des mers s'y condense, d'abord en couche continue. Mais bientôt, par suite des progrès du refroidissement de la masse interne, l'enveloppe se ride et des inégalités surgissent, formant les premiers noyaux, longtemps aussi peu étendus que peu stables, des masses continentales, tandis que, par les fentes de l'écorce, les matières restées fondues à l'intérieur trouvent une issue plus ou moins facile jusqu'à la surface. Avec le temps, la rigidité de l'écorce augmente; les inégalités y deviennent de plus en plus sensibles; les grands traits de la géographie se dessinent. Les mers, autrefois continues, se partagent en bassins distincts; chaque rupture d'équilibre de l'écorce fait naître une chaîne de montagnes, entraînant le retour momentané de la mer sur les régions déprimées qui forment la contre-partie de la chaîne nouvelle. Dans chaque phase de repos, les émanations thermales, suite naturelle des éruptions violentes, tapissent les fentes de l'écorce de gangues et de substances métalliques, comme celles qui, de nos jours, forment sous nos yeux de véritables filons métallifères au-dessous des anciennes coulées de lave de la Californie.

Quelques-uns trouveront peut-être que, dans cette reconstitution des diverses phases de l'activité propre du globe, nous avons fait bon marché des objections élevées par des mathématiciens éminents contre la fluidité interne de notre terre. Avouons-le sans détours. En présence de ce que nous considérons comme les exigences de la géologie, de telles objections de principe nous laissent un peu indifférent. A Dieu ne plaise que nous méconnaissions la haute valeur des mathématiques! Nul plus que nous n'est disposé à s'incliner, avec un profond respect, devant les maîtres de cette science et à reconnaître quelle puissance intellectuelle il faut déployer dans ce domaine de l'abstraction pure, où tout doit être tiré du cerveau, sans aucun secours à attendre de l'observation ni de l'expérience. Mais il doit nous être permis de penser qu'on s'est peut-être bien pressé d'appliquer cet admirable instrument de raisonnement à des matières trop complexes et trop concrètes pour se prêter à de telles abstractions. Le moment où la mécanique se sent encore impuissante à déterminer les conditions du mouvement de trois corps qui s'attirent semble mal choisi pour soumettre au calcul les conditions d'existence d'un noyau dont la nature est à peine soupçonnée. N'oublions pas d'ailleurs qu'à tous les calculs il faut une base expérimentale, et ceux qui savent, pour l'avoir appris de M. Bertrand, combien, en mécanique, la proportionnalité diffère de ce qu'elle est en géométrie ne nous blâmeront pas d'être sceptique quand nous voyons appliquer au globe terrestre tout entier le résultat de quelques expériences de laboratoire. Ils se souviendront avec nous de ce qui est arrivé quand on a voulu déterminer, par le calcul, la température du soleil. Deux formules étaient en présence, toutes deux déduites de l'observation et parfaitement concordantes, aussi longtemps qu'on se maintenait dans les limites des expériences. Mais, étendues au delà de ces limites, la première a donné *quinze cents degrés* seulement, tandis que la seconde en donnait des *millions*.

C'est pourquoi, sans nous arrêter davantage à des objections auxquelles toute base positive fait défaut, nous nous croyons pleinement autorisé à admettre l'existence de ce foyer intérieur, reste de l'énergie calorifique primitive, dont la réalité nous est démontrée, à la fois par les phénomènes volcaniques et par le fait, si universel, de l'augmentation continue de la température avec la profondeur.

Tandis que, sous l'influence des variations de ce foyer intérieur, la surface du globe se diversifiait de plus en plus, à la fois dans son contour et dans son relief, le soleil, de son côté, subissait cette concentration progressive qui, d'une nébuleuse immense, noyant la terre dans sa pâle lumière, a fait l'astre éclatant, mais réduit, dont les rayons parallèles nous éclairent aujourd'hui. Le phénomène des saisons s'accentuait ; les zones climatériques devenaient de mieux en mieux marquées, et la diversité des conditions physiques, commandée à la fois par la latitude et par l'altitude, atteignait par degrés cette complication qui donne à notre terre une physionomie si variée ; complication qui se traduit, sur le monde organique, à la fois par la multiplicité des provinces zoologiques ou botaniques et par l'apparition de types de plus en plus perfectionnés, sous le rapport de la division des fonctions.

C'est ainsi que les continents, à peine esquissés, des âges primaires ne nous ont légué qu'une végétation de terres basses et humides, en majeure partie cryptogamique. Plus tard, les espèces des stations sèches ont fait leur apparition, annonçant un relief mieux accusé, et plus tard encore est venu le tour des angiospermes, avec les plantes aux fleurs vives, témoins irrécusables d'un soleil déjà éclatant et individualisé. Ce n'est que tardivement que les arbres à feuilles caduques, descendus peu à peu des hautes latitudes, ont envahi la zone tempérée, apportant la preuve de l'établissement définitif du jeu régulier des saisons.

Telle est l'impression qui, selon nous, se dégage d'une consciencieuse étude de la croûte terrestre. A vous de dire, puisque nous avons mis sous vos yeux les pièces du procès, si nous avons tort de penser que, contrairement à la formule des uniformitaires, l'écorce du globe nous laisse bien apercevoir les traces d'un commencement. Quant aux indices d'une fin, n'ayant goût pour le métier de prophète, nous ne nous hasarderons pas à les vouloir mettre en évidence. Passe encore de se risquer à tirer des

horoscopes, quand on croit pouvoir promettre aux gens
d'agréables perspectives! mais s'y aventurer lorsqu'on
ne peut guère leur faire entrevoir, avec l'épuisement inévitable des richesses minérales du globe, que l'extinction
probable de l'astre qui entretient ici-bas toute vie, est une
tâche peu propre à nous tenter. Il nous suffit de penser
que de telles craintes seraient du moins prématurées
chez nous et chez nos successeurs immédiats ; de manière
que nous pouvons, en toute liberté d'esprit, nous abandonner à la satisfaction d'avoir vu dominer, dans l'histoire de notre planète, les deux idées fondamentales
d'ordre et de progrès. (DE LAPPARENT, *les Origines du
globe terrestre. Revue scientifique* du 14 février 1885.)

V

LES ÉMANATIONS VOLCANIQUES

Sous le nom d'émanations volcaniques et métallifères, on comprend les produits de composition variée qui, à diverses époques, ont été rejetés des entrailles de la terre. Ces matières, volatiles à la température ordinaire, ou rendues fluides par l'action de la chaleur, ou, plus souvent encore, entraînées en dissolution dans l'eau de sources provenant des profondeurs, ont rempli les fentes de l'écorce terrestre, se sont étendues en nappes solides à la surface du sol, ou bien ont pénétré dans les interstices, quelquefois même dans le sein des roches les plus compactes, et souvent leur ont fait éprouver de tels changements de structure et de composition, qu'elles y ont opéré de véritables métamorphoses. L'atmosphère même a été incontestablement modifiée par l'apport des éléments gazeux ainsi expulsés de l'intérieur du globe.

Les émanations métallifères sont caractérisées par le dépôt de substances dans la composition desquelles il entre des métaux autres que les métaux alcalins et alcalino-terreux, et l'on réserve aux autres émanations le nom générique d'émanations volcaniques, les matières rejetées par les volcans étant, en effet, le type de ce genre de produits. Entre ces deux ordres de manifestations, des distinctions profondes peuvent être établies; cependant, les unes et les autres sont réunies par un lien étroit dont les attaches ont été pressenties par les plus anciens géologues et dont la connexion a été particulièrement mise en évidence dans les pages d'un mémoire de M. Élie de Beaumont inséré, en 1847, dans le *Bulletin de la Société géologique de France*. Ce travail capital, qui fait date dans les annales de la science, était le résumé d'un cours fait au Collège de France par l'illustre professeur. Il a servi de point de départ à une multitude de recherches dirigées dans des sens divers et a été comme le tronc puissant sur lequel se sont développés de nombreux rameaux. Telle est la base sur laquelle nous nous appuierons. On peut considérer ce mémoire comme la collection d'un ensemble de principes dont nous verrons dans ces leçons se dérouler successivement les fructueuses conséquences. Me bornant aujourd'hui à un coup d'œil général jeté sur les émanations volcaniques, je vais essayer d'esquisser le tableau des progrès effectués, par la branche de la géologie qui s'y rapporte particulièrement, depuis l'époque signalée par l'apparition du savant traité dont je viens de parler. Toutefois, avant d'entreprendre cette revue rapide, il est essentiel de nous arrêter un instant sur les caractères principaux des phénomènes qui ont été, pour ainsi dire, la matière première de tous ces travaux, et de considérer brièvement le groupe des manifestations diverses qui accompagnent la mise en jeu de l'activité volcanique.

Un volcan en éruption peut être regardé comme offrant à la fois tout le cortège des phénomènes qui signalent le déploiement des forces souterraines. Dans les cas les plus ordinaires, rien n'y manque, en effet, de ce qui caractérise cette catégorie de manifestations. Des effets mécaniques puissants, des actions chimiques énergiques et variées, s'y réunissent et semblent coopérer à l'envi pour produire un travail gigantesque, qui est à la fois une œuvre de destruction et d'édification. Au début des phé-

nomènes la terre tremble, les secousses se succèdent à
de courts intervalles et jettent la terreur dans l'étendue
du district menacé. Tout à coup se produit une formidable explosion. La terre s'est entr'ouverte, un déchirement sensiblement rectiligne a mis les profondeurs du
sol en communication avec l'atmosphère. Le niveau du
terrain est modifié aux environs de la crevasse : ici, c'est
un mouvement d'élévation qui s'est opéré; là, c'est un
affaissement. Par l'ouverture béante jaillissent avec fracas
des colonnes d'une vapeur épaisse entremêlée de fragments de roches incandescents. Les détonations se multiplient; les fragments projetés sont lancés dans les airs
à de prodigieuses hauteurs. Les débris les plus fins sont
portés à des distances considérables. Avant de retomber
à l'état de cendres ténues, ils flottent dans l'air sous la
forme d'une nuée, qui parfois arrête les rayons du soleil,
ou même enveloppe de vastes étendues de pays dans
une obscurité complète. Les fragments les plus volumineux, moins facilement entraînés par les courants aériens,
s'abattent autour de l'ouverture qui leur a donné issue et
bientôt constituent sur ses bords un double rempart plus
ou moins allongé suivant l'étendue de la fissure. Au
moment de la première explosion, la déchirure du sol
livre passage aux projections par tous les points de son
parcours, mais elle semble s'obstruer rapidement dans
la majeure partie de sa longueur; les détonations s'y
localisent en quelques points particuliers, le double rempart formé primitivement par la matière des projections
perd sa régularité et se segmente. Autour de chaque point
demeuré actif s'entasse peu à peu un cône de débris
creusé à son centre d'un orifice ou cratère en communication avec la portion correspondante de la fissure restée
libre. C'est ainsi que, dans les cas ordinaires, les cônes
engendrés par une même éruption se trouvent alignés
sur une même direction sensiblement rectiligne.

Les agents principaux des explosions sont la vapeur

d'eau et des gaz sur la composition desquels nous aurons à revenir. Mais les produits des éruptions qui frappent surtout l'attention sont ces amas de matières fondues qui découlent, comme de longs rubans de feu, du pied des cratères, sortant parfois des points mêmes de la fissure qui donnent issue aux composés volatils, ou plus souvent encore s'échappant des parties de la crevasse ouvertes à un niveau plus bas à la surface du terrain. Ces matières, auxquelles on donne la dénomination générale de laves, ont certains caractères communs qui les rapprochent : le premier, et le principal, est la très grande similitude de leur composition chimique, car les mêmes éléments simples combinés à l'état de silicates en constituent la base essentielle ; le second est l existence constante dans leur masse, lorsqu'elles sont devenues solides, de petites cavités bulleuses provenant de l'expansion des matières volatiles qu'elles charriaient, lorsqu'elles étaient encore à l'état de fluide igné. Cependant, à côté de ces traits saillants de ressemblance, les laves diverses offrent aussi entre elles des divergences profondes. La couleur, la densité, la fusibilité varient de l'une à l'autre en même temps que la composition chimique quantitative et la structure minéralogique, et cela, dans des limites assez étendues. Quand elles se solidifient, leur aspect le plus ordinaire est celui de masses irrégulières noirâtres, où l'on ne distingue à l'œil nu aucune forme bien définie. Il est vrai que le regard exercé du minéralogiste y découvre presque toujours la présence d'espèces cristallines, et que dans certains cas même les cristaux sont assez nets et de couleurs assez tranchées pour frapper l'observateur le plus inattentif ; mais il n'en est pas moins vrai que la majeure partie de la matière lavique paraît amorphe et qu'elle a été considérée longtemps comme formée par une substance vitreuse dépourvue de toute espèce de composition fixe. Cependant, la réalité est loin de correspondre à cette manière de voir. Le microscope montre que les laves sont, au contraire, remarquables par leur cristallinité. Ce sont des agrégats de cristaux appartenant à plusieurs espèces distinctes. Ces cristaux enchevêtrés forment le plus inextricable mélange. Une matière amorphe qui les cimente est abondante dans quelques cas particuliers, mais le plus souvent elle y existe en proportions tellement réduites, qu'on a peine à déceler sa présence entre les cristaux.

L'épanchement des laves est loin d'être le phénomène le plus constant et par conséquent le plus caractéristique des éruptions volcaniques. Les plus grands volcans de la chaîne des Andes n'ont jamais fourni de matière en fusion ; mais, en revanche, ils ont été le siège d'immenses projections de scories, déterminées par l'expansion de jets violents de gaz et de vapeur d'eau. Le dégagement des matières volatiles du sein des volcans actifs est le fait capital qui donne le cachet le plus net à cette catégorie de manifestations. La prépondérance du rôle joué par la vapeur d'eau et par les corps gazeux est encore accusée par la persistance de leur émission. Longtemps après que la sortie des laves en fusion a cessé, longtemps après que toute incandescence a disparu, les dégagements de gaz et de vapeur se maintiennent. La plupart des volcans éteints présentent ainsi des restes d'activité pendant de longs siècles après l'extinction apparente des feux qui les ont autrefois animés. Mainte région volcanique dont les éruptions sont antérieures à la période historique offre des spécimens variés de manifestations secondaires caractérisées par le maintien du rôle des substances volatiles. Ici c'est l'hydrogène sulfuré qui sort des pertuis du sol, et qui, se décomposant lentement au contact de l'air, dépose le soufre des solfatares ou imprègne le sol d'acide sulfurique. Là c'est l'acide carbonique qui s'échappe par torrents de toutes les fissures du terrain et remplit les dépressions du terrain de ses émanations délétères. Ailleurs, c'est la vapeur d'eau qui jaillit en sifflant des interstices des roches. Ailleurs encore c'est l'eau bouillante, chargée de principes minéraux enlevés aux roches sous-jacentes, qui jaillit en merveilleux geysers, ou qui sort sous forme de sources thermales. Enfin, au dernier échelon des phénomènes volcaniques se trouvent ces dégagements d'hydrogène carboné, d'acide carbonique et d'azote qui s'opèrent sensiblement à la température du terrain ambiant, et qui peuvent tout aussi bien provenir d'une décomposition de matières organiques dans des roches sédimentaires que d'une véritable action éruptive. Entre certaines sources bitumeuses, dont l'origine organique est incontestable, et les émanations carburées des volcans, dont l'origine éruptive n'est pas moins évidente, il existe une chaîne de phénomènes dans laquelle il est à peu près impossible d'établir une ligne de démarcation quelconque, de même que l'on peut observer tous les passages entre les eaux bouillantes et salines des sources minérales volcaniques et les eaux douces, dont l'origine atmosphérique est indubitable. L'antagonisme des phénomènes neptuniens, c'est-à-dire de ceux qui sont produits sous l'influence des agents extérieurs, avec les phénomènes plutoniques, lesquels sont dus à l'action des forces internes, n'est réelle que pour les termes extrêmes des deux séries. Au milieu de l'intervalle la transition est graduelle, et là se vérifie une fois de plus l'axiome de Linné si souvent cité : *natura non facit saltus.* (FOUQUÉ, *les Émanations volcaniques. Revue scientifique* du 14 mars 1874.)

VI

L'ÉRUPTION D'UNE ILE VOLCANIQUE

Il y a un an, à pareille époque, j'ai eu l'honneur de vous entretenir d'une éruption considérable de l'Etna. Cette année-ci, j'ai à vous parler d'une éruption non moins remarquable qui a eu lieu dans une autre localité, au milieu de l'archipel grec, près de Santorin.

Cette éruption a été assez curieuse, surtout à cause des phénomènes particuliers qui sont venus la compliquer, pour attirer l'attention de tous les corps savants de l'Europe, et pour qu'une commission scientifique, dont j'ai eu l'honneur de faire partie, fût envoyée sur les lieux par l'Académie des sciences de Paris.

Je vais vous exposer les faits principaux dont j'ai été témoin.

Mais auparavant je vous demande la permission de vous esquisser à grands traits la physionomie des lieux où cette éruption s'est produite.

L'île de Santorin a la forme d'un fer à cheval. En face d'elle se trouve une île plus petite, Thérasia, puis une troisième, Aspronisi.

Vous remarquerez que ces trois îles forment une sorte de cirque, dont le centre est occupé par une baie, qui communique avec la mer par trois passes situées entre les trois îles. A une époque assez reculée, les deux passes du midi étaient complètement comblées; l'entrée du nord existait seule.

Les phénomènes éruptifs nouveaux se passent au centre de la baie, auprès de trois petits îlots qui ont reçu le nom de Kameni (χχυμεναι, brûlées), à cause de leur origine volcanique, et qui ont été formés tous les trois depuis le commencement de l'époque historique. Le plus ancien se nomme Palœa-Kameni (vieille brûlée), le second en date Micra-Kameni (petite brûlée) et le plus récent Néa-Kameni (nouvelle brûlée).

Le dernier est apparu à la suite d'une éruption très importante qui eut lieu en 1707, et qui dura cinq ans.

Depuis 1707 jusqu'à nos jours il ne s'y était passé rien d'extraordinaire; cependant quelques indices de la continuation des mouvements volcaniques s'étaient manifestés à plusieurs reprises, et notamment à la pointe sud de Néa-Kameni, dans la petite anse de Vulcano, qui tire précisément son nom de la persistance de ces phénomènes. On y avait souvent constaté des élévations de température. La commission envoyée il y a une trentaine d'années par le gouvernement français avec l'expédition de Morée, avait particulièrement signalé ce fait. Mais le phénomène le plus saillant était une coloration rougeàtre des eaux de la mer en cet endroit. De plus, l'eau était acide et dégageait une odeur désagréable d'œufs pourris due à la production du gaz acide sulfhydrique.

Ces émanations étaient délétères, elles agissaient sur les plantes et les animaux marins, qui périssaient immédiatement à leur contact; si bien que les navires dont les coques étaient chargées de coquillages et de plantes marines se rendaient exprès dans cette anse de Vulcano pour s'en débarrasser. Au bout de deux ou trois jours de station dans l'anse, tous ces animaux, toutes ces plantes avaient péri, et il suffisait du plus léger frottement pour les détacher de la coque.

Les eaux de l'anse de Vulcano servaient encore à un autre usage. Les habitants de Thérasia et de la grande île en avaient remarqué les propriétés minérales. Ces eaux, qui avaient d'abord toutes les qualités de l'eau de mer, étaient, en outre, chargées de sels de fer. Or, les sels de fer sont connus comme ayant une action énergique sur l'économie, et comme le site était agréable, l'île de Néa-Kameni était devenue, depuis un certain nombre d'années, malgré le danger possible de bouleversements, une station de bains et un lieu de plaisance pour les habitants de Santorin. Les gens riches de l'île avaient bâti des maisons de campagne autour de l'anse de Vulcano; ils y venaient passer l'été et prendre des bains. En hiver, il n'y restait personne qu'un gardien chargé de veiller sur les habitations.

Le 30 janvier dernier, cet homme remarqua, en se levant, que le toit de sa maison était lézardé. Le sol de Santorin renferme une pouzzolane excellente, et comme il ne produit pas de bois, les maisons y sont, de même qu'à Néa-Kameni, entièrement construites en béton. Autant il y a de pièces dans une maison, autant il y a de voûtes. Le gardien remarqua donc que la voûte de sa maison s'était fendue. Il n'y attacha pas d'abord une grande importance. Cependant il eut la curiosité de visiter les maisons voisines, et fut singulièrement surpris de voir qu'elles étaient toutes fissurées de la même façon. Il se dit alors que, pendant la nuit, il y avait eu probablement un tremblement de terre qui avait passé inaperçu pour lui. Mais dans la journée qui suivit, ces fentes s'élargirent peu à peu, et bientôt les maisons menacèrent ruine. La nuit suivante se passa encore sans rien de spécial; cependant le lendemain, 31 janvier, un certain nombre de maisons étaient déjà démolies, tandis que d'autres commençaient à s'enfoncer et que l'eau pénétrait dans toutes. Il y avait donc un affaissement du sol.

En même temps l'eau de l'anse de Vulcano devenait plus chaude, un dégagement de fumée s'y produisait; enfin, on y entendait des bruits souterrains : c'étaient des sons très forts, des chocs violents, comme si l'on frappait de bas en haut avec un marteau. Il y avait là quelque chose d'effrayant pour un homme qui n'était pas habitué aux manifestations volcaniques. La nuit du 31 janvier au 1er février se passa sans production de nouveaux phénomènes; mais dans la nuit du 1er au 2 février, le gardien aperçut des flammes qui s'élevaient à plusieurs mètres de hauteur. Alors, il fut tellement effrayé qu'il détacha son canot et gagna Santorin en toute hâte.

L'alarme fut donnée, et immédiatement on se rappela tous les événements qui avaient eu lieu au siècle passé. La crainte s'empara de tous les esprits, et l'épouvante fut telle qu'une partie des habitants s'enfuit aussitôt; d'autres se contentèrent d'envoyer ce qu'ils avaient de plus précieux à Syra. Mais les plus braves voulurent voir de près ce qui se passait à Néa-Kameni; ils s'y rendirent donc, et assistèrent, au bout de deux jours, à la naissance d'une île nouvelle.

Ils étaient assis au bord de la mer, lorsque tout à coup, au milieu de l'anse de Vulcano, ils virent surgir un bloc de rocher qui fut suivi d'un deuxième, puis d'un troisième. Ces blocs montaient à vue d'œil, c'était un édifice qui sortait de la mer, puis l'édifice s'écroula et cessa de gagner en hauteur mais pour gagner en étendue, et l'îlot finit par combler l'anse tout entière. Il était formé d'un amas de lave.

Trois jours après, non sans de grandes discussions, on lui avait donné un nom : c'était celui du roi George, le nouveau souverain de la Grèce. On assure que le roi, peu content de ce choix, aurait dit que son rôle de roi constitutionnel lui interdisait d'être le parrain d'un volcan.

Les phénomènes que je viens de décrire continuèrent

à se produire. Les blocs qui avaient surgi tout d'abord étaient des blocs froids; c'était le fond de la mer qui s'élevait. Ils apportaient avec eux des débris de toute espèce. Mais bientôt entre ces blocs se glissèrent des matières en fusion qui se solidifiaient au contact de l'eau, si bien qu'au lieu de blocs froids on eut des blocs de plus en plus chauds. A mesure que l'île grandissait, la température de la partie centrale s'élevait, et au bout de trois jours tout le centre en était incandescent; des flammes sortaient de tous les interstices des laves.

Depuis lors, l'ilot George (je persisterai à l'appeler de ce nom qui lui a été conservé, et que les savants de la commission grecque qui sont venus avant moi lui ont maintenu) a continué à croître peu à peu et, s'avançant de 50 à 60 mètres vers l'île ancienne, a fini par s'y souder et par former un promontoire. Pendant plusieurs jours, la lave continua ainsi à sortir seulement de ce côté, sans qu'il y cût, d'ailleurs, d'explosion.

Mais à la pointe sud-est de Néa-Kameni on remarqua bientôt également certains phénomènes spéciaux. L'eau de la mer s'était échauffée, et il s'en dégageait des bulles de gaz. Enfin, le 8 février, tout d'un coup, on vit se projeter du sein des flots comme une espèce de trombe, et en même temps des fragments de ponces et de laves: il y eut une explosion sous-marine, puis, jusqu'au 13 février, la température resta élevée, mais rien d'extraordinaire ne se produisit plus.

Le 13 février, apparut une nouvelle île, qui s'accrut avec une rapidité plus grande que la première. Dans l'intervalle, le gouvernement grec, qui avait été prévenu de ce qui se passait, avait envoyé un navire avec cinq des savants les plus distingués de la Grèce. Ce bâtiment s'appelait *Aphroessa*, et ce nom fut donné à la nouvelle île.

Ainsi, voilà deux îles, l'une au nord, l'autre à la pointe sud-est de Néa-Kameni. Elles continuèrent à croître de la

même façon. Les blocs étaient incandescents et les
flammes abondantes; mais dans tous ces phénomènes il
n'y avait rien de dangereux, et les habitants de Santorin
venaient tous par amusement assister au spectacle de
l'éruption, tandis que les savants grecs en suivaient les
progrès. Dans la soirée du 19, ceux-ci vinrent avec leur
navire *Aphroessa* jeter l'ancre dans le petit canal qui
sépare Micra-Kameni de Néa-Kameni, à côté d'un bâtiment de commerce qui devait prendre un chargement de
pouzzolane. La nuit se passa paisiblement. Le lendemain
matin, les savants remarquèrent qu'il y avait quelque
chose de nouveau. Il y a de ces phénomènes volcaniques
qu'on ne peut décrire d'une façon absolue, mais dans lesquels ceux qui ont l'expérience voient des indices de
dangers. Les savants grecs ne furent donc pas sans
s'apercevoir que des symptômes particuliers s'étaient
manifestés. La température de l'eau de la mer s'était
élevée, la coloration en était devenue plus foncée. Malgré
cela ils se déterminèrent à continuer leur travail et des-
cendirent à terre comme de coutume. L'un d'eux se mit
à faire sur le bord de la mer des observations géodésiques.
Les autres montèrent sur l'ancien cône de Néa-Kameni.
Ils venaient de terminer leurs observations, lorsque tout
à coup il se produisit une détonation effrayante. Une
partie du sol de l'île était lancée en l'air. La quantité de
matière projetée était si considérable, que pendant un
moment on ne vit plus le ciel.

Dans la position qu'occupaient ces messieurs, il n'y
avait aucun abri. Ils étaient à la pointe de l'île contre un
rocher peu élevé, exposés, par conséquent, à tous les
périls. Les pierres commençaient à tomber à terre. Ins-
tinctivement ils laissèrent leurs instruments, et prirent la
fuite du côté opposé. Le danger n'y était pas moins grand,
car les pierres étaient lancées à une grande distance.
Heureusement ils purent se blottir contre des rochers :
les uns se mirent complètement à l'abri, d'autres cachè-

rent simplement leur tête et reçurent quelques blessures ;
enfin, ils arrivèrent à leur navire, qui était, comme je l'ai
déjà dit, dans le canal de l'autre côté. Là, ils trouvèrent
l'alarme la plus vive. Plusieurs matelots avaient été
blessés. Des pierres incandescentes étaient tombées sur
le bâtiment, et leur température était tellement élevée
que le pont avait été traversé. L'une d'elles était des-
cendue dans la cabine du mécanicien, à un mètre de la
poudrière. Le bateau marchand amarré à côté avait été
encore plus maltraité. Une pierre incandescente était
tombée sur la tête du capitaine et l'avait étendu roide
mort. Les matelots enlevèrent son corps et se sauvèrent
à terre. Le bateau abandonné fut bientôt perforé et
brûlé par les pierres qui continuaient à tomber. Quant
au navire *Aphroessa*, il était si solidement attaché par
son ancre aux blocs de lave irréguliers formant le fond du
canal qu'il fallut couper les chaînes à coups de hache pour
l'en détacher.

Vous comprenez, messieurs, qu'après un pareil accident on ne se soit plus avisé de retourner à Néa-Kameni,
et que depuis le 2 février jusqu'au jour où je suis arrivé
avec M. de Verneuil, personne n'y ait mis le pied.

Un autre fait avait encore contribué à répandre
l'alarme.

Le gouvernement grec avait prié les ambassadeurs des
grandes puissances d'envoyer des navires de guerre à
Santorin pour secourir les habitants en cas de besoin. Or,
le mouillage de Santorin n'est pas sûr, la baie est profonde, elle a deux cents brasses ; dans toute son étendue
on ne peut jeter l'ancre nulle part, excepté en un endroit
qu'on appelle le Banc. C'est un ancien cône volcanique.
Il ne peut y stationner à la fois que cinq ou six bâtiments.

Les navires de guerre, ne se trouvant pas en sûreté sur
ce banc, retournèrent aux îles voisines, et en particulier
à l'île de Nio. Or, les habitants de Santorin, voyant que

ces navires ne voulaient pas stationner sur le Banc, conclurent à l'imminence du danger.

Il n'y a qu'un seul navire de guerre qui s'y soit maintenu pendant quelque temps, c'est un bâtiment autrichien, auquel je dois des éloges pour sa conduite. Ce bâtiment resta sur le Banc alors que tous les autres navires, et je n'en excepte pas les bâtiments français, qui méritent le blâme comme les autres, retournaient à Nio.

Aussitôt arrivés à Santorin, M. de Verneuil et moi, nous songeâmes à aller à Néa-Kameni, mais pas un marin de Santorin ne voulut nous y conduire. Il est vrai qu'ils nous offraient des barques, en nous disant : Allez-y comme vous pourrez. Mais comme M. de Verneuil et moi nous étions de très mauvais rameurs, nous nous trouvions fort empêchés; c'est alors que le **commandant du** bâtiment autrichien nous offrit son concours, et **grâce à** lui nous avons pu visiter le lieu de l'éruption.

Nous sommes donc allés à Néa-Kameni. Nous avons visité d'abord le quai. Des maisons qui s'y trouvaient, les unes étaient entièrement enfoncées, d'autres étaient à moitié plongées dans l'eau et étaient à la fois noyées et brûlées; le quai lui-même, qui s'élevait autrefois à 5 ou 6 mètres au-dessus de la mer, était à fleur d'eau.

Quant à l'île George, elle s'était développée et formait un promontoire qui s'avançait vers le sud **dans la mer.**

En entreprenant cette excursion, nous avions eu la précaution d'embarquer deux mauvais sujets de Santorin, afin de les décider à nous servir de bateliers lorsque nous serions privés du concours des matelots autrichiens. Aussitôt débarqués, M. de Verneuil et moi, nous avons voulu monter sur George. Nos hommes n'en revenaient pas; ils nous faisaient force signes pour nous engager à revenir en arrière. Nous avons gravi le sommet de l'escarpement, qui pouvait avoir 30 ou 40 mètres; la température était tellement élevée qu'il n'y avait pas moyen d'aller plus avant vers le centre de l'île; enfin, de là

nous avons vu la disposition des lieux. Il n'y avait pas
de véritable cratère, pas de véritable cirque volcanique.
Le sommet de George était fendu, et c'est par ces fentes
que se dégageaient les matières volatiles.

Nous sommes descendus ensuite, et nous avons continué
à faire le tour de l'île. Près de là, l'eau de la mer était à
80 degrés et très colorée par des sels de fer. Un peu plus
loin des dépôts de soufre se formaient par la décomposition de l'acide sulfhydrique. Enfin, nous sommes arrivés
à *Aphroessa*. En plein jour, nous voyons des fumées rou-
geâtres très singulières sortir du sol. Malheureusement
je n'ai jamais pu en approcher assez pour pouvoir les
étudier.

Le canal qui séparait Aphroessa de Néa-Kameni était
très étroit, il avait 20 à 25 mètres de large sur une longueur de 200 mètres. La température de l'eau était de
85 à 90 degrés : il s'en dégageait des vapeurs en quantité
considérable, on s'y trouvait comme dans une étuve.
Cependant je demandai au second du navire autrichien,
qui nous conduisait et qui était d'origine française, de
nous conduire par ce canal. M. de Verneuil, qui n'avait
pas plus peur que moi, joignit ses instances aux miennes,
et nous nous y engageâmes. A chaque instant, nous nous
heurtions contre des blocs de lave ; néanmoins, nous
avons pu le traverser. J'ai même pu y recueillir des
bulles de gaz. C'était du gaz combustible ; il suffisait d'en
approcher des allumettes pour y mettre le feu, qui se
communiquait aux bulles voisines, et quelquefois la
flamme se propageait très loin.

Nous avons fait le tour d'Aphroessa, nous sommes
montés sur cet îlot comme sur George ; mais nous
n'avons pu, bien entendu, en gravir le sommet. Puis,
comme j'avais des raisons théoriques pour désirer voir la
flamme de près, nous sommes redescendus la nuit sur
George et sur Aphroessa. Chacun de ces sommets paraissait complètement enflammé, c'était un véritable bûcher.

De toutes parts la flamme s'en dégageait. Les savants de l'île de Santorin disaient que ces flammes ne brûlaient pas. Pour bien les convaincre du contraire, nous avons voulu y allumer quelques objets. Nous avons emporté des papiers, des cigares, que nous avons allumés à la surface de la mer.

Quelque temps après, en faisant le tour d'Aphroessa, nous avons aperçu une nouvelle île, et comme nous étions les premiers à la voir, nous en avons été les parrains, nous l'avons donc appelée *Reka*, par reconnaissance pour le navire autrichien qui nous avait été si utile et qui porte ce nom. Cette île s'était élevée peu à peu à la surface de la mer. Les blocs de *Reka* ne se sont jamais aussi échauffés que ceux d'Aphroessa et de George; mais elle s'est mise néanmoins à croître, si bien qu'au bout de trois jours, elle s'était réunie à Aphroessa, et peu après, toutes deux étaient jointes à Néa-Kameni, de telle sorte qu'au bout de quelques jours, il n'y avait plus en définitive qu'une seule île, avec un promontoire formé par George à une de ses extrémités, et un second promontoire formé par Aphroessa et Reka réunies à l'autre extrémité.

J'interrompis ensuite pendant quelque temps mon séjour à Santorin, parce qu'il y devenait inutile : les mêmes phénomènes se reproduisant sans modification, et ne m'offrant par conséquent pas de nouveau sujet d'études.

. . . .

Je revins en mai à Santorin, et c'est de ce second séjour que je veux vous dire encore quelques mots.

Des changements notables avaient eu lieu en mon absence. George s'était énormément accru, la lave s'y était accumulée en quantité considérable. De plus, le point culminant n'était plus à la même place, il s'était déplacé vers le midi. Quant à Aphroessa, elle s'était allongée vers le nord, et une masse de lave énorme s'y trouvait amoncelée.

Mais ce n'était pas là le phénomène principal.

Sur l'ancien sol de Néa-Kameni, il y avait déjà quelque
chose que j'avais remarqué avant de partir. Là il n'y
avait pas eu de laves, mais le sol avait été fendu. Il s'y
était produit quatre fissures d'une façon tellement brusque
qu'on les aurait dites faites avec un instrument tranchant.
Elles avaient 20 mètres de hauteur sur 1 mètre environ
de largeur, et étaient taillées à pic dans une lave d'une
dureté extrême. Au fond de ces cassures du sol, de ces
ravins creusés dans la lave, circulaient des courants d'eau
chaude, qui se dirigeaient dans la direction d'Aphroessa
avec une grande rapidité. Cette eau avait 80 degrés, il
s'en dégageait des bulles de gaz, et quand on en appro-
chait une allumette la flamme se propageait d'une extrémité à l'autre de ces courants.

De plus, un peu au nord, se produisaient des fumerolles
sulfureuses, dont la température était très élevée.

Quand j'étais arrivé pour la première fois, le 8 mars,
cette température était d'environ 100 degrés. Quelques
jours après, elle montait à 200, un peu plus tard, à 300.
Enfin, au moment de mon départ, elle était d'environ
600 degrés. On pouvait y fondre du zinc; alors je pensai
que s'il devait se passer quelque chose de nouveau en
mon absence, ce serait en cet endroit, d'autant plus qu'on
entendait des bruits caractéristiques qui indiquaient le
danger.

A mon retour, je trouvai que les fentes s'étaient considérablement élargies. Elles avaient atteint 8 ou 10 mètres
de largeur, les bords s'étaient élevés et avaient monté de
manière que les canaux qu'elles formaient avaient 30 ou
40 mètres de profondeur au lieu de 15 à 20 mètres.

De plus, dans le point où se trouvait la plus chaude des
fumerolles sulfureuses, s'était produit un phénomène non
moins remarquable.

Tout à coup, à la fin du mois d'avril, le sol avait été
projeté sans qu'il en restât pour ainsi dire de traces;
l'explosion avait été aussi brusque et aussi forte que celle

d'une poudrière. Il y avait là un trou qui pouvait avoir 30 ou 40 mètres de profondeur, un véritable cratère dont les parois étaient couvertes de sels de fer.

Il s'était formé là un cratère d'éruption; mais il n'en était pas sorti de lave. Enfin l'ancien cône de Néa-Kameni, formé en 1707, avait subi aussi certaines transformations. Déjà au commencement du mois précédent, il présentait deux fentes. Ces deux fentes s'étaient considérablement élargies. Je suis monté sur ce cône de Néa-Kameni bien des fois, et une fois entre autres, pendant mon premier séjour; j'avais décidé à m'accompagner un des savants de la commission grecque qui avait été blessé lors de l'éruption dont je vous ai parlé, et qui depuis n'avait jamais voulu y retourner.

Il nous a conduits à l'endroit où la commission se trouvait au moment de l'explosion. Nous y avons trouvé une partie des instruments de ces messieurs, un livre, des thermomètres, du tabac, un chibouck, un marteau. Le marteau avait quelque chose de particulier. Un bloc de lave était tombé près de lui, en avait brûlé le manche et l'avait coupé en deux morceaux, si bien que les parties subsistantes n'avaient pas changé de position, la partie moyenne seule avait disparu.

Quelquefois il y avait des dégagements d'acide sulfhydrique qui donnaient des nausées, qui occasionnaient des pesanteurs. Les habitants de Santorin en étaient gênés et effrayés. J'ai fait ce que j'ai pu pour les ramener et j'y suis parvenu au moins en partie. Ils avaient d'ailleurs toutes sortes de motifs d'inquiétude, non seulement ils se croyaient menacés par ce dangereux voisinage, mais les navires de commerce ne venaient plus les visiter, et c'était chose capitale pour cette population, attendu que l'île de Santorin est une île très fertile, mais qui ne produit absolument que du vin; et comme il n'y avait pas de provisions faites d'avance, il y eut une semaine où le pain se vendit à un prix exorbitant. Heureusement qu'à la fin de cette semaine les navires finirent par revenir.

Maintenant depuis mon retour, rien de particulier ne s'est passé, l'éruption a continué comme avant; aujourd'hui elle dure encore, elle est aussi intense que le jour de mon départ et probablement elle durera longtemps encore, peut-être des années. L'éruption de 1707 a duré cinq ans. Deux nouvelles iles se sont formées, elles sont situées au delà de Reka et probablement elles s'y réuniront. (FOUQUÉ, *l'Éruption d'une ile volcanique. Revue scientifique* du 21 juillet 1866.)

VII

HISTOIRE PRIMITIVE DE L'HOMME

I. *L'antiquité de l'homme.* — Une question importante c'est d'abord celle qui a trait à l'âge de l'humanité.

Comme vous le savez, il y a sur ce point des idées toutes faites qui s'appuient sur la tradition religieuse, et en partie aussi sur les légendes généalogiques de certaines tribus déclarant que l'âge de l'humanité sur cette terre est fort restreint. Nous avons, pour ainsi dire, grandi dans ces idées; mais aujourd'hui on peut démontrer, avec la même certitude que la rotation de la terre autour du soleil, que l'ancienneté de l'homme, non seulement sur toute la terre, mais spécialement sur la face de l'Europe — une des régions peuplées le plus tard — est immense, et dépasse de beaucoup toutes les idées que l'on s'en est faites jusqu'ici. On a été amené à ce résultat par la géologie et la paléontologie, par l'étude de la situation des couches dans les dernières formations de l'écorce terrestre, par les recherches sur les restes d'animaux ensevelis au milieu de restes humains. Nous pouvons maintenant, avec une pleine conviction, déclarer que l'homme existait à une époque où l'éléphant, le mammouth, le rhinocéros, l'hippopotame, etc., vivaient en Europe.

Ceci a été démontré par la découverte de restes humains, non seulement d'ossements, mais d'instruments travaillés, mêlés aux débris de ces animaux dans les mêmes couches. Ceci a été constaté aussi bien dans le *diluvium* de diverses régions que dans les cavernes. Je pourrais nommer un grand nombre d'endroits : j'y renonce. On a été si loin — et ici je dois nommer en particulier Steenstrup, comme le plus habile observateur que possèdent l'Europe et la science, — on a été si loin, grâce à des procédés rigoureux de comparaison, que l'on est arrivé à constater la trace de l'homme dans les couches géologiques et dans les cavernes, sans y trouver des instruments ou des os de l'homme lui-même. C'est-à-dire que l'on distingue nettement de quelle façon les os des animaux étaient brisés par les bêtes féroces, et comment ils l'étaient par l'homme primitif. Vous pouvez maintenant, d'après les recherches de Steenstrup, dire au premier abord, à la vue d'un os qui n'existe plus qu'en fragments : ici c'est une bête féroce qui a travaillé, là c'est un homme. Vous y trouvez établi ce fait que la bête féroce broyait l'os, tandis que l'homme l'ouvrait pour en sucer la moelle et l'emportait dans sa demeure.

Si l'antiquité de l'homme en Europe est aussi grande, il est également positif que cette antiquité remonte au delà des dernières transformations qui ont modifié la face de l'Europe elle-même. Nous pouvons maintenant affirmer avec précision que l'homme existait en Europe alors que la surface de la terre avait une configuration tout autre qu'aujourd'hui. Nous pouvons dire avec certitude que, depuis le temps de la première apparition de l'homme en Europe, l'ensemble du climat s'est entièrement modifié, que l'homme doit avoir existé dans ce pays à une époque où la région de la Méditerranée était séparée du reste du continent africain par une grande mer intérieure qui est devenue aujourd'hui le désert du Sahara; qu'à cette époque les pays qui ceignent la Méditerranée étaient rattachés les uns aux autres par des isthmes, à Gibraltar, en Sicile, au Bosphore; que la Baltique était une mer glacée couvrant toutes les plaines du Nord de l'Allemagne et de la Russie, de sorte que la Finlande, la Suède et la Norvège auraient formé une île, si elles n'avaient été rattachées alors au Danemark; que la France était unie aussi à l'Angleterre; en un mot, une transformation complète de la surface de l'Europe a eu lieu depuis l'avènement de l'espèce humaine, et l'homme a été témoin de cette transformation graduelle.

Les preuves de cette modification successive du climat en présence de l'homme s'offrent surtout à nous dans les admirables recherches sur la *période du renne*, faites en France par Lartet, en Allemagne par Fraas, en Belgique par Dupont.

On ne peut plus contester maintenant qu'après la disparition des animaux des pays chauds arriva une période pendant laquelle les animaux du Nord, le renne, le glouton, le lemming, le renard polaire, le renard musqué, habitaient l'Europe centrale où ils étaient chassés et mangés par les hommes d'alors. Il n'est pas douteux que la flore comme la faune, le monde des animaux et le monde des plantes, vivaient alors sous un froid rigoureux, que nous avions dans l'Europe centrale un climat semblable à celui des régions du Nord, et que, depuis la présence de l'homme en Europe, ce climat glacial a été peu à peu remplacé par celui dont nous jouissons aujourd'hui.

Mais si nous pouvons maintenant proclamer ces résultats avec une pleine certitude — je parle de la certitude que seule peut donner une vraie méthode scientifique, — que reste-t-il des anciennes traditions sur la jeunesse de l'humanité, sur les six ou dix mille ans qui ne sont, pour ainsi dire, qu'une goutte du temps qui s'est écoulé depuis l'apparition de l'homme sur le sol européen? Songez-y bien : depuis cette époque, des contrées tout entières ont émergé du sein des mers par un soulèvement lent et continu de quatre cents pieds au moins sur certains points, et il en résulte une transformation complète de l'Europe. Ces découvertes sont dues à la méthode géologique appliquée à l'étude des restes de l'homme et des animaux qui l'entouraient, enfouis dans la couche appelée *diluvium*. Elles fournissent au moins quelques échappées sur la manière dont la race humaine s'est étendue en Europe : je dis *échappées*, car il est clair qu'on ne peut pas tirer de l'inconnu des conséquences tout à fait absolues.

Mais à présent on a, dès les temps les plus anciens, des traces de la coexistence de l'homme avec des animaux disparus, le mammouth, l'ours des cavernes, le lion des cavernes, etc., avec cette population tropicale qui n'a été trouvée jusqu'ici que dans l'ouest et le sud de l'Europe; dans le centre, en Suisse, on ne l'a pas encore rencontrée. Pendant la période suivante, celle du renne, notre domaine s'étend déjà. Nous trouvons l'homme en Suisse, nous le trouvons en Souabe; cependant on n'a jusqu'ici découvert aucune trace de la coexistence du renne et de l'homme dans les parties septentrionales de l'Allemagne ni en Danemark; c'est seulement à une époque postérieure que nous voyons apparaître les traces de l'existence de l'homme dans ces régions. Ainsi ces recherches nous prouvent clairement que l'émigration de l'homme en Europe a dû venir des rives de la mer Méditerranée, se dirigeant successivement du sud-ouest, d'un côté vers le nord, de l'autre vers les autres régions de notre Europe.

II. *La civilisation primitive.* — Un autre intérêt de l'histoire primitive se trouve dans les recherches sur le développement de la culture et de la civilisation elle-même, sur l'état social de ces hommes que la méthode géologique nous a fait découvrir dans les couches terrestres; tout à l'heure, c'était la géologie qui nous fournissait la lumière et nous procurait des données, maintenant c'est la comparaison avec ce qui existe aujourd'hui. Si l'on va, par exemple, au musée ethnologique de Copenhague étudier avec soin les salles des Esquimaux et du Groënland, et qu'on en rapproche comme pièces de comparaison les ustensiles extraits, dans le sud de la France, des cavernes de la période du renne, l'analogie est tellement surprenante que l'on pourrait confondre certains objets avec les autres. Or, si les Esquimaux ont une façon de vivre déterminée par leur climat et des habitudes héréditaires, si cette manière de vivre et la fabrication d'un certain nombre d'instruments suffisent à la lutte de l'homme pour l'existence; si nous retrouvons ces instruments, absolument identiques, dans les anciennes couches des cavernes, nous devons évidemment en conclure que les hommes de ce temps-là vivaient de la même manière et dans la même situation que les Esquimaux d'aujourd'hui.

Je n'ai voulu par là qu'indiquer comment ces études sur la civilisation primitive doivent être poursuivies. Quels sont maintenant les résultats qu'elles nous ont fournis? L'âge d'or disparaît devant elles : nous voyons, au contraire, l'homme lutter durement pour l'existence, et commencer par un état de complète sauvagerie. On ne peut douter que nos ancêtres ne fussent des sauvages dans la pleine acception du mot; les blancs eux-mêmes, autant que nous pourrons approfondir leur situation d'alors, ressemblaient à ces sauvages que nous regardons aujourd'hui comme les plus infimes, par exemple les Australiens. Nous n'en pouvons plus douter, ce n'est que peu à peu, en un temps très long, que la culture et la civilisation se sont frayé une voie; c'est peu à peu que les hommes se sont accoutumés à avoir des demeures fixes, première condition du développement de la civilisation. Notre science nouvelle permet donc de jeter une vive lumière sur les variations de cette civilisation.

Il n'est même plus douteux — cela a été récemment démontré à Copenhague — que nos ancêtres en Europe n'étaient pas seulement des sauvages, mais encore des anthropophages. Il n'est plus douteux non plus que cette anthropophagie n'ait été en rapport avec le développement des idées religieuses. L'homme mangeait d'abord son ennemi tué dans le combat, parce qu'il croyait que, par cet acte, il s'incorporait les différentes qualités du mort, le courage, la force, la ruse.

Le progrès de la civilisation s'éleva bientôt à un haut degré de développement, ainsi que le prouvent les habitations lacustres de la Suisse, où — sans qu'on connût les métaux — l'agriculture et l'élève du bétail étaient très florissants. Il est évident — les nouvelles recherches le prouvent d'ailleurs — que ce progrès dut encore être activé par l'échange et le commerce : c'est ainsi que fut introduite en Europe la condition essentielle de la civilisation actuelle, la connaissance des métaux.

Nous connaissons maintenant un grand nombre de lieux industriels des temps primitifs, et une foule de voies commerciales déjà parcourues dans les temps les plus barbares, et que les différents peuples commerçants suivirent l'un après l'autre. Nous pouvons ainsi démontrer avec certitude que notre première civilisation n'est pas, comme on nous l'avait jadis enseigné, originaire de l'Asie, mais qu'elle vient évidemment de l'Afrique, c'est-à-dire du sud du bassin de la mer Méditerranée. D'une part, nous pouvons peut-être démontrer, par l'étude des plus anciennes couches, que l'émigration humaine est venue peu à peu de cette région; d'autre part, nous pouvons maintenant, en suivant la civilisation primitive, établir (comme Heer l'a fait par l'étude des anciennes plantes cultivées dans les habitations lacustres), que ces plantes ne viennent pas de la Haute-Asie, comme on le disait jadis, et comme on continue de le répéter dans bien des livres, mais bien de l'Afrique, c'est-à-dire de la région méridionale, et en partie de l'Égypte.

III. *Développement corporel de l'homme.* — J'arrive

maintenant à un troisième ordre d'études qui appartient aussi à l'histoire primitive, le développement corporel de l'homme lui-même. Nous pouvons ici avancer, comme résultat général de cette étude, que le poète a raison quand il dit :

L'homme croît avec ses hautes destinées.

Si l'homme ne croît pas tout entier, son cerveau du moins croît. Ici intervient l'anatomie comparée. Jusqu'ici le domaine est assez borné et cela pour divers motifs. D'une part — c'est incroyable et pourtant vrai, — les études anthropologiques, les études sur l'homme lui-même, sur les races humaines qui existent encore aujourd'hui, sont restées bien en arrière des **autres** branches de la science. Nous pouvons presque dire que nous connaissons mieux les familles, espèces et races des singes que celles des hommes; à ce point de vue, en effet, on s'est plus occupé de l'étude des animaux que de celle des hommes. Il y a donc là encore une importante lacune à combler. D'autre part, dans bien des cas, les matériaux nous manquent pour l'étude des hommes qui peuplaient la terre aux temps primitifs. Beaucoup de couches n'ont encore fourni qu'un petit nombre de crânes. Mais il faut espérer, d'après le résultat des dernières recherches, que cette lacune sera, elle aussi, bientôt comblée. Il n'y a pas encore un an que tout un cimetière de la période du renne a été découvert en France, près de Solutri : on y a trouvé plus de quarante crânes et squelettes. Ainsi la race qui habitait alors la terre se présente à nous par un certain nombre de spécimens.

En synthétisant ces diverses recherches, on se convainc que l'homme se rapproche d'autant plus de l'animal — et de celui qui est le plus apparenté, je le dis sans détour, du singe — que l'état de son développement est moins avancé. Sans doute ce rapprochement ne peut pas se poursuivre à la fois sur tous les points; telle race se rapproche plus du singe au point de vue de l'ensemble des membres, telle autre au point de vue du développement du crâne. Mais là où nous trouvons d'autres caractères, ils sont en quelque sorte le reflet de ceux que nous pouvons constater chez ces congénères de l'homme.

Ces études nous apprennent encore que l'homme dans l'ensemble de son existence, autant que nous pouvons l'embrasser dès les temps les plus anciens, est, comme tous les organismes, dans un rapport très étroit avec ses prédécesseurs. Il ne peut pas être envisagé comme le résultat d'un acte de création isolé, non plus qu'aucun des organismes qui existent maintenant sur la terre. Il a subi les mêmes développements que ces organismes, et ses ancêtres gisent ensevelis dans les couches de terre, sous une forme différente de celle que nous voyons exister aujourd'hui. Il s'est civilisé et développé peu à peu, il a peu à peu acquis les caractères qui font de lui un véritable homme; il les a légués à ses descendants, qui, à leur tour, ont reçu l'obligation de développer ces propriétés. Quand nous étudions les anciens crânes, certains caractères nous frappent, par exemple, le développement de l'arcade sourcilière, la proéminence des os maxillaires, etc. Nous voyons peu à peu ces caractères disparaître, le front devenir plus droit, le crâne plus haut et mieux voûté, la face rentrer de plus en plus sous le crâne; les caractères d'une culture inférieure s'affaiblissent progressivement, puis se transforment pour se rapprocher de la belle forme humaine idéale. Si cela se produit lentement et peu à peu, si ce phénomène est le résultat du travail de l'esprit, du travail que l'homme accomplit dans sa lutte pour l'existence, il ressort de ces études d'histoire primitive un dernier fait que je dois mettre en relief pour conclure.

Nous sommes tous des résultats combinés de l'action des nerfs d'une part, et de l'autre du perfectionnement qu'exige notre travail dans la lutte pour l'existence. Mais avec quoi combattrons-nous ce combat pour l'existence? Non pas certainement avec les bras et les pieds, mais avec ce qu'il y a derrière. Si donc nous nous efforçons chaque jour d'augmenter l'activité intellectuelle qui a son siège dans notre cerveau, si nous nous efforçons sans cesse de développer notre cerveau, d'après les lois du darwinisme, ces qualités qui nous facilitent le combat de la vie passeront à nos descendants, car elles sont héréditaires; et l'être qui ne possède pas l'instrument nécessaire à la formation de ces facultés est perdu sans retour. Ainsi, le dernier résultat de l'étude de l'histoire primitive, c'est que l'homme a dans sa main son propre avenir, et qu'il se développe par son propre travail pour arriver au but fixé, à son perfectionnement. (KARL VOGT, *Histoire primitive de l'homme. Revue scientifique*, 1869, p. 814-816.

VIII

L'HOMME FOSSILE

Les skovmoses [1], la station de Schussenried, nous ont montré l'homme existant en Europe à la fin de l'époque glaciaire. Mais a-t-il traversé cette époque? L'a-t-il précédée? A-t-il été par cela même contemporain d'espèces végétales et animales placées de tout temps au rang des fossiles? Nous pouvons, on le sait, répondre affirmativement avec certitude à ces questions. On sait aussi que la démonstration de ce grand fait, une des plus belles conquêtes scientifiques des temps modernes, date pour ainsi dire d'hier.

Cette démonstration repose sur des preuves aujourd'hui si bien acceptées qu'il suffit de les énumérer. Il est évident que des ossements humains, ensevelis dans une couche terrestre non remaniée, attestent l'existence de l'homme au moment où se formait cette couche. Il est non moins évident que des silex taillés de main d'homme et transformés en haches, en scies, etc., que des bois d'animaux, façonnés en harpons ou en flèches sont autant de témoins irrécusables de l'existence des ouvriers. Enfin, lorsque des ossements humains se trouvent associés à

1. Voir p. 534.

des ossements d'animaux dans la même couche non remaniée, il est encore hors de doute que l'homme et ces espèces animales ont été contemporains.

Bien des faits rentrant dans ces trois catégories avaient été constatés dès les premières années et dans le courant du siècle dernier. Dès 1700, les fouilles exécutées par ordre du duc Eberhard-Louis de Wurtemberg, à Canstadt, près de Stuttgard, mirent au jour un grand nombre d'ossements d'animaux éteints parmi lesquels se trouvait un crâne humain. Mais la nature de cette précieuse relique n'a été reconnue par Jœger qu'en 1835. A peu près à la même époque un Anglais, Kemp, recueillait dans Londres même, à côté de dents d'éléphants, une hache de pierre semblable à celles de Saint-Acheul. Plus tard Esper en Allemagne, John Frère en Angleterre signalèrent des faits plus ou moins analogues. Mais ni l'un ni l'autre ne pouvait en comprendre la signification : car la géologie était absolument dans l'enfance et la paléontologie n'existait pas.

C'est en 1823 seulement qu'Amy Boué présenta à Cuvier des ossements humains trouvés par lui dans le *loess* du Rhin, aux environs de Lahr, dans le pays de Bade. Boué regardait ces ossements comme fossiles ; Cuvier se refusa à admettre cette conclusion. On le lui a bien souvent reproché ; on a été injuste. Cuvier avait vu trop souvent de prétendus *hommes fossiles* se transformer soit en mastodontes, soit en salamandres, soit même en simples blocs de grès bizarrement contournés, pour ne pas se tenir sur ses gardes ; et, en présence d'un fait jusque-là unique, il crut plus sage d'admettre un remaniement qui aurait transporté dans le loess des ossements bien postérieurs à la formation de cette couche.

Mais jamais Cuvier, quoi qu'on en ait dit, n'a nié la possibilité de trouver l'*homme fossile*. Il a au contraire formellement admis l'existence de notre espèce comme antérieure aux dernières révolutions du globe. « L'homme pouvait, dit-il, habiter quelque contrée peu étendue, d'où il a repeuplé la Terre après ces événements terribles. » On voit que les éloges et les reproches adressés à notre grand naturaliste à propos d'une opinion qu'il n'a jamais eue, sont également immérités.

La réserve, exagérée peut-être, que s'imposait Cuvier, la croyance qu'on lui prêtait n'en pesèrent pas moins sur la science en ce qu'elles empêchèrent de comprendre la valeur des observations recueillies par Tournal (1828-1829) dans l'Aude, par Christol (1829) dans le Gard, par Schmerling (1833) en Belgique, par Joly (1835) dans la Lozère, par Marcel de Serres (1839) dans l'Aude, par Lund (1844) au Brésil. En 1845, la presque totalité des savants vraiment autorisés partageait l'opinion si bien motivée par M. Desnoyers. Sans regarder comme impossible l'existence de l'homme fossile, ils ne pensaient pas qu'on l'eût encore découvert.

C'est aux efforts persévérants d'un archéologue distingué, Boucher de Perthes, qu'est due la démonstration du fait si longtemps nié et aujourd'hui universellement admis. Sous l'empire de certaines idées philosophiques, fort peu propres d'ailleurs à lui faire des disciples, il avait admis *a priori* l'existence d'êtres humains ayant précédé l'homme actuel dont ils devaient différer beaucoup. Il espérait retrouver soit leurs restes eux-mêmes, soit les produits de leur industrie dans les terrains d'alluvion supérieurs. Surveillant, soit par lui-même, soit par ses agents, l'exploitation des carrières de gravier situées près d'Abbeville, il y recueillait une foule de silex plus ou moins grossièrement travaillés, mais portant l'empreinte irrécusable de la main de l'homme. Quelques-unes de ses publications (1847) amenèrent chez lui des visiteurs qui à leur tour se mirent en quête. Bientôt M. Rigollot (1855), M. Gaudry (1856), retirèrent des carrières de Saint-Acheul des haches semblables à celles d'Abbeville et se déclarèrent convaincus. Les savants anglais Falconer, Prestwich, Lyell, après avoir visité la collection de Boucher de Perthes, en firent autant et eurent de nombreux imitateurs.

Toutefois et malgré les découvertes qui se multipliaient dans les cavernes et les sablonnières, aux environs mêmes de Paris, on faisait aux partisans de l'homme fossile l'objection que Cuvier avait opposée à Amy Boué. On attribuait à un *remaniement* opéré par les eaux la juxtaposition de restes d'animaux éteints et d'ossements humains ou d'objets fabriqués par l'homme. La haute autorité de M. de Beaumont prêtait une force nouvelle à cet argument. Il rapportait les alluvions des environs d'Abbeville à ses *terrains des pentes*, formés, disait-il, par des orages d'une violence exceptionnelle qui n'éclataient qu'une fois en mille ans et qui mélangeaient les matériaux arrachés à diverses couches. Quant aux trouvailles faites dans les cavernes, elles inspiraient encore moins de confiance que les autres, à raison de la facilité des affouillements causés par les remous qui pouvaient fort bien aller déposer au cœur d'une couche sous-jacente des objets enlevés aux couches supérieures sans détruire ni les unes ni les autres.

Beaucoup de bons esprits hésitaient donc encore, lorsque M. Lartet publia son remarquable travail sur la grotte d'Aurignac (1861). Ici le doute n'était plus possible. Cette grotte, ou mieux cet *abri*, était fermée au moment de la découverte par une dalle de pierre apportée de loin; M. Lartet découvrit, soit à l'intérieur, soit sur le seuil, les ossements de huit espèces animales sur neuf qui caractérisent le plus essentiellement les terrains quaternaires. Dans son mémoire il donna des détails sur les restes de chacune d'elles. Quelques-uns de ces animaux avaient été évidemment mangés sur place; leurs os, en partie carbonisés, portaient encore la trace du feu dont on retrouvait les charbons et les cendres; ceux d'un jeune rhinocéros tichorhinus présentaient des entailles faites par des outils de silex, et leurs extrémités spongieuses avaient été rongées par un carnassier; celui-ci révélait son espèce par ses coprolithes, reconnaissables pour être ceux de la *hyena spelæa*.

La grotte ou abri d'Aurignac est creusée dans un petit massif montagneux, dépendant du plateau de Lanémézan, que n'a jamais atteint le diluvium pyrénéen. Elle échappait donc à toute objection tirée de l'intervention des courants d'eau. Aussi, les faits annoncés par M. Lartet furent-ils généralement acceptés d'emblée avec toute leur signification. Ces faits montraient l'homme vivant au milieu de la faune quaternaire, utilisant pour sa nourriture jusqu'au rhinocéros et suivi par la hyène de cette époque qui profitait des débris du repas. La coexistence de l'homme et de ces espèces fossiles était démontrée.

Quelques retours offensifs des savants, fort rares d'ailleurs, qui refusaient de se rendre à ces témoignages eurent encore lieu, entre autres à propos de la découverte d'une mâchoire humaine faite à Moulin-Quignon par Boucher de Perthes. Mais les trouvailles devinrent si nombreuses que le dernier d'entre eux fut bientôt réduit à se taire et à laisser parler devant lui d'*homme fossile* sans élever la moindre protestation.

Il serait trop long et vraiment inutile d'énumérer ici toutes ces découvertes. Je me borne à signaler quelques-unes des plus frappantes auxquelles se rattachent les noms de Lartet et de Christy, son dévoué collaborateur. Aux Eyzies, ces deux infatigables chercheurs mirent à découvert un plancher stalagmitique, formé par une véritable brèche dont la pâte emprisonnait à la fois des silex taillés, des cendres, des charbons et des ossements de divers animaux quaternaires. De larges tables de cette brèche figurent aujourd'hui dans plusieurs collections. Dans cette même grotte ils découvrirent une vertèbre de jeune renne traversée par une lance en silex, qui s'était rompue dans l'os en donnant la mort à l'animal. Enfin

M. Lartet eut la joie, en 1864, d'assister à la trouvaille d'une lame d'ivoire de mammouth, sur laquelle un artiste de la Madeleine avait tracé avec un poinçon de silex le dessin de l'animal lui-même. Sur cette antique gravure on retrouve tous les traits du mammouth, tel qu'on le rencontre encore parfois, conservé *avec son épaisse fourrure et ses longues soies*, dans les glaces de la Sibérie.

Pour que l'homme ait pu tracer le portrait d'une espèce animale, il faut bien qu'il ait vécu à côté d'elle. Or les preuves de cette nature sont devenues rapidement plus nombreuses et plus frappantes. Dans l'Ariége, M. Garrigou a trouvé le dessin de l'ours des cavernes tracé sur un galet. M. de Vibraye a retiré de la grotte de Laugerie-Basse le croquis d'un combat de rennes remarquablement gravé sur une plaque de schiste. Le même animal a été rencontré reproduit en sculpture dans le même abri et encore dans l'abri de Montastruc, d'où M. Peccadeau de l'Isle a extrait ses merveilleux manches de poignards.

Je n'ai pas à parler ici de ces armes, outils, instruments de toute nature, depuis le simple couteau jusqu'à ces flèches et harpons barbelés, à ces lances en feuilles de laurier, à ces poignards dentelés et guillochés qui égalent tout ce que le Danemark a de plus beau. Il me suffit de constater que toutes ces œuvres attestent l'existence de l'homme et que l'on compterait aujourd'hui par milliers les objets fabriqués par lui pendant l'âge géologique qui a précédé le nôtre.

Pouvons-nous le suivre plus loin et retrouver ses traces jusque dans les temps tertiaires? Falconer, l'éminent paléontologiste anglais prématurément enlevé à la science, n'hésitait pas à répondre affirmativement. Mais il n'espérait rencontrer l'homme tertiaire que dans l'Inde, et M. Desnoyers l'a découvert en France.

C'est en 1863, dans la sablonnière de Saint-Prest, aux environs de Chartres, que M. Desnoyers recueillit lui-même un tibia de rhinocéros portant des entailles semblables à celles qu'il avait vues bien souvent sur des ossements d'ours ou de rennes mangés par l'homme quaternaire. Une comparaison attentive et des faits nombreux de même nature constatés dans diverses collections l'autorisèrent à annoncer que l'homme remontait au delà des temps glaciaires et avait vécu à l'époque pliocène.

Mais M. Desnoyers n'apportait de preuves que d'une seule nature et qui, pour être appréciées à toute leur valeur, exigeaient une certaine habitude. Aussi son travail fut-il accueilli d'abord avec un peu de méfiance. On lui demandait de montrer, sinon l'homme pliocène lui-même, au moins des objets de son industrie et en particulier les armes qui avaient pu abattre, les couteaux qui avaient dépecé ces éléphants, ces rhinocéros, ces grands cerfs dont les ossements portaient les stries plus ou moins profondes qu'il attribuait à l'homme. M. l'abbé Bourgeois répondit bientôt à ces exigences; et, en présence des silex taillés mis par lui sous les yeux des juges compétents, tous les doutes se dissipèrent.

Malheureusement le sable de Saint-Prest est considéré par d'assez nombreux géologues comme appartenant plutôt aux terrains quaternaires tout à fait inférieurs qu'aux formations franchement tertiaires. Il faut probablement le ranger dans ces produits d'une période de transition qui séparent deux époques bien tranchées. Peut-être est-il contemporain du dépôt de la caverne de Victoria, dans l'Yorkshire, d'où M. Tiddeman a retiré un péroné humain et que ce naturaliste regarde comme formé peu avant le grand refroidissement glaciaire. En somme, les découvertes de MM. Desnoyers et Tiddeman repoussent l'existence de l'homme tout au moins jusqu'aux confins des temps tertiaires.

Les découvertes faites en Italie nous conduisent plus loin. A diverses reprises, et dès 1863, quelques savants de ce pays avaient cru avoir trouvé dans des terrains

incontestablement pliocènes des traces de l'action humaine
et même des ossements humains. Toutefois, pour des
raisons diverses, ces résultats furent successivement mis
en doute et repoussés par les hommes les plus compétents. Mais M. Capellini vient de découvrir, en 1876, des
preuves plus sérieuses de l'existence de l'homme aux
temps pliocènes dans les argiles de Monte Aperto, près
de Sienne, et sur deux autres points. L'éminent professeur
de Bologne a rencontré dans ces trois localités, dont l'âge
est incontesté, des os de balœnotus portant de nombreuses et fortes entailles qui me paraissent ne pouvoir
s'expliquer que par l'action d'un instrument tranchant.
Dans plusieurs cas, l'os a éclaté sur une des faces de l'in-
cision, tandis que l'autre est lisse et nettement délimitée.
A en juger par les planches et les moulages, il est impossible de ne pas admettre que les coups ont été portés sur
des os frais. Ces entailles diffèrent complètement de celles
que présentaient les os d'halitherium extraits des faluns
miocènes de Pouancé. Autant celles-ci m'ont toujours
paru ne pouvoir être attribuées à l'homme, autant celles
dont il s'agit aujourd'hui me semblent ne pouvoir être
que l'œuvre de sa main. L'existence de l'homme pliocène
en Toscane est donc à mes yeux un fait acquis à la science.
Toutefois je dois dire que cette conclusion n'est pas encore
unanimement acceptée et que M. Magitot entre autres la
conteste en se fondant sur ses expériences.

Les recherches de M. l'abbé Bourgeois nous font
remonter bien plus haut encore. Cet habile et persévérant
observateur a découvert dans le département de Loir-et-
Cher, dans la commune de Thénay, des silex dont la
taille lui a paru ne pouvoir être attribuée qu'à l'homme.
Or les géologues sont unanimes pour placer les couches
dont il s'agit ici parmi les terrains miocènes, en plein
âge tertiaire moyen.

Mais les silex de Thenay, généralement de petite taille,
sont presque tous fort grossièrement taillés et bien des

paléontologistes, bien des archéologues n'ont vu dans leurs cassures que le résultat de chocs accidentels. En 1872, au Congrès de Bruxelles, la question fut soumise à une commission composée des hommes les plus compétents d'Allemagne, d'Angleterre, de Belgique, de Danemark, de France, d'Italie, et les juges se partagèrent. Les uns acceptèrent, d'autres repoussèrent tous les silex présentés par M. l'abbé Bourgeois. Quelques-uns déclarèrent qu'à leurs yeux un petit nombre de pièces seulement pouvaient être attribuées à l'industrie humaine. Quelques autres enfin crurent devoir réserver leur jugement et attendre de nouveaux faits.

J'étais au nombre de ces derniers. Mais depuis lors, de nouvelles pièces découvertes par M. l'abbé Bourgeois ont levé mes derniers doutes. Une petite hache ou grattoir entre autres, présentant de fines retouches régulières, ne peut, à mon avis, avoir été façonnée que par l'homme. Je ne blâme pourtant pas ceux de mes confrères qui nient ou doutent encore. En pareille matière, il n'y a rien de bien pressant; et sans doute, l'existence de l'homme miocène sera démontrée, comme l'a été celle des hommes glaciaire et pliocène, — par des faits.

Ainsi l'homme existait à coup sûr pendant l'époque quaternaire et pendant l'âge de transition auquel appartiennent les sables de Saint-Prest et les dépôts de Victoria; il a vu, selon toute probabilité, les temps miocènes et par conséquent l'époque pliocène en entier. Y a-t-il des raisons pour croire qu'on le retrouvera plus loin encore? La date de son apparition est-elle nécessairement attachée à une époque quelconque? Pour répondre à ces questions je ne vois qu'un seul ordre de faits que l'on puisse interroger.

Nous savons que, par son corps, l'homme est un mammifère, rien de plus et rien de moins. Les conditions d'existence qui ont suffi à ces animaux ont dû lui suffire de même; là où ils ont vécu, il a pu vivre. Il peut donc avoir été le contemporain des premiers mammifères et remonter jusqu'à l'époque secondaire.

Des paléontologistes d'un grand mérite reculent devant cette proposition. Ils n'admettent pas même la possibilité de l'existence de l'homme aux temps miocènes. Toute la faune mammalogique de cette époque, disent-ils, a disparu; comment l'homme seul aurait-il résisté aux causes assez puissantes pour amener le renouvellement complet de tous les êtres avec lesquels il a le plus de rapports?

Je reconnais la force de l'objection; mais je tiens compte aussi de l'intelligence humaine, qu'elle semble oublier. C'est évidemment grâce à cette intelligence que l'homme de Saint-Prest, de Victoria, de Monte Aperto a pu traverser deux grandes époques géologiques. Il s'est défendu par le feu contre le refroidissement; il a survécu au retour d'une température plus douce. Eh bien, n'est-il pas permis de penser que des hommes venus plus tôt auraient trouvé dans leur industrie les ressources nécessaires pour lutter contre les conditions que leur aurait imposées même le passage des derniers temps secondaires aux premiers âges tertiaires?

En fait, de l'aveu des juges les plus exigeants, l'homme a vu un des grands changements accomplis à la surface du globe; il a vécu dans une de ces époques géologiques auxquelles on le croyait naguère absolument étranger; il a été le contemporain d'espèces mammalogiques qui n'ont pas même vu l'aurore de l'époque actuelle. Il n'y a donc rien d'impossible à ce qu'il ait survécu à d'autres espèces de la même classe, à ce qu'il ait assisté à d'autres révolutions géologiques, à ce qu'il ait paru sur le globe avec les premiers représentants du type auquel il appartient par son organisation.

Mais c'est là une question de fait. Avant même de supposer qu'il en ait été ainsi, il faut attendre d'avoir été renseigné par l'observation. (DE QUATREFAGES, *l'Espèce humaine*, p. 105-113. Félix Alcan, éditeur.)

IX

ORIGINES DES FOSSILES

Tout le monde sait que les couches de calcaire, d'argile ou
de sable, qui forment la plus grande partie de nos continents,
ont été déposées par la mer et que les coquilles et les ossements
que l'on trouve dans certaines de ces couches ont appartenu à
des animaux qui vivaient dans les mers anciennes. Cette opinion est aujourd'hui si banale et parait si évidente qu'on a de
la peine à croire qu'elle n'a pas toujours été celle des hommes
instruits ; on va cependant voir par l'article suivant que son
introduction dans le domaine des connaissances humaines est
relativement récente.

Des amas immenses de coquilles et d'autres corps
marins se trouvent à de grandes distances de toute mer,
à des hauteurs où nulle mer ne saurait atteindre aujour-
d'hui ; et de là sont venus les premiers faits à l'appui de
toutes ces traditions de déluges, conservées chez tant de
peuples.

D'autre part, les grands ossements découverts à divers
intervalles dans les entrailles de la terre, dans les cavernes
des montagnes, ont fait naître ces autres traditions popu-
laires, non moins répandues et non moins anciennes, de
races de géants qui auraient peuplé le monde dans ses
premiers âges.

Les traces des révolutions de notre globe ont donc frappé de tout temps l'esprit des hommes; mais elles l'ont frappé longtemps en vain, et d'un étonnement stérile.

Longtemps même l'ignorance a été portée à ce point qu'une opinion à peu près générale, et je ne parle plus d'une opinion populaire, je parle de l'opinion des savants et des philosophes, regardait les pierres chargées d'empreintes d'animaux ou de végétaux, et les coquillages trouvés dans la terre, comme des jeux de la nature.

« Il a fallu, dit Fontenelle, qu'un potier de terre, qui ne savait ni latin ni grec, osât, vers la fin du XVIe siècle, dire dans Paris, et à la face de tous les docteurs, que les coquilles fossiles étaient de véritables coquilles déposées autrefois par la mer dans les lieux où elle se trouvait alors; que des animaux avaient donné aux pierres figurées toutes leurs différentes figures, et qu'il défiât hardiment toute l'école d'Aristote d'attaquer ses preuves. »

Ce potier de terre était Bernard Palissy, immortel pour avoir fait à peine un premier pas dans cette carrière, parcourue depuis par tant de grands hommes, et qui les a conduits à des découvertes si étonnantes.

A la vérité, les idées de Palissy ne pouvaient guère être remarquées à l'époque où elles parurent; et ce n'a été que près de cent ans plus tard, c'est-à-dire vers la fin du XVIIe siècle, qu'elles ont commencé à se réveiller, et, pour rappeler encore une expression de Fontenelle, à faire la fortune qu'elles méritaient. (FLOURENS, *Éloge historique de Cuvier*, reproduit dans le *Discours sur les révolutions du globe*, de Cuvier, p. XVIII-XX. Firmin-Didot, éditeur.)

X

RECONSTITUTION DES FOSSILES

Les restes d'animaux fossiles qu'on trouve dans les terrains anciens sont ordinairement fort incomplets; d'un individu on ne trouve quelquefois que quelques vertèbres, un os des membres ou quelques dents. Comment avec ces fragments se faire une idée de l'animal complet? C'est ce que Cuvier va nous apprendre.

Heureusement l'anatomie comparée possédait un principe qui, bien développé, était capable de faire évanouir tous les embarras : c'était celui de la corrélation des formes dans les êtres organisés, au moyen duquel chaque sorte d'être pourrait, à la rigueur, être reconnue par chaque fragment de chacune de ses parties.

Tout être organisé forme un ensemble, un système unique et clos, dont les parties se correspondent mutuellement, et concourent à la même action définitive par une réaction réciproque. Aucune de ces parties ne peut changer sans que les autres ne changent aussi, et par conséquent chacune d'elles prise séparément indique et donne toutes les autres.

Ainsi, comme je l'ai dit ailleurs, si les intestins d'un animal sont organisés de manière à ne digérer que de la chair et de la chair récente, il faut aussi que ses mâchoires soient construites pour dévorer une proie; ses griffes pour la saisir et la déchirer; ses dents pour la couper et la diviser; le système entier de ses organes du mouvement pour la poursuivre et pour l'atteindre; ses organes des sens pour l'apercevoir de loin; il faut même que la nature ait placé dans son cerveau l'instinct nécessaire pour savoir se cacher et tendre des pièges à ses victimes. Telles seront les conditions générales du régime carnivore; tout animal destiné pour ce régime les réunira infailliblement, car sa race n'aurait pu subsister sans elles; mais sous ces conditions générales il en existe de particulières, relatives à la grandeur, à l'espèce, au séjour de la proie pour laquelle l'animal est disposé; et de chacune de ces conditions particulières résultent des modifications de détail dans les formes, qui dérivent des conditions générales : ainsi, non seulement la classe, mais l'ordre, mais le genre, et jusqu'à l'espèce, se trouvent exprimés dans la forme de chaque partie.

En effet, pour que la mâchoire puisse saisir, il lui faut une certaine forme de condyle, un certain rapport entre la position de la résistance et celle de la puissance avec le point d'appui, un certain volume dans le muscle crotaphite qui exige une certaine étendue dans la fosse qui le reçoit, et une certaine convexité de l'arcade zygomatique sous laquelle il passe; cette arcade zygomatique doit aussi avoir une certaine force pour donner appui au muscle masseter.

Pour que l'animal puisse emporter sa proie, il lui faut une certaine vigueur dans les muscles qui soulèvent sa tête, d'où résulte une forme déterminée dans les vertèbres où ces muscles ont leurs attaches, et dans l'occiput, où ils s'insèrent.

Pour que les dents puissent couper la chair il faut qu'elles soient tranchantes, et qu'elles le soient plus ou moins selon qu'elles auront plus ou moins exclusivement de la chair à couper. Leur base devra être d'autant plus

solide qu'elles auront plus d'os et de plus gros os à briser.
Toutes ces circonstances influeront aussi sur le développement de toutes les parties qui servent à mouvoir la
mâchoire.

Pour que les griffes puissent saisir cette proie, il faudra
une certaine mobilité dans les doigts, une certaine force
dans les ongles, d'où résulteront des formes déterminées
dans toutes les phalanges et des distributions nécessaires
de muscles et de tendons; il faudra que l'avant-bras ait
une certaine facilité à se tourner, d'où résulteront encore
des formes déterminées dans les os qui le composent.
Mais les os de l'avant-bras, s'articulant sur l'humérus, ne
peuvent changer de formes sans entraîner des changements dans celui-ci : les os de l'épaule devront avoir un
certain degré de fermeté dans les animaux qui emploient
leurs bras pour saisir; et il en résultera encore pour eux
des formes particulières. Le jeu de toutes ces parties
exigera dans tous leurs muscles de certaines proportions,
et les impressions de ces muscles ainsi proportionnés
détermineront encore plus particulièrement les formes
des os.

Il est aisé de voir que l'on peut tirer des conclusions
semblables pour les extrémités postérieures, qui contribuent à la rapidité des mouvements généraux; pour la
composition du tronc et les formes des vertèbres, qui
influent sur la facilité, la flexibilité de ces mouvements;
pour les formes des os du nez, de l'orbite, de l'oreille,
dont les rapports avec la perfection des sens de l'odorat,
de la vue, de l'ouïe sont évidents. En un mot, la forme
de la dent entraîne la forme du condyle, celle de l'omoplate, celle des ongles, tout comme l'équation d'une
courbe entraîne toutes ses propriétés; et de même qu'en
prenant chaque propriété séparément pour base d'une
équation particulière, on retrouverait et l'équation ordinaire et toutes les autres propriétés quelconques, de
même l'ongle, l'omoplate, le condyle, le fémur, et tous

les autres os pris chacun séparément, donnent la dent ou se donnent réciproquement; et en commençant par chacun d'eux, celui qui posséderait rationnellement les lois de l'économie organique pourrait refaire tout l'animal.

Ce principe est assez évident en lui-même, dans cette acception générale, pour n'avoir pas besoin d'une plus ample démonstration; mais quand il s'agit de l'appliquer, il est un grand nombre de cas où notre connaissance théorique des rapports des formes ne suffirait point, si elle n'était appuyée sur l'observation.

Nous voyons bien, par exemple, que les animaux à sabots doivent être herbivores, puisqu'ils n'ont aucun moyen de saisir une proie; nous voyons bien encore que, n'ayant d'autre usage à faire de leurs pieds de devant que de soutenir leur corps, ils n'ont pas besoin d'une épaule aussi vigoureusement organisée, d'où résulte l'absence de clavicule et d'acromion, l'étroitesse de l'omoplate; n'ayant pas non plus besoin de tourner leur avant-bras, leur radius sera soudé au cubitus, ou du moins articulé par ginglyme, et non par athrodie avec l'humérus; leur régime herbivore exigera des dents à couronne plate pour broyer les semences et les herbages; il faudra que cette couronne soit inégale, et pour cet effet que les parties d'émail y alternent avec les parties osseuses; cette sorte de couronne nécessitant des mouvements horizontaux pour la trituration, le condyle de la mâchoire ne pourra être un gond aussi serré que dans les carnassiers; il devra être aplati, et répondre aussi à une facette de l'os des tempes plus ou moins aplatie; la fosse temporale, qui n'aura qu'un petit muscle à loger, sera peu large et peu profonde, etc. Toutes ces choses se déduisent l'une de l'autre, selon leur plus ou moins de généralité, et de manière que les unes sont essentielles et exclusivement propres aux animaux à sabots, et que les autres, quoique également nécessaires dans ces animaux, ne leur seront pas exclusives, mais pourront se retrouver dans d'autres animaux, où le reste des conditions permettra encore celles-là.

Si l'on descend ensuite aux ordres ou subdivisions de la classe des animaux à sabots, et que l'on examine quelles modifications subissent les conditions générales, ou plutôt quelles conditions particulières il s'y joint, d'après le caractère propre à chacun de ces ordres, les raisons des conditions subordonnées commencent à paraître moins claires. On conçoit bien encore en gros la nécessité d'un système digestif plus compliqué dans les espèces où le système dentaire est plus imparfait; ainsi l'on peut se dire que ceux-là devaient être plutôt des animaux ruminants où il manque tel ou tel ordre de dents; on peut en déduire une certaine forme d'œsophage et des formes correspondantes des vertèbres du cou, etc. Mais je doute qu'on eût deviné, si l'observation ne l'avait appris, que les ruminants auraient tous le pied fourchu, et qu'ils seraient les seuls qui l'auraient : je doute qu'on eût deviné qu'il n'y aurait de cornes au front que dans cette seule classe; que ceux d'entre eux qui auraient des canines aiguës manqueraient pour la plupart de cornes, etc.

Cependant, puisque ces rapports sont constants, il faut bien qu'ils aient une cause suffisante; mais comme nous ne la connaissons pas, nous devons suppléer au défaut de la théorie par le moyen de l'observation; elle nous sert à établir des lois empiriques, qui deviennent presque aussi certaines que les lois rationnelles, quand elles reposent sur des observations assez répétées : en sorte qu'aujourd'hui quelqu'un qui voit seulement la piste d'un pied fourchu peut en conclure que l'animal qui a laissé cette empreinte ruminait; et cette conclusion est tout aussi certaine qu'aucune autre en physique ou en morale. Cette seule piste donne donc à celui qui l'observe et la forme des dents, et la forme des mâchoires, et la forme des vertèbres, et la forme de tous les os des jambes, des cuisses, des épaules et du bassin de l'animal qui vient de passer. C'est une marque plus sûre que toutes celles de Zadig.

Qu'il y ait cependant des raisons secrètes de tous ces rapports, c'est ce que l'observation même fait entrevoir indépendamment de la philosophie générale.

En effet, quand on forme un tableau de ces rapports, on y remarque non seulement une constance spécifique, si l'on peut s'exprimer ainsi, entre telle forme de tel organe et telle autre forme d'un organe différent; mais l'on aperçoit aussi une constance classique et une gradation correspondante dans le développement de ces deux organes, qui montrent, presque aussi bien qu'un raisonnement effectif, leur influence mutuelle.

Par exemple, le système dentaire des animaux à sabots non ruminants est en général plus parfait que celui des animaux à pieds fourchus ou ruminants, parce que les premiers ont des incisives et des canines, et presque toujours des unes et des autres aux deux mâchoires; et la structure de leur pied est en général plus compliquée, parce qu'ils ont plus de doigts, ou des ongles qui enveloppent moins les phalanges, ou plus d'os distincts au métacarpe et au métatarse, ou des os du tarse plus nombreux, ou un péroné plus distinct du tibia, ou bien enfin parce qu'ils réunissent souvent toutes ces circonstances. Il est impossible de donner des raisons de ces rapports; mais ce qui prouve qu'ils ne sont point l'effet du hasard, c'est que toutes les fois qu'un animal à pied fourchu montre dans l'arrangement de ses dents quelque tendance à se rapprocher des animaux dont nous parlons, il montre aussi une tendance semblable dans l'arrangement de ses pieds. Ainsi les chameaux, qui ont des canines, et même deux ou quatre incisives à la mâchoire supérieure, ont un os de plus au tarse, parce que leur scaphoïde n'est pas soudé au cuboïde, et des ongles très petits, avec des phalanges onguéales correspondantes. Les chevrotains, dont les canines sont très développées, ont un péroné distinct tout le long de leur tibia, tandis que les autres pieds fourchus n'ont pour tout péroné qu'un petit os articulé au bas du tibia. Il y a donc une harmonie constante entre deux organes en apparence fort étrangers l'un à l'autre, et les gradations de leurs formes se correspondent sans interruption, même dans les cas où nous ne pouvons rendre raison de leurs rapports.

Or, en adoptant ainsi la méthode de l'observation comme un moyen supplémentaire quand la théorie nous abandonne, on arrive à des détails faits pour étonner. La moindre facette d'os, la moindre apophyse ont un caractère déterminé, relatif à la classe, à l'ordre, au genre et à l'espèce auxquels elles appartiennent, au point que toutes les fois que l'on a seulement une extrémité d'os bien conservée, on peut, avec de l'application et en s'aidant avec un peu d'adresse de l'analogie et de la comparaison effective, déterminer toutes ces choses aussi sûrement que si l'on possédait l'animal entier. J'ai fait bien des fois l'expérience de cette méthode sur des portions d'animaux connus, avant d'y mettre entièrement ma confiance pour les fossiles; mais elle a toujours eu des succès si infaillibles, que je n'ai plus aucun doute sur la certitude des résultats qu'elle m'a donnés. (CUVIER, *Discours sur les révolutions du globe*, p. 62-69. Firmin-Didot, éditeur.)

XI

LES FOSSILES DE PIKERMI

Pikermi est un petit village situé dans le voisinage d'Athènes; des fouilles entreprises sous la direction de M. Gaudry y ont révélé l'existence d'un nombre considérable de mammifères fossiles sur lesquels on va lire quelques renseignements.

Lorsqu'on a fait sauter avec la poudre les roches qui forment le haut des escarpements, on arrive à une couche qui, dans certaines places, est absolument remplie d'ossements. C'est un spectacle étrange. Les os sont enchevêtrés avec le plus grand désordre.

Il faut commencer par les extraire de la pierre dans laquelle ils sont enfermés. J'ai rapporté près de cinq mille ossements; bien des coups de marteau et de burin ont été nécessaires pour les dégager. Ensuite, il a fallu les trier, c'est-à-dire déterminer à quelle espèce chacun d'eux se rapportait. Pour y parvenir, on s'appuie sur ce principe que, dans les animaux, tout est si bien harmonisé que les organes sont dans la dépendance les uns des autres, et que la constatation des uns permet de supposer les autres : c'est ce que notre grand Cuvier a nommé la *loi de corrélation des formes*. L'étude des types intermédiaires, dont je vous dirai tout à l'heure quelques mots, prouve que l'exagération de ce principe expose à de graves erreurs, mais, entendu dans certaines limites, il restera toujours la base de nos déterminations de paléontologie.

Par exemple, au milieu des os que j'ai recueillis, voici un crâne qui provient d'un animal tout à fait inconnu, auquel j'ai proposé de donner le nom d'*Helladotherium*. Comment trouver les os des membres qui ont appartenu à cette espèce?

Je constate d'abord que ses dents indiquent un quadrupède destiné à se nourrir d'herbes, et que cet herbivore devait avoir une très grande taille; par conséquent, je ne pourrai découvrir ses membres que parmi les grosses pièces. Ceci posé, cherchons les os de ses pieds. Je réfléchis que les mangeurs d'herbes n'ont pas besoin d'avoir des pattes aussi adroites à saisir, et par conséquent aussi compliquées que celles des singes et des carnassiers; moins ils ont de doigts, moins ils courent risque de se les fouler, lorsqu'ils courent, lorsqu'ils fuient. Or, voici la patte d'un grand animal qui est très simple, et, sous ce rapport, me paraît convenir à l'Helladotherium.

Maintenant que nous croyons avoir trouvé les pieds, cherchons l'avant-bras. Notre avant-bras est composé de deux os, le cubitus et le radius. Le second tourne sur le premier, et en tournant, il entraîne la main. Mais chez les bêtes qui ne saisissent pas avec les pattes, il n'est pas nécessaire que ces pattes se tournent et se retournent. Par conséquent, il était inutile que l'Helladotherium eût un radius qui tournât sur le cubitus; mieux lui valait un radius bien fixe qui présentât une solide colonne d'appui : en voici un qui me semble répondre à ces conditions. Je remarque en outre que ce radius s'articule bien avec la patte que voici, avec l'humérus que voilà; il y a donc lieu de supposer que ces pièces appartiennent à mon Helladotherium.

En continuant à procéder de la sorte, nous finirons par reconstruire le squelette entier.

J'ai trouvé à côté des pièces de l'Helladotherium des os que j'attribue à une girafe. Ils sont presque semblables à ceux de l'espèce vivante; ils sont grêles, allongés, et les membres de derrière présentent également la particularité d'être plus courts que ceux de devant.

La Grèce a nourri deux espèces de mastodontes. On confond quelquefois le mastodonte avec le mammouth. Le mammouth est un véritable éléphant : c'est l'espèce qui a été contemporaine des hommes antédiluviens, et dont on a découvert un cadavre presque entier enseveli dans les terrains glacés de la Sibérie. Les mastodontes ont fait leur apparition dans le monde plus tôt que les éléphants. Ces deux genres ont une extrême ressemblance, mais leurs dents ne sont pas faites de même : les dents des éléphants sont formées de lamelles juxtaposées; celles des mastodontes, au contraire, sont composées de gros mamelons. Vous pouvez remarquer sur le dessin de mastodonte placé devant vos yeux, que la mâchoire supérieure porte seule des défenses, ainsi que chez les éléphants; mais une des espèces de mastodonte qui vivaient en Grèce avait des défenses à la mâchoire inférieure aussi bien qu'à la mâchoire supérieure.

On rencontre à Pikermi les débris d'un quadrupède encore plus imposant que les mastodontes : c'est le Dinotherium. Le crâne d'un Dinotherium fut déterré en 1836; on l'apporta à Paris, et il fut exposé rue Neuve-Vivienne. Chacun voulut le voir; on admirait ses proportions colossales, et l'on se perdait en conjectures sur ses défenses qui se recourbent vers le sol, au lieu de se tourner vers le ciel, comme dans les autres animaux. On ne connaissait pas les os de ses membres, par conséquent on ne savait à quel ordre le rattacher. De Blainville, Strauss, Buckland, naturalistes éminents, le rangèrent parmi les animaux aquatiques. M. Lartet fut presque seul à prétendre que ce devait être un animal terrestre, plus voisin des éléphants que de toute autre espèce. J'ai trouvé à

Pikermi des os des membres qui paraissent devoir être rapportés au Dinotherium; leur examen confirme les ingénieuses prévisions de M. Lartet. Je mets sous vos yeux un de ces os : c'est un tibia long d'un mètre. J'ai cherché à évaluer quelle pouvait être la taille du Dinotherium, en me basant sur les dimensions des os que j'ai recueillis. D'après mes calculs, il aurait eu 4 mètres 50 centimètres de hauteur au garrot. Pour vous donner des termes de comparaison, je dirai que le Muséum possède plusieurs squelettes d'éléphants de l'époque actuelle, et que le plus fort de ces squelettes n'a que 2 mètres 75 centimètres. Le Muséum renferme aussi un squelette de mastodonte qui a été remonté; il n'a que 2 mètres 40 centimètres. Ces chiffres prouvent combien le Dinotherium était gigantesque; c'est le plus grand des êtres qui ont vécu sur la terre ferme.

Il y avait en Grèce un carnassier redoutable que l'on a appelé le *Mochærodus*. Ce mot signifie dents en forme de poignard. En effet, ses canines supérieures simulent véritablement des lames de poignard; elles sont longues, tranchantes, et, quand on les regarde de près, on voit sur les bords des dentelures semblables à celles d'une scie; ce devaient être des armes terribles.

Je vous citerai encore parmi les bêtes curieuses de Pikermi un très gros édenté que j'ai proposé d'appeler *Ancylotherium*, ce qui veut dire grand animal crochu; ses doigts sont disposés de telle sorte qu'ils restassent toujours ainsi.

Les exemples que je viens d'indiquer suffisent pour montrer que les êtres actuels n'ont pas la même grandeur que ceux des anciens âges; le règne animal n'a plus autant de majesté qu'autrefois. En effet, l'Afrique est aujourd'hui le pays du monde qui renferme les plus puissants animaux; pourtant dans toute l'Afrique il n'y a qu'une espèce de girafe au lieu qu'à Pikermi, on trouve les restes d'une girafe, d'un animal voisin de la girafe et de l'Helladotherium. L'Afrique ne nourrit qu'une espèce d'éléphant, tandis qu'à Pikermi, il y a deux espèces parfaitement distinctes de mastodontes, et en outre le Dinotherium. Le Machœrodus est un peu plus fort que le lion; l'Oryctérope, le plus grand édenté de l'Afrique, est un être chétif comparativement à l'Ancylotherium.

J'aurais pu citer bien d'autres animaux qui se trouvent fossiles en Grèce : des singes, des hyènes, des Hœynitis, des Ictitheriums, des Acrotheriums, des Leptodons, des Hipparions, le sanglier d'Erymanthe, des antilopes aux formes les plus variées, des oiseaux, des reptiles. Que de morts entassés dans ce ravin de Pikermi! On dirait un cimetière immense que la Providence a conservé pour nous apprendre l'histoire des générations passées.

Cependant, quelle que soit la multitude des existences qui sont venues s'enfouir là, elles ne représentent qu'une phase relativement très courte dans l'histoire du développement de la vie. Avant les animaux qui ont paru en Grèce, combien de mammifères avaient vécu au commencement de l'époque tertiaire? Avant eux, combien de reptiles pendant l'époque secondaire? Avant les reptiles, combien de poissons pendant l'époque de transition? Avant les poissons, combien de mollusques, combien de rayonnés? En vérité, devant toutes ces grandes choses, l'homme se trouve bien petit. L'astronomie nous avait appris que nous ne sommes qu'un point dans l'espace, et voilà que la géologie nous apprend que nous ne sommes qu'un point dans le temps.

Vous l'avouerai-je, messieurs, dans mon ravin de Pikermi, ces pensées m'oppressaient quelquefois. Mais, quand, après des mois de labeurs au pied de la montagne, je rentrais dans Athènes, mes idées changeaient; et elles changaient surtout, alors que, pour dire un dernier adieu à la Grèce, je montais à l'Acropole, cette colline où l'art humain a réuni tant de merveilles; appuyé contre une des colonnes du Parthénon, je me disais :

« Qu'importe que l'homme ait un corps si petit, puisque Dieu a doté son âme du génie; qu'importe que nous soyons nés d'hier, que le passé ait été pour les êtres sans raison, si le présent est à nous, et si l'avenir nous est réservé! »

Nous avons vu combien furent gigantesques les bêtes de Pikermi. Qu'est-il résulté de leur rencontre? Furent-elles contraintes d'accepter cette épreuve qu'un grand naturaliste moderne a nommée concurrence vitale? Y eut-il désordre? Y eut-il harmonie?

. . . .

S'il est permis d'attribuer aux animaux des temps géologiques un régime de nourriture analogue à celui des espèces actuelles qu'ils rappellent par leur dentition, nous pouvons dire : il y avait autrefois en Grèce des girafes pour brouter les feuilles des grands arbres, tandis que les ruminants plus petits appelés *Palæotragus* broutaient les feuilles des arbres moins élevés; les rhinocéros dévoraient les buissons coriaces, épineux, que certainement les autres herbivores n'étaient pas disposés à leur disputer. Les Hipparions et les antilopes paissaient l'herbe des prairies; à côté d'eux, le sanglier d'Erymanthe fouillait le sol pour en retirer des tubercules; les mastodontes avec leurs trompes cueillaient les fruits des arbres; enfin, des singes appelés mésopithèques montaient sur les hautes branches pour croquer les fruits que la trompe des mastodontes ne pouvait atteindre. Ainsi, aucun trésor du règne végétal n'était perdu, et, dans cette immense réunion d'êtres divers, chacun trouvait sa pâture sans avoir à envier le bien de la tribu voisine.

Passons aux carnivores. Ils se divisent en deux catégories. Il y en a qui se nourrissent principalement de chair morte, comme les hyènes, et d'autres qui se nourrissent de chair vivante, comme les lions.

Évidemment, ceux qui se nourrissent de chair morte rendent de grands services, car ils font disparaître les corps qui vicieraient l'air. « L'hyène, a dit Delegorgue, est au lion ce que le vautour est à l'aigle; elle nettoie les restes de son festin. » Il y a quelques années, j'allais du Caire à Suez, alors qu'un de nos compatriotes n'avait pas encore amené dans le désert des canaux et des chemins de fer. Je rencontrai un dromadaire qu'une caravane venait d'abandonner; le pauvre animal se mourait. Trois jours après, je repassai devant son cadavre; les hyènes et les vautours n'y avaient pas laissé un seul lambeau de chair. Dans les temps anciens, il y avait en Grèce beaucoup d'animaux de la famille des hyènes. Grâce à ces enleveurs de cadavres, la terre a toujours conservé son manteau exempt de souillures.

Les carnivores qui se nourrissent de chair vivante rendent aussi des services. Voici ce que dit à ce sujet le courageux chasseur Delegorgue : « Le lion a une utilité incontestable; depuis les sources du Touguéla jusqu'au tropique du Capricorne, pas un lion n'existe et les hordes de gnous et de couaggas, qui n'y sont déjà que trop nombreuses, vont se multiplier dans une effrayante proportion ». Les gazelles que l'on appelle *euchores*, forment des troupes encore plus considérables que les gnous et les couaggas. On prétend qu'elles composent des bandes de quarante et même de cinquante mille individus; à l'arrière-garde, il y a toujours des animaux qui, ne pouvant se procurer de la nourriture, meurent ou sont d'une maigreur extrême. Par conséquent, il faut que les carnivores modèrent ce qu'il y a d'excessif dans le développement des herbivores. D'ailleurs, tous les êtres étant destinés à la mort, il arrive un moment où ils sont exposés aux maladies, aux souffrances; alors, incapables de se défendre ou de chercher leur salut dans la fuite, ils deviennent une facile proie pour les bêtes de carnage : une prompte mort leur épargne de longues souffrances. Dans le vieux monde, il y avait des carnivores se nourrissant de chair vivante, mais ils n'étaient pas assez nombreux pour transformer le monde en un théâtre de lutte, de carnage universel. Du moins, en Grèce, d'après les débris que j'ai recueillis, leur développement paraît avoir été relativement bien moindre que celui des herbivores : car ces derniers, vous l'avez vu, étaient très supérieurs à ceux qui vivent maintenant, au lieu que les carnivores de Pikermi, sauf le Machœrodus, n'étaient pas plus puissants que les carnivores actuels. Il est même permis de supposer que le Machœrodus ne troublait pas la tranquillité des principaux herbivores, attendu que tous les voyageurs s'accordent à dire que le lion n'attaque jamais les éléphants adultes.

A ce sujet, messieurs, permettez-moi de vous faire une remarque : on appelle le lion le roi des animaux, mais c'est un singulier monarque, celui qui est fui de tous ses sujets, et ne les voit que pour les dévorer. J'aimerais mieux dire que le roi des animaux actuels, c'est celui dont Livingstons a écrit ces mots : « Toute créature vivante, excepté l'homme, s'efface devant le noble éléphant ». A plus forte raison, il faudrait donner le titre de roi des animaux géologiques, non pas au féroce Machœrodus, mais au Dinotherium, souverain à la fois puissant et pacifique. Vous le représentez-vous, ce monarque des vieux âges, comme il devait être beau à voir, quand il s'avançait escorté des grands de sa cour, les mastodontes, les Helladotheriums, les Ancylotheriums. C'était vraiment la personnification de la nature calme et majestueuse des âges passés. (GAUDRY, *Animaux fossiles des environs d'Athènes. Revue scientifique*, 1865. p. 75-78.)

XII

LA FLORE FOSSILE DES RÉGIONS ARCTIQUES

La Paléontologie végétale est une branche nouvelle des sciences naturelles. Depuis fort longtemps on savait que les plantes, de même que les animaux, laissent souvent à la surface du sol des débris et des empreintes qui, rendus presque indestructibles par la fossilisation, et enfouis dans la substance des roches stratifiées, reparaissent parfois au jour comme autant de témoins de l'état ancien de notre globe; mais, il y a soixante ans, on n'avait pas encore songé à s'en servir pour placer sous les yeux de l'esprit des images de la flore des âges passés et faire pour l'histoire ancienne du règne végétal ce que Cuvier avait fait pour l'histoire du règne animal. En 1822, un jeune naturaliste, fils d'Alexandre Brongniart, géologue éminent dont le nom restera inséparable de celui de Cuvier, entreprit cette tâche et ouvrit ainsi aux botanistes un domaine nouveau dont la richesse augmente de jour en jour.

En effet, Adolphe Brongniart, un des plus chers compagnons de ma jeunesse, fut le créateur de la Paléontologie végétale, et ce n'est pas sans émotion que je songe au plaisir que me causaient, il y a un demi-siècle, ses premières découvertes. Les difficultés qu'il avait à vaincre étaient considérables. Il lui fallait non pas deviner, mais déterminer rigoureusement les caractères généraux et la nature de chacune des plantes dont il n'avait à sa disposition que quelques fragments souvent informes, devenus pierreux et ne présentant presque jamais les parties dont les botanistes se servent d'ordinaire pour classer et nommer ces êtres, les parties constitutives de la fleur par exemple. Adolphe Brongniart avait donc une méthode d'investigation nouvelle à créer; il lui fallait chercher à déterminer la signification de chacune des particularités de forme ou de structure intime que les plantes fossiles lui offraient et en tirer des conséquences relativement au degré de ressemblance que ces plantes avaient avec les espèces aujourd'hui existantes. Il fit tout cela avec un rare talent et les premières livraisons de son *Histoire des végétaux fossiles*, publiées en 1828, fondèrent, sur des bases solides, une nouvelle science géologique. Peu de temps avant sa mort, en 1875, Adolphe Brongniart montra que l'étude de ces fossiles pouvait jeter d'utiles lueurs, même sur la Physiologie végétale, et pendant le long espace de temps compris entre ces deux dates ce naturaliste n'était pas resté seul à étudier les flores anciennes : il avait eu de nombreux imitateurs; la Paléontologie végétale avait fait de grands progrès et, parmi les hommes qui ont le plus contribué au développement de cette branche de la botanique, il faut placer, en première ligne, M. Oswald Heer, dont les travaux sur les insectes fossiles sont connus et estimés de tous les zoologistes. Les plantes fossiles découvertes dans la région circumpolaire par M. Torell, M. Nordenskiold et les autres voyageurs suédois dont j'ai parlé précédemment ne pouvaient donc être placées en de meilleures mains pour devenir utiles à la science, et effectivement la science en a tiré grand profit.

Personne, en abordant au Spitzberg, n'aurait soupçonné que cette région froide et désolée avait été autrefois couverte de forêts et recélait dans son sein les restes d'une splendide végétation.

On désigne sous le nom de *Spitzberg* quelques lambeaux de terres inhabitées, hérissées de hautes montagnes, presque entièrement couvertes par d'immenses glaciers dont beaucoup arrivent jusque sur la côte et situées sous le méridien de Stockholm, non loin du pôle boréal, entre le 76ᵉ et le 80ᵉ ½ degré de latitude nord. Pendant le court été qui règne dans ces parages, le sol se couvre de plantes alpestres dans le voisinage de la mer; en Suisse, il faut s'élever à une altitude d'environ 2 500 ou 3 000 mètres, c'est-à-dire bien plus haut que le col du grand Saint-Bernard, pour rencontrer une flore analogue. Mais à l'époque miocène il en était tout autrement, et au Spitzberg, dans plus d'une localité, les débris laissés par les plantes anciennes constituent des dépôts importants.

Un de ces gisements de lignites se trouve dans une roche de grès grisâtre qui ressemble beaucoup à la molasse de la Suisse et qui borde deux de ces découpures profondes et étroites de la côte que l'on désigne d'une manière générale sous le nom de *fjords*. Parmi les végétaux dont les débris y ont été conservés, on a reconnu 23 espèces de plantes qui se retrouvent également dans les terrains miocènes inférieurs de l'Europe, et c'est de la sorte que l'âge géologique de ce dépôt a pu être déterminé.

Un autre gisement de plantes fossiles, beaucoup plus important, est situé à l'extrémité sud-ouest de l'une de ces anfractuosités (l'*Eisfjord*), par 78 degrés de latitude nord au cap Starastschin, et doit être de formation plus récente que le précédent. En effet, dans cette localité, les grès miocènes dont je viens de parler sont recouverts de schistes noirs. Au-dessus se trouvent des lignites, et entre les feuillets de ces schistes on rencontre des empreintes de feuilles parfaitement conservées. Les échantillons rapportés par M. Nordenskiold et ses compagnons sont au

nombre de 1 000 environ, et M. Heer est parvenu à y
déterminer 116 espèces.

Le nombre total des espèces végétales trouvées dans
les divers dépôts miocènes s'élève à 131; elles ont été
décrites et figurées par M. Heer, dans les *Mémoires de
l'Académie des Sciences de Stockholm*, belle publication
in-4° dont la réputation est européenne. Dans cette flore
éteinte, on compte 123 plantes phanérogames, et 8 cryptogames, dont l'un, un Équisétacé très voisin de notre
Equisetum limosum, est fort abondant dans le gisement
du fjord de Kengsbai, et indique qu'à l'époque miocène
il y avait là un marais rempli de Prêles, comme nous en
voyons ailleurs un grand nombre de nos jours.

Les plantes phanérogames de cette ancienne flore du
Spitzberg sont très remarquables, car on y distingue
26 espèces de Conifères, nombre qui dépasse de beaucoup
celui des espèces de la même classe qui vivent aujour-
d'hui dans l'Europe centrale. En effet, actuellement, on
ne trouve en Allemagne et en Suisse que 15 espèces de
ces arbres à feuilles coriaces. Les pins étaient singulièrement variés dans ces forêts polaires de la période miocène; à l'exception des cèdres et des mélèzes, on y voit
tous les types principaux de ce groupe remarquable. Le
genre *Sequoia*, qui joue un rôle important dans la flore
californienne de nos jours, mais qui n'existe pas en
Europe, y est représenté par une espèce distincte de
celle qui, à la même époque, abondait dans le Groënland
septentrional. Parmi les conifères de la famille des Cupres-
sinées dont le nombre était aussi fort considérable dans
l'ancienne forêt du Spitzberg, je citerai encore un *Taxodium*, probablement identique à l'espèce de ce genre qui
peuple aujourd'hui les marécages de la Géorgie et de la
Caroline du Sud; ses rameaux élégants sont si bien conservés qu'on y voit encore les chatons mâles et les chatons femelles avec leurs graines. A côté de notre sapin
rouge vivait le *Torellia*, espèce éteinte, qui avait des

traits de ressemblance avec le *Gincko* du Japon et avec les *Podocarpus*. Enfin je citerai encore un autre conifère inconnu de nos jours, le *Libocedrus sabiniana*, qui est très voisin d'un arbre du même genre actuellement existant sur les montagnes du Chili.

A l'époque miocène, les arbres feuillus abondaient aussi au Spitzberg. Le *Populus Richardsonii* et le *Populus arctica*, qui sont répandus dans toute la zone arctique, ont été rencontrés au Spitzberg jusqu'à la Kingsbai, par 79 degrés de latitude nord, mais ne descendaient pas beaucoup vers le sud. Le *Populus Zaddachi*, au contraire, qui habitait aussi cette zone, a été retrouvé dans les couches miocènes de Samland, près de Konigsberg, ainsi que dans l'Alaska. Les forêts du Spitzberg étaient également ornées de deux espèces de chênes à grandes feuilles, un platane, un tilleul, un sorbier très analogue au *Sorbus aria* des montagnes de la Suisse, et une foule d'autres essences remarquables; des lierres vivaient aussi sur cette terre polaire. A la même époque, il y avait également là des Nénuphars, des Synanthérées, un *Polygonum* et un *Salsola*.

Enfin l'embranchement des Monocotylédonées compte aussi de nombreux représentants dans cette flore miocène du Spitzberg, mais les débris laissés par ces végétaux sont moins complets et moins variés. M. Heer a pu cependant reconnaître dans ces gisements un Cyperus avec ses fleurs en panicules, un grand roseau, un iris à larges feuilles, un *Potamogeton* dont les feuilles ovales flottaient sur l'eau, et plusieurs autres espèces.

Toutes les plantes dont je viens de parler paraissent avoir vécu sur place, et, d'après ce que l'on sait du mode de distribution des végétaux analogues, on peut se former une idée très nette de l'aspect que le Spitzberg devait présenter à l'époque miocène. « Il y avait très probablement au Spitzberg, dit M. Heer, un lac d'eau douce dont les rivages étaient marécageux; les Najas, les *Sparganium* prospéraient dans ses eaux; les Nénuphars, les Potamogétons flottaient à sa surface; les Roseaux, les *Carex*, les Iris occupaient le marécage, abrités par une forêt de grands arbres, par des pins, des peupliers, des bouleaux, des aunes, mais surtout par le cyprès des marais, car c'est, de tous les arbres connus, celui qui peut vivre le mieux dans la vase la plus profonde. L'association du *Sequoia Nordenskioldi*, du *Libocedrus sabiniana* et du *Taxodium* permet de supposer que ces deux premiers arbres prospéraient aussi dans les marais. Parmi les autres espèces que nous avons énumérées, il en est quelques-unes, telles que la plupart des pins, les platanes, les chênes, les tilleuls, les hêtres, les noyers, etc., qui aiment, au contraire, un sol sec; aussi croissaient-elles probablement sur des coteaux ou des montagnes non loin des bords du lac. On peut affirmer cela relativement aux pins avec beaucoup de certitude; car, parmi les débris des diverses espèces appartenant à ce genre qui nous ont été conservés, nous ne trouvons ni rameaux, ni cônes complets, mais seulement des aiguilles, des écailles isolées et des graines ailées. Nous pouvons encore conjecturer qu'à l'époque où se déposèrent les schistes noirs aucun fleuve ne se jetait dans le lac ou dans le marécage; les objets venus des bords voisins ou amenés par le vent furent seuls ensevelis peu à peu dans le limon, lequel s'accumulait aussi lentement et régulièrement. Il vint ensuite un temps favorable à la formation de la tourbe; nous le savons par la présence des lignites qui recouvrent les schistes noirs et qui sont dus à la fossilisation de cette matière.

« Les conclusions que nous pouvons tirer de la flore relativement à l'état du sol, ajoute M. Heer, sont corroborées par les données que nous fournissent les insectes dont nous avons trouvé 22 espèces parmi les débris des plantes; toutes, sauf une seule, appartiennent aux Coléoptères, dont aucune espèce n'a encore été trouvée vivante au Spitzberg. Deux de ces Coléoptères étaient aquatiques, deux autres vivaient probablement sur des plantes de marais; parmi les autres, nous devons signaler deux grandes espèces de Taupins qui, sans doute, provenaient de la forêt. »

L'existence d'une riche végétation à l'époque miocène n'était pas limitée au Spitzberg. On en trouve des traces non moins évidentes dans le Groenland septentrional qui est aujourd'hui, en été aussi bien qu'en hiver, presque entièrement enseveli sous les glaces permanentes. D'autres traces de la même flore ont été rencontrées en Islande, à la Terre de Banks et sur les bords du fleuve Mackensie. M. Heer a pu y constater l'existence de 162 espèces dont 18 appartenaient au groupe des Cryptogames; 9 étaient de grandes et belles fougères; 14 des Monocotylédons et 99 des Dicotylédons. A en juger par analogie avec les flores actuelles, il y avait alors dans la région polaire au moins 78 espèces d'arbres et 50 espèces d'arbustes. Le Groenland septentrional possédait 8 espèces de chênes qui pour la plupart portaient de grandes et belles feuilles gracieusement découpées; mais c'étaient les peupliers et les *Sequoia* qui prédominaient. Enfin à côté de ces arbres, qui ne différaient que peu ou point de diverses espèces de l'époque actuelle, vivaient d'autres plantes fort distinctes de toutes celles connues aujourd'hui et dont les affinités naturelles n'ont pu être déterminées avec précision.

Les recherches des voyageurs suédois se sont arrêtés vers le 79ᵉ parallèle nord, mais il y a lieu de croire que la riche végétation de l'époque miocène s'étendait beaucoup plus loin et pouvait atteindre le pôle boréal, si toutefois il y avait là des terres émergées. En effet, de nos jours, les peupliers et les sapins avancent à environ 15 degrés de latitude au delà de la zone occupée par les platanes, et nous n'avons aucune raison de penser que des différences analogues n'existaient pas jadis, quant à l'aptitude de ces arbres à supporter un climat froid; or les platanes miocènes ont été retrouvés jusque sous le 79e degré de latitude nord et par conséquent il est présumable que les sapins et les peupliers contemporains de ces arbres pouvaient vivre jusque sous le pôle.

Tout cela indique que, depuis l'époque miocène, le climat des régions polaires a éprouvé de grands changements et que, durant cette période géologique, la température y était beaucoup plus élevée que de nos jours. Du reste, ce refroidissement ne se manifeste pas seulement dans le voisinage du pôle nord, et des faits paléontologiques d'un autre ordre prouvent aussi que dans ces temps reculés la France était un pays chaud. Cela ressort nettement de l'étude d'ossements d'oiseaux trouvés à l'état fossile dans le département de l'Allier et sur plusieurs autres points de notre territoire, étude dont l'un des professeurs administrateurs de notre Muséum d'histoire naturelle, M. Alphonse Milne-Edwards, s'est particulièrement occupé.

A l'époque miocène il existait, sur les terrains occupés aujourd'hui par le département de l'Allier et de la Limagne d'Auvergne, une série de lacs plus ou moins isolés, dont les eaux étaient peu profondes et dont les bords étaient fréquentés par une foule d'oiseaux, ainsi que par d'autres animaux qui y ont laissé leurs débris en nombre incalculable; or l'étude de ces fossiles a permis de constater que, parmi les oiseaux du centre de la France, il y avait alors des Perroquets, des Flamants, des Ibis, des Pélicans et des Trognons, grands passereaux à plumage brillant, dont on ne connaît aujourd'hui d'analogues qu'en Afrique ou dans les parties chaudes de l'Amérique. Cette faune ornithologique était très variée, car le naturaliste que je viens de citer y a reconnu 69 espèces distinctes entre elles; toutes plus ou moins différentes de celles dont notre globe est peuplé maintenant et toutes ayant vécu là où elles ont laissé leurs os;

car on trouve mêlés à ceux-ci des œufs encore intacts. Les lacs de l'Auvergne nourrissaient aussi des Crocodiles, de grandes tortues et des mammifères qui rappellent divers types africains de la période actuelle. Enfin l'ensemble de cette population zoologique présente tous les caractères d'une faune des pays chauds.

Cet ensemble de faits ne permet pas de douter qu'à l'époque géologique dont je viens de parler le climat non seulement de la France, mais aussi des régions les plus septentrionales, ne fût très différent de celui que nous connaissons maintenant et que là où l'on ne voit aujourd'hui que d'immenses glaciers ou tout au plus, pendant quelques jours d'été, une végétation misérable, il y avait jadis de grandes forêts et une flore non moins abondante que variée. Les découvertes de M. Nordenskiöld et les observations paléontologiques de M. Oswald Heer ont contribué, plus que les recherches d'aucun autre naturaliste, à mettre en lumière ce fait important et à diriger l'attention des esprits chercheurs sur les causes d'un changement si grand dans l'état physique de notre globe.

Au premier abord, on pouvait supposer que ce phénomène était une conséquence de la déperdition graduelle de la chaleur propre de la Terre qui, dans le principe, était probablement à l'état de fusion ignée et qui a dû se refroidir peu à peu. Mais tout porte à croire que déjà depuis fort longtemps la chaleur centrale avait cessé d'exercer une influence notable sur la croûte extérieure du globe où nous voyons les rayons solaires compenser les pertes causées par la chaleur que cette planète envoie dans l'espace, et d'ailleurs la géologie nous a appris que les variations de température de ce corps n'ont pas été toujours dans le même sens, car à une autre période tertiaire les parties de l'Europe qui jouissent actuellement d'un climat doux étaient couvertes de glace et ressemblaient aux régions polaires d'aujourd'hui.

D'autres alternances de périodes chaudes et de périodes

froides paraissent avoir existé à des époques géologiques plus anciennes. Ainsi les observations faites dans la Grande-Bretagne, par M. Ramsay, font supposer qu'à l'époque permienne il y avait une période glaciaire qui aurait succédé à la période chaude pendant laquelle florissait la riche végétation dont les dépôts de houille nous révèlent l'existence et dont on trouve des traces jusque dans les régions arctiques, par exemple à l'île des Ours (*Beeren-Eiland*), où M. Nordenskiöld avait trouvé en 1868 un grand gisement houiller. Enfin quelques indices de l'existence de glaciers en Angleterre à l'époque dévonienne nous conduisent à penser que peut-être la période chaude caractérisée par le dépôt des terrains carbonifères a été précédée par une période de froid. Par conséquent, les différences dans le climat des régions arctiques à l'époque miocène et à l'époque actuelle ne sauraient être attribuées au refroidissement progressif et continu de notre globe.

On a donc cherché d'autres explications et les hypothèses les plus diverses ont été proposées. Dans une de ses publications, M. Heer les passe en revue et les discute; je ne le suivrai pas dans l'examen approfondi qu'il en a fait, mais, pour donner une idée des grandes questions que peuvent soulever les empreintes laissées dans le sol par des feuilles déposées par le vent, il y a un nombre incalculable de siècles, je crois devoir en dire quelques mots.

Plusieurs auteurs ont imaginé que les changements survenus dans notre climat et dans le climat des régions arctiques étaient dus à un déplacement de l'axe de rotation de la terre, changement qui aurait eu pour effet d'exposer pendant plus longtemps à l'action des rayons solaires ces parties de la surface du globe et à y raccourcir les hivers. Les astronomes ne sont pas favorables à cette hypothèse, et M. Heer y fait des objections fondées sur le mode de distribution des flores anciennes tout autour du pôle actuel, mais il attache plus d'importance à une idée émise par l'illustre John Herschel.

On sait que la distance moyenne du soleil à la terre demeure invariable, mais que, par suite de l'action exercée sur notre globe par d'autres planètes, principalement par Jupiter et Saturne, ainsi que par Vénus et Mars, l'orbite dans laquelle il se meut n'est pas un cercle; cette orbite est une ellipse dont le soleil occupe un des foyers et dont la forme varie graduellement. Les calculs de Lagrange et de Le Verrier montrent que ces variations dans l'excentricité du mouvement annuel de la terre et du soleil ne sauraient dépasser certaines limites et alternent entre elles de manière à ne porter aucune atteinte à la stabilité du système planétaire; néanmoins elles sont considérables, et il doit en résulter des changements périodiques, à longs termes, dans la durée relative de nos étés et de nos hivers. Il faut des milliers de siècles pour que ces révolutions s'accomplissent. Mais dans la vie du monde des milliers de siècles ne sont probablement que des périodes comparables à des minutes dans la durée de la vie humaine et plus d'un phénomène géologique semble s'être produit avec non moins de lenteur. A l'époque actuelle, l'orbite de la terre se rapproche graduellement de la forme d'un cercle, mais il faudra encore 23 900 ans pour que son excentricité atteigne son minimum, et ce sera seulement à dater de cette époque que le changement inverse commencera à s'effectuer. L'excentricité, qui à ce moment ne sera que d'environ 800 000 kilomètres, augmentera graduellement jusqu'à ce qu'elle ait atteint environ 23 400 000 kilomètres. Or ces inégalités dans la position de la terre en périhélie et en aphélie (c'est-à-dire lorsque la terre est le plus rapprochée ou le plus éloignée du soleil) doivent faire varier la quantité de chaleur que notre globe reçoit de cet astre et agit ainsi sur les climats; mais, pour apprécier l'influence qu'elles sont susceptibles d'exercer sur la température de la région arctique, il faut tenir également compte d'une autre circonstance.

A l'époque actuelle, l'hémisphère nord se trouve le plus rapproché du soleil pendant l'hiver, et le plus éloigné pendant l'été. Cela tend à diminuer la différence dans la quantité de chaleur que cette région reçoit du soleil pendant ces deux saisons extrêmes. Mais ces relations, de même que l'excentricité de l'orbite terrestre, varient périodiquement et le grand cycle des changements effectués de la sorte ne s'accomplit qu'au bout de 21 000 ans. A environ 10 000 ans de l'époque actuelle, l'été, dans notre hémisphère, coïncidera avec le moment où le globe terrestre sera le plus rapproché de l'astre qui le réchauffe, et notre hiver correspondra au moment où la distance entre ces deux corps célestes sera la plus grande. Or il est présumable qu'aux époques où l'excentricité de l'orbite terrestre est à son maximum, et où l'hémisphère boréal se trouve le plus rapproché du soleil en hiver, cette portion du globe a des hivers plus courts et moins froids, ainsi que des étés moins chauds et moins longs qu'à l'époque où l'excentricité est au minimum, et où le périhélie coïncide avec cette dernière saison. Ainsi, d'après des calculs astronomiques cités par M. Heer, l'hiver, il y a 850 000 ans, aurait duré, dans l'hémisphère nord, 36 jours de plus qu'à l'époque actuelle. Il a paru également probable à plus d'un géologue que, pendant les hivers longs et rigoureux dont je viens de parler, la quantité de glace accumulée dans l'hémisphère nord a pu être tellement grande que les chaleurs des courts étés correspondants n'aient pu suffire pour en déterminer la fusion. On conçoit donc que, dans de pareilles circonstances, les glaces permanentes aient pu s'étendre fort loin vers l'équateur, tandis que le contraire a dû avoir lieu à l'époque où l'orbite terrestre se rapprochait le plus d'un cercle et où l'hémisphère nord était en périhélie pendant l'hiver. Il est donc probable que ces variations dans les mouvements de la terre et dans les rapports de chaque hémisphère avec le soleil, aux différentes saisons, ont contribué puissamment à produire, dans nos régions polaires, la température élevée dont le Spitzberg paraît avoir joui pendant la période miocène, ainsi que la période glaciaire post-pliocène, dont on aperçoit des traces jusque dans les parties méridionales de l'Europe. On s'est aussi demandé si les changements dans l'état physique de notre globe ne seraient pas la conséquence de phénomènes astronomiques d'un ordre encore plus élevé, notamment du déplacement du soleil et de tous ses satellites, qui, nous n'en pouvons douter, voyagent dans l'espace et pourraient se trouver, à certaines époques de la vie de l'Univers, sous l'influence de quelque autre foyer de chaleur; ou, tout au contraire, de passage dans une région de l'espace où le froid serait plus intense que là où ce groupe de corps célestes se meut aujourd'hui. M. Heer ne se prononce pas sur ces grandes questions, il se borne à les poser et, si j'en parle ici, c'est seulement pour faire entrevoir de quelle poésie la science du paléontologiste peut être la source. L'esprit reste confondu à la vue d'un champ si vaste ouvert à l'imagination. La science, dans son état actuel, est impuissante à résoudre tous les grands problèmes posés par la géologie des régions circumpolaires; mais la pensée humaine a dû s'élever bien haut, pour en avoir seulement conçu l'idée.

Du reste, les phénomènes grandioses résultant du jeu mécanique du système solaire ne sont certainement pas les seules causes des changements subis par le climat des terres boréales, et les variations de température qui s'y sont produites dépendent probablement, en grande partie, de circonstances d'un tout autre ordre dont l'influence est locale, notamment de modifications dans la forme et le mode de distribution des terres émergées, ainsi que dans la direction des courants de l'Océan.

En effet nous savons, par les observations d'Alexandre

de Humboldt et de ses émules, que le climat d'une région ne dépend pas seulement de la manière dont les rayons solaires y tombent ou, en d'autres mots, de son éloignement plus ou moins grand de l'équateur, et que les zones où la température moyenne est égale ne sont ni parallèles à ce grand cercle, ni parallèles entre elles. Il existe à cet égard des différences énormes entre des lieux placés sous la *même latitude*. Ainsi la température moyenne de l'année est à peu près la même à Cherbourg qu'à Avignon, et la ligne isotherme qui s'élève jusqu'au 64ᵉ parallèle nord entre l'Islande et la Norvège descend jusqu'au 52ᵉ parallèle dans l'Asie centrale. Mais la distribution géographique des plantes est réglée par l'abaissement de la température pendant la saison froide bien plus que par la quantité totale de chaleur reçue pendant les douze mois de l'année, et sur certaines parties de la surface du globe les différences entre l'été et l'hiver sont à peine sensibles, tandis que dans d'autres régions ces différences sont énormes. Pour l'examen des questions soulevées par la flore miocène du Groenland et du Spitzberg, ce sont, par conséquent, les *lignes isochimènes*, ou lignes représentant la température hivernale, plutôt que les *lignes isothermes* qu'il faut prendre en considération. Or l'étendue relative des terres et des mers influe d'une manière puissante sur le mode de distribution de la chaleur aux différentes saisons et à des altitudes diverses sous un même parallèle : le thermomètre descend beaucoup plus bas sur les grands continents que dans les régions insulaires. On sait aussi que la direction des courants marins exerce une grande influence sur le climat des terres adjacentes; ainsi les côtes du Chili sont sans cesse rafraîchies par un grand courant d'eau froide venant des mers circumpolaires antarctiques, tandis que le vaste torrent d'eau chaude qui sort du golfe du Mexique et qui est connu sous le nom de *Gulf-Stream* va au loin vers le pôle nord tempérer les côtes de l'Amérique septentrionale, de l'Islande et même de toute la portion occidentale de l'Europe.

On conçoit donc que, si les eaux chaudes de la mer des Antilles, au lieu de se détourner vers le nord en arrivant au fond du golfe du Mexique, trouvaient là une route ouverte pour continuer leur course vers l'Occident, il en résulterait un grand abaissement de la température dans toutes les terres plus ou moins boréales qui aujourd'hui sont réchauffées par le Gulf-Stream. Or cette communication entre l'océan Atlantique et l'océan Pacifique paraît avoir existé à une certaine période géologique, car on trouve dans les eaux qui baignent les deux côtés opposés de l'isthme de Panama divers animaux marins identiques. L'adoucissement du climat survenu à la suite de la période glaciaire postpliocène en France et dans les parties de l'Europe occidentale situées plus au nord a pu être une conséquence du soulèvement de la portion du continent américain qui relie entre eux le Mexique et la Nouvelle-Grenade. Enfin on conçoit également que, si à l'époque miocène la configuration des terres de l'hémisphère septentrional ait été telle que des courants chauds soient allés sans cesse baigner les côtes du Spitzberg et d'autres îles correspondant à ce qu'est aujourd'hui le Groenland, toute cette région aura joui d'un climat moins rude qu'à l'époque actuelle. Nous savons d'ailleurs, par les observations des géologues, que cette partie de la croûte solide du globe s'est souvent élevée ou abaissée et, de nos jours, un phénomène de cet ordre se manifeste d'une manière lente et progressive dans la partie sud de la Scandinavie. (MILNE-EDWARDS, *Nouvelles Causeries scientifiques*, p. 34-47. Gauthier-Villars, éditeur.)

FIN

LIVRE II

PHYSIOLOGIE DE L'HOMME ET DES ANIMAUX SUPÉRIEURS

LIVRE III

HISTOIRE DES ANIMAUX

LIVRE IV

HISTOIRE DES VÉGÉTAUX

LIVRE V

HISTOIRE DE LA TERRE

Coulommiers. — Imp. PAUL BRODARD.

LIBRAIRIE HACHETTE & Cie
79, BOULEVARD SAINT-GERMAIN, PARIS

COURS ÉLÉMENTAIRE

DE CHIMIE

(NOTATION ATOMIQUE)

A L'USAGE

DES CANDIDATS AUX BACCALAURÉATS CLASSIQUE ET MODERNE

ET AUX ÉCOLES DU GOUVERNEMENT

PAR

A. JOLY

Professeur adjoint à la Faculté des sciences de Paris
Maître de conférences à l'École normale supérieure

Ouvrage orné de nombreuses figures dans le texte

TRAITÉ

DE

PHYSIQUE

A L'USAGE DES CANDIDATS

A L'ÉCOLE SPÉCIALE MILITAIRE DE SAINT-CYR

PAR

M. BANET-RIVET

Professeur de physique au lycée Michelet

1 fort volume in-16, avec de nombreuses figures, cartonnage toile. . . . . » »

GANOT

TRAITÉ ÉLÉMENTAIRE

DE PHYSIQUE

Conforme aux programmes de 1891

Pour l'Enseignement scientifique dans les Lycées et Collèges

VINGT ET UNIÈME ÉDITION, ENTIÈREMENT REFONDUE

Par G. MANEUVRIER

Agrégé des sciences physiques et naturelles

1 volume in-16, avec de nombreuses figures et des planches
en couleurs. Broché . . . . 8 fr. »
Cartonnage toile. . . . . 8 fr. 50

GANOT

COURS DE PHYSIQUE

*A l'usage des classes de lettres et des candidats
au baccalauréat*

NEUVIÈME ÉDITION, ENTIÈREMENT REFONDUE

Par G. MANEUVRIER

1 volume in-16, avec de nombreuses figures et des planches
en couleurs. Broché . . . . 6 fr. 50
Cartonnage toile. . . . . 7 fr. »

ANATOMIE ET PHYSIOLOGIE ANIMALES

PAR

M. Ed. RETTERER

Professeur agrégé d'anatomie à la Faculté de médecine
de Paris

CLASSES DE PHILOSOPHIE ET DE PREMIÈRE (LETTRES & SCIENCES)

1 vol. in-16, avec figures, cartonnage toile . . . . 5 fr.

ANATOMIE ET PHYSIOLOGIE VÉGÉTALES

PAR

M. L. MANGIN

Professeur au lycée Louis-le-Grand

CLASSES DE PHILOSOPHIE ET DE PREMIÈRE (LETTRES & SCIENCES)

1 vol. in-16, avec figures et planches en couleurs, cart. toile.   5 fr.

ÉLÉMENTS D'HYGIÈNE

PAR

M. L. MANGIN

Professeur au lycée Louis-le-Grand

CLASSES DE PHILOSOPHIE ET DE PREMIÈRE (LETTRES & SCIENCES)

1 vol. in-16, cartonnage toile........................ 3 fr.

LECTURES SCIENTIFIQUES

(Physique, Chimie)

Rédigées conformément aux programmes de 1891

Par M. GAY

Professeur de physique au lycée Louis-le-Grand

CLASSES DE PREMIÈRE (SCIENCES) & DE MATHÉMATIQUES ÉLÉMENTAIRES

1 fort volume in-16, avec figures, cartonnage toile. . . **5** fr.

LECTURES SCIENTIFIQUES

(Sciences naturelles)

Rédigées conformément aux programmes de 1891

Par M. LECLERC DU SABLON

Professeur à la Faculté des sciences de Toulouse

CLASSES DE PREMIÈRE (SCIENCES) & DE MATHÉMATIQUES ÉLÉMENTAIRES

1 volume in-16, cartonnage toile. . . . . **5** fr.

LECTURES SCIENTIFIQUES

Sur la PHILOSOPHIE DES SCIENCES

Rédigées conformément aux programmes de 1891

Par M. LALANDE

Professeur à l'École Monge

1 volume in-16, cartonnage toile. . . . . **3** fr. **50**

DICTIONNAIRE DE CHIMIE

PURE ET APPLIQUÉE

COMPRENANT LA CHIMIE ORGANIQUE ET INORGANIQUE
LA CHIMIE APPLIQUÉE A L'INDUSTRIE, A L'AGRICULTURE ET AUX ARTS
LA CHIMIE ANALYTIQUE, CHIMIE PHYSIQUE ET LA MINÉRALOGIE

Par A. WURTZ

Membre de l'Institut (Académie des sciences

Avec la collaboration d'une société de chimistes et de professeurs.

5 volumes grand in-8, avec un grand nombre de figures,
brochés.. 90 fr.

La demi-reliure en veau, plats papier, se paye en sus 3 fr. 50 par vol.

SUPPLÉMENT

AU

DICTIONNAIRE DE CHIMIE PURE ET APPLIQUÉE

PUBLIÉ PAR LES MÊMES

2 vol. gr. in-8, avec un grand nombre de figures, brochés.   38 fr. 50

La demi-reliure en veau, plats papier, se paie en sus 3 fr. 50 par vol.

Le *Dictionnaire* et son supplément. 7 volumes, brochés.... 125 fr.

reliés...... 150 fr.

DEUXIÈME SUPPLÉMENT

AU

DICTIONNAIRE DE CHIMIE PURE ET APPLIQUÉE

DE Ad. WURTZ

PUBLIÉ SOUS LA DIRECTION DE

CH. FRIEDEL

Membre de l'Institut (Académie des sciences)
Professeur à la Faculté des sciences de Paris

En cours de publication par fascicules grand in-8 à 2 francs.

En vente les 18 premiers fascicules.

OUVRAGE COMPLET

DICTIONNAIRE
DE BOTANIQUE

PUBLIÉ PAR

M. H. BAILLON

PROFESSEUR A LA FACULTÉ DE MÉDECINE DE PARIS

avec la collaboration de

MM. J. DE SEYNES, J. DE LANESSAN, E. MUSSAT,

W. NYLANDER, E. TISON, E. FOURNIER,

J. POISSON, L. SOUBEYRAN, H. BOCQUILLON, G. DUTAILLY,

E. BUREAU, H.-A. WEDDELL,

MANOURY, FRANCHET, BRUMAULT DE MONTGAZON, ETC.

1 vol. grand in-4, contenant environ 10 000 gravures sur bois et des planches en couleurs.

Brochés. . . . .   **167** *fr.* **50**

Reliés en demi-chagrin, plats en toile, tranches
jaspées. . . . .   **187** *fr.* **50**

TRAITÉ

DE

CHIMIE GÉNÉRALE

COMPRENANT

LES PRINCIPALES APPLICATIONS DE LA CHIMIE

Aux Sciences biologiques & aux Arts industriels

PAR

M. PAUL SCHUTZENBERGER

Professeur au Collège de France

Environ 8 vol. gr. in-8, avec de nombreuses figures, brochés :

En vente :

Tomes I et II, chacun	14 francs.
Tome III	10 —
Tome IV	12 —
Tome V	14 —
Tome VI	14 —

Coulommiers. — Imp. P. BRODARD. — 6-99.